Formeln

Leistung	$P = \dfrac{W}{t}$
– mechanisch	$P = \dfrac{F \cdot s}{t}$; $\quad P = F \cdot v$
– elektrisch	$P = U \cdot I$; $P = \dfrac{U^2}{R}$; $P = I^2 \cdot R$
	$P = \dfrac{n}{c_z \cdot t}$
Wirkungsgrad	$\eta = \dfrac{P_{ab}}{P_{zu}}$; $\eta = \dfrac{W_{ab}}{W_{zu}}$
Gesamtwirkungsgrad	$\eta_{ges} = \eta_1 \cdot \eta_2 \cdots \eta_n$
Elektrische Spannung	$U = \dfrac{W}{Q}$
Spannungsfall	$\Delta u = \dfrac{\Delta U \cdot 100\%}{U}$
Kurzschlussspannung – Transformator	$u_k = \dfrac{U_k \cdot 100\%}{U_1}$
Elektrische Stromstärke	$I = \dfrac{Q}{t}$
Elektrischer Widerstand	$R = \dfrac{\varrho \cdot l}{q}$; $\quad R = \dfrac{l}{\varkappa \cdot q}$
Thermischer Widerstand	$R_T = R_{20} \cdot (1 + \alpha \Delta T)$
Ohmsches Gesetz	$I = \dfrac{U}{R}$; $R = \dfrac{U}{I}$; $U = R \cdot I$
Leitwert	$G = \dfrac{1}{R}$
Induktivität	$L = \dfrac{\mu_0 \cdot \mu_r \cdot N^2 \cdot A}{l}$
Induktionsspannung	$U = N \cdot \dfrac{\Delta \Phi}{\Delta t}$; $\quad U = L \cdot \dfrac{\Delta I}{\Delta t}$

Elektrische Feldstärke	$E = \dfrac{F}{Q}$; $E = \dfrac{U}{l}$
Elektrische Kapazität	$C = \dfrac{U}{Q}$
Kapazität des Plattenkondensators	$C = \dfrac{\varepsilon \cdot A}{d}$
Permittivität	$\varepsilon = \varepsilon_0 \cdot \varepsilon_r$
Parallelschaltung von Kondensatoren	$C_g = C_1 + C_2 + \ldots + C_3$
Reihenschaltung von Kondensatoren	$\dfrac{1}{C_g} = \dfrac{1}{C_1} + \dfrac{1}{C_2} + \ldots + \dfrac{1}{C_n}$
Kompensationskondensator	
– Reihenkompensation	$C_R = \dfrac{I^2}{2 \cdot \pi \cdot f \cdot Q_C}$
– Parallelkompensation	$C_P = \dfrac{Q_C}{2 \cdot \pi \cdot f \cdot U^2}$
Lichtausbeute	$\eta = \dfrac{\Phi}{P}$

Augenblickswert einer Wechselspannung	$u = \hat{u} \cdot \sin \omega \cdot t$
Effektivwerte bei Wechselspannung	$U = \dfrac{\hat{u}}{\sqrt{2}}$; $\quad I = \dfrac{\hat{\imath}}{\sqrt{2}}$

Magnetischer Fluss	$\Phi = B \cdot A$
Elektrische Durchflutung	$\Theta = I \cdot N$
Magnetische Feldstärke	$H = \dfrac{\Theta}{l}$; $\quad H = \dfrac{I \cdot N}{l}$
Magnetische Flussdichte	$B = \mu \cdot H$
Permeabilität	$\mu = \mu_0 \cdot \mu_r$
Scheinwiderstand	$Z = \dfrac{U}{I}$
Scheinleitwert	$Y = \dfrac{1}{Z}$
Induktiver Blindwiderstand	$X_L = \omega \cdot L$; $\quad X_L = 2 \cdot \pi \cdot f \cdot L$
Kapazitiver Blindwiderstand	$X_C = \dfrac{1}{\omega \cdot C}$; $\quad X_C = \dfrac{1}{2 \cdot \pi \cdot f \cdot C}$
Zeitkonstante beim Kondensator	$\tau = R \cdot C$

Widerstandsschaltung

in Reihe	Parallel
$I_g = I_1 = I_2 = \ldots = I_n$	$I_g = I_1 + I_2 + \ldots + I_n$
$U_g = U_1 + U_2 + \ldots + U_n$	$U_g = U_1 = U_2 = \ldots = U_n$
$R_g = R_1 + R_2 + \ldots + R_n$	$\dfrac{1}{R_g} = \dfrac{1}{R_1} + \dfrac{1}{R_2} + \ldots + \dfrac{1}{R_n}$

RL-Schaltungen

$U^2 = U_R^2 + U_L^2$	$I^2 = I_R^2 + I_L^2$
$Z^2 = R^2 + X_L^2$	$\left(\dfrac{1}{Z}\right)^2 = \left(\dfrac{1}{R}\right)^2 + \left(\dfrac{1}{X_L}\right)^2$
$S = U \cdot I$	$S = U \cdot I$
$P = U_R \cdot I$	$P = U \cdot I_R$
$P = S \cdot \cos \varphi$	$P = S \cdot \cos \varphi$
$Q = U_L \cdot I$	$Q = U \cdot I_L$
$S^2 = P^2 + Q^2$	$S^2 = P^2 + Q^2$

RC-Schaltungen

$U^2 = U_R^2 + U_C^2$	$I^2 = I_R^2 + I_C^2$
$Z^2 = R^2 + X_C^2$	$\left(\dfrac{1}{Z}\right)^2 = \left(\dfrac{1}{R}\right)^2 + \left(\dfrac{1}{X_C}\right)^2$
$S^2 = P^2 + Q^2$	$S^2 = P^2 + Q^2$

RCL-Schaltungen

$U^2 = U_R^2 + (U_C - U_L)^2$	$I^2 = I_R^2 + (I_C - I_L)^2$
$Z^2 = R^2 + (X_C - X_L)^2$	$\left(\dfrac{1}{Z}\right)^2 = \left(\dfrac{1}{R}\right)^2 + \left(\dfrac{1}{X_C} - \dfrac{1}{X_L}\right)^2$

Drehstrom

Sternschaltung	Dreieckschaltung
$U = \sqrt{3} \cdot U_S$; $I = I_S$	$U = U_S$; $I = \sqrt{3} \cdot I_S$
$P_S = \dfrac{U^2}{3 \cdot R}$	$P_S = \dfrac{U^2}{R_S}$

$S = \sqrt{3} \cdot U \cdot I$
$P = \sqrt{3} \cdot U \cdot I \cdot \cos \varphi$
$Q = \sqrt{3} \cdot U \cdot$
$S_\Delta = 3 \cdot S_Y$

Elektroinstallation
Für die gesamte Ausbildung

Heinrich Hübscher, Lüneburg
Dieter Jagla, Neuwied
Jürgen Klaue, Roxheim
Harald Wickert, Emmelshausen

Diesem Buch wurden die bei Manuskriptabschluss vorliegenden neuesten Ausgaben der DIN-Normen, VDI-Richtlinien und sonstigen Bestimmungen zu Grunde gelegt. Verbindlich sind jedoch nur die neuesten Ausgaben der DIN-Normen und VDI-Richtlinien und sonstigen Bestimmungen selbst.

Die DIN-Normen wurden wiedergegeben mit Erlaubnis des DIN Deutsches Institut für Normung e.V. Maßgebend für das Anwenden der Norm ist deren Fassung mit dem neuesten Ausgabedatum, die bei der Beuth-Verlag GmbH, Burggrafenstraße 6, 10787 Berlin, erhältlich ist.

Auf verschiedenen Seiten dieses Buches befinden sich Verweise (Links) auf Internet-Adressen.
Haftungshinweis: Trotz sorgfältiger inhaltlicher Kontrolle wird die Haftung für die Inhalte der externen Seiten ausgeschlossen. Für den Inhalt dieser Seiten sind ausschließlich deren Betreiber verantwortlich. Sollten Sie bei dem angegebenen Inhalt des Anbieters dieser Seite auf kostenpflichtige, illegale oder anstößige Inhalte treffen, so bedauern wir dies ausdrücklich und bitten Sie, uns umgehend per E-Mail unter www.westermann.de davon in Kenntnis zu setzen, damit der Verweis beim Nachdruck gelöscht wird.

Das Werk und seine Teile sind urheberrechtlich geschützt. Jede Nutzung in anderen als den gesetzlich zugelassenen Fällen bedarf der vorherigen schriftlichen Einwilligung des Verlages. Hinweis zu § 52 a UrhG: Weder das Werk noch seine Teile dürfen ohne eine solche Einwilligung gescannt und in ein Netzwerk eingestellt werden. Dies gilt auch für Intranets von Schulen und sonstigen Bildungseinrichtungen.

3. Auflage, 2009
Druck 1, Herstellungsjahr 2009

© 2005 Bildungshaus Schulbuchverlage
Westermann Schroedel Diesterweg Schöningh Winklers GmbH,
Braunschweig
www.westermann.de

Redaktion: Armin Kreuzburg, Gabriele Wenger
Verlagsherstellung: Harald Kalkan
Satz und Lay-out: Fa. Lithos, Dirk Hinrichs, Wolfenbüttel
Druck und Bindung: westermann druck GmbH, Braunschweig

ISBN 978-3-14-**221630**-0

Elektroinstallateur/-in

Erzeugung Verteilung Verbrauch
von Energie und Information

Grundlagen Schutz

Fachwissen Elektroinstallation

- Zusammenfassungen
- Texte und zugehörige Abbildungen sind verbunden ① ② ③
- Vertiefende Texte
- Berechnungen
- Messungen sind durch markiert
- Stromlaufpläne

Mit integrierter umfangreicher Aufgabensammlung

Aufgaben 1, 2, 3

1 Stromkreis
2 Abhängigkeiten im Stromkreis
3 Spannungserzeugung
4 Spule und Kondensator
5 VNB-Netze
6 Hausinstallation
7 Schutz gegen elektr. Schlag
8 Beleuchtungsanlagen
9 Hausgeräte
10 Elektronik
11 Kommunikationstechnik
12 Motoren
13 Steuern und Regeln

Elektrophysik

1 Stromkreis

1.1	Aufbau	11
1.2	Elektrische Spannung	12
1.3	Elektrischer Strom	13
	Aufgaben	14
1.4	Messen von Stromstärke und Spannung	15
1.5	Elektrischer Widerstand	17
	Aufgaben	17
1.6	Leistung und Arbeit	18
	Aufgaben	19

2 Abhängigkeiten im Stromkreis

2.1	Spannung und Stromstärke	20
	Aufgaben	23
2.2	Widerstand und Stromstärke	23
	Aufgaben	24
2.3	Widerstand und Leistung	25
	Aufgaben	27
2.4	Schaltungen mit Widerständen	28
2.4.1	Grundschaltungen	28
2.4.2	Gesamtwiderstände	30
	Aufgaben	31
2.4.3	Gruppenschaltungen	32
	Aufgaben	33
2.4.4	Messen von Widerständen	34
	Aufgaben	35
2.5	Widerstand von Leitern	37
	Aufgaben	39

3 Spannungserzeugung

3.1	Wechselspannung	41
3.1.1	Darstellung	41
3.1.2	Entstehung	42
3.1.3	Grundgrößen	42
3.1.4	Leistung	44
	Aufgaben	45
3.1.5	Darstellung von Wechselgrößen	46
	Aufgaben	47
3.2	Drei-Phasen-Wechselspannung	49
3.2.1	Spannungen in Verbraucheranlagen	49
3.2.2	Entstehung der Spannungen	51
	Aufgaben	52
3.3	Gleichspannung	53
3.3.1	Kenndaten von Batterien	53
3.3.2	Akkumulatoren	55
	Aufgaben	55
3.3.3	Fotovoltaikanlagen	57
	Aufgaben	57
3.3.4	Spannungsverhalten	58
	Aufgaben	58
3.3.5	Schaltungen von Spannungsquellen	59
	Aufgaben	59

4 Spule und Kondensator

4.1	Spulen in Leuchtstofflampenschaltungen	61
	Aufgaben	61
4.2	Widerstand der Spule	64
	Aufgaben	65
4.3	Reihenschaltungen mit Spulen und Wirkwiderständen	65
	Aufgaben	69
4.4	Parallelschaltungen mit Spulen und Wirkwiderständen	70
	Aufgaben	71
4.5	Kondensatoren	72
	Aufgaben	74
4.6	Widerstand des Kondensators	75
	Aufgaben	76
4.7	Schaltung mit Kondensatoren und Wirkwiderständen	76
	Aufgaben	78

4.8	Reihenschaltungen mit Spulen, Kondensatoren und Wirkwiderständen	78	6.1.2	Zähler	106
	Aufgaben	79		*Aufgaben*	109
4.9	Parallelschaltungen mit Spulen, Kondensatoren und Wirkwiderständen	80	6.1.3	Stromkreise	110
				Aufgaben	112
			6.2	Leitungsverlegung	114
			6.2.1	Leitungen und Kabel	114
	Aufgaben	81		*Aufgaben*	115
			6.2.2	Auswahl von Leitungen.......	116
				Aufgaben	117

5 VNB-Netze

			6.2.3	Verlegebedingungen.........	118
				Aufgaben	119
5.1	Kraftwerke	83	6.2.4	Spannungsfall	121
	Aufgaben	85	6.2.5	Abschaltbedingung..........	122
5.2	Aufbau der Spannungsnetze...	86		*Aufgaben*	123
	Aufgaben	87	6.3	Überstrom-Schutzorgane......	124
5.3	Niederspannungsnetz	88	6.3.1	Leitungsschutz-Sicherung	124
	Aufgaben	89		*Aufgaben*	125
5.4	Leitungen in Ortsnetzen	90	6.3.2	Leitungsschutz-Schalter.......	127
5.4.1	Freileitungen...............	90		*Aufgaben*	128
5.4.2	Niederspannungskabel	91	6.3.3	Bemessung von Überstrom-Schutzorganen................	129
	Aufgaben	91			
5.5	Einphasentransformatoren....	92	6.3.4	Anordnung der Schutzeinrichtung	129
5.5.1	Prinzip	93			
	Aufgaben	93		*Aufgaben*	129
5.5.2	Realer Transformator	94	6.4	Ausführung der Installation...	130
	Aufgaben	95		*Aufgaben*	130
5.5.3	Leistung und Wirkungsgrad ...	95	6.4.1	Installationsarten	131
	Aufgaben	97		*Aufgaben*	132
5.5.4	Kurzschluss.................	97	6.4.2	Installationszonen	133
	Aufgaben	98	6.4.3	Installation in einer Küche....	134
5.5.5	Sonderformen von Transformatoren..................	98	6.4.4	Installation im Bad...........	135
				Aufgaben	136
	Aufgaben	99	6.5	Besondere Räume und Anlagen	137
5.6	Drehstromtransformatoren....	99			
	Aufgaben	101	6.5.1	Feuchte und nasse Räume.....	137
			6.5.2	Feuergefährdete Betriebsstätten	137

6 Hausinstallation

			6.5.3	Saunen	138
6.1	Hausverteilung..............	103	6.5.4	Anlagen im Freien	138
6.1.1	Hausanschlussraum..........	103		*Aufgaben*	138
	Aufgaben	105	6.5.5	Medizinisch genutzte Räume ..	139

6.5.6	Landwirtschaftliche Betriebsstätten	139	7.9	Fehlerschutz	164
6.5.7	Baustellen	140	7.9.1	Doppelte oder verstärkte Isolierung	164
	Aufgaben	140		Aufgaben	164
6.5.8	Campingplätze	141	7.9.2	Schutztrennung	165
	Aufgaben	141		Aufgaben	165
6.6	Gebäudeleittechnik	143	7.9.3	Abschaltung im TN-System	166
6.6.1	Arbeitsweise des EIB-Systems	143		Aufgaben	168, 169
	Aufgaben	143	7.9.4	Abschaltung im TT-System	170
6.6.2	Aufbau eines Busteilnehmers	144	7.9.5	Abschaltung im IT-System	171
6.6.3	Busleitung	144		Aufgaben	171
6.6.4	Aufbau des EIB	145	7.9.6	Schutz in Verteilungssystemen	172
	Aufgaben	145	7.9.7	Schutzpotenzialausgleich und Schutzerdung	173
6.6.5	Installationsvorschriften	146		Aufgaben	174
	Aufgaben	146	7.9.8	Nicht leitende Umgebung	175
6.6.6	Anwendungsbeispiel	147		Aufgaben	175
	Aufgaben	150	7.10	Prüfung der Schutzmaßnahmen	176
6.6.7	EIB-Powerline	151		Aufgaben	178, 180, 181
			7.11	Blitzschutzanlagen	182
				Aufgaben	185

7 Schutz gegen elektrischen Schlag

7.1	Gefahren des elektrischen Stromes	153
	Aufgaben	154
7.2	Fehlerstromkreis	155
	Aufgaben	155
7.3	Maßnahmen zur Hilfe bei Stromunfällen und Bränden	156
	Aufgaben	156
7.4	Sicherheitsregeln beim Arbeiten in elektrischen Anlagen	157
7.5	Spannungsbereiche und Schutzklassen	158
	Aufgaben	158
7.6	Übersicht zu den Schutzmaßnahmen	159
7.7	Basisschutz und Fehlerschutz	160
	Aufgaben	161
7.8	Basisschutz	162
	Aufgaben	163

8 Beleuchtungsanlagen

8.1	Lampenarten	187
8.1.1	Glühlampen	187
8.1.2	Halogen-Glühlampen	188
	Aufgaben	188
8.1.3	Niederdrucklampen	189
8.1.4	Hochdrucklampen	191
	Aufgaben	192
8.1.5	Leuchtdioden	192
	Aufgaben	193
8.2	Lampenschaltungen	193
8.2.1	Installationsschaltungen	193
	Aufgaben	193
8.2.2	Betriebsmittel	194
	Aufgaben	195

8.2.3 Leuchtstofflampen-Schaltungen	196
Aufgaben	197
8.2.4 Kompensation	198
Aufgaben	199
8.2.5 Niedervolt-Halogenlampen	200
Aufgaben	201
8.3 Lichtsteuersysteme	202
Aufgaben	203
8.4 Installation von Leuchten	204
Aufgaben	205
8.5 Notbeleuchtungsanlagen	206
Aufgaben	207
8.6 Planung von Beleuchtungsanlagen	208
Aufgaben	209

9 Hausgeräte

9.1 Geräte zur Nahrungszubereitung	211
9.1.1 Elektroherd	211
9.1.2 Mikrowellengerät	212
Aufgaben	213
9.2 Kühlgeräte	213
9.2.1 Kompressorkühlschrank	213
9.2.2 Absorberkühlschrank	214
Aufgaben	214
9.3 Geräte mit Ablaufprogramm	215
9.3.1 Steuereinheit	215
9.3.2 Geschirrspülmaschine	215
Aufgaben	216
9.3.3 Waschmaschine	217
Aufgaben	218
9.3.4 Wäschetrockner	218
Aufgaben	219
9.4 Warmwassergeräte	220
9.4.1 Anschluss von Warmwassergeräten	220
9.4.2 Speicher	220
9.4.3 Boiler	221
9.4.4 Kochendwassergerät	222
9.4.5 Durchlauferhitzer	222
Aufgaben	224
9.5 Heizung	225
9.5.1 Direktheizgeräte	225
9.5.2 Speicherheizungen	225
Aufgaben	226
9.6 Reparaturen	227
9.6.1 Fehlerfeststellung	227
9.6.2 Prüfen	228
Aufgaben	229

10 Elektronik

10.1 Elektronische Bauelemente und Schaltungen	231
Aufgaben	231
10.2 Widerstände	232
10.2.1 Widerstand als Bauteil	232
Aufgaben	233
10.2.2 Widerstand und Temperatur	234
Aufgaben	235
10.2.3 Halbleiterwiderstände als Wandler	236
10.2.4 Spannungsabhängiger Widerstand, VDR	237
Aufgaben	237
10.2.5 Temperaturabhängige Widerstände	238
Aufgaben	238, 239
10.2.6 Lichtabhängiger Widerstand, LDR	240
10.2.7 Magnetfeldabhängiger Widerstand	240
10.3 Netzteile	241
10.3.1 Baugruppen eines Netzteils	241
10.3.2 Dioden	242
10.3.3 PN-Übergang	243
Aufgaben	243

10.3.4	Gleichrichterschaltungen.....	244
	Aufgaben	244, 245
10.3.5	Spannungsstabilisierung	246
	Aufgaben	247
10.4	Leuchtdioden..............	248
	Aufgaben	248
10.5	Elektronische Schalter	249
10.5.1	Übersicht	249
10.5.2	Transistor als Schalter	250
	Aufgaben	251
10.5.3	Thyristoren	253
	Aufgaben	254
10.5.4	Triac	255
	Aufgaben	256
10.6	Verstärker..................	257
10.6.1	Verstärkungsprinzip	257
	Aufgaben	257
10.6.2	Verstärker mit bipolaren Transistoren................	258
	Aufgaben	260
10.6.3	Verstärker mit Feldeffekttransistoren	261
	Aufgaben	262
10.6.4	Operationsverstärker	262
	Aufgaben	264

11 Kommunikationstechnik

11.1	Personenrufanlagen	265
	Aufgaben	266
11.2	Telekommunikationsanlagen	268
11.2.1	Übersicht	268
11.2.2	Analoge Telekommunikation...	269
	Aufgaben	270
11.2.3	Digitale Telekommunikation...	271
11.2.3.1	ISDN	271
	Aufgaben	273
11.2.3.2	Installation	274
	Aufgaben	276
11.2.4	DSL-Anschluss	277
	Aufgaben	278
11.3	Empfangsverteilanlagen.......	279
11.3.1	Möglichkeiten des Fernsehempfangs...................	279
	Aufgaben	280
11.3.2	Terrestrische Anlagen	281
	Aufgaben	283
11.3.3	DVB-T....................	285
	Aufgaben	285
11.3.4	DVB-C	286
	Aufgaben	286
11.3.5	DVB-S.....................	287
11.3.6	Installation einer Satelliten-Empfangsverteilungsanlage...	289
11.4	Alarm- und Überwachungsanlagen	291
11.4.1	Einbruchmeldeanlage (EMA)...	291
11.4.2	Einbruchmelder	292
	Aufgaben	293
11.4.3	Meldelinien	294
	Aufgaben	295
11.4.4	Installation einer Einbruchmeldeanlage.................	296
	Aufgaben	297
11.4.5	Brandmeldeanlagen	298
	Aufgaben	299

12 Motoren

12.1	Motorprinzip	301
12.2	Stromwendermotoren........	302
12.2.1	Wirkungsweise	302
12.2.2	Gegenspannung.............	303
12.2.3	Steuern	304
	Aufgaben	304
12.2.4	Schaltungen	305
12.2.5	Reihenschlussmotor	306

12.2.6	Nebenschlussmotor	306	13.2.4 Monostabile Kippstufen	338
	Aufgaben	306	Aufgaben	338
12.2.7	Universalmotor	307	13.2.5 Zähler	339
	Aufgaben	307	Aufgaben	339
12.3	Drehstrommotor	308	13.2.6 Digitalisierung analoger Signale	340
12.3.1	Drehfeld	308	Aufgaben	341
	Aufgaben	310	13.3 Mikrocomputer	342
12.3.2	Synchronmotor	310	Aufgaben	343
	Aufgaben	311	13.4 Speicherprogrammierbare Steuerungen	344
12.3.3	Läuferfeld der Asynchronmotoren	312	Aufgaben	348
12.3.4	Motor mit Kurzschlussläufer	313	13.5 Logikmodul	349
12.3.5	Motor mit Schleifringläufer	314	Aufgaben	349
12.3.6	Anlassen von Drehstromständern	315	13.6 Datenübertragung	350
			13.6.1 Schnittstellen	350
	Aufgaben	316	Aufgaben	352
12.4	Wechselstrommotor	317	13.6.2 Computervernetzung	353
12.4.1	Motor mit Hilfsphase	317	Aufgaben	353
12.4.2	Spaltpolmotor	318	13.7 Regelungstechnik	356
	Aufgaben	318	13.7.1 Grundbegriffe der Regelungstechnik	356
12.5.	Einsatz von Motoren	319	Aufgaben	357
12.5.1	Schutz	319	13.7.2 Messumformer und Sensoren	357
	Aufgaben	320	13.7.3 Regelstrecken	359
12.5.2	Auswahl von Motoren	322	Aufgaben	359
12.5.3	Bremsen	325	13.7.4 Stetige Regler	360
	Aufgaben	325	Aufgaben	361
			13.7.5 Unstetige Regler	362
			Aufgaben	363

13 Steuern und Regeln

13.1	Ampelsteuerung	327		
	Aufgaben	328		

Anhang

Elektrische Grundgrößen	364
Elektrisches Feld	366
Magnetisches Feld	367
Drei-Phasen-Wechselstrom	368
Stichwortverzeichnis (deutsch/englisch)	369
Bildquellenverzeichnis	385

13.2	Digitaltechnik	329	
13.2.1	Grundschaltungen	329	
	Aufgaben	331	
13.2.2	Schaltnetze	332	
	Aufgaben	335	
13.2.3	Speicherschaltungen	336	
	Aufgaben	337	

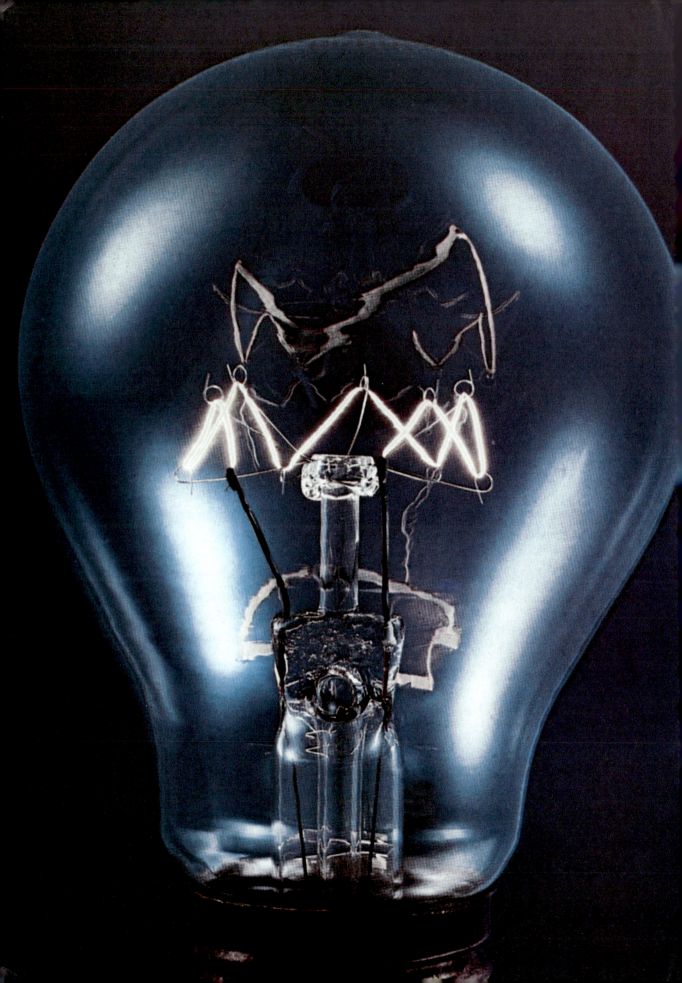

Stromlaufplan / circuit diagram

1 Stromkreis

Wie auf der Seite 3 dieses Buches dargestellt ist, kann das Arbeitsgebiet eines Elektroinstallateurs in drei Bereiche unterteilt werden, nämlich in:

- **Erzeugung** elektrischer Energie,
- **Verteilung** elektrischer Energie und
- **Umwandlung** elektrischer Energie in andere Energieformen.

Außerdem muss der Elektrofachmann eine Reihe elektrotechnischer Grundlagen beherrschen, um in elektrischen Anlagen arbeiten zu können. In den ersten beiden Kapiteln dieses Buches werden Ihnen die wichtigsten Grundbegriffe und grundlegenden Zusammenhänge vermittelt.

1.1 Aufbau

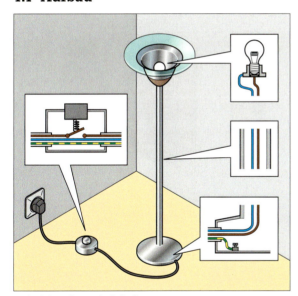

1: Stehleuchte mit Schalter

Anhand dieser Stehleuchte, die über einen Schalter an eine Steckdose angeschlossen ist, werden wir den **Stromkreis** und andere wichtige Größen erläutern.

In Abb. 2 sind die vorhandenen Geräte und Leiter durch Symbole dargestellt. Sie geben nur die elektrische Funktion der Geräte (Fachwort: Betriebsmittel) wieder, nicht aber deren technische Ausführung. Diese Darstellung heißt **Stromlaufplan**.

Zur weiteren Vereinfachung haben wir alle Geräte und Anlageteile der Stromversorgung (einschließlich der Steckdose) zu dem Symbol G1 zusammengefasst. Wir nennen sie **Energiequelle**.

Wie aus dem gezeichneten Schalter in Abb. 1 erkennbar ist, wird nur der braune Leiter geschaltet.

Wie werden die Leiter gekennzeichnet?

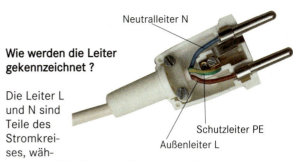

Die Leiter L und N sind Teile des Stromkreises, während der PE-Leiter dem Schutz des Menschen dient. Hierüber wird in Kapitel „Schutz gegen elektrischen Schlag" ausführlich gesprochen.

Hinweis: Die Buchstaben PE sind Abkürzungen für den englischen Begriff „**p**rotection **e**arth" (Bezugserde).

Wenn der Schalter Q1 geschlossen ist (geschlossener Stromkreis), wird über die Leitungen Energie zur Glühlampe transportiert.

Die Glühlampe erzeugt Licht und Wärme, d. h. sie wandelt die elektrische Energie in eine andere Energieform um. Solche Geräte werden als **Energiewandler** bezeichnet. Weil die elektrische Energie dann nicht mehr vorhanden ist, werden diese Energiewandler auch Verbraucher von elektrischer Energie genannt.

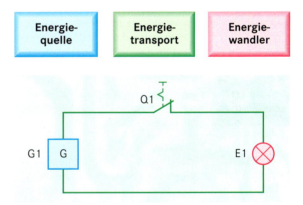

2: Stromlaufplan

- Wenn elektrische Energie transportiert werden soll, müssen Stromkreise geschlossen sein.
- Stromkreise bestehen mindestens aus Energiequelle, Verbindungsleitung und Verbraucher.
- Energiequellen wandeln andere Energieformen in elektrische Energie um.
- Verbraucher wandeln elektrische Energie in andere Energieformen um.

1.2 Elektrische Spannung

Damit Energiequelle und Verbraucher zusammenpassen, müssen diese so ausgewählt werden, dass bestimmte Werte übereinstimmen.

Die Glühlampe der Stehleuchte (S. 11, Abb. 1) trägt u. a. die Bezeichnung 230 V. Sie wissen, dass an der Steckdose 230 V liegen, d. h. von den Elektrizitäts-Versorgungs-Unternehmen wird eine Spannung von 230 V zur Verfügung gestellt.

Diese Eigenschaft der Energiequellen heißt **elektrische Spannung**. Sie hat das Formelzeichen U. Die Einheit ist Volt (V). Energiequellen werden deshalb auch Spannungsquellen genannt. In Schaltplänen wird die Spannung als Pfeil zwischen den Anschlüssen dargestellt.

Energiequelle und Verbraucher passen zusammen.

Um Spannung zu erzeugen, müssen Ladungen getrennt werden. Dafür muss Arbeit aufgewendet werden. Dies kann auf verschiedene Arten geschehen.

Die aufgewendete Arbeit steht dann an der Spannungsquelle als Energie zur Verfügung. Nach dem Einschalten von Verbrauchern kann diese Energie Arbeit verrichten.

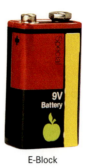
E-Block

Solarzellen

Knopfzelle

Thermoelement

Mignonzelle

Wieder aufladbare Batterie

Fahrrad-Dynamo

Wie entsteht elektrische Spannung?

Zur Erklärung greifen wir auf das Bohrsche Atommodell zurück. Man kann daran modellhaft viele elektrische Vorgänge erläutern. Da Elektronen negativ und Protonen positiv geladen sind, ziehen sie sich an. Bei Berührung gleichen sich ihre Ladungen aus. Trennt man sie dann wieder, sind sie bestrebt sich wieder auszugleichen. Dieses Ausgleichsbestreben wird als elektrische Spannung bezeichnet.

Atomaufbau (nach Bohr)
Atome setzen sich aus Kern und Hülle zusammen. Kerne bestehen aus **Protonen** und **Neutronen**. Die **Elektronen** bewegen sich auf kreisförmigen oder elliptischen Bahnen um den Kern. Sie bilden so die Hülle.

Die Elementarteilchen haben eine Eigenschaft, die Ladung genannt wird. Zwischen den positiven Protonen und den negativen Elektronen besteht eine Anziehungskraft, die die Atome zusammenhält.

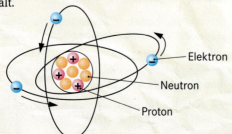

Die Einheit Volt wurde nach dem italienischen Physiker Alessandro **Volta** benannt. Volta lebte von 1745 bis 1827. Er enwickelte das erste Galvanische Element. Es wird nach ihm die Volta-Säule genannt. Diese Spannungsquelle arbeitete auf chemischer Basis.

- Spannungsquellen sind Energiewandler, die elektrische Energie zur Verfügung stellen.
- Spannung wird durch Ladungstrennung erzeugt.
- Spannung ist das Ausgleichsbestreben von Ladungen.
- Zwischen den Polen der Spannungsquellen herrscht die Spannung U.
- Die Spannung wird in Volt (V) gemessen.

Leiter, Stromrichtung / conductor, current direction

1.3 Elektrischer Strom

In Glühlampen wird die elektrische Energie in Licht und Wärme umgewandelt. Die Energie muss also dorthin transportiert werden. Wir beschäftigen uns deshalb zuerst mit dem **Energietransport**.

Der Energietransport findet über die Leitung statt, die üblicherweise aus isolierten Kupferdrähten besteht. Metalle haben **freie Elektronen.** Diese sind nicht an bestimmte Atomkerne gebunden, sondern schwirren ungeordnet im Atomgitter umher. Diese Besonderheit macht Metalle zu guten elektrischen Leitermaterialien. Man sagt auch kurz: **Leiter.**

Metallbindung

Metalle ordnen sich beim Erstarren in bestimmten Gittern an. Benachbarte Atome beeinflussen sich so, dass Elektronen frei werden. Diese quasifreien Elektronen bewegen sich ungebunden im Atomgitter.

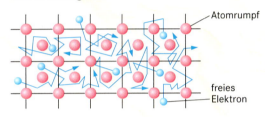

Die Umhüllung der Kupferleiter besteht aus Kunststoff. Dieses Material besitzt keine freien Elektronen. Es eignet sich deshalb ausgezeichnet zum Isolieren. Solche Werkstoffe werden deshalb **Isolatoren** genannt.

Kunststoffschlauchleitungen

Werden an der einen Seite der Leitung eine Spannungsquelle und an der anderen Seite ein Verbraucher angeschlossen, so verändert sich das Verhalten der Elektronen im Leiter. Sie bewegen sich jetzt nicht mehr in unterschiedliche Richtungen sondern strömen in eine Richtung. Diese gerichtete Bewegung der Elektronen wird **elektrischer Strom** genannt. Da die Elektronen negativ geladen sind, fließen sie vom Minuspol durch den Leiter und Verbraucher zum Pluspol der Spannungsquelle.

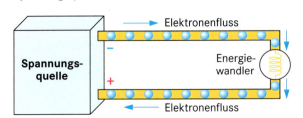

Als man begann, sich mit der Elektrizität zu beschäftigen, wussten die Wissenschaftler noch nichts vom Elektronenfluss. Sie legten damals fest:
„Der Strom fließt im Leiter von Plus nach Minus".

Inzwischen wurden auf Grund dieser Vorstellung viele Merkregeln der Elektrotechnik auf diese Stromrichtung aufgebaut, sodass man auch bei dieser Festlegung geblieben ist. Zur Unterscheidung von der Elektronen-Flussrichtung wird sie als **Technische Stromrichtung** bezeichnet.

Die Richtung des Stromes wird von der Spannungsquelle bestimmt. Sie gibt an einem Anschluss (Minuspol) Elektronen an den Leiter ab und nimmt am anderen Anschluss (Pluspol) Elektronen auf.

Worin unterscheiden sich Spannungsquellen?
Es gibt grundsätzlich zwei Arten von Spannungsquellen:

Gleichspannungsquellen geben immer an demselben Pol Elektronen ab.
Beispiele: Trockenelement, Akkumulator, Solarzelle, Thermoelement.

Wechselspannungsquellen ändern die Abgabe von Elektronen periodisch zwischen den beiden Anschlüssen. Dieser Wechsel kann einige Male in der Sekunde geschehen, z. B. beim Wechselstrom unserer Energienetze (50 Hz), aber auch viel häufiger, z. B. 10 000 000 Hz bei Rundfunksendern.
Beispiele: Generator, Dynamo, Mikrofon.

Zusammenfassend kann also festgestellt werden:

In Spannungsquellen wird Energie (z. B. chemische) in elektrische Energie umgewandelt.

Dadurch steht eine Spannung zur Verfügung,

die als Ursache den elektrischen Strom treibt,

der seine elektrische Energie im Verbraucher in eine andere Energieform (z. B. Licht) umwandelt.

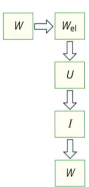

- Metalle haben freie Elektronen. Sie sind gute elektrische Leiter.
- Kunststoffe haben kaum oder keine freien Elektronen. Sie sind gute Isolatoren.
- Der elektrische Strom ist die gerichtete Bewegung von Ladungsträgern.
- Die technische Stromrichtung ist außerhalb der Spannungsquelle vom Pluspol zum Minuspol festgelegt.

Wie stark ist der Strom?

Wenn man an einer Stelle des Stromkreises die fließenden Elektronen mit ihren Ladungen innerhalb einer bestimmten Zeit zählen könnte, würde man die Stärke des Stromes feststellen. Die Einheit der **Stromstärke** I ist das Ampere (A).

Im Stromlaufplan wird der Strom durch einen Pfeil parallel zum Leiter dargestellt. Bei Gleichstrom von Plus nach Minus und bei Wechselstrom von L (Außenleiter) zu N (Neutralleiter).

In den Leitungen der Ortsnetze sind große Stromstärken vorhanden. Bei der Angabe ihrer Größe kommt es zu unhandlichen Zahlen. Man verwendet daher Vorsätze zu den Einheiten. Solche Bezeichnungen kennen Sie von den Längenangaben her, z. B. 1 km für 1000 m.

Vorsätze für Einheiten

T	= Tera	= 1 000 000 000 000	= 10^{12}
G	= Giga	= 1 000 000 000	= 10^{9}
M	= Mega	= 1 000 000	= 10^{6}
k	= kilo	= 1 000	= 10^{3}
m	= milli	= 0,001	= 10^{-3}
µ	= mikro	= 0,000 001	= 10^{-6}
n	= nano	= 0,000 000 001	= 10^{-9}
p	= piko	= 0,000 000 000 001	= 10^{-12}

Beispiele für Stromstärken:

Taschenrechner:	100 µA
Glühlampe (100 W):	435 mA
Straßenbahn:	50 A
Aluminiumschmelze:	15 kA

Vergleich von Stromstärken

Wievielmal größer ist der Strom durch eine 100 W-Glühlampe als der Strom im Taschenrechner?

Beim Rechnen werden immer die Grundeinheiten verwendet, so dass die Vorsätze als Zahlen angegeben werden, z. B.

I_T = 100 · 1 µA = 100 · 0,000 001 A = 0,000 1 A
I_G = 435 · 1 mA = 435 · 0,001 A = 0,435 A

$$\frac{I_G}{I_T} = \frac{0,435\ A}{0,0001\ A} \qquad \frac{I_G}{I_T} = \frac{4350}{1} = 4350$$

Die Stromstärke in einer 100 W-Glühlampe ist 4350 mal größer als die Stromstärke in einem Taschenrechner.

- Die Stromstärke I wird in Ampere (A) gemessen.
- Der Strom kann in Schaltplänen als Pfeil von Plus nach Minus (bzw. von L nach N) dargestellt werden.

Aufgaben

1. Zeichnen Sie einen Stromkreis aus Spannungsquelle, Lampe und geschlossenem Schalter! Beschriften Sie die Betriebsmittel mit ihren Kennzeichen!

2. Nennen Sie die Teile des Stromkreises für die Beleuchtungsanlage eines Fahrrades und geben Sie deren Aufgabe an!

3. Glühlampen werden als Verbraucher bezeichnet. Was verbrauchen sie? Warum wäre die Bezeichnung "Wandler" zutreffender?

4. Nennen Sie vier Möglichkeiten der Spannungserzeugung mit dazugehörigen Geräten!

5. Erklären Sie, was unter der elektrischen Spannung verstanden wird! Verwenden Sie dabei das Wort „Ausgleichsbestreben".

6. Drücken Sie den Zusammenhang zwischen Spannung und Strom in einem Satz aus! Vergleichen Sie Ihre Antwort mit den Aussagen auf Seite 13!

7. Das Formelzeichen für die Stromstärke I kann als Abkürzung für Intensität (lateinisch: Stärke) gedacht werden.
Wofür kann das Formelzeichen U der Spannung stehen?

8. Geben Sie die Festlegung der Technischen Stromrichtung an!

9. Warum werden Spannungsquellen auch Energiewandler genannt?

10. Worin unterscheiden sich Leiter von Isolatoren?

11. Beschreiben Sie in 5 Stufen den Vorgang von der „Erzeugung der elektrischen Spannung" bis zur „Erzeugung von Licht"!

12. Rechnen Sie folgende Spannungen und Stromstärken in die entsprechenden Einheiten Volt (V) bzw. Ampere (A) um!
12 MV; 3,4 kA; 5,67 mA; 123,45 nV.

13. Rechnen Sie die Spannungen und Stromstärken entsprechend der folgenden Vorgaben um!
12 MV in kV   4,7 kA in GA
75,6 mA in µA   1345 nV in mV

Die Einheit Ampere wurde nach dem französischen Mathematiker und Physiker Andrè-Marie Ampère benannt. Er lebte von 1775 bis 1836. Ampère stellte fest, dass fließende Elektrizität die Ursache des Magnetismus ist. Er prägte auch die Begriffe Spannung und Strom.

Stromstärke und Spannung / current intensity and voltage

1.4 Messen von Stromstärke und Spannung

Für die gedachte „Zählung" wird ein **Strommesser** benutzt. Das Messgerät muss dazu in den Stromkreis eingeschaltet werden, damit die hindurchfließenden Ladungsträger an einer Stelle „gezählt" werden können. Das Messgerät liegt also **in Reihe** mit dem Verbraucher und der Spannungsquelle.

Für die Darstellung der Spannung werden Pfeile zwischen die Pole gezeichnet, und zwar von Plus (bzw. L) nach Minus (bzw. N).

Die Spannung ist die Ursache des Stromes. Daher ist die Höhe der Spannung entscheidend für die Stromstärke. Um sie zu messen, wird ein **Spannungsmesser** an beide Klemmen angeschlossen. Das Messgerät liegt also **parallel** zur Spannungsquelle oder zum Verbraucher.

Messen mit Vielfach-Messgeräten

Stromstärke	Spannung

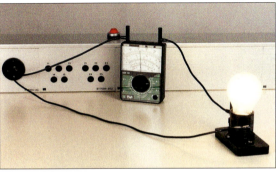
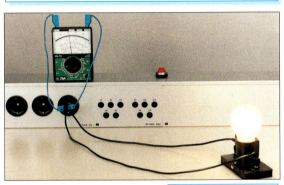

Stromstärke		Spannung	
Stromart einstellen	Messungen in Stromkreisen der Hausinstallation: **Wechselstrom**	Messungen in Stromkreisen der Hausinstallation: **Wechselspannung**	Spannungsart einstellen
Größten Messbereich einschalten	Gefahr der Überlastung des Messgerätes ist dann am geringsten.	Gefahr der Überlastung des Messgerätes ist dann am geringsten.	Größten Messbereich einschalten
Anlage ausschalten	Die Spannung 230 V ist für Menschen lebensgefährlich!		
Messgerät in Anlage einschleifen	Der Leiter muss an einer Stelle aufgetrennt werden, weil das Messgerät in den Stromkreis eingebaut wird.	Keine stromführenden Teile wie z.B. Messspitzen berühren. Lebensgefahr!	Messgerät parallel anlegen
Anlage einschalten	Keine stromführenden Teile wie z.B. Messspitzen berühren. Lebensgefahr!		
Günstigen Messbereich wählen	Der Messwert soll im letzten Drittel der Skala liegen. Der prozentuale Messfehler ist dann am geringsten.	Der Messwert soll im letzten Drittel der Skala liegen. Der prozentuale Messfehler ist dann am geringsten.	Günstigen Messbereich wählen
Messen	Eingestellten Messbereich und Einteilung der Skala beachten.	Eingestellten Messbereich und Einteilung der Skala beachten.	Messen
Anlage ausschalten			
Messgerät entfernen			Messgerät entfernen
Anlage einschalten			

- Bei Zeiger-Messgeräten (analoge Messgeräte) gilt die Toleranzangabe nur für den Endwert der Skala, sodass der relative Fehler in Richtung Skalenanfang zunimmt. (s. nächste Seite)
- Bei Ziffern-Messgeräten (digitale Messgeräte) ist die Toleranzangabe auf dem Messgerät der prozentuale Fehler im gesamten Messbereich.

Vielfach-Messgeräte / multi function instrument

Digitales Messgerät (Ziffern-Messgerät)

Buchsen für Messleitungen
- I in A
- U
- I in mA
- R

Messbereichsschalter

Messbereich für Wechselspannung (AC)

Messbereich für Gleichspannung (DC)

Analoges Messgerät (Zeiger-Messgerät)

Senkrechte Gebrauchslage	⊥
Waagerechte Gebrauchslage	⊓
Schräge Gebrauchslage mit Angabe des Neigungswinkels	∠
Prüfspannungszeichen: Die Ziffer im Stern bedeutet die Prüfspannung in kV (Stern ohne Ziffer = 500 V Prüfspannung).	☆

Buchsen für Messleitungen

Skalen für 10er-Bereich und 3er-Bereich

Skalenendwert = Messbereichsangabe

Achtung! Faktor beachten!

Messbereichsschalter

Messbereich für Gleichspannung (DC)

Messbereich für Wechselspannung (AC)

Güteklasse
Die Güteklasse gibt die Genauigkeit des Messgerätes an. Der zulässige Fehler wird in Prozent des Skalenendwertes angegeben.
Betriebsmessgeräte: 1   1,5   2,5   5

Fehlerarten
Der **relative Fehler f** ist der absolute Fehler bezogen auf den jeweiligen Messwert. Er wird in Prozent angegeben (prozentualer Fehler) und ist für die gesamte Skala unterschiedlich.

Der **absolute Fehler F** ist die Abweichung des angezeigten Messwertes (Ist-Wert) vom tatsächlichen Wert (Soll-Wert). Er ist für die gesamte Skala gleich groß.

Fehlerberechnung

Geg.:
Messwert	Skalenendwert	Güteklasse
2,6 mA	10 mA	2,5

Ges.: $F; f$

absoluter Fehler   relativer Fehler

$F = 10$ mA $\cdot$ 2,5% $f = \dfrac{0,25 \text{ mA}}{2,6 \text{ mA}}$ $f = 0,09615$

$F = 0,25$ mA $f = 9,62\%$ $9,62\% > 2,5\%$

■ Der relative Fehler f ist stets größer als die Toleranz (Güteklasse), außer bei Endausschlag. Er ist am Anfang der Skala am größten.

Leitwert / conductance

1.5 Elektrischer Widerstand

Es ist eine Alltagserfahrung, dass sich Drähte bei Stromdurchfluss erwärmen. Besonders deutlich sieht man das bei Glühlampen.

Zur Erklärung des Vorgangs benutzen wir wieder das Bohrsche Atommodell. Von der angelegten Spannung getrieben bewegen sich die freien Elektronen durch den Leiter. Die Atome des Materials sind ihnen dabei im Weg. Zusammenstöße sind unvermeidlich, dadurch werden die Elektronen in ihrem Fortkommen behindert. Diese Behinderung wird als **elektrischer Widerstand** R bezeichnet. Seine Einheit ist Ohm (Ω).

Die Atome des Metalls werden durch die Anstöße der Elektronen in Schwingungen versetzt. Das wirkt sich als Erwärmung des Materials aus. Elektrische Energie wird also in Wärme umgewandelt.

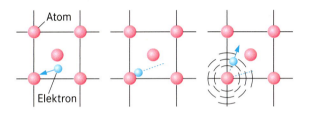

Man kann aber auch die Materialien nach ihrer Fähigkeit beurteilen den elektrischen Strom gut bzw. schlecht zu leiten. Wir haben es dann mit dem **elektrischen Leitwert** G zu tun. Er wird in Siemens (S) angegeben.

Elektrischer Widerstand und elektrischer Leitwert sind umgekehrt verhältnisgleich (antiproportional).

$$G = \frac{1}{R} \qquad 1\,\text{S} = \frac{1}{\Omega}$$

In diesem Zusammenhang müssen wir noch auf eine Schwierigkeit zu sprechen kommen, die immer wieder zu Missverständnissen führt. Das Wort Widerstand hat nämlich zwei Bedeutungen. Zum Einen gibt es die Eigenschaft Widerstand und dann auch das Bauteil Widerstand (vgl. Kap. 2.1). So kann es zu der kurios klingenden Aussage kommen: „Ein Widerstand (Bauteil) hat den Widerstand (Eigenschaft) von 5 Ω".

- Die Behinderung der Ladungsträger beim Durchfließen der Leiter wird elektrischer Widerstand R genannt.
- Die Einheit des elektrischen Widerstandes R ist Ohm (Ω).
- Der elektrische Leitwert G gibt an, wie gut bzw. wie schlecht ein Material leitet.
- Die Einheit des elektrischen Leitwertes G ist Siemens (S).

Aufgaben

1. Warum muss vor der Strommessung die Anlage abgeschaltet werden?

2. Welches Messgerät wird in Reihe mit dem Verbraucher geschaltet und welches parallel?

3. Beschreiben Sie den Zusammenhang zwischen elektrischem Widerstand und Stromstärke! Verwenden Sie dazu den folgenden unvollständigen Satz: „Wenn der Widerstand … , dann … ."

4. Erstellen Sie eine Tabelle nach folgendem Muster! Füllen Sie die Tabelle aus.

Größe	Formelzeichen	Einheitszeichen
Spannung		
	I	
		Ω
	G	

5. a) Lesen Sie auf den beiden oberen Skalen die Zahlenwerte (ohne Messbereich) ab!

b) Wie groß ist der Messwert für den Zahlenwert aus a) bei den Messbereichen 1 000 V und 3 mA?

c) Das Messgerät hat eine Toleranz von ± 2,5 %. Berechnen Sie die mögliche Abweichung in V für den Messbereich 1 000 V!

d) Berechnen Sie den prozentualen Fehler des Messwertes bei b) im Messbereich von 1 000 V und der Toleranz nach c)!

e) Vergleichen Sie die Ergebnisse aus d) mit der Toleranz 2,5 %. Formulieren Sie daraus eine Folgerung für Messwerte im Anfangsteil bzw. Endteil der Skala!

6. Berechnen Sie die Leitwerte folgender Widerstände a) 0,56 kΩ; b) 220 Ω; c) 8,2 mΩ; d) 3,3 MΩ!

Die Einheit Ohm wurde nach dem deutschen Physiker Georg Simon Ohm benannt. Er lebte von 1789 bis 1854. Ohm fand im Jahr 1826 das nach ihm benannte Gesetz. Es gibt die Zusammenhänge zwischen Strom, Spannung und Widerstand wieder.

Leistungsbestimmung / power determination

1.6 Leistung und Arbeit

Wenn Sie sich eine HiFi-Anlage kaufen, ist für Sie bestimmt wichtig: „Was gibt die Anlage her? Was leistet sie?" Die Angabe der **Leistung P** ist eine wichtige Eigenschaft z. B. einer Anlage, eines Gerätes, eines Motors. Die Einheit der Leistung ist Watt (W).

Wie Sie wissen, gibt es z. B. Glühlampen von 25 W sowohl für 230 V als auch für 24 V. Daraus können wir schließen, dass die Spannung nicht allein maßgebend für die Leistung sein kann. Die zweite Größe ist die Stromstärke.

Versuch zur Leistungsbestimmung
Um die Abhängigkeit der Leistung von den Größen U und I zu untersuchen, werden zwei Glühlampen von 40 W in unterschiedliche Schaltungen eingebaut.

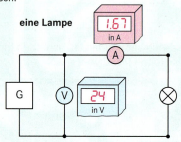

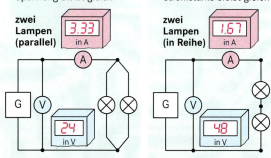

In beiden Schaltungen erzeugen die zwei Lampen zusammen die doppelte Helligkeit einer Glühlampe, d. h. die Gesamtleistung der beiden Glühlampen ist jeweils doppelt so hoch. Wir vergleichen die Werte von Stromstärke bzw. Spannung mit den Werten einer Glühlampe.

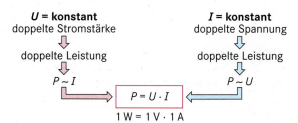

Was ist elektrische Arbeit?
Ein nicht eingeschalteter Elektromotor erzeugt natürlich keine Bewegung. Erst wenn Maschinen oder Geräte in Funktion sind, wird Arbeit verrichtet. Die auf dem Leistungsschild angegebene Leistung ist demnach nur das zur Verfügung stehende Arbeitsvermögen.

Erst wenn eine bestimmte Zeit lang Leistung aufgebracht wurde, ist Arbeit in eine andere Energie umgewandelt worden. Das bedeutet, dass die Verbindungsgröße zwischen Leistung und Arbeit die Zeit ist.

$$\boxed{W = P \cdot t} \quad 1\,\text{Ws} = 1\,\text{W} \cdot 1\,\text{s}$$

Die Einheit Wattsekunde (Ws) ist für die Energietechnik zu klein, deshalb wird üblicherweise die Einheit **Kilowattstunde** (kWh) benutzt.

1 kWh = 1 000 · 3 600 Ws
1 kWh = 3 600 000 Ws

Elektrische Arbeit wird mit einem Elektrizitätszähler „gemessen" (vgl. Kap. 6.1.2).

- Die Leistung P ist das Produkt aus Spannung U und Stromstärke I.
- Die Einheit der Leistung P ist Watt (W).
- Die Arbeit W ist das Produkt aus Leistung P und Zeit t.
- Die Einheit der Arbeit W ist Wattsekunde (Ws) bzw. Kilowattstunde (kWh).

Die Einheit Watt wurde nach dem englischen Universitätsmechaniker James Watt bezeichnet. Er lebte von 1736 - 1819. Watt gilt als Erfinder der Dampfmaschine.

Historisches Stromkreis-Modell / historical electric circuit model

Aufgaben

1. Erklären Sie den Unterschied zwischen Arbeit und Leistung!

2. Berechnen Sie die Stromstärke einer 60 W-Lampe, die an der Spannung 230 V liegt!

3. Der Leistungsmesser P1 hat vier Anschlussklemmen. Warum sind diese nötig?

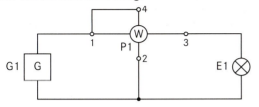

4. Der Elektrizitätszähler misst die elektrische Arbeit.
Geben Sie an, welche drei Größen er verarbeiten muss!

5. Die Arbeit wird auch in der Einheit J (Joule) gemessen, dabei ist 1 J = 1 Ws.
Berechnen Sie, welche Arbeit in kJ eine elektrische Kochplatte mit 300 W in 25 Minuten verrichtet!

6. Ein Kunde erhielt vom VNB[1] eine Jahresabrechnung von 512,68 € (ohne Grundgebühr). Der Energiepreis betrug 10,11 Cent/kWh.
Berechnen Sie die durchschnittliche elektrische Leistung im betreffenden Jahr (365 Tage)!

[1] **V**erteilungs**n**etz**b**etreiber (VNB), frühere Bezeichnung: **E**lektrizitäts**v**ersorgungs**u**nternehmen (EVU)

Historisches Stromkreis-Modell

Sie haben den elektrischen Stromkreis und seine Grundgrößen kennengelernt. Sie kennen die einzelnen Begriffe, ihre Kurzzeichen (Formelgrößen) und die entsprechenden Einheiten. Ihnen ist auch bekannt, wie Spannung und Stromstärke gemessen werden und was beim Umgang mit Messgeräten beachtet werden muss.

Sie haben dabei bestimmt festgestellt, dass die Vorgänge im elektrischen Stromkreis recht abstrakt sind. Mithilfe von Modellen wird versucht, die Verhältnisse anschaulich darzustellen. Alle Modelle haben jedoch den Nachteil, dass sie nicht vollständig auf die Elektrizität übertragbar sind und dass nicht alle Vorgänge mit einem Modell verdeutlicht werden können.

In einem populär wissenschaftlichen Buch von Eduard Rhein („Du und die Elektrizität") aus dem Jahr 1940 fanden wir folgende Modelldarstellung des elektrischen Stromkreises.

Die beiden Männer schieben im Erzeuger die Kügelchen (Elektronen), dadurch werden sie im gesamten Rohrkreis bewegt. Als Ergebnis wird die Säge abwärts geführt. Sie verrichtet damit Arbeit.

Die Ursache der Bewegung im Rohr ist die unterschiedliche Anzahl der Kügelchen an den beiden Enden der Erzeuger-Röhre. Wir können uns das wie eine elektrische Spannungsquelle vorstellen. Auch dabei ist ein Unterschied in der Elektronenanzahl vorhanden. Der soll ausgeglichen werden und ergibt so die gerichtete Bewegung der Elektronen. Auch der elektrische Widerstand ist in der Darstellung modellhaft vorhanden. In der Sägen-Röhre (Verbraucher) wird der Kugelfluss durch die Scheibe behindert.

Und noch zwei andere wichtige Tatsachen können dem Modell entnommen werden. Deutlich ist zu erkennen, dass sich die beiden Männer an der Erzeuger-Röhre (Spannungsquelle) ständig bewegen müssen. Hören sie auf, fließen keine Kügelchen mehr. Weiterhin wird in dem Bild deutlich, dass die Spannung nicht gespeichert werden kann.

Die Anzahl der Kügelchen (also der Elektronen) bleibt immer gleich. Es geht keines verloren. Ihre Anzahl ist an jeder Stelle feststellbar, d. h. Strommesser können überall eingeschaltet werden. Kügelchen (also Strom) werden nicht verbraucht. Sie werden lediglich benutzt.

2 Abhängigkeiten im Stromkreis

2.1 Spannung und Stromstärke

Die Elektrizitäts-Versorgungsunternehmen stellen Spannungen von 230 V und 400 V zur Verfügung. Wir gehen bei den folgenden Betrachtungen davon aus, dass die Spannungen konstant sind. Je nach Leistung der Geräte fließt ein entsprechender Strom.

Annahme: Wir besitzen ein Gerät für eine Betriebsspannung von 230 V.

Was würde passieren, wenn wir irrtümlicherweise dieses Gerät an eine Spannung von 400 V anschließen?

Das Gerät würde überlastet und aufgrund zu hoher Wärmeentwicklung zerstört werden. Als Ursache hierfür vermuten wir eine zu hohe Stromstärke.

Wir wollen nun den Zusammenhang zwischen Spannung und Stromstärke im Stromkreis genauer untersuchen.

Da wir aus Sicherheitsgründen nicht mit der Netzspannung von 230 V arbeiten wollen, benutzen wir ein einstellbares Netzgerät ①. An diesem können kleinere und deshalb ungefährliche Spannungen eingestellt werden.

Anstelle eines Elektrogerätes benutzen wir einen einzelnen Widerstand, sodass wir gefahrlos experimentieren können. Der verwendete Steckwiderstand hat in diesem Fall einen Wert von

$R_1 = 20\,\Omega$ ②

Experiment

Vorab einige grundsätzliche Überlegungen zur experimentellen Untersuchung. Folgende Schritte sind sinnvoll:

1. Messschaltung entwerfen (Stromlaufplan, Abb. 1).
2. Messschaltung aufbauen.
3. Aufgebaute Messschaltung kontrollieren.
4. Spannung in Schritten (z.B. 2 V) erhöhen ③ und die jeweilige Stromstärke messen ④.
5. Messergebnisse in eine Tabelle eintragen (vgl. Tabelle ⑤).
6. Messergebnisse auswerten.

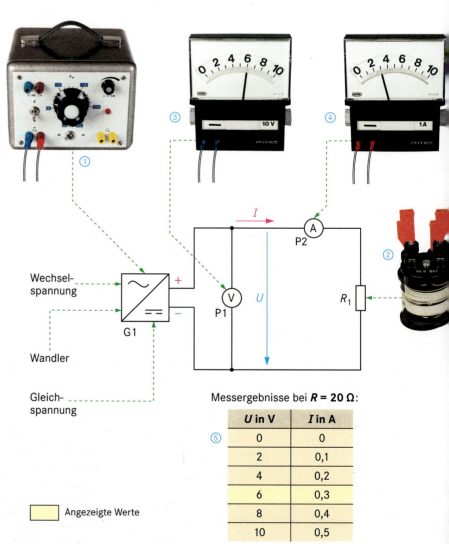

Messergebnisse bei $R = 20\,\Omega$:

U in V	I in A
0	0
2	0,1
4	0,2
6	0,3
8	0,4
10	0,5

1: Messschaltung und Versuchsaufbau

Diagramme / charts

Auswertung der Messergebnisse

Es gibt verschiedene Möglichkeiten, die vorliegenden Messergebnisse auszuwerten:
- sprachlich (Merksatz),
- zeichnerisch (Diagramm) und
- mathematisch (Formel).

Die Messwerte verdeutlichen bereits, dass mit zunehmender Spannung U auch die Stromstärke I ansteigt (bei konstant bleibendem Widerstand R).

Der Anstieg der Stromstärke ist sogar gleichmäßig. Die Stromstärke steigt immer um 0,1 A an, wenn die Spannung um 2 V erhöht wird.

Neben dieser sprachlichen Beschreibung der Ergebnisse ist es sinnvoll, die Messwerte in Form einer grafischen Darstellung (**Diagramm**) zu veranschaulichen (Abb. 2).

Wie erstellen wir ein Diagramm?

Zuerst zeichnen wir ein Achsenkreuz mit einem geeigneten Maßstab (z.B. 1 V ≙ 1 cm; 0,1 A ≙ 2 cm).

Die eingestellte Spannung U wird an der waagerechten Achse aufgetragen ① (**Abszisse**).

Danach stellen wir die Stromstärke I als abhängige Größe an der senkrechten Achse (**Ordinate**) dar ②.

Zuletzt zeichnen wir die eingestellten und die gemessenen Werte in das Diagramm ein. Es ergeben sich sechs Kreuzungspunkte ③. Sie verdeutlichen den Anstieg der Stromstärke, wenn die Spannung erhöht wird.

Die Kreuzungspunkte liegen auf einer Verbindungslinie. Diese Gerade wird als Widerstands-Kennlinie bezeichnet. Dadurch wird es möglich, Zwischenwerte abzulesen.

Ergebnisse der Messung

- Die Stromstärke I hängt von der eingestellten Spannung ab.
- Die Verbindung der Messpunkte ergibt eine Gerade.
- Die Stromstärke I erhöht sich in gleichem Verhältnis wie die Spannung U (bei gleich bleibendem Widerstand R).
  Wir sagen dann: Stromstärke und Spannung sind zueinander **proportional** (Zeichen: ~).

Ablesen von Größenwerten aus der Kennlinie

Beispiel: Spannung U = 5 V

Vorgehensweise:
1. Größenwert auf der Spannungs-Achse markieren ④.
2. Senkrechte Linie bis zur Widerstands-Kennlinie ziehen ⑤.
3. Von diesem Schnittpunkt eine waagerechte Linie bis zur Stromstärken-Achse zeichnen ⑥.
4. Stromstärke von 0,25 A ablesen ⑦.

Ergebnis:

Liegt an dem Widerstand R = 20 Ω eine Spannung von U = 5 V, dann ergibt sich eine Stromstärke von I = 0,25 A.

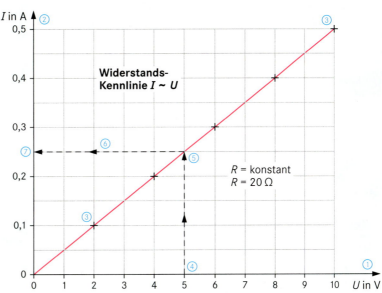

2: Stromstärke I in Abhängigkeit von der Spannung U bei konstantem Widerstand R

- Messwerte lassen sich sprachlich (Merksatz), zeichnerisch und mathematisch auswerten.
- In Diagrammen werden Abhängigkeiten zwischen Größen dargestellt.
- Die unabhängige Größe wird an der waagerechten Achse (Abszisse) und die abhängige Größe an der senkrechten Achse (Ordinate) aufgetragen.
- Die Messpunkte werden miteinander verbunden (Kennlinie des Widerstandes). Dabei wird der wahrscheinlichste Kurvenverlauf eingezeichnet. Mess- und Ablesefehler können dadurch in Grenzen korrigiert werden.

Mathematische Darstellung

Aufgrund des einfachen Zusammenhangs lässt sich das Messergebnis auch mathematisch ausdrücken.

Wenn für jeden Messpunkt das Verhältnis U durch I gebildet wird, ergibt sich ein konstanter Wert.

$$\frac{U}{I} = \frac{2\,V}{0{,}1\,A} = \frac{4\,V}{0{,}2\,A} = \dots \qquad \frac{U}{I} = 20\,\Omega$$

$$I \sim U \;(I \text{ proportional } U) \quad \text{oder}$$

$$\frac{U}{I} = \text{konstant}$$

Das Verhältnis $\frac{U}{I}$ bezeichnet man als elektrischen Widerstand R.

Das Ergebnis lässt sich in Form einer mathematischen Gleichung ausdrücken:

$$\boxed{R = \frac{U}{I}}$$

Wenn das Verhältnis zwischen U und I konstant ist, wird dieses als **Ohmsches Gesetz** bezeichnet.

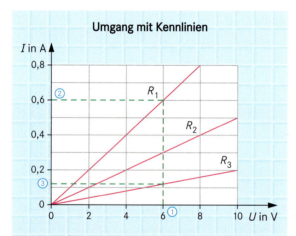

Umgang mit Kennlinien

Welcher Widerstand hat den kleinsten und welcher den größten Wert?

Lösung:
1. Beliebige Spannung annehmen (z.B. 6 V) ①.
2. Stromstärke ablesen (z.B. bei R_1 ist $I_1 = 0{,}6$ A ② und bei R_3 ist $I_3 = 0{,}12$ A ③).
3. $R_1 = \frac{6\,V}{0{,}6\,A}$; $R_1 = 10\,\Omega$; $R_3 = \frac{6\,V}{0{,}12\,A}$; $R_3 = 50\,\Omega$

Ergebnis: R_1 ist kleiner als R_3.

Bei gleich bleibender Spannung fließt durch den größten Widerstand der kleinste und durch den kleinsten Widerstand der größte Strom.

- Wenn in einem Stromkreis die Stromstärke im gleichen Verhältnis wie die Spannung steigt, d. h. proportional ist, bezeichnet man dieses Verhalten als Ohmsches Gesetz.

Das hier angewendete Verfahren zur Lösung eines elektrotechnischen Problems kann verallgemeinert werden (**Lösungsstrategie** ⑤).

Wesentliche Stufen sind dabei:
1. Zielsetzung
2. Planung
3. Durchführung
4. Auswertung

Wie lassen sich elektrotechnische Probleme lösen? ⑤

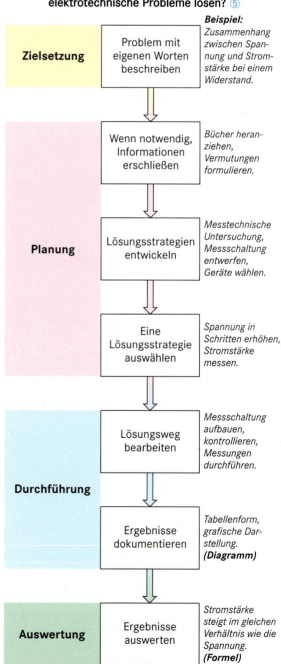

Widerstand und Stromstärke / resistance and current intensity

2.2 Widerstand und Stromstärke

Wenn wir an die Steckdosen der Hausinstallation verschiedene Elektrogeräte (unterschiedlich große Widerstände) anschließen, ändern wir die Stromstärke in den einzelnen Stromkreisen. Aber auch innerhalb der Geräte können wir Widerstände verändern und damit die Stromstärke beeinflussen.
Beispiel: Kochplatte mit 7-Takt-Schalter.

Diese praktischen Fälle wollen wir jetzt mit Hilfe der folgenden Fragestellung untersuchen:

Wie ändert sich die Stromstärke, wenn bei gleich bleibender Spannung der Widerstand verändert wird (**Zielsetzung**)?

Zur Untersuchung (**Planung**) verwenden wir wieder eine Laborschaltung, in der wir mit einer ungefährlichen Spannung und einem einstellbaren Widerstand arbeiten. Dieser Widerstand ersetzt die Kochplatte. Gewählt wird die folgende Messschaltung:

Ohmsches Gesetz

1. An einer Kochplatte ($U = 230$ V) wird bei eingeschalteter Stufe 4 eine Stromstärke von 2,05 A gemessen.
   Wie groß ist der Widerstand R der Kochplatte?
   Geg.: $U = 230$ V $I = 2{,}05$ A Ges.: R
   $R = \dfrac{U}{I}$ $R = \dfrac{230\text{ V}}{2{,}05\text{ A}}$ $\underline{R = 112\ \Omega}$

2. Ein Netzteil für die Energieversorgung einer elektronischen Schaltung liefert eine Ausgangsspannung von 10 V. Der Widerstand der elektronischen Schaltung beträgt 250 Ω.
   Wie groß ist die Stromstärke I?
   Geg.: $U = 10$ V $R = 250\ \Omega$ Ges.: I
   $R = \dfrac{U}{I}$ $I \cdot R = \dfrac{U \cdot I}{I}$ $\dfrac{I \cdot R}{R} = \dfrac{U}{R}$
   $I = \dfrac{U}{R}$ $I = \dfrac{10\text{ V}}{250\ \Omega}$ $I = 0{,}04$ A $\underline{I = 40\text{ mA}}$

3. In einer Hochspannungsanlage wird eine Stromstärke von 2 A ermittelt. Die Belastung der Anlage beträgt 0,5 kΩ.
   Für welche Spannung ist die Anlage ausgelegt?
   Geg.: $I = 2$ A $R = 0{,}5\ \Omega$ Ges.: U
   $\dfrac{U}{I} = R$ $\dfrac{U \cdot I}{I} = I \cdot R$ $U = I \cdot R$
   $U = 2\text{ A} \cdot 0{,}5\text{ k}\Omega$ $U = 1000$ V
   $\underline{U = 1\text{ kV}}$

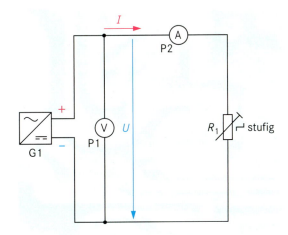

Danach gehen wir wie folgt vor (**Durchführung**)

Experiment

1. Geeignete Messgeräte auswählen.
2. Messschaltung aufbauen und kontrollieren.
3. Bei konstanter Spannung (z. B. 10 V) den Widerstand von $R = 10\ \Omega$ bis $40\ \Omega$ in Stufen verändern und die Stromstärke messen.
4. Messergebnisse in eine Tabelle und in ein Diagramm eintragen.

Messergebnisse

$U = 10$ V

R in Ω	I in A
10	1
20	0,5
30	0,33
40	0,25

Aufgaben

1. Berechnen Sie den Widerstand R_2 im Kennlinienfeld von S. 22!

2. Wie groß ist die Stromstärke beim Widerstand R_1 (Kennlinienfeld S. 22), wenn eine Spannung von 5 V anliegt?

3. Wie groß sind die Spannungen an den Widerständen R_1 bis R_3, wenn durch alle ein Strom von 0,2 A fließt (Kennlinienfeld S. 22)?

4. Wie groß ist die Stromstärke durch einen Widerstand von 12 kΩ, wenn er an einer Spannungsquelle mit 110 V liegt?

5. Der Isolationswiderstand eines Kondensators beträgt 2 MΩ. Es wird eine Stromstärke von 2,5 mA gemessen.
Wie groß ist die anliegende Spannung?

6. In einem Stromkreis wird die Spannung verdoppelt und gleichzeitig der Widerstand auf die Hälfte verringert.
Wie verändert sich die Stromstärke?

Auswertung

Die Kurve im Diagramm zeigt einen abfallenden Verlauf. Dieses bedeutet:

- Je größer der Widerstand in einem Stromkreis mit konstanter Spannung, desto kleiner ist die Stromstärke.
- Je kleiner der Widerstand in einem Stromkreis mit konstanter Spannung, desto größer ist die Stromstärke.
- Wir sagen dazu:
Stromstärke und Widerstand sind **umgekehrt proportional** (antiproportional). Durch Einführung der konstanten Spannung U wird aus der Proportionalität eine Gleichung.

$$I \sim \frac{1}{R} \qquad \boxed{I = \frac{U}{R}}$$

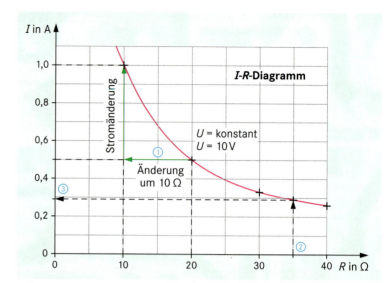

1: Stromstärke I in Abhängigkeit vom Widerstand R bei konstanter Spannung U

Der entstehende Kurvenverlauf heißt **Hyperbel**.

Wir wollen jetzt dieses experimentelle Ergebnis auf die Kochplatte mit 7-Takt-Schalter übertragen:

Fall 1:
Der Schalter wird von Stufe 3 nach Stufe 4 geschaltet. Was geschieht?

Die Wärmeentwicklung der Platte erhöht sich. Da die Spannung konstant geblieben ist, muss sich die Stromstärke durch den jetzt kleiner eingestellten Widerstand vergrößert haben. In der Kurve von Abb. 1 drückt sich dieses durch einen Anstieg aus (z. B. Änderung von 20 Ω auf 10 Ω ①).

Fall 2:
Der Schalter wird von Stufe 6 nach Stufe 5 geschaltet. Was geschieht?

Die Wärmeentwicklung verringert sich. Da die Spannung weiterhin konstant bleibt, verringert sich die Stromstärke. Also muss der Widerstand größer geworden sein.

Für eine verkürzte Darstellung verwenden wir die folgenden Symbole:

⇒ : daraus folgt ↑ : größer ↓ : kleiner

Mit diesen Symbolen ergibt sich folgende Kurzschreibweise (**Wirkungskette**):

Fall 1: $R \downarrow \Rightarrow I \uparrow$ (bei U = konstant)
Fall 2: $R \uparrow \Rightarrow I \downarrow$ (bei U = konstant)

> ■ Wenn ein Widerstand in einer Schaltung bei konstant bleibender Spannung verkleinert wird, steigt die Stromstärke. Sie sinkt, wenn der Widerstand größer wird.

Ablesen von Größen aus dem Diagramm

Beispiel: Eingestellter Widerstand R = 35 Ω.
Wie groß ist die Stromstärke?

1. Größe auf der Widerstands-Achse (R = 35 Ω) suchen und markieren (Abb. 1 ②).
2. Senkrechte Linien bis zur Kennlinie ziehen.
3. Waagerechte Linie bis zur Achse der Stromstärke zeichnen ③.
4. Stromstärke von 0,29 A ablesen.

Ergebnis: Liegt an einem Widerstand R von 35 Ω eine Spannung U von 10 V, dann ergibt sich eine Stromstärke I von 0,29 A.

Aufgaben

1. Überprüfen Sie das Ableseergebnis aus dem obigen Beispiel durch eine Berechnung!

2. Lesen Sie aus dem Diagramm von Abb. 1 die Stromstärken ab, die sich bei Widerständen von 15 Ω, 22 Ω und 31 Ω ergeben!

3. Wie groß ist die Änderung der Stromstärke, wenn sich der Widerstand in der Messschaltung (s. Diagramm Abb. 1) von 20 Ω auf 10 Ω verringert?

4. In einem Stromkreis mit konstanter Spannung wird der Widerstand in seinem Wert verdoppelt. Welche Auswirkung hat diese Änderung auf die Stromstärke?

5. Wie groß ist der Widerstand in der Schaltung entsprechend Abb. 1 bei I = 0,7 A?

6. Übernehmen Sie die Kennlinie aus Abb. 1 auf ein Blatt Papier und zeichnen Sie den Kurvenverlauf für U = 5 V ein.

Kochplatte / electric cooking plate

2.3 Widerstand und Leistung

Die elektrische Kochplatte ist ein wichtiger Energiewandler in der Elektrotechnik. Elektrische Energie wird benutzt um Wärme zu erzeugen. Je nach Schalterstellung fließt der elektrische Strom durch verschiedene Heizdrähte (Abb.2). Diese Drähte sind Widerstände und werden deshalb als Betriebsmittel mit R1, R2 und R3 bezeichnet. Wenn wir die Widerstände als Größen auffassen, verwenden wir eine kursive Schrift und Indizes.

Welche elektrischen Größen spielen bei der Energieumwandlung in der Kochplatte eine Rolle?

- Die Ursache für den Stromfluss ist die konstante Netzspannung von 230 V. U (bleibt konstant)
- Der Hersteller hat für jede Schalterstellung einen bestimmten Heizwiderstand (oder Kombination) vorgesehen. R (Schalterstellung)
- Jeder eingeschaltete Heizwiderstand verursacht eine bestimmte Stromstärke. I (ist abhängig)
- Jeder Schalterstellung entspricht eine bestimmte elektrische Leistung. P (ist abhängig)

Welche Abhängigkeit besteht zwischen den Größen?
Aus Erfahrung und auf Grund der bereits in Kap. 1.6 erarbeiteten Formel für die Leistung wissen wir, dass diese von der Spannung U und der Stromstärke I abhängt. Bei der Kochplatte ändern wir die Stromstärke aber durch Verändern der Widerstände.

Wie die Leistung von der Widerstandseinstellung abhängt, soll jetzt in einer Laborschaltung untersucht werden.

1. Zielsetzung
Es soll der Zusammenhang zwischen Leistung und Widerstand untersucht werden.

2. Planung
Messschaltung zeichnen (Abb. 2).
Geeignete Messgeräte (Strom- und Spannungsmessgeräte) auswählen.

3. Durchführung
Schaltung aufbauen und einzelne Schaltstufen einstellen ①. Wir ändern dadurch entsprechend den Herstellerangaben die Leistung ②.
Danach messen wir die Stromstärke ③.

4. Auswertung
Widerstand R berechnen wir mit:

$R = \dfrac{U}{I}$ ④

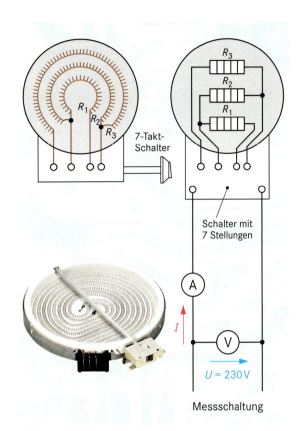

2: Elektrische Kochplatte als Energiewandler

Schaltstufe ①	U = 230 V eingestellt P ② in W	U = konstant gemessen I ③ in A	berechnet R ④ in Ω
0	0	0	∞
1	200	0,87	265
2	305	1,33	173
3	450	1,96	118
4	950	4,13	55,7
5	1400	6,09	37,8
6	2000	8,70	26,5

▨ Herstellerangaben

Aus den Tabellenwerten lässt sich bereits die folgende Abhängigkeit (Wirkungskette) aufstellen:
$R \uparrow \Rightarrow I \downarrow \Rightarrow P \downarrow$ und $R \downarrow \Rightarrow I \uparrow \Rightarrow P \uparrow$

Beispiel:
R wird von 173 Ω nach 265 Ω vergrößert (Schaltstufe 2 nach Schaltstufe 1).
$\Rightarrow I$ sinkt von 1,33 A auf 0,87 A
$\Rightarrow P$ verringert sich von 305 W auf 200 W

Auswertung der Messergebnisse

Die Kurve im Diagramm zeigt einen abfallenden Verlauf.

- Je kleiner der Widerstand bei konstanter Spannung, desto größer ist die Leistung.
- Je größer der Widerstand bei konstanter Spannung, desto kleiner ist die Leistung.
- Leistung und Widerstand sind also umgekehrt proportional. Diese Kurve ist eine Hyperbel. Mathematisch ausgedrückt:

$$P \sim \frac{1}{R}$$

Diese proportionale Beziehung läßt sich in eine Gleichung umwandeln, wenn weitere Größen hinzugefügt werden. Wir vermuten, dass dies die Spannung oder die Stromstärke sein wird, da beide Größen für die Leistung bestimmend sind.

Der Zahlenwert und die Einheit für diese Größe läßt sich ermitteln, indem wir die Proportionalität wie eine Gleichung behandeln und das Produkt aus $P \cdot R$ bilden.

Für jeden Messpunkt ergibt sich dann ein konstanter Wert. Wir erhalten z.B. mit dem letzten Messwert:
$P \cdot R = 2000 \text{ W} \cdot 26{,}5\ \Omega \qquad P \cdot R = 53000\ \text{W}\Omega$

Diese etwas ungewöhnliche Einheit $W\Omega$ kann ersetzt werden. Es gilt: $1W = 1VA$ und $1\Omega = 1V/1A$. Durch Einsetzen und Kürzen bleibt das Quadrat der Spannung übrig: $P \cdot R = 53000\ V^2$ oder $P \cdot R = (230\ V)^2$. Für die **Leistung** ergibt sich dann die folgende Formel:

$$\boxed{P = \frac{U^2}{R}}$$

Diese Formel macht deutlich, dass z.B. bei konstant bleibendem Widerstand und Verdopplung der Spannung die Leistung auf den vierfachen Wert ansteigt.

In der Formel kann aber auch die Spannung durch die Stromstärke ersetzt werden. Wir setzen $U = I \cdot R$ ein und erhalten:

$$P = \frac{(I \cdot R) \cdot (I \cdot R)}{R} \qquad P = \frac{(I^2 \cdot R^2)}{R}$$

Der Widerstand R lässt sich kürzen. Damit ergibt sich dann:

$$\boxed{P = I^2 \cdot R}$$

Diese letzte Beziehung zeigt, dass die Leistung vom Quadrat der Stromstärke abhängig ist. Eine Verdopplung der Stromstärke sorgt für eine Vervierfachung der Leistung.

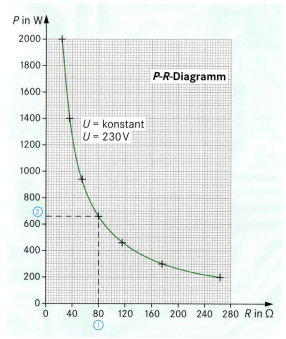

1: Leistung in Abhängigkeit vom Widerstand bei konstanter Spannung

Ablesen von Größen aus Diagrammen

Obwohl für das Zeichnen des Diagramms in Abb. 1 nur 6 Messpunkte verwendet wurden, ist der Kurvenverlauf insgesamt gut erkennbar. Es können auch Werte abgelesen werden, die nicht gemessen wurden.

Beispiel:
Wie groß ist die Leistung, wenn bei der Kochplatte ein Widerstand von 80 Ω eingeschaltet werden könnte?

1. Widerstand von 80 Ω an Widerstands-Achse markieren ①.
2. Linie bis zur Leistungskurve ziehen.
3. Linie vom Schnittpunkt bis zur Leistungs-Achse zeichnen.
4. Leistung von etwa 660 W ablesen ②.

Leistungsberechnung

Der elektrische Widerstand eines Heizlüfters wird mit 100 Ω angegeben. Er ist an 230 V angeschlossen. Wie groß sind Leistung und Stromstärke?

Geg.: $U = 230\ V$; $R = 100\ \Omega$ \qquad Ges.: P und I

$$P = \frac{U^2}{R} \qquad P = \frac{230\ V \cdot 230\ V}{100\ \Omega} \qquad P = \frac{52900\ V^2}{100\ \Omega}$$

$$P = 529\ W$$

$$I = \frac{U}{R} \qquad I = \frac{230\ V}{100\ \Omega} \qquad \underline{I = 2{,}3\ A}$$

Leistungsmessung / power measurement

Leistungsmessung

Die Leistung bei der elektrischen Kochplatte von S. 25 konnte durch die jeweilige Schalterstellung gewählt werden. Sie lässt sich jedoch auch messtechnisch ermitteln. Benötigt wird dazu die anliegende Spannung und die Stromstärke durch das Gerät (Abb. 2). Die Leistung muss dann aus diesen beiden Größen mit $P = U \cdot I$ berechnet werden. Wir bezeichnen dieses als **indirekte** Leistungsmessung.

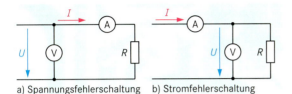

a) Spannungsfehlerschaltung   b) Stromfehlerschaltung

2: Indirekte Leistungsmessung mit Strom- und Spannungsmessgeräten

Die Messung von Spannung und Stromstärke kann aber auch gleichzeitig in einem Messgerät vorgenommen werden (Abb. 3), sodass die Leistung **direkt** angezeigt wird. Da zwei Größen gemessen werden, sind vier Anschlüsse erforderlich (Abb. 4).

In der Praxis gibt es auch Messgeräte mit drei Anschlüssen, weil zwei Anschlüsse dann gemeinsam genutzt werden.

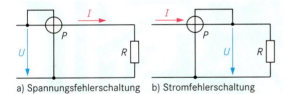

a) Spannungsfehlerschaltung   b) Stromfehlerschaltung

3: Direkte Leistungsmessung mit einem Leistungsmessgerät

- Wenn der Widerstand bei konstant bleibender Spannung in einem Stromkreis verringert wird, steigt die Leistung.
- Wenn der Widerstand bei konstant bleibender Spannung in einem Stromkreis vergrößert wird, sinkt die Leistung.
- Wenn der Widerstand konstant bleibt, gibt es zwischen Leistung und Spannung (bzw. der Stromstärke) einen quadratischen Zusammenhang.
- Die Leistung lässt sich indirekt durch Stromstärken- und Spannungsmessung sowie Berechnung bestimmen.
- Bei einem Leistungsmessgerät wird im Messgerät das Produkt aus U und I gebildet und direkt als Leistung angezeigt.

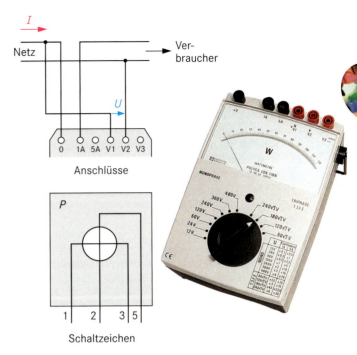

4: Leistungsmesser

Aufgaben

1. Bei der Kochplatte in Abb. 2 auf S. 25 wird
a) von Stufe 1 nach 2 und
b) von Stufe 3 nach 2 geschaltet.
Welche Größen ändern sich und welche bleiben konstant?

2. Ermitteln Sie mit dem P-R-Diagramm in Abb. 1 folgende Größen:
a) Leistung bei $R = 200\ \Omega$ und
b) Widerstand bei $P = 1$ kW!

3. Beschreiben Sie die Unterschiede der beiden Messschaltungen von Abb. 3!

4. Die Kochplatte (Abb. 2, S. 25) wird an einem 110 V-Netz betrieben. In welchem Bereich (oberhalb oder unterhalb) würde eine neu aufgenommene Kurve im Vergleich zur ursprünglichen Kurve liegen?

5. Ein Heizgerät ist an 230 V angeschlossen und hat eine Leistung von 4 kW.
Wie groß ist der elektrische Widerstand?

6. Wie ändert sich die Leistung in einem Stromkreis mit konstanter Spannung, wenn der Widerstand
a) verdoppelt bzw.
b) auf die Hälfte verringert wird?

7. Zwei Glühlampen von 100 W und 25 W werden an 230 V betrieben.
Ermitteln Sie die jeweilige Stromstärke!

Widerstandsschaltungen / resistor circuits

2.4 Schaltungen mit Widerständen

2.4.1 Grundschaltungen

Um bei der Kochplatte verschiedene Leistungen zu erzielen sind die Widerstände unterschiedlich zusammengeschaltet worden (Abb. 1).

- In der linken Spalte 1 sind verschiedene Schalterstellungen mit den Leistungen aufgeführt.
- In der Mitte (Spalte 2) befindet sich vereinfacht der Schalter mit der Widerstandsschaltung. Die eingeschalteten Widerstände sind farblich gekennzeichnet.
- Rechts (Spalte 3) ist der jeweilige vereinfachte Stromlaufplan für die Widerstandsschaltung zu sehen.

Die Stromlaufpläne zeigen:
Die Widerstände sind einzeln hintereinander (in Reihe; in Serie) oder nebeneinander (parallel) geschaltet. Man nennt diese Schaltungen deshalb **Reihenschaltung** bzw. **Parallelschaltung**.

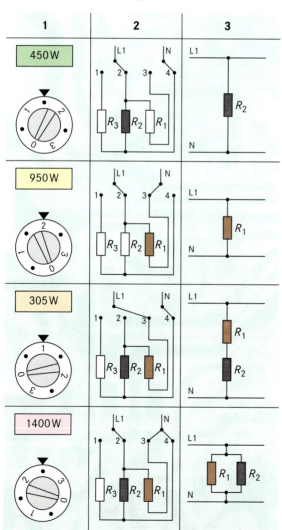

1: Widerstandsschaltungen in der Kochplatte

Welche Gesetzmäßigkeiten gibt es bei Widerstandsschaltungen?

Mit Hilfe der auf S. 25 festgehaltenen Mess- und Einstellwerte sowie den Schaltungen aus Abb. 1 können wir bereits wichtige Erkenntnisse gewinnen. Wir untersuchen folgende Fälle:

450 W Nur der Widerstand R_2 ist eingeschaltet.

Am Widerstand liegt die Netzspannung von 230 V. Der Widerstand $R_2 = 118\ \Omega$ verursacht eine Stromstärke von $I_2 = 1{,}96$ A (vgl. S. 25).

950 W Nur der Widerstand R_1 ist eingeschaltet.

Am Widerstand liegt die Netzspannung von 230 V. Der Widerstand $R_1 = 55{,}7\ \Omega$ verursacht eine Stromstärke von $I_1 = 4{,}13$ A (vgl. S. 25).
Im Vergleich zu 450 W: $I_1 > I_2$, da $R_1 < R_2$.

305 W Die Widerstände R_1 und R_2 sind **in Reihe** geschaltet.

Die Netzspannung von 230 V liegt an den beiden Widerständen. Sie kann deshalb nicht vollständig für jeden Widerstand „wirksam" werden. Das „Hindernis" dieser in Reihe geschalteten Widerstände ist also größer, als wenn ein einzelner Widerstand an der Netzspannung liegen würde.

Wir können Folgendes vermuten:
Die Einzelwiderstände können zu einem Gesamtwiderstand addiert werden.

$R_1 + R_2 = 55{,}7\ \Omega + 118\ \Omega \qquad R_1 + R_2 = 173{,}7\ \Omega$

Der Gesamtwiderstand ist immer größer als jeder einzelne Widerstand.

Dieser Sachverhalt drückt sich auch in der geringeren Stromstärke ($I_{1,2} = 1{,}33$ A) und in der geringeren Gesamtleistung ($P_{1,2} = 305$ W) aus (vgl. S. 25).

1400 W Die Widerstände R_1 und R_2 sind **parallel** geschaltet.

An jedem Widerstand liegt wie bei den Schalterstellungen 450 W und 950 W die Netzspannung von 230 V. Die einzelnen Stromstärken können also zu einer Gesamtstromstärke und die Einzelleistungen zu einer Gesamtleistung addiert werden.

$I_1 + I_2 = 4{,}13\ \text{A} + 1{,}96\ \text{A} \qquad I_1 + I_2 = 6{,}09\ \text{A}$
$P_1 + P_2 = 950\ \text{W} + 450\ \text{W} \qquad P_1 + P_2 = 1400\ \text{W}$

Die einzelnen Widerstände dagegen dürfen nicht addiert werden. Der Gesamtwiderstand von 37,8 Ω (Berechnung s. unten) ist kleiner als jeder Einzelwiderstand (55,7 Ω und 118 Ω).

$R_g = \dfrac{230\ \text{V}}{6{,}09\ \text{A}} \qquad R_g = 37{,}8\ \Omega$

Parallel- und Reihenschaltung / parallel connection and series connection

Parallelschaltung

Aus den vorangegangenen Überlegungen ist über die Parallelschaltung bereits Folgendes bekannt:

Für parallel geschaltete Widerstände gibt es eine **gemeinsame Größe:**
Die **Spannung** U.

Die gesamte Stromstärke I_g kann ermittelt werden, indem die einzelnen Stromstärken addiert werden.

$I_g = I_1 + I_2 + ... + I_n$ **1. Kirchhoffsches Gesetz**

Reihenschaltung

Aus den vorangegangenen Überlegungen ist über die Reihenschaltung bereits Folgendes bekannt:

Für in Reihe geschaltete Widerstände gibt es eine **gemeinsame Größe:**
Die **Stromstärke** I.

Die gesamte Spannung U_g teilt sich auf. Sie kann ermittelt werden, indem die einzelnen Spannungen addiert werden.

$U_g = U_1 + U_2 + ... + U_n$ **2. Kirchhoffsches Gesetz**

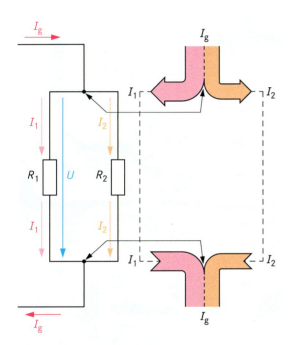

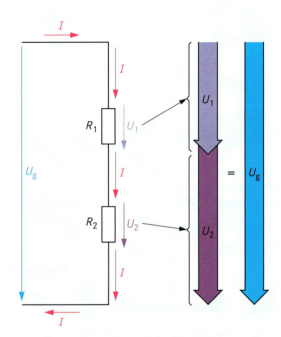

1: Stromverzweigung

Die gesamte Leistung P_g setzt sich aus den Einzelleistungen zusammen.

$P_g = P_1 + P_2 + ... + P_n$

2: Spannungsaufteilung

Die gesamte Leistung P_g setzt sich aus den Einzelleistungen zusammen.

$P_g = P_1 + P_2 + ... + P_n$

- In der Parallelschaltung von Widerständen ist die Spannung an allen Widerständen gleich.
- Bei der Parallelschaltung ist die Gesamtstromstärke I_g gleich der Summe der Einzelstromstärken.
- Bei der Parallelschaltung ist die Gesamtleistung P_g gleich der Summe der Einzelleistungen.
- Bei der Parallelschaltung ist der gesamte Widerstand R_g stets kleiner als der kleinste Einzelwiderstand.

- In der Reihenschaltung von Widerständen fließt durch alle Widerstände derselbe Strom.
- Bei der Reihenschaltung ist die Gesamtspannung U_g gleich der Summe der Einzelspannungen.
- Bei der Reihenschaltung ist die Gesamtleistung P_g gleich der Summe der Einzelleistungen.
- Bei der Reihenschaltung ist der gesamte Widerstand R_g stets größer als der kleinste Einzelwiderstand.

2.4.2 Gesamtwiderstände

Wie lässt sich aus den Einzelwiderständen der insgesamt wirksame Widerstand ermitteln?

Diese Frage kann auf mathematischem Wege beantwortet werden. Wir verwenden dazu die bereits bekannten formelmäßigen Beziehungen.

Parallelschaltung

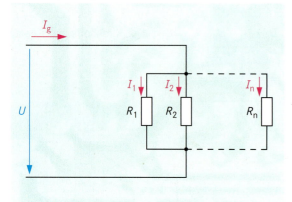

1. Grundformel für die **Stromverzweigung**:

$$I_g = I_1 + I_2 + \ldots + I_n$$

2. Formeln für die einzelnen **Stromstärken**:

$$I_g = \frac{U}{R_g}; \quad I_1 = \frac{U}{R_1}; \quad I_2 = \frac{U}{R_2}; \quad \ldots \quad I_n = \frac{U}{R_n}$$

3. **Formeln** der einzelnen Stromstärken in die Grundformeln für die Stromverzweigung **einsetzen**.

$$I_g = \frac{U}{R_g} = \frac{U}{R_1} + \frac{U}{R_2} + \ldots + \frac{U}{R_n}$$

4. Durch die **gemeinsame Größe** (Spannung U) teilen.

$$\frac{1}{R_g} = \frac{1}{R_1} + \frac{1}{R_2} + \ldots + \frac{1}{R_n}$$

Die Kehrwerte der Widerstände können durch die Leitwerte ersetzt werden.

5. Ergebnis:

$$\boxed{G_g = G_1 + G_2 + \ldots + G_n} \qquad \boxed{R_g = \frac{1}{G_g}}$$

■ Bei der Parallelschaltung von Widerständen lässt sich der Gesamtleitwert durch die Addition der Einzelleitwerte ermitteln.

Die in der linken Spalte vorgenommene Herleitung der Formel für den Gesamtwiderstand soll durch die folgende Aufgabe vertieft werden.

Parallelschaltung aus drei Widerständen

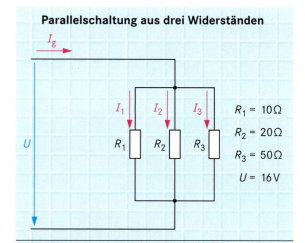

$R_1 = 10\,\Omega$
$R_2 = 20\,\Omega$
$R_3 = 50\,\Omega$
$U = 16\,V$

Stromstärken

$$I_1 = \frac{U}{R_1} \quad I_1 = \frac{16\,V}{10\,\Omega} \quad \underline{I_1 = 1{,}6\,A}$$

$$I_2 = \frac{U}{R_2} \quad I_2 = \frac{16\,V}{20\,\Omega} \quad \underline{I_2 = 0{,}8\,A}$$

$$I_3 = \frac{U}{R_3} \quad I_3 = \frac{16\,V}{50\,\Omega} \quad \underline{I_3 = 0{,}32\,A}$$

$$I_g = 1{,}6\,A + 0{,}8\,A + 0{,}32\,A \quad \underline{I_g = 2{,}72\,A}$$

Leitwerte und Widerstände

$$G_1 = \frac{1}{R_1} \quad G_1 = \frac{1}{10\,\Omega} \quad \underline{G_1 = 100\,mS}$$

$$G_2 = \frac{1}{R_2} \quad G_2 = \frac{1}{20\,\Omega} \quad \underline{G_2 = 50\,mS}$$

$$G_3 = \frac{1}{R_3} \quad G_3 = \frac{1}{50\,\Omega} \quad \underline{G_3 = 20\,mS}$$

$$G_g = G_1 + G_2 + G_3 \quad G_g = 100\,mS + 50\,mS + 20\,mS$$

$$\underline{G_g = 170\,mS}$$

$$R_g = \frac{1}{G_g} \quad R_g = \frac{1}{170\,mS} \quad \underline{R_g = 5{,}9\,\Omega}$$

Widerstandsformel für zwei parallel geschaltete Widerstände

$$\frac{1}{R_g} = \frac{1}{R_1} + \frac{1}{R_2} \quad \text{Hauptnenner: } R_1 \cdot R_2 \quad \frac{1}{R_g} = \frac{R_2}{R_1 \cdot R_2} + \frac{R_1}{R_1 \cdot R_2}$$

$$\frac{1}{R_g} = \frac{R_2 + R_1}{R_1 \cdot R_2} \qquad \boxed{R_g = \frac{R_1 \cdot R_2}{R_1 + R_2}}$$

Reihenschaltung / series connection

Reihenschaltung

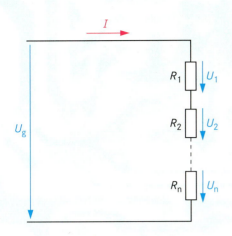

1. Grundformel für die **Spannungsaufteilung**:

$U_g = U_1 + U_2 + ... + U_n$

2. Formeln für die einzelnen **Spannungen**:

$U_g = I \cdot R_g$

$U_1 = I \cdot R_1$

$U_2 = I \cdot R_2; ...$

$U_n = I \cdot R_n$

3. **Formeln** der Spannungen in die Formel für die Spannungsaufteilung **einsetzen**.

$I \cdot R_g = I \cdot R_1 + I \cdot R_2 + ... + I \cdot R_n$

4. Durch die **gemeinsame Größe** (Stromstärke I) teilen.

$R_g = R_1 + R_2 + ... + R_n$

5. Ergebnis:

$\boxed{R_g = R_1 + R_2 + ... + R_n}$

- Bei der Reihenschaltung von Widerständen lässt sich der Gesamtwiderstand durch die Addition der Einzelwiderstände ermitteln.

Die vorgenommene Herleitung der Formel für den Gesamtwiderstand soll durch die folgende Aufgabe vertieft werden.

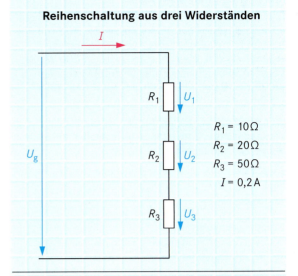

Spannungen

$U_1 = I \cdot R_1$	$U_1 = 0{,}2\,A \cdot 10\,\Omega$	$U_1 = 2\,V$
$U_2 = I \cdot R_2$	$U_2 = 0{,}2\,A \cdot 20\,\Omega$	$U_2 = 4\,V$
$U_3 = I \cdot R_3$	$U_3 = 0{,}2\,A \cdot 50\,\Omega$	$U_3 = 10\,V$
$U_g = 2\,V + 4\,V + 10\,V$		$U_g = 16\,V$

Gesamtwiderstand

$R_g = R_1 + R_2 + R_3$

$R_g = 10\,\Omega + 20\,\Omega + 50\,\Omega$ $R_g = 80\,\Omega$

Aufgaben

1. Überprüfen Sie durch Berechnung den Wert des Gesamtwiderstandes aus dem Beispiel von S. 30 mit Hilfe der Spannung und der Gesamtstromstärke!

2. Eine Parallelschaltung aus zwei Widerständen ist an eine Spannungsquelle angeschlossen. Ein Widerstand wird verkleinert.
Welche Größen verändern sich in welcher Weise? Welche ändern sich nicht?

3. Überprüfen Sie durch Berechnung den Wert des Gesamtwiderstandes aus dem Beispiel auf dieser Seite mit Hilfe der Gesamtspannung und der Stromstärke!

4. Eine Reihenschaltung aus zwei Widerständen ist an eine Spannungsquelle angeschlossen. Ein Widerstand wird vergrößert.
Welche Größen verändern sich in welcher Weise? Welche ändern sich nicht?

2.4.3 Gruppenschaltungen

Bei der elektrischen Kochplatte konnten unterschiedliche Leistungen (Wärmewirkungen) mit Hilfe von Reihen- und Parallelschaltungen von Widerständen erreicht werden. Die geringste Leistung (200 W) trat bei der Reihenschaltung und die größte Leistung (2000 W) bei der Parallelschaltung der drei Widerstände auf.

Wenn andere Leistungen erreicht werden sollen, könnten die drei Widerstände aber auch in anderer Weise zusammengeschaltet werden.

Es gibt sechs verschiedene Möglichkeiten. Für zwei Fälle sollen jetzt die jeweiligen Leistungen ermittelt werden.

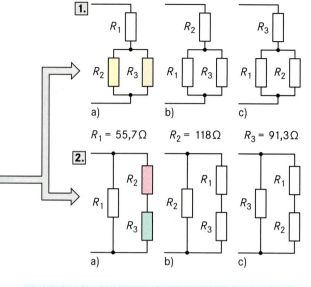

$R_1 = 55{,}7\,\Omega$ $R_2 = 118\,\Omega$ $R_3 = 91{,}3\,\Omega$

Gruppenschaltung
Zum Widerstand R_1 liegt eine Parallelschaltung aus den Widerständen in R_2 und R_3 in Reihe.

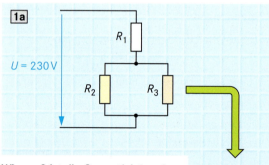

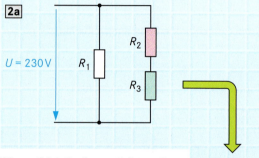

Wie groß ist die Gesamtleistung?

Die Aufgabe wird schrittweise gelöst:

1. Schaltung so verändern, dass eine Grundschaltung deutlich wird.
   ⇒ Die Parallelschaltung aus R_2 und R_3 kann zu einem einzigen Widerstand R_{23} zusammengefasst werden.

   Kurzschreibweise:
   $R_{23} = R_2 \| R_3$ (|| bedeutet: parallel)
   $R_{23} = 51{,}5\,\Omega$

   Ergebnis:
   Es ist nur noch **eine Reihenschaltung** aus zwei Widerständen vorhanden.

2. Der Gesamtwiderstand lässt sich jetzt durch Addition ermitteln:
   $R_g = R_1 + R_{23}$
   $R_g = 55{,}7\,\Omega + 51{,}5\,\Omega$
   $R_g = 107{,}2\,\Omega$

3. Leistung berechnen:
   $P_g = \dfrac{U^2}{R_g}$ $P_g = \dfrac{(230\,V)^2}{107{,}2\,\Omega}$
   $P_g = 493{,}5\,W$

Wie groß ist die Gesamtleistung?

Die Aufgabe wird schrittweise gelöst:

1. Schaltung so verändern, dass eine Grundschaltung deutlich wird.
   ⇒ Die Reihenschaltung aus R_2 und R_3 kann zu einem einzigen Widerstand R_{23} zusammengefasst werden.

   $R_{23} = R_2 + R_3$
   $R_{23} = 118\,\Omega + 91{,}3\,\Omega$
   $R_{23} = 209{,}3\,\Omega$

   Ergebnis:
   Es ist nur noch **eine Parallelschaltung** aus zwei Widerständen vorhanden.

2. Der Gesamtwiderstand lässt sich jetzt ermitteln:
   $R_g = R_1 \| R_{23}$
   $R_g = 44\,\Omega$

3. Leistung berechnen:
   $P_g = \dfrac{U^2}{R_g}$ $P_g = \dfrac{(230\,V)^2}{44\,\Omega}$
   $P_g = 1202\,W$

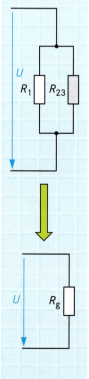

Gruppenschaltungen / group circuits

Beispiel für die Ermittlung des Gesamtwiderstandes einer Gruppenschaltung

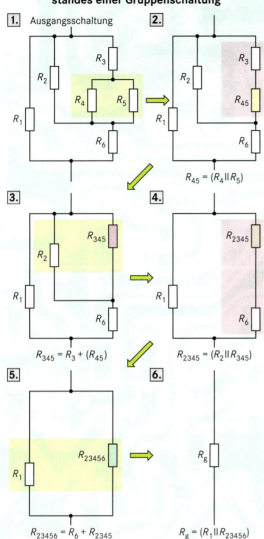

- **Schritte bei der Ermittlung des Gesamtwiderstandes einer Gruppenschaltung:**

  1. Eine Grundschaltung (Parallel- oder Reihenschaltung) aus zwei oder mehreren Widerständen ($R_1 \dots R_n$) suchen und zu einem einzelnen Widerstand (R_{1n}) zusammenfassen.

  2. Neuen Stromlaufplan der Gruppenschaltung mit dem zusammengefassten Widerstand (R_{1n}) zeichnen.

  3. Im Stromlaufplan eine weitere neu entstandene Grundschaltung suchen, diese zu einem einzelnen Widerstand zusammenfassen usw., bis nur noch der Gesamtwiderstand vorhanden ist.

Aufgaben

1. Berechnen Sie für die Gruppenschaltung 1a (S. 32)
a) die Spannungen an R_1, R_2 und R_3,
b) die Stromstärken durch R_1, R_2 und R_3,
c) die Leistungen der einzelnen Widerstände!

2. Berechnen Sie für die Gruppenschaltung 2a (S. 32)
a) die Spannungen an R_2 und an R_3,
b) die Stromstärken durch R_1, R_2 und R_3,
c) die Leistungen der einzelnen Widerstände!

3. Zeichnen Sie die Gruppenschaltung 1a (S. 32) ab und kennzeichnen Sie durch Pfeile:
U (Gesamtspannung),
U_1 (Spannung an R_1),
U_{23} (Spannung an R_2 und R_3),
I_1 (Stromstärke durch R_1),
I_2 (Stromstärke durch R_2),
I_3 (Stromstärke durch R_3) und I_g.
Die Schaltung liegt weiterhin an 230 V. Der Widerstand R_3 wird jetzt verkleinert.
Wie wirkt sich diese Änderung auf folgende Größen aus (größer, kleiner oder konstant angeben)?
a) R_{23}, R_g c) U_1, U_2, U_3
b) I_1, I_2, I_3, I_g d) P_1, P_2, P_3, P_g

4. Zeichnen Sie die Gruppenschaltung 2a (S. 32) ab und kennzeichnen Sie die Größen durch Strom- und Spannungspfeile (s. Aufgabe 3).
Die Schaltung liegt weiterhin an 230 V. Der Widerstand R_3 wird jetzt vergrößert.
Wie wirkt sich diese Änderung auf folgende Größen aus (größer, kleiner oder konstant angeben)?
a) R_{23}, R_g c) U_2, U_3
b) I_1, I_{23}, I_g d) P_1, P_2, P_3, P_g

5. Für die Widerstandsschaltung sind folgende Größen gegeben:
$R = 50\ \Omega$, $U = 115$ V.
Berechnen Sie
I_1, I_2, I_3, I_4 und I_g!

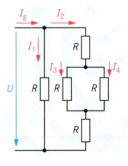

6. Für die Widerstandsschaltung sind folgende Größen gegeben:
$R_1 = 20\ \Omega$, $R_2 = 15\ \Omega$,
$U_1 = 115$ V, $I_2 = 2$ A.
Berechnen Sie I_g, I_3, U_{23}, U_g, R_3 und R_g!

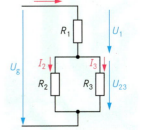

2.4.4 Messung von Widerständen

Bei einem Heizwiderstand mit dem Bemessungswert von $R = 820\,\Omega$ soll überprüft werden, ob sein Wert durch den langen Gebrauch noch innerhalb der Toleranz von 10% liegt (738 Ω bis 902 Ω). Es bietet sich an den Wert indirekt durch eine Messung von Stromstärke und Spannung mit anschließender Berechnung zu ermitteln.

Indirekte Widerstandsbestimmung

In Abb. 1 ist der dazugehörige Messaufbau zu sehen. Das Strommessgerät liegt in Reihe mit dem Widerstand. Aus den Messergebnissen ergibt sich folgender Wert:

$R = \dfrac{U}{I}$ $R = \dfrac{8{,}5\,\text{V}}{9{,}5\,\text{mA}}$ $\underline{\underline{R = 895\,\Omega}}$ *Wert aus Spannungsfehlerschaltung*

Dieses ist jedoch noch nicht der „richtige" Wert!

Begründung:
Durch die Messgeräte fließen Ströme. Dadurch liegt an jedem Messgerät eine Spannung. Die Messgeräte können deshalb auch als Widerstände aufgefasst werden (**Innenwiderstand** R_{iA} und R_{iV}, Abb. 2).

Zu dem zu messenden Widerstand R liegt R_{iA} in Reihe. Der Strom fließt durch diese beiden Widerstände. Die Stromstärke wird also „richtig" gemessen. Die gemessene Spannung ist aber nicht die zur Berechnung erforderliche Spannung am Widerstand R, sondern die größere Gesamtspannung (Spannung am Widerstand und am Messgerät). Die Schaltung wird deshalb als **Spannungsfehlerschaltung** bezeichnet.

Wie lässt sich der genaue Widerstandswert bestimmen?

Der berechnete Widerstand von 895 Ω muss um den **Innenwiderstand** des Strommessgerätes ($R_{iA} = 30\,\Omega$, Abb. 2) verringert werden:

$R = 895\,\Omega - 30\,\Omega$ $\underline{\underline{R = 865\,\Omega}}$

Der ermittelte Wert liegt noch innerhalb der Toleranz von 10%.

Der Widerstand kann aber auch mit einer Schaltung ermittelt werden, in der die Spannung am Widerstand R „richtig" gemessen wird (Abb. 3). Das Spannungsmessgerät mit $R_{iV} = 100\,\text{k}\Omega$ liegt in diesem Fall parallel zu R und es fließt auch durch das Messgerät ein Strom. Die gemessene Stromstärke ist also größer als die Stromstärke durch den Widerstand R. Die Schaltung wird deshalb als **Stromfehlerschaltung** bezeichnet. Aus den gemessenen Größen ergibt sich folgender Wert:

$R = \dfrac{U}{I}$ $R = \dfrac{8{,}5\,\text{V}}{9{,}9\,\text{mA}}$ $\underline{\underline{R = 859\,\Omega}}$ *Wert aus Stromfehlerschaltung*

Auch dieser Wert muss korrigiert werden. Er liegt aber bereits deutlich in der Nähe des „richtigen" Wertes von 865 Ω.

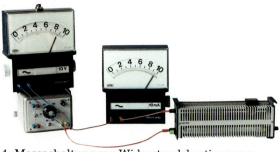

1: Messschaltung zur Widerstandsbestimmung

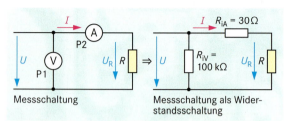

2: Widerstandsbestimmung (Spannungsfehlerschaltung)

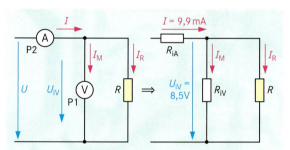

3: Widerstandsbestimmung (Stromfehlerschaltung)

Aus den Größen lässt sich der „richtige" Wert für den Widerstand R berechnen:

$I_M = \dfrac{U}{R_{iV}}$ $I_M = \dfrac{8{,}5\,\text{V}}{100\,\text{k}\Omega}$ $I_M = 0{,}085\,\text{mA}$

$I_R = I - I_M$ $I_R = 9{,}9\,\text{mA} - 0{,}085\,\text{mA}$ $I_R = 9{,}815\,\text{mA}$

$R = \dfrac{U_{iv}}{I_R}$ $R = \dfrac{8{,}5\,\text{V}}{9{,}815\,\text{mA}}$ $\underline{\underline{R = 866\,\Omega}}$

Die Beispiele haben uns gezeigt, dass durch eine geeignete Messschaltung auf eine Korrektur unter Umständen verzichtet werden kann, wenn Folgendes beachtet wird:

- Stromfehlerschaltung für $R \ll R_{iV}$
- Spannungsfehlerschaltung für $R \gg R_{iA}$

- Bei der indirekten Bestimmung von Widerständen mit Strom- und Spannungsmessgeräten müssen die angezeigten Werte korrigiert werden.
- Bei der Spannungsfehlerschaltung ist die angezeigte Messspannung zu groß.
- Bei der Stromfehlerschaltung ist die angezeigte Stromstärke zu groß.

Widerstandsmessgeräte / resistance measuring instruments

Direkte Widerstandsmessung

Das indirekte Messverfahren für die Widerstandsbestimmung mit Strom- und Spannungsmessgeräten ist umständlich. In der Elektrotechnik werden deshalb verschiedene direkt anzeigende Messgeräte verwendet.

Das Widerstandsmessgerät nach dem **Strommessprinzip** (Abb. 5) besteht prinzipiell aus der folgenden Reihenschaltung:
- Spannungsquelle,
- Anzeigeinstrument (Strommessgerät),
- Widerstände (Einstell- und Festwiderstand).

Der zu messende Widerstand liegt ebenfalls in Reihe.

Wie arbeitet dieses Messgerät?

Dazu betrachten wir zunächst zwei Fälle:

1. Die Anschlüsse sind offen. Der zu messende Widerstand ist nahezu unendlich groß (Unterbrechung).

Es fließt kein Strom und der Zeiger des Messgerätes (Strommessgerät) befindet sich links ① in der **Anfangsstellung.** Unser angezeigter Wert auf der Skala muss den Wert „unendlich" besitzen.

2. Die Anschlüsse sind „kurzgeschlossen" (mit einer Leitung verbunden). Wir können deshalb sagen: Der Widerstand ist nahezu null Ohm.

Es fließt ein Strom, der von der Spannungsquelle und den in Reihe geschalteten Widerständen abhängig ist. Wir stellen jetzt den Widerstand R_{V1} so ein, dass sich der Zeiger rechts auf der Skala in der Maximalstellung (**Nullstellung,** null Ohm) ② befindet.

Schalten wir jetzt den zu messenden Widerstand in den Stromkreis ein, liegt der Zeigerausschlag zwischen diesen Extremwerten. Die Skala ist jedoch nichtlinear (Abb. 5). Die Abstände zwischen zwei durch Linien getrennte Bereiche sind immer unterschiedlich (z.B. zwischen 1 und 2, zwischen 2 und 3 usw.).

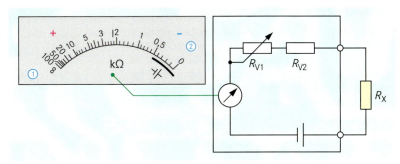

5: Widerstandsmessgerät nach dem Strommessprinzip

Direkt anzeigende Widerstandsmessgeräte gibt es auch mit **digitaler Anzeige.** In ihnen wird durch den zu messenden Widerstand ein kleiner Strom geschickt (Abb. 4), die Spannung an ihm gemessen und dieser Wert in einen entsprechenden Widerstandswert umgerechnet und angezeigt.

- Bei der Widerstandsmessung nach dem Strommessprinzip wird die Stromstärke durch den unbekannten Widerstand gemessen. Der Widerstandswert ist auf einer nichtlinearen Skala in Ohm direkt ablesbar.

- Vor jeder Messung mit einem Widerstandsmessgerät nach dem Strommessprinzip muss der Nullpunkt (null Ohm, rechts) eingestellt werden.

Aufgaben

1. Ermitteln Sie für die Spannungsfehlerschaltung in Abb. 2 die Spannung am Strommessgerät und die Stromstärke durch das Spannungsmessgerät!

2. Wie groß ist in der Stromfehlerschaltung (Abb. 3) die Spannung am Strommessgerät (R_{iA} = 30 Ω)?

3. Ein Widerstand von etwa 300 Ω soll mit einer Stromstärke- und Spannungsmessung bestimmt werden. Das Strommessgerät hat einen Innenwiderstand von 10 Ω und das Spannungsmessgerät einen Wert von 100 kΩ.
Welche Messschaltung ist auszuwählen (Begründung)?

4. In einer Stromfehlerschaltung werden folgende Werte gemessen:
Bei einem Messbereich von 300 mA beträgt I = 200 mA. Es entsteht dabei ein Spannungsfall von 55 mV am Strommessgerät.
Bei einem Messbereich von 10 V beträgt U = 5 V. Das Spannungsmessgerät hat einen Innenwiderstand von 100 kΩ/V.
a) Wie groß ist der Widerstand ohne und mit Korrektur?
b) Mit dem unbekannten Widerstand wird eine Spannungsfehlerschaltung aufgebaut. Welche Werte (Spannungen und Stromstärken) ergeben sich für diese Schaltung?

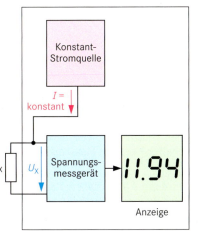

4: Digital anzeigendes Widerstandsmessgerät

Brückenschaltung / bridge circuit

Brückenschaltung

Der grundsätzliche Aufbau einer Brückenschaltung ist in Abb. 1 zu sehen. Jeweils zwei in Reihe geschaltete Widerstände liegen parallel. Der Widerstand R_x ist der unbekannte Widerstand. Das Anzeigeinstrument liegt wie eine „Brücke" zwischen den Widerständen. Wenn kein Strom durch das Instrument fließt (Nullstellung), befindet sich der Zeiger in der Mitte der Skala. Dieser Zustand kann mit R_2 eingestellt werden. Die Schaltung wird mit einer Spannungsquelle betrieben.

Messen mit der Brückenschaltung

1. Den unbekannten Widerstand R_x anschließen. Der in der Mitte befindliche Zeiger des Strommessgerätes schlägt nach einer Seite aus.
2. Den einstellbaren Widerstand R_2 so lange verändern, bis sich der Zeiger wieder in der Nullstellung (Mittelstellung) befindet. Es fließt dann durch das Anzeigeinstrument kein Strom. Wir nennen diesen Zustand **„abgeglichene Brücke"**. Der Wert des unbekannten Widerstandes kann jetzt an einer Skala abgelesen werden.

Warum fließt im abgeglichenen Zustand kein Strom im Brückenzweig?

Diese Frage lässt sich beantworten, wenn wir Formeln und Gesetzmäßigkeiten des elektrischen Stromkreises auf diese Schaltung anwenden.

- Die Spannungsquelle verursacht in jeder Reihenschaltung einen Strom.
- I_1 fließt durch R_x und R_2 (Einstellwiderstand).
- I_2 fließt durch R_3 und R_4 (Festwiderstände).
- Die Spannung teilt sich in jedem Zweig entsprechend den Widerständen auf.

Das Instrument liegt zwischen den Anschlüssen C und D. Im abgeglichenen Zustand fließt zwischen diesen Punkten kein Strom. Also muss die Spannung U_{CD} null Volt sein.

Brückenabgleich

Für die Spannungen an den vier Widerständen gilt allgemein:

$$U_{AC} = I_1 \cdot R_x \quad U_{CB} = I_1 \cdot R_2$$
$$U_{AD} = I_2 \cdot R_3 \quad U_{DB} = I_2 \cdot R_4$$

Die Bedingung $U_{CD} = 0$ V (**Abgleichbedingung**) wird nur dann erreicht, wenn die Spannungsaufteilungen im linken Brückenzweig der Aufteilung im rechten entsprechen. Es gilt dann: $U_{AC} = U_{AD} \quad U_{CB} = U_{DB}$

Als Verhältnisse ausgedrückt:
$$\frac{U_{AC}}{U_{CB}} = 1 \quad \frac{U_{AD}}{U_{DB}} = 1$$

Die beiden Gleichungen lassen sich zusammenfassen:
$$\frac{U_{AC}}{U_{CB}} = \frac{U_{AD}}{U_{DB}}$$

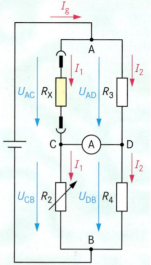

1: Messbrücke

Die Spannungen können durch Ströme und Widerstände ausgedrückt werden:

$$\frac{I_1 \cdot R_x}{I_1 \cdot R_2} = \frac{I_2 \cdot R_3}{I_2 \cdot R_4}$$

Die Stromstärken lassen sich kürzen und die Gleichung nach R_x umstellen:

$$\boxed{R_x = \frac{R_2 \cdot R_3}{R_4}}$$

Da in dieser Gleichung R_3 und R_4 konstante Größen sind, hängt R_x vom einstellbaren Widerstand R_2 ab. Seine Größe wird dann im entsprechenden Verhältnis auf der Skala angezeigt.

Die hier beschriebene Brückenschaltung wird auch nach Sir Charles Wheatstone (engl. Physiker, 1802 bis 1875) als **Wheatstone-Brücke** bezeichnet.

- Bei der Widerstandsmessung mit Hilfe einer Brückenschaltung muss die Einstellung solange verändert werden, bis der Brückenstrom null geworden ist (Brückenabgleich).
- In der Brückenschaltung wird ein unbekannter Widerstand mit einem bekannten Widerstand verglichen (Vergleichsmessung).

Aufgaben

1. Erklären Sie, welchen Einfluss die Betriebsspannung für die Brückenschaltung auf das Messverfahren hat!

2. Eine Messbrücke wird mit 6 V betrieben. Folgende Widerstände sind bekannt bzw. werden eingestellt: $R_3 = 3,3$ kΩ, $R_4 = 8,2$ kΩ, $R_2 = 0,127$ kΩ. Berechnen Sie R_x und die Spannungen an den Widerständen!

Leitungswiderstand / conductor resistance

2.5 Widerstand von Leitern

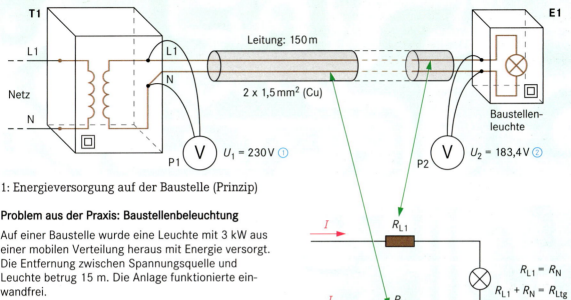

1: Energieversorgung auf der Baustelle (Prinzip)

Problem aus der Praxis: Baustellenbeleuchtung

Auf einer Baustelle wurde eine Leuchte mit 3 kW aus einer mobilen Verteilung heraus mit Energie versorgt. Die Entfernung zwischen Spannungsquelle und Leuchte betrug 15 m. Die Anlage funktionierte einwandfrei.

Nach einem Monat wurde die Leuchte abgebaut und in 150 m Entfernung vom Verteiler mit einer gleichartigen Leitung neu installiert (Abb. 1).
Ergebnis: Die Lampe leuchtet jetzt deutlich schwächer als vorher. Worauf ist dieser Fehler zurückzuführen?

Die Lösung erfolgt in folgenden Schritten:

1. Messungen in der Anlage:
- Spannung an der Verteilung: U_1 = 230 V ①
- Spannung am Ende der Leitung
  - ohne Leuchte: U_2 = 230 V
  - mit Leuchte: U_2 = 183,4 V ②

2. Erklärung:
Durch den Stromfluss in der Leitung geht ein Teil der Spannung (46,6 V) „verloren", sodass die Lampe nicht mehr mit ihrer erforderlichen Betriebsspannung von 230 V betrieben wird. Die ursprüngliche Leistung von 3 kW wird deshalb nicht mehr erreicht. Als Ursache kann die große Leitungslänge angenommen werden.

Da die Schaltung eine Reihenschaltung aus den Leiterwiderständen und der Lampe ist, müssen wir die Gesetzmäßigkeiten der Reihenschaltung anwenden.

Wie sich Spannungen im Stromkreis durch Widerstände verringern können, hatten wir bereits bei der Reihenschaltung kennen gelernt. Da die Lampe in diesem Fall zwischen dem L1- und N-Leiter angeschlossen ist, wird jeder Leiter einen Widerstand (R_{L1} und R_N) im Stromkreis verursachen. Die Zuleitung zur Baustellenbeleuchtung ist also eine Reihenschaltung aus zwei Widerständen (Abb. 2).

Die beiden Leiterwiderstände lassen sich zu einem Leitungswiderstand ($R_{L1} + R_N = R_{Ltg}$) zusammenfassen, sodass sich der Stromlaufplan in Abb. 3 ergibt.

2: Elektrische Leiter als Widerstände

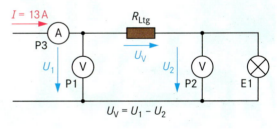

3: Spannungsfall an Leitern

Die Verringerung der Spannung für angeschlossene Betriebsmittel bezeichnen wir als **Spannungsfall** U_V an Leitungen.

Zu große Spannungsfälle auf Leitungen beeinträchtigen die einwandfreie Funktion von Betriebsmitteln. Deshalb müssen Grenzwerte nach den Technischen Anschlussbedingungen (TAB) der VNB eingehalten werden. Die Angabe erfolgt in Prozent von der Nennspannung (vgl. Kap. 6.2).
Beispiel: u_V = 3% für Anlagen nach dem Zähler.

- Der Spannungsfall wird durch den Leitungswiderstand verursacht. Er tritt auf, wenn durch einen elektrischen Leiter ein Strom fließt.

- Durch den Spannungsfall an Leitungen verringert sich die Spannung am angeschlossenen Betriebsmittel. Es treten Verluste auf.

Einflussgrößen des Leiterwiderstandes

In dem Beispiel für die Baustellenbeleuchtung auf S. 37 wurde bereits deutlich, dass der Leiterwiderstand mit der **Leiterlänge** l zunimmt. Wir vermuten weiterhin, dass er auch vom **Leiterquerschnitt** q und vom **Leitermaterial** abhängt. Die Materialabhängigkeit wird gekennzeichnet durch den

- spezifischen elektrischen Widerstand Rho (ϱ) oder
- die elektrische Leitfähigkeit Kappa ($\varkappa$).

Die genauen Abhängigkeiten sollen experimentell ermittelt werden.

Experimentelle Untersuchung des Leiterwiderstandes

Zielsetzung
Der Widerstand von Kupfer- und Aluminiumleitungen verschiedener Längen und unterschiedlichen Querschnitten soll messtechnisch untersucht werden.

Planung
Der Widerstand wird über eine Stromstärken- und Spannungsmessung (Spannungsfall, Abb. 3, S. 37) indirekt gemessen.

Berechnungsformeln: $U_v = U_1 - U_2$ $\boxed{R_{Ltg} = \dfrac{U_v}{R}}$

Durchführung

Nr.	l in m	q in mm²	Material	U_v in V	I in A	R_{Ltg} in Ω
1	50	1,5	Kupfer	9,1	15,2	0,60
2	100	1,5	Kupfer	17,4	14,6	1,20
3	100	2,5	Kupfer	10,8	15,1	0,72
4	50	2,5	Aluminium	8,5	15,3	0,56
5	100	2,5	Aluminium	17,7	14,6	1,12

Auswertung
Um eindeutige Aussagen machen zu können wird immer nur die Veränderung einer einzelnen Größe und deren Auswirkung betrachtet. Die übrigen Größen sind dann konstant.

- **Leiterlänge** l

Der Widerstand steigt mit zunehmender Leiterlänge. Es kommt zu einer Verdopplung von R_{Ltg}, wenn die Länge verdoppelt wird (Nr. 1 und 2).
Weitere Messungen zeigen die folgende proportionale Beziehung:

$$R_{Ltg} \sim l$$

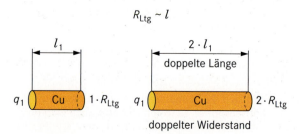

doppelter Widerstand

Erklären lässt sich dieses mit Hilfe der Elektronen im Leiter: je länger der Leiter, desto öfter werden die Elektronen auf ihrem Weg durch den Leiter behindert.

- **Leiterquerschnitt** q

Die Messwerte mit den Nummern 2 und 3 zeigen uns, dass mit zunehmendem Querschnitt der Leiterwiderstand geringer wird. Weitere Messungen zeigen eine umgekehrte Proportionalität zwischen dem Leiterwiderstand und dem Leiterquerschnitt:

$$R_{Ltg} \sim \frac{1}{q}$$

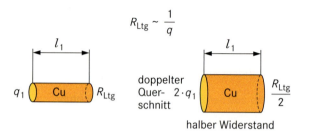

halber Widerstand

Erklärt werden kann dieses durch die in einem größeren Leiterquerschnitt vermehrt vorhandenen Elektronen.

- **Material** ϱ bzw. $\varkappa$

Wenn ein Kupferleiter mit einem Aluminiumleiter gleicher Länge und gleichem Querschnitt verglichen wird (Nr. 3 und 5), dann besitzt der Kupferleiter einen geringeren Widerstand. Die Materialeigenschaft wird durch den **spezifischen elektrischen Widerstand** ϱ (Rho) ausgedrückt. Zwischen dieser Größe und dem Leitungswiderstand besteht ein proportionaler Zusammenhang:

$$R_{Ltg} \sim \varrho$$

Bei der Beschreibung der Materialeigenschaft wird auch der Kehrwert des spezifischen elektrischen Widerstandes verwendet. Er ist die elektrische Leitfähigkeit $\varkappa$ (Kappa). Somit ergibt sich die folgende Beziehung:

$$\varrho = \frac{1}{\varkappa} \qquad R_{Ltg} \sim \frac{1}{\varkappa}$$

Fasst man diese Abhängigkeiten zu einer Gleichung für den **Leiterwiderstand** zusammen, so erhält man:

$$\boxed{R_{Ltg} = \frac{\varrho \cdot l}{q}} \qquad \boxed{R_{Ltg} = \frac{l}{\varkappa \cdot q}}$$

Anstelle von $\varkappa$ werden auch die Formelzeichen γ (Gamma) oder σ (Sigma) verwendet.

> ■ Der spezifische elektrische Widerstand ϱ ist der Widerstand eines Leiters von 1 m Länge und 1 mm² Querschnitt.

Spezifischer elektrischer Widerstand / resistivity

Einheiten für ϱ und $\varkappa$

Für den praktischen Umgang mit Leitungen ist es sinnvoll, wenn die Leitungslängen in Metern und die Querschnitte in mm² angeben werden. Für den spezifischen elektrischen Widerstand ϱ ergibt sich die folgende Einheit:

$$R_{Ltg} = \frac{\varrho \cdot l}{q}$$

Umstellung: $\quad \varrho = \dfrac{R_{Ltg} \cdot q}{l} \qquad [\varrho] = \dfrac{\Omega \cdot mm^2}{m}$

Entsprechend gilt für die Einheit der elektrischen Leitfähigkeit $\varkappa$:

$$R_{Ltg} = \frac{l}{\varkappa \cdot q}$$

Umstellung: $\quad \varkappa = \dfrac{l}{R_{Ltg} \cdot q} \qquad [\varkappa] = \dfrac{m}{\Omega \cdot mm^2}$

Umrechnung von Einheiten

In den Einheiten für den spezifischen elektrischen Widerstand und die elektrische Leitfähigkeit kommen im Zähler und Nenner Einheiten wie m und mm² vor. Diese können wie folgt gekürzt werden:

Grundformel: $\quad 1\ mm^2 = (1 \cdot 10^{-3}\ m)^2$

eingesetzt: $\quad 1\ \dfrac{\Omega \cdot mm^2}{m} = 1\ \dfrac{\Omega \cdot (1 \cdot 10^{-3}\ m)^2}{m}$

gekürzt: $\quad 1\ \dfrac{\Omega \cdot mm^2}{m} = 1 \cdot 10^{-6} \cdot \Omega \cdot m$

Ergebnis: $\quad 1\ \dfrac{\Omega \cdot mm^2}{m} = 1\ \mu\Omega \cdot m$

Verwendet man diese neue Beziehung für die elektrische Leitfähigkeit, so erhält man:

Grundformeln: $\quad \varkappa = \dfrac{1}{\varrho} \qquad [\varkappa] = \dfrac{1}{[\varrho]} \qquad \dfrac{1}{\Omega} = 1\ S$

eingesetzt und gekürzt: $\quad [\varkappa] = \dfrac{1}{1 \cdot 10^{-6}\ \Omega \cdot m} \qquad [\varkappa] = \dfrac{1\ MS}{m}$

Spezifische elektrische Widerstände und elektrische Leitfähigkeiten von Werkstoffen bei 20°C

Werkstoffe	ϱ in $\mu\Omega \cdot m$ bzw. $\dfrac{\Omega \cdot mm^2}{m}$	$\varkappa$ in $\dfrac{MS}{m}$ bzw. $\dfrac{m}{\Omega \cdot mm^2}$
Silber	0,016	62,5
Kupfer	0,018	56
Aluminium	0,028	36
Messing	0,07	14,3
Eisen	0,1	10
Blei	0,208	4,8
Kohle	66,667	0,015

Leitungswiderstand und Spannungsfall

Der Leitungswiderstand und der Spannungsfall des Beispiels auf S. 37 sollen berechnet werden.

Geg.: Leitungslänge l = 150 m, q = 1,5 mm², I = 13 A, Material Kupfer (s. Tabelle).

Ges.: R_{Ltg}, U_V

$$R_{Ltg} = \frac{2 \cdot l}{\varkappa \cdot q}$$

$$R_{Ltg} = \frac{300\ m}{56 \cdot 10^6\ \frac{S}{m} \cdot 1{,}5 \cdot 10^{-6}\ m^2} \qquad \underline{R_{Ltg} = 3{,}57\ \Omega}$$

$U_V = I \cdot R_{Ltg} \qquad U_V = 13\ A \cdot 3{,}57\ \Omega$

$\underline{U_V = 46{,}4\ V}$

- Der Leitungswiderstand R_{Ltg} hängt ab von der Leiterlänge l, dem Leiterquerschnitt q und dem Leitermaterial (ϱ bzw. $\varkappa$).

- Der Widerstand eines Leiters wird größer,
  – wenn der spezifische elektrische Widerstand größer,
  – die Leiterlänge größer oder
  – der Leiterquerschnitt kleiner werden.

Aufgaben

1. Für eine elektrische Anlage wird eine neue Leitung gleichen Materials verlegt. Gegenüber der ursprünglichen Leitung von 1,5 mm² musste eine Leitung mit doppelter Länge und einem Querschnitt von 2,5 mm² gewählt werden. Welche Auswirkungen hat diese Maßnahme auf den Leitungswiderstand (Begründung angeben)?

2. Für die Zuleitung einer Anlage wird anstelle der vorgeschriebenen Leitung eine Leitung mit einem halb so großen Leiterdurchmesser verwendet. Welche Auswirkungen hat diese fehlerhafte Installation auf den Leitungswiderstand?

3. Berechnen Sie für das Beispiel von S. 37 den Leitungswiderstand und den Spannungsfall, wenn anstelle einer Kupferleitung eine Aluminiumleitung mit gleichem Querschnitt verlegt wird!

4. Der Spannungsfall für das Anwendungsbeispiel auf S. 37 darf nach TAB 3% von 230 V betragen. Wie groß müsste der Querschnitt der Kupferleitung gewählt werden?

5. Berechnen Sie für das Anwendungsbeispiel auf S. 37 den Spannungsfall in Prozent!

3 Spannungserzeugung

Die elektrische Spannung ist die Ursache des elektrischen Stromes und damit auch die Ursache der Energieumwandlung. Deshalb beschäftigen wir uns zuerst mit der Frage:

Wie wird elektrische Spannung erzeugt?

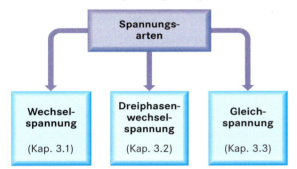

Der Wechselstrom und damit die Wechselspannung spielen in der Hausinstallation die wichtigste Rolle, deshalb beschäftigen wir uns damit zuerst.

3.1 Wechselspannung

3.1.1 Darstellung

Wechselspannungsquellen ändern an ihren Anschlussklemmen ständig die Polarität. Für diese Änderung wird Zeit benötigt.

- Die Spannung steigt an, erreicht den Höchstwert, sinkt wieder ab und erreicht Null.
- Die Spannung steigt in der Gegenrichtung an, erreicht den negativen Maximalwert, wird wieder kleiner und erreicht Null.
- Danach steigt sie wieder in der ursprünglichen Richtung an usw.

Würde diese Änderung langsam geschehen, müssten sich die Zeiger eines Zeigermessinstruments ständig hin- und herbewegen. Im VNB-Netz geschieht der Wechsel aber 50-mal in der Sekunde. Dafür sind die Zeigerinstrumente viel zu träge. Für die Darstellung der Wechselspannung steht uns ein anderes Messgerät zur Verfügung, nämlich das Oszilloskop.

Arbeitsweise eines Oszilloskops

Beim Oszilloskop werden die momentanen Spannungswerte (**Augenblickswerte**) ständig gemessen und das Ergebnis sofort (trägheitslos) mit Hilfe eines Elektronenstrahls als senkrechte Linie auf den Schirm der Bildröhre übertragen. Die Spannungswerte sollen aber nebeneinander abgebildet werden, deshalb wird im Gerät der Elektronenstrahl gleichzeitig waagerecht (horizontal) bewegt. Aus den senkrechten Linien entsteht auf diese Art und Weise eine Kurve.

Die vertikale Ablenkung entspricht der Größe der gemessenen Spannung. Um diese in Volt messen zu können, muss ein Maßstab eingestellt werden. Dies geschieht mit dem Steller ③. Für unser Beispiel ist der Maßstab 10 V/cm eingestellt.

Die Netzspannung ist so hoch, dass sie nicht mehr auf dem Bildschirm abgebildet werden kann. Das Oszilloskop wäre übersteuert. Wir verwenden deshalb einen **Tastkopf** 10:1. Er verringert die Eingangsspannung auf 10% ihres Wertes.

Ablesebeispiel:

Höchstwert ① der Kurve auf dem Bildschirm:
  3 cm · 10 V/cm · 10 = 300 V

Ablesewert   Amplituden- Tastkopf
             maßstab

Die Spannungskurve liegt erst oberhalb und dann unterhalb der Nulllinie. Das bedeutet: die Spannung ändert ständig ihre Richtung (Polarität).

Die **horizontale Ablenkung** des Elektronenstrahls stellt die **Zeitablenkung** dar. Auch hierfür ist ein Maßstab notwendig. Mit dem Timebase-Steller ② sind 2 ms/cm eingestellt.

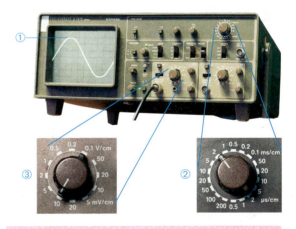

- Mit Hilfe des Oszilloskops können zeitabhängige Größen dargestellt werden.
- Zum Messen mit dem Oszilloskop müssen für die senkrechte und waagerechte Ablenkung jeweils Maßstäbe eingestellt werden.
- Kurven oberhalb der Nulllinie werden als positiv, Kurven unterhalb als negativ bezeichnet.

3.1.2 Entstehung

Die Wechselspannung wird durch Generatoren erzeugt. Sie sind prinzipiell so aufgebaut wie der Dynamo am Fahrrad. Dieser besteht im Wesentlichen aus einer Spule ① und einem Dauermagneten ②. Wird der Magnet an der Spule vorbei gedreht, entsteht in der Spule eine Spannung.

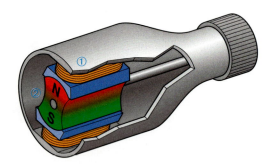

Wie Sie wissen, leuchtet ein angeschlossenes Lämpchen erst, wenn der Dauermagnet gedreht wird. Die Spannung entsteht also durch die Bewegung. Dies wird als **Generatorprinzip** (Induktion) bezeichnet.

Was verändert sich durch die Drehung des Magneten?

Wenn der Magnet aus der waagerechten (Abb.1) in die senkrechte (Abb.2) Lage gedreht wird, ändert sich der Abstand der Magnetfeldlinien, die die Spule durchsetzen. In Abb. 2 sind die Linien dichter beieinander als in Abb. 1.

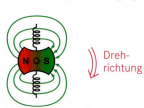
1: Magnet waagerecht

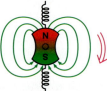
2: Magnet senkrecht

Die Dichte dieser Linien symbolisiert die Stärke des **magnetischen Flusses** Φ (Phi). Der magnetische Fluss ändert sich. Er nimmt bei der Drehung von der waagerechten zur senkrechten Stellung zu. Bei der Drehung entsteht eine Spannung.

Die Höhe der induzierten Spannung hängt von der Größe der Änderung Δ (Delta, griech. Buchstabe) des magnetischen Flusses (also $\Delta \Phi$) ab.

$$\Delta \Phi \uparrow \Rightarrow U \uparrow$$

Bei einem schnell fahrenden Fahrrad leuchten die Glühlampen heller als bei langsamer Fahrt. Es wird eine höhere Spannung erzeugt. Zeit und Spannungshöhe verhalten sich demnach umgekehrt zueinander, d. h. je kürzer die Zeit für eine Flussänderung, desto größer ist die erzeugte Spannung. Die Zeit muss demzufolge unter den Bruchstrich geschrieben werden, d. h. sie ist antiproportional. Wie beim magnetischen Fluss betrachten wir auch bei der Zeit Teilabschnitte.

$$U \sim \Delta t$$

Um aus den Beziehungen eine Gleichung bilden zu können, müssen noch andere Größen hinzugefügt werden. Wir betrachten dazu die Anzahl N der Windungen. Je mehr Leiterschleifen vorhanden sind, desto mehr „Einzelspannungen" werden erzeugt. Alle zusammen ergeben dann eine höhere Spannung als bei kleinerer Windungszahl.

$$U \sim N$$

Die induzierte Spannung wird nach folgender Formel berechnet:

$$U = N \cdot \frac{\Delta \Phi}{\Delta t}$$

Generatorprinzip (Induktion)

Alle Elektronen rotieren um sich selbst (Elektronenspin). Sie erzeugen damit ein kleines Magnetfeld. Der gleiche Effekt tritt auch bei den freien Elektronen eines Leiters auf.

Bewegt man ein äußeres Magnetfeld an dem Leiter vorbei, so folgen ihm diese Elektronen aufgrund ihrer Magnetfelder. An der einen Seite sammeln sich Elektronen und an der anderen Seite werden es weniger. Zwischen beiden Leiterenden ergibt sich dann ein Elektronenunterschied und damit eine Spannung.

Dreht man den Magneten, so beeinflussen abwechselnd der Nord- und der Südpol die Elektronen des Leiters. Die Ladungsträger wandern daher einmal zur einen und dann wieder zur anderen Seite. Es entsteht eine Wechselspannung.

Dieser Effekt tritt auch ein, wenn der Magnet stillsteht und ein Leiter durch das Magnetfeld bewegt wird. Es kommt nur auf die relative Bewegung an.

Rechte-Hand-Regel für die Stromrichtung

Hält man die rechte Hand so, dass die Magnetfeldlinien auf die Handinnenfläche auftreffen und der Daumen die relative Bewegungsrichtung des Leiters angibt, dann zeigen die gestreckten Finger die Stromrichtung im Leiter an.

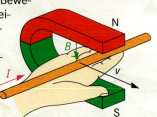

- Die Änderung des magnetischen Flusses in einer Spule erzeugt in ihr eine Spannung.

Periodendauer, Frequenz / period of oscillation, frequency

3.1.3 Grundgrößen

Bei dem beschriebenen Drehvorgang des Magneten (vgl. S. 42) sind zwei Tatsachen besonders zu beachten.

- Bei der Drehung ändert sich das Magnetfeld ungleichmäßig, sodass auch die induzierte Spannung nicht gleichmäßig steigt bzw. fällt.
- Nach jeder halben Umdrehung kehrt das Magnetfeld seine Richtung um, damit ändert sich auch die Richtung der induzierten Spannung.

Im Idealfall entsteht eine Kurve, wie sie bereits auf dem Bildschirm des Oszilloskops (vgl. S. 41) dargestellt wurde. Diese Kurve heißt **Sinuskurve**.

Wir haben in Abb. 3 die Spannungskurve auf Millimeterpapier dargestellt, weil sich dort die Größen besser verdeutlichen lassen als an einem Oszillogramm.

Die einzelnen Werte der Kurve nennt man **Augenblickswerte** (Momentanwerte). Zu deren Kennzeichnung werden kleine Buchstaben verwendet.

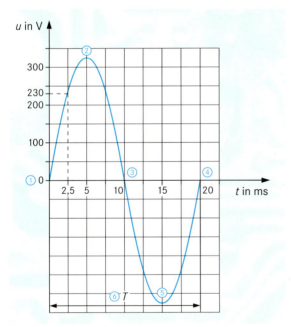

3: Sinuskurve

Ein Kurvendurchlauf heißt **Periode** oder **Schwingung**. Eine Periode umfasst alle Augenblickswerte u, z. B.

- vom ersten Nulldurchgang ①,
- über den positiven **Maximalwert** $\hat{u}$ ②, (sprich: „u Dach")
- den zweiten Nulldurchgang ③,
- über den negativen Maximalwert ⑤
- bis zum dritten Nulldurchgang ④.

Danach wiederholt sich der Vorgang. Die Zeitspanne für eine Periode wird als **Periodendauer** T ⑥ bezeichnet. Bei der Wechselspannung des VNB-Netzes beträgt die Periodendauer 20 ms. Das bedeutet, dass alle 20 ms diese Wechselspannung eine Schwingung durchläuft.

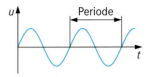

Neben der Periodendauer wird auch die **Frequenz** f zur Kennzeichnung von Wechselspannungen verwendet. Ihre Einheit ist **Hertz** (Hz). Sie gibt an, wieviele Perioden in einer Sekunde ablaufen. In unserem Netz geschieht das 50-mal.

Der Zusammenhang zwischen Periodendauer und Frequenz lässt sich wie folgt schreiben:

$$\text{Frequenz} = \frac{\text{Anzahl der Perioden}}{\text{Zeit für diese Perioden}}$$

Bei einer Periode ergibt sich dann:

$$\boxed{f = \frac{1}{T}} \qquad 1\ \text{Hz} = \frac{1}{\text{s}} = \text{s}^{-1}$$

Spannung und Frequenz

Aus der gezeichneten Spannungskurve (Abb. 3) sollen einige Werte zu den festgelegten Größen abgelesen bzw. bestimmt werden.

Augenblickswerte der Spannung

$t_1 = 2{,}5$ ms $\qquad u_1 = 230$ V
$t_2 = 3{,}5$ ms $\qquad u_2 = 290$ V
$t_3 = 4{,}5$ ms $\qquad u_3 = 321$ V

Änderung von t_1 bis t_2 $\qquad \Delta u_{12} = 60$ V
Änderung von t_2 bis t_3 $\qquad \Delta u_{23} = 31$ V

Maximalwert der Spannung $\qquad \hat{u} = 325$ V

Periodendauer 0 … 20 ms $\qquad T = 20$ ms

Frequenz $\qquad f = \frac{1}{T}$

$f = \frac{1}{20\ \text{ms}} \qquad f = \frac{1}{0{,}02\ \text{s}} \qquad \underline{f = 50\ \text{Hz}}$

- Durch die Bewegung eines Dauermagneten an einem Leiter (oder umgekehrt) wird im Leiter eine Spannung erzeugt.
- Die Wechselspannung ändert ständig ihre Größe und Richtung.
- Die Wechselspannung der VNB-Netze ändert sich sinusförmig.
- Eine Periode ist die wiederkehrende Veränderung vom Nulldurchgang über die Maximalwerte zum dritten Nulldurchgang.
- Die Zeit für eine Periode heißt Periodendauer T.
- Die Frequenz ist die Anzahl der Perioden pro Sekunde. Sie wird in Hertz (Hz) angegeben.

3.1.4 Leistung

Wir wollen jetzt untersuchen, wie sich die Wechselspannung (**AC**, engl. **a**lternating **c**urrent) in ihrer Wirkung von einer Gleichspannung (**DC**, engl. **d**irect **c**urrent) unterscheidet. Dazu schließen wir eine Leuchte mit einer Glühlampe von 25 W an eine Steckdose (230 V AC) an. Außerdem legen wir eine zweite Glühlampe von ebenfalls 25 W an 230 V DC.

Wir stellen fest, dass beide Lampen gleich hell leuchten. Also sind beide Leistungen gleich groß. Um das zu überprüfen, messen wir im Wechselstromkreis Strom und Spannung und errechnen daraus die Leistung.

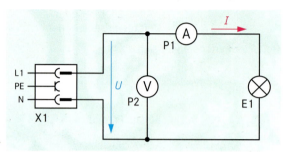

1: Schaltung für indirekte Leistungsmessung

Messwerte: $U = 230$ V $I = 110$ mA

$P = U \cdot I \Rightarrow P = 230$ V $\cdot 0{,}11$ A $\Rightarrow$ $\underline{P = 25{,}3 \text{ W}}$

Die für den Wechselstromkreis ermittelten Werte haben die gleiche Wirkung, also denselben Effekt wie die entsprechenden Werte bei Gleichspannung. Sie heißen deshalb **Effektivwerte**. Sie werden mit großen Buchstaben bezeichnet.

	Spannung	**Stromstärke**
Effektivwert	U (auch: U_{eff})	I (auch: I_{eff})
Augenblickswert	u	i

Die Werte bleiben während der gesamten Messung gleich, obwohl die Wechselspannung und damit auch der Wechselstrom ständig Größe und Richtung ändern. Die angezeigten Effektivwerte können daher nur mittlere Werte sein.

In unserem Beispiel hat die Spannung den Effektivwert $U = 230$ V. Er liegt damit unter dem Maximalwert von 325 V. Das Verhältnis zwischen diesen beiden Werten ist für Wechselgrößen eine wichtige Angabe.

$$\frac{\hat{u}}{U} = \frac{325 \text{ V}}{230 \text{ V}} = 1{,}413$$

Bei genauen Messungen würde sich der Wert $1{,}414 = \sqrt{2}$ ergeben. Das führt zu folgenden Formeln.

$\boxed{\hat{u} = \sqrt{2} \cdot U}$ $\boxed{\hat{\imath} = \sqrt{2} \cdot I}$

$$\frac{1}{\sqrt{2}} = 0{,}707$$

$\boxed{U = 0{,}707 \cdot \hat{u}}$ $\boxed{I = 0{,}707 \cdot \hat{\imath}}$

Leistungskurve

So wie die Spannung sich ständig ändert, ändert sich auch die Leistung. Um die entsprechende Kurve zeichnen zu können, gehen wir folgendermaßen vor:

Zuerst berechnen wir mit Hilfe von $i = \frac{u}{R}$ zu jedem Zeitpunkt der Wechselspannung die Stromstärke. Die Ergebnisse werden in ein Diagramm übertragen. Die Verbindung der Punkte ergibt natürlich wieder einen sinusförmigen Verlauf, der zu denselben Zeitpunkten wie die Spannung die Nullpunkte und Maximalwerte erreicht. Man sagt:

Strom und Spannung sind in Phase.

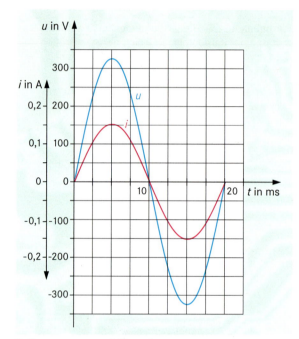

2: Spannungs- und Stromkurven

In einem zweiten Schritt berechnen wir für jeden Zeitpunkt die Augenblickswerte der Leistung mit Hilfe der Formel $p = u \cdot i$ und tragen die Werte in ein entsprechendes Diagramm ein. Für die Leistung ergibt sich der Verlauf in Abb. 3.

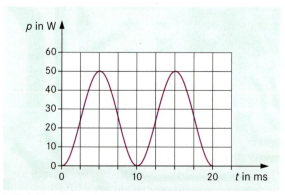

3: Leistungskurve

Arbeit, Leistung / work, power

Wie lässt sich die Leistungskurve deuten?

Die Leistungskurve hat nur positive Werte. Das ist auch verständlich, wenn man sich die Bedeutung der Vorzeichen bei den Größen der Elektrotechnik klarmacht. Vorzeichen geben nur die Richtung von Größen an. Eine negative Leistung würde demnach bedeuten, dass von der Glühlampe elektrische Energie bzw. Leistung geliefert wird. Das ist natürlich nicht der Fall!

Dass die Leistung stets positiv ist, lässt sich auch mathematisch beweisen. Wenn beim Berechnen der Leistung die Werte für Spannung und Strom negativ eingesetzt werden, ergibt sich immer ein positives Ergebnis.

Ermittlung der Arbeit

Die Arbeit wird nach der Formel $W = P \cdot t$ berechnet. Für Wechselstrom müssten wieder die Augenblickswerte verwendet werden, also $w = p \cdot t$. Die elektrische Arbeit entspricht im Leistungsdiagramm der Fläche zwischen der Kurve und der Zeitachse.

Zur einfachen Berechnung der Arbeit wandeln wir die Kurvenfläche in ein flächengleiches Rechteck um. Dazu denken wir uns die oberen Teilstücke nach unten geklappt (Abb. 4).

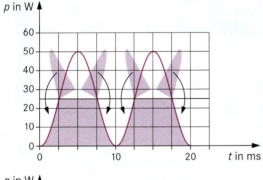

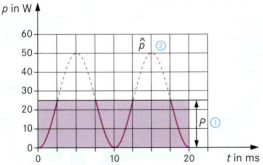

4: Mittelwert für die Leistung

Wir stellen fest, dass sich die elektrische Arbeit bei Wechselspannung aus der Rechteckfläche $W = P \cdot t$ (vgl. S. 18) berechnen lässt. Aus der Abbildung kann man erkennen:
P ① ist gleich der Hälfte der Maximalleistung $\hat{p}$ ②.

Ermittlung der Leistung

Von dieser Überlegung ausgehend kann gezeigt werden, dass sich der Effektivwert der Leistung aus den Effektivwerten von Spannung und Stromstärke berechnen lässt.

$$P = \frac{\hat{p}}{2} \qquad \hat{p} = \hat{u} \cdot \hat{\imath}$$

$$P = \frac{\hat{u} \cdot \hat{\imath}}{2} \qquad 2 = \sqrt{2} \cdot \sqrt{2}$$

$$P = \frac{\hat{u} \cdot \hat{\imath}}{\sqrt{2} \cdot \sqrt{2}} \qquad \hat{u} = \sqrt{2} \cdot U$$

$$\hat{\imath} = \sqrt{2} \cdot I$$

$$P = \frac{\sqrt{2} \cdot U \cdot \sqrt{2} \cdot I}{\sqrt{2} \cdot \sqrt{2}}$$

$$\boxed{P = U \cdot I}$$

- Effektivwerte von Wechselstromgrößen haben denselben Effekt d. h. dieselbe Wirkung wie gleich große Gleichstromwerte.
- Zeigermessgeräte und digitale Messgeräte zeigen in der Regel Effektivwerte an.
- Bei sinusförmigen Größen ist der Maximalwert $\sqrt{2}$ mal größer als der Effektivwert.
- Die Fläche zwischen der Leistungskurve und der Zeitachse entspricht der Arbeit.

Aufgaben

1. Skizzieren Sie den grundsätzlichen Aufbau eines Generators!

2. Zeichnen Sie eine sinusförmige Wechselspannung in Abhängigkeit vom Drehwinkel α eines Dauermagneten, der in einer Spule gedreht wird!

3. Erklären Sie den Begriff "Periode"!

4. Berechnen Sie die Periodendauer für die Frequenz $f = 60$ Hz der Stromversorgung in den USA!

5. Berechnen Sie den Maximalwert der Spannung von 400 V!

6. Ein Verbraucher mit 100 W bei 60 V DC soll an eine gleich große Wechselspannung angeschlossen werden.
Berechnen Sie dazu I und $\hat{\imath}$!

7. Erklären Sie, warum der Effektivwert der Leistung die Hälfte des Maximalwertes ist!

8. a) Mit welchem Messgerät kann der Maximalwert einer Wechselspannung gemessen werden?
b) Zeichnen Sie dazu die Messschaltung.

3.1.5 Darstellung von Wechselgrößen

Auf den vorangegangen Seiten wurden mehrfach Sinuskurven verwendet, ohne darauf einzugehen wie sie entstanden sind. Da solche Diagramme für die Elektrotechnik eine große Bedeutung haben, werden wir hier ihre Ableitung erläutern.

Winkelfunktionen

Die Bezeichnung drückt aus, dass wir es hier mit Abhängigkeiten von Winkeln zu tun haben. Zur Veranschaulichung benutzen wir den Winkel α in Abb. 1. Dort ist von einem beliebigen Punkt ① des schrägen Schenkels auf den waagerechten Schenkel ② das Lot

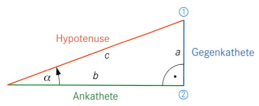

1: Winkeldarstellung

Es entsteht so ein rechtwinkliges Dreieck. Für die Seiten darin sind folgende Bezeichnungen festgelegt.
Hypotenuse: Seite gegenüber dem rechten Winkel, längste Seite.
Ankathete: Seite **an** dem betrachteten Winkel.
Gegenkathete: Seite **gegenüber** dem betrachteten Winkel.

Verschiebt man das Lot, so verändern sich die Längen aller drei Seiten im gleichen Maß. Wird z. B. b ③ verdoppelt, verdoppeln sich auch c ④ und a ⑤.

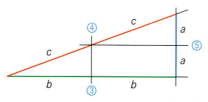

Daraus ergibt sich, dass zwar die Längen der Seiten verändert wurden, aber nicht ihre Verhältnisse zueinander. Diese ändern sich nur, wenn die Winkel verändert werden. Wir schließen daraus, dass sich die Seitenverhältnisse nur nach den Winkeln richten. Man sagt: „Die Größe der Seitenverhältnisse sind eine Funktion des Winkels".

Bezeichnung	Festlegung	Beispiel aus Abb. 1
Sinus	$\dfrac{\text{Gegenkathete}}{\text{Hypotenuse}}$	$\sin \alpha = \dfrac{a}{c}$
Cosinus	$\dfrac{\text{Ankathete}}{\text{Hypotenuse}}$	$\cos \alpha = \dfrac{b}{c}$
Tangens	$\dfrac{\text{Gegenkathete}}{\text{Ankathete}}$	$\tan \alpha = \dfrac{a}{b}$

Berechnet man für jeden Winkel die entsprechenden Seitenverhältnisse und stellt die Ergebnisse in Abhängigkeit vom Winkel dar, ergeben sich folgende Liniendiagramme (Abb. 2 und 3).

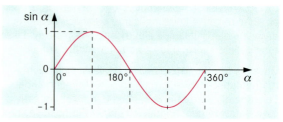

2: Sinuskurve

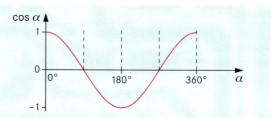

3: Cosinuskurve

Aus beiden Diagrammen können Sie erkennen:
- Alle Werte liegen zwischen -1 und +1.
- Alle Werte kommen viermal vor, davon zweimal im positiven und zweimal im negativen Bereich.

In der Elektrotechnik wird neben der Winkelangabe im **Gradmaß** sehr oft auch die Angabe im **Bogenmaß** benutzt. Es gilt folgende Umrechnung:

$$\frac{\text{Winkel in Grad}}{360°} = \frac{\text{Winkel im Bogenmaß}}{2\pi}$$

$$\frac{\alpha_G}{360°} = \frac{\alpha_B}{2\pi} \qquad \alpha_B = \frac{\alpha_G \cdot 2 \cdot \pi}{360°}$$

Hinweis:
Der Taschenrechner muss für die Berechnung mit dem Bogenmaß in den Modus "rad" (Radiant) umgestellt werden.

Umrechnung von Gradmaß in Bogenmaß

Welches Bogenmaß entspricht dem Winkel $\alpha_G = 35°$?

$$\alpha_B = \frac{35° \cdot 2 \cdot \pi}{360°} = 0{,}61085238$$

Berechnung mit dem **Taschenrechner**:

35 ⇨ [SIN] ⇨ [RAD] ⇨ [SIN⁻¹]

Hinweise:
- Die Umstellung von Gradmaß in Bogenmaß wird bei den Taschenrechnern unterschiedlich vorgenommen. Sehr häufig geschieht das über die Taste [RAD]
- Anstelle der Sinusfunktion kann zum Umrechnen auch jede andere Winkelfunktion benutzt werden.

Zeiger / phasor

Sinusfunktion für zeitabhängige Größen

Um die Verhältniszahl in Spannungswerte umrechnen zu können muss der entsprechende Maximalwert als Faktor eingefügt werden. Als Winkelbezeichnung wird φ benutzt.

$$u = \hat{u} \cdot \sin \varphi$$

Momentanwert

Geg.: $\hat{u} = 325$ V; $\varphi = 35°$
Ges.: u
$u = 325$ V $\cdot \sin 35°$
$u = 325$ V $\cdot 0{,}574$
$\underline{\underline{u = 187 \text{ V}}}$

Da es sich hierbei um eine zeitabhängige Größe handelt, wird der Winkel durch eine Zeitangabe ersetzt. Wir gehen dabei von folgenden Verhältnissen aus:

$$\frac{\text{Winkel in Grad}}{360°} = \frac{\text{Zeit für den Winkel}}{\text{Zeit für eine Periode}}$$

$$\frac{\varphi}{360°} = \frac{t}{T}$$

Das Zeitmaß rechnet man folgendermaßen in das Bogenmaß um:

$$\varphi = \frac{t \cdot 2\pi}{T}$$

Die Periodendauer T wird durch den Kehrwert der Frequenz f ersetzt. Nach Umstellung der Größen erhalten wir die Formeln:

$$u = \hat{u} \cdot \sin(2 \cdot \pi \cdot f \cdot t) \quad \text{bzw.} \quad i = \hat{\imath} \cdot \sin(2 \cdot \pi \cdot f \cdot t)$$

Der Ausdruck $2 \cdot \pi \cdot f$ wird als Kreisfrequenz ω bezeichnet. Diese Größe werden wir in nachfolgenden Kapiteln zur Vereinfachung verwenden.

Die waagerechte Achse (**Abszisse**) der Diagramme kann somit auf drei Arten eingeteilt werden.

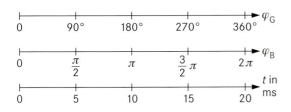

- Der Sinus eines Winkels ist das Verhältnis der Gegenkathete zur Hypotenuse.
- Der Cosinus eines Winkels ist das Verhältnis der Ankathete zur Hypotenuse.
- Winkel werden in Grad (°) oder im Bogenmaß (rad) angegeben, wobei 360° dem Wert 2π entspricht.

Aufgaben

1. Berechnen Sie die Sinuswerte für die Winkel $\alpha = 30°$, $\beta = 45°$, $\gamma = 60°$!

2. Rechnen Sie $\alpha = \frac{2}{3} \cdot \pi$ in das Gradmaß um!

3. Berechnen Sie die Augenblickswerte der Spannung zu den Zeitpunkten des Beispiels auf Seite 43!

4. Bestimmen Sie, bei welchem Winkel der Augenblickswert des Stromes
a) $\frac{1}{2}$, b) $\frac{1}{3}$ und c) $\frac{1}{4}$ des Maximalwertes ist!

5. Die Sinuskurve und die Cosinuskurve haben die gleichen Werte, nur um 90° versetzt.
Stellen Sie fest, ob die Behauptung $\cos \varphi = \sin(\varphi + 90°)$ richtig ist. Begründen Sie Ihre Antwort!

6. Berechnen Sie die Katheten eines rechtwinkligen Dreiecks, wenn die Hypotenuse 325 mm lang ist und $\alpha = 75°$ beträgt!

7. Berechnen Sie für die Spannung $U = 400$ V/50 Hz den Maximalwert und den Momentanwert für den Zeitpunkt $t = 2{,}5$ ms!

8. Zeichnen Sie das Liniendiagramm für die Spannung $U = 110$ V/60 Hz! Die Abszisse soll einen Zeitmaßstab und einen Winkelmaßstab φ_B haben.

Zeigerdiagramme

Wechselgrößen lassen sich auch durch Zeiger darstellen. Sie sind durch zwei Größen bestimmt, und zwar durch ihre Länge (**Betrag**) und ihre **Richtung**.

Die **Länge** entspricht dem Effektivwert ③ der betreffenden Größe (z. B. $U = 230$ V). Es ist also ein Maßstab ④ notwendig.

Die **Richtung** wird durch den Winkel α ⑤ zur Waagerechten dargestellt.

Maßstab:
2 cm ≙ 100 V ④

Es ist vereinbart, dass sich der Zeiger mit fortschreitender Zeit linksherum (Gegen-Uhrzeigersinn) dreht. Eine Umdrehung entspricht der Dauer einer Periode. Bei $f = 50$ Hz ist $T = 20$ ms. Der Zeiger wird zum Zeitpunkt $t = 0$ dargestellt.

Der besondere Vorteil dieser Darstellungsart ist, dass das Zusammenfassen mehrerer Wechselgrößen einfacher ist als bei Liniendiagrammen. Wir zeigen dies an Beispielen auf der nächsten Seite.

Addition von Zeigern

Zwei Generatoren mit 230 V/50 Hz sind in Reihe geschaltet. Die Spannungen haben eine Phasenverschiebung von 30°. Es soll die Gesamtspannung zwischen 1L und 2N bestimmt werden. Sie ist die **Summe** von U_1 und U_2.

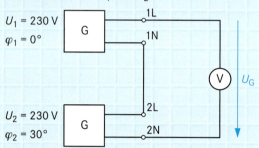

Die Zeigeraddition wird folgendermaßen durchgeführt:
1. Maßstab festlegen ①,
2. Zeiger U_1 zeichnen ③,
3. Zeiger U_2 mit φ_2 = 30° an die Spitze von U_1 ansetzen ④,
4. Anfang von Zeiger U_1 ② mit der Spitze von U_2 zum Gesamtzeiger (Summe) U_G ⑤ verbinden,
5. Länge des Gesamtzeigers U_G mit Hilfe des Maßstabs in Spannungswert berechnen.

Maßstab:
1 cm ≙ 100 V ①

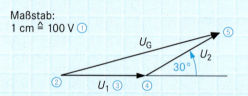

Es ergibt sich eine Summenspannung $\underline{U_G}$ = 440 V.

Subtraktion von Zeigern

Am Generator 2 werden jetzt die Anschlüsse vertauscht, d. h. 1N wird an 2N gelegt. Wie groß ist die Gesamtspannung zwischen 1L und 2L? Die Spannung ergibt sich jetzt aus der **Differenz** der beiden Generatorspannungen.

Beim Darstellen der Zeiger gehen wir entsprechend den Schritten wie im obigen Beispiel vor. Beim Subtrahieren muss allerdings der zweite Pfeil in umgekehrter Richtung ⑥ angesetzt werden.

Maßstab:
1 cm ≙ 100 V

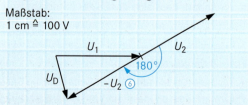

Es ergibt sich als Differenzspannung $\underline{U_D}$ = 115 V.

- Wechselgrößen werden auch durch Zeiger dargestellt.
- Die Länge des Zeigers gibt den Betrag, der Winkel die Lage zur Bezugsgröße an.
- Zeitabhängige Zeiger drehen sich linksherum.
- Zeiger werden addiert, indem sie lagerichtig aneinander gesetzt werden.
- Zeiger werden subtrahiert, indem der abzuziehende Zeiger mit umgekehrter Richtung angesetzt wird.
- Der Gesamtzeiger ist die Verbindungslinie zwischen Anfang des 1. Zeigers mit der Spitze des letzten Zeigers.

Aufgaben

1. Addieren Sie mit Hilfe eines Zeigerdiagramms die Spannungen U_1 = 10 V und U_2 = 20 V! Sie bilden zueinander einen Winkel von 90°.

2. Bestimmen Sie die Differenz der Spannungen aus Aufgabe 1!

3. Addieren Sie mit Hilfe eines Zeigerdiagramms die drei Ströme 10 A, 15 A und 20 A! Sie bilden jeweils einen Winkel von 120° zueinander.

4. Drei Spannungsquellen sind in Reihe geschaltet. Sie haben folgende Werte, wobei sich die Winkelangaben auf die Nulllinie (Waagerechte) beziehen.
$\hat{u}_1$ = 3,11 V $\hat{u}_2$ = 1,1 V $\hat{u}_3$ = 3,8 V
φ_1 = 15° φ_2 = 0° φ_3 = 60°
Ermitteln Sie mit Hilfe eines Zeigerdiagramms die Größe der Gesamtspannung U!

5. Ermitteln Sie die Gesamtspannung der Aufg. 4 in einer anderen Reihenfolge! Vergleichen Sie die Ergebnisse miteinander!

6. Durch ein Versehen ist die Spannungsquelle 2 aus Aufg. 4 umgekehrt angeschlossen worden. Ermitteln Sie für diesen Fall die Gesamtspannung U und deren Winkel zur Spannung U_1!

7. Die folgenden zwei Spannungsquellen sind in Reihe geschaltet.
(Bezugslinie für Winkel wie in Aufgabe 4).
U_1 = 230 V, φ_1 = 45°; U_2 = 115 V, φ_2 = 90°.
Es soll jetzt eine 3. Spannungsquelle hinzugeschaltet werden, sodass die Gesamtspannung den Winkel 0° hat und genauso hoch ist wie die Spannung U_1. Ermitteln Sie mit Hilfe eines Zeigerdiagramms Größe und Richtung der Spannung U_3!

8. Ermitteln Sie die möglichen Winkel zwischen zwei gleich großen Spannungen, deren Reihenschaltung das 1,5fache einer Spannung ergibt!

Spannungen im Drehstromnetz / voltages in three phase system

3.2 Drei-Phasen-Wechselspannung

1: Wohnhaus mit Dachständer

3.2.1 Spannungen in Verbraucheranlagen

Die Versorgung mit Drei-Phasen-Wechselspannung erfolgt vom VNB über das **Drehstromnetz**.

Die elektrische Versorgungsleitung zu den meisten Häusern besteht aus vier Leitern (Abb. 1):
- den **Außenleitern L1, L2, L3** und
- dem **Nullleiter PEN**.

Der **PEN-Leiter** hat zwei Funktionen:
- aktiver Leiter N (Neutralleiter) und
- Schutzleiter (PE).

In Kapitel 7 „Schutz gegen elektrischen Schlag" wird auf die Schutzfunktion umfassend eingegangen. Hier wird er nur als aktiver Leiter **N** betrachtet.

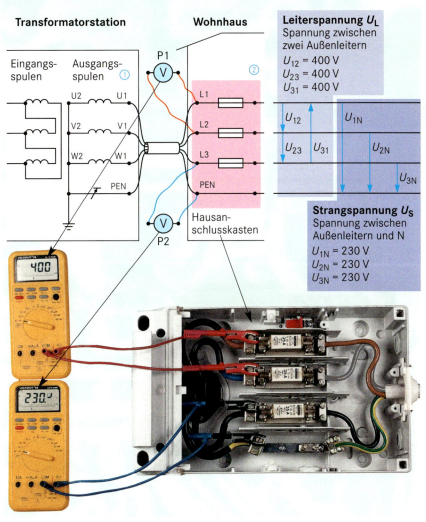

2: Spannungsversorgung eines Hauses

Leiterspannung U_L
Spannung zwischen zwei Außenleitern
U_{12} = 400 V
U_{23} = 400 V
U_{31} = 400 V

Strangspannung U_S
Spannung zwischen Außenleitern und N
U_{1N} = 230 V
U_{2N} = 230 V
U_{3N} = 230 V

Welche Spannungen sind vorhanden?

Zur Demonstration sind ausnahmsweise Spannungsmessungen im Hausanschlusskasten vorgenommen worden. Wir messen dabei folgende zwei Spannungen:
- Mit dem Messgerät P1 zwischen den Außenleitern L1 und L2 die Spannung von 400 V,
- zwischen L3 und PEN (Messgerät P2) die Spannung von 230 V.

Wir beschäftigen uns zuerst mit der vereinfachten Darstellung des Versorgungsnetzes (Abb. 2). Die Anlageteile vor dem Transformator sind nicht dargestellt. Die Wirkungsweise des Transformators wird im Kapitel 5 „VNB-Netze" beschrieben.

Für unsere Betrachtung müssen wir lediglich wissen, dass in den Ausgangsspulen ① (Fachwort: Strang) jeweils eine Spannung von 230 V erzeugt wird.

Da sich die Leiterspannung U_L aus zwei Strangspannungen zusammensetzt, erwartet man vielleicht die doppelte Spannung oder 0 V. Es sind aber 400 V! Daraus lässt sich ableiten, dass die Strangspannungen offensichtlich nicht einfach addiert oder subtrahiert werden können.

- Die Außenleiter im Drehstromnetz haben die Bezeichnungen L1, L2 und L3.
- Die Spannung zwischen zwei Außenleitern heißt Leiterspannung U (oder U_L).
- Die Spannung zwischen einem Außenleiter und dem Neutralleiter N heißt Strangspannung U_S.

Spannungsdarstellung / voltage representation

Messung mit dem Oszilloskop

Um die Zusammhänge zu verdeutlichen, werden die Spannungen mit einem Zwei-Kanal-Oszilloskop untersucht. Wir können dann den Verlauf der beiden Strangspannungen besser miteinander vergleichen. Die Spannung U_{1N} liegt an Kanal 1 und U_{2N} an Kanal 2. Der Zeitmaßstab ist für beide Kanäle gleich.

Aus messtechnischen Gründen werden die Messleitungen nicht direkt mit dem Netz verbunden, sondern über Tastköpfe (10:1) angeschlossen. Dadurch werden die Messspannungen entsprechend verringert (vgl. Kap. 3.1.1).

1: Zwei Strangspannungen

Beim Vergleich der Spannungskurven stellen wir fest:
- Beide Spannungen haben gleiche Höhe und gleiche Frequenz. Aus diesem Grund zeigen auch die Messgeräte (vgl. S. 49) gleiche Werte an, nämlich den Effektivwert U = 230 V.
- Die Schwingungen sind verschoben, und zwar um etwa 7 ms. Der tatsächliche Wert ist 6,67 ms. Die Spannung U_{2N} eilt der Spannung U_{1N} um 6,67 ms nach.

Bei dem Vergleich der Strangspannungen U_{2N} und U_{3N} ergeben sich die gleichen Verhältnisse. Für die Darstellung der drei Wechselspannungen können wir zusammenfassend folgendes Diagramm zeichnen.

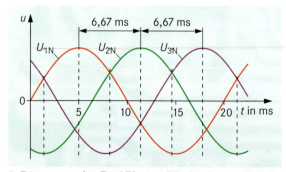

2: Diagramm der Drei-Phasen-Wechselspannung

Wie kommt die Leiterspannung von 400 V zustande?

Zur Beantwortung dieser Frage beschäftigen wir uns noch einmal mit dem Oszillogramm in Abb. 1. Wir haben die beiden Kurven in ein Diagramm auf Millimeterpapier (Abb. 3) übertragen um genaue Werte ablesen zu können. Punktweise messen wir die Unterschiede der Augenblickswerte und tragen sie in ein zweites Diagramm ein. Die Verbindung der Punkte ergibt wieder eine Sinuskurve. Sie ist die Leiterspannung U_{12}.

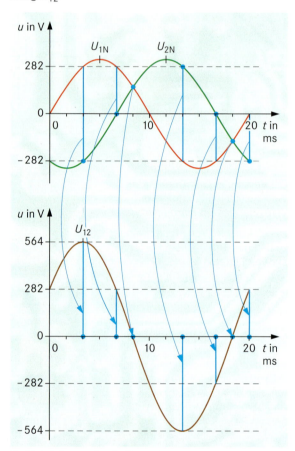

3: Entstehung der Leiterspannungen

Aus dem obigen Diagramm wird der Maximalwert $\hat{u}_{12}$ = 564 V entnommen. Hieraus kann der Effektivwert errechnet werden.

$$U_{12} = \frac{\hat{u}_{12}}{\sqrt{2}} \qquad U_{12} = \frac{564\ V}{\sqrt{2}} \qquad \underline{\underline{U_{12} = 400\ V}}$$

Teilt man die Leiterspannung durch die Strangspannung, dann ergibt sich:

$$\frac{400\ V}{230\ V} = 1{,}74$$

Der genaue Wert dafür ist 1,732 = $\sqrt{3}$. Wir erhalten dann folgende Formel:

$$\boxed{U = \sqrt{3} \cdot U_s}$$

Ströme im Drehstromnetz / currents in three phase system

3.2.2 Entstehung der Spannungen

Sie wissen, dass ein drehender Magnet in einer Spule eine Wechselspannung induziert. Bei einem Drehstrom-Generator dreht sich der Anker ① an drei Spulen vorbei. Diese sind um 120° versetzt auf einem Stator angeordnet. Es entstehen dadurch drei Wechselspannungen.

Diese Spannungen entstehen nacheinander. Wenn sich der Magnet 50-mal in der Sekunde dreht (f = 50 Hz), werden für einen Umlauf 20 ms benötigt. Für 1/3 Umlauf sind also 6,67 ms notwendig, d. h. die Spannungen sind um 6,67 ms verschoben. Das entspricht 120°.

Die drei Spannungskurven haben wir in ein Diagramm eingetragen. Es ergibt sich das Bild von drei verschobenen sinusförmigen Wechselspannungen (Abb. 4).

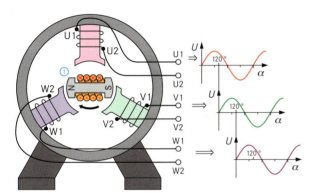

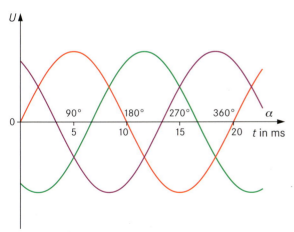

4: Drei-Phasen-Wechselspannungen

Ein Drehstrom-Generator hat drei Statorspulen. Es müssten demnach sechs Klemmen vorhanden sein. Wir wissen aber, dass im VNB-Netz nur vier Leiter geführt werden. Die sechs Anschlüsse der Generatorspulen sind demnach zusammengeschaltet.

Wir wollen mit den folgenden Versuchen erklären,
- wie die Anschlüsse zusammengeschaltet sind und
- warum diese Schaltungen möglich sind.

Versuch 1

U_S = 230 V $\qquad P_{Lampe}$ = 15 W

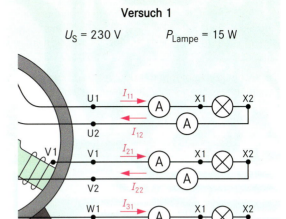

Messergebnisse: I_{11} = 65,2 mA $\quad I_{12}$ = 65,2 mA
I_{21} = 65,2 mA $\quad I_{22}$ = 65,2 mA
I_{31} = 65,2 mA $\quad I_{32}$ = 65,2 mA

Versuch 2

Die Spulenenden U2, V2 und W2 werden miteinander verbunden (Generator-Sternpunkt ②), ebenso die Ausgänge X2 der Lampen (Verbraucher-Sternpunkt ③).

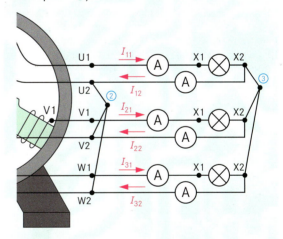

Beobachtung:
Die Lampen leuchten genauso hell wie vorher.

Messergebnisse: I_{11} = 65,2 mA $\quad I_{12}$ = 0
I_{21} = 65,2 mA $\quad I_{22}$ = 0
I_{31} = 65,2 mA $\quad I_{32}$ = 0

Folgerung:
Da in den "Rückleitern" jetzt kein Strom mehr fließt, muss die Summe der zum Knotenpunkt fließenden Ströme gleich null sein. Demnach können die "Rückleiter" entfernt werden.

Das Drehstromsystem hat jetzt nur noch drei Leiter. Das Zusammenführen der drei Wechselspannungen wird als **Verkettung** bezeichnet. Das Verhältnis (Quotient) von Leiterspannung (z. B. 400 V) zur Strangspannung (z. B. 230 V) heißt **Verkettungsfaktor** ($\sqrt{3}$).

Der Generator-Knotenpunkt und der Verbraucher-Sternpunkt können durch den **Neutralleiter N** miteinander verbunden sein. Es ergibt sich dann die folgende Schaltung.

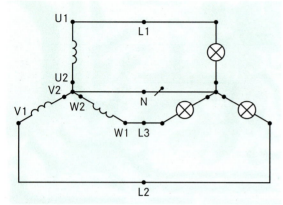

1: Drehstromsystem

Wozu wird der Neutralleiter gebraucht?

Bei den Versuchen haben die drei Glühlampen die gleiche Leistung (15 W). Somit fließt in den drei Außenleitern die **gleiche Stromstärke**. Wenn unterschiedlich große Verbraucher an die einzelnen Außenleiter angeschlossen sind, ist die Summe der Ströme nicht mehr null. Man sagt: Das Netz ist **unsymmetrisch** belastet. Durch den Neutralleiter fließt dann ein Strom (Ausgleichstrom) zum Sternpunkt der Spannungsquelle.

- Die drei Wechselspannungen des Drehstroms werden in drei um 120° (räumlich) versetzten Spulen eines Generators erzeugt. Es entstehen drei um 120° verschobene sinusförmige Strangspannungen.
- Jeweils eine Klemme der Spulen wird zum Sternpunkt zusammengeschaltet.
- Das Zusammenschalten der drei Wechselspannungen wird als Verkettung bezeichnet.
- Die Leiterspannung ergibt sich aus Strangspannung multipliziert mit dem Verkettungsfaktor ($\sqrt{3}$).
- Die Sternpunkte von Generator und Verbraucher sind durch den Neutralleiter N verbunden.
- Bei unsymmetrischer Belastung des Drehstromsystems fließt über den Neutralleiter ein Strom.

Leiterspannung U_{12}

Um die Spannung zwischen zwei Außenleitern berechnen zu können muss die Differenz der zugehörigen Strangspannungen gebildet werden.

$$U_{12} = U_{1N} - U_{2N}$$

Zur Ermittlung dieser Spannungsdifferenz verwenden wir folgendes Zeigerdiagramm (vgl. S. 48).

Maßstab: 1 cm ≙ 100 V

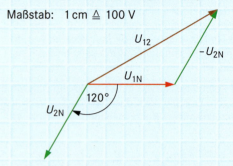

Die Länge des Zeigers U_{12} lässt sich auch mit Hilfe von **Winkelfunktionen** berechnen. Wir verwenden dazu das Dreieck aus der obigen Darstellung.

$$\frac{\frac{U_{12}}{2}}{U_{1N}} = \sin 60°$$

$$\frac{U_{12}}{2} = \sin 60° \cdot U_{1N}$$

$$U_{12} = 2 \cdot \sin 60° \cdot U_{1N}$$

$$U_{12} = \underbrace{2 \cdot 0{,}866}_{\sqrt{3}} \cdot 230\ \text{V}$$

$$\underline{\underline{U_{12} = 398\ \text{V}}}$$

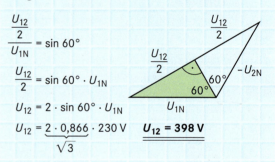

Aufgaben

1. Zeichnen Sie das Liniendiagramm eines Drehstrom-Systems mit den Strangspannungen $U_{1N} = 10\ \text{V}$ und $U_{2N} = 10\ \text{V}$!

2. a) Ermitteln Sie für möglichst viele Zeitpunkte den Spannungsunterschied aus Aufg. 1!
b) Zeichnen Sie die Spannungskurve U_{12} mit Hilfe der Werte von a) in das Diagramm zu Aufg. 1 ein!

3. Bestimmen Sie die Winkel zwischen den Spannungen U_{1N} und U_{12} sowie zwischen U_{2N} und U_{12} aus Aufg. 2b)!

4. Zeichnen Sie das Zeigerdiagramm zu Aufg. 2b)!

5. Erläutern Sie den Begriff „Verkettung" im Drehstrom-System!

6. Berechnen Sie den Maximalwert der Leiterspannung im VNB-Drehstromnetz!

3.3 Gleichspannung

Für die Energieversorgung ortsveränderlicher Geräte, z. B. eines Walkmans, werden Batterien eingesetzt. Sie erzeugen mit Hilfe chemischer Energie Gleichspannung.

3.3.1 Kenndaten von Batterien

Wenn nur eine Zelle (z. B. Monozelle 1,5 V) vorhanden ist, darf eigentlich nicht von einer "Batterie" gesprochen werden. Der Begriff "Batterie" meint immer mehrere Zellen. Wir beschäftigen uns zuerst mit der Verwendung dieser Spannungsquellen. Dazu betrachten wir die folgende Mignonzelle (Abb. 2).

2: Mignonzelle

Belastungszeit (gleiche Belastung). Die gespeicherte Energie (**Kapazität**) wird dabei in Arbeit umgesetzt, d. h. die Zelle wird "entladen". Daher kommt auch der Ausdruck Entladespannung.
Bei Silberoxid- und Quecksilber-Zellen ist die Klemmenspannung über eine bestimmte Zeit recht konstant ①, dann aber fällt sie stark ab ②. Bei Alkaline (Mangan-Dioxid) ③ und bei Kohle-Zink-Zellen ④ ist die Spannungsabsenkung schon früher festzustellen. Kohle-Zink-Elemente werden heute nicht mehr hergestellt, weil sie schlechte Leistungen haben.

Energiedichte

Die batteriebetriebenen Geräte werden immer kleiner, deshalb schrumpft auch der Platz für die Spannungsversorgung. Es werden also immer kleinere Batterien benötigt, die aber die gleiche Kapazität haben sollen. Die gespeicherte Energie bezogen auf das Volumen (oder die Masse) wird also immer größer. Dieses Verhältnis wird Energiedichte genannt.
Beispiele:
LR 14:   300 mWh/cm³
MR 14:   500 mWh/cm³

Einsatzbereich

Damit die richtige Batterie für das betreffende Gerät verwendet wird, hat sich die Industrie auf Anwendungssymbole geeinigt. Sie sind auf den Verpackungen der Batterien abgebildet.

Geeignet für

Fotokamera

Fernbedienung

Batteriegrößen

Internationale Bezeichnung	Handelsübliche Bezeichnung	Technolog. Bezeichnungen für Alkaline	Technolog. Bezeichnungen für Zink-Kohle	Bemessungs-Spannung
AA	Mignon	LR 6	R 6	1,5 V
AAA	Micro	LR 03	R 03	1,5 V
C	Baby	LR 14	R 14	1,5 V
D	Mono	LR 20	R 20	1,5 V
9 V	E-Block	6 LR 61	6 F 22	6 x 1,5V = 9,0 V
4,5 V	Normal/Flach	3 LR 12	3 R 12	3 x 1,5V = 4,5 V

Entladespannung

Die folgenden Kurven zeigen die Klemmenspannungen verschiedener Batteriearten in Abhängigkeit von der

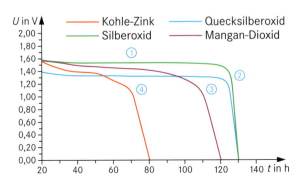

Batterie-Eigenschaften

Benennung	IEC-Kennbuchstabe	Eigenschaften	Anwendungsbeispiele
Zink-Kohle	R	geringe Kosten, bei niedrigen Temperaturen schlechte Leistung	Radio, Taschenlampe, Spielzeug, Fernbedienung
Alkali-Mangan	LR	gutes Preis/Leistungsverhältnis, bei niedrigen Temperaturen gute Leistungen	Blitzgerät, Kassettenrecorder, Walkie-Talkie, Foto-Kamera
Quecksilberoxid	MR	hoch belastbar, umweltbelastend	Hörgeräte, Belichtungsmesser, Taschenrechner
Silberoxid	SR	gut belastbar, bessere Energieausnutzung als bei MR	Armbanduhren, Belichtungsmesser, Taschenrechner, Hörgeräte

Umgang mit Batterien

- Nicht kurzschließen!
  Der hohe Strom kann die Batterie zerstören.

- Nicht zerlegen!
  Der Elektrolyt kann verätzen.

- Nicht ins Feuer werfen!
  Die Batterie kann explodieren.

- Kühl lagern!
  Hohe Temperaturen fördern die Selbstentladung.

- Batterien aus ungenutzten Geräten entfernen!
  Die Batterien können auslaufen oder sich selbst entladen.

Entsorgen von Batterien

- Schadstoffhaltige und gekennzeichnete Batterien mit Schwermetallen (Cadmium, Blei oder Quecksilber) dürfen nicht in den Hausmüll, sondern müssen an Verkäufer bzw. an Sammelstellen gegeben werden.

Cd

- Knopfzellen werden unabhängig von ihren Inhaltsstoffen an Verkäufer (bzw. Sammelstellen) zurückgegeben.

Beim Händler werden die Batterien nach Inhaltsstoffen getrennt gesammelt und an konzessionierte Wiederaufbereitungs-Unternehmen geschickt (Batterieverordnung vom 27. März 1998).

- Zink-Kohle- und Alkaline-Batterien enthalten keine Schwermetalle, deshalb dürfen sie mit dem Hausmüll entsorgt werden.

- Batterien werden mit folgenden Kennzeichnungen versehen: Bemessungsspannung, Größenangabe mit Materialangabe.
- Die Energiedichte gibt die gespeicherte Energie pro Volumen oder Masse an.
- Gekennzeichnete Batterien müssen vom Verkäufer bzw. von den Sammelstellen kostenlos wieder angenommen werden.

Chemische Energie erzeugt Spannung

Vielleicht hatten Sie schon einmal ein Stück Stanniolpapier im Mund und spürten dabei ein merkwürdiges Prickeln und einen unangenehmen Geschmack. Was war passiert?

Zwei Metalle (Stanniolpapier und Zahnfüllung) bildeten zusammen mit dem Speichel ein **elektrochemisches Element**. Dies erzeugte im Mund eine Spannung und einen Strom.

Mit dem Versuch kann man eine chemische Spannungsquelle herstellen. Zwei Metalle (Kupfer und Zink) werden in eine Flüssigkeit (Kochsalzlösung) gehängt. An den Platten kann eine Gleichspannung gemessen werden.

Die Spannungen der verschiedenen Leiterwerkstoffe bezüglich Wasserstoff können auf einem Strahl aufgetragen werden. Es ergibt sich so **die elektrochemische Spannungsreihe**.

Wie kommt die Spannung zustande?

Jeder leitende Stoff gibt beim Eintauchen in einen Elektrolyten entweder Elektronen ab oder nimmt Elektronen auf. Er hat dann gegenüber dem Elektrolyten eine elektrische Spannung. Taucht man jetzt einen anderen Leiter ein, so entsteht auch an ihm eine Spannung gegenüber dem Elektrolyten. Die beiden Spannungen sind verschieden groß. Zwischen den Leitern besteht dann ein Spannungsunterschied, also eine Spannung. Hieraus kann man schließen, dass die Spannung an den beiden Elektroden lediglich von ihren Materialien abhängt.

Galvanisches Element

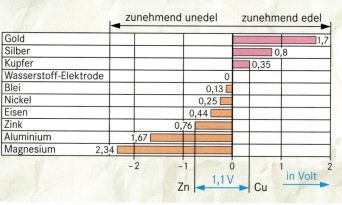

Laden von Akkumulatoren / batterie charging

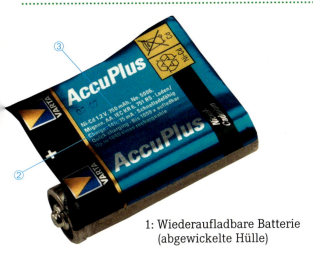

1: Wiederaufladbare Batterie (abgewickelte Hülle)

3.3.2 Akkumulatoren

Die abgebildete Mignon-Zelle kann wieder aufgeladen werden. Darauf weist die Abkürzung **"Accu"** hin. Das ist von dem lateinischen Wort "accumulare" (lat. Sammeln) abgeleitet.

Laden von Akkumulatoren

Beim Laden ruft die zugeführte elektrische Energie in der Spannungsquelle einen chemischen Prozess hervor. Es werden Ladungen getrennt, sodass an den Anschlussklemmen eine Spannung anliegt. Diese steht nach dem Laden als Ursache des Stromes zur Verfügung.
Es muss zuerst Energie zugeführt werden ①, bevor Energie entnommen werden kann. Es sind zwei Schritte erforderlich. Deshalb heißen Akkumulatoren auch **Sekundärelemente**.

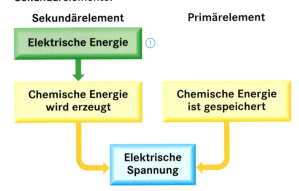

"Charge 14 h, 75mA" ② in Abb.1 bedeutet, dass nach 14 Stunden Ladezeit mit 75 mA die volle Kapazität von 750 mAh ③ vorhanden ist. Hieraus ergibt sich, dass die eingeladene Kapazität (14 h · 75 mA = 1050 mAh) 1,4-mal größer ist als die **Bemessungskapazität** C_A (750 mAh).
Das Laden soll möglichst langsam erfolgen, damit der Akkumulator geschont wird. Der Ladestrom soll etwa $I_{Lade} = \frac{C_A}{10h}$ sein. Je nach Batterietyp beträgt dann die Ladezeit 10 ... 16 Stunden. Dies wird mit **Normalladen** bezeichnet.

Beim **Schnellladen** ist der Ladestrom 5 ... 20-mal höher als beim Normalladen. Da ein Überladen den Akku zerstört, muss der Ladestrom bei Erreichen der Bemessungskapazität abgeschaltet werden. Gute Ladegeräte schalten den Ladestrom zu diesem Zeitpunkt nicht ab, sondern verringern ihn auf sehr kleine Werte (1/20 des Normalladestroms). Diese geringe Stromstärke gleicht gerade die Selbstentladung aus.

Sollen "halbleere" Akkumulatoren geladen werden?

Das kommt auf das Material der Elektroden an. Bei den weitverbreiteten **Ni-Cd**-Akkumulatoren (Nickel-Cadmium) entstehen beim Laden nach einer Teilentladung chemische Verbindungen, die die Kapazität stark herabsetzen. Bei weiteren Ladevorgängen hat sich der Akku diese verringerte Kapazität sozusagen "gemerkt". Man nennt deshalb dieses Phänomen **Memoryeffekt** (engl.: Erinnerung). Durch vollständiges Entladen (**Tiefentladung**) kann der Akkumulator wieder "geheilt" werden und hat dann wieder seine alte Leistungsfähigkeit. Bei anderen Materialien (z. B. Lithium-Ionen-Akkumulatoren) kommt dieser Effekt nicht vor.

- Sekundärelemente können wieder geladen werden.
- Normalladen soll mit einer Stromstärke von $I_L = \frac{C_A}{10h}$ durchgeführt werden.
- Beim Schnellladen muss der Ladestrom bei Erreichen der Bemessungskapazität abgeschaltet werden.
- Ni-Cd-Akkumulatoren sollen wegen des Memoryeffektes erst nach vollständiger Entladung wieder geladen werden.

Aufgaben

1. Geben Sie die IEC-Kennzeichnung einer Monozelle mit Alkali-Mangan an!

2. Welche Batterie wird mit 3R12 gekennzeichnet?

3. Vergleichen Sie die Entladekurven von Mangan-Dioxid- und Silberoxid-Zellen (S. 53)!

4. Vergleichen Sie die Entladekurve der Silberoxid-Zelle mit der entsprechenden Bemessungsspannung!

5. Machen Sie fünf wichtige Aussagen zum Umgang mit Batterien!

6. Worauf müssen Sie beim Schnellladen besonders achten?

7. Wodurch können Sie die Auswirkungen des Memoryeffektes beseitigen?

In welchen Fällen sollten Sekundärelemente verwendet werden?

Hierzu müssen wir den Preis und den Einsatzbereich betrachten.

Bei den **Kosten** ist zu berücksichtigen, dass Akkumulatoren etwa 1000-mal geladen werden können. Daraus darf aber nicht geschlossen werden, dass dies 1000 Batterien entspricht, weil sich Akkus bei der Lagerung (Leerlauf) schneller entladen als Primärbatterien "leer" werden. Man kann hier etwa die Hälfte ansetzen.

Akkumulatoren sind für Dauereinsatz gedacht, nicht aber für zeitweisen Einsatz (Impulsbetrieb) geeignet (z. B. Fernbedienung), weil sie sich auch im Leerlauf entladen.

Laden von Blei-Akkumulatoren

Eine ungeladene Blei-Zelle besteht grundsätzlich aus zwei Bleiplatten, die in verdünnter Schwefelsäure hängen. Sie überziehen sich mit Bleisulfat.

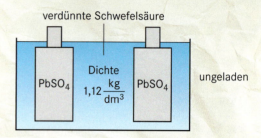

Wird jetzt Spannung an die Platten gelegt wandelt sich das Bleisulfat an der Anode zu Bleidioxid und an der Kathode zu Blei um.

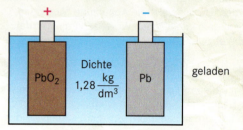

Da jetzt die beiden Platten aus verschiedenen Materialien bestehen, liegt eine Spannung zwischen den Platten.

Beim Entladen kehrt sich der Vorgang um, sodass wieder an beiden Platten Bleisulfat entsteht. Es ist dann keine Spannung mehr vorhanden.

Großakkumulatoren

Diese Akkumulatoren haben wesentlich größere Abmessungen als die auf der vorherigen Seite beschriebenen. Ihre Platten sind teilweise parallel geschaltet. Sie haben dadurch eine große Kapazität. Die abgebildete Batterie hat 230 Ah.

Solche Batterien bestehen aus Einzelzellen, die zur Erhöhung der Bemessungsspannung in Reihe geschaltet sind.

Der Elektrolyt ist bei den Großakkumulatoren entweder flüssig oder in Gelform vorhanden. Das Gehäuse muss deshalb besonders robust gebaut sein.

Verwendung

- Großakkumulatoren werden in **stationären Anlagen** eingesetzt wie Sicherheitsbeleuchtung, Ersatzspannungsversorgung u. ä.

- Großakkumulatoren werden als **Fahrzeugbatterie** für den Antrieb in Elektrofahrzeugen wie Krankenfahrstuhl, Reinigungsmaschinen, Gabelstabler u. ä. verwendet.

- Großakkumulatoren sind als **Starterbatterie** z. B. für Motorräder, PKW und Nutzfahrzeuge eingesetzt.

Entsorgung

Großbatterien haben zum überwiegenden Teil als Elektroden **Bleiplatten** in sehr unterschiedlichen Ausführungen. Deshalb ist eine besondere Entsorgung notwendig. Der Hersteller muss die Batterien unentgeltlich zurücknehmen und umweltgerecht entsorgen.

Der Endverbraucher ist verpflichtet schadstoffhaltige Batterien an den Händler bzw. die Sammelstellen zurückzugeben. Als Anreiz, dass der Endverbraucher das auch tatsächlich tut, muss der Händler beim Verkauf von **Starterbatterien** ein Pfand in Höhe von z. Z. 8 € erheben.

- Sekundärelemente sind für Impulsbetrieb nicht geeignet.
- Großakkumulatoren enthalten flüssige oder gelförmige Elektrolyte.
- Schadstoffhaltige Batterien müssen vom Verbraucher zurückgegeben und vom Händler angenommen werden.

Fotovoltaik / photovoltaic

3.3.3 Fotovoltaikanlagen

Die abgebildete Anlage besteht aus den Solarzellen ① und einer parallelgeschalteten Batterie ②. Auf diese Weise werden die Verbraucher entweder von den Solarzellen oder von dem Akkumulator gespeist.

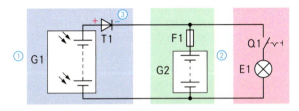

Die Batterie liegt ständig an den Solarzellen, d. h. sie könnte entladen werden und dabei die Solarzellen zerstören. Um das zu vermeiden ist eine **Diode** ③ (vgl. Kap. 10.3.2) eingebaut. Sie lässt Strom nur in einer Richtung durch und zwar von Plus nach Minus. Für den Strom von der Batterie sperrt die Diode den Stromkreis.

Die Abb. 1 zeigt eine typische Strom-Spannungs-Kennlinie für eine Solarzelle. Eine Solarzelle erzeugt eine Spannung von etwa 0,5 V. Damit höhere Spannungen möglich sind, werden mehrere Zellen zu einem **Solarmodul** in Reihe geschaltet. Üblich ist eine Bemessungsspannung von 12 V. Um noch höhere Spannungen zu erzeugen, müssen weitere Module in Reihe geschaltet werden. Um größere Ströme zu ermöglichen, werden die Module parallel geschaltet.

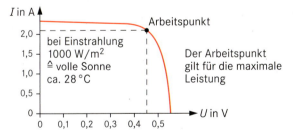

1: Strom-Spannungs-Kennlinie einer Solarzelle

Batterieschutz

Bei der vorgestellten Kleinanlage wird die Batterie ständig aufgeladen. Sie kann also überladen und u. U. zerstört werden. Deshalb wird durch den Einbau eines **Spannungsreglers** der Ladestrom in Abhängigkeit vom Ladezustand des Akkumulators geregelt.

Außerdem besteht die Gefahr, dass bei anhaltender Entladung die Batterie zu tief entladen und dadurch zerstört wird. Um dem entgegenzuwirken wird ein **Tiefentladeschutz** eingebaut.

Spannungserzeugung in Solarzellen

Solarzellen bestehen prinzipiell aus zwei Schichten mit unterschiedlichem elektrischen Verhalten. In einer Schicht befinden sich Elektronen, die nicht an das Molekulargitter gebunden sind. Man bezeichnet diese Eigenschaft als **N-Dotierung** (N = negativ).

Bei der zweiten Schicht ist es umgekehrt. Hier fehlen dem Gitter Elektronen. Die Bezeichnung hierfür ist **P-Dotierung** (P = positiv). Zwischen beiden Schichten befindet sich eine isolierende Grenzschicht.

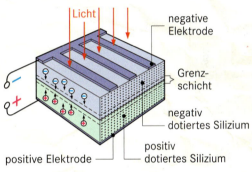

Treffen Lichtstrahlen (**Photonen**) auf die Schichten werden Elektronen frei. Es entsteht ein Elektronenüberschuss. Das ist dann der negative Pol der Spannungsquelle. Die andere Schicht hat Elektronen verloren und wird positiv. Zwischen beiden Schichten herrscht jetzt eine Spannung.

- Solarzellen erzeugen mit Hilfe von Licht elektrische Spannung.
- Eine Solarzelle erzeugt eine Spannung von etwa 0,5 V.
- Solarzellen werden zu Modulen als Baueinheit zusammengefasst.
- Zum Schutz der Batterien werden Fotovoltaikanlagen mit Spannungsreglern und Tiefentladeschutz versehen.

Aufgaben

1. Zeichnen Sie den Stromlaufplan der Schaltung einer einfachen Fotovoltaikanlage!

2. Solarzellen können Betriebsmittel auch direkt (ohne Batterien) mit Spannung versorgen. Nennen Sie drei solcher Geräte!

3.3.4 Spannungsverhalten

Jeder hat bereits die Erfahrung gemacht, dass die Armaturenbeleuchtung eines Autos dunkler wird, wenn der Starter betätigt wird. Woher kommt das?

Starter und Beleuchtung sind parallel geschaltet. Wenn die Beleuchtung dunkler wurde, muss der Strom kleiner geworden sein. Dafür gibt es zwei Möglichkeiten. Zum einen kann der Widerstand größer geworden sein. Das ist aber nicht der Fall, weil die Glühlampen unverändert geblieben sind. Also kann nur die Klemmenspannung U_{Kl} der Batterie geringer geworden sein.

Zur Untersuchung dieser Abhängigkeit wird eine Starterbatterie mit unterschiedlichen Widerständen belastet. Dabei werden die Stromstärke I und die Klemmenspannung U_{Kl} der Batterie gemessen.

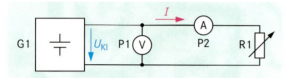

Messergebnisse:

R in Ω	∞	1	0,1	0	
I in A	0	5,45	30	60	①
U_{Kl} in V	6	5,45	3	0	②

Erklärung:

- Je größer die Stromstärke ① wird, desto kleiner wird die Klemmenspannung ② der Spannungsquelle.
- In der Spannungsquelle muss ein Spannungsverlust (**innerer Spannungsfall**) eingetreten sein.

Eine reale Spannungsquelle ③ müssen wir uns deshalb wie die Reihenschaltung einer idealen Spannungsquelle mit der **Quellenspannung U_q** ④ und einem **inneren Widerstand R_i** ⑤ vorstellen. An ihm entsteht bei Belastung der innere Spannungsfall U_i.

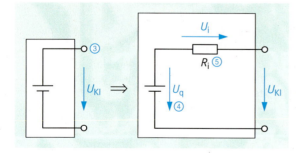

Wir kommen dann zu folgenden Formeln:

$U_q = U_{Kl} + U_i$ $U_i = I \cdot R_i$

$$U_{Kl} = U_q - I \cdot R_i$$

Im **Leerlauf** ($R = \infty$) liegt die Quellenspannung an den Klemmen der Batterie, dann ist $U_{Kl} = U_q$. Mit einem hochohmigen Messgerät kann diese Spannung gemessen werden.

Bei **Kurzschluss** ($R = 0\,\Omega$) liegt die gesamte Quellenspannung am inneren Widerstand, durch den der Kurzschlussstrom I_K fließt. Dieser Strom kann mit einem niederohmigen Messgerät gemessen werden.

Der **innere Widerstand R_i** errechnet sich nach folgender Formel:

$$R_i = \frac{U_q}{I_K}$$

Innere Spannungsverluste treten bei allen Energiequellen auf, also auch bei Generatoren. Auch sie haben innere Widerstände. Um diese zu bestimmen kann die Spannungsquelle nicht kurzgeschlossen werden.

Stromstärke und Klemmenspannung werden bei verschiedenen Belastungen gemessen. R_i wird dann nach folgender Formel berechnet:

$$R_i = \frac{U_{Kl1} - U_{Kl2}}{I_2 - I_1}$$

- Die reale Spannungsquelle kann man sich als Reihenschaltung einer idealen Spannungsquelle und dem inneren Widerstand vorstellen.
- Bei Belastung entsteht in allen Spannungsquellen ein innerer Spannungsfall.
- Im Leerlauf (unbelastet) ist die Quellenspannung gleich der Klemmenspannung.

Aufgaben

1. Erklären Sie, warum z. B. die Helligkeit einer Wohnraum-Beleuchtung kleiner wird, wenn in der Nachbarschaft ein leistungsstarker Elektromotor (z. B. ein Winkelschleifer) eingeschaltet wird!

2. Berechnen Sie den inneren Widerstand der Spannungsquelle unseres Versuchs!

3. Berechnen Sie die Quellenspannung einer Starterbatterie, die bei einer Belastung mit 7 A eine Klemmenspannung von 11,6 V und beim Anlassen ($I = 110$ A) des Motors eine Klemmenspannung von 6,4 V hat!

4. Bei Belastung einer Spannungsquelle mit 1 Ω sinkt die Klemmenspannung auf die Hälfte. Wie groß ist der innere Widerstand?

Anwendung von Batterieschaltungen / application of battery circuits

3.3.5 Schaltungen von Spannungsquellen

Reihenschaltung

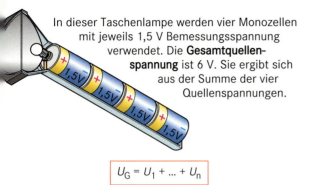

In dieser Taschenlampe werden vier Monozellen mit jeweils 1,5 V Bemessungsspannung verwendet. Die **Gesamtquellenspannung** ist 6 V. Sie ergibt sich aus der Summe der vier Quellenspannungen.

$$U_G = U_1 + \ldots + U_n$$

Diese Rechnung stimmt natürlich nur dann, wenn alle Monozellen in der gleichen Richtung (wie oben abgebildet) eingelegt sind.

In der Praxis wird für diese Taschenlampe eine 4,8 V-Glühlampe (statt 6 V) eingesetzt, weil die inneren Spannungsfälle berücksichtigt werden müssen.

Bei einer Reihenschaltung von Spannungsquellen sind auch die inneren Widerstände in Reihe geschaltet. Für den **Gesamtinnenwiderstand** R_{iG} ergibt sich dann:

$$R_{iG} = R_{i1} + \ldots + R_{in}$$

Parallelschaltung

Hier ist die Starthilfe bei einem PKW dargestellt. Es handelt sich dabei um die Parallelschaltung zweier Starterbatterien. Dabei addieren sich die Ströme (Abb. 1 ①).

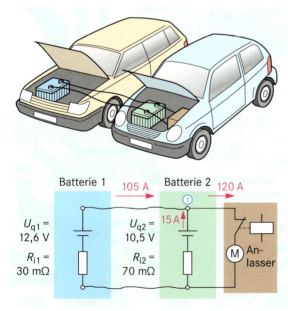

1: Starthilfe

Wenn der Motor gestartet ist, wird der Anlasser abgeschaltet. Jetzt sind nur noch die beiden Batterien miteinander verbunden.

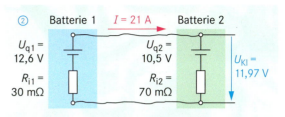

2: Batterieschaltung nach dem Anlassen

Die Batterien haben unterschiedliche Spannungen, d. h. sie sind unterschiedlich geladen. Es fließt daher zwischen den gleichnamigen Platten (z. B. Pluspol der Batterie 1 und Pluspol der Batterie 2) ein Ausgleichsstrom. Er fließt solange, bis beide Batterien den gleichen Ladezustand haben. Ist eine der beiden defekt, entleert sich die andere vollständig. Deshalb muss die zweite Batterie sofort nach dem Starten abgeklemmt werden.

Bei dauerhaften Parallelschalten von Akkumulatoren zur Erhöhung der entnehmbaren Stromstärke sollen folgende Bedingungen erfüllt sein:
- gleiche Quellenspannung,
- gleicher Ladezustand und
- gleicher Innenwiderstand (gleicher Batterietyp).

- Zur Erhöhung der Spannung werden Spannungsquellen in Reihe geschaltet.
- Zur Vergrößerung der entnehmbaren Stromstärke werden Spannungsquellen parallel geschaltet.
- Spannungsquellen, die parallel geschaltet werden, sollen in ihren Daten übereinstimmen.

Aufgaben

1. Drei gleiche Spannungsquellen mit folgenden Daten werden in Reihe geschaltet und mit einem Widerstand von 48 Ω verbunden.
$U_q = 13{,}5$ V $R_i = 2$ Ω
a) Berechnen Sie Stromstärke und Spannung am Belastungswiderstand!
b) Beschreiben Sie, wie sich die o. g. Werte ändern, wenn eine Spannungsquelle den doppelt so hohen Innenwiderstand und eine um 30% niedrigere Quellenspannung hat!

2. Warum werden Spannungsquellen parallel geschaltet?

3. Worauf müssen Sie achten, wenn Sie Spannungsquellen parallel schalten wollen?

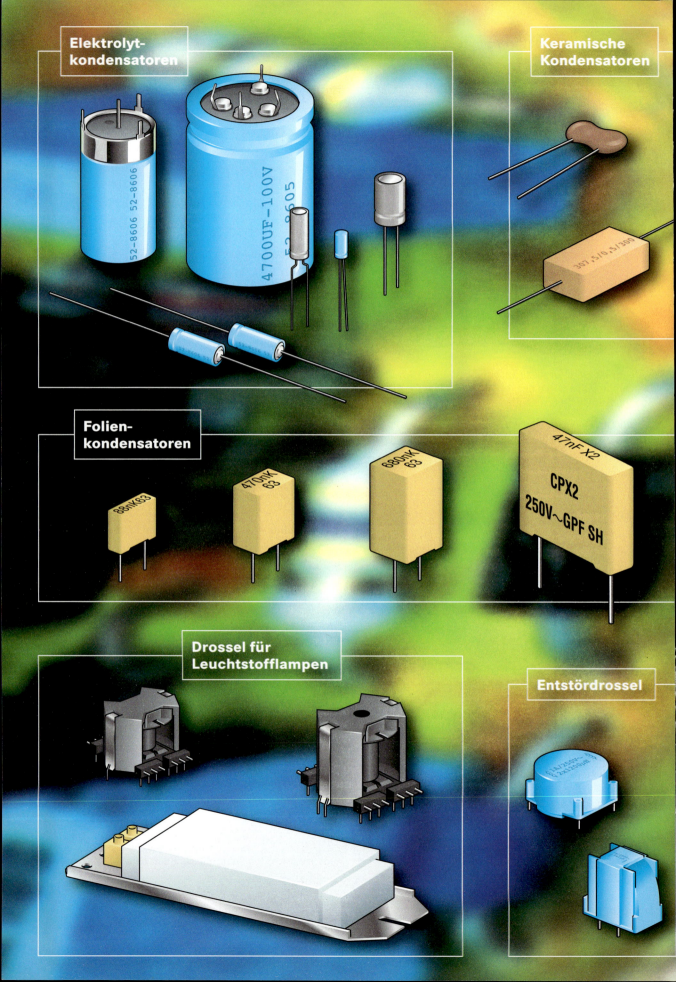

4 Spulen und Kondensatoren

4.1 Spulen in Leuchtstofflampen-Schaltungen

In Abb. 1 ist der Stromlaufplan für eine Leuchtstofflampen-Schaltung zu sehen. In Reihe mit der Leuchtröhre liegt eine Spule ①, die aus einer Kupferwicklung mit Eisenkern besteht (**Vorschaltgerät**). Zusätzlich ist parallel zur Leuchtröhre ein Starter ② mit Entstörkondensator eingebaut.

Welche Aufgabe hat die Spule?

Wenn eine Leuchtstofflampe eingeschaltet wird, beginnt sie nicht wie eine Glühlampe sofort zu leuchten. Bis sie ständig leuchtet, sind ein oder mehrere Zündvorgänge erforderlich. Wir unterscheiden deshalb den

- Einschaltvorgang und den
- Betriebszustand der Lampe.

Einschaltvorgang

Die Betriebswechselspannung von 230 V reicht nicht aus, um das Gas in der Röhre leitfähig zu machen. Es wirkt unter diesen Bedingungen noch wie ein Isolator. Die Spannung reicht aber aus, um das Gas im Starter zwischen den dicht gegenüberliegenden Elektroden zu zünden.

Der Starter ist im Prinzip wie eine Glimmlampe aufgebaut:

- Zündspannung etwa 100 V,
- Elektroden aus Bimetallkontakten, die sich bei Erwärmung biegen.

Beim Einschalten ergibt sich folgender Ablauf:

- Schalter (Abb. 1) wird betätigt:
  Die Betriebsspannung liegt an der Röhre und an den Elektroden des Starters (Parallelschaltung). Es fließt aber noch kein Strom durch die Leuchtröhre.
- Starter „zündet":
  Es fließt ein geringer Strom durch die Spule und über die Glimmstrecke des Starters (großer Widerstand). Seine Elektroden erwärmen sich.
- Elektroden berühren sich (Bimetall):
  Es fließt ein großer Strom durch die Spule, der ein Magnetfeld erzeugt.
- Der Strom fließt jetzt im Starter über die Kontaktflächen und nicht mehr durch das Gas des Starters.
- Starterelektroden kühlen sich wieder ab und die Kontakte öffnen. Der Stromfluss durch die Spule wird unterbrochen.
- Das aufgebaute Magnetfeld in der Spule „bricht zusammen".

An der Spule entsteht eine hohe Induktionsspannung (vgl. Kap. 3.1.2). Das Gas in der Leuchtröhre wird leitend. Die Lampe leuchtet.

Betriebszustand

Wenn das Gas in der Leuchtröhre leitend geworden ist, liegt an ihr eine Spannung von etwa 70 V bis 90 V. Sie ist kleiner als die Zündspannung des Starters. Deshalb fließt über ihn kein Strom mehr. Die Elektroden bleiben geöffnet. Die Spule und die Leuchtröhre liegen jetzt in Reihe an der Betriebsspannung von 230 V.

Die Spule wirkt im Betriebszustand wie ein Vorwiderstand. Sie begrenzt den Stromfluss, der ohne sie zur Zerstörung der Leuchtröhre führen würde (lawinenartig anwachsende Zahl von Ladungsträgern, vgl. Kap. 8.1.3). Deshalb wird für diese Spule auch die Bezeichnung **Drosselspule** (**Drossel**) verwendet.

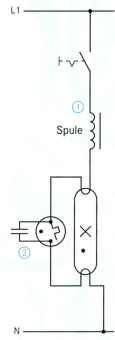

1: Leuchtstofflampen-Schaltung

- Eine Leuchtstofflampen-Schaltung besteht mindestens aus der Leuchtstofflampe, der Drossel und dem Starter.
- An der Spule der Leuchtstofflampen-Schaltung entsteht durch Öffnen der Starterkontakte eine hohe Induktionsspannung.
- Im Betriebszustand arbeitet die Spule in der Leuchtstofflampen-Schaltung wie ein Vorwiderstand zur Strombegrenzung.

Aufgaben

1. Beschreiben Sie die Auswirkungen auf eine Leuchtstofflampen-Schaltung, wenn sich die Kontakte des Starters schließen aber durch einen Defekt nicht mehr öffnen!

2. Im Prinzip könnte der Starter durch einen Taster ersetzt werden.
Beschreiben Sie die möglichen Auswirkungen!

Ausschalten von Spulen

Um eine Leuchtstofflampe zu zünden sind oft mehrere Unterbrechungen des Stromes mit Hilfe des Starters erforderlich. Dieses liegt unter anderem daran, dass die Unterbrechung auf Grund der sich ständig ändernden Netz-Wechselspannung zu einem „ungünstigen" Zeitpunkt erfolgt (z.B. in der Nähe des Nulldurchganges). Wir ersetzen deshalb in einem Versuch die Wechselspannung durch eine Gleichspannung und untersuchen dabei das Ausschaltverhalten einer Spule.

Zielsetzung: Durch einen Versuch soll gezeigt werden, dass bei der Unterbrechung des Stromflusses eine sehr hohe Induktionsspannung entsteht.

Planung: Als Spannung wird eine Gleichspannung von 12 V verwendet. Zur Anzeige verwenden wir eine Glimmlampe mit einer Zündspannung von etwa 100 V.

Durchführung: Der Schalter wird geschlossen (Abb.1) und wieder geöffnet.

Ergebnis: Beim Öffnen des Schalters leuchtet die Glimmlampe kurzzeitig auf.

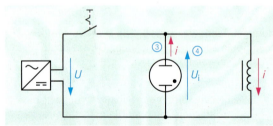

1: Ausschaltvorgang bei einer Spule
(Schalter erst geschlossen, dann geöffnet)

Erklärung:
Auch dieses Ergebnis lässt sich mit Hilfe der Induktionsspannung erklären. Beim Ausschalten ändert sich die Stromstärke i ① in einer sehr kurzen Zeit. Das Magnetfeld „bricht" rasch zusammen (Δt ist klein). An der Spule entsteht die hohe Induktionsspannung U_i (**Selbstinduktionsspannung**) ②.
Da die Glimmlampe noch kurzzeitig nach dem Abschalten der Spannungsquelle leuchtete, ist durch sie weiterhin Strom geflossen. Die Spule arbeitete wie eine Spannungsquelle mit der Induktionsspannung U_i. Der Strom nimmt zwar ab, er fließt aber immer noch in dieselbe Richtung durch die Lampe ③. Wenn wir jetzt die Richtung der Induktionsspannung U_i mit der Richtung der angelegten Gleichspannung U vergleichen, stellen wir für U_i eine umgekehrte Richtung fest ④.

Einschalten von Spulen

Das Verhalten einer Spule beim Einschalten blieb bisher unberücksichtigt. Eine Klärung bringt der folgende Versuch.

Zielsetzung:
Das Strom- und Spannungsverhalten einer Spule soll im Gleichstromkreis nach dem Einschalten ermittelt werden.

Planung:
Um den Unterschied zwischen einem Stromkreis mit und ohne Spule zu verdeutlichen verwenden wir die Parallelschaltung in Abb. 2. Zur Anzeige des Stromflusses verwenden wir zwei gleiche Glühlampen. Der Einstellwiderstand wird vorher bei geschlossenem Schalter so verändert, dass beide Lampen gleich hell leuchten (gleiche Widerstände in jedem Zweig).

Durchführung:
Der Schalter wird geschlossen und das Verhalten der Lampen beobachtet.

Ergebnis:
Die Lampe E1 im Spulenstromkreis leuchtet nach dem Schließen des Schalters verzögert auf und erreicht erst allmählich ihre maximale Helligkeit.

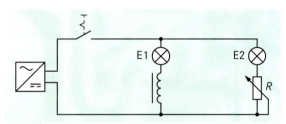

2: Einschaltvorgang bei einer Spule

Erklärung:
Die allmählich ansteigende Helligkeit der Lampe E1 im Stromkreis mit der Spule kann nur mit einem langsamen Ansteigen der Stromstärke erklärt werden. Da die Betriebsspannung aber sofort anlag, muss ihre Wirkung durch eine Selbstinduktionsspannung behindert worden sein (Gegenspannung). Die Behinderung war am Anfang groß und am Ende null. Die Selbstinduktionsspannung beim Einschalten ist demnach so gerichtet, dass sie der angelegten Spannung entgegen wirkt (Lenzsche Regel).

- Wenn bei einer Spule im Gleichstromkreis der Strom unterbrochen wird, entstehen hohe Spannungsspitzen.

- Beim Ausschalten einer Spule im Gleichstromkreis hat die Selbstinduktionsspannung im Vergleich zur ursprünglich angelegten Spannung eine umgekehrte Richtung.

- Beim Einschalten einer Spule im Gleichstromkreis steigt durch die Selbstinduktionsspannung die Stromstärke allmählich an.

Induktivität / inductance

Welchen Einfluss haben die Baugrößen der Spule auf die Selbstinduktionsspannung?

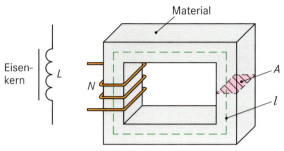

3: Baugrößen einer Spule

Zur Klärung der Abhängigkeiten erinnern wir uns: Wenn sich der magnetische Fluss Φ (Magnetfeld) in der Spule rasch ändert, ist die Selbstinduktionsspannung U_i groß. Es gelten deshalb die folgenden Abhängigkeiten:

Windungszahl N
Je größer die Windungszahl, desto größer wird der magnetische Fluss sein.
$N \uparrow \Rightarrow \Phi \uparrow \Rightarrow U_i \uparrow$
Genaue Untersuchungen zeigen eine quadratische Abhängigkeit ($U_i \sim N^2$).

Querschnitt A
Je größer der Querschnitt der Spule, durch den die Feldlinien hindurch treten, desto größer wird der magnetische Fluss sein.
$A \uparrow \Rightarrow \Phi \uparrow \Rightarrow U_i \uparrow$

Feldlinienlänge l
Je länger die Feldlinien, desto geringer wird der magnetische Fluss sein (größere Behinderung).
$l \uparrow \Rightarrow \Phi \downarrow \Rightarrow U_i \downarrow$

Material
Die magnetischen Eigenschaften des Kernmaterials werden durch zwei Größen gekennzeichnet.
μ_0: Magnetische Feldkonstante (Luft bzw. Vakuum)
μ_r: Permeabilitätszahl (Materie: Eisen, Ferrit, Luft,...)
Beide werden oft zusammengefasst zu:
μ: Permeabilität ($\mu = \mu_0 \cdot \mu_r$)

$\mu \uparrow \Rightarrow \Phi \uparrow \Rightarrow U_i \uparrow$

Alle vier Baugrößen werden zu einer Größe zusammengefasst. Sie wird als **Induktivität** L bezeichnet. Als Einheit ist das **Henry**[1] (Formelzeichen H) festgelegt worden.

$$1H = \frac{1 Vs}{1 A}$$

[1] Benannt nach Joseph Henry, amerikanischer Physiker, 1797 - 1878

Induktivität

Windungszahl: N
Querschnitt: A
Feldlinienlänge: l
Permeabilitätszahl: μ_r
Magnetische Feldkonstante: μ_0

$$L = \frac{\mu_0 \cdot \mu_r \cdot N^2 \cdot A}{l}\ ^{1)}$$

$\mu_0 = 1{,}257 \cdot 10^{-6} \frac{V \cdot s}{A \cdot m}$

[1)] Gilt für Zylinderspule

Einfluss des Kernmaterials

Zur Erhöhung des magnetischen Flusses (magnetische Wirkung) in Spulen werden als Kerne Eisenlegierungen oder Ferrite (Eisenoxide) verwendet. Den Zusammenhang zwischen dem magnetischen Fluss und der Stromstärke verdeutlicht Abb. 4. Bei geringen Stromstärken steigt der magnetische Fluss zunächst steil an ①. Danach verläuft die Kurve geradlinig ②. Trotz Erhöhung der Stromstärke kommt es nur zu geringen Vergrößerungen des Flusses („Sättigung"). Woran liegt das?

Erklären lässt sich dieses Verhalten durch die im Eisen vorhandenen **Elementarmagnete**. Im Normalzustand sind sie ungeordnet und heben sich in ihrer Wirkung gegenseitig auf. Durch das Magnetfeld (Φ) der stromdurchflossenen (I) Spule werden sie ausgerichtet und erhöhen dadurch die Wirksamkeit der Spule. Im Bereich der Sättigung sind alle Elementarmagnete ausgerichtet ③.

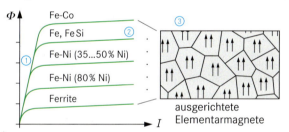

4: Magnetisierungskennlinien

- Die Induktivität L der Spule beeinflusst die Größe der Selbstinduktionsspannung.
- Die Induktivität L der Spule hängt von den Baugrößen der Spule ab. Die Einheit ist Henry (H).
- Das Kernmaterial von Spulen zeigt ein nichtlineares Verhalten.

Aufgaben

1. Ein Relais wird in einem Gleichstromkreis betrieben. Gegen welche Gefahren muss das Relais geschützt werden?

2. Beschreiben Sie das Widerstandsverhalten einer Spule nach dem Einschalten im Gleichstromkreis!

4.2 Widerstand der Spule

Wir wollen jetzt das Widerstandsverhalten einer Spule genauer untersuchen und vermuten, dass sich Spulen im Wechselstromkreis auf Grund der Selbstinduktion anders verhalten werden als im Gleichstromkreis.

Wir legen deshalb zunächst eine Spule mit $N = 1000$ an eine Gleichspannung von 20 V und danach an eine Wechselspannung von ebenfalls 20 V. Der Widerstand wird mit Hilfe der gemessenen Stromstärke und der Formel U/I berechnet.

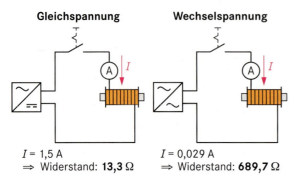

Gleichspannung
$I = 1{,}5$ A
$\Rightarrow$ Widerstand: **13,3** Ω

Wechselspannung
$I = 0{,}029$ A
$\Rightarrow$ Widerstand: **689,7** Ω

Da eine Spule aus einer Kupferwicklung besteht, ist bei Gleichstrom der berechnete Widerstand von $R = 13{,}3\ \Omega$ der Widerstand des Kupferleiters (Gleichstromwiderstand). In ihm wird die elektrische Energie in Wärme umgewandelt. Er wird deshalb auch als **Wirkwiderstand R** bezeichnet.

Im Wechselstromkreis ist der Wirkwiderstand R ebenfalls vorhanden (Spule erwärmt sich). Hinzugekommen ist ein weiterer Widerstand, der nur durch die Wechselspannung hervorgerufen wird. Er wird als **Blindwiderstand X_L** (induktiver Blindwiderstand) bezeichnet. Der Widerstand von 689,7 Ω besteht also aus diesen beiden Anteilen (Abb. 1). Der gesamte Widerstand (scheinbare Widerstand) wird als **Scheinwiderstand Z** bezeichnet.

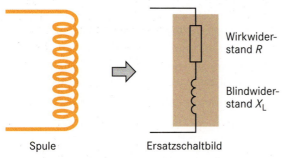

1: Scheinwiderstand der Spule

> ■ Der Scheinwiderstand Z der Spule setzt sich zusammen aus dem Wirkwiderstand R (Wirkanteil) und dem Blindwiderstand X_L (Blindanteil).

Berechnung des Scheinwiderstandes

Der Scheinwiderstand Z lässt sich aus dem Verhältnis von Spannung und Stromstärke im Wechselstromkreis ermitteln.

$$Z = \frac{U}{I}$$

Wovon ist der Blindwiderstand der Spule abhängig?

Um diese Frage zu beantworten stellen wir folgende Überlegungen an:

Der Blindwiderstand wird durch die sich ständig ändernde Spannung (Wechselspannung) hervorgerufen. Je häufiger diese Änderungen erfolgen, desto größer wird der Einfluss sein. Wir nehmen an:

- Je größer die Frequenz f der Wechselspannung, desto größer ist der Widerstand X_L.

Die Baugrößen der Spule (Eisenkern, Windungszahl, usw.) beeinflussen den Blindwiderstand X_L ebenfalls. Sie sind in der Induktivität L zusammengefasst. Wir vermuten deshalb:

- Je größer die Induktivität L, desto größer der Blindwiderstand X_L.

Die Ergebnisse durch Versuche bestätigen unsere Vermutungen. Es ergeben sich folgende Beziehungen:

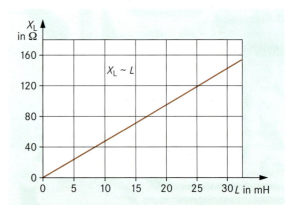

2: Zusammenhang zwischen X_L und L

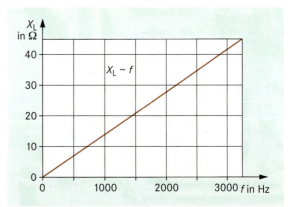

3: Zusammenhang zwischen X_L und f

Blindwiderstand / reactance

Formel für den Blindwiderstand der Spule

Die proportionalen Beziehungen lassen sich zusammenfassen:

$$X_L \sim f$$
$$X_L \sim L$$
$$\Rightarrow X_L \sim f \cdot L$$

Damit aus der Proportionalität eine Gleichung entsteht, muss noch eine Konstante hinzugefügt werden. Sie kann mit Hilfe der Mess- und Einstellwerte aus den Diagrammen berechnet werden ($X_L / f \cdot L$). Die Konstante besitzt den Wert 6,3. Dieses entspricht 2π. Die Formel für den **Blindwiderstand der Spule** lautet dann:

$$X_L = 2 \cdot \pi \cdot f \cdot L$$

Die Größen $2\pi f$ werden zusammengefasst und als **Kreisfrequenz** ω bezeichnet.

$$\omega = 2 \cdot \pi \cdot f$$

$$X_L = \omega \cdot L$$

Induktivität

Die Induktivität der Spule im Diagramm auf S. 64 soll berechnet werden.

Geg.: Diagramm   Ges: L

$X_L = 2 \cdot \pi \cdot f \cdot L$

$L = \dfrac{X_L}{2 \cdot \pi \cdot f}$

Aus dem Diagramm:
$f = 2{,}5$ kHz $\Rightarrow X_L = 34\ \Omega$

$L = \dfrac{34\ \Omega}{2 \cdot \pi \cdot 2{,}5\ \text{kHz}}$

$\underline{\underline{L = 2{,}2\ \text{mH}}}$

- Der Blindwiderstand X_L der Spule steigt proportional mit der Frequenz f und der Induktivität L.

Aufgaben

1. Erklären Sie den Unterschied zwischen einem Wirk- und einem Blindwiderstand!

2. In eine Spule wird ein Eisenkern eingefügt. Was ändert sich am Widerstandsverhalten und was bleibt konstant?

3. Eine Spule hat eine Induktivität von 10 H (Wirkwiderstand vernachlässigbar klein). Wie groß ist die Stromstärke, wenn an der Spule eine Spannung von 230 V mit 50 Hz liegt?

4. An einer Spule liegt eine Wechselspannung von 24 V. Die Stromstärke beträgt 0,4 A. Berechnen Sie den Scheinwiderstand!

4.3 Reihenschaltungen mit Spulen und Wirkwiderständen

Wir beziehen uns nochmals auf die Leuchtstofflampen-Schaltung von S. 61. Weil der Wirkwiderstand der Spule klein gegenüber dem Blindwiderstand ist, kann diese Drossel als idealer Blindwiderstand aufgefasst werden. Es liegen also in Abb. 4 ein Blindwiderstand X_L (Spule) und ein Wirkwiderstand R (leitendes Gas in der Leuchtstoffröhre) in Reihe. Wenn wir an diesen beiden Betriebsmitteln die Spannungen messen, ergeben sich folgende Werte:

$U_L = 220$ V und $U_R = 68$ V

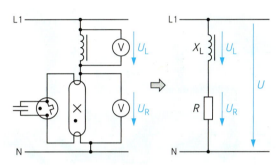

4: Spannungen und Widerstände

Das Ergebnis ist erstaunlich. Wenn wir die beide Spannungen einfach addieren würden, ergäbe sich ein Wert der größer als die Betriebsspannung von 230 V ist. Das kann aber nicht sein! Wir müssen uns deshalb etwas genauer mit den beiden gemessenen Wechselspannungen befassen.

Die verwendeten Drehspulmessgeräte messen immer die jeweiligen Effektivwerte. Sie können nicht den Verlauf der einzelnen Wechselspannungen wiedergeben. Dieses können nur Oszilloskope. Wir bilden deshalb u_L und u_R gemeinsam auf einem Bildschirm ab (Abb. 5).

Ergebnisse:

- Die Spannungen u_L und u_R gehen nicht mehr an derselben Stelle durch null. Sie sind nicht in Phase. Es hat eine **Phasenverschiebung** stattgefunden.
- Die Spannung u_L an der Induktivität erreicht eher ihr Maximum. Sie eilt also der Spannung u_R voraus.

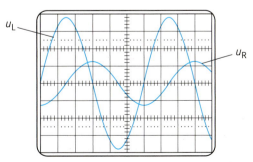

5: Phasenverschobene Spannungen an X_L und R

Spannungen und Stromstärke

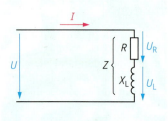

Wir wollen jetzt klären, welche Phasenbeziehungen zwischen den einzelnen Spannungen und der Stromstärke bei der Reihenschaltung aus X_L und R bestehen.

- In einer Reihenschaltung fließt überall derselbe Strom. Die **Stromstärke i** ist also in dieser Schaltung die gemeinsame Größe. In Abb. 1a ist ein angenommener Verlauf dargestellt.

- Diese Stromstärke verursacht am Widerstand R eine **Spannung u_R**, die in Phase mit der Stromstärke i ist (vgl. Kap. 3.1.4).
  Wirkspannung: $u_R = i \cdot R$ bzw. $U_R = I \cdot R$

- Die Stromstärke i und die **Spannung u_L** (Blindspannung) am Blindwiderstand X_L sind nicht in Phase. Dieses Ergebnis wurde bereits beim Ein- und Ausschalten von Spulen im Gleichstromkreis deutlich. Nur wenn die Änderung der Stromstärke groß war, war auch die Spannung groß und umgekehrt.

  Das Oszillogramm in Abb. 5 auf S. 65 zeigt uns die genaue Phasenverschiebung im Wechselstromkreis. Die abgebildete Spannung u_R ist phasengleich mit der Stromstärke i. Somit ist bei einem induktiven Blindwiderstand ein **Phasenverschiebungswinkel φ** zwischen Spannung u_L und Stromstärke i von 90° vorhanden (Abb. 1c).
  Blindspannung: $u_L = i \cdot X_L$ bzw. $U_L = I \cdot X_L$

- Die **Gesamtspannung u** lässt sich durch Addition der jeweiligen Momentanwerte aus den beiden Teilspannungen u_R und u_L ermitteln. Es ist die anliegende Gesamtspannung u.

Die einzelnen Größen lassen sich auch durch Zeiger darstellen. Sie sind in Abb. 1 neben den Liniendiagrammen zu sehen ①. Der Phasenverschiebungswinkel macht deutlich, dass durch den Wirkwiderstand R zwischen der Stromstärke i und der anliegenden Spannung u eine Phasenverschiebung von weniger als 90° besteht ②.

- Bei einem induktiven Blindwiderstand X_L eilt die Spannung der Stromstärke um 90° voraus (Phasenverschiebungswinkel $\varphi = 90°$).

- In der Reihenschaltung aus R und X_L besteht zwischen U_R und U_L eine Phasenverschiebung von $\varphi = 90°$.

- In einer Reihenschaltung aus R und X_L ergibt sich zwischen Stromstärke und Gesamtspannung ein Phasenverschiebungswinkel φ von weniger als 90° ($\varphi < 90°$).

Verwendete Formelzeichen:
Großbuchstaben: Effektivwerte in Schaltungen, Formeln (I, U)
Kleinbuchstaben: Momentanwerte in Liniendiagrammen (i, u)

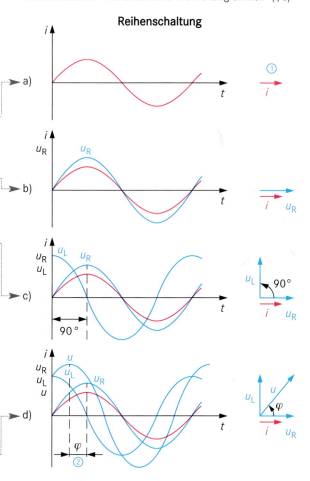

1: Linien- und Zeigerdiagramme

Wie lässt sich die Gesamtspannung aus den Einzelspannungen errechnen?

Das Zeigerdiagramm in Abb. 1d muss dazu in ein Dreieck umgezeichnet werden (Abb. 2, S. 67). Wir verschieben die Blindspannung U_L parallel. Es entsteht jetzt ein rechtwinkliges Dreieck mit den Seiten der Teilspannungen U_L, U_R und der Gesamtspannung U.

Zur Berechnung rechtwinkliger Dreiecke verwenden wir den Lehrsatz des **Pythagoras:**
Das Quadrat über der Hypotenuse (U^2) ist gleich der Summe der Quadrate über den Katheten (U_L^2 und U_R^2). Es ergibt sich folgende Formel:

$$U^2 = U_R^2 + U_L^2$$

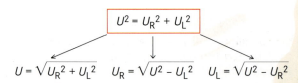

$U = \sqrt{U_R^2 + U_L^2}$ $U_R = \sqrt{U^2 - U_L^2}$ $U_L = \sqrt{U^2 - U_R^2}$

Widerstandsdreiecke / impedance diagram

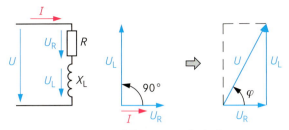

2: Zeigerdiagramm und Spannungsdreieck

Widerstände

Das Berechnungsbeispiel zeigt, dass zur Berechnung der Spannungen die Widerstände mit der gleich bleibenden Stromstärke multipliziert werden mussten. Bestimmend für die Länge der Pfeile im Spannungsdreieck ist also die konstante Größe I und der jeweilige Widerstand R, X_L oder Z. Die Spannungen und die dazugehörigen Widerstände sind proportional.

Es kann deshalb mit den Widerstandswerten das folgende rechtwinklige Dreieck (**Widerstandsdreieck**) gezeichnet werden:

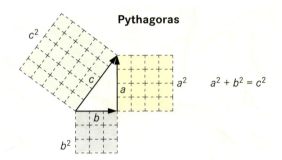

Pythagoras

$a^2 + b^2 = c^2$

Mit Hilfe von Winkelfunktionen (vgl. Kap. 3.1.5) kann der **Phasenverschiebungswinkel** φ ermittelt werden. Wir erinnern uns:

Winkelfunktionen sind in einem rechtwinkligen Dreieck Verhältnisse von zwei Seiten.

$\cos \varphi = \dfrac{U_R}{U}$ $\sin \varphi = \dfrac{U_L}{U}$ $\tan \varphi = \dfrac{U_L}{U_R}$

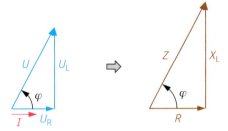

3: Widerstandsdreieck mit R und X_L

Wenn wir den Lehrsatz des Pythagoras und die Winkelfunktionen auf das Widerstandsdreieck anwenden, ergeben sich folgende Formeln zur Berechnung:

$$Z^2 = R^2 + X_L^2$$

$Z = \sqrt{R^2 + X_L^2}$ $R = \sqrt{Z^2 - X_L^2}$ $X_L = \sqrt{Z^2 - R^2}$

$\cos \varphi = \dfrac{R}{Z}$ $\sin \varphi = \dfrac{X_L}{Z}$ $\tan \varphi = \dfrac{X_L}{R}$

Spannungen und Phasenverschiebung

Eine Spule mit vernachlässigbar kleinem Wirkwiderstand besitzt einen Blindwiderstand von 40 Ω. In Reihe liegt ein Wirkwiderstand von 20 Ω. Bei einer angelegten Spannung von 230 V beträgt die Stromstärke 5,15 A. Wie groß sind der Scheinwiderstand, die Einzelspannungen und der Phasenverschiebungswinkel?

Geg.: X_L = 40 Ω; R = 20 Ω; U = 230 V; I = 5,15 A
Ges.: Z, U_R, U_L und $\cos \varphi$.

$Z = \dfrac{U}{I}$ $Z = \dfrac{230\ \text{V}}{5{,}15\ \text{A}}$ $\underline{Z = 44{,}7\ \Omega}$

$U_R = I \cdot R$ $U_R = 5{,}15\ \text{A} \cdot 20\ \Omega$ $\underline{U_R = 103\ \text{V}}$

$U_L = I \cdot X_L$ $U_L = 5{,}15\ \text{A} \cdot 40\ \Omega$ $\underline{U_L = 206\ \text{V}}$

$\cos \varphi = \dfrac{U_R}{U}$ $\cos \varphi = \dfrac{103\ \text{V}}{230\ \text{V}}$ $\underline{\cos \varphi = 0{,}448}$

Um den Winkel aus dem cos-Wert zu berechnen, muss auf dem Taschenrechner die INV - oder cos⁻¹ -Taste benutzt werden.

Scheinwiderstand und Phasenverschiebung

Gesucht sind der Scheinwiderstand und der Phasenverschiebungswinkel bei einer Reihenschaltung aus einem Blindwiderstand von 40 Ω mit einem Wirkwiderstand von 20 Ω.

Geg.: X_L = 40 Ω; R = 20 Ω
Ges.: Z und φ

$Z = \sqrt{R^2 + X_L^2}$ $Z = \sqrt{400\ \Omega^2 + 100\ \Omega^2}$
$\underline{Z = 44{,}7\ \Omega}$

$\tan \varphi = \dfrac{X_L}{R}$ $\tan \varphi = \dfrac{400\ \Omega}{20\ \Omega}$ $\tan \varphi = 2$ $\underline{\varphi = 63{,}4°}$

- In Reihenschaltungen aus Blindwiderständen und Wirkwiderständen ist die Stromstärke die gemeinsame Größe (Bezugsgröße).
- Zur Berechnung von Größen in Reihenschaltungen aus Blindwiderständen und Wirkwiderständen werden der Pythagoras und die Winkelfunktionen verwendet.

Leistungen

In der Elektrotechnik wird der Leistungsbegriff verwendet um Bauteile, Geräte und Anlagen zu kennzeichnen bzw. unterscheiden zu können. Wir wollen deshalb die Leistung der Leuchtstofflampen-Schaltung untersuchen.

Die Leistung ist das Produkt aus Stromstärke und Spannung. In der Leuchtstofflampen-Schaltung (Reihenschaltung) kommen drei Spannungen und eine Stromstärke vor. Die Stromstärke haben wir mit $I = 0{,}147$ A ermittelt (Abb. 1a).

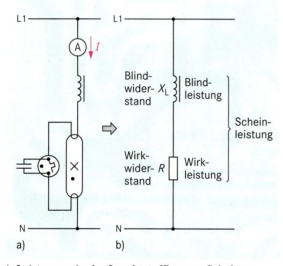

1: Leistungen in der Leuchtstofflampen-Schaltung

In der Leuchtstofflampe wird elektrische Energie in Licht und Wärme umgewandelt. Der Widerstand wird deshalb auch als Wirkwiderstand R bezeichnet. Die dazugehörige Leistung ist dann die **Wirkleistung P**. Sie wird in Watt (W) angegeben (Werte auf S. 65).

$\boxed{P = U_R \cdot I}$ $P = 68\,\text{V} \cdot 0{,}147\,\text{A}$ $\underline{P = 10\,\text{W}}$

Auch mit der insgesamt am Scheinwiderstand Z anliegenden Spannung U und der Stromstärke I kann eine Leistung angegeben werden. Es ist dieses die **Scheinleistung S**. Als Einheit wird **VA** verwendet (**V**olt **A**mpere).

$\boxed{S = U \cdot I}$ $S = 230\,\text{V} \cdot 0{,}147\,\text{A}$ $\underline{S = 33{,}8\,\text{VA}}$

Die Spule in der Leuchtstofflampen-Schaltung haben wir als reinen Blindwiderstand X_L betrachtet. An ihm liegt die Spannung U_L. Auch hier kann die Leistung als Produkt von Spannung und Stromstärke angegeben werden. Sie wird als **Blindleistung Q** bezeichnet. Als Einheitenzeichen wird **var** verwendet (**V**olt **A**mpere **r**eaktiv).

$\boxed{Q = U_L \cdot I}$ $Q = 220\,\text{V} \cdot 0{,}147\,\text{A}$ $\underline{Q = 32{,}3\,\text{var}}$

Worin unterscheiden sich Wirk-, Blind- und Scheinleistung?

In einem Wirkwiderstand wird elektrische Energie in Wärme umgewandelt. Auch wenn sich die Spannungsrichtung ändert, wird Wärme erzeugt. Spannung und Stromstärke sind immer in Phase (Abb. 2). Der Leistungsverlauf ist stets positiv.

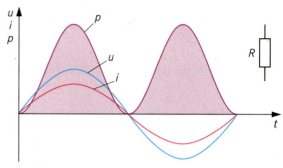

2: Wirkleistungskurve

Anders sind die Verhältnisse bei einem Blindwiderstand. Bei ihm besteht zwischen Spannung und Stromstärke eine Phasenverschiebung von 90°. Wenn wir für jeden Augenblick die Leistung ermitteln (Abb. 3), entsteht eine Kurve mit gleichvielen positiven und negativen Anteilen. Was bedeutet dieses?

Die elektrische Energie wird zunächst zum Aufbau des magnetischen Feldes in der Spule verwendet. Beim Abbau wird diese Energie wieder zurückgegeben, sodass insgesamt keine Energie in Wärme umgewandelt wird (**Blindleistung**).

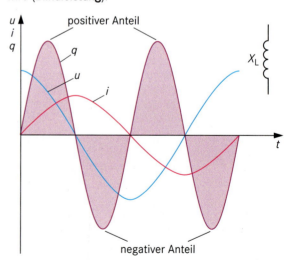

3: Blindleistungskurve

- Die Scheinleistung setzt sich aus Wirk- und Blindleistung zusammen.
- In einem Blindwiderstand wird keine elektrische Energie in Wärme umgewandelt.

Wirkleistungsfaktor / active power factor

Leistungsdreieck

Wie bei Spannungen und Widerständen darf auch bei der Leistung nicht die Gesamtleistung (Scheinleistung) durch Addition der Einzelleistungen ermittelt werden. Die Phasenverschiebung zwischen Stromstärke und Spannung muss beachtet werden.

Wir gehen vom Spannungsdreieck aus, in dem die Phasenverschiebung zwischen den Größen bereits berücksichtigt worden ist. Die Leistungen unterscheiden sich von den jeweiligen Spannungen nur durch die Stromstärke (konstante Größe, $P = U \cdot I$). Für die Leistungen kann deshalb ein dem Spannungsdreieck ähnliches Leistungsdreieck gezeichnet werden (Abb. 4).

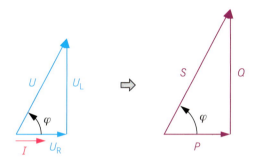

4: Leistungsdreieck

Mit dem Leistungsdreieck lassen sich folgende Berechnungsformeln aufstellen:

$$S^2 = P^2 + Q^2$$

$$S = \sqrt{P^2 + Q^2} \qquad P = \sqrt{S^2 - Q^2} \qquad Q = \sqrt{S^2 - P^2}$$

$$\cos \varphi = \frac{P}{S} \qquad \sin \varphi = \frac{Q}{S} \qquad \tan \varphi = \frac{Q}{P}$$

Der **cos φ** (auch Formelzeichen λ) hat in der Energietechnik eine besondere Bedeutung. Er ist das Verhältnis von Wirkleistung zu Scheinleistung. Er gibt also an, wieviel von der Scheinleistung in Wirkleistung umgesetzt wird. Er heißt deshalb auch Leistungsfaktor oder **Wirkleistungsfaktor**. Er kann Werte zwischen 0 und 1 annehmen.

Daneben gibt es den **Blindleistungsfaktor sin φ**. Er ist das Verhältnis von Blindleistung zu Scheinleistung.

- Die Spannungs-, Widerstands- und Leistungsdreiecke der Reihenschaltung aus R und X_L sind ähnlich (Phasenverschiebungswinkel φ ist überall gleich groß).
- Der Leistungsfaktor gibt an, welcher Anteil der Scheinleistung in Wirkleistung umgesetzt wird. Sein Wert liegt zwischen 0 und 1.

Aufgaben

1. In einer Reihenschaltung aus R und X_L werden folgende Spannungen gemessen:
U_R = 4 V; U_L = 3 V
a) Zeichnen Sie das Liniendiagramm für 2 Perioden!
b) Zeichnen Sie in a) den Verlauf der Gesamtspannung ein und ermitteln Sie den Maximalwert!

2. Ermitteln Sie mit Hilfe eines Zeigerdiagramms den Phasenverschiebungswinkel zwischen der angelegten Spannung und der Stromstärke bei einer Reihenschaltung aus R und X_L!
Folgende Spannungen wurden gemessen:
U_R = 140 V; U_L = 170 V

3. Eine Reihenschaltung aus R und X_L besitzt bei f = 1 kHz einen Scheinwiderstand von 1,7 kΩ. Der Wirkwiderstand hat einen Wert von 1,2 kΩ. Die Gesamtspannung beträgt 5,8 V.
Berechnen Sie X_L, L, U_L, U_R und φ!

4. Eine Spule besitzt einen Scheinwiderstand von 1,2 kΩ und einen Wirkwiderstand von 820 Ω.
a) Wie groß ist der Wirkleistungsfaktor?
b) Wie groß ist die Wirkleistung bei einer Stromstärke von 0,3 A?

5. Durch eine Leuchtstofflampen-Schaltung fließt bei 230 V Netzwechselspannung ein Strom von 0,7 A. Die insgesamt gemessene Wirkleistung beträgt 80 W. Wie groß sind:
a) Scheinleistung,
b) Blindleistung und der
c) Leistungsfaktor?

6. Bei einer Reihenschaltung aus R und X_L beträgt der Phasenverschiebungswinkel 45°.
a) Wie groß ist der Leistungsfaktor?
b) Welche Beziehung besteht bei diesen Werten zwischen den einzelnen Widerständen?

7. Eine Reihenschaltung aus R und X_L liegt an einer konstanten Spannung.
a) Der Wirkwiderstand wird vergrößert.
b) Der Blindwiderstand wird vergrößert.
Wie verändern sich die Stromstärke, die Teilspannungen, die Leistungen und der Phasenverschiebungswinkel (größer bzw. kleiner angeben)?

8. Die Abb. zeigt eine Messschaltung mit einer verlustbehafteten Spule. Berechnen Sie aus den Messwerten die Induktivität der Spule!

U = 230 V; 50 Hz I = 0,42 A P = 55 W

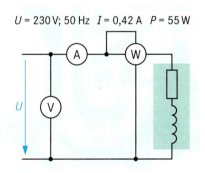

4.4 Parallelschaltung mit Spulen und Wirkwiderständen

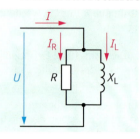

An beiden Bauteilen liegt die Spannung U. Die Ströme teilen sich auf. Mit Hilfe von Linien- und Zeigerdiagrammen sollen die Beziehungen zwischen diesen Größen erarbeitet werden.

Stromstärken und Spannung

- Die gemeinsame Größe ist die Spannung u (Bezugsgröße, Abb. 2a).
- Die Stromstärke i_R durch den Wirkwiderstand R ist in Phase mit der Spannung u (Abb. 2b).
- Die Stromstärke i_L durch den Blindwiderstand X_L eilt der anliegenden Spannung u um 90° nach ($\varphi = 90°$, Abb. 2c).
- Die Gesamtstromstärke i ergibt sich aus der Addition der Momentanwerte i_R und i_L (Abb. 2d). Der Phasenverschiebungswinkel φ ist kleiner als 90°.

In dieser Parallelschaltung gibt es drei Stromstärken. Es lässt sich deshalb das folgende rechtwinklige Dreieck (Abb. 1) zeichnen:

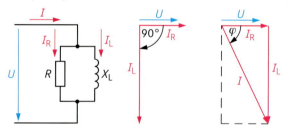

1: Zeigerdiagramme und Stromstärkendreieck

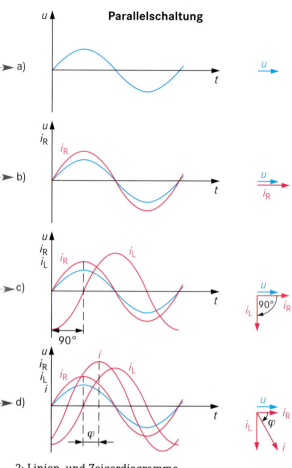

2: Linien- und Zeigerdiagramme

Unter Verwendung des Lehrsatzes des Pythagoras und der Winkelfunktionen ergeben sich folgende Berechnungsformeln:

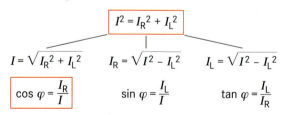

$$I^2 = I_R^2 + I_L^2$$

$$I = \sqrt{I_R^2 + I_L^2} \qquad I_R = \sqrt{I^2 - I_L^2} \qquad I_L = \sqrt{I^2 - I_R^2}$$

$$\boxed{\cos \varphi = \frac{I_R}{I}} \qquad \sin \varphi = \frac{I_L}{I} \qquad \tan \varphi = \frac{I_L}{I_R}$$

- In der Parallelschaltung aus X_L und R ist die Spannung U die gemeinsame Größe (Bezugsgröße).
- In der Parallelschaltung aus X_L und R entsteht zwischen der anliegenden Spannung U und der Gesamtstromstärke I eine Phasenverschiebung von weniger als 90°.

Ersatzschaltbild

Ein elektrisches Gerät wird mit 24 V betrieben. Die Stromstärke beträgt $I = 68$ mA. Stromstärke und Spannung sind nicht in Phase. Die Spannung eilt der Stromstärke um $\varphi = 36{,}7°$ voraus (Messung mit dem Oszilloskop).
Es sollen der Scheinwiderstand für ein Ersatzschaltbild (Parallelschaltung) sowie die Stromstärken berechnet werden.

Geg.: $U = 24$ V; $I = 68$ mA, $\varphi = 36{,}7°$
Ges: Z, I_R, I_L

$$Z = \frac{U}{I} \qquad Z = \frac{24 \text{ V}}{68 \text{ mA}}$$

$$\underline{Z = 353 \text{ }\Omega}$$

$I_R = I \cdot \cos \varphi \qquad I_R = 68 \text{ mA} \cdot \cos 36{,}7° \qquad \underline{I_R = 54{,}5 \text{ mA}}$

$I_L = I \cdot \sin \varphi \qquad I_L = 68 \text{ mA} \cdot \sin 36{,}7° \qquad \underline{I_L = 40{,}6 \text{ mA}}$

Leitwerte und Leistungen / admittance and power

Leitwerte und Widerstände

Bei der Reihenschaltung konnte aus dem Spannungsdreieck ein Widerstandsdreieck entwickelt werden. Bei der Parallelschaltung sind drei Stromstärken und das entsprechende Stromdreieck vorhanden (Abb. 1). Wir gehen von diesem aus und stellen für die einzelnen Stromstärken folgende Formeln auf:

$$I = \frac{U}{Z} \qquad I_R = \frac{U}{R} \qquad I_L = \frac{U}{X_L}$$

Die einzelnen Widerstände sind im Nenner der jeweiligen Formeln vorhanden (Kehrwerte). Es können deshalb in die Formeln auch die Leitwerte G, B_L und Y (Einheit Siemens, 1 S = 1/Ω) eingesetzt werden:

$$I = U\left(\frac{1}{Z}\right) \qquad I_R = U\left(\frac{1}{R}\right) \qquad I_L = U\left(\frac{1}{X_L}\right)$$

$$Y = \frac{1}{Z} \qquad G = \frac{1}{R} \qquad B_L = \frac{1}{X_L}$$

Y: Scheinleitwert *G:* Wirkleitwert *B:* Blindleitwert

$$I = U \cdot Y \qquad I_R = U \cdot G \qquad I_L = U \cdot B_L$$

In jeder Formel ist die Spannung U als gemeinsame Größe vorhanden. Die Leitwerte sind also den jeweiligen Stromstärken proportional. Aus dem Stromstärkendreieck ergibt sich dann das ähnliche Leitwertdreieck. (Abb. 3).

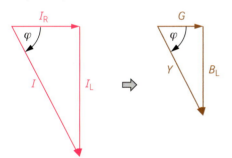

3: Stromstärken- und Leitwertdreieck

Mit Hilfe des Leitwertdreiecks lassen sich die folgenden Formeln zur Berechnung aufstellen:

$$\left(\frac{1}{Z}\right)^2 = \left(\frac{1}{R}\right)^2 + \left(\frac{1}{X_L}\right)^2$$

$$Y^2 = G^2 + B_L^2$$

$$Y = \sqrt{G^2 + B_L^2} \qquad G = \sqrt{Y^2 - B_L^2} \qquad B_L = \sqrt{Y^2 - G^2}$$

$$\cos\varphi = \frac{Z}{R} \qquad \sin\varphi = \frac{Z}{X_L} \qquad \tan\varphi = \frac{R}{X_L}$$

Leistungen

Leistungen und Stromstärken sind proportional. Aus dem Stromdreieck kann deshalb ein ähnliches Leistungsdreieck gezeichnet werden (Abb. 4):

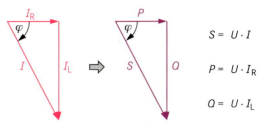

$$S = U \cdot I$$
$$P = U \cdot I_R$$
$$Q = U \cdot I_L$$

4: Stromstärken- und Leistungsdreieck

Aus dem Leistungsdreieck ergibt sich folgende Berechnungsformel:

$$S^2 = P^2 + Q^2$$

Die Leistungsformel für die Parallelschaltung ist gleich der Leistungsformel für die Reihenschaltung (vgl. Kap. 4.3).

- Zur Berechnung von Größen in der Parallelschaltung aus X_L und R wird ein rechtwinkliges Dreieck aus den Stromstärken bzw. Leitwerten verwendet.
- Der Scheinwiderstand der Parallelschaltung aus X_L und R ist kleiner als der kleinste Einzelwiderstand.
- Die Scheinleistung S setzt sich zusammen aus der Wirkleistung P und der Blindleistung Q.

Aufgaben

1. Zeichnen Sie ein Stromstärken- und Leitwertdreieck der Parallelschaltung aus $R = 50\,\Omega$ und $X_L = 30\,\Omega$, wenn die Schaltung an der 230 V Netzwechselspannung liegt (10 ms ≙ 1 cm)!
Ermitteln Sie den Scheinwiderstand Z und den Phasenverschiebungswinkel φ!

2. Der Wirkwiderstand einer Parallelschaltung aus R und X_L wird bei konstant bleibender Spannung vergrößert.
Welche Auswirkungen hat diese Änderung auf die Größen Z, I, I_R, I_L, φ, S, P und Q?

3. Zu einer Induktivität von 2 H liegt parallel ein Wirkwiderstand von 390 Ω. Die Gesamtspannung beträgt 230 V (50 Hz).
a) Ermitteln Sie den Scheinwiderstand!
b) Zeichnen Sie das Leitwert- und Leistungsdreieck!

4. Für eine Parallelschaltung aus R und X_L sind gegeben: $R = 175\,\Omega$; $I = 80\,\text{mA}$; $U = 12\,\text{V}/50\,\text{Hz}$.
Wie groß sind Z, I_R, I_L und φ?

4.5 Kondensatoren

Kondensatoren findet man in vielen Schaltungen der Elektrotechnik. Sie erfüllen unterschiedliche Aufgaben, wie z.B:

- Phasenverschiebung zur Kompensation (vgl. Kap. 4.8),
- Trennung von Gleich- und Wechselspannungen in elektronischen Schaltungen (vgl. Kap. 10.6) und
- Spannungsglättung in Netzteilen (vgl. Kap. 10.4.3).

Das Netzteil in Abb.1 wandelt Wechselspannung in Gleichspannung um. Verwendet werden dazu die vier Dioden V1 bis V4, die nur die positiven Anteile der Wechselspannung durchlassen. Da die Ausgangsspannung noch stark schwankt, muss eine Glättung der Spannung vorgenommen werden. Der Kondensator C1 ①, ② übernimmt diese Aufgabe, indem er die „Lücken" der Spannungskurve „füllt".

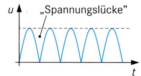

Wie arbeitet ein Kondensator?

Kondensatoren bestehen aus zwei voneinander isolierten Platten bzw. Folien (s. Schaltzeichen ③). Es besteht also zwischen ihnen keine elektrische Verbindung.

Zur Untersuchung seiner Arbeitsweise schließen wir einen Kondensator über ein Netzteil an eine Gleichspannungsquelle an (Abb. 2) und trennen ihn anschließend wieder. Im Einzelnen unterscheiden wir:

- **Ungeladener Kondensator** ④
 Auf jeder Platte sind gleichviele positive und negative Ladungen vorhanden. Die Platten sind neutral.
- **Aufladevorgang** ⑤
 Der Schalter wird geschlossen. Die Gleichspannung U liegt zwischen den Platten 1 und 2. Sie sorgt dafür, dass bewegliche negative Ladungen (Elektronen) von der Platte 1 abgezogen und gleichzeitig negative Ladungen von der Quelle zur Platte 2 transportiert werden. Es fließt ein Strom. Die Spannung an den Platten steigt solange an, bis $U = U_C$ geworden ist.

- **Geladener Kondensator** ⑥
 In den Zuleitungen zum Kondensator fließt kein Strom mehr. Die Platte 1 ist positiv und die Platte 2 negativ geladen. Zwischen beiden Platten besteht ein **elektrisches Feld,** das durch Linien (**Feldlinien**) von positiven zu negativen Ladungen gekennzeichnet ist. Der Ladungsunterschied zwischen den Platten bleibt auch dann bestehen, wenn wir den Kondensator von der Spannungsquelle trennen. Die Ladungen sind gespeichert. Der Kondensator kann deshalb als **Ladungsspeicher** (z. B. in Netzteilen) verwendet werden.

Die Speicherfähigkeit (Fassungsvermögen) des Kondensators von Ladungen drückt man durch die **Kapazität C** aus. Als Einheit ist das **Farad F** festgelegt worden (benannt nach Michael Faraday). Da 1 Farad eine sehr große Einheit ist, unterteilt man sie in folgende kleinere Bereiche:

Mikro:	$1\ \mu F$	$= 10^{-6}\ F$
Nano:	$1\ nF$	$= 10^{-9}\ F$
Piko:	$1\ pF$	$= 10^{-12}\ F$

Welche Beziehung besteht zwischen Spannung, Ladung und Kapazität?

Durch die Spannung am Kondensator verändern wir seine Ladung Q. Sie steigt also mit größer werdender Spannung U. Zwischen beiden Größen besteht ein proportionaler Zusammenhang:

$$U \uparrow \Rightarrow Q \uparrow \qquad Q \sim U$$

Die Ladung lässt sich auch vergrößern, wenn wir einen Kondensator mit einer größeren Kapazität verwenden. Der proportionale Zusammenhang lautet:

$$C \uparrow \Rightarrow Q \uparrow \qquad Q \sim C$$

Beide Proportionalitäten lassen sich zu einer Gleichung zusammenfassen:

$$Q \sim U \qquad Q \sim C$$
$$Q = C \cdot U$$

Stellt man die Gleichung nach der Kapazität um, erhält man die Definitionsgleichung für die Kapazität:

$$\boxed{C = \frac{Q}{U}} \qquad 1F = \frac{1C}{1V} \qquad 1F = \frac{1As}{1V}$$

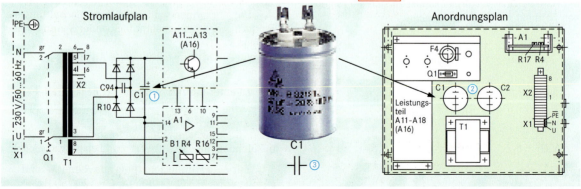

1: Kondensator im Netzteil

Auf- und Entladung / charging and discharging

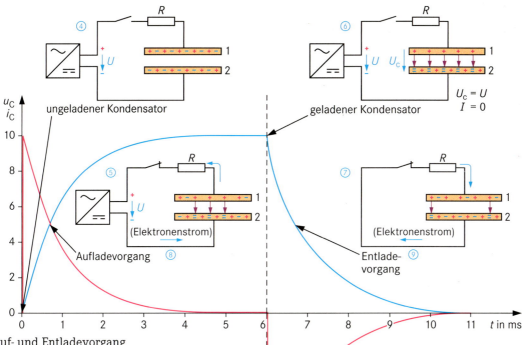

2: Auf- und Entladevorgang

- **Entladevorgang** ⑦
  Der Kondensator wird jetzt von der Spannungsquelle getrennt. Damit die Stromstärke nicht zu groß wird und der Vorgang langsamer abläuft, wird der Kondensator über einen Widerstand R entladen. Es kommt jetzt zu einem Ausgleich der Ladungen zwischen den Platten. Die frei beweglichen Ladungen (Elektronen) fließen solange von Platte 2 zur Platte 1, bis beide Platten wieder elektrisch neutral sind. Das elektrische Feld baut sich ab.

Stromrichtung
Wir betrachten zunächst die Platte 2. Beim Aufladen sind Elektronen auf die Platte geflossen ⑧, beim Entladen fließen sie wieder herunter. Entsprechendes gilt für die Platte 1. Die Stromrichtung kehrt sich also um ⑨.

- Ein Kondensator besteht aus zwei elektrischen Leitern (Folien, Platten), zwischen denen sich ein Isolator (Dielektrikum) befindet.
- Ein Kondensator ist ein Ladungsspeicher. Sein Fassungsvermögen wird als Kapazität C bezeichnet.
- Die Ladung eines Kondensators steigt mit der Spannung und der Kapazität.
- Beim Laden eines Kondensators steigt die Spannung an, beim Entladen sinkt sie bis auf null.
- Beim Entladen des Kondensators ist die Richtung des Stromes im Vergleich zum Aufladen umgekehrt.

Kapazität des Plattenkondensators

Die Kapazität eines Kondensators kann durch seine Baugrößen A, d und ε verändert werden.

Fläche A
Je größer die Plattenfläche, desto mehr Ladungen lassen sich unterbringen. Es gilt:

$$A \uparrow \Rightarrow C \uparrow \qquad C \sim A$$

Plattenabstand d
Wenn wir den Plattenabstand vergrößern, verringert sich die Wirkung auf die Ladungen. Beide Größen sind umgekehrt proportional.

$$d \uparrow \Rightarrow C \downarrow \qquad C \sim \frac{1}{d}$$

Dielektrikum
Die Kapazität von Kondensatoren lässt sich erheblich vergrößern, wenn an Stelle von Luft besondere Materialien zwischen die Platten eingefügt werden. Die Materialeigenschaften werden in der Permittivität ε zusammengefasst.

$$\varepsilon \uparrow \Rightarrow C \uparrow \qquad C \sim \varepsilon$$

Zusammenfassend ergeben sich folgende Formeln:

$$C = \frac{\varepsilon \cdot A}{d} \qquad \varepsilon = \varepsilon_0 \cdot \varepsilon_r$$

ε_0 = Elektrische Feldkonstante
$\varepsilon_0 = 8{,}86 \cdot 10^{-12} \frac{As}{V}$
ε_r = Permittivitätszahl

Beispiele für Permittivitätszahlen:
Tantaldioxid: 26
Keramik: 10 bis 50000

Schaltungen mit Kondensatoren

Im Anordnungsplan des Netzteils in Abb. 1 auf S. 72 sind zwei Kondensatoren C1 enthalten, obwohl im Stromlaufplan nur ein Kondensator eingezeichnet ist. Beide sind parallel geschaltet worden. Was wird dadurch erreicht?

Parallelschaltung

Bei parallel geschalteten Kondensatoren liegt an jedem Kondensator dieselbe Spannung (gemeinsame Größe). Die gesamte Fläche und die Ladung vergrößert sich entsprechend ($A\uparrow \Rightarrow C\uparrow$). Die Gesamtkapazität C_g setzt sich aus der Summe der Einzelkapazitäten zusammen.

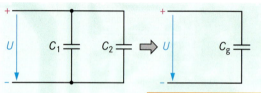

Reihenschaltung

In einer Reihenschaltung mit Kondensatoren fließt nur ein Strom (gemeinsame Größe). Trotz unterschiedlicher Baugrößen besitzt deshalb jeder Kondensator die gleiche Ladung. Die Spannung teilt sich auf. Für die Gesamtkapazität vergrößert sich auch der gemeinsame „Plattenabstand". Die Gesamtkapazität ist deshalb immer kleiner als jede Einzelkapazität.

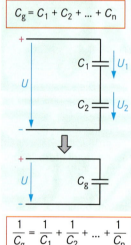

$$C_g = C_1 + C_2 + ... + C_n$$

$$\frac{1}{C_g} = \frac{1}{C_1} + \frac{1}{C_2} + ... + \frac{1}{C_n}$$

- Bei der Parallelschaltung von Kondensatoren ist die Gesamtkapazität gleich der Summe der Einzelkapazitäten.
- Bei der Reihenschaltung von Kondensatoren ist die Gesamtkapazität kleiner als die kleinste Einzelkapazität.

Aufgaben

1. Bei einem Plattenkondensator werden die Fläche und gleichzeitig der Plattenabstand verdoppelt. Wie verändert sich die Kapazität?

2. Berechnen Sie die Gesamtkapazität von drei Kondensatoren mit jeweils 4,7 µF, die
a) parallel und
b) in Reihe geschaltet sind.

Kenngrößen und Bauformen (vgl. S. 60)

Die **Bemessungskapazität** kann angegeben sein als:
- Zahlenwert mit vollständiger Einheit,
- Zahlenwert mit verkürzter Einheit (z.B. 6n8 bedeutet 6,8 nF; 47µ bedeutet 47 µF),
- Zahlenwert ohne Einheit (Wert in pF oder µF),
- Farbmarkierung (Punkte, Ringe).

Die **Stufung** erfolgt wie bei Widerständen nach der IEC-Reihe (vgl. Kap. 10.1).

Die **Toleranz** ist direkt aufgedruckt oder in Form von Farbmarkierungen oder Großbuchstaben angegeben.

Die **Bemessungsspannung** von Kondensatoren darf nicht überschritten werden, da sonst die Gefahr des Durchschlags besteht. Die Angaben erfolgen direkt, verkürzt oder verschlüsselt. Unterschiede zwischen Gleich- (Polung + und –) und Wechselspannungen müssen beachtet werden.

Da das Dielektrikum kein idealer Isolator ist, speichern Kondensatoren nicht beliebig lange ihre Ladungen. Das Dielektrikum wirkt dabei wie ein parallel geschalteter Wirkwiderstand (**Isolationswiderstand**).

Metallpapier-Kondensatoren (MP-Kondensatoren)

Als Dielektrikum wird Papier verwendet. Kommt es zu einem Überschlag zwischen den Platten, verbrennt die aufgedampfte Metallschicht stärker als das Dielektrikum. Die leitende Verbindung besteht nicht mehr, der Kondensator hat sich selbst „geheilt".

Kunststoff-Folien-Kondensatoren

Kunststoff-Folien können dünner als Papier gefertigt werden. Das Aluminium der Elektroden wird ebenfalls aufgedampft. Die Folien lassen sich gut aufwickeln oder in Rechteckformen pressen.

Aluminium-Elektrolyt-Kondensatoren

Eine Elektrode besteht aus Aluminium, die andere aus einem Elektrolyt. Durch einen Stromfluss bildet sich als Dielektrikum eine sehr dünne Oxidschicht. Beim Einbau in Schaltungen muss auf die Polung geachtet werden. Durch den geringen Plattenabstand lassen sich Kondensatoren mit großen Kapazitäten herstellen.

Tantal-Elektrolyt-Kondensatoren

Die Anode dieser Kondensatoren besteht aus Tantal. Das Dielektrikum ist eine Oxidschicht. Dadurch lassen sich Kondensatoren mit kleinen Abmessungen und großen Kapazitäten herstellen.

Keramik-Kondensatoren

Als Bauformen kommen z.B. Scheiben-, Rohr- oder Perlkondensatoren vor. Das keramische Dielektrikum besitzt eine hohe Permittivitätszahl, sodass bei kleinen Abmessungen Kondensatoren mit großen Kapazitäten hergestellt werden können.

Blindwiderstand / reactance

4.6 Widerstand des Kondensators

Obwohl die beiden Platten des Kondensators durch ein Dielektrikum voneinander isoliert sind, fließt im Gleichstromkreis beim Ein- und Ausschalten ein Strom (vgl. S. 73, Abb. 2). Der Strom fließt nur dann, wenn sich die Spannung ändert. Wenn aber Strom fließt, besitzt das Bauteil einen Widerstand.

- Ein- u. Ausschalten:
  I groß $\Rightarrow$ Widerstand sehr klein
- Aufgeladener Kondensator:
  I null $\Rightarrow$ Widerstand unendlich groß

Der Widerstand im Gleichstromkreis ist also nicht konstant. Wie ist das Widerstandsverhalten des Kondensators im Wechselstromkreis?

Wenn wir an einen Kondensator eine Wechselspannung legen, ändert sich die Spannung ständig. Der Kondensator wird fortwährend aufgeladen und entladen. Es wird ständig Strom fließen. Es kann deshalb mit den Werten (Stromstärke und Spannung) ein Widerstand angegeben werden.

Der Versuch und die Messwerte in Abb. 2 bestätigen diese Überlegungen. Zwischen Stromstärke und Spannung besteht ein proportionaler Zusammenhang.

$U_C \uparrow \Rightarrow I_C \uparrow \qquad I_C \sim U_C$

Wie bei der Spule ist das Verhältnis von U_C zu I_C der **Blindwiderstand** (Formelzeichen X_C).

$\dfrac{U_C}{I_C} = \dfrac{25\,\text{V}}{32\,\text{mA}} \qquad \dfrac{U_C}{I_C} = 781\,\Omega \qquad \boxed{X_C = \dfrac{U_C}{I_C}}$

Wie bei der Spule vermuten wir auch beim Kondensator, dass der Blindwiderstand von der Frequenz f und von den Baugrößen (Kapazität C) abhängig sein wird.

- Je größer die Frequenz, desto mehr Änderungen finden innerhalb einer bestimmten Zeitspanne statt. Die Stromstärke wird größer und der Widerstand kleiner. $f \uparrow \Rightarrow X_C \downarrow$ (Abb. 1)
- Je größer die Kapazität, desto mehr Ladungen können auf die Platten fließen. Der Widerstand wird also auch mit zunehmender Kapazität kleiner. $C \uparrow \Rightarrow X_C \downarrow$ (Abb. 3)

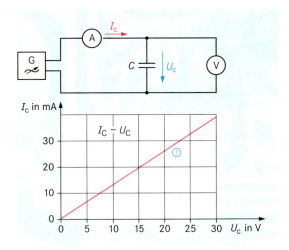

2: Zusammenhang zwischen Stromstärke und Spannung beim Kondensator

Wie bei der Spule muss auch hier die Konstante 2π eingefügt werden, damit aus der Proportionalität eine Gleichung entsteht.

Blindwiderstand des Kondensators:

$$\boxed{X_C = \dfrac{1}{2\cdot\pi\cdot f\cdot C}} \qquad \boxed{X_C = \dfrac{1}{\omega\cdot C}}$$

Kreisfrequenz:
$\omega = 2\cdot\pi\cdot f$

Bei der Spule musste in bestimmten Fällen der Wirkwiderstand berücksichtigt werden. Beim Kondensator kann der Wirkwiderstand in der Regel vernachlässigt werden.

- Der Kondensator verhält sich im Wechselstromkreis wie ein Widerstand (Blindwiderstand X_C).
- Der Blindwiderstand X_C des Kondensators verringert sich mit zunehmender Frequenz f und zunehmender Kapazität C.

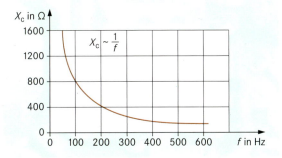

1: X_C in Abhängigkeit von der Frequenz f

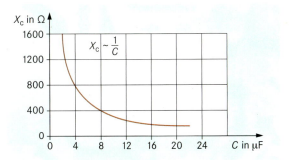

3: X_C in Abhängigkeit von der Kapazität C

Wie verlaufen Stromstärke und Spannung?

Mit dem Oszilloskop können nur Spannungen auf dem Bildschirm sichtbar gemacht werden. Um die Stromstärke beim Kondensator abzubilden, müssen wir sie indirekt als Spannungsfall u_R an einem Wirkwiderstand messen ($u_R \sim i$, Reihenschaltung aus R und X_C). Ergebnis (Abb. 1):

Wie bei der Spule besteht eine Phasenverschiebung von 90°. Die Stromstärke eilt der Spannung voraus.

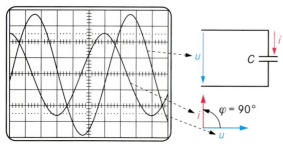

1: Stromstärke und Spannung

Leistung

Wenn wir für jeden Augenblick bei einem Kondensator die Leistung ermitteln, erhalten wir gleich viele positive und negative Anteile. Wie bei der Spule kann deshalb eine **Blindleistung** Q_C (Abb. 2) angegeben werden. Sie wird in var gemessen.

$$Q_C = U_C \cdot I_C$$

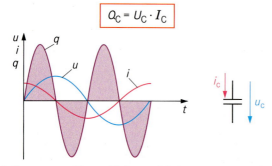

2: Spannung, Stromstärke und Leistung

- Mit Hilfe des Oszilloskops können zeitabhängige Größen dargestellt werden.
- In einem idealen Kondensator wird keine Wirkleistung in Wärme umgesetzt.

Aufgaben

1. Vergleichen Sie induktive und kapazitive Blindwiderstände! Welche Gemeinsamkeiten gibt es, welche Unterschiede bestehen?

2. Ein Kondensator mit 4,7 µF liegt an der Netzwechselspannung von 230 V. Wie groß sind X_C, I_C und Q_C?

4.7 Schaltung mit Kondensatoren und Wirkwiderständen

Bei der **Reihenschaltung** teilt sich die Gesamtspannung auf die Widerstände auf. Bei der Entwicklung des Liniendiagramms von Abb. 3 muss wie bei der Spule Folgendes bedacht werden:

- Die Stromstärke i ist die gemeinsame Bezugsgröße.
- Die Spannung u_R am Wirkwiderstand ist in Phase mit der Stromstärke i.
- Die Spannung u_C am Blindwiderstand eilt der Stromstärke um 90° nach.
- Die Gesamtspannung u ergibt sich durch Addition der Momentanwerte u_R und u_C.

Das Spannungsdreieck wird benutzt um das Widerstands- und Leistungsdreieck zu entwickeln. Alle Dreiecke sind ähnlich. Der Phasenverschiebungswinkel φ ist gleich.

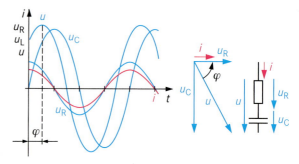

3: Diagramme der Reihenschaltung aus R und X_C

Zur Konstruktion der Liniendiagramme für die **Parallelschaltung** von X_C und R wird entsprechend vorgegangen:

- Die Spannung u ist die gemeinsame Bezugsgröße.
- Die Stromstärke i_R durch den Wirkwiderstand ist in Phase mit der Spannung u.
- Die Stromstärke i_C durch den Blindwiderstand eilt der Spannung u um 90° voraus.
- Die Gesamtstromstärke i erhält man durch Addition der Momentanwerte von i_R und i_C.

Das Stromdreieck wird benutzt um das Leitwert- und Leistungsdreieck zu entwickeln. Alle Dreiecke sind ähnlich. Der Phasenverschiebungswinkel φ ist gleich.

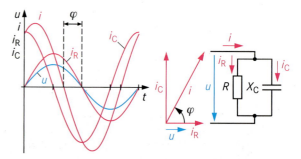

4: Diagramme der Parallelschaltung aus R und X_C

Berechnungsformeln / formulas

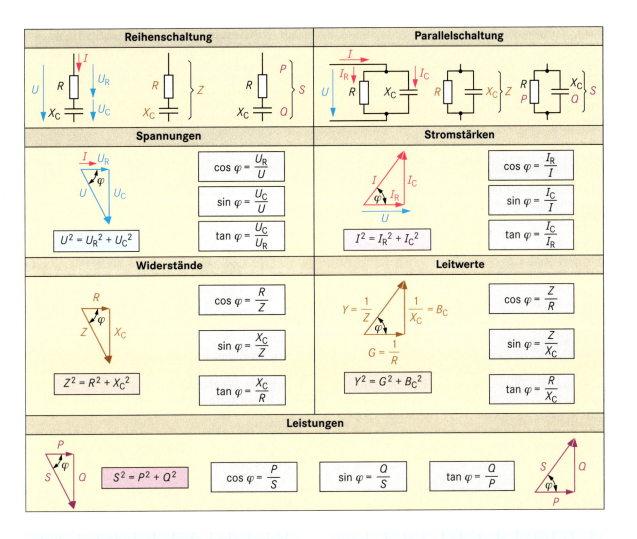

Größen in der Reihenschaltung

Wie groß sind die Stromstärke, Teilspannungen, Leistungen und der Phasenverschiebungswinkel einer Reihenschaltung aus R und X_C?
Geg.: $C = 10$ µF; $R = 500$ Ω; $U = 230$ V; $f = 50$ Hz
Ges.: I, U_C, U_R, S, Q, P, φ

$X_C = \dfrac{1}{2\pi \cdot f \cdot C}$ $X_C = 318$ Ω

$Z = \sqrt{R^2 + X_C^2}$ $Z = 593$ Ω $I = \dfrac{U}{Z}$ $I = 0{,}388$ A

$U_C = I \cdot X_C$ $U_C = 123$ V $U_R = I \cdot R$ $U_R = 194$ V

$S = U \cdot I$ $S = 89{,}2$ VA $Q = U_C \cdot I$ $Q = 47{,}7$ var

$P = U_R \cdot I$ $P = 75{,}3$ W

$\cos \varphi = \dfrac{U_R}{U}$ $\cos \varphi = 0{,}843$ $\varphi = 32{,}5°$

Größen in der Parallelschaltung

In einer Schaltung liegen ein Kondensator und ein Wirkwiderstand parallel. In der Schaltung treten Wechselspannungen mit 50 Hz und 15 kHz auf. Zwischen welchen Werten ändern sich Z und φ?
Geg.: $R = 1$ kΩ, $C = 33$ nF, $f_1 = 50$ Hz, $f_2 = 15$ kHz
Ges.: Z_1, Z_2, φ_1, φ_2

$X_{C1} = \dfrac{1}{2\pi \cdot f_1 \cdot C}$ $X_{C1} = \dfrac{1}{2\pi \cdot \dfrac{50}{\text{s}} \cdot 33 \cdot 10^{-9} \dfrac{\text{As}}{\text{V}}}$

$X_{C1} = 96{,}5$ kΩ $\Rightarrow X_{C1} \gg R$ $Z_1 = R = 1$ kΩ

$\tan \varphi_1 = \dfrac{R}{X_{C1}}$ $\tan \varphi_1 = \dfrac{1 \text{ kΩ}}{96{,}5 \text{ kΩ}}$ $\varphi_1 = 0{,}594°$

$X_{C2} = \dfrac{1}{2\pi \cdot \dfrac{15 \cdot 10^3}{\text{s}} \cdot 33 \cdot 10^{-9} \dfrac{\text{As}}{\text{V}}}$ $X_{C2} = 322$ Ω

$\left(\dfrac{1}{Z_2}\right)^2 = \left(\dfrac{1}{322 \text{ Ω}}\right)^2 + \left(\dfrac{1}{1000 \text{ Ω}}\right)^2$ $Z_2 = 307$ Ω

$\tan \varphi_2 = \dfrac{R}{X_{C2}}$ $\tan \varphi_2 = \dfrac{1 \text{ kΩ}}{0{,}307 \text{ kΩ}}$ $\varphi_2 = 72{,}9°$

Aufgaben

1. Eine Reihenschaltung aus R und X_C liegt an einer konstanten Wechselspannung.
Wie verändern sich X_{Cg}, I, U_R, U_{Cg} und φ, wenn ein Kondensator mit gleicher Kapazität zusätzlich in Reihe geschaltet wird?

2. Eine Reihenschaltung aus einem Wirkwiderstand und einem Kondensator liegt an 230 V (50 Hz). Die Schaltung wird messtechnisch untersucht und eine Stromstärke von 3,5 A bei einem $\cos \varphi$ von 0,6 gemessen.
a) Wie groß sind die Widerstände?
b) Welche Kapazität besitzt der Kondensator?
c) Wie groß sind die Leistungen?

3. Zur Leistungsverminderung eines Lötkolbens ist ein Kondensator in Reihe geschaltet. Die Gesamtspannung beträgt 230 V (50 Hz). Am Lötkolben werden 180 V gemessen.
a) Wie groß ist die Spannung am Kondensator?
b) Welcher Phasenverschiebungswinkel ergibt sich zwischen der Gesamtspannung und der Stromstärke?
c) Wie groß sind die Leistungen in der Reihenschaltung, wenn eine Stromstärke von 0,15 A gemessen wird?

4. Zur Parallelschaltung aus R und X_C wird ein weiterer Kondensator parallel geschaltet.
Wie verändern sich X_{Cg}, Z, I, I_{Cg}, I_R, φ, S, Q_g und P, wenn die Spannung konstant bleibt?

5. Zu einem Wirkwiderstand von 100 Ω soll ein Kondensator parallel geschaltet werden, damit sich bei Anlegen an 230 V (50 Hz) eine Scheinleistung von 620 VA ergibt.
Berechnen Sie die
a) Stromstärke,
b) Wirk- und Blindleistung und
c) Kapazität des Kondensators!

6. Durch Zuschalten von C_2 soll eine Phasenverschiebung zwischen Spannung und Stromstärke von 35° erreicht werden.
Wie groß ist die Kapazität des Kondensators C_2?

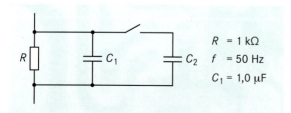

$R = 1$ kΩ
$f = 50$ Hz
$C_1 = 1,0$ μF

4.8 Reihenschaltungen mit Spulen, Kondensatoren und Wirkwiderständen

In einem Zweig der Leuchtstofflampen-Schaltung (Abb. 1, Duo-Schaltung) ist eine Reihenschaltung mit den drei Widerstandsarten X_C, X_L und R vorhanden.

Wir messen in der Schaltung die angegebenen Spannungen:

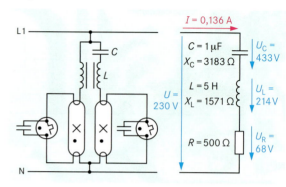

1: Duo-Schaltung

Wie lässt sich dieses erstaunliche Ergebnis erklären? Dazu betrachten wir die phasenmäßigen Beziehungen zwischen den einzelnen Größen und stellen sie in einem Zeigerdiagramm dar.

- Am Wirkwiderstand R sind Stromstärke und Spannung in Phase ①.
- Die Stromstärke I in der Reihenschaltung verursacht an X_C eine um 90° nacheilende Spannung U_C ②.
- Dieselbe Stromstärke I verursacht an X_L ebenfalls eine um 90° phasenverschobene Spannung U_L, allerdings voreilend. Zwischen U_C und U_L besteht somit eine Phasenverschiebung von 180° ③.
- Die beiden Spannungen U_C und U_L sind entgegengesetzt gerichtet (180° Phasenverschiebung). Sie heben sich also in ihrer Wirkung teilweise auf. Die insgesamt wirksame Spannung aus den Blindwiderständen U_X ist die Differenz aus beiden Spannungen ④:
$U_X = U_C - U_L$
$U_X = 433$ V − 214 V
$U_X = 219$ V

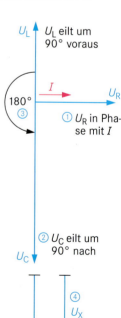

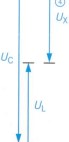

Resonanz / resonance

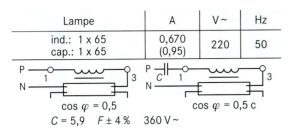

2: Herstellerunterlage für eine Leuchtstofflampen-Schaltung

Mit den ermittelten drei Spannungen lässt sich jetzt das Spannungsdreieck zeichnen.

Spannungsdreieck

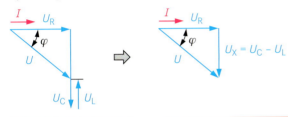

$$U^2 = U_R^2 + (U_C - U_L)^2$$

$$\cos \varphi = \frac{U_R}{U}$$

Wie die Spannungen zeigen auch die beiden Blindwiderstände X_C und X_L ein gegensätzliches Verhalten. Die Blindwiderstände heben sich in ihren Wirkungen teilweise auf (Kompensation). Wirksam für die Schaltung ist die Differenz aus den Einzelwiderständen. Da in diesem Fall der kapazitive Blindwiderstand größer als der induktive ist, bezeichnen wir den verbleibenden Widerstand mit $X_C{}^*$ (kapazitive Wirkung).

$X_C{}^* = X_C - X_L$
$X_C{}^* = 3183\ \Omega - 1571\ \Omega \quad X_C{}^* = 1612\ \Omega$

Widerstandsdreieck

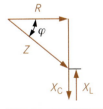 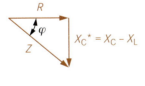

$$Z^2 = R^2 + (X_C - X_L)^2$$

$$\cos \varphi = \frac{R}{Z}$$

Was geschieht, wenn wir den induktiven Blindwiderstand so verkleinern, dass X_L etwa ebenso groß wie X_C wird?

Wir lösen dieses Problem mit dem nachfolgenden Berechnungsbeispiel. Wir ermitteln zunächst die Stromstärke und berechnen dann die Spannungen an den einzelnen Widerständen.

$$X_L \approx X_C$$

Geg.: Reihenschaltung mit $R = 500\ \Omega$; $C = 1\ \mu F$; $L = 10\ H$; $U = 230\ V$; $f = 50\ Hz$
Ges.: I, U_C, U_L und U_R

$X_C = \dfrac{1}{2\pi \cdot f \cdot C}$ \qquad $X_C = 3183\ \Omega$

$X_L = 2\pi \cdot f \cdot L$ \qquad $X_L = 3142\ \Omega$

$Z = \sqrt{R^2 + (X_C - X_L)^2}$ \qquad $Z = 502\ \Omega$

$I = \dfrac{U}{Z}$ \qquad $\underline{I = 0{,}46\ A}$

$U_C = I \cdot X_C$ \qquad $\underline{U_C = 1464\ V}$

$U_L = I \cdot X_L$ \qquad $\underline{U_L = 1445\ V}$

$U_R = I \cdot R$ \qquad $\underline{U_R = 230\ V}$

Ergebnis:
Da sich die Blindwiderstände in ihrer Wirkung nahezu aufheben, bestimmt der Wirkwiderstand R im Wesentlichen die Stromstärke. Sie ist dementsprechend groß. Man nennt diesen Zustand **Resonanz**.
Da die Stromstärke an jedem Widerstand eine Spannung verursacht, sind diese an großen Blindwiderständen ebenfalls groß ($U \sim I$). Sie können erheblich größer als die anliegende Betriebsspannung (**Spannungsüberhöhung**) werden.

- Bei Reihenschaltungen aus X_L und X_C sind die Spannungen an den Blindwiderständen um 180° phasenverschoben.
- Bei Reihenschaltungen aus X_L und X_C können die Spannungen an den Blindwiderständen erheblich größer als die Gesamtspannung werden (Spannungsüberhöhung).
- Bei $X_L = X_C$ heben sich die Blindwiderstände in ihren Wirkungen auf. Die Schaltung verhält sich wie ein reiner Wirkwiderstand.

Aufgaben

1. Zeichnen Sie ein Spannungs- und ein Widerstandsdreieck für eine Reihenschaltung mit folgenden Größen:
$X_C = 100\ \Omega$; $X_L = 130\ \Omega$; $R = 40\ \Omega$; $U = 230\ V$!

2. In Reihe mit einer Leuchtstofflampe liegen eine Drossel und ein Kondensator. Die Wirkleistung beträgt 48 W. Bei 230 V (50 Hz) beträgt die Stromstärke 0,25 A. Der Kondensator hat eine Kapazität von 3,6 μF.
Wie groß sind S, Q_C, Q_L, Q^* und $\cos \varphi$?

4.9 Parallelschaltungen mit Spulen, Kondensatoren und Wirkwiderständen

Bei der Parallelschaltung ist die Spannung für alle Größen die gemeinsame Bezugsgröße. Für die Entwicklung des Zeigerdiagramms in Abb. 1 nehmen wir an, dass $X_L > X_C$ ist.

- Die Stromstärke I_R ist in Phase mit der Spannung U ①.
- Die Stromstärke I_C eilt der Spannung um 90° voraus ②.
- Die Stromstärke I_L eilt der Spannung um 90° nach ③.
- Zwischen I_C und I_L besteht eine Phasenverschiebung von 180°. Beide Stromstärken können voneinander abgezogen werden. Da $X_L > X_C$ ist, wird $I_L < I_C$ sein ④. Der induktive Anteil wird durch den Kondensator aufgehoben (**Kompensation**). Die sich aus der Differenz ergebende Stromstärke ist deshalb kapazitiv.

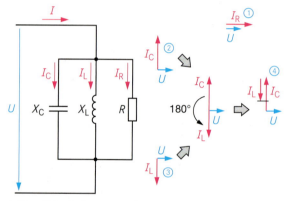

1: Parallelschaltung aus R, X_L und X_C

Aus den phasenmäßigen Beziehungen lassen sich ein Dreieck mit den Stromstärken zeichnen und entsprechende Formeln aufstellen.

Stromstärkendreieck

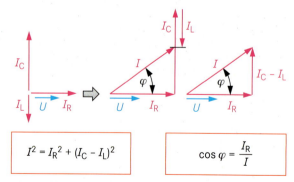

$$I^2 = I_R^2 + (I_C - I_L)^2 \qquad \cos\varphi = \frac{I_R}{I}$$

Stromstärken und Leitwerte sind proportional. Es lässt sich deshalb ein Leitwertdreieck zeichnen, das dem Stromstärkendreieck ähnlich ist. Da $X_L > X_C$ ist, gilt zwischen den Kehrwerten folgende Beziehung:

$$\frac{1}{X_L} < \frac{1}{X_C} \text{ oder } B_L < B_C$$

Leitwertdreieck

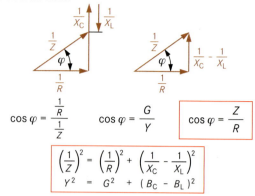

$$\cos\varphi = \frac{\frac{1}{R}}{\frac{1}{Z}} \qquad \cos\varphi = \frac{G}{Y} \qquad \boxed{\cos\varphi = \frac{Z}{R}}$$

$$\boxed{\left(\frac{1}{Z}\right)^2 = \left(\frac{1}{R}\right)^2 + \left(\frac{1}{X_C} - \frac{1}{X_L}\right)^2}$$
$$Y^2 = G^2 + (B_C - B_L)^2$$

Auch bei der Parallelschaltung aus X_L und X_C können sich die Wirkungen dieser Blindwiderstände vollständig aufheben (kompensieren, Resonanzfall). Das folgende Berechnungsbeispiel verdeutlicht diesen Sachverhalt.

$$X_L \approx X_C$$

Geg.: Parallelschaltung mit $R = 500\,\Omega$; $C = 10\,\mu F$; $L = 1\,H$; $U = 230\,V$; $f = 50\,Hz$

Ges.: I, I_C, I_L und I_R

$X_C = 318{,}3\,\Omega \qquad \frac{1}{X_C} = 3{,}14\,mS$

$X_L = 314{,}2\,\Omega \qquad \frac{1}{X_L} = 3{,}18\,mS$

$\frac{1}{Z} = \sqrt{\left(\frac{1}{R}\right)^2 + \left(\frac{1}{X_L} - \frac{1}{X_C}\right)^2} \qquad Z = 500\,\Omega$

$I = \frac{U}{Z} \qquad \underline{I = 460\,mA} \qquad I_C = \frac{U}{X_C} \qquad \underline{I_C = 723\,mA}$

$I_L = \frac{U}{X_L} \qquad \underline{I_L = 732\,mA} \qquad I_R = \frac{U}{R} \qquad \underline{I_R = 460\,mA}$

Ergebnis:
Die Blindstromstärken I_C und I_L heben sich in ihren Wirkungen nahezu auf. In der Schaltung ist allein der Widerstand R wirksam. Er bestimmt die Gesamtstromstärke der Schaltung. Die Stromstärken in den Blindwiderständen können größer als die Gesamtstromstärke werden (**Stromüberhöhung**).

- Bei der Parallelschaltung von X_L und X_C besteht zwischen I_L und I_C eine Phasenverschiebung von 180°.
- Bei der Parallelschaltung von X_L und X_C können die Stromstärken in den einzelnen Blindwiderständen größer werden als die Gesamtstromstärke (Stromüberhöhung).
- Kapazitive und induktive Blindwiderstände heben sich in ihren Wirkungen auf (Kompensation).

Zusammenfassung / summary

Wenn in Schaltungen kapazitive und induktive Blindwiderstände vorhanden sind, können sie sich in ihrer Wirkung teilweise oder vollständig aufheben. Es werden in den einzelnen Schaltungen die folgenden drei Fälle unterschieden:

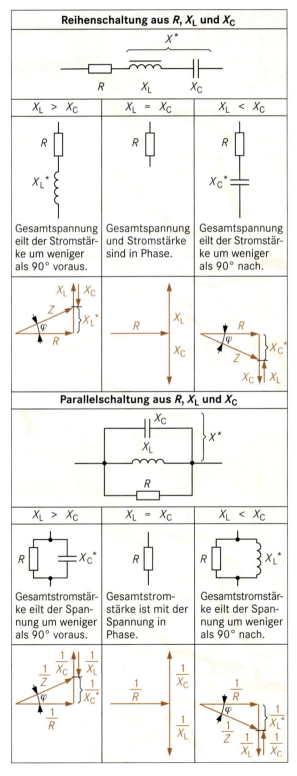

Aufgaben

1. Zeichnen Sie das Stromstärkendreieck einer Parallelschaltung, wenn folgende Größen gegeben sind:
$I_C = 50$ mA; $I_L = 120$ mA; $I_R = 250$ mA;
Ermitteln Sie aus der Zeichnung I und φ!

2. In einer Parallelschaltung aus R, X_L und X_C wird der Kondensator entfernt.
Wie verändern sich bei konstant bleibender Spannung die Stromstärken und der Phasenverschiebungswinkel (größer, kleiner oder konstant angeben)?

3. Zeichnen Sie das Leistungsdreieck der Parallelschaltung aus R, X_L und X_C, wenn X_L größer als X_C ist!

4. Welche Größen werden in der Parallelschaltung aus R, X_L und X_C maximal bzw. minimal, wenn bei konstanter Spannung $X_L = X_C$ ist?

5. Von einer Parallelschaltung aus R, X_L und X_C sind folgende Größen gegeben:
$R = 200$ Ω; $I_L = 100$ mA; $I_C = 60$ mA; $I_R = 30$ mA.
Berechnen Sie U, I, X_L, X_C und Z!

6. Ein Wirkwiderstand von 300 Ω, eine Induktivität von 63,3 mH und ein Kondensator von 1 µF sind parallel geschaltet.
Wie groß sind bei einer Frequenz von 1 kHz der Scheinwiderstand und der Phasenverschiebungswinkel zwischen der anliegenden Spannung und der Gesamtstromstärke?

7. Die Leistung eines an 230 V (50Hz) betriebenen Gerätes beträgt 680 W. Es fließt ein Strom von 4,3 A. In der Schaltung befinden sich ein induktiver Blindwiderstand.
a) Berechnen Sie die Scheinleistung und den Leistungsfaktor!
b) Wie groß sind der Wirk- und der Blindwiderstand?
c) Wie groß muss die Kapazität eines zuzuschaltenden Kondensators sein, damit er die Wirkung der Induktivität gerade aufhebt?

8. Wie groß sind im abgebildeten Stromlaufplan
a) die Stromstärken,
b) der Gesamtleitwert und
c) die Leistungen?

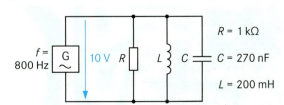

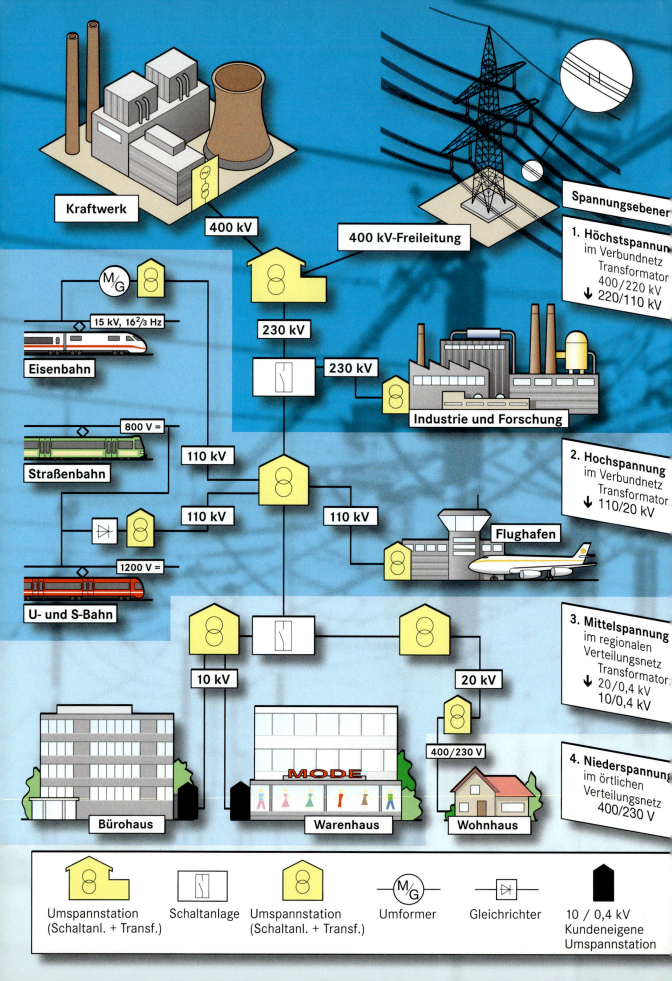

5 VNB-Netze

5.1 Kraftwerke

Immer mehr Verbraucher benötigen zu ihrem Betrieb elektrische Energie. Dafür muss in Kraftwerken elektrische Spannung mit Hilfe von Generatoren erzeugt und elektrischer Strom in Leitungen zum Verbraucher transportiert werden. In einem Kraftwerk gibt es u.a. drei wichtige Anlageteile für die **Erzeugung elektrischer Energie**. Dies sind:

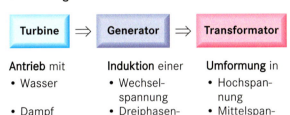

Antrieb mit
- Wasser
- Dampf
- Gas

Induktion einer
- Wechselspannung
- Dreiphasenwechselspannung

Umformung in
- Hochspannung
- Mittelspannung

Kraftwerke werden auch als Stromerzeuger bezeichnet, obwohl dort Energie umgewandelt wird. Mit Hilfe von Umwandlungsprozessen wird z.B. aus den in der Natur vorkommenden **Energieträgern** elektrische Energie erzeugt. Es sind
- Braunkohle, Steinkohle,
- Erdgas, Erdöl,
- Uran,
- Wasser, Wind, Sonne und Biomasse.

Elektrische Energie wird also aus einer anderen Energieform umgewandelt. Die Übersicht in Abb.1 zeigt verschiedene Kraftwerke mit den jeweiligen Energieträgern. Die Energieträger, die sich in der Natur immer wieder erneuern, heißen **regenerative Energieträger**.

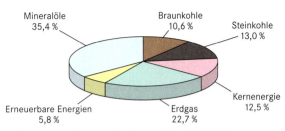

2: Energiegewinnung in Deutschland (2007)

In der Grafik (Abb.2) ist dargestellt, wie sich die Energieerzeugung auf die einzelnen Energieträger verteilt.

In Zukunft sollen sich die Anteile von regenerativen Energien (Abb.3) und Erdgas an der Energieerzeugung erhöhen. Der Anteil von Kernenergie wird sich voraussichtlich stark verkleinern. Etwa 95 % der in Deutschland erzeugten elektrischen Energie kommt aus **Wärmekraftwerken**. Wir wollen uns deshalb genauer mit diesen Kraftwerken beschäftigen.

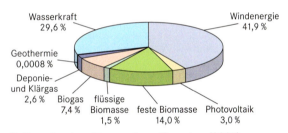

3: Energiemix – Erneuerbare Energien (2007)

- Steinkohle, Kernenergie und Braunkohle haben in Deutschland große Anteile an der Energieerzeugung.

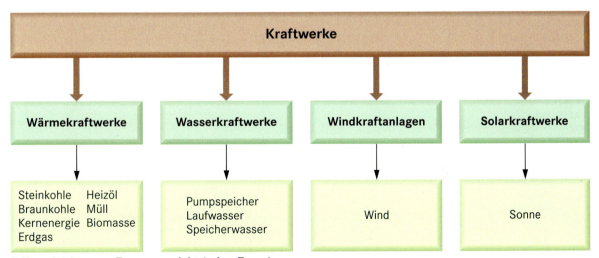

1: Energieträger zur Erzeugung elektrischer Energie

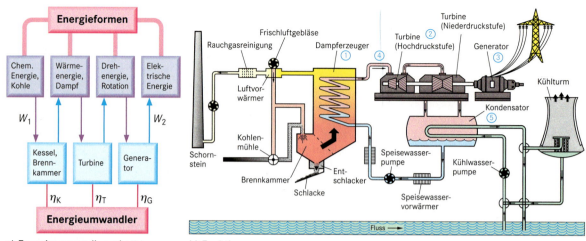

a) Energieumwandlungskette   b) Funktion

1: Wärmekraftwerk

Wie wird Energie umgewandelt?

Dampfkraftwerke nutzen vor allem die **chemische Energie**, z. B. aus Kohle, zur Stromerzeugung. In Abb. 1a) ist dazu eine Energieumwandlungskette dargestellt.

Drei Energieumwandler sind erforderlich, um die chemische Energie der Kohle in elektrische Energie umzuwandeln, die dann ins Verteilungsnetz eingespeist wird.

Funktion

Die Abb. 1b) zeigt vereinfacht den Funktionsablauf in einem Wärmekraftwerk.

1. Im **Dampferzeuger** ① wird die chemische Energie der Kohle in Wärme bzw. Dampf umgewandelt.
2. Die **Turbine** ② wandelt die Energie des Dampfes (Dampfdruck) in Bewegungsenergie um.
3. Im **Generator** ③ wird durch die Bewegungsenergie (Rotationsenergie) elektrische Energie erzeugt.

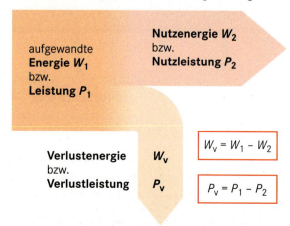

2: Energieaufteilung

Wirkungsgrad

Bei allen Energieumwandlungsprozessen entstehen **Verluste** (Abb. 2). Der größte Teil dieser Verluste entsteht im Wärmekraftwerk bei der Umwandlung von Dampfenergie in Bewegungsenergie, also zwischen dem Prozessablauf in Kessel und Turbine ④. Der Dampf aus der Turbine wird nicht ins Freie gelassen. Er wird im **Kondensator** ⑤ abgekühlt und als erwärmtes Wasser für den Dampferzeuger wieder verwendet. Dadurch wird der Gesamtwirkungsgrad des Kraftwerks verbessert.

Bestimmung des Wirkungsgrades

Der Wirkungsgrad gibt das Verhältnis von abgegebener zur zugeführten Energie an. Anstelle der Energie kann auch die Leistung in die Formel eingesetzt werden.

$$\eta = \frac{W_2}{W_1} \qquad \eta = \frac{P_2}{P_1}$$

Die Werte für den Wirkungsgrad liegen zwischen 0 % und 100 %.

Der Gesamtwirkungsgrad wird mit der Zahl der Energieumwandler kleiner.

$$\eta_{ges} = \eta_K \cdot \eta_T \cdot \eta_G$$

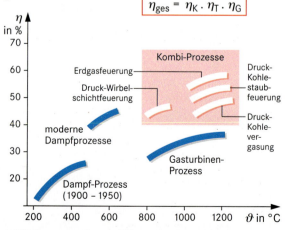

3: Wirkungsgrade von Wärmekraftwerken

Tageslastkurve / daily load diagram

In Abb.3 sind verschiedene Wirkungsgrade in Abhängigkeit von der **Prozesstemperatur** dargestellt, bei der die Umwandlung von z.B. chemischer Energie der Kohle in Dampfenergie abläuft. Sie erkennen an den einzelnen Kurvenstrecken, dass der Wirkungsgrad mit steigender Temperatur größer wird.

Andere Wärmekraftwerke werden mit Erdgas, Heizöl, Müll und Biomasse (z.B. Holz und Stroh) beheizt. Solar- und geothermische Kraftwerke wandeln zunächst die Wärme der Sonne oder der Erdschichten größerer Tiefe in Dampfenergie und dann in elektrische Energie um.

Dampfkreislauf

Bei jedem Kraftwerksprozess muss die Temperatur für die Dampferzeugung erhöht werden.

1. Im **Dampferzeuger** wird Wasser erwärmt und dabei Dampf von ca. 500°C erzeugt.
2. Im **Kondensator** wird dem Dampf Wärme entzogen, so dass er zu Wasser mit Temperaturen von ca. 30°C bis 40°C kondensiert.
3. Dieses warme Wasser lässt sich erneut für den Dampfkreislauf verwenden und wird wieder dem Dampferzeuger zugeführt.

Umweltbelastungen

Wärmekraftwerke, die mit Braun- oder Steinkohle betrieben werden, belasten die Umwelt, z.B. durch
- Gase (Kohlenmonoxid, Stickstoffoxide und Schwefeldioxid),
- Staub,
- Abwasser, Abwärme, Lärm u.a.

Für Kohle-, Öl- und Gaskraftwerke gelten deshalb gesetzliche Regelungen.

Wärmekraftwerke

Kombikraftwerke sind kombinierte Gas- und Dampfturbinen-Kraftwerke. Die Gasturbine benötigt als Brennstoff Erdgas, Kohlegas oder Heizöl. Die entstehenden Abgase werden in einem Kessel zur Dampferzeugung für die Dampfturbine weiterverwendet.
Vorteil: Hoher Wirkungsgrad (vgl. Abb. 3), geringe Umweltbelastung.

Blockheizkraftwerke gibt es mit Bemessungsleistungen bis 20 MW. Als Antriebsenergie für den Motor werden Erdöl, Erdgas oder Biogas verwendet. Der Motor treibt einen Generator zur Erzeugung elektrischer Energie. Die Abwärme wird zur Erwärmung von Wasser für Heizzwecke weiterverwendet.
Vorteil: Wirkungsgrad bei Volllastbetrieb ca. 90%, geringe Umweltbelastung.

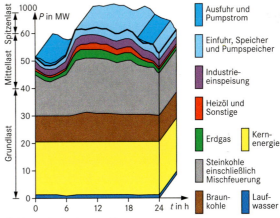

4: Tagesbelastungsdiagramm

Wie verteilt sich der Energiebedarf auf einen Tag?

Der Energiebedarf eines Tages lässt sich in einer **Tageslastkurve** (Abb. 4) darstellen. Diese zeigt die Lastverteilung in der Zeit von 0 bis 24 Uhr. Die Fläche unter der Lastkurve (oberer Kurvenverlauf) entspricht der elektrischen Energie, die von den Kraftwerken insgesamt im Verlauf eines Tages geliefert wird. Die Kraftwerke werden danach benannt, welchen Teil der Tageslast sie decken.

- **Grundlastkraftwerke** sind vor allem Laufwasser-, Kernkraft- und Braunkohlekraftwerke.
- **Mittellastkraftwerke** sind Steinkohle- und Erdgaskraftwerke.
- **Spitzenlastkraftwerke** werden bei höherem Energiebedarf z.B. mittags eingesetzt. Es sind Gasturbinen- und Pumpspeicherkraftwerke, die schnell hochgefahren werden können.

- Die Energieumwandler in einem Wärmekraftwerk sind Dampferzeuger, Turbine und Generator.
- Der Wirkungsgrad η gibt das Verhältnis von abgegebener zu aufgenommener Energie bzw. Leistung an.
- Die Tageslastkurve gibt den Verlauf des Energiebedarfs im Laufe eines Tages an. Die Lastbereiche sind Grundlast, Mittellast und Spitzenlast.

Aufgaben

1. Nennen Sie fünf regenerative Energiequellen!

2. Zeichnen Sie die Energieumwandlungskette eines Braunkohlekraftwerks!

3. Beschreiben Sie den Verlauf der Tageslastkurve! Erklären Sie die drei Lastarten!

4. Ein Wärmekraftwerk hat die Leistung 770 MW bei einem Wirkungsgrad von $\eta = 0{,}38$. Berechnen Sie die zugeführte Leistung und die Verlustleistung!

5.2 Aufbau der Spannungsnetze

Die Kraftwerke und Höchstspannungsnetze (400 kV und 230 kV) gehören den acht Verbundunternehmen (Abb. 1). Sie sind im Verband der **Übertragungsnetzbetreiber** (VDN) zusammengeschlossen und erzeugen ca. 80 % der elektrischen Energie. Die restlichen 20 % der Energie stammen aus Industrieeinspeisungen, aus der Stromerzeugung der **regionalen Stromversorger** und dem **Ausland**.

Das nationale Verbundsystem ist mit den Verbundsystemen des benachbarten Auslands verbunden. Dadurch ist ein **Energieaustausch** zwischen den Ländern möglich.

1 EnBW Transportnetze AG
2 E.ON Netz GmbH
3 RWE Net AG
4 Vattenfall Europa AG

1: Regionen der Übertragungsnetzbetreiber (2002)

Vor 1998 waren den Stromversorgern festgelegte Versorgungsgebiete zugeteilt. Das „Gesetz zur Neuregelung des Energiewirtschaftsrechts" hat diese Zuordnung aufgehoben. Damit soll der **Wettbewerb** unter den einzelnen Stromversorgern ermöglicht werden. Verbraucher können dadurch Energie von anderen Stromversorgern oder dem Ausland über das Spannungsnetz des Konkurrenten beziehen. Die anderen Stromerzeuger sind u. U. kostengünstiger.

2: Energieerzeugung in Deutschland

Die regionalen und kommunalen Stromversorger übernehmen von den Verbundunternehmen die Energieversorgung von der

- **Höchstspannungsebene** (400 kV bzw. 230 kV) transportieren diese auf der
- **Mittelspannungsebene** (20 kV bzw. 10 kV) zu den Verbraucherzentren, stellen dann auf der
- **Niederspannungsebene** (400/230 V) die Energieversorgung für Kleinbetriebe und die Haushalte sicher.

Hochtransformieren von Spannungen

Die Spannung, die in den Generatoren der Kraftwerke erzeugt wird, liegt meistens zwischen 10,5 kV und 27 kV. Um die Energie vom Kraftwerk zum Verbraucher ohne große Verluste zu transportieren, wird mit Hilfe von Transformatoren die erzeugte Spannung in eine **höhere Spannung** (vgl. S.87) transformiert.

Die **gleiche Leistung** kann transportiert werden, da folgendes gilt:

$$I \uparrow \cdot U \downarrow = P = I \downarrow \cdot U \uparrow$$

Die Verluste bei der Energieübertragung verringern sich dadurch beträchtlich. Für kürzere Übertragungsstrecken reicht die Niederspannung aus. Dies wollen wir am folgenden Beispiel verdeutlichen.

Leiterquerschnitt

Eine elektrische Leistung von 3 MW soll vom Kraftwerk über die Entfernung von 100 km zu Verbrauchern übertragen werden.

- Bei U = 230 V beträgt die Stromstärke I = 13 kA.
- Wenn wir einen Spannungsfall von Δu = 10% am Leiterwiderstand (Hin- und Rückleitung) annehmen, dann ist beim Leitermaterial Kupfer der Leiterquerschnitt

$$q = \frac{2 \cdot l \cdot I}{\Delta U \cdot \varkappa} \qquad q = \frac{2 \cdot 100\,000 \text{ m} \cdot 13\,000 \text{ A}}{23 \text{ V} \cdot 56 \frac{\text{m}}{\Omega \cdot \text{mm}^2}}$$

q = 2,02 m² Ein solcher Querschnitt ist technisch nicht möglich.

Bei einer höheren Spannung von 230 kV benötigen wir bei denselben Bedingungen für I = 13,0 A nur einen Querschnitt von q = 2,02 mm².

- Der Vorteil des Verbundnetzes besteht darin, dass alle Kraftwerke über ein Leitungssystem miteinander verbunden sind.
- Durch das Verbundsystem ist die Energieversorgung im gesamten Versorgungsgebiet sicher gewährleistet.
- Zur Übertragung der elektrischen Energie über große Entfernungen wird Höchstspannung gewählt, damit der Leiterquerschnitt klein sein kann.

Energieverteilung / power distribution

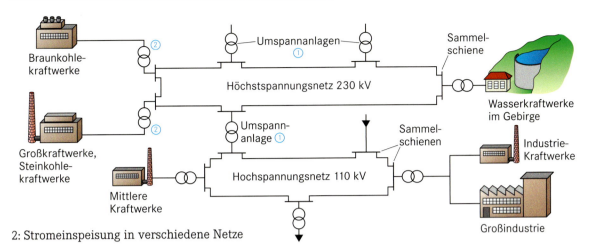

2: Stromeinspeisung in verschiedene Netze

Große Leistungen müssen zu **Groß- und Kleinverbrauchern** (vgl. S. 82) übertragen werden, wie z.B.
- Industriebetriebe und Verkehrsunternehmen (230 kV, 110 kV),
- Bürohäuser und Hafenanlagen (10 kV),
- Kleinbetriebe und Haushalte (400/230 V).

Es werden **Drehstromtransformatoren** (vgl. Kap. 5.6) benötigt, die die Übertragungsspannung in die jeweils erforderliche Betriebsspannung umwandeln.

Die Netze mit den verschiedenen Spannungen sind über Transformatoren in den **Umspannanlagen** ① miteinander verbunden. Die Einspeisung in die jeweiligen Spannungsebenen geschieht an mehreren Orten, so dass bei Ausfall eines Kraftwerks andere Kraftwerke mit verstärkter Leistung die Energieversorgung übernehmen. Schematisch können wir uns dies anhand der Abb.2 vorstellen. In das dargestellte Höchst- und Hochspannungsnetz wird Energie von verschiedenen Orten ② eingespeist. Die Umspannanlagen sind bei Höchst- und Hochspannung als
- **Freiluftanlage**
  und in dicht besiedelten Gebieten als
- **Innenraumanlage** ausgeführt.

Umspannanlagen enthalten eine Vielzahl elektrischer Einrichtungen, wie z.B.

- **Trennschalter** (Abb.3),
  sie werden nur im stromlosen Zustand, d.h. ohne Last, betätigt.
- **Leistungsschalter** (Abb.4),
  sie schalten Betriebsmittel unter Last und bei Kurzschluss.
- **Messwandler** (vgl. Kap. 5.5.5),
  dies sind spezielle Transformatoren, die Spannungen und Ströme zu Messzwecken in kleine Werte umwandeln.

■ Trennschalter schalten im stromlosen Zustand.

■ Leistungsschalter können Kurzschlussströme schalten.

Aufgaben

1. Beschreiben Sie den Energietransport von Stromerzeugern zu den Verbrauchern!

2. Skizzieren Sie den Energietransport vom Kraftwerk zum Verbraucher über drei Spannungsebenen!

3. Wie groß wird der Leiterquerschnitt nach der Beispielrechnung, wenn die angegebene Leistung mit 380 kV übertragen wird?

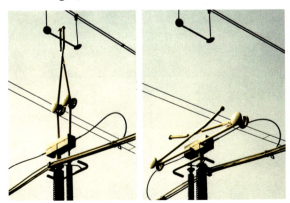

3: Trennschalter, eingeschaltet und ausgeschaltet

4: Leistungsschalter

5.3 Niederspannungsnetz

Den Energietransport mit Hilfe größerer Spannungen kennen wir bereits. Wir nähern uns den Verbrauchern.

- **Verbraucherschwerpunkte** sind Großstädte und Industriezentren, in denen ein Leistungsbedarf bis zu 100 MW vorliegen kann. Die Hochspannung 110 kV wird möglichst nahe herangeführt und vor Ort z. B. in 20 kV oder 400/230 V transformiert.
- **Kleinere Verbraucherzentren** haben einen geringeren Leistungsbedarf. Die Mittelspannung 10 kV oder 20 kV wird in das Stadtgebiet geführt.
- **Ländliche Gebiete** mit größeren Entfernungen zu den einzelnen Verbrauchern werden über die Mittelspannung von z.B. 20 kV versorgt, die vor Ort in Niederspannung transformiert wird.

Netzarten im Niederspannungsnetz

Beginnen wir mit der Netzart, in der viele, dicht beieinander liegende Haushalte angeschlossen sind, z.B. in einer Stadt. Dort werden vermaschte Netze, so genannte **Maschennetze**, aufgebaut (Abb.1). Diese Netze sind geschlossene Netze, weil die Energieversorgung der Verbraucher von mehreren Transformatorstationen aus erfolgt. Ein Netzende gibt es nicht.

Vorteile:
- Die Vielzahl von Leitungsverbindungen ermöglicht auch bei einer Störung eine zuverlässige Energieversorgung.
- Ein beschädigtes Leitungsstück kann an den Trennstellen zwecks Reparatur herausgetrennt werden, ohne dass die Energieversorgung gefährdet ist.

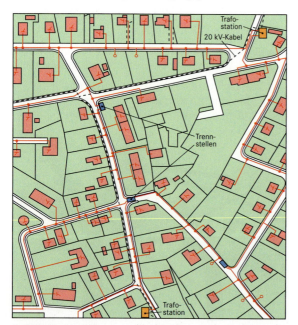

1: Maschennetz

Nachteil:
- Weil viele Netzstationen eingerichtet werden müssen, sind die Kosten des Netzaufbaus hoch.

Ein ebenfalls geschlossenes Netz ist das **Ringnetz** (Abb.2). Dieses Netz gibt es in weniger dicht besiedelten Gebieten, z. B. in Dörfern. Die Energieversorgung erfolgt wie beim vermaschten Netz von zwei Seiten. Es entsteht kein Netzende.

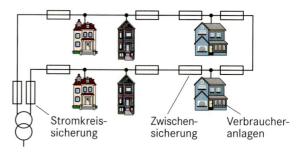

2: Ringnetz

Vorteile:
- Die Energieversorgung erfolgt von zwei Seiten.
- Fehlerhafte Netzteile können über Schaltstellen herausgetrennt werden.
- Die Energieeinspeisung ist bei einer Störung noch von einer Seite möglich.

Nachteil:
- Ein fehlerhaftes Leitungstück mit Verbrauchern bleibt bis zur Behebung des Fehlers abgeschaltet.

Den einfachsten Aufbau haben die **Strahlennetze** (Abb. 3). Es sind offene Netze, weil das Netz jeweils beim entferntesten Verbraucher endet. Die Leitungen verlaufen vom Einspeisepunkt der Ortsnetzstation strahlenförmig zu den Kunden. Diese Netzart wird in dünn besiedelten Gebieten angewendet.

Vorteil:
- Netzaufbau ist sehr einfach und kostengünstig.

Nachteil:
- Bei Unterbrechung, z.B. durch Leitungsbruch oder Kurzschluss, sind alle hinter dem Fehler liegenden Verbraucher vom Netz abgeschnitten.

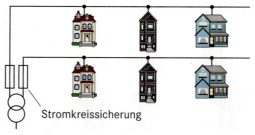

3: Strahlennetze

Ortsnetz / urban network

Lasttrennschalter Q1, Q2 können Leitungen unter Last von Verbrauchern abtrennen, d. h. schalten, jedoch nicht bei Kurzschluss.

Übersichtsschaltplan

Lasttrennschalter Q3 mit Hochspannungs- und Hochleistungssicherung

Ortsnetztransformator T1 mit voll belastbarem Sternpunkt

Leistungsschalter Q4 mit Kurzschluss- und Überlastschutz schalten Verbraucher unter Last (vgl. Kap. 5.2)

Stromwandler B1 wandeln größere Ströme in kleinere Messströme um (vgl. Kap. 5.5.5)

Sicherungs-Lasttrennschalter Q11 - Q14 schalten in Niederspannungsanlagen einzelne Verbraucherstromkreise auch bei Belastung.

4: Ortsnetzstation mit Verteileranlage

Ortsnetzstationen sind die Verbindungen zwischen der Mittelspannungs- und Niederspannungsebene. Sie stellen für die in der Nähe liegenden Verbrauchergruppen Niederspannung bereit. Die Ortsnetzstation (Abb.4) versorgt z.B. die Haushalte einer Straße oder eines Siedlungsgebietes.

Im Übersichtsschaltplan (Abb.4) einer solchen Station sind die erforderlichen Schalt- und Messeinrichtungen abgebildet. Die Angaben zum Ortsnetz- oder Verteilungstransformator sind im Kap. 5.6 erklärt.

Leitungsverlegung im Niederspannungsnetz

Die Energieversorgung im Niederspannungsnetz erfolgt über Kabel (im Erdreich oder auf Masten) oder über Freileitung. Bei einem **Kabelnetz** in Städten ist die Verlegung im Erdreich umweltfreundlicher auszuführen als bei einem **Freileitungsnetz**.

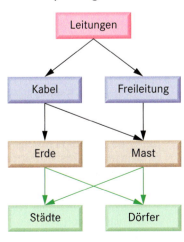

- Das Niederspannungsnetz kann als Maschen-, Ring- oder Strahlennetz aufgebaut sein.
- Ortsnetzstationen sind die Übergangsstellen von der Mittel- zur Niederspannungsebene.
- Im Niederspannungsnetz von Städten und Dörfern sind die Zuleitungen zu den Verbrauchern als Freileitungen oder Kabel verlegt.

Aufgaben

1. Erklären Sie den Unterschied zwischen Maschennetz und Ringnetz!

2. Nennen Sie jeweils die Vor- und Nachteile von Maschennetz und Ringnetz!

3. Warum ist die Energieversorgung beim Maschennetz zuverlässiger als beim Strahlennetz?

4. Welche Aufgabe hat eine Ortsnetzstation?

5. Nennen Sie drei Schalteinrichtungen in einer Ortsnetzstation!

6. Welche Ströme schalten Lasttrennschalter, Leistungsschalter und Sicherungs-Lasttrennschalter?

7. Beschreiben Sie die Energieversorgung in Ballungszentren und in ländlichen Gebieten!

5.4 Leitungen in Ortsnetzen

Der Aufbau des Niederspannungsnetzes wurde in Kap. 5.3 beschrieben. Je nach Lastdichte und Umweltfaktoren erfolgt die Energieübertragung durch

- **Freileitung**, z.B. in räumlich ausgedehnten Netzen oder
- **Kabel**, z.B. in dicht besiedelten Gebieten und in Neubaugebieten sowie aus Gründen des Umweltschutzes.

5.4.1 Freileitungen

In ländlichen Gebieten mit weiträumig verteilten Verbrauchern ist die Verlegung von Freileitungen am kostengünstigsten. Dort finden wir Maststationen, die sich auf Stahlgittermasten befinden.

- **OS**: 3-Leiter-System ①, Mittelspannung,
- **US**: 4-Leiter-System ②, Niederspannung mit den Leitern L1, L2, L3 und PEN bei einem TN-C-System,
- **Verteilung** z.B. in zwei Richtungen vom Gittermast aus.

Eine andere Art der Energieverteilung erfolgt von einer Ortsnetzstation aus, in der vom Umspannraum (Abb.1) die Leitungen der Niederspannung auf die Niederspannungsverteilung und von dort zu den einzelnen Straßen des Versorgungsgebietes geführt werden.

In einem Freileitungsnetz wird ein Stromkreis z.B. aus vier Leitern gebildet. Diese sind mit Isolatoren an Masten, meistens Holzmaste, befestigt. Die Niederspannungsisolatoren sind glockenförmig und auf U-förmige Schraubhaken aufgesetzt. Es gibt Leitungen ohne Isolation, also

- **blanke Leiter** oder
- **VPE-isolierte Leitungen** (VPE: **V**ernetztes **P**ol**y**ethylen) aus Aluminium.

Die Energieeinspeisung zum Verbraucher erfolgt vom Freileitungsnetz aus z.B. über

- **Dachständer** von Haus zu Haus oder
- vom **Abspannmast** neben dem Haus zum Hausanschluss, z.B. über eine selbsttragende 4-adrige PVC-Mantelleitung (Typ: NYMT-J) mit verzinkten Stahldrähten als Träger.

Für die **Hauseinführung** der Freileitung gilt:

- Aus Sicherheitsgründen Leitung nicht durch explosionsgefährdete Räume führen.
- Ausreichende Festigkeit der Wand oder des Daches, an der der Dachständer (Abb.2) befestigt ist, muss vorhanden sein.
- Leerrohr (⌀ 36 mm) je Hauptleitung für spätere Umstellung auf Kabelanschluss bis zum Keller verlegen.

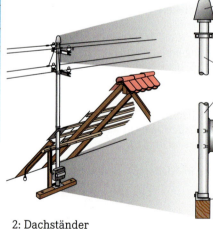

2: Dachständer

1: Umspannraum

- Die Energieversorgung im Ortsnetz erfolgt je nach Lastdichte über Freileitungen, Freileitungskabel oder Erdkabel.
- In einem 4-Leiter-Drehstromnetz sind der N-Leiter im TT-System bzw. der PEN-Leiter im TN-System an der Ortsnetzstation geerdet.
- Im Freileitungsnetz erfolgt die Energieeinspeisung zum Haus vom Dachständer zum Hausanschlusskasten hinter der Wandeinführung auf dem Dachboden.

Leitungsverlegung / cable wiring

5.4.2 Niederspannungskabel

Über Kabel (Abb.4), die im Erdreich verlegt sind, wird die Energieverteilung in dicht besiedelten Ortschaften und Städten sicher gestellt.

Kabelverlegung

Beim Verlegen von Niederspannungskabel sind zum Schutz folgende Maßnahmen zu beachten:

- Kabel in mindestens **60 cm Tiefe** in eine Schicht aus Sand und steinfreiem Erdreich verlegen.
- **Formsteine** können zur Kabelabdeckung verwendet werden; Kabel mit einer 10 cm dicken Sandschicht bedecken, wenn mit Ziegelsteinen abgedeckt wird.
- **Kabelschutzrohre** aus PVC verwenden, wenn das Kabel in feuchtem Boden oder Wasser verlegt wird.
- **Sicherheitsband** über dem Kabel in ca. 30 cm Tiefe legen.

Fehlersuche

Im Vergleich zu einer Freileitung, wo bereits durch Besichtigen der Fehler gefunden werden kann, ist die **Fehlersuche bei Kabelnetzen** sehr aufwändig. Folgende Art des Vorgehens ist möglich:

- Fehlerstelle durch besonderes Messverfahren eingrenzen, z.B. mit Messbrücken.

Verbindung zum Hausanschlusskasten

Mit einer **Abzweigmuffe** (Abb.3) wird die Verbindung vom Erdkabel zum Hausanschlusskabel hergestellt. Durch spezielle Anschlussklemmen können die Kabel verbunden werden, ohne dass die Netzspannung abgeschaltet werden muss. Um das Eindringen von Feuchtigkeit zu verhindern, die zu einem Kurzschluss führen kann, wird die Muffe mit Bitumen oder Kunstharz ausgegossen. Das Hausanschlusskabel wird dann durch ein Schutzrohr in die Außenwand des Hauses zum HAK geführt. Die Einführung muss wasserdicht sein.

3: Abzweigmuffe

Mehradrige PVC-isolierte Kabel mit PVC-Mantel	
 NYY-J	Kabelkanäle; im Erdreich, wenn keine mechanischen Beschädigungen auftreten; Innenräume
 NAYY-J	Ortsnetze, wenn keine mechanischen Beschädigungen zu erwarten sind; in Kraftwerken
Mehradrige VPE-isolierte Kabel mit Al-Leiter	
 NA2XY-J	Ortsnetze mit hohen Lastspitzen; extreme Umgebungsbedingungen (Häufung von Kabel)
A2XY-J	in Erde; im Wasser; in Innenräumen und Kabelkanälen, wenn keine hohen Beanspruchungen zu erwarten sind

Bedeutung der Buchstaben NA2XY-J:

Ader
- N: Genormte Ausführung
- A: Leiter aus Al
- 2X: Isolierhülle aus vernetztem Polyethylen (VPE)
- Y: Schutzhülle aus PVC

Mantel
- Y: Mantel aus PVC
- J: Schutzleiter

4: Niederspannungskabel

- Kabel müssen in einer Tiefe von mindestens 60 cm verlegt werden.
- Kabel werden durch ein Sicherheitsband und Formsteine geschützt.
- Durch Muffen werden Kabelverbindungen und Kabelabzweigungen hergestellt.

Aufgaben

1. Beschreiben Sie die Energieverteilung, die über eine Maststation erfolgt!

2. In einem dünn besiedelten Gebiet erfolgt die Energieverteilung über eine Freileitung! Beschreiben Sie ein mögliches Freileitungsnetz bis zum HAK!

3. Nennen Sie vier Maßnahmen, die bei der Verlegung von Erdkabeln zu beachten sind!

4. Begründen Sie, warum die Fehlersuche bei einem Erdkabel aufwändiger ist als bei einer Freileitung!

5. Beschreiben Sie die Verlegung des Hausanschlusskabels vom Erdkabel zum HAK!

6. Erklären Sie den Aufbau der Kabel NAYY-J und A2XY-J!

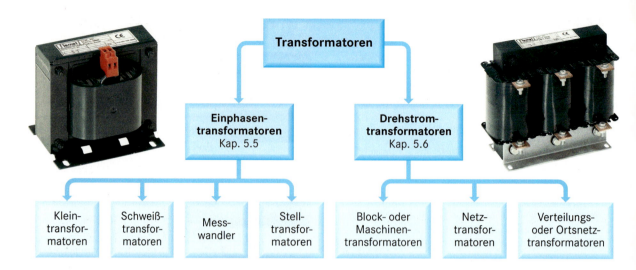

5.5 Einphasentransformatoren

Bisher haben wir verschiedene Spannungsebenen kennen gelernt. An dem Beispiel in Kap. 5.2 wurde gezeigt, dass mit Hilfe von Transformation die Energieverluste verringert werden können. Mit der Transformation von Wechselspannungen wollen wir uns jetzt beschäftigen. Stellen wir uns zunächst den Transformator als technisches System mit der Spannung als Eingangs- und Ausgangsgröße vor.

Das Bildzeichen (Abb. 1) zum dargestellten Transformator gibt durch die getrennten Ringe an, dass Eingangs- und Ausgangswicklung voneinander getrennt sind. Sie gehören zu zwei getrennten Stromkreisen.

Auch im Anschlussplan ist die Trennung der beiden Wicklungen zu erkennen. Jede Wicklung befindet sich bei diesem Transformator auf einem anderen Schenkel.

- Die **Eingangsspannung** U_1 wird an die Wicklung mit der **Windungszahl** N_1 gelegt (Klemmen 1.1 und 1.2).
- Die **Ausgangsspannung** U_2 kann an der Wicklung mit der **Windungszahl** N_2 gemessen werden, z. B. zwischen den Klemmen 2.1 und 2.2.

Bei Transformatoren mit **Mittelanzapfung** liegen unterschiedliche Ausgangsspannungen (vgl. Kap. 5.5.2) zwischen den Klemmen 2.1 und 2.3 z.B. 4 V, 2.3 und 2.2 z.B. 8 V und 2.1 und 2.2 z.B. 12 V.

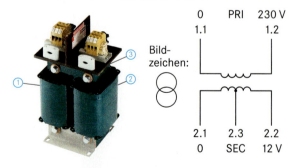

1: Einphasen-Transformator mit Mittelanzapfung

Wie muss ein Transformator aufgebaut sein, damit die in der Grafik dargestellten Vorgänge ablaufen? Wir erklären dies zunächst am Einphasentransformator.

Aufbau

Der Einphasentransformator (Abb. 1) besteht aus folgenden Teilen:
- Primär- oder **Eingangswicklung** (PRI) ①,
- Sekundär- oder **Ausgangswicklung** (SEC) ② und
- einem **geschlossenen Eisenkern** ③.

- Transformatoren transformieren Wechselspannungen auf einen größeren oder kleineren Wert.
- Die Eingangs- und Ausgangswicklung befinden sich auf einem geschlossenen Eisenkern.

Wirkungsweise / mode of action

5.5.1 Prinzip

Zur Erklärung der Arbeitsweise des Transformators müssen wir das **Induktionsgesetz** anwenden. Dieses besagt, dass bei Änderung des Magnetfeldes in einer Spule eine Spannung induziert wird (vgl. Kap. 3.1.2).

An der Darstellung nach Abb. 2 wollen wir dieses Gesetz auf den Transformator anwenden. Hierbei laufen in den Wicklungen und im Eisenkern folgende Vorgänge ab:

- Wechselspannung U_1 bewirkt einen Wechselstrom I_1,
- Wechselstrom I_1 verursacht eine Magnetflussänderung $\Delta\Phi$,
- Magnetflussänderung $\Delta\Phi$ durchsetzt auch die Ausgangswicklung,
- Magnetflussänderung $\Delta\Phi$ erzeugt durch Induktion eine Wechselspannung U_2.

Der Magnetfluss Φ stellt also die Verbindung zwischen dem Eingangs- und Ausgangsstromkreis her.

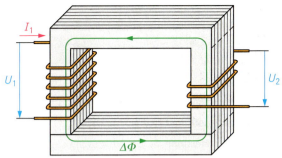

2: Prinzip der Spannungstransformation

Wirkungen der Magnetflussänderung im Eisen

Die Änderung des Magnetflusses wirkt sich im Eisenkern aus. Da der Eisenkern (R_{Fe}) auch ein Leiter ist, erzeugt $\Delta\Phi$ auch dort eine Spannung. Diese verursacht einen Strom I_{Fe} ohne festgelegte Richtung, der als **Wirbelstrom** bezeichnet wird. Dieser erwärmt den Eisenkern und verursacht dadurch **Verluste** (Wirbelstromverluste P_{vFe}).

Maßnahmen zur Verringerung der Verluste

Durch folgende Maßnahmen am Eisenkern verkleinern sich die Wirbelstromverluste:

- Durch Legieren des Eisens z.B. mit Silizium verringert sich die **elektrische Leitfähigkeit** $\varkappa_{Fe}$.

$\varkappa_{Fe} \downarrow \Rightarrow R_{Fe} \uparrow \Rightarrow I_{Fe} \downarrow \Rightarrow P_{vFe} \downarrow$

- Durch den besonderen Aufbau des Kerns aus gegeneinander isolierten Blechen verkleinert sich der **Leiterquerschnitt** q_{Fe} des Eisenkerns.

$q_{Fe} \downarrow \Rightarrow R_{Fe} \uparrow \Rightarrow I_{Fe} \downarrow \Rightarrow P_{vFe} \downarrow$

- Transformatoren bestehen aus Wicklungen und einem geschlossenen Eisenkern. Sie transformieren Wechselspannungen.
- Magnetflussänderungen erzeugen in den Wicklungen Induktionsspannungen.
- Die Magnetflussänderungen verursachen Wirbelströme im Eisenkern und dadurch Wirbelstromverluste.
- Durch Legieren und Blechung des Eisenkerns werden die Wirbelstromverluste verkleinert.

Aufgaben

1. Aus welchen Grundbauteilen besteht ein Transformator? Fertigen Sie dazu eine Skizze an!

2. Beschreiben Sie mit Hilfe der Skizze von Aufgabe 1, wie die Transformation von Spannungen erfolgt!

3. Wodurch entstehen die Wirbelstromverluste im Eisenkern des Transformators?

4. Beschreiben Sie zwei Maßnahmen, um die Wirbelstromverluste beim Transformator zu verkleinern! Stellen Sie außerdem jeweils eine Wirkungskette auf!

Kleintransformatoren

Sicherheitstransformatoren
- Trenntransformatoren
- Steuertransformatoren
- Spielzeugtransformatoren

- Klingeltransformatoren
- Handleuchtentransformatoren
- Transformatoren für medizinische Geräte

Netzanschlusstransformatoren

Verwendung: Verstärkeranlagen, Gleichrichteranlagen, Elektrozaun-Geräte

Zündtransformatoren

Verwendung: Zünden von Gas- und Ölfeuerungsanlagen

Technische Bemessungsgrößen und Begriffe

Elektrische Betriebsmittel wie z.B. Transformatoren enthalten auf dem Leistungsschild Angaben zur Baugröße.

- **Ausgangsspannungen U_2:** 4 V, 6 V und 8 V
- **Ausgangsstromstärke I_2:** 1 A
- **Ausgangsleistung S_2** (Scheinleistung): Ausgangsspannung · Ausgangsstrom 8 VA
- **Umgebungstemperatur ϑ_a:** 40 °C

- **Schutzart IP20** (vgl. Kap. 8.4)
  1. Ziffer **2**: Berührungsschutz, z.B. mit dem Finger sowie Schutz gegen mittelgroße Fremdkörper
  2. Ziffer **0**: Wasserschutz, nicht vorhanden
- **Bildzeichen für Gehäuse**, d.h. der Transformator ist gekapselt. Aktive Teile können nicht berührt werden.
- **Bildzeichen für Kurzschlussfestigkeit**, d.h. bei ausgangsseitig kurzgeschlossener Wicklung entsteht keine höhere Temperatur als 40 °C.

5.5.2 Realer Transformator

Beim Betrieb von Transformatoren in elektrischen Anlagen kommen folgende **Belastungsarten** vor:

- Leerlauf, d.h. Ausgangswicklung ist unbelastet,
- Belastung, d.h. mit angeschlossener Last, und
- Kurzschluss, der als Betriebszustand z.B. beim Schweißtransformator vorkommt.

Aus den Angaben in Abb.1 ersehen Sie, dass Klingeltransformatoren mit verschiedenen **Bemessungsgrößen** (früher Nenngrößen) gebaut werden. Wir leiten dafür die Gesetzmäßigkeiten ab.

Baugrößen:
AC 230 V/
- 4-6-8 V; 8 VA
- 6-8-12 V; 8 VA
- 6-8-12 V; 12 VA

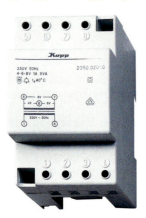

1: Klingeltransformator

1. Leerlauf

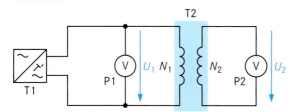

Die Eingangsspannung wird verändert. Die Ausgangsspannung wird jeweils gemessen.

Messergebnisse

N_1	N_2	$\dfrac{N_1}{N_2}$	U_1 in V	U_2 in V	$\dfrac{U_1}{U_2}$
4100	262	15,6	50	3,2	15,6
4100	262	15,6	100	6,4	15,6
4100	262	15,6	230	14,7	15,6

Ergebnis:

Die **Spannungen** verhalten sich **verhältnisgleich** wie die Windungszahlen. Das Verhältnis der Spannungen wird als **Übersetzungsverhältnis ü** bezeichnet.

$$\boxed{\dfrac{U_1}{U_2} = \dfrac{N_1}{N_2}} \qquad \boxed{ü_1 = \dfrac{U_1}{U_2}} \qquad \boxed{\dfrac{N_1}{N_2} = ü}$$

2. Belastung

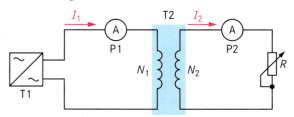

Der Lastwiderstand wird auf der Ausgangsseite verändert. Eingangs- und Ausgangsstrom werden gemessen.

Messergebnisse

N_1	N_2	$\dfrac{N_1}{N_2}$	I_1 in A	I_2 in A	$\dfrac{I_2}{I_1}$
4100	262	15,6	0,016	0,25	15,6
4100	262	15,6	0,032	0,5	15,6
4100	262	15,6	0,064	1,0	15,6

Ergebnis:

Die **Stromstärken** verhalten sich **umgekehrt** wie die Windungszahlen.

$$\boxed{\dfrac{I_2}{I_1} = \dfrac{N_1}{N_2}} \qquad \boxed{\dfrac{I_2}{I_1} = ü}$$

Belastung / load

Mit den Größen Spannung und Stromstärke können für die Eingangs- und Ausgangswicklung die **Scheinwiderstände** Z_1 und Z_2 bestimmt werden.

$$Z_1 = \frac{U_1}{I_1} \qquad Z_2 = \frac{U_2}{I_2}$$

$$\frac{Z_1}{Z_2} = \frac{\frac{U_1}{I_1}}{\frac{U_2}{I_2}} \Rightarrow \frac{Z_1}{Z_2} = \frac{U_1 \cdot I_2}{U_2 \cdot I_1} \Rightarrow \frac{Z_1}{Z_2} = ü \cdot ü \Rightarrow \boxed{ü^2 = \frac{Z_1}{Z_2}}$$

- Beim Transformator verhalten sich im Leerlauf die Spannungen wie die Windungszahlen. Diese Gesetzmäßigkeit gilt genau, wenn keine Belastung vorliegt.
- Das Verhältnis der Eingangsspannung U_1 zur Ausgangsspannung U_2 heißt Übersetzungsverhältnis $ü$.
- Bei Belastung verhalten sich beim Transformator die Stromstärken umgekehrt wie die Windungszahlen. Diese Gesetzmäßigkeit gilt genau bei Kurzschluss, d. h. bei maximaler Belastung.
- Die Scheinwiderstände Z_1 zu Z_2 verhalten sich wie das Quadrat des Übersetzungsverhältnisses.

Aufgaben

1. Wie ist das Übersetzungsverhältnis des Transformators definiert?

2. Wie verändert sich die Ausgangsspannung beim Transformator, wenn die Windungszahl N_2 verdoppelt wird? U_1 und N_1 sind konstant.

3. Die Netzspannung 230 V soll auf 24 V heruntertransformiert werden. Die Eingangswicklung hat 750 Windungen.
Berechnen Sie $ü$ und N_2!

4. Zu einem Transformator sind folgende Angaben bekannt:
U_1 = 230 V bzw. 110 V, N_1 = 1500, N_2 = 600.
Wie groß sind jeweils $ü$ und U_2?

5. Ein Transformator hat die Angaben:
U_1 = 230 V; U_2 = 24 V bzw. 42 V; S = 35 VA.
Bestimmen Sie bei Nennlast jeweils $ü$, I_2 und I_1!

6. Berechnen Sie mit den Angaben auf dem Leistungsschild des abgebildeten Kleintransformators bei Nennlast die folgenden Größen: $ü$, Z_2 und Z_1!

5.5.3 Leistung und Wirkungsgrad

Um weitere Eigenschaften des Transformators herauszufinden, untersuchen wir Stromstärke und Wirkleistung beim Leerlauf. Als Beispiel wird wieder der Klingeltransformator benutzt.

Messschaltung

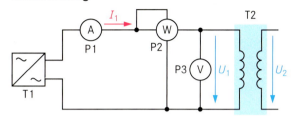

Durchführung

Wir messen auf der Eingangsseite die Stromstärke und die Wirkleistung bei Leerlauf.

Messergebnisse

U_1 = 230 V
I_1 = 3,3 mA   (Leerlaufstromstärke I_0)
P_1 = 0,74 W   (Leerlaufleistung P_0)

Ergebnis:

- Bei Leerlauf ist der Eingangsstrom sehr klein.
- Die Eingangsleistung ist ebenfalls klein.

Bedeutung des Leerlaufstromes

Werden Transformatoren an die Netzspannung angeschlossen und nicht belastet, fließt bereits ein kleiner Eingangsstrom. Dieser Strom heißt **Leerlaufstrom** I_0 (≈ Magnetisierungsstrom I_m). Er setzt sich aus zwei Teilströmen zusammen.

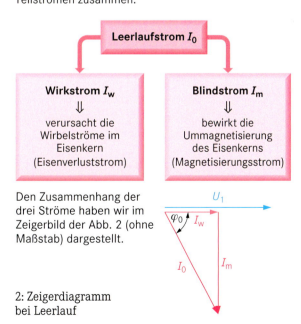

2: Zeigerdiagramm bei Leerlauf

Leistung, Wirkungsgrad / power, power efficiency

Wirkstrom und Blindstrom

Der Eisenverluststrom I_w und der Magnetisierungsstrom I_m sollen berechnet werden.

Geg.: $P_0 = 0{,}74$ W; $U_1 = 230$ V; $I_0 = 3{,}3$ mA
Ges.: I_w und I_m

$$I_m = \frac{P_0}{U_1} \qquad I_m = \frac{0{,}74 \text{ W}}{230 \text{ V}} \qquad \underline{I_m = 3{,}2 \text{ mA}}$$

$$I_0^2 = I_w^2 + I_m^2 \qquad I_w^2 = I_0^2 - I_m^2$$

$$I_w = \sqrt{(3{,}3 \text{ mA})^2 - (3{,}2 \text{ mA})^2} \qquad \underline{I_w = 0{,}8 \text{ mA}}$$

Weitere Verluste entstehen beim Transformator, wenn ein größerer Strom durch die Eingangswicklung mit dem Widerstand R_{Cu} fließt. Diese Verluste heißen **Kupferverluste** P_{vCu}. Sie errechnen sich wie folgt:

$$\boxed{P_{vCu} = R_{cu} \cdot I_1^2}$$

Für die **Eisenverluste** P_{vFe} gilt:

$$\boxed{P_{vFe} \approx P_0}$$

Leistungen beim Transformator

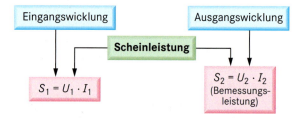

Stromstärken

Geg: Einphasentransformator mit $U_1 = 230$ V; $U_2 = 24$ V; $S_2 = 320$ VA; $\cos\varphi_1 = \cos\varphi_2$; $\eta = 0{,}9$
Ges: I_2 und I_1

Lösung:

$$S_2 = U_2 \cdot I_2; \quad I_2 = \frac{S_2}{U_2}; \quad I_2 = \frac{320 \text{ VA}}{24 \text{ V}}; \quad \underline{I_2 = 13{,}3 \text{ A}}$$

$$\eta = \frac{S_2}{S_1} \qquad S_1 = \frac{320 \text{ VA}}{0{,}9} \qquad \underline{S_1 = 355{,}6 \text{ VA}}$$

$$S_1 = U_1 \cdot I_1; \quad I_1 = \frac{S_1}{U_1}; \quad I_1 = \frac{355{,}6 \text{ VA}}{230 \text{ V}}; \quad \underline{I_1 = 1{,}55 \text{ A}}$$

Wird der Transformator belastet, dann wirken sich Belastungsänderungen, also ΔI_2, über den Magnetfluss ($\Delta\Phi$) im Eisen auf die Stromstärke I_1 aus.

■ Beim Transformator hat jede Änderung des Stromes I_2 über das Magnetfeld eine Änderung des Stromes I_1 zur Folge.

Wirkungsgrad des Transformators

Die Wirkleistung hängt von der Belastung und vom Leistungsfaktor ab. Für die Wirkleistung P_2 gilt:

$$P_2 = U_2 \cdot I_2 \cdot \cos\varphi_2 \qquad \boxed{P_2 = S_2 \cdot \cos\varphi_2}$$

Bei der Transformation entstehen außerdem Verluste durch **Erwärmung** und **Ummagnetisierung**. Wie bereits in Kap. 5.1 besprochen, ist der Wirkungsgrad als Verhältnis von Ausgangsleistung zu Eingangsleistung definiert. Wir wenden die Festlegung beim Transformator an. Es ergibt sich:

$$\eta = \frac{P_2}{P_1} \qquad \boxed{\eta = \frac{P_2}{P_2 + P_{vFe} + P_{vCu}}}$$

Betriebszustände

Transformatoren werden in folgenden Betriebszuständen betrieben:

- **Betriebsbereitschaft:**
  Der Transformator liegt eingeschaltet am Netz. Er ist aber nicht belastet.
  Es gilt die **Einschaltzeit** t_E in h.

- **Belastung:**
  An den Transformator sind Verbraucher angeschlossen.
  Es gilt die **Betriebszeit** t_B in h.

Arbeit und Energieverluste

Wir wollen uns diesen Zusammenhang am Transformator mit Hilfe folgender Struktur vorstellen:

zugeführte Arbeit $W_{zu} = W_1$		abgeführte Arbeit $W_{ab} = W_2$
		$W_2 = P_2 \cdot t_B$
	Eisenverluste	Kupferverluste
W_{Fe}	$\boxed{W_{Fe} = P_{Fe} \cdot t_E}$	W_{Cu} $\boxed{W_{Cu} = P_{Cu} \cdot t_B}$

- Die **Eisenverluste** sind während der gesamten Einschaltzeit (t_E) vorhanden.
- Die **Kupferverluste** sind im Wesentlichen nur während der Belastung (t_B) vorhanden. Während des Leerlaufs sind sie vernachlässigbar klein.

Jahreswirkungsgrad η_a

Berücksichtigen wir diese beiden Aussagen, dann ergibt sich folgender Zusammenhang:

$$\boxed{W_{zu} = W_{ab} + W_{Fe} + W_{Cu}} \qquad \boxed{\eta_a = \frac{W_{ab}}{W_{ab} + W_{Fe} + W_{Cu}}}$$

Kurzschlussspannung / short-circuit voltage

Jahreswirkungsgrad

Ein Transformator mit der Bemessungsleistung 160 VA ist während des ganzen Jahres (8760 h) eingeschaltet. Er wird jedoch nur 1200 h voll belastet. Der Jahreswirkungsgrad η_a ist zu berechnen.

Geg.: $S_2 = 160$ VA; $\cos \varphi_2 = 0{,}86$; $P_{vFe} = 1{,}5$ W;
$P_{vCu} = 5$ W; $t_E = 8760$ h; $t_B = 1200$ h.

Ges.: η_a

$$\eta_a = \frac{W_{ab}}{W_{ab} + W_{Fe} + W_{Cu}}$$

$$\eta_a = \frac{S_2 \cdot \cos \varphi_2 \cdot t_B}{S_2 \cdot \cos \varphi_2 \cdot t_B + P_{vFe} \cdot t_E + P_{vCu} \cdot t_B}$$

$$\eta_a = \frac{160 \text{ VA} \cdot 0{,}86 \cdot 1200 \text{ h}}{160 \text{ VA} \cdot 0{,}86 \cdot 1200 \text{ h} + 1{,}5 \text{ W} \cdot 8760 \text{ h} + 5 \text{ W} \cdot 1200 \text{ h}}$$

$\eta_a = 0{,}896$ $\qquad \underline{\eta_a = 89{,}6 \ \%}$

- Beim Transformator entstehen Energieverluste durch die Erwärmung von Eisenkern und Wicklungen.
- Der Jahreswirkungsgrad η_a gibt das Verhältnis der genutzten Wirkarbeit zu der gesamten aufgewendeten Wirkarbeit bezogen auf ein Jahr an.

Aufgaben

1. a) Aus welchen Teilströmen setzt sich der Leerlaufstrom zusammen?
b) Zeichnen Sie das Zeigerdiagramm mit den Werten der Berechnung von S. 96! (Maßstab: 1 mA $\triangleq$ 1 cm)!

2. Beschreiben Sie die Wirkungen des Wirkstromes I_w und des Blindstromes I_m!

3. Wodurch entstehen die Energieverluste beim Transformator?

4. Ein Trenntransformator ($U_1 = 230$ V; $U_2 = 42$ V) hat die Bemessungsleistung 160 VA!
Berechnen Sie bei Nennlast die Stromstärken I_2 und I_1 sowie die Leistung P_2 bei $\cos \varphi_2 = 0{,}8$ und $\eta = 0{,}9$!

5. Welche Aussage lässt sich zur Größe des Jahreswirkungsgrades beim Klingeltransformator machen? Begründung!

6. Bei einem Transformator mit der Bemessungsleistung 250 kVA betragen die Eisenverluste 2,5 kW, die Kupferverluste 7,9 kW. Während eines Jahres ($t_E = 8760$ h) wird der Transformator bei einem $\cos \varphi_2 = 0{,}75$ nur 700 h voll belastet.
Wie groß ist der Jahreswirkungsgrad?

5.5.4 Kurzschluss

Die Kurzschlussfestigkeit, d.h. das Verhalten bei Kurzschluss, soll mit einem Versuch am Klingeltransformator deutlich gemacht werden. Wir messen dafür die Spannung und die Stromstärke am Eingang.

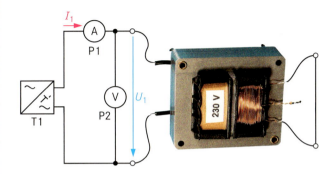

Durchführung

1. Ausgangswicklung über Strommesser kurzschließen.
2. Eingangsspannung erhöhen, bis in der Eingangswicklung der Bemessungsstrom I_1 fließt.

Messergebnisse

$U_1 = 125$ V
$I_1 = 52$ mA

Die Spannung an der Eingangswicklung, bei der bei kurzgeschlossener Ausgangswicklung der Bemessungsstrom fließt, heißt **Kurzschlussspannung** U_k.

Bedeutung der Messergebnisse

In der Praxis wird meistens die **relative Kurzschlussspannung** u_k angegeben. Sie ergibt sich nach:

$$\boxed{u_k = \frac{U_k \cdot 100 \ \%}{U_1}} \qquad u_k = \frac{125 \text{ V} \cdot 100 \ \%}{230 \text{ V}} \qquad \underline{u_k = 54{,}3 \ \%}$$

Transformatoren mit einer **hohen Kurzschlussspannung** sind **kurzschlussfest**. Sie haben bei Kurzschluss einen hohen inneren Spannungsfall. Kurzschlussfestigkeit liegt ab ca. $u_k = 20 \ \%$ vor.

Diese wichtige Eigenschaft ist auf dem Leistungsschild des Klingeltransformators durch das Bildzeichen für Kurzschlussfestigkeit angegeben (vgl. S. 98). Es gibt weitere Transformatoren, die kurzschlussfest sein müssen.

- **Spielzeugtransformatoren** werden zwar nicht im Betrieb „Kurzschluss" betrieben, müssen aber aus Sicherheitsgründen kurzschlussfest sein.
- **Zündtransformatoren**
- **Schweisstransformatoren** werden fast im Kurzschluss betrieben, da auf der Ausgangsseite eine große Stromstärke benötigt wird.

Relative Kurzschlussspannungen	
Transformator	u_k in %
Trenntransformatoren	≈ 10
Spielzeugtransformatoren	≈ 20
Klingeltransformatoren	≈ 40
Zündtransformatoren	100

Die relative Kurzschlussspannung u_k wird bei größeren Transfomatoren auf dem Leistungsschild angegeben.

Kurzschlussspannung

Bei einem Netzanschluss-Transformator (U_1 = 230 V) wird im Kurzschlussversuch die Kurzschlussspannung U_k gemessen.
Geg.: U_1 = 230 V; U_k = 21 V.
Ges.: relative Kurzschlussspannung u_k in %

$$u_k = \frac{U_k \cdot 100\%}{U_1} \qquad u_k = \frac{21\,V \cdot 100\%}{230\,V} \qquad \underline{u_k = 9{,}13\%}$$

Bei Kleintransformatoren unterscheidet man folgendes Kurzschlussverhalten:

Kurzschlussfest: Es treten nur kleine Kurzschlussströme auf, die keine unzulässig hohe Erwärmung bewirken.

Bedingt kurzschlussfest: Es wird durch eingebaute Sicherungen oder Überstromschalter bei Kurzschluss abgeschaltet.

Nicht kurzschlussfest: Es müssen vorgeschaltete Überstrom-Schutzeinrichtungen vorhanden sein.

- Die Kurzschlussspannung ist die Eingangsspannung, die bei kurzgeschlossener Ausgangswicklung den Bemessungsstrom I_1 fließen lässt.
- Bei Transformatoren mit großer Kurzschlussspannung fließt ein kleiner Kurzschlussstrom.
- Transformatoren mit kleiner Kurzschlussspannung müssen gegen Überlastung gesichert werden.

Aufgaben

1. Beschreiben Sie die Bestimmung der Kurzschlussspannung u_k an einem Trenntransformator!

2. Zündtransformatoren (U_1 = 230 V) haben eine Kurzschlussspannung u_k ≈ 100 %.
Wie groß ist U_k und welche Bedeutung hat dieses Ergebnis für den Betriebszustand?

5.5.5 Sonderformen von Transformatoren

Von den verschiedenen Sondertransformatoren erklären wir zwei wichtige Transformatoren, nämlich
- Spartransformatoren und
- Spannungs- und Stromwandler.

Spartransformator

Der Spartransformator hat nur eine Wicklung, um Kupfer zu sparen. Er besitzt eine oder mehrere Anzapfungen. Ausgangs- und Eingangsstromkreise sind dadurch **nicht galvanisch getrennt**. Die Ausgangsspannung kann bei diesem Spartransformator mit Hilfe der Anzapfungen auf verschiedene Werte eingestellt werden.

Anzapfungen:
0 80-115-130-150-170-190-230 V
0 140-170-200-235-270-310-400 V

Beispiel: Spannung U_2 < 230 V bzw. > 230 V

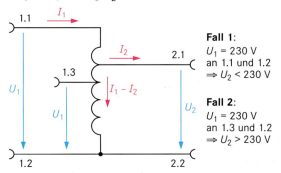

Fall 1:
U_1 = 230 V
an 1.1 und 1.2
⇒ U_2 < 230 V

Fall 2:
U_1 = 230 V
an 1.3 und 1.2
⇒ U_2 > 230 V

1: Spartransformator

Spannungswandler

Spannungswandler transformieren hohe Wechselspannungen in kleine Spannungen. Sie haben ein großes Übersetzungsverhältnis. Folgende Bemessungsspannungen werden angeschlossen:
- Eingangsseite: U_1 = 500 V; 6 kV; 20 kV u. a.
- Ausgangsseite: U_2 = 100 V.

Um einen großen Strom auf der Ausgangsseite zu vermeiden, dürfen die Spannungswandler nur mit einem großen Widerstand, also einem Spannungsmesser mit **hohem Innenwiderstand**, belastet werden. Dieser Betriebszustand entspricht fast dem Leerlauf.

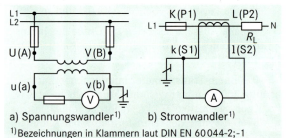

a) Spannungswandler[1]   b) Stromwandler[1]

[1] Bezeichnungen in Klammern laut DIN EN 60044-2;-1

2: Wandler

Messwandler / instrument transformer

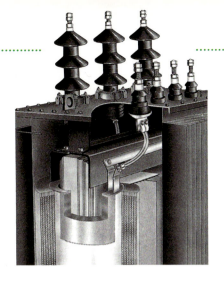

Betrieb von Spannungswandlern

- Einpoliger Betrieb, d. h. Anschluss zwischen Außenleiter und geerdetem Leiter und
- zweipoliger Betrieb, d. h. Anschluss zwischen zwei isolierten Außenleitern (Abb. 2a).

Aufgabe: 1,5 kV auf 100 V transformieren.
- **Ausgangswicklung** mit kleiner Belastung, d.h. Leerlauf, **Absicherung ist erforderlich.**
- **Erdung** bei Anlagen über 1 kV, dadurch **Schutz auf der Ausgangsseite** des Wandlers bei einem Spannungsüberschlag von der Eingangsseite.

Stromwandler

Stromwandler transformieren hohe Ströme in kleine Ströme. Ihr Übersetzungsverhältnis liegt unter 1. Die Stromstärke in der Ausgangswicklung ist demzufolge klein. U_2 kann bei Entfernen des Messgerätes sehr große Werte annehmen, weil die Eingangswicklung nur aus einer oder wenigen Windungen besteht (Abb. 2b). Die Klemmen k und l müssen deshalb kurzgeschlossen werden, bevor das Messgerät entfernt wird.

Betrieb von Stromwandlern

Aufgabe: 500 A auf 5 A transformieren.
- **Ausgangswicklung** mit großer Belastung, d.h. kleinem Widerstand, **keine Absicherung.**
- **Erdung**, dadurch Schutz bei Durchschlag.

Ortsveränderliche Stromwandler werden als Durchsteck- oder Zangenstromwandler („Zangenamperemeter") gebaut.

> - Spartransformatoren benötigen bei gleicher Übersetzung wie ein Volltransformator weniger Wicklungswerkstoff.
> - Spannungswandler müssen auf der Ausgangsseite abgesichert werden.
> - Stromwandler dürfen auf der Ausgangsseite nicht abgesichert werden.
> - Werden Messgeräte von Stromwandlern entfernt, müssen die Klemmen k und l vorher kurzgeschlossen werden.

Aufgaben

1. Zu einem Spartransformator sind folgende Angaben bekannt: $U_1 = 230$ V; $U_2 = 0$ V bis 260 V; $S = 820$ VA. Berechnen Sie bei Nennlast I_2 und I_1!

2. Beschreiben Sie den Anschluss eines Spannungswandlers!

3. Warum dürfen Stromwandler auf der Ausgangsseite nicht abgesichert werden?

5.6 Drehstromtransformatoren

Zur Energieübertragung wird in den Kraftwerken Dreiphasen-Wechselspannung erzeugt. Zum Energietransport muss diese Spannung mehrmals transformiert werden. Dies geschieht mit Hilfe von Drehstromtransformatoren.

Aufbau

Den Drehstromtransformator können wir uns vereinfacht wie drei Einphasentransformatoren (Abb. 3) vorstellen, deren Ober- und Unterspannungswicklungen jeweils verkettet sind (vgl. Kap. 3.2.2).

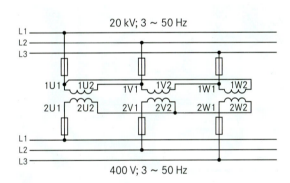

3: Drehstrom aus Einphasentransformatoren

Die Schaltungen sind folgendermaßen aufgebaut:
- **Oberspannungsseite:** Die drei Wicklungseingänge auf der Mittelspannungsseite sind jeweils mit einem Außenleiter und dem nächsten Wicklungsende verbunden. Dadurch entsteht auf der Eingangsseite die **Dreieckschaltung.**
- **Unterspannungsseite:** Hier werden die drei Wicklungseingänge zu den drei Außenleitern herausgeführt. Die drei Wicklungsausgänge sind untereinander verbunden (Sternpunkt). Die Schaltung heißt **Sternschaltung.**

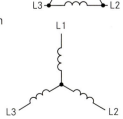

Der Sternpunkt wird als N-Leiter im Drehstromsystem mitgeführt. Je nach Art des Verteilungssystems wird dieser Leiter in der Ortsnetzstation geerdet, so dass z.B. ein TN-C-System entsteht (vgl. Kap. 7.9.3).

Schaltgruppen

Betrachten wir das Schnittbild des Verteilungstransformators auf S. 99, so stellen wir fest, dass die OS-Seite drei Anschlüsse und die US-Seite vier Anschlüsse hat. Es sind demnach folgende Schaltungsarten möglich:

- OS-Seite in **Dreieck-Schaltung** (D) und
- US-Seite in **Stern-Schaltung** (y) oder in **Zick-Zack-Schaltung** (z), bei der eine Wicklung auf zwei Schenkel verteilt wird.

Der dargestellte Verteilungstransformator hat die Bezeichnung **Dyn5**. Diese Angabe wird als **Schaltgruppe** bezeichnet.

Bedeutung der Kennzahl 5

Die Kennzahl gibt an, um das Wievielfache von 30° die Sternspannung der US-Seite der Sternspannung der OS-Seite nacheilt. Es wird dabei gegen den Uhrzeigersinn gezählt. Die Zeigerbilder für Dy5 sehen dann folgendermaßen aus:

Bedeutung der Angabe „n"

Bei **unsymmetrischer Belastung** muss der Sternpunktleiter als N-Leiter mitgeführt werden. Dies wird durch die Angabe „n" gekennzeichnet. Verteilungstransformatoren versorgen das Ortsnetz. Dort sind die drei Phasen des Drehstromnetzes unsymmetrisch belastet, weil die Verbraucher nicht gleichmäßig auf die drei Phasen verteilt sind. Dies bedeutet, dass im N-Leiter ein Strom fließt (vgl. Kap. 3.2.2).

Unsymmetrisch belastetes Drehstromnetz

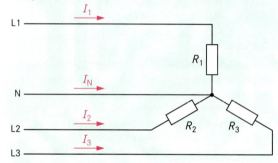

Bestimmen Sie zeichnerisch den Strom I_n im Neutralleiter, wenn folgende Belastungsströme gegeben sind.
Geg.: $I_1 = 1,8$ A
$I_2 = 2,2$ A
$I_3 = 1,25$ A

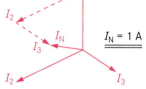

$I_N = 1$ A

Ergebnis:
Im Neutralleiter des Drehstromnetzes fließt bei unsymmetrischer Belastung ein Strom.

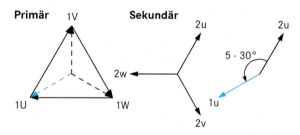

Bevorzugte Schaltgruppen für Drehstromtransformatoren bei unsymmetrischer Belastung					
Schaltgruppe	Zeigerbild		Schaltungsbild		Übersetzung $ü = \dfrac{U_1}{U_2}$	Einsatz
	Primär	Sekundär	Primär	Sekundär		
Yyn 0	1V / 1U 1W	2v / 2u 2w	1U 1V 1W	2u 2v 2w	$\dfrac{N_1}{N_2}$	Verteilungs-Transformator mit kleinerer Leistung, Sternpunkt bis 10 % belastbar.
Dyn 5	1V / 1U 1W	2u 2w 2v	1U 1V 1W	2u 2v 2w	$\dfrac{N_1}{\sqrt{3} \cdot N_2}$	Verteilungs-Transformator mit voll belastbarem Sternpunkt
Yzn 5	1V / 1U 1W	2u 2w 2v	1U 1V 1W	2u 2v 2w	$\dfrac{2 \cdot N_1}{\sqrt{3} \cdot N_2}$	Verteilungs-Transformator mit kleinerer Leistung und voll belastbarem Sternpunkt

Kühlung / cooling

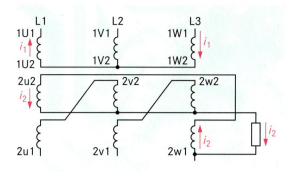

1: Wicklungen bei Schaltgruppe Yzn5

Liegt eine **große unsymmetrische Belastung** vor, werden Transformatoren mit der Schaltgruppe **Yzn5** eingesetzt (Abb. 1). Dabei sind die Unterspannungswicklungen jeweils zur Hälfte auf zwei Schenkel gewickelt. Diese Schaltung heißt **Zick-Zack-Schaltung**. Sie hat folgenden Vorteil:
- Bei unsymmetrischer Belastung, d.h. einseitig hohem Belastungsstrom, fließt der Strom durch zwei voneinander getrennt angeordnete Wicklungshälften.
- Der magnetische Fluss, der durch diesen Strom hervorgerufen wird, verteilt sich auf zwei Schenkel.
- Das magnetische „Gleichgewicht" zwischen den belasteten Schenkeln wird hergestellt.

Kühlung

Als Transformator-Gehäuse werden zur besseren Kühlung Kessel mit einer welligen Oberfläche verwendet, die die Wärme besser ableiten. Der Kessel ist luftdicht abgeschlossen und zur Isolierung und Kühlung mit Öl gefüllt.

Drehstromtransformatoren müssen zum Ableiten der im Eisenkern und in den Wicklungen entstehenden Wärme gekühlt werden. Dies geschieht durch **Luft** oder durch **Öl**, das durch die Kühlelemente („Rippen") strömt. Bei Erwärmung tritt eine Zersetzung des Öles ein. Es bildet sich Gas, das im so genannten **Buchholz-Relais** gesammelt wird. Bei kleinen Fehlern erfolgt eine Meldung, bei größeren Fehlern (z.B. bei Kurzschluss) wird der Transformator abgeschaltet.

Buchholz-Relais

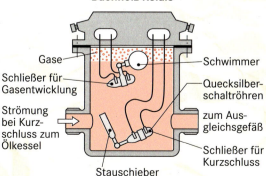

Parallelschalten von Drehstromtransformatoren

Verteilungstransformatoren, die z.B. einen Industriebetrieb versorgen und an derselben Mittelspannung liegen, sind parallel geschaltet.

Für die Parallelschaltung von Transformatoren gelten laut DIN VDE 0532 folgende Bedingungen:
- Gleiche **Kennzahlen** der Schaltgruppen, damit keine Ausgleichsströme zwischen den einzelnen Transformatoren fließen.
- Möglichst gleiche **Übersetzung**.
- Annähernd gleiche **relative Kurzschlussspannungen**, damit ungleiche Belastungen der Transformatoren vermieden werden.
- Verhältnis der **Bemessungsleistungen** soll kleiner als 3:1 sein, damit keine größeren Ausgleichströme fließen.

- Drehstromtransformatoren transformieren Dreiphasen-Wechselspannungen.
- Die OS-Wicklungen können in Dreieck oder Stern, die US-Wicklungen in Dreieck, Stern oder Zick-Zack geschaltet sein.
- Die Schaltgruppe gibt die Schaltungsart von primär und sekundär und die Kennzahl an.
- Die Kennzahl multipliziert mit 30° gibt die Nacheilung der Sternspannung auf der Sekundärseite gegenüber der Primärseite gegen den Uhrzeigersinn an.
- Beim Parallelschalten von Drehstromtransformatoren sind Kennzahl, Übersetzung, Kurzschlussspannung und Bemessungsleistung zu beachten.
- Das Buchholz-Relais überwacht die Erwärmung des Drehstromtransformators.

Aufgaben

1. Beschreiben Sie fünf Bauteile eines Drehstromtransformators!

2. Welche Bedeutung hat die Kennzahl der Schaltgruppe?

3. Geben Sie die Bedeutung der Buchstaben der Schaltgruppen Yd5 und Yzn5 an!

4. In einer elektrischen Anlage (400/230 V) werden die Außenleiter durch Wechselstromverbraucher (P_1 = 2 kW; P_2 = 1,5 kW; P_3 = 1,2 kW) unsymmetrisch belastet (ohmsche Belastung).
a) Berechnen Sie die Ströme I_1, I_2 und I_3!
b) Bestimmen Sie zeichnerisch die Größe des Stromes im Neutralleiter I_N! Maßstab: 1 A ≙ 1 cm
c) Unter welchen Bedingungen ist I_N = 0! Beweisen Sie dies zeichnerisch!

6 Hausinstallation

6.1 Hausverteilung

Das gegenüberliegende Topic zeigt ein Einfamilienhaus in einer Schnittdarstellung mit allen für die Hausinstallation wichtigen Komponenten. Anhand dieses Wohnhauses werden wir die Hausinstallation für Wohngebäude erarbeiten.

6.1.1 Hausanschlussraum

Die elektrische Energie gelangt über das Spannungsnetz des VNB (vgl. Kap. 5.2) zum Wohnhaus (Kunden).

Die Einspeisung kann über einen **Freileitungsanschluss** (Dachständer- oder Wandanschluss) oder einen unterirdischen **Kabelanschluss** erfolgen. In neuen Wohngebieten wird meist der Kabelanschluss gewählt.

Anforderungen an den Hausanschlussraum

In jedem Wohngebäude mit mehr als zwei Wohnungen ist ein gesonderter Hausanschlussraum erforderlich. In Ein- und Zweifamilienhäusern ist dieser zentrale Versorgungsraum zwar nicht vorgeschrieben, jedoch durchaus sinnvoll. In ihm sind alle zur Versorgung notwendigen Anschlussleitungen (Elektrische Energie, Wasser, Gas, Telefon...) und deren Verteileinrichtungen untergebracht.

Bei der Planung und Auswahl des Hausanschlussraums sind nach DIN 18012 folgende **Vorgaben** einzuhalten:
- Der Raum muss im Untergeschoss an einer Außenwand liegen.
- Er muss leicht und jederzeit begehbar sein und darf nicht als Durchgang zu weiteren Räumen dienen.
- Der Raum darf nicht für andere Zwecke genutzt werden.

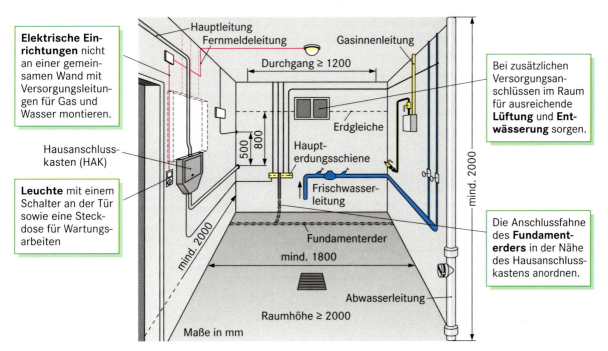

Im Hausanschlussraum des Einfamilienhauses sind folgende **Einrichtungen zur Verteilung** der elektrischen Energie vorhanden:
- Hausanschlusskasten (HAK)
- Haupterdungsschiene
- Hauptverteiler mit Arbeitszähler

- Im Hausanschlussraum befinden sich alle notwendigen elektrischen Versorgungseinrichtungen eines Wohnhauses.
- In Gebäuden mit mehr als zwei Wohneinheiten wird vom VNB ein gesonderter Hausanschlussraum vorgeschrieben.
- In der DIN 18012 sind die Anforderungen an den Hausanschlussraum hinsichtlich der Größe und Ausstattung festgelegt.

Hauptleitungen / main lines

Hausanschlusskasten

Im Hausanschlussraum befindet sich der Hausanschlusskasten. Der HAK gehört zur Anlage des VNB. Er ist der **Übergabepunkt** zur Anlage des Kunden. Damit keine elektrische Energie „ungezählt" entnommen werden kann, muss der HAK verplombt werden.

Im HAK befinden sich die **Hausanschlusssicherungen**. Die Bemessungsstromstärke der Sicherungen wird vom VNB festgelegt. In Neuanlagen werden Sicherungen vom Typ NH (Niederspannungs-Hochleistungssicherungen, vgl. Kap. 6.3.1) meist als NH-Sicherungslasttrenner verwendet. Damit kann die nachfolgende Anlage auch unter Belastung freigeschaltet werden.

Vom HAK führt die Hauptleitung zum **Hauptverteiler** und zu den **Messeinrichtungen** (Zähler).

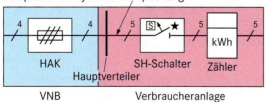

Grenzwerte der Spannung am Übergabepunkt

Vom VNB wird eine sinusförmige Dreiphasenwechselspannung 400/230 V mit einer Frequenz von 50 Hz eingespeist. Die am HAK anliegende tatsächliche Spannung darf von der Netzspannung nur um + 6% bzw. – 10% abweichen.

Wie wird die Hauptleitung installiert?

Die Hauptleitung wird meist als Drehstromleitung ausgeführt, selten als Wechselstromleitung Es gibt folgende Möglichkeiten:
- mehradrige Mantelleitung   ≤ 35 mm² Cu
- mehradrige Kabel   ≤ 185 mm² Cu
- einadrige Kabel   ≤ 150 mm² Cu
- Leitungen in Rohren   ≤ 70 mm² Cu

In **Kellerräumen** kann die Hauptleitung auf Putz verlegt werden. In leicht zugänglichen Räumen wird sie unter Putz (Schlitzquerschnitt: 60 mm x 60 mm) oder in Schächten, Rohren bzw. Kanälen verlegt. Die Hauptleitung darf nicht in gemeinsamen Schächten mit anderen Versorgungsleitungen installiert werden.

Welchen Querschnitt muss die Hauptleitung haben?

Der Querschnitt der Leitung berechnet sich aus
- den Anschlusswerten,
- dem zulässigen Spannungsfall nach TAB 2007 von 0,5%,
- der Bemessungsstromstärke des nächsten vorgeschalteten Überstrom-Schutzorgans.

Mindestabsicherung der Hauptleitung			
elektr.Warm-wasser-bereitung	Einfamilien-haus	2 Wohnungen	3 Wohnungen
mit	63 A	80 A	100 A
ohne	63 A	63 A	63 A

Wenn die Hauptleitung wie im TN-C-Netz (vgl. Kap. 7.9.3) einen gemeinsamen Schutz- und Neutralleiter (PEN-Leiter) besitzt, darf der Querschnitt bei festverlegten Leitungen nicht kleiner als $q = 10$ mm² Cu sein.

Querschnitt der Hauptleitung

Im Hausanschlusskasten eines Einfamilienhauses wurden vom VNB NH-Sicherungen mit einer Bemessungsstromstärke von I_n = 50 A eingebaut. Berechnen Sie den Querschnitt!

Geg.: U = 400 V   Ges.: q
I_n = 50 A
l = 10 m
ϱ = 0,0178 Ω mm²/m
$\Delta u_\%$ = 0,5 %

$\Delta U = U \cdot 0{,}5\%$ $R_{Ltg} = \dfrac{\varrho \cdot 2 \cdot l}{q}$
$\Delta U = 400 \text{ V} \cdot 0{,}5\%$
$\Delta U = 2$ V

$R_{Ltg} = \dfrac{\Delta U}{I_n}$ $q = \dfrac{\varrho \cdot 2 \cdot l}{R_{Ltg}}$

$R_{Ltg} = \dfrac{2\text{ V}}{50\text{ A}}$ $q = \dfrac{0{,}0178 \text{ Ω} \cdot \text{mm}^2 \cdot 2 \cdot 10 \text{ m}}{\text{m} \cdot 0{,}04 \text{ Ω}}$

$R_{Ltg} = 0{,}04$ Ω $\underline{q = 8{,}9 \text{ mm}^2}$

Der Normquerschnitt beträgt $q = 10$ mm²

Fundamenterder / foundation earth electrode

Schutzpotenzialausgleich

Die **Haupterdungsschiene** (Abb. 1) im Hausanschlussraum ist die zentrale Verbindungsstelle
- des Fundamenterders,
- aller fremden leitfähigen Teile und
- des im VNB-Netz vorhandenen PE- oder PEN-Leiters.

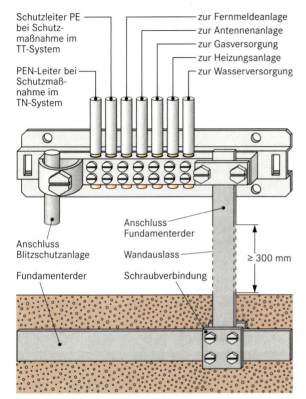

1: Haupterdungsschiene mit Fundamenterder

Die Verbindung der Haupterdungsschiene mit dem Schutzleiter wird entweder direkt am HAK oder am Hauptverteiler hergestellt. Der Querschnitt im Bereich des Schutzpotenzialausgleichs richtet sich nach dem Querschnitt des größten Schutzleiters der Anlage (vgl. Kap. 7.9.6). Die Leitungen sind grün-gelb gekennzeichnet.

Weiterhin müssen die Rohrsysteme der übrigen Versorgungsbereiche (Wasser, Heizung, Gas) im Hausanschlussraum in den Schutzpotenzialausgleich mit einbezogen werden. Dabei muss auf folgendes geachtet werden:
- Metallrohre dürfen nicht als Erder verwendet werden.
- Mehrere Rohrsysteme können über einen Leiter miteinander verbunden werden, sofern die Leitung unterbrechungsfrei (ungeschnitten) ist.
- Die Gasleitung wird im Haus hinter dem Gaszähler geerdet, da das Rohnetz durch ein Isolierstück von den Gasleitungen im Gebäude elektrisch getrennt ist.

- Der HAK ist der Übergabepunkt (Schnittstelle) zwischen dem VNB-Versorgungsnetz und der Hausverteilung.
- Der HAK wird vom zuständigen VNB installiert und verplombt.
- Die Hauptleitung ist die Verbindung zwischen HAK und Hauptverteiler bzw. Zähler.
- Der Spannungsfall auf der Hauptleitung darf nicht größer als 0,5% der Netzspannung sein.
- Der Mindestquerschnitt in einem Netz mit PEN-Leiter beträgt $q = 10$ mm^2 Kupfer.
- Der Schutzpotenzialausgleich verbindet den Fundamenterder mit allen fremden leitfähigen Teilen sowie dem PEN-Leiter des VNB-Netzes.

Aufgaben

1. Ab wieviel Wohnungen in einem Gebäude muss das Haus über einen getrennten Hausanschlussraum verfügen?

2. Nennen Sie die baulichen Anforderungen an einen Hausanschlussraum!

3. Darf die Hauptverteilung eines Einfamilienhauses im Treppenhaus montiert werden, obwohl dies laut DIN 18012 ein Durchgangsraum ist? (Begründung)

4. Das Topic (vgl. S. 102) zeigt den Hausanschlussraum eines Einfamilienhauses.
Erfüllt dieser Raum die erforderlichen Voraussetzungen? (Begründung)

5. Beschreiben Sie die Aufgabe des Hausanschlusskastens!

6. Sie sollen eine Leitung vom HAK im Keller zum Hauptverteiler im 1. Obergeschoß eines Wohnhauses verlegen.
Was müssen Sie bei der Verlegung der Leitung beachten?

7. Wie groß muss der Querschnitt einer 12 m langen Hauptleitung aus Kupfer sein, wenn die Bemessungsstromstärke der vorgeschalteten Sicherungen 63 A beträgt?

8. Mit welcher Stromstärke kann die Hauptleitung eines Gebäudes mit drei Wohnungen belastet werden, wenn die Warmwasserversorgung elektrisch betrieben wird?

9. Die Hauptleitung in einem Wohngebäude ist mit einer Bemessungsstromstärke von 50 A abgesichert. Der Leiterquerschnitt beträgt 10 mm^2.
Wie groß darf die Leitungslänge maximal sein?

6.1.2 Zähler

Die elektrische Energie wird mit Hilfe eines Drehstromzählers des VNB ermittelt. Der Zähler ist eine Messeinrichtung zur Bestimmung der elektrischen Arbeit.

Kenngrößen eines Zählers

Das Leistungsschild eines Drehstromzählers zeigt folgende Angaben:

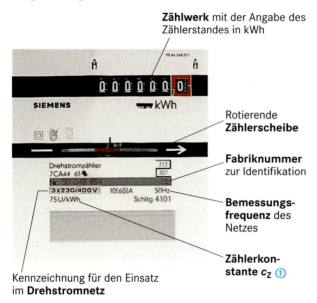

Zählwerk mit der Angabe des Zählerstandes in kWh

Rotierende **Zählerscheibe**

Fabriknummer zur Identifikation

Bemessungsfrequenz des Netzes

Zählerkonstante c_Z ①

Kennzeichnung für den Einsatz im **Drehstromnetz**

Die Zählerkonstante ① gibt die Umdrehungen der Zählerscheibe pro Kilowattstunde an.

$$c_Z = \frac{n}{W}$$

n: Anzahl der Umdrehungen

Leistung eines Heizlüfters

Während des zweiminütigen Betriebs eines Heizlüfters dreht sich die Zählerscheibe 4 mal (Zählerkonstante c_Z = 150 kWh⁻¹).
Wie groß ist die Leistung P?

Geg.: $n = 4$; $t = 2$ min; $c_Z = 150$ kWh⁻¹   Ges.: P

$c_Z = \frac{n}{W}$; $W = P \cdot t$

$c_Z = \frac{n}{P \cdot t}$

$P = \frac{n}{c_Z \cdot t}$

$P = \frac{4}{150 \frac{1}{kWh} \cdot \frac{2 \text{ min}}{60 \frac{\text{min}}{\text{h}}}}$

$P = 0,8$ kW

Welche Bedeutung hat die Nummer 4101? ②

Die Schaltungsnummer (DIN 43856) beschreibt den inneren und äußeren Schaltungsaufbau des Zählers und der Zusatzeinrichtungen. Die folgende Tabelle zeigt die Zusammensetzung bei Wirkverbrauchzählern.

Ziffer	Grundart	Zusatzeinrichtung	Anschluss	Schaltung der Zusatzeinrichtg.
0	–	keine	direkt	kein Anschluss
1	einphasig (L/N)	Zweitarif	Stromwandler	einpoliger innerer Anschluss (Klemme 13, 14)
2	zweiphasig (L1/L2)	Maximum	Strom- und Spannungswandler	äußerer Anschluss (Klemme 13, 15 oder 14, 16)
3	dreiphasig (L1/L2/L3)	Zweitarif und Maximum	–	Maximalauslöser in Öffnerschaltung
4	dreiphasig (L1/L2/L3/N)	Maximum mit elektr. Rückstellung	–	Maximalauslöser in Schließerschaltung

Wichtige Nummern von Zählerschaltungen		
Zählerart	einphasig L1/N	dreiphasig L1/L2/L3/N
Wirkverbrauch	1000	4000
Wirkverbrauch mit Stromwandler	1010	4010

- Der Zähler ermittelt die elektrische Arbeit in der Wohneinheit.
- Die Zählerkonstante c_Z gibt die Umdrehung der Zählerscheibe pro Kilowattstunde an.
- Die Schaltungsnummer gibt die innere und äußere Schaltung des Zählers an.

Aufgaben

1. Ein Zähler mit der Zählerkonstante $c_Z = 180 \frac{1}{kWh}$ dreht sich in fünf Minuten 40 mal.
Wie groß ist die aufgenommene Leistung der angeschlossenen Geräte?

2. Die Zählerkonstante ist mit $130 \frac{1}{kWh}$ angegeben. In einer Minute dreht sich die Zählerscheibe dreimal. Welche Arbeit wird in einer Stunde verrichtet?

3. Welche Kenngrößen werden durch die Schaltungsnummer angegeben?

4. Was bedeuten die Angaben auf dem nebenstehenden Leistungsschild eines Zählers?

Zusätzliche Messeinrichtungen / additional measuring devices

Zusätzliche Messeinrichtungen

In der Praxis können zur Ermittlung der elektrischen Arbeit in einer Anlage weitere **Zähler- und Zusatzeinrichtungen** eingesetzt werden:
- Zweitarifzähler
- Tarifschaltuhr
- Rundsteuerempfänger

Der **Zweitarifzähler** besteht aus zwei Zählwerken, einem für den hohen Tarif (HT) und einem weiteren für den niedrigen Tarif (NT). Über ein Signal von einer Zusatzeinrichtung (Tarifschaltuhr oder Rundsteuerempfänger) erfolgt die Umschaltung zwischen den Zählwerken. Zum Anschluss der Zusatzeinrichtung besitzt der Zweitarifzähler die Klemmen 13 oder 14. Dieser Zähler wird z. B. bei Elektrospeicherheizungen verwendet, da die Zeit für die Ladung der Heizkörper in der Nacht zu einem günstigeren Tarif abgerechnet wird.

Schaltungsnummer eines Zweitarif-Wirkverbrauchzählers mit einpoligem inneren Anschluss:

4101

Die **Tarifschaltuhr** schaltet über Schließer den Zweitarifzähler um. Sie kann mit einer Tages- oder Wochenschaltuhr ausgelegt sein.

Mit einem **Rundsteuerempfänger** wird die Umschaltung eines Zweitarifzählers zentral vom VNB gesteuert. Dazu sendet das VNB über die Hauptleitung ein hochfrequentes Schaltsignal. Das Rundsteuergerät empfängt das Signal und schaltet den Zweitarifzähler um.

Zusatzeinrichtungen haben eigene Kennnummern, z. B. 01 für Tarifschaltuhr mit Tagesschalter und 11 für Rundsteuerempfänger mit einem Umschalter.

Hinweise zur Arbeit an Messeinrichtungen

- Alle Zähler und die zugehörigen zusätzlichen Messeinrichtungen des VNB müssen plombiert sein, da hier „ungezählter" Strom fließt.
- Die Plomben dürfen nur mit Zustimmung des VNB entfernt werden. Eigenmächtiges Öffnen der Plombenverschlüsse ist nur erlaubt, wenn dadurch eine Gefahrensituation beseitigt wird.
- Eichplomben an der Messeinrichtung selbst dürfen niemals entfernt werden.

> - Mit dem Zweitarifzähler kann nach zwei verschiedenen Tarifen abgerechnet werden.
> - Die Umschaltung erfolgt über eine Tarifschaltuhr oder einen Rundsteuerempfänger.
> - Alle Zähler sowie die zusätzlichen Messeinrichtungen müssen verplombt sein.

Wie funktioniert ein Zähler?

Zur Verdeutlichung der Wirkungsweise eines Zählers betrachten wir den Einphasenwechselstromzähler.

Die Drehbewegung wird durch die Strom- und Spannungsspule erzeugt. Die **Stromspule** wird vom Verbraucherstrom durchflossen, die **Spannungsspule** liegt an der Verbraucherspannung. Damit eine Drehung zustande kommt, ist eine Phasenverschiebung von 90° zwischen den Magnetfeldern der beiden Spulen erforderlich.

Die Phasenverschiebung von 90° setzt jedoch eine Belastung des Zählers mit einem Wirkwiderstand voraus. Die Phasenverschiebung wird durch die hohe Windungszahl der Spannungsspule und eine zusätzlich auf dem Kern der Stromspule montierten Spule hervorgerufen.

Von der Strom- und der Spannungsspule werden abwechselnd Wirbelströme in die **Zählerscheibe** induziert. Diese Wirbelströme verursachen ein Magnetfeld in der Scheibe. Dieses Magnetfeld ruft im Zusammenwirken mit dem Magnetfeld der Spule eine Kraftwirkung auf die Zählerscheibe hervor. Die Kraft wirkt dabei immer in die gleiche Richtung. Die Größe der Kraft ist von der Belastung abhängig.

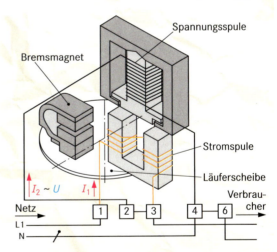

Der an der Zählscheibe montierte **Dauermagnet** verhindert das Nachlaufen der Zählerscheibe (Wirbelstrombremse, vgl. Kap. 12.5.3) und sorgt für eine konstante Drehzahl der Scheibe.

Aufgaben

1. Erklären Sie die Funktion einer Tarifschaltuhr und eines Rundsteuerempfängers!

2. Nennen Sie Anwendungsbeispiele für einen Zweitarifzähler!

Zählerplatz / meter mounting board

Anforderungen für Zählerplätze

- Der Zähler muss an einem **leicht zugänglichen Ort**, jedoch nicht über Treppenstufen, angeordnet werden.
- In Mehrfamilienhäusern ist es ratsam, alle Zähler zentral **an einem Ort** zu montieren.
- Die **Zugehörigkeit des Zählers** zur Wohnung ist eindeutig zu kennzeichnen.
- Bei der Auswahl des Montageortes ist auf die bauordnungsrechtlichen Anforderungen zu achten.
- Die **Standfläche** vor der Zählertafel muss waagerecht und ausreichend beleuchtet sein. Zur gegenüberliegenden Wand ist ein Mindestabstand von 1,20 m einzuhalten.
- Die Zähleinrichtung ist vor Staub, Feuchtigkeit und mechanischen Beschädigungen zu schützen. Dies wird durch den Einbau der Zählertafel in einen **Zählerschrank** erreicht.
- Der Zählerschrank darf bei seinem Einbau weder die **Standfestigkeit der Wand** noch bestehende Brand-, Schall- und Wärmeschutzverordnungen beeinträchtigen.

Wie ist die Zählertafel aufgebaut?

Oberer Anschlussraum ①
Im oberen Feld befinden sich die **Überstrom-Schutzeinrichtungen** für die Zuleitung zum Stromkreisverteiler. Der obere Anschlussraum dient jedoch nicht als Stromkreisverteiler. Eine Ausnahme bildet der obere Anschlussraum des TSG-Feldes. Er darf als Installationsverteiler verwendet werden.

Ausnahmen:
Ausschalter oder Überstrom-Schutzeinrichtung 3 x 63 A sofern nicht im unteren Anschlussraum vorhanden, Leitungsschutzschalter für einen Mietkeller, Treppenhausautomat oder Klingeltransformatoren, Abzweigklemmen.

Zählerfeld ②
- Der Zähler wird vom VNB auf dem Zählerfeld mit speziell hierfür vorgesehenen Schrauben montiert.
- Bei Mehrfamilienhäusern können durch eine doppelstöckige Anordnung zwei Zähler auf einem Feld montiert werden.
- Zur Verdrahtung werden flexible Einzeladern mit einem Querschnitt von 10 mm² verwendet.

Tarifschaltgeräte-Feld (TSG-Feld)
Werden für die Anlage unterschiedliche Tarife abgerechnet (z.B. bei Elektroheizungen), ist hierfür eine Tarifschaltuhr bzw. ein Rundsteuerempfänger notwendig. Diese Geräte werden auf einer getrennten Zählertafel auf dem TSG-Feld montiert. Auf einem TSG-Feld darf kein VNB-Zähler angebracht werden.
Die Maße des TSG-Feldes (Abb. 1) sind unterschiedlich gegenüber einem einfachen Zählerfeld.

Unterer Anschlussraum ③
In diesem Feld sind Klemmeinrichtungen der Hauptleitung sowie der **SH-Schalter** (Selektiver Hauptleitungs-Schutzschalter), untergebracht. Der SH-Schalter dient als Trennvorrichtung sowie als Überstrom-Schutzorgan für die Kundenanlage und die Messeinrichtungen. Für die Beschaltung gelten die Vorschriften des örtlichen VNB. Die Abdeckung zum Anschlussraum ist verplombt, da der Strom an dieser Stelle noch nicht gezählt ist.

Mögliche Betriebsmittel: SH-Schalter, Abzweigklemmen, Sammelschienen

Höhe des Zählers zum problemlosen Ablesen: 1,10 m bis 1,85 m

Zählertafel nach DIN 43 870-2

1: Maße des Zählerplatzes und der Funktionsflächen nach DIN 43870-1

	1 Zähler pro Feld	2 Zähler pro Feld	TSG-Feld
a	900	1200	900
b	150	150	450
c	450	750	300
d	300	300	150
e	250	250	250
Maße in mm			

Zähleranschluss / meter connection

Verdrahtung des Zählers

Der Zähler wird mit Hilfe flexibler Einzeladern H07V-K 10 mm² angeschlossen. Die Adernenden müssen mit Adernendhülsen und einer Kennzeichnung versehen werden.

Abb. 2 zeigt für ein TN-C-S-System die Verdrahtung des Zählers vom unteren Anschlussraum über den Zähler bis zum oberen Anschlussraum.

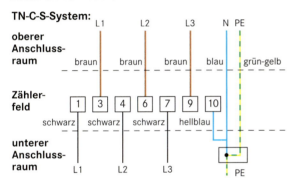

2: Verdrahtung des Zählerfeldes

Zur zentralen Steuerung von Mehrtarifzählern und Verbrauchsmitteln ist vom Steuergerät zum Zählerplatz bzw. den Stromkreisverteilern eine Leitung mit nummerierten Adern (mindestens 7x1,5 mm² ohne grün-gelbe Ader) oder ein Leerrohr mit einem Durchmesser $d \geq 29$ mm zu verlegen. Dieses Steuerleitungsnetz (Abb. 3) ist auch dann erforderlich, wenn noch kein Betriebsmittel gesteuert werden soll.

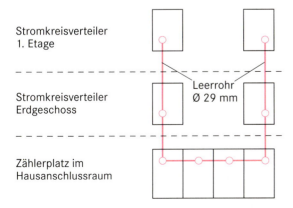

3: Steuerleitungsnetz

Im Einfamilienhaus aus unserem Beispiel befindet sich der Zähler zusammen mit dem Stromkreisverteiler im Zählerschrank. Ein Steuerleitungsnetz ist erforderlich, da sich im Erdgeschoss ein getrennter Stromkreisverteiler befindet. Das Steuerleitungsnetz ist nur dann nicht erforderlich, wenn Zähler und Stromkreisverteiler in einem Schrank montiert sind.

- Zum Schutz vor äußeren Einflüssen sollte die Zählertafel in einen Zählerschrank eingebaut werden.
- Die Montagehöhe bis Zählermitte beträgt 1,10 m bis 1,80 m.
- Der untere Anschlussraum muss verplombt sein.
- Der obere Anschlussraum darf nicht als Stromkreisverteiler verwendet werden.
- Der Zähler wird mit flexiblen Einzeladern ($q = 10$ mm²) verdrahtet.
- Die Farben der Einzelleiter sind für die unterschiedlichen Systeme vorgeschrieben.

Aufgaben

1. Welche Maße müssen bei der Montage einer Zählertafel beachtet werden?

2. Warum werden Zählertafeln in der Regel in einen Zählerschrank eingebaut?

3. Sie haben die Aufgabe, für ein Zweifamilienhaus einen Zählerschrank zur Aufnahme der Zähleinrichtungen zu installieren.
Welche Mindestmaße müssen am Montageort des Zählerschrankes eingehalten werden?

4. Erstellen Sie eine Liste der Betriebsmittel, die Sie zur Installation eines Zählerfeldes für ein Einfamilienhaus benötigen!

5. Welche Farben und welche Querschnitte haben die Leitungen, die an den Zähler angeschlossen werden?

6. Worauf ist beim Anschluss der ankommenden bzw. abgehenden Leitungen an einem Zähler zu achten?

7. Warum dürfen die Sicherungen für einen Elektroherd nicht im oberen Anschlussraum montiert werden?

8. Welche Merkmale muss eine Anschlussleitung für einen Zähler aufweisen und wie müssen die einzelnen Adern gekennzeichnet sein?

9. Beschreiben Sie den Aufbau des Steuerleitungsnetzes!

6.1.3 Stromkreise

Am Beginn der Planung für eine Hausinstallation steht die Aufteilung der Stromkreise. Hiervon hängt der Montageort der **Stromkreisverteiler** und dessen Ausführung ab. Der Stromkreisverteiler übernimmt die Verteilung der elektrischen Energie auf die einzelnen Stromkreise. Im Stromkreisverteiler befinden sich
- Überstrom-Schutzeinrichtungen der Stromkreise,
- RCD-Schutzeinrichtungen und
- weitere Betriebsmittel (Schütz, Schaltuhr usw.).

Wie werden die Stromkreise aufgeteilt?

Die Anzahl der Stromkreise sind gemäß DIN 18015-2 nach der Größe der Räume und der Zahl der installierten Verbraucher festgelegt. Die Anzahl der Stromkreise für Beleuchtung und Steckdosen ergibt sich aus der folgenden Tabelle.

Wohnfläche in m²	Anzahl der Stromkreise
bis 50	2
über 50 bis 75	3
über 75 bis 100	4
über 100 bis 125	5
über 125	6

Für Betriebsmittel mit einer Anschlussleistung von 2 kW und mehr (z. B. Waschmaschine, Wäschetrockner) ist ein separater Stromkreis notwendig. Bei Geräten mit einer Anschlussleistung von mehr als 4,6 kW (z. B. Herd, Durchlauferhitzer) ist ein eigener Drehstromanschluss erforderlich.

Die Hauptberatungsstelle für Elektrizitätsanwendung (HEA) hat den Installationsumfang in Wohnungen in drei Ausstattungswerte gegliedert (Abb. 1).

Wo wird der Stromkreisverteiler installiert?

Der **Stromkreisverteiler** kann
- im Zählerschrank neben den Zählerfeldern als separates Feld (häufig bei Einfamilienhäusern) oder
- als getrenntes Betriebsmittel in jeder Wohnung oder Etage ausgeführt werden.

Der Montageort des Verteilers liegt an einer zentralen Stelle innerhalb der Wohnung, damit die Länge der Zuleitung zu den Stromkreisen mit einem großen Leiterquerschnitt möglichst gering ist. In der Praxis ist dies in der Nähe von Küche, Bad oder Arbeitsraum. Man sagt, der Stromkreisverteiler ist im **Lastschwerpunkt** angeordnet. Der Querschnitt der Zuleitung vom Zählerplatz zum Stromkreisverteiler muss für eine Belastung von 63 A ausgelegt sein.

Mindestquerschnitt: $q = 10$ mm²

Die **Montagehöhe** der Mitte des Stromkreisverteilers soll nicht weniger als 1,10 m aber nicht mehr als 1,85 m über dem Fußboden betragen. Auch hier dürfen beim Einbau des Verteilers weder die Standfestigkeit der Wand noch bestehende Brand-, Schall- und Wärmeschutzverordnungen beeinträchtigt werden.

> - Der Stromkreisverteiler umfasst alle notwendigen Schutzeinrichtungen und Betriebsmittel zur Energieverteilung.
> - Die Anzahl der Stromkreise ist von der Wohnfläche und dem Ausstattungswert abhängig.
> - Betriebsmittel mit einer Leistung von 2 kW und mehr besitzen einen eigenen Stromkreis.
> - Betriebsmittel mit einer Leistung über 4,6 kW werden über eine separate Drehstromzuleitung versorgt.
> - Die Zuleitung zum Stromkreisverteiler ist für eine Belastung von 63 A auszulegen.

1: Ausstattungswerte für Hausinstallationen

Stromkreisverteiler / sub-circuit distribution board

Aufbau einer Stromkreisverteilers

Je nach Montageort werden auf und unter Putz Verteiler mit unterschiedlichen Schutzarten (vgl. Kap. 8.4) eingesetzt. Abb. 2 zeigt einen zweireihigen Stromkreisverteiler zur Unterputzmontage ohne Abdeckung.

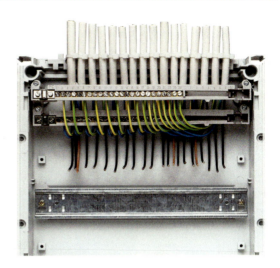

2: Zweireihiger Stromkreisverteiler UP

Der Verteiler ist in sogenannte "Reihen" untergliedert. In jeder Reihe des DIN-Hutschienenprofils können zwölf unterschiedliche **Reiheneinbaugeräte** (REG) mit je einer Breite von 17,5 mm montiert werden. Eine Einheit entspricht der Breite eines einpoligen Leitungsschutz-Schalters.

Die **Größe des Verteilers** hängt ab von
- der Anzahl der installierten Stromkreise
- den vorhandenen Haushaltsgeräten und
- deren Anschlusswerten.

Grundsätzlich sind in jedem Verteiler **Reserveplätze** vorzusehen. Diese Reserve dient bei späterer Anlagenerweiterung zur Aufnahme weiterer REG's.
Die Anzahl der Reihen ist von dem Ausstattungswert der Wohnungsinstallation abhängig.

Ausstattungswert	*	**	***
Anzahl der Reihen	2	3	4

Laut dieser Tabelle sollte ein Stromkreisverteiler mindestens zwei Reihen besitzen. Dies entspricht insgesamt 24 Teilungseinheiten, z. B. 24 Leitungsschutz-Schalter.
Bei jedem Stromkreisverteiler ist eine Abschaltung des gesamten Verteilers über eine **Trennvorrichtung** vorzusehen. Die Trennung kann über einen Schalter oder Sicherungen erfolgen, die entweder im Zählerschrank oder im Verteiler selbst untergebracht sind.

Wie werden die abgehenden Leitungen angeschlossen?

- Die Stromkreiszuleitungen werden am oberen Ende des Verteilers in die vorhandenen Einführungen gesteckt, abgemantelt und mittels einer Zugentlastung befestigt.
- Die Schutzleiter (PE) und Neutralleiter (N) der einzelnen Leitungsabgänge werden an die vorgesehenen Klemmleisten im oberen Teil des Verteilers angeschlossen.
- Die Außenleiter werden direkt an die Überstrom-Schutzorgane angeschlossen.
- Die vorhanden Klemmleisten für PE- und N-Leiter können auch durch Reihenklemmen ersetzt werden. Die Reihenklemmen für L, N und PE werden an der obersten Hutschiene befestigt. Dies hat den Vorteil, dass die Leitungsabgänge übersichtlich nebeneinander liegen und im Innern der Verteilung mit flexiblen Einzeladern verdrahtet werden können.

Bei allen **Klemmstellen** ist folgendes zu beachten:
- PE- und N-Leiter eines Stromkreises auf die **gleichen Klemmennummer** der Klemmleisten legen. Dies erleichtert die Arbeit bei Prüfungen (z. B. Messung des Isolationswiderstandes) und Reparaturen.
- Die **Schrauben der Anschlüsse** fest andrehen. Thermische Belastungen der Klemmen durch hohe Übergangswiderstände (Brandgefahr) werden dadurch verhindert.

- Ein Stromkreisverteiler soll Reserveplätze in genügender Zahl für spätere Anlagenerweiterungen enthalten.
- Die Stromkreise eines Stromverteilers müssen spannungsfrei zu schalten sein.
- PE- und N-Leiter eines Stromkreises an die gleiche Nummer der Klemmleiste anschließen.
- Alle Verbindungsklemmen in einem Stromkreisverteiler müssen fest angedreht werden.

Basisschutz gegen direktes Berühren

Da zum Betätigen der eingebauten Geräte die Tür ① bzw. der Deckel des Stromverteilers geöffnet wird, bieten die äußere Tür bzw. ein Deckel allein keinen Basisschutz (vgl. Kap. 7.8).

Durch die zusätzliche **innere Abdeckung** wird dieser Schutz erreicht. Sie schützt vor Eindringen von Fremdkörpern mit einem Durchmesser größer als 2,5 mm (IP 3X; vgl. Kap. 8.4). Die Berührungsschutz-Abdeckung darf nur durch Werkzeuge entfernbar sein.

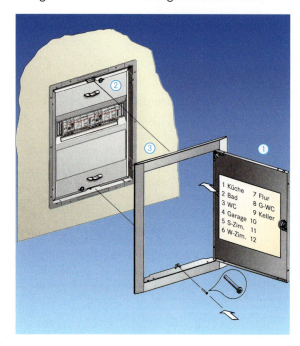

Die offen verbliebenen Reserveplätze werden mit Hilfe einer speziellen Abdeckung gegen direktes Berühren geschützt.

Beim Einbau des Verteilerkastens sollte darauf geachtet werden, dass nur so viele Leitungseinführungen im Kasten herausgebrochen werden, wie auch tatsächlich notwendig sind. Ansonsten könnte Feuchtigkeit in das Innere des Gehäuses gelangen.

Dokumentation der Stromkreiszuordnung

Die PE-, N- und PEN-Klemmen müssen so ausgeführt werden, dass eine zusätzliche Nummer angebracht werden kann. Diese Nummer dokumentiert die Zugehörigkeit zu dem entsprechenden Stromkreis.

Damit in der Praxis ein Stromkreis schnell abgeschaltet werden kann, sind alle Betriebsmittel des Verteilers zu kennzeichnen. Die **Beschriftung** der Überstrom-Schutzorgane etc. erfolgt mit Hilfe von Nummern auf der Berührungsschutz-Abdeckung. Jede Nummer ist in einer Liste aufgeführt (z. B. in der Tür befestigt), die den zugehörigen Raum benennt. Alle Kennzeichnungen müssen dauerhaft und gut lesbar sein.

- Durch die innere Abdeckung wird der Basisschutz gegen direktes Berühren erreicht.
- Mit Hilfe von Nummernkennzeichen auf der Abdeckung wird die Zugehörigkeit der Anschlussklemmen von PE, N und PEN zu den Stromkreisen dokumentiert.
- Die Zuordnung der Räume zu den Stromkreisen wird im Stromkreisverteiler in einer Liste beschrieben.

Aufgaben

1. Wieviel Stromkreise sollte eine Wohnung mit einer Fläche von 80 m² mindestens enthalten?

2. Für welche Strombelastung muss die Verbindungsleitung vom Zählerplatz zum Stromkreisverteiler ausgelegt sein?

3. Begründen Sie folgende Aussage:
"Der Stromkreisverteiler wird im Lastschwerpunkt der Anlage installiert"

4. Welche Stromkreise sind bei den Ausstattungswerten 2 und 3 zusätzlich vorhanden, die beim Ausstattungswert 1 nicht vorgesehen sind?

5. Welche Ursache kann eine verschmorte Klemme in einer Verteilung haben?

6. Die Elektroinstallation eines Hauses entspricht dem Ausstattungswert 3 (***).
Wieviele Reihen besitzt der Stromkreisverteiler?

7. Kontrollieren Sie in einer Rechnung, ob die minimal erforderlichen Überstrom-Schutzorgane für den Ausstattungswert 3 im Stromkreisverteiler Platz finden!

8. Warum reicht die Tür bzw. der Deckel eines Stromkreisverteilers als Basisschutz nicht aus?

9. Welche Aufgabe erfüllt die innere Abdeckung in einem Stromkreisverteiler?
Ist es zulässig eine innere Abdeckung lediglich mit Klebestreifen zu befestigen (Begründung)?

10. Die Zugehörigkeit der Überstrom-Schutzorgane zu den Stromkreisen wurde in einem Fall mit einem Bleistift gekennzeichnet.
Warum ist dies nicht sinnvoll?
Nennen Sie geeignete Kennzeichnungsverfahren!

11. Der PE- und N-Leiter der Stromkreise wird an der Klemmleiste jeweils an dieselbe Klemmennummer angeschlossen.
Worin liegen die Vorteile dieser Klemmenzuordnung?

12. Wie wird die Zugehörigkeit der PE-, N- und PEN-Leiter zu den jeweiligen Stromkreisen gekennzeichnet?

Stromkreise / electrical circuit

Einfamilienhaus

Im Beispielhaus (vgl. S. 102) werden zwei Stromkreisverteiler eingesetzt. Der Zählerschrank im Hausanschlussraum ist auf Putz montiert und besteht aus drei Feldern und zwar

- Reservefeld,
- Zählerfeld und
- Verteilerfeld (sechsreihig).

Das sechsreihige **Verteilerfeld** dient zur Aufteilung der Stromkreise im Kellergeschoss und der Garage. Außerdem werden hier die Betriebsmittel der Sprechanlage (z.B. das Netzgerät) eingebaut.

In einem zweiten separaten Stromkreisverteiler im Erdgeschoss werden die Stromkreise für die übrigen Etagen verteilt bzw. abgesichert.

Aufteilung der Stromkreise

Für das Einfamilienhaus wurde der Ausstattungswert 2 gewählt. Abb. 1 zeigt den **Verteilungsplan** der gesamten Anlage mit sämtlichen Überstrom-Schutzorganen.

In der Küche und im Hobbyraum ist für die Beleuchtung und die Steckdosen ein getrennter Stromkreis vorgesehen. Dies empfiehlt sich, da diese Räume besonders genutzt werden.

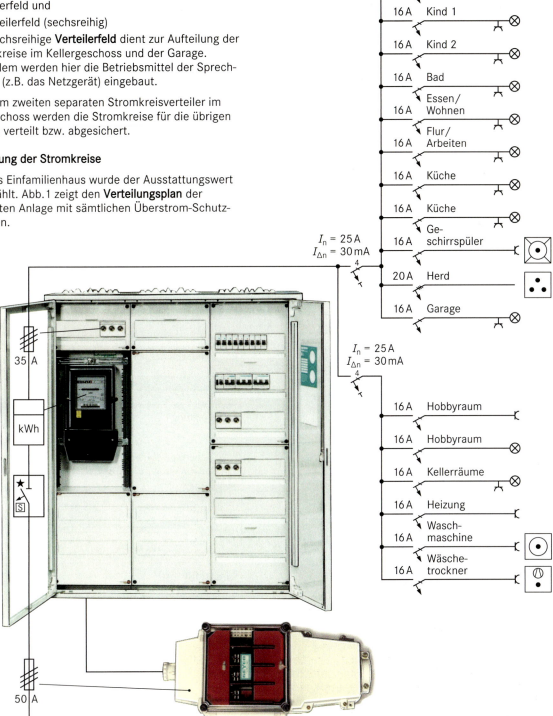

1: Verteilungsplan

6.2 Leitungsverlegung

Die Leitungen dienen in einer elektrischen Anlage zum Transport der elektrischen Energie. Für die unterschiedlichen Einsatzbereiche werden verschiedene Leitungsarten hergestellt. Sie müssen auf die mechanische, elektrische und wärmetechnische Beanspruchung ausgelegt und ausgewählt werden.

Eine oder mehrere Einzelleiter in einer gemeinsamen Umhüllung (Isolierung) werden

- Leitung bzw.
- Kabel genannt.

Zur Vereinfachung wird in den folgenden Erklärungen einheitlich der Begriff **Leitung** verwendet.

Die Leiterisolationen sind folgendermaßen farblich gekennzeichnet.

Leiter		Bezeichnung	Farbe
Wechselstrom	Außenleiter	L1; L2; L3	1)
	Neutralleiter	N	
Gleichstrom	positiv	L+	1)
	negativ	L–	1)
	Mittelleiter	M	
Schutzleiter		PE	
PEN-Leiter		PEN	
Erde		E	1)

1) Farbe ist nicht festgelegt.

Befinden sich in einer Leitung mehr als fünf Einzeladern, dann sind die Leiter schwarz gekennzeichnet und mit einem Zahlenaufdruck versehen. Der grün-gelbe Leiter darf ausschließlich als Schutzleiter verwendet werden.

6.2.1 Leitungen und Kabel

Der Aufbau einer Leitung wird durch die **Kurzbezeichnung** angegeben. Diese Kurzbezeichnung ist aus einer Kombination von Buchstaben und Ziffern aufgebaut. Jedes der Zeichen steht für ein Merkmal bzw. eine Eigenschaft der Leitung. Abb. 1 zeigt die Verpackungsaufschrift einer Gummischlauchleitung.

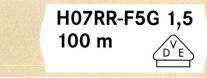

1: Aufschrift auf einer Leitungsverpackung

Zur Bestimmung der Bauart dieser Leitung wird die Kurzbezeichnung in acht Blöcke untergliedert. Jeder Block beschreibt ein Merkmal der Leitung. Mit der nachfolgenden Tabelle zeigen wir diese Merkmale mit den Kurzzeichen aus der Abb. 1.

Beispiel	Merkmal	Kurzzeichen
H	Bestimmungs-kennzeichen	H: Harmonisierter Typ A: anerkannter nationaler Typ
07	Bemessungs-spannung in kV	07: 450/750 V 05: 300/500 V 03: 300/300 V
RR	Isolier- und Mantelwerkstoff	V: PVC R: Kautschuk T: Textilgewebe
–	Aufbauart der Leitung	H: flach, aufteilbar H2: flach, nicht aufteilbar
F	Leiterart	U: eindrähtig R: mehrdrähtig K: feindrähtig; fest verlegt F: feindrähtig; flexibel H: feinstdrähtig
5	Aderzahl	
G	Schutzleiter (grün-gelb)	X: ohne Schutzleiter G: mit Schutzleiter
1,5	Leiterquerschnitt in mm^2	

Neben diesen neuen Kurzzeichen werden in der Praxis auch nationale Kurzzeichen verwendet. Eine dreiadrige Mantelleitung (Querschnitt q = 1,5 mm^2) wird unter der Bezeichnung NYM 3 x 1,5 geführt.

Leitungsart	Kurzzeichen
Kunststoffaderleitung	H07V-U (auch NYA)
Mantelleitung	NYM-J
Stegleitung	NYIF
Kunststoffkabel	NYY

- Leitungen bzw. Kabel sind entsprechend der Bauart mit Kurzzeichen gekennzeichnet.
- Die grün-gelbe Kennzeichnung darf ausschließlich für den Leiter mit Schutzfunktion (PE, PEN) verwendet werden.

Mindestleiterquerschnitt / minimum conductor cross-section

Leiterquerschnitt

Es werden bestimmte Leiterquerschnitte hergestellt. Die folgende Tabelle zeigt einige **Normquerschnitte** bis 70 mm².

	Normquerschnitt von Kupferleitern in mm²								
Außenleiter	1,5	2,5	4	6	10	16	25	35	50	70
Schutz-/ PEN-Leiter	1,5	2,5	4	6	10	16	16	16	25	35

Der Querschnitt des Schutzleiters bzw. PEN-Leiters ist bis zu 16 mm² identisch mit dem Querschnitt des Außenleiters. In Wohngebäuden werden ausschließlich Leiter aus Kupfer verwendet.

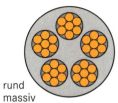

rund massiv

sektorförmig mehrdrähtig

Der **Leiteraufbau** von Leitungen und Kabel für feste Verlegung besteht aus eindrähtigen oder mehr- bzw. feindrähtigen Einzelleitern.

Die Einzelleiter können dabei innerhalb der Ummantelung rund oder sektorförmig angeordnet sein. Bis zu einem Querschnitt von q = 10 mm² werden Kupferleiter als massive Leiter hergestellt. Ab q = 16 mm² bestehen sie aus einem Geflecht von mehreren massiven Einzeldrähten.

Für flexible Anschlussleitungen (Kunststoffschlauchleitung H05W-F), z. B. bei Geräteanschlüssen, werden fein- oder feinstdrähtige Leiter verwendet, so genannte flexible Leiter. Sie haben den Vorteil einer hohen Beweglichkeit.

Mindestleiterquerschnitt

Je nach dem Einsatz der Leitung ist ein Mindestquerschnitt der Einzelleiter vorgeschrieben. Den Zusammenhang zwischen Anwendung und Mindestquerschnitt zeigt die nachfolgende Tabelle. Der Querschnitt der Leiter richtet sich nach der Stromstärke und der Leiterlänge.

- Der Leiterquerschnitt des PE- oder PEN-Leiter ist bis q = 16 mm² identisch mit dem des Außenleiters.
- Die Leitungen bzw. Kabel bestehen aus ein-, mehr- oder feindrähtigen Einzelleitern.
- Für Geräteanschlussleitungen sind fein- oder feinstdrähtige Leiter vorgeschrieben.
- Für die feste, geschützte Leitungsverlegung beträgt der Mindestleiterquerschnitt q = 1,5 mm².

Mindestleiterquerschnitt von Kupferleitern	
Anwendung	q in mm²
fest, geschützte Verlegung	1,5
Leitungen in Schaltanlagen und Verteilern – bis 2,5 A – über 2,5 A bis 16 A – über 16 A	0,5 0,75 1,0
Bewegliche Anschlussleitungen – leichte Handgeräte bis I_n = 1 A und l = 2 m – Geräte bis I_n = 2,5 A und l = 2 m – Geräte bis I_n = 10 A – Geräte über I_n = 10 A	0,1 0,5 0,75 1,0

Aufgaben

1. Welche Beanspruchungen müssen bei der Auswahl von Leitungen und Kabel berücksichtigt werden?

2. Wie sind die Leiter in einer siebenadrigen Leitung gekennzeichnet?

3. Was bedeutet die Bezeichnung H07V-K1,5 auf der Verpackung einer Leitung?

4. Als Zuleitung zu einer Wandleuchte soll NYM-O 3x1,5 verwendet werden.
Ist dieser Leitungstyp für diesen Zweck erlaubt? (Begündung)

5. Ist die Verwendung des grün-gelben Leiters als Schaltdraht in einer Wechselschaltung zulässig? (Begründung)

6. Wie ist der Schutzleiter einer Mantelleitung NYM mit einem Außenleiterquerschnitt von 25 mm² aufgebaut?
Welchen Querschnitt besitzt der PEN-Leiter?

7. Die Zuleitung eines Staubsaugers ist defekt und muss ausgetauscht werden.
Wie müssen die Einzelleiter der Zuleitung aufgebaut sein? (Begründung)

8. Darf als Zuleitung bei einem Bügeleisen derselbe Leitungstyp verwendet werden wie bei einem Staubsauger? (Begründung)

9. Welchen Querschnitt muss die Zuleitung für einen Staubsauger haben (P = 1500 W; U = 230 V)?

10. Welchen Leiterquerschnitt müssen Sie für die Verbindungsleitung von der Sicherung zur Reihenklemme in einem Stromkreisverteiler wählen?

11. Die Bemessungsleistung eines ortsveränderlichen Heizlüfters ist bei U = 230 V mit P = 2500 W angegeben.
Berechnen Sie die Stromstärke!
Bestimmen Sie den erforderlichen Leiterquerschnitt!

6.2.2 Auswahl von Leitungen

Zu Beginn einer Installation in einem Gebäude stellt sich für den Elektroinstallateur immer die Frage, welche Leitung mit welchem Leiterquerschnitt verlegt werden muss.

Die folgende Übersicht zeigt nach welchen Gesichtspunkten Leitungen ausgewählt werden.

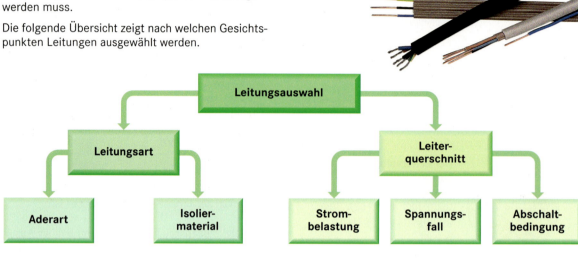

```
                    Leitungsauswahl
                    /            \
             Leitungsart      Leiter-
             /      \         querschnitt
         Aderart  Isolier-   /     |      \
                  material  Strom- Spannungs- Abschalt-
                            belastung  fall   bedingung
```

Aderart

Die Art des Leiteraufbaus (vgl. S.115) ist abhängig vom Anwendungszweck der Leitung. In der **Wohngebäudeinstallation** werden ausschließlich massive Leiter aus Kupfer eingesetzt. Ab einem Leiterquerschnitt von $q = 16\ mm^2$ bestehen die Kupferleiter aus einem Geflecht von mehrdrähtigen massiven Einzelleitern. Dies erleichtert die Verarbeitung, da sich die Leitung leichter biegen lässt.

Bei der internen **Verdrahtung des Zählerplatzes** sowie der Stromkreisverteiler werden Einzeladern verwendet, die nicht aus massiven Adern bestehen. Die Verdrahtung des Zählers erfolgt mit feindrähtigen Leitern vom Typ H07V-K. Die Leiter sind speziell für die feste Verlegung in Verteilern vorgesehen.

Anschlussleitungen zu ortsveränderlichen Geräten (z.B. Haushaltsgeräte, Elektrowerkzeuge) müssen flexibel sein. Daher bestehen diese Leitungen aus fein- bzw. feinstdrähtigen Einzelleitern.

Isoliermaterial

Bei der Kennzeichnung der Leitungen (vgl. S. 114) haben wir festgestellt, dass zwischen dem Isolier- und Mantelwerkstoff einer Leitung unterschieden wird. Das Material der jeweiligen Isolierung bestimmt die thermische und mechanische Beanspruchung der Leitung sowie den Einsatz in trockenen, feuchten bzw. nassen Räumen.

Innerhalb der Kurzbezeichnung stehen zwei Buchstaben für den verwendeten Werkstoff der Isolierung und des Mantels. Eine wichtige Einflussgröße für die Verwendung der unterschiedlichen Werkstoffe sind die äußeren Verlegebedingungen.

Die Verwendung von Kabel und isolierten Leitungen ist nach DIN VDE 0298 genormt. In der folgenden Tabelle sind die wichtigsten Leitungen in einer Gebäudeinstallation mit den Verlegebedingungen aufgeführt.

Verwendungsbereiche von Leitungen	
Leitungsbauart	Verlegebedingungen
Mantelleitung (NYM)	• im, unter oder auf Putz in trockenen, feuchten oder nassen Räumen; • im Freien (nicht bei direkter Sonneneinstrahlung) • im Beton (ausgenommen bei Rüttel- oder Stampfbeton) • Verlegetemperatur: + 5 °C ... + 70 °C
Stegleitung (NYIF)	• im oder unter Putz • in trockenen Räumen • Verlegetemperatur: + 5 °C ... + 60 °C
leichte Kunststoffschlauchleitung (H03VV-F)	• in trockenen Räumen • bei geringer mechanischer Beanspruchung
leichte Gummischlauchleitung (H05RR-F)	• in trockenen Räumen • bei geringer mechanischer Beanspruchung für Hand- und Wärmegeräte
schwere Gummischlauchleitung (H07RN-F)	• in trockenen, feuchten oder nassen Räumen • bei mittlerer mechanischer Beanspruchung • im Freien und in feuergefährdeten Betriebsstätten sowie in Nutzwasser

Bei der Installation ist darauf zu achten, dass die Grenzwerte für die Verlegetemperatur eingehalten werden, da z.B. der Isolier- und Mantelwerkstoff unter einer Temperatur von 5 °C hart und brüchig wird.

Stromdichte / current density

Bei der Verlegung einer Leitung, z. B. um eine Mauerkante herum, müssen die maximalen Biegeradien beachtet werden. Der kleinste zulässige Biegeradius ist von den äußeren Abmessungen abhängig. Die folgende Tabelle zeigt den Zusammenhang.

Kleinste zulässige Biegeradien			
	Außendurchmesser d		
starre Leitung	bis 10 mm	10 bis 25 mm	über 25 mm
feste Verlegung	4 · d	4 · d	4 · d
flexible Leitung	bis 8 mm	8 bis 12 mm	12 bis 20 mm
feste Verlegung	3 · d	3 · d	4 · d
bei Einführungen	3 · d	4 · d	5 · d

Strombelastung

Die Strombelastbarkeit hängt wiederum von mehreren Faktoren ab. Für jede Leitung ist eine maximale Betriebstemperatur festgelegt. Die Erwärmung ist eine direkte Folge der Strombelastung. Die Wärme wird von der Leitung an die Umgebung abgeführt. Die folgende Auflistung zeigt die Grenztemperaturen am Leiter und an der Oberfläche.

Grenztemperaturen in °C			
	am Leiter		an der Oberfläche
Leitungs-bauart	im Betrieb	im Kurz-schluss	fest verlegt
NYM	+ 70	+ 160	– 40 ... + 70
NYIF	+ 70	+ 160	– 40 ... + 60
H07RN-F	+ 70	+ 200	– 40 ... + 60

Wird die Leitung nun zusätzlich in einer Umgebung mit erhöhter Temperatur eingesetzt (z. B. in einer Sauna) oder in einer wärmeisolierten Wand verlegt, verschlechtert sich die Wärmeabfuhr nach Außen.

⇒ Die Strombelastbarkeit muss verringert werden, damit die Grenztemperatur am Leiter zu keinem Zeitpunkt und an keiner Stelle überschritten wird.

Wovon ist die Strombelastbarkeit abhängig?

Die **Temperatur am Leiter** wird durch folgende Größen beeinflusst:

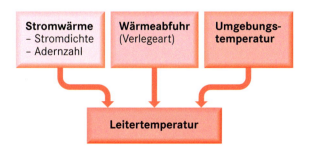

Wodurch wird die Stromwärme beeinflusst?

Die **Stromdichte** ist verantwortlich für die Eigenerwärmung der Leitung. Anhand der folgenden einfachen Überlegung lässt sich die Auswirkung verdeutlichen.

Ein Leiter mit einem Querschnitt von q = 2,5 mm² wird von einer Stromstärke I = 17 A durchflossen. Die Leitung erwärmt sich aufgrund der Bewegung der freien Elektronen im Leiter.

Im nächsten Schritt verringern wir bei gleicher Stromstärke den Leiterquerschnitt auf q = 1,5 mm². Durch die unveränderte Stromstärke bleibt die Anzahl der Elektronen gleich. Nur der Raum (Leiterquerschnitt), in dem sich die Elektronen bewegen, wird enger. Dadurch erwärmt sich der Leiter stärker.

Die Stromdichte J steigt somit an, wenn
- die Stromstärke I vergrößert und
- der Leiterquerschnitt q verkleinert werden.

$$J = \frac{I}{q} \qquad \text{Einheit: } 1\,\frac{A}{mm^2}$$

Sind in einer Leitung mehrere belastete Adern vorhanden (z. B. NYM 5 x 1,5 mm²), steigt auch die Eigenerwärmung der gesamten Leitung an.

- Fest verlegte Leitungen in Gebäuden haben massive Kupferleiter.
- Jedes Isoliermaterial ist für eine festgelegte mechanische und thermische Beanspruchung geeignet.
- Die Strombelastbarkeit ist von der Stromdichte, der Anzahl der belasteten Adern, der Verlegeart sowie der Umgebungstemperatur abhängig.
- Die Stromdichte und die Anzahl der belasteten Adern bestimmt die Eigenerwärmung einer Leitung.

Aufgaben

1. Warum darf der Zähler nicht mit einer massiven Leitung angeschlossen werden?

2. Sie müssen in einer Garage eine Aufputz-Installation ausführen.
Welche Leitung wählen Sie aus? (Begründung)

3. Wo darf eine Leitung mit der Bezeichnung H07RN-F verlegt werden?

4. Wie groß ist der maximale Biegeradius der Mantelleitung NYM 3 x 1,5 mm²?

5. Die Stromdichte einer Leitung (q = 4 mm²) darf nicht größer als 6,75 $\frac{A}{mm^2}$ sein.
Welche Stromstärke darf im Leiter maximal fließen?

6.2.3 Verlegebedingungen

Die Erwärmung einer Leitung wird zusätzlich von den äußeren Bedingungen beeinflusst. Dabei kann einmal die Wärmeableitung behindert werden oder die Temperatur der Umgebung erhöht sein. Der Wärmeabtransport wird von der Verlegeart der Leitung bestimmt. Beide Einflüsse wirken sich auf die Strombelastbarkeit negativ aus.

Verlegearten

Der Zusammenhang zwischen der Verlegeart und der Strombelastbarkeit kann nach DIN VDE 0298-4 in Form einer Tabelle (vgl. S.119, Abb.1) beschrieben werden. Dazu sind die unterschiedlichen Verlegearten in Kategorien aufgeteilt worden.

Kurzzeichen	Erklärung
A1 und A2	Verlegung in wärmegedämmten Wänden
B1 und B2	Verlegung in Elektro-Installationsrohr bzw. -Installationskanal
C	Verlegung auf und im Mauerwerk bzw. Beton
D	Verlegung in Erde
E, F und G	Verlegung in Luft

In der Tabelle der Strombelastbarkeiten für die feste Verlegung in Gebäuden wird der Zusammenhang zwischen

- Verlegeart,
- Anzahl der belasteten Adern,
- Leiterquerschnitt q und
- Strombelastbarkeit I_r

hergestellt.

Die Werte der Belastungsstromstärken gelten für den Dauerbetrieb von einer Leitung mit PVC Isolierung bei einer Umgebungstemperatur von 25 °C und einer zulässigen Betriebstemperatur von 70 °C. An einem Beispiel werden wir die Arbeitsweise mit dieser Tabelle veranschaulichen.

Einfluss der Verlegeart auf die Strombelastbarkeit

Eine mehradrige Mantelleitung mit zwei belasteten Adern und einem Querschnitt von 1,5 mm² wird

a) unter Putz und
b) in einer wärmegedämmten Holzwand verlegt.
Wie groß ist die Strombelastbarkeit?

Fall a)
Installation unter Putz:

Verlegart C
bei zwei belasteten Adern (q = 1,5 mm²) ergibt sich eine Strombelastbarkeit:
I_r = 21 A

Fall b)
Installation in wärmegedämmter Wand:

Verlegeart A2
Strombelastbarkeit bei q = 1,5 mm²:
I_r = 16,5 A

Wie ist das Überstrom-Schutzorgan zu bemessen?

Ausgehend von den ermittelten Werten der Strombelastbarkeit lässt sich die **Bemessungsstromstärke** des vorgeschalteten Überstrom-Schutzorgans bestimmen (vgl.Kap 6.3.3). Die Bemessungsstromstärke I_n muss bei Leitungsschutz-Schaltern gleich oder kleiner dem ermittelten Wert von I_r sein.

Wenn wir eine einzelne Leitung mit maximal drei belasteten Adern bei einer Umgebungstemperatur von 25 °C betrachten, entspricht I_r der tatsächlichen Strombelastbarkeit I_Z. Für diesen Fall wird I_n nach folgender Beziehung ermittelt.

$$I_n \leq I_Z$$

Für die Bemessungsstromstärken der Überstrom-Schutzorgane aus unserem Beispiel bedeutet das:

Fall a) I_n = 20 A   Fall b) I_n = 16 A

In der Praxis kommt es häufig vor, dass die in der Tabelle der Verlegearten (vgl. S.119) zugrundegelegten Bedingungen nicht eingehalten werden. Daher muss der Wert I_r korrigiert werden (vgl. S.120). Dies ist der Fall, wenn

- mehrere Leitungen mit
- mehr als drei belasteten Adern
- bei einer veränderten Umgebungstemperatur

verlegt werden.

Bei der Planung einer Hausinstallation sollte darauf geachtet werden, den Leiterquerschnitt so zu dimensionieren, dass er auch bei späteren Nachinstallationen die Bedingungen der Strombelastbarkeit noch erfüllt. Dies gilt z. B. für Zuleitungen zu Räumen, die erst später ausgebaut werden (z. B. Dachgeschoss).

- Die Strombelastbarkeit einer Leitung ist von der Verlegeart, der Anzahl der belasteten Adern und der Umgebungstemperatur abhängig.
- Die Bemessungsstromstärke der vorgeschalteten Schutzeinrichtung muss kleiner oder gleich der ermittelten Strombelastbarkeit sein.
- Der Wert der Strombelastbarkeit muss bei veränderten Umgebungsbedingungen korrigiert werden.

Verlegearten / wiring methods

	\multicolumn{12}{c	}{Verlegearten für feste Verlegung in Gebäuden und in Luft [1]}
	\multicolumn{2}{c	}{A1}	\multicolumn{2}{c	}{A2}	\multicolumn{2}{c	}{B1}	\multicolumn{2}{c	}{B2}	\multicolumn{2}{c	}{C}	\multicolumn{2}{c	}{E}	\multicolumn{2}{c	}{F}
	\multicolumn{12}{c	}{Betriebstemperatur am Leiter 70 °C (PVC) Umgebungstemperatur 25 °C}
Erklärung	\multicolumn{2}{l	}{Verlegung in wärmegedämmten Wänden Aderleitung in Elektroinstallationsrohr in einer wärmegedämmten Wand}	\multicolumn{2}{l	}{Verlegung in ER in einer wärmegedämmten Wand [2]}	\multicolumn{2}{l	}{Verlegung auf der Wand oder direkt in der Wand bzw. im Beton Aderleitung im ER/EK auf der Wand oder im Beton}	\multicolumn{2}{l	}{Verlegung in der Luft Mehradrige Leitung oder Kabel im ER auf der Wand}	\multicolumn{2}{l	}{Ein- oder mehradrige Leitung oder Kabel}	\multicolumn{2}{l	}{Mehradrige Leitung oder Kabel mit einem Mindestabstand zur Wand von $0{,}3 \times d$ [3]}	\multicolumn{2}{l	}{Einadrige Leitung oder Kabel mit einem Mindestabstand zur Wand von $1 \times d$ [3] mit Berührung}

	\multicolumn{12}{c	}{Zahl der belasteten Adern}
q in mm²	2	3	2	3	2	3	2	3	2	3	2	3
	\multicolumn{12}{c	}{Strombelastbarkeit I_r in A [4]}
1,5	16,5	14,5	16,5	14,0	18,5	16,5	17,5	16,0	21	18,5	23	19,5
2,5	21	19	19,5	18,5	25	22	24	21	29	25	32	27
4	28	25	27	24	34	30	32	29	38	34	42	36
6	36	33	34	31	43	38	40	36	49	43	54	46
10	49	45	46	41	60	53	55	49	67	60	74	64
16	65	59	60	55	81	72	73	66	90	81	100	85
25	85	77	80	72	107	94	95	85	119	102	126	107	139	121	117
35	105	94	98	88	133	117	118	105	146	126	157	134	172	152	145
50	126	114	117	105	160	142	141	125	178	153	191	162	208	184	177
70	160	144	147	133	204	181	178	158	226	195	246	208	266	239	229

[1] Für die Verlegung in der Erde gilt die Referenzverlegeart D nach DIN VDE 0298-4.
[2] ER (Elektroinstallationsrohr); EK (Elektroinstallationskanal); UK (Unterflurkanal)
[3] Durchmesser der Leitung
[4] Bemessungsstromstärken I_n in A: 2, 4, 6, 10, 16, 20, 25, 35, 50, 63, 80, 100 (Schmelzsicherungen)
6, 10, 13, 16, 20, 25, 32, 40, 50 (Leitungsschutz-Schalter Charakteristik B)

1: Strombelastbarkeit von Kabel und Leitungen für feste Verlegung in Gebäuden nach DIN VDE 0298-4

Aufgaben

1. Mit welcher Stromstärke darf eine NYM-Leitung (unter Putz verlegt) mit drei belasteten Adern und einem Querschnitt von 2,5 mm² belastet werden?

2. Die Hauptleitung (NYM) muss mit 63 A belastbar sein. Sie wird in einem Elektro-Installationsrohr auf der Wand verlegt.
Welchen Mindestquerschnitt muss die Leitung haben?

3. Eine NYM-Leitung soll als Zuleitung für eine Waschmaschine (U = 230 V/ 5 kW) unter Putz verlegt werden.
Welchen Querschnitt muss die Leitung haben?

4. Ordnen Sie zu jeder Verlegeart ein Beispiel aus der Praxis zu!

5. Eine Leitung wird in einem Rohr im Mauerwerk installiert.
Welcher Verlegeart ist diese Leitung zuzuordnen?

Leitungsverlegung bei besonderen Umgebungsbedingungen

In der Praxis werden Leitungen unter Umgebungsbedingungen installiert, die zusätzlich für eine Erwärmung sorgen. Zu diesen Bedingungen zählen Installationen
- bei erhöhter Umgebungstemperatur,
- mit gebündelter Leitungsverlegung,
- bei vieladriger Leitungsverlegung oder
- mit einem Oberschwingungsanteil.

Dadurch wird die Strombelastbarkeit I_r aus der Tabelle der Verlegearten zusätzlich verringert (DIN VDE 0298-4). Wie stark sich die Veränderungen der Leitungsverlegung auf die Belastbarkeit der Leiter auswirken, wird durch die Faktoren f_1, f_2, f_3 und f_4 angegeben. Wie groß die Strombelastbarkeit tatsächlich ist, wird durch die Multiplikation mit den Einzelfaktoren ermittelt.

$$I_Z = f_1 \cdot f_2 \cdot f_3 \cdot f_4 \cdot I_r$$

f_1: Faktor für veränderte Umgebungstemperatur
f_2: Faktor für gehäufte Leitungsverlegung
f_3: Faktor bei Verlegung vieladriger Leitung
f_4: Faktor für die Auswirkung von Oberschwingungen

Erhöhte Umgebungstemperatur (Faktor f_1)					
ϑ in °C	10	15	20	25	30	35
f_1	1,15	1,1	1,06	1,0	0,94	0,89 ①
ϑ in °C	40	45	50	55	60	
f_1	0,82	0,75	0,67	0,58	0,47	

Gehäufte Leitungsverlegung (Faktor f_2)						
Verlegung	Anzahl der mehradrigen Leitungen mit zwei oder drei belasteten Leitern					
	1	2	3	4	6	9
gebündelt in Elektroinstallationsrohr/-kanal oder direkt auf oder in der Wand	1,0	0,8	0,7 ②	0,65	0,57	0,5
Einlagig auf die Wand oder dem Fußboden mit Berührung	1,0	0,85	0,79	0,75	0,72	0,7
in gelochter Kabelwanne mit Berührung ≥ 300 mm ≥ 30 mm	1,0	0,88	0,82	0,79	0,76	0,73

Vieladrige Verlegung in Luft bis q = 10 mm² (Faktor f_3)							
belastete Leiter	5	7	10	14	19	24	40
f_3	0,75	0,65	0,55	0,5	0,45	0,4	0,35

Auswirkung von Oberschwingungen (Faktor f_4)		
Leistungsanteil der Verbraucher, die 3./6./9. Oberschwingungen erzeugen (P_{VOs}), an der Gesamtleistung (P_{ges})		Umrechnungsfaktor f_4
Leistung in VA	Leistung in W	
0 % ... 15 %	0 % ... 10 %	1,00
16 % ... 33 %	11 % ... 22 %	0,86 ③
34 % ... 45 %	23 % ... 30 %	0,70
46 % ... 50 %	31 % ... 34 %	0,67
51 % ... 55 %	35 % ... 38 %	0,61

Tatsächliche Strombelastbarkeit

In einer wärmegedämmten Holzwand werden drei Mantelleitungen (jeweils zwei belastete Leiter) mit einem Leiterquerschnitt von 2,5 mm² gebündelt verlegt. Die Umgebungstemperatur beträgt 35 °C. Der Leistungsanteil der Verbraucher mit Oberschwingungen beträgt 17 %.
Ges.: I_Z

Verlegeart: A2
I_r = 19,5 A (aus Tabelle S.56 ermittelt)

f_1 = 0,89 ① f_3 = 1
f_2 = 0,7 ② f_4 = 0,86 ③

$I_Z = f_1 \cdot f_2 \cdot f_3 \cdot f_4 \cdot I_r$
I_Z = 0,89 · 0,7 · 1 · 0,86 · 19,5 A
I_Z = 10,45 A   ⇒ I_n = 10 A

Die Strombelastbarkeit der Leitungen ist gegenüber dem abgelesenen Wert um 46 % gesunken.

■ Die Strombelastbarkeit verringert sich durch gebündelte Verlegung, vieladrig belasteter Leitungen und eine erhöhte Umgebungstemperatur.

Aufgaben

1. Durch welche Einflüsse kann bei der Installation die Belastbarkeit einer Leitung herabgesetzt werden?

2. Wie groß ist die Strombelastbarkeit von sechs Mantelleitungen mit einem Leiterquerschnitt von 2,5 mm², die nebeneinander auf der Wand installiert werden?

3. Die laut Verlegeart B2 ermittelte Strombelastbarkeit einer Leitung (q = 2,5 mm²) beträgt I_r = 24 A. Wie groß ist I_Z bei einer Temperatur von 40 °C und fünf belasteten Leitern?

Spannungsfall auf einer Leitung / voltage drop on a cable

6.2.4 Spannungsfall

Aus Kap. 2.5 ist bekannt, dass jeder Leiter einen Widerstand besitzt. Dadurch ergibt sich auf jeder Leitung ein Spannungsfall, so dass die Spannung am Verbraucher verringert wird. Die Differenz zwischen Eingangsspannung U_1 und Ausgangsspannung U_2 lässt sich in Prozent $\Delta u\%$ ausdrücken.

$$\Delta u\% = \frac{U_1 - U_2}{U_1} \cdot 100\%$$

Vom VNB sind Grenzwerte für den maximal zulässigen Spannungsfall auf einer Leitung vorgeschrieben. Die Spannung darf am Leitungsende maximal um den vorgeschriebenen Prozentwert geringer sein als am Leitungsanfang.

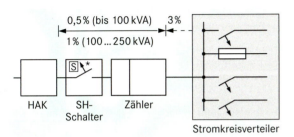

Spannungsfall im Wechselstromkreis

Im Wechselstromkreis ist der Verbraucher oft keine reine Wirklast sondern eine induktive Last. Zwischen Strom und Spannung tritt also eine Phasenverschiebung φ auf. Das muss bei der Berechnung des Spannungsfalls berücksichtigt werden. Die **maximale Leitungslänge** wird folgendermaßen errechnet:

$\Delta U = U_1 - U_2$ Für kleine Winkel φ gilt:
$\Delta U \approx R_L \cdot I$

$\Delta U = I \cdot R_2 \cdot \cos\varphi \qquad R_L = \frac{2 \cdot l \cdot \varrho}{q}$

$\Delta U = \frac{2 \cdot l \cdot \varrho \cdot I \cdot \cos\varphi}{q}$

$\Rightarrow l = \frac{\Delta U \cdot q}{2 \cdot \varrho \cdot I \cdot \cos\varphi}$

Die Länge l ist die maximale Leitungslänge, bei der der zugrundegelegte Spannungsfall nicht überschritten wird.

Für den **Drehstromkreis** muss bei der Berechnung der maximalen Leitungslänge der Verkettungsfaktor $\sqrt{3}$ berücksichtigt werden.

$l = \frac{\Delta U \cdot q}{\sqrt{3} \cdot \varrho \cdot I \cdot \cos\varphi}$

Mit Hilfe dieser Formeln kann auf grund der Verlegeart und der daraus resultierenden Bemessungsstromstärke die maximale Leitungslänge errechnet werden.

Maximale Leitungslänge

Die Zuleitung zu einer Waschmaschine (Leitungslänge l = 22 m) wird als Mantelleitung NYM im Elektroinstallationsrohr verlegt. Die Anschlussleistung des Gerätes beträgt P = 2800 W bei U = 230 V. Wie groß ist der erforderliche Leiterquerschnitt?

$P = U \cdot I \qquad I = \frac{P}{U} \qquad I = \frac{2800 \text{ W}}{230 \text{ V}} \qquad I = 12{,}17 \text{ A}$

In Verlegeart B2 muss der Leiterquerschnitt für die Stromstärke I = 12,17 A mindestens q = 1,5 mm² sein (Tabelle S. 119).

$\Rightarrow I_r$ = 17,5 A
$\Rightarrow I_n$ = 16 A (Bemessungsstromstärke der Sicherung)

Der zulässige Spannungsfall darf nicht mehr als 3% betragen. Der absolute Spannungsfall berechnet sich demnach wie folgt:

$\Delta U = U \cdot 3\% \qquad \Delta U = 230 \text{ V} \cdot 3\% \qquad \underline{\Delta U = 6{,}9 \text{ AV}}$

Zur Vereinfachung nehmen wir für den Leistungsfaktor $\cos\varphi = 1$ an:

$l = \frac{\Delta U \cdot q}{2 \cdot \varrho \cdot I \cdot \cos\varphi} \qquad l = \frac{6{,}9 \text{ V} \cdot \text{m} \cdot 1{,}5 \text{ mm}^2}{2 \cdot 0{,}0178 \, \Omega\text{mm}^2 \cdot 16 \text{ A} \cdot 1}$

$\underline{l = 18{,}17 \text{ m}}$

Die maximal zulässige Leitungslänge ist 18,17 m. Für die Installation sind jedoch 22 m erforderlich.

$\Rightarrow$ Damit der Spannungsfall den zulässigen Wert nicht überschreitet, muss der Leiterquerschnitt auf q = 2,5 mm² erhöht werden.

Kontrolle der Leitungslänge mit dem veränderten Leiterquerschnitt q = 2,5 mm²:

$\Rightarrow I_r$ = 24 A (vgl. Tabelle S. 119)
$\Rightarrow I_n$ = 20 A (Bemessungsstromstärke der Sicherung)
$\Rightarrow$ Die neue errechnete, maximal zulässige Leitungslänge beträgt l = 24,23 m.

Übersteigt die tatsächliche Installationslänge die errechnete maximale Leitungslänge, muss der Leiterquerschnitt erhöht werden.

- Der maximale Spannungsfall im Anlagenteil hinter dem Zähler darf nicht größer als 3% der Bemessungsspannung sein.
- Ist die tatsächliche Leitungslänge größer als die maximal zulässige Länge, muss der Leiterquerschnitt erhöht werden.

6.2.5 Abschaltbedingung

Die Abschaltbedingungen sind vom Verteilungssystem der Anlage abhängig. Am Beispiel des TN-Systems werden wir die Abschaltbedingungen erklären.

Damit in einem Fehlerfall eine rasche Abschaltung erfolgt, muss ein großer Abschaltstrom I_a fließen. Dieser Strom hängt von der Netzspannung U_0 und dem Schleifenwiderstand Z_S der Leitung ab. Für den Schleifenwiderstand gilt laut Kap. 7.9.3 die folgende Beziehung:

$$Z_S \leq \frac{U_0}{I_a}$$

Der Abschaltstrom I_a hängt vom Typ des Überstrom-Schutzorgans ab. Er wird den Herstellerangaben entnommen. Da der Strom I_a wie auch die Netzspannung U_0 festliegen, darf der Schleifenwiderstand einen bestimmten Grenzwert nicht überschreiten.

Beziehung zwischen Leitung und Schleifenwiderstand

Bei der Planung muss der Elektroinstallateur darauf achten, dass nur der höchst zulässige Leitungswiderstand vorhanden ist. Wir wissen, dass dieser nach folgender Formel berechnet wird:

$$R = \frac{l}{\varkappa \cdot q}$$

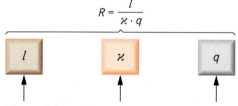

l — Die Länge wird durch den Leitungsweg bestimmt.

$\varkappa$ — Das Leitermaterial (Kupfer) ist vorgegeben.

q — Der Leiterquerschnitt ist die **veränderbare** Größe.

Der Leiterquerschnitt q ist somit die veränderbare Größe, die den Schleifenwiderstand einer Leitung beeinflusst. Wenn der Wert für Z_S zu groß ist, und somit I_a zu klein wird, muss der Querschnitt q vergrößert werden.

$$q \uparrow \Rightarrow Z_S \downarrow \Rightarrow I_a \uparrow$$

1: Campingwagen mit langer Anschlussleitung

Leitungsbestimmung

Am Beispiel der Zuleitung für den Anschluss eines Elektroherdes wollen wir nun die erforderlichen Leitungsdaten bestimmen. Die Leitung wird unter Putz verlegt und ist 25 m lang. Da die Leitung jedoch nicht vollständig im Putz verlegt wird, wählen wir eine massive Leitung aus Kupfer, z. B. NYM-Leitung.

Welche Bemessungsstromstärke ist für einen Drehstromanschluss (P = 13 kW, Verlegeart C) erforderlich?

Berechnung der Stromstärke:

$$P = \sqrt{3} \cdot U \cdot I \cdot \cos \varphi \qquad \cos \varphi = 1$$

$$I = \frac{P}{\sqrt{3} \cdot U \cdot \cos \varphi}; \quad I = \frac{13000 \text{ W}}{\sqrt{3} \cdot 400 \text{ V} \cdot 1}; \quad I = 18{,}76 \text{ A}$$

Ablesen der Strombelastbarkeit aus der Tabelle (S. 119):

Bei drei belasteten Adern (Drehstrom) ist bei dieser Stromstärke ein Mindestquerschnitt des Leiters von q = 2,5 mm² erforderlich.

$$\Rightarrow I_r = 25 \text{ A}$$

Bestimmung der tatsächlichen Strombelastbarkeit I_Z:

Verlegung als separate Leitung $\Rightarrow f_1 = 1$

Durch die Drehstromversorgung besitzt die Leitung drei belastete Adern $\Rightarrow f_2 = 1$

Umgebungstemperatur 35 °C $\Rightarrow f_3 = 0{,}89$

Oberschwingungsanteil 5 % $\Rightarrow f_4 = 1$

$I_Z = f_1 \cdot f_2 \cdot f_3 \cdot f_4 \cdot I_r$

$I_Z = 1 \cdot 1 \cdot 0{,}89 \cdot 1 \cdot 25 \text{ A}$

$I_Z = 22{,}25 \text{ A} \Rightarrow I_n = 20 \text{ A}$ (Leitungsschutz-Schalter)

Überprüfung des maximal zulässigen Spannungsfalls ($\cos \varphi$ = 1):

$$\Delta U = \frac{\sqrt{3} \cdot I \cdot l \cdot \varrho \cdot \cos \varphi}{q}$$

$$\Delta U = \frac{\sqrt{3} \cdot 20 \text{ A} \cdot 25 \text{ m} \cdot 0{,}0178 \frac{\Omega \text{ mm}^2}{\text{m}} \cdot 1}{2{,}5 \text{ mm}^2} \quad \Delta U = 6{,}17 \text{ V}$$

Der maximale Spannungsfall wird nicht überschritten.

Der Abschaltstrom des Leitungsschutz-Schalters beträgt laut Herstellerangaben $I_a = 5 \cdot I_n$

$$Z_{smax} = \frac{U_0}{I_a} \qquad Z_{smax} = \frac{400 \text{ V}}{5 \cdot 20 \text{ A}} \qquad Z_{smax} = 4 \text{ } \Omega$$

Tatsächlicher Widerstand der Leiterschleife:

$$R_{Ltg} = \frac{2 \cdot \varrho \cdot l}{q} \quad R_{Ltg} = \frac{2 \cdot 0{,}0178 \frac{\Omega \text{ mm}^2}{\text{m}} \cdot 25 \text{ m}}{2{,}5 \text{ mm}^2}$$

$R_{Ltg} = 0{,}356 \text{ } \Omega$

Die Abschaltbedingung ($R_{Ltg} \leq Z_{smax}$) wird erfüllt.

Die Leitung NYM 5 x 2,5 mm² erfüllt alle Bedingungen!

Leitungslänge / cable length

q in mm² Cu	I_n in A	max. Leitungslänge in m bei		
		Drehstrom $\Delta u\% = 0{,}5\%$	Drehstrom $\Delta u\% = 3\%$	Wechselstrom $\Delta u\% = 3\%$
1,5	10	–	58,3	29,0
	16	–	36,4	18,1
	20	–	29,1	14,5
2,5	16	–	60,7	30,2
	20	–	48,6	24,2
	25	–	38,8	19,3
4	16	–	97,1	48,3
	20	–	77,7	38,7
	25	–	62,2	30,9
	32	–	48,6	24,2
	35	–	44,4	22,1
6	20	–	116,5	57,9
	25	–	93,2	46,4
	32	–	72,8	36,2
	35	–	66,6	33,1
	50	–	46,6	23,2
10	25	25,9	155,4	–
	32	20,2	121,4	–
	35	18,5	111,0	–
	50	13,0	77,7	–
	63	10,3	61,7	–
16	35	29,6	177,6	–
	50	20,7	124,3	–
	63	16,5	98,7	–
	80	13,0	77,7	–

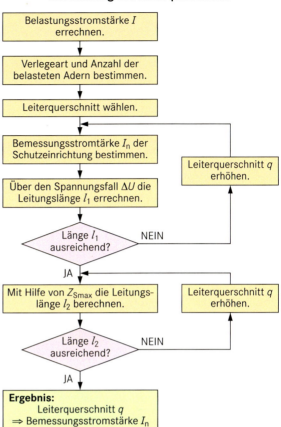

Bestimmung des Leiterquerschnitts

Laut Tabelle darf die Zuleitung zu einem Wechselstromverbraucher mit einem Querschnitt von 1,5 mm² bei einer Stromstärke von I_n = 20 A eine maximale Länge von 14,5 m haben. Ist die Länge nicht ausreichend, kann über eine vereinfachte Berechnung die Leitungslänge l_2 für einen veränderten Querschnitt q_2 bestimmt werden.

$$l_2 = l_1 \cdot \frac{q_2}{q_1}$$

Voraussetzung ist, dass sich alle anderen Bedingungen nicht ändern.

Veränderte Leitungslänge

Für einen Leiterquerschnitt q_1 = 1,5 mm² wurde eine maximale Leitungslänge l_1 = 18,1 m errechnet. Wie groß ist die Leitungslänge für q_2 = 2,5 mm², wenn die übrigen Werte konstant bleiben?

$$l_2 = l_1 \cdot \frac{q_2}{q_1}$$

$$l_2 = 18{,}1 \text{ m} \cdot \frac{2{,}5 \text{ mm}^2}{1{,}5 \text{ mm}^2}$$

$$\underline{\underline{l_2 = 30{,}17 \text{ m}}}$$

Aufgaben

1. Zu einem Durchlauferhitzer mit 21 kW wird eine Leitung NYM 5 x 4 mm² verlegt.
Wie groß darf die Leitungslänge maximal sein, wenn eine Schutzeinrichtung I_n = 25 A verwendet wird?

2. Berechnen Sie die Stromstärke einer 100 W-Lampe, die an der Spannung 230 V liegt!

3. Die Zuleitung zu einem Elektroherd (U = 400/230 V) ist 35 m lang. Der Leiterquerschnitt beträgt 2,5 mm².
a) Welche Bemessungsstromstärke darf das Überstrom-Schutzorgan maximal besitzen?
b) Welche Leistung darf das Gerät höchstens aufnehmen?

4. Die maximale Leitungslänge für einen Leiterquerschnitt q = 25 mm² wurde mit 46,3 m errechnet. Wie groß ist die Leitungslänge für einen Querschnitt von 16 mm², wenn die übrigen Werte konstant bleiben?

5. Welchen Wert darf die Spannung am Ende einer Hauptleitung nicht unterschreiten (S = 70 kVA; U = 400 V)?

6.3 Überstrom-Schutzorgane

Leitungsschutz-Sicherungen
(Schmelzsicherungen)
nach DIN VDE 0636

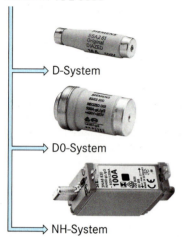

→ D-System

→ D0-System

→ NH-System

Leitungsschutz-Schalter

nach DIN VDE 0641

Leistungsschalter

nach DIN VDE 0660

Die Überstrom-Schutzorgane befinden sich im Stromkreisverteiler oder im Verteilerfeld des Zählerschrankes. Sie schützen die Leitungen und Kabel vor zu hohen Strombelastungen und vor der Zerstörung durch einen Kurzschluss, bevor sich die Leiterisolierung oder die Umgebung zu stark erwärmen.

Eine **Überlastung** aufgrund einer zu großen Stromstärke kann durch eine zu hohe Verbraucherleistung auftreten. Ein **Kurzschluss** tritt überall dort auf, wo sich durch einen Fehler zwei betriebsmäßig gegeneinander unter Spannung stehende Teile berühren.

Überstrom-Schutzeinrichtungen, die vom VNB im Hausanschlusskasten plombiert werden, dienen dem Schutz der Hauptleitung sowie zur Trennung. Sie stellen nicht den Schutz bei Überlast oder Kurzschluss sicher.

6.3.1 Leitungsschutz-Sicherung

Schmelzsicherungen werden wie folgt unterschieden:
- **Bauart**
- **Betriebsklasse** zur Beschreibung des Auslöseverhaltens einer Schmelzsicherung.

> - Überstrom-Schutzorgane schützen die Leitungen und Kabel vor einer zu hohen Strombelastung bzw. vor einem Kurzschluss.
> - Die Überstrom-Schutzorgane im Hausanschlusskasten übernehmen keine Schutzfunktion bei Überlast- bzw. Kurzschluss.
> - Der Schmelzdraht in einer Schmelzsicherung ist für eine bestimmte Strombelastung ausgelegt und schmilzt bei Überlastung durch.

Der Leistungsschalter kommt hauptsächlich in größeren Anlagen und Gebäuden vor (Industrie). Mit ihm lassen sich Anlagenteile auch unter Last ein- bzw. ausschalten.

Fließt durch den **Schmelzdraht** ein unzulässig hoher Strom, schmilzt er und unterbricht den Stromkreis.

Sicherungseinsatz als ein zylindrischer Hohlkörper aus Porzellan, der mit Quarzsand gefüllt ist.

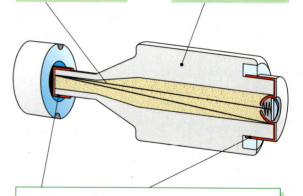

Fuß- und Kopfkontakt:
Beim Durchschmelzen der Sicherung wird gleichzeitig der Haltedraht des Melders unterbrochen. Der farbige **Melder** wird über eine Feder abgeworfen. Dies ist das eindeutige Zeichen dafür, dass die Schmelzsicherung ausgelöst hat.

Die Schmelzsicherung hat ihren Namen durch die Art der Stromunterbrechung mit Hilfe eines Schmelzdrahtes erhalten.

Sicherungsarten / fuse types

Bauarten von Schmelzsicherungen

Es gibt Schraub- und Stecksysteme. Zu den Schraubsicherungssystemen zählen die **D0-Systeme** (NEOZED) und **D-Systeme** (DIAZED, ältere Bauart). Die NEOZED-Systeme zeichnen sich durch eine kleine, platzsparende Bauform aus.

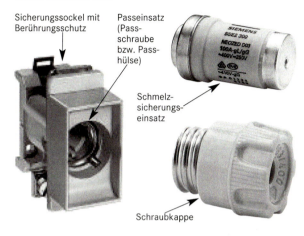

Beide Systeme werden in unterschiedlichen Baugrößen gefertigt. Sie sind leicht an der Größe des Gewindes der Schraubkappe zu unterscheiden.

- Baugrößen des D0-Systems: D01, D02 und D03
- Baugrößen des D-Systems: ND, D II, D III und D IV

In beiden Bauarten wird über die **Passhülse** (NEOZED) bzw. **Passschraube** (DIAZED) verhindert, dass ein Sicherungseinsatz irrtümlich in einen falschen Sicherungssockel eingesetzt wird. Der Fußkontakt der Schmelzsicherung hat dazu je nach der Bemessungsstromstärke einen unterschiedlichen Durchmesser. Der Durchmesser des Schmelzeinsatzes steigt mit größerer Bemessungsstromstärke und passt somit nicht mehr in kleinere Passschrauben bzw. Passhülsen des Sockels.

Die Bemessungsstromstärke einer Schmelzsicherung ist durch die Farbe des Melders sowie die Farbe auf dem Passeinsatz gekennzeichnet.

Die Bemessungsspannung beträgt beim
- NEOZED-System 400 V AC (250 V DC) bzw.
- DIAZED-System 500 V AC (500 V DC).

Die Bemessungsstromstärke für beide Bauarten reicht von I_n = 2 A bis I_n = 100 A. Das Bemessungsschaltvermögen muss bei Wechselstrom mindestens 50 kA betragen.

- Schraubsicherungen können von jeder Person bis 63 A unter Last gewechselt werden.
- Schmelzsicherungen dürfen nicht repariert oder überbrückt werden.

Das NH-System (Niederspannungs-Hochleistungssicherung) zählt zu den sogenannten Stecksystemen. Sie werden in sechs verschiedenen Baugrößen mit einer Bemessungsstromstärke von I_n = 2 A bis I_n = 1250 A gefertigt.

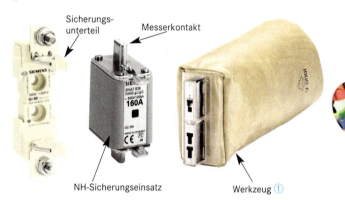

NH-Sicherungseinsätze dürfen nur von Elektrofachkräften mit besonderen Werkzeugen ① bzw. Schutzbekleidung unter Last gewechselt werden.

> - Schmelzsicherungen gibt es als NEOZED, DIAZED und NH-Sicherung.
> - Passeinsätze verhindern, dass ein Schmelzsicherungseinsatz mit einer größeren Bemessungsstromstärke in einen Sicherungssockel für kleinere Bemessungsstromstärken eingesetzt werden kann.
> - Die Bemessungsstromstärke der Sicherung ist an der Farbe des Melders und am Passeinsatz zu erkennen.

I_n in A	Farbe		I_n (Sockel)	Gewinde	
				(NEOZED)	(DIAZED)
2	rosa		25 A	D01 (E 14)	D II (E 27)
4	braun				
6	grün				
10	rot				
16	grau				
20	blau		63 A	D02 (E 18)	D III (E 33)
25	gelb				
35	schwarz				
50	weiß				
63	kupfer				

Aufgaben

1. Erklären Sie den Aufbau und die Funktionsweise einer Schmelzsicherung!

2. Woran ist von Außen erkennbar, dass eine Schmelzsicherung ausgelöst hat?

3. Erstellen Sie eine Übersicht über die Bauarten und Baugrößen von Schmelzsicherungen!

Einsatzbereich von Schmelzsicherungen / field of application for fuses

Welche Bedeutung hat die Betriebsklasse?

Dazu betrachten wir den Aufdruck auf einem NEOZED-Sicherungseinsatz.

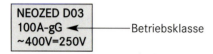
Betriebsklasse

NEOZED D03
100A-gG
~400V=250V

Die Kennzeichnung setzt sich aus zwei Buchstaben zusammen. Betriebsklasse der Sicherung ist hier:

gG

Der erste Buchstabe gibt die **Funktionsklasse** der Sicherung an. Der Buchstabe **g** steht für Ganzbereichsschutz.

Der zweite Buchstabe bezeichnet den **Einsatzbereich** des zu schützenden Objektes. G steht für Kabel- und Leitungsschutz.

Die Buchstaben gG bezeichnen dieselbe Betriebsklasse wie die bisherige Kennzeichnung gL, jedoch nach IEC 60269-2-1.

Funktionsklasse

Sicherungseinsätze der **Funktionsklasse g** können mindestens Ströme bis zur angegebenen Bemessungsstromstärke dauernd führen. Sie schalten Ströme vom niedrigsten Schmelzstrom bis zum Bemessungsausschaltstrom und sind für Überlast- und Kurzschlussschutz geeignet.

Sicherungen der **Funktionsklasse a** können Ströme oberhalb eines bestimmten Vielfachen der Bemessungsstromstärke bis zum Bemessungsausschaltstrom schalten. Sie schützen nur gegen Kurzschluss.

Übersicht der Betriebsklassen		
Betriebsklasse	**Funktionsklasse**	**Einsatzbereich**
gG	g = Ganzbereichsschutz	Kabel und Leitungen
gTr		Transformatoren
gR		Halbleiter
gB		Bergbauanlagen
aM	a = Teilbereichsschutz	Schaltgeräteschutz/Motorschutz
aR		Halbleiterschutz

Bei den DIAZED-Sicherungen unterscheidet man „träge" und „flink". Eine Sicherung mit der Charakteristik „flink" schaltet im Kurzschlussbereich schneller ab als eine „träge" Sicherung. Diese wird dort eingesetzt, wo Gleichströme mit einer großen Induktivität ausgeschaltet werden (z.B. Gleichstrom-Bahnanlagen).

Wie schnell der Schmelzdraht der Sicherung durchschmilzt, zeigt das Diagramm der Zeit-Strom-Bereiche (Abb. 1). Es ist für die Betriebsklassen unterschiedlich.

Prüfstrom $I_1 = 1{,}3 \cdot I_n$ (unterer Grenzwert)

„großer" Prüfstrom $I_2 = 1{,}45 \cdot I_n$ (oberer Grenzwert)

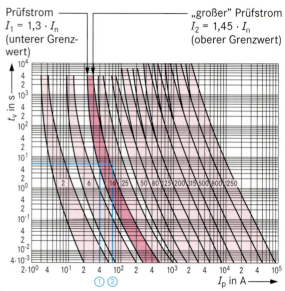

1: Zeit-Strom-Bereiche der Betriebsklasse gG

Für jede Bemessungsstromstärke ist ein Toleranzband angegeben, innerhalb dessen die Schmelzsicherung auslösen muss. Bei einer Auslösedauer von 5 s und einer Schmelzsicherung 16 A bedeutet dies, dass zum Auslösen eine Stromstärke von mindestens 40 A ① und maximal 70 A ② erforderlich ist.

Schmelzsicherungen bis 63 A, die vom Prüfstrom I_1 durchflossen werden, dürfen nach einer Stunde noch nicht auslösen. Erst wenn der große Prüfstrom I_2 fließt, darf die Sicherung auslösen. Dieser Prüfstrom ist für die Zuordnung der Überstrom-Schutzorgane zum Leiterquerschnitt der installierten Leitung wichtig.

- Die Betriebsklasse gibt das Einsatzgebiet der Schmelzsicherung an.
- Das Toleranzband der Zeit-Strom-Bereiche gibt an, innerhalb welcher Grenzen eine Schmelzsicherung schalten muss.

Aufgaben

1. Was besagt der Aufdruck gTr auf einer Schmelzsicherung?

2. Worin besteht der Unterschied zwischen der Funktionsklasse g und a im Bezug auf das Schaltvermögen?

3. Innerhalb welchen Zeitbereiches muss eine Sicherung der Betriebsklasse gG (I_n = 16 A) bei einem Fehlerstrom I_F = 100 A abschalten?

LS-Schalter / circuit breaker

6.3.2 Leitungsschutz-Schalter

Ein Vorteil des Leitungsschutz-Schalters (kurz: **LS-Schalter**) gegenüber einer Schmelzsicherung liegt darin, dass er nach dem Auslösen wieder eingeschaltet werden kann. LS-Schalter schützen die Anlage vor Überlastung und Kurzschluss. Sie werden in Beleuchtungs- und Steckdosenstromkreisen eingesetzt (DIN 18015-1).

Die **Auslöseeinrichtung** besteht aus einem
- thermischen Auslöser (Schutz gegen Überlast) und
- unverzögerten elektromagnetischen Auslöser (Schutz gegen Kurzschluss).

Beide **Auslöseeinrichtungen** liegen in Reihe, so dass entweder eine Überlastung oder ein Kurzschluss im nachfolgenden Anlagenteil zur Abschaltung ausreicht.

Für spezielle Eigenschaften von Betriebsmitteln werden unterschiedliche **Auslösecharakteristiken** (B, C, K und Z) benötigt. Das Auslöseverhalten jeder Charakteristik zeigt die Auslösekennlinie in Abb. 2.

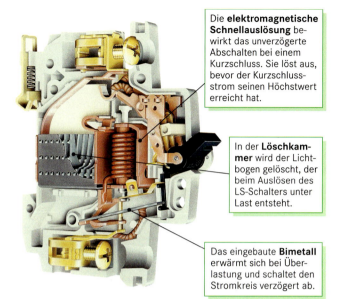

Die **elektromagnetische Schnellauslösung** bewirkt das unverzögerte Abschalten bei einem Kurzschluss. Sie löst aus, bevor der Kurzschlussstrom seinen Höchstwert erreicht hat.

In der **Löschkammer** wird der Lichtbogen gelöscht, der beim Auslösen des LS-Schalters unter Last entsteht.

Das eingebaute **Bimetall** erwärmt sich bei Überlastung und schaltet den Stromkreis verzögert ab.

3: Aufbau eines Leitungsschutz-Schalters

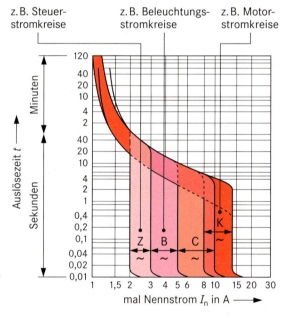

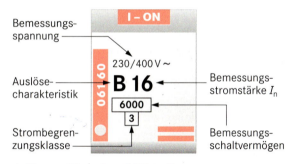

4: Kenngrößen eines LS-Schalters

Das **Bemessungsschaltvermögen** bei Leitungsschutz-Schaltern muss mindestens so groß sein wie der maximale auftretende Kurzschlussstrom, z.B. 3000 A, 4500 A, 6000 A, 10000 A
Für LS-Schalter im Stromkreisverteiler wird ein Schaltvermögen von 6000 A gefordert.

Oftmals ist der maximal zu erwartende Kurzschlussstrom unbekannt. Um den LS-Schalter wirksam zu schützen, übernimmt eine vorgeschaltete Schmelzsicherung (Betriebsklasse gL) mit $I_n \leq 100$ A den so genannten Rückschutz („Back-up-Schutz").

Auslöseverhalten von LS-Schaltern			
Cha-rakte-ristik	Auslösung		I_n[1)] in A
	unverzögert	verzögert	
B	3 bis 5 x I_n	1,13 bis 1,45 x I_n	6 A bis 63 A
C	5 bis 10 x I_n	1,13 bis 1,45 x I_n	0,5 A bis 63 A
K	8 bis 14 x I_n	1,05 bis 1,2 x I_n	0,2 A bis 63 A
Z	2 bis 3 x I_n	1,05 bis 1,2 x I_n	0,5 A bis 63 A

[1)] Stufen in A: 0,5; 1; 1,6; 2; 3; 4; 6; 8; 10; 13; 16; 20; 25; 32; 40; 50; 63

2: Auslösekennlinien und Auslöseverhalten

- LS-Schalter schützen durch einen thermischen Auslöser gegen Überlast und durch einen elektromagnetischen Auslöser gegen Kurzschluss.
- Unterschiedliche Auslösecharakteristiken bestimmen das Auslöseverhalten von LS-Schaltern.
- Das Bemessungsschaltvermögen bei Leitungsschutz-Schaltern in Stromkreisverteilern muss 6000 A betragen.

Welche Bedeutung hat die Strombegrenzungsklasse?

Die Strombegrenzungsklasse wird auch als **Selektivitätsklasse** bezeichnet. Es gibt die drei Selektivitätsklassen 1, 2 und 3 (vgl. S. 127 Abb. 4). Der Begriff **Selektivität** besagt, dass nur die der Fehlerquelle unmittelbar vorgeschaltete Überstrom-Schutzeinrichtung auslösen darf (Abb. 1). Die übrigen Stromkreise dürfen bei einem Fehler nicht abgeschaltet werden.

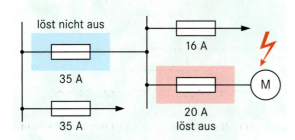

1: Selektivität in einer Verbraucheranlage

Wann ist in der Praxis Selektivität gewährleistet?

Werden zwei Schmelzsicherungen hintereinander geschaltet, müssen sich die Bemessungsstromstärken mindestens um den Faktor 1,6 unterscheiden.

Selektivität

Einer Schmelzsicherung mit I_n = 16 A ist eine weitere Schmelzsicherung vorgeschaltet. Welche Bemessungsstromstärke darf die vorgeschaltete Schmelzsicherung haben?

$$\frac{I_{n,\,vor}}{I_{n,\,nach}} = 1{,}6 \qquad I_{n,\,vor} = I_{n,\,nach} \cdot 1{,}6$$

$$I_{n,\,vor} = 16\,A \cdot 1{,}6 \qquad \underline{I_{n,\,vor} = 25{,}6\,A}$$

Gewählt: I_n = 25 A

Bei Schmelzsicherungen ist Selektivität dann gegeben, wenn sich die Bemessungsstromstärken um zwei Stufen unterscheiden.

Zwischen zwei LS-Schaltern ist die Selektivität nicht durch einfache Bedingungen zu erfüllen. Der Grund liegt in der elektromagnetischen Schnellauslösung, die nahezu unverzögert beide Schalter gleichzeitig auslöst. Daher wird in Herstellertabellen angegeben, bis zu welchem **Kurzschlussstrom** zwei aufeinanderfolgende LS-Schalter selektiv arbeiten.

In der Praxis werden häufig LS-Schalter mit einer vorgeschalteten Schmelzsicherung eingesetzt (z. B. Hausverteilung). Dort sollen LS-Schalter mit der höchsten Selektivitätsklasse 3 verwendet werden, auch wenn in bestimmten Fällen ein geringere Strombegrenzung ausreichend ist.

Montage von Überstrom-Schutzorganen

- LS-Schalter und Schmelzsicherungssysteme werden mit einem Schnappmechanismus auf den Hutschienen in die Stromkreisverteiler montiert.
- Die Sicherungen sind auf der Schiene so anzuordnen, dass diejenigen mit den großen Bemessungsstromstärken dem Einspeisepunkt (eingangsseitige Zuleitung) am nächsten liegen.
- Die dreiphasige Zuleitung von nebeneinander montierten LS-Schaltern wird über eine Sammelschiene auf die Zuleitungsanschlüsse verteilt. Die Phasenfolge ist stets abwechselnd: L1, L2, L3, L1, L2, usw.
- Die Zuleitungen zu den Anschlussklemmen der Eingangs- und Ausgangsseite müssen fest angeschraubt werden.

- Selektivität ist dann erfüllt, wenn im Fehlerfall nur die der Fehlerquelle unmittelbar vorgeschaltete Überstrom-Schutzeinrichtung auslöst.
- Zwischen zwei Schmelzsicherungen ist Selektivität gegeben, wenn sich die Streubänder der Ausschaltzeitkennlinien nicht schneiden oder berühren..

Aufgaben

1. Welche Vorteile bietet ein Leitungsschutz-Schalter gegenüber einer Schmelzsicherung?

2. Beschreiben Sie die Funktion der beiden Auslösemechanismen in einem LS-Schalter!

3. Was besagt die Angabe 4500 auf einem LS-Schalter?

4. Worin besteht der Unterschied zwischen einem Leitungsschutz-Schalter der Charakteristik B und K?

5. Sie haben die Aufgabe, einen Steckdosenstromkreis I_n = 16 A mit einem LS-Schalter abzusichern. Dieser Stromkreis soll für den Betrieb eines Schleifgerätes vorgesehen werden, das einen 12-fachen Anlaufstrom aufnimmt.
Welche Charakteristik wählen Sie aus?

6. Was ist unter dem Begriff „Back-up-Schutz" zu verstehen?

7. Was bedeutet Selektivität für mehrere hintereinandergeschaltete Überstrom-Schutzeinrichtungen?

8. In einer Anlage befindet sich eine Schmelzsicherungen I_n = 25 A.
Welche Bemessungsstromstärke muss die unmittelbar vorgeschaltete Schmelzsicherung haben, damit Selektivität gegeben ist?

9. Warum ist bei LS-Schaltern eine generelle Selektivität schwer zu erreichen?

Anordnung der Schutzeinrichtung / protection equipment placement

6.3.3 Bemessung von Überstrom-Schutzorganen

Damit der Überlastschutz durch das entsprechende Überstrom-Schutzorgan gewährleistet ist, müssen bei der Bemessung folgende Bedingungen beachtet werden.

1. Bemessungsstromregel: $I_b \leq I_n \leq I_Z$

Die Betriebsstromstärke I_b darf maximal so groß werden wie die Bemessungsstromstärke I_n des Überstrom-Schutzorgans. I_n muss stets kleiner sein als die maximal zulässige Strombelastbarkeit I_Z der Leitung.

In der praktischen Anwendung darf bei einer ermittelten Strombelastbarkeit einer Leitung mit 19 A die Bemessungsstromstärke der vorgeschalteten Überstrom-Schutzeinrichtung maximal genauso groß sein. Da eine Schutzeinrichtung mit diesem Wert jedoch nicht gefertigt wird, wählen wir eine 16 A-Sicherung aus. Diese Sicherung muss verhindern, dass die Betriebsstromstärke den Grenzwert nicht überschreitet.

2. Auslösestromregel: $I_2 \leq 1{,}45 \cdot I_Z$

Ein Überstrom-Schutzorgan muss erst nach einer Prüfdauer von einer Stunde auslösen, wenn der große Prüfstrom I_2 fließt. Die Zeitdauer von einer Stunde gilt für Bemessungsstromstärken $I_n < 63$ A. Die Bedingung besagt, dass die große Prüfstromstärke I_2 kleiner sein muss, als das 1,45fache der Strombelastbarkeit. Der Faktor 1,45 ist ein international anerkannter Kompromiss zwischen Schutz und Nutzen einer Leitung.

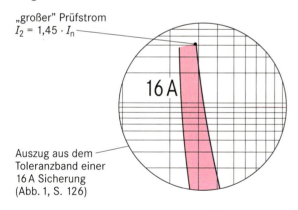

„großer" Prüfstrom $I_2 = 1{,}45 \cdot I_n$

Auszug aus dem Toleranzband einer 16 A Sicherung (Abb. 1, S. 126)

Werden beide Bedingungen von einem Überstrom-Schutzorgan erfüllt, gilt folgende vereinfachte Beziehung zur Festlegung der Bemessungsstromstärke I_n.

$$I_n \leq I_Z$$

Schmelzsicherungen der Betriebsklasse gL (vgl. S. 126) und Leitungsschutz-Schalter mit den Charakteristiken B, C, K und Z erfüllen beide Bedingungen. Bei diesen Überstrom-Schutzeinrichtungen darf die Bemessungsstromstärke maximal so groß sein wie die zulässige Strombelastbarkeit.

q in mm²	Zuordnung bei LS-Schaltern Leiterquerschnitt q und Bemessungsstromstärke I_n (Verlegeart C, $\vartheta = 25°C$)	
	Zweileiter	Dreileiter
	I_n in A	
1,5	20	16
2,5	25	25
4	32	32
6	40	40
10	50	50
16	63	63

6.3.4 Anordnung der Schutzeinrichtung

Wird in einer Anlage die Strombelastbarkeit verringert, so müssen Überstrom-Schutzeinrichtungen eingebaut werden. Dieser Fall tritt ein bei
- Verkleinerung des Leiterquerschnitts,
- Wechsel der Verlegeart und
- Änderung des Isolierwerkstoffes.

Einrichtungen zum Schutz gegen Kurzschluss müssen am **Leitungsanfang** eingebaut werden. Überlast-Schutzeinrichtungen hingegen dürfen im Verlauf einer Leitung versetzt werden, wenn die Leitung keine Abzweigung enthält. Da in der Praxis der Kurzschlussschutz sowie der Überlastschutz von einem Betriebsmittel erfüllt wird, werden Überstrom-Schutzeinrichtungen am Leitungsanfang angeordnet.

In besonderen Fällen, in denen das Auslösen der Schutzeinrichtung schwerwiegende Folgen hat (Stromkreise für Alarm-/Brandmeldeanlagen oder Hubmagnete), muss auf den Überlast- und Kurzschlussschutz verzichtet werden.

- Bei der Zuordnung des Überstrom-Schutzorgans zur Leitung müssen die Bemessungs- und die Auslösestromregel erfüllt sein.
- Bei Schmelzsicherungen der Betriebsklasse gL und Leitungsschutz-Schaltern der Charakteristik B, C, K und Z muss die Bemessungsstromstärke der Sicherung kleiner als die Strombelastbarkeit der Leitung sein.
- Überstrom-Schutzeinrichtungen werden dort eingebaut, wo die Strombelastbarkeit der Leitung verringert wird.

Aufgaben

1. Welche Voraussetzungen müssen erfüllt sein, damit bei der Zuordnung der Überstrom-Schutzorgane zu der Leitung die vereinfachte Bedingung $I_n \leq I_Z$ angewendet werden darf?

2. In welchen Fällen wird in einer Anlage die Strombelastbarkeit verringert?

6.4 Ausführung der Installation

Bevor wir mit der Installation beginnen, müssen wir entscheiden, welche Installationsform gewählt wird. Zunächst wird die Führung der Leitungswege festgelegt. Dies beeinflusst die Ausführung von Gerätedosen sowie die Länge der zu verlegenden Leitungen.

In Kap. 6.4.1 werden wichtige **Installationsarten** behandelt, also die Ausführung der Leitungsverlegung. Wie und wo die Betriebsmittel und Leitungen in den unterschiedlichen Räumen zu verlegen sind, wird durch die **Installationszonen** bestimmt (vgl. Kap. 6.4.2).

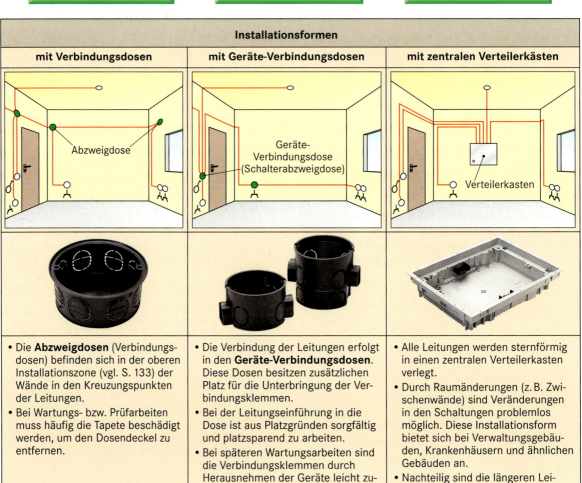

mit Verbindungsdosen	mit Geräte-Verbindungsdosen	mit zentralen Verteilerkästen
• Die **Abzweigdosen** (Verbindungsdosen) befinden sich in der oberen Installationszone (vgl. S. 133) der Wände in den Kreuzungspunkten der Leitungen. • Bei Wartungs- bzw. Prüfarbeiten muss häufig die Tapete beschädigt werden, um den Dosendeckel zu entfernen.	• Die Verbindung der Leitungen erfolgt in den **Geräte-Verbindungsdosen**. Diese Dosen besitzen zusätzlichen Platz für die Unterbringung der Verbindungsklemmen. • Bei der Leitungseinführung in die Dose ist aus Platzgründen sorgfältig und platzsparend zu arbeiten. • Bei späteren Wartungsarbeiten sind die Verbindungsklemmen durch Herausnehmen der Geräte leicht zugänglich. Die Tapete wird nicht beschädigt.	• Alle Leitungen werden sternförmig in einen zentralen Verteilerkasten verlegt. • Durch Raumänderungen (z. B. Zwischenwände) sind Veränderungen in den Schaltungen problemlos möglich. Diese Installationsform bietet sich bei Verwaltungsgebäuden, Krankenhäusern und ähnlichen Gebäuden an. • Nachteilig sind die längeren Leitungswege.

■ Die Verbindungen der Leitungen werden entweder in Abzweigdosen, in Geräte-Verbindungsdosen oder im Verteilerkasten hergestellt.

■ Je nach der Installationsform müssen unterschiedliche Dosen verwendet werden, in denen die Leitungen verklemmt werden.

Aufgaben

1. Stellen Sie in einer Übersicht die drei Installationsformen mit Vor- bzw. Nachteilen und dem Materialaufwand zusammen!

2. Worauf ist bei der Installation einer Geräte-Verbindungsdose zu achten?

Auf- und Unterputz-Installation / surface wiring and concealed wiring

6.4.1 Installationsarten

Da in einem Gebäude häufig verschiedene Baustoffe in unterschiedlichen Konstruktionen verbaut werden, müssen für die Leitungsverlegung die entsprechenden Befestigungsmaterialien verwendet werden.

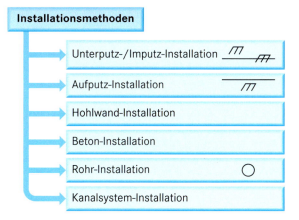

2: Aufputz-Installation mit Elektroinstallationsrohr

Unterputz/Imputz-Installation

Bei der Unterputz-Installation werden die Leitungen im Mauerwerk und bei der Imputz-Installation auf das Mauerwerk verlegt (Abb. 1). Diese Art der Leitungsverlegung ist in Wohnräumen üblich. Durch die Anordnung der Steckdosen und Schalter ist auch später die ungefähre Lage der Leitungen noch zu erkennen. Leitungen dürfen niemals diagonal verlegt werden. Durch zusätzliches Fotografieren der installierten Wände vor dem Verputzen lässt sich die genaue Lage der Leitungen dokumentieren.

Bei der Verlegung von **Stegleitung** ist darauf zu achten, dass

- die Putzabdeckung mindestens 4 mm beträgt,
- die Leitung nicht auf Holz verlegt werden darf und
- kein Drahtgewebe (Streckmetall) auf oder unter der Leitung verlegt sein darf. Prüfzeichen: U̱ Ḻ

Hohlwand-Installation

In einer Rahmenkonstruktion aus Holz oder Metall, die mit Gipskarton oder ähnlichem Material abgedeckt ist, dürfen nur Geräte- bzw. Verbindungsdosen nach DIN VDE 0606 verwendet werden (Abb. 3). Die Geräte tragen das Prüfkennzeichen H̱.

3: Querschnitt durch eine Hohlwand-Installation

Hinweise für die Installation

- Die Leitungen müssen an den Dosen zugentlastet sein ①.
- Der Durchmesser des Dosenbohrers muss mit dem Durchmesser der Hohlwanddose exakt übereinstimmen.
- Zur Befestigung der Steckdosen und Schalter dürfen kein Krallen verwendet werden.
- Es dürfen keine Stegleitungen verlegt werden.

> ■ Stegleitungen dürfen nicht auf Holz verlegt werden und müssen überall mit einer 4 mm starken Putzschicht bedeckt sein.

1: Unterputz-Installation

Verwendete Leitungen:

Mantelleitung NYM, Stegleitung NYIF und Einzelleiter in Elektroinstallationsrohr

Aufputz-Installation (a.P.)

Sie wird dort angewendet, wo der Anblick der Leitungen unerheblich ist (z.B. Kellerräume und Garagen). Bei dieser Installationsart werden Mantelleitungen verwendet. Der Vorteil liegt darin, dass die Leitungsführung stets sichtbar ist (Abb. 2). Prüfzeichen: A̱

Beton-Installation

Diese Installationsart wird häufig bei der Leitungsverlegung in Decken bzw. Wänden aus Beton verwendet. Dazu werden
- Rohre mit Zugdrähten,
- in der Schalung verlegt und
- mit Beton eingegossen.

Prüfzeichen:

2: Rohr-Installation einer Antennenanlage

Kanalsystem-Installation

In Bürogebäuden hat sich diese Installationsart sehr bewährt. Dabei wird das Kanalsystem (Abb. 3) direkt auf der Rohdecke befestigt. Später lassen sich durch die Kanäle die erforderlichen Leitungen ziehen. In den Bodendosen befinden sich die Betriebsmittel (z.B. Steckdosen etc.).

Hinweis für die Installation

- Zug- und Bodendosen des Kanalsystems müssen mit einem Nivellierinstrument in der Höhe so ausgerichtet werden, dass die Deckel mit dem späteren Fußboden abschließen. Prüfzeichen: K

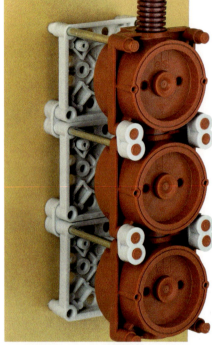

1: Schalungsquerschnitt einer Beton-Installation

Durch spezielle Gerätedosen und Verbindungselemente lassen sich Schalter, Steckdosen, Verteiler und Leitungsauslässe bereits vor dem Vergießen mit Beton in der Schalung installieren (Abb. 1). Diese Methode erfordert allerdings sehr exaktes Arbeiten, da die Lage der Dosen und Rohrverbindungen später nicht mehr korrigierbar ist.

Außerdem darf der Beton während dem Gießen nicht durch undichte Stellen in die Gerätedosen etc. eindringen. Als Rohrverbindungen in Stampf- oder Schüttbeton sind Elektroinstallationsrohre der Bauart "AS" (für schwere Druckbeanspruchung) vorgeschrieben.

Rohr-Installation

Hierbei werden zunächst Installationsrohre in vorher gefräste Schlitze verlegt. Nach den Putzarbeiten werden dann einadrige Leitungen (H 07V-U) oder Mantelleitungen (NYM) eingezogen. Das Einziehen der Leitungen wird erleichtert, wenn die Rohre vorher mit so genannten Zugdrähten versehen werden und die Biegungen der Rohre weiträumig sind. Somit lassen sich nachträglich zusätzliche Leitungen einziehen, z.B. bei Antennen- oder Fernmeldeanlagen (Abb. 2).

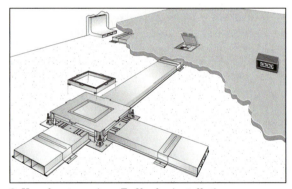

3: Kanalsystem einer Fußbodeninstallation

- Für die Installation dürfen nur solche Dosen und Leitungen verwendet werden, die für die Installationsart zugelassen sind (Kennzeichnung beachten).
- Die Betriebsmittel müssen exakt ausgerichtet werden, da spätere Korrekturen nur schwer möglich sind.

Aufgaben

1. Was ist bei der Verlegung einer Stegleitung zu beachten?

2. Welche Vorteile hat die Kanalinstallation gegenüber den übrigen Installationsarten?
Was ist bei der Montage der Kanäle zu beachten?

Leitungsführung in Wohnräumen / wiring arrangement in apartments

6.4.2 Installationszonen

Alle unsichtbar verlegten Leitungen müssen im Raum so geführt werden, dass sie durch später angebrachte Nägel oder Schrauben nicht beschädigt werden. Zu den unsichtbaren Leitungsinstallationen zählen Leitungen in bzw. unter Putz, in der Wand oder hinter einer Wandverkleidung.

Aus diesem Grund werden diese Leitungen nur in vorgegebenen **waagerechten** und **senkrechten Zonen** installiert (DIN 18015-3). Die Leitungsführung an Decken und Fußböden ist nicht fest vorgeschrieben. Jedoch sollte auch hier davon abgesehen werden, die Leitungen auf dem kürzesten Weg zu führen. Aufputz-Installationen sind auch außerhalb der beschriebenen Bereiche möglich.

Die Installationszonen in Wohngebäuden sind abhängig von der Nutzung des Raumes. In Bädern und Küchen gelten andere Vorschriften für die Leitungsführung als in den anderen Wohnräumen. Die Installationsbereiche werden für folgende Räume beschrieben:

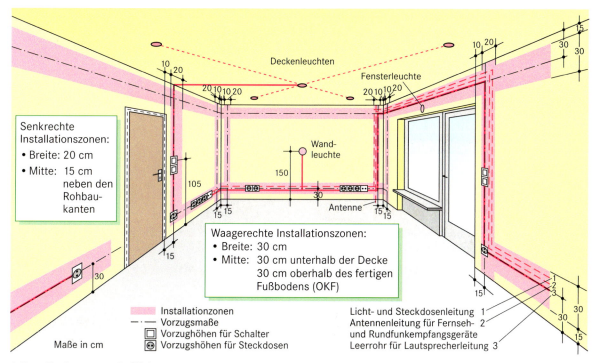

4: Installationszonen in Wohnräumen

Installationshinweise:

- Alle angegebenen Maße gelten ab der Oberkante des fertigen Fußbodens (OKF). Im Rohbau gilt als Anhaltspunkt für die OKF der so genannte „Meterriss". Er gibt die Höhe in einem Meter über dem OKF an.
- Beim Einführen der Leitungen in die Gerätedosen ist darauf zu achten, dass die Krallen der Steckdosen beim Montieren die Leitungen nicht beschädigen.
- Zwischen Energie- und Fernmeldeleitungen ist ein Schutzabstand von 10 mm einzuhalten.
- Die Verlegung von Leitungen an Schornsteinen ist wegen erhöhter Umgebungstemperaturen zu vermeiden.

- Die Montagehöhe von Schaltern beträgt 105 cm von der Mitte des oberen Schalters zur OKF.
- Die Betriebsmittel müssen exakt ausgerichtet werden, da spätere Korrekturen nur schwer möglich sind.
- Die Schalter an einer Tür werden an der Seite installiert, an der der Türgriff montiert ist.
- Die Steckdosen sind in der unteren waagerechten Installationszone in 30 cm Höhe anzuordnen.
- Zuleitungen zu Wandleuchten werden senkrecht aus einer waagerechten Installationszone geführt.

6.4.3 Installation in einer Küche

Bei der Planung der Elektroinstallation in einer Küche gilt:

- Die vorhandenen **Installationspläne** des Küchenplaners beachten. In diesem Plan befinden sich alle erforderlichen Maße zum Einbau der Elektrogeräte.
- **Elektroanschlüsse** nicht hinter fest montierte Küchenmöbel legen. Sie sollten jederzeit frei zugänglich sind. Dies erleichtert den Geräteeinbau oder eine spätere Fehlersuche.

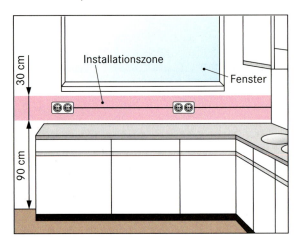

In Küchen sind neben den fest installierten Anschlüssen der Elektrogeräte (z.B. Herd) zusätzliche **Arbeitssteckdosen** über der Arbeitsfläche erforderlich. Damit diese Steckdosen in der Höhe nicht mit der Küchenarbeitsfläche kollidieren, werden sie in einer Installationszone mit einer Vorzugshöhe von 90 cm angebracht. Bei der Installation an Wänden, die mit Fliesen versehen werden, ist auf eine exakte Übereinstimmung der Montagehöhen zu achten. Jede Ungenauigkeit lässt sich bei gefliesten Wänden mit bloßem Auge am Verlauf der waagerechten Fugen erkennen.

In einer Küche lässt es sich oftmals nicht vermeiden, Steckdosen (z.B. für Wandleuchten und Kühl-/Gefrierkombinationen) außerhalb der festgelegten Installationshöhen zu montieren. In solchen Fällen sind die senkrecht geführten Stichleitungen aus der nächstgelegenen Installationszone zu verlegen.

Nach DIN 18015-2 sind in einer Küche für mindestens folgende Betriebsmittel **getrennte Stromkreise** einzuplanen:

- Beleuchtung, Arbeitssteckdosen und Dunstabzug
- Geschirrspülmaschinen
- Warmwassergerät (falls erforderlich)
- Elektroherd

Die Anzahl der Steckdosenanschlüsse ist je nach Ausstattungswert der Wohnung unterschiedlich. Die folgende Tabelle zeigt die Mindestanzahl nach DIN 18015-2 sowie nach Ausstattungswert 2 für Küchen und Kochnischen.

Anzahl der Arbeitssteckdosen	DIN 18015-2	Ausstattungs-wert 2 nach HEA/ RAL
in Küchen	6	9
in Kochnischen	4	7

Geräte mit einer Anschlussleistung von mehr als 2 kW werden über getrennte Stromkreise versorgt.

Zur Beleuchtung einer Küche sind neben der Allgemeinbeleuchtung weitere **Arbeitsplatzleuchten** erforderlich. Diese Leuchten werden meist unterhalb der Hängeschränke angebracht und sollten getrennt schaltbar sein. Durch die Vielzahl der Elektrogeräte in einer Küche empfiehlt es sich für die Beleuchtung einen eigenen Stromkreis vorzusehen.

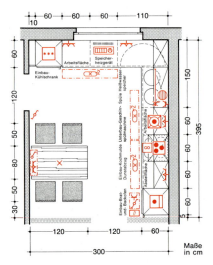

- Bei der Planung der Elektroinstallation in einer Küche ist der Plan des Küchenlieferanten zu beachten.
- Die Arbeitssteckdosen sind in einer Höhe von 105 cm über der fertigen Fußbodenfläche anzuordnen.
- Für Elektrogeräte mit einer Anschlussleistung ab 2 kW sind getrennte Stromkreise erforderlich.

Schutzbereiche in Bädern / protection zones in bathrooms

6.4.4 Installation im Bad

In einem Bad bestehen im Bereich der Badewanne bzw. der Dusche besondere Gefahrenzonen. Durch die Feuchtigkeit der Haut und die gute Verbindung zum Erdpotenzial über das Wasserrohrsystem wird der Widerstand der Fehlerschleife (vgl. Kap. 7.9.3) verringert. So können bereits kleine Berührungsspannungen einen gefährlichen Körperstrom auslösen.

Aus diesem Grund sind in Bädern mit Badewannen oder Duschen Schutzbereiche vereinbart worden (DIN VDE 0100-701). Je nach Schutzbereich werden unterschiedliche Anforderungen an die Elektroinstallation gestellt.

Schutzbereich 0

Es dürfen nur solche Betriebsmittel installiert werden, die für den Einsatz in einer Badewanne vorgesehen sind, z.B. Beleuchtungen (Sicherheitskleinspannung mit $U \leq 12$ V).

Schutzbereich 1

Dort dürfen neben ortsfesten Wassererwärmern, Whirlpool-Einrichtungen auch Verbrauchsmittel, die über Schutz durch SELV oder PELV abgesichert sind, installiert werden. Die Zuführung der Leitungen erfolgt senkrecht zum Betriebsmittel.

Schutzbereich 2

Hier werden lediglich ortsfeste Leuchten montiert. Schalter, Steckdosen und Verbindungsdosen sind in den Bereichen 0, 1 und 2 nicht zulässig. Ausnahme: Rasiersteckdose, die über eine RCD abgesichert ist.

In Räumen mit einer Bade- bzw. Duschwanne dürfen lediglich außerhalb der Bereiche 0…2 folgende Leitungen verlegt werden:
- Mantelleitungen NYM,
- Kunststoffaderleitungen in Isolierrohren oder
- Stegleitung außerhalb der Schutzbereiche.

Bei der Verlegung von Leitungen auf der Rückseite der angrenzenden Wände zu den Schutzbereichen 1 und 2 soll nach der Installation der Beriebsmittel (z.B. Steckdosen) im Nachbarraum eine Restwandstärke von 6 cm erhalten bleiben.

Die Energieversorgung der Stromkreise erfolgt über
- eine RCD mit einer Bemessungsdifferenzstromstärke $I_{\Delta n} \leq 30$ mA,
- Sicherheitskleinspannung oder
- einzeln über einen Trenntransfomator.

Bei einem Ausstattungswert 2 nach HEA/ RAL sind folgende **elektrische Anschlüsse** notwendig:
- ein Deckenauslass für Allgemeinbeleuchtung,
- zwei Wandauslässe für die Spiegelbeleuchtung,
- vier Steckdosen sowie
- Waschmachinen- und Trockneranschluss falls erforderlich.

- Steckdosen und Schalter dürfen nicht in den Schutzbereichen 0, 1 und 2 installiert werden.
- Die Restwandstärke der abgrenzenden Wände zum Schutzbereich 1 und 2 und der auf der Rückseite installierten Betriebsmittel sollte 6 cm betragen.
- Die Stromkreise innerhalb des Bades werden über eine RCD ($I_{\Delta n} \leq 30$ mA) angeschlossen.

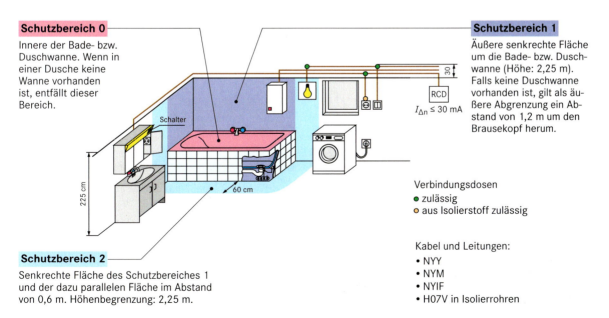

Schutzbereich 0
Innere der Bade- bzw. Duschwanne. Wenn in einer Dusche keine Wanne vorhanden ist, entfällt dieser Bereich.

Schutzbereich 1
Äußere senkrechte Fläche um die Bade- bzw. Duschwanne (Höhe: 2,25 m). Falls keine Duschwanne vorhanden ist, gilt als äußere Abgrenzung ein Abstand von 1,2 m um den Brausekopf herum.

Schutzbereich 2
Senkrechte Fläche des Schutzbereiches 1 und der dazu parallelen Fläche im Abstand von 0,6 m. Höhenbegrenzung: 2,25 m.

Verbindungsdosen
- zulässig
- aus Isolierstoff zulässig

Kabel und Leitungen:
- NYY
- NYM
- NYIF
- H07V in Isolierrohren

Zusätzlicher Schutzpotenzialausgleich / additional protective equipotential bonding

Zusätzlicher Schutz vor gefährlichen Körperströmen

Innerhalb und außerhalb der Schutzbereiche müssen alle fremden leitfähigen Teile in den **zusätzlichen örtlichen Schutzpotenzialausgleich** einbezogen werden (vgl. Kap. 7.9.6). Dadurch wird verhindert, dass sich aus anderen Gebäudeteilen eine Spannung über das metallische Rohrsysteme einschleppt, die einen gefährlichen Körperstrom zur Folge haben kann. Diese Spannungsverschleppung ist auch dann möglich, wenn in Räumen mit einer Badewanne bzw. Dusche keine elektrischen Einrichtungen vorhanden sind.

In den örtlichen Schutzpotenzialausgleich im Bad werden folgende Teile einbezogen:
- Abflussrohre aus Metall
- Kalt- und Warmwasserleitung
- Vor- und Rücklauf der Heizung
- Gas und Klima

Ausnahmen:
- metallene Türzargen,
- Fensterrahmen aus Metall,
- Handtuchhalter aus Metall,
- metallene Abflussabdeckungen im Boden.

Wie wird der örtliche Schutzotenzialausgleich hergestellt?

In der Praxis werden leitfähige Teile und Rohrsysteme im Bad mit dem Schutzleiter ohne Unterbrechung (d.h. durchgeschleift) verbunden (Abb. 1).

Die Verbindung zwischen dem örtlichen Schutzpotenzialausgleichsleiter und dem Schutzleiter kann auf unterschiedliche Weise erfolgen und zwar durch
- einen Verteiler (z.B. Stromkreisverteiler) oder
- die Haupterdungsschiene.

Nach DIN VDE 0100-540 dürfen folgende Metallteile nicht als Schutzpotenzialausgleichsleiter verwendet werden:
- Metallene Wasserleitungen
- Flexible metallene Elektroinstallationsrohre
- Kabelwannen oder Kabelpritschen
- Konstruktionsteile, die im Normalbetrieb mechanisch beansprucht werden.

Leiterquerschnitt des Schutzpotenzialausgleichsleiters

Der Querschnitt beträgt mindestens 4 mm^2 Cu. Die Farbe der Leiterisolierung ist in der Regel grün-gelb oder schwarz, jedoch nicht blau.

> - Durch den örtliche Schutzpotenzialausgleich in einem Bad werden Spannungsverschleppungen aus anderen Gebäudeteilen verhindert.
> - Der Schutzpotenzialausgleichsleiter wird mit dem Schutzleiter verbunden.
> - Der Leiterquerschnitt beträgt mindestens 4 mm^2 Kupfer.

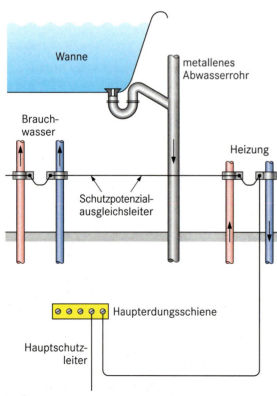

1: Örtlicher Schutzpotenzialausgleich

Aufgaben

1. Durch welche Maße sind in einem Wohnraum die senkrechten und waagerechten Installationszonen festgelegt?

2. Erstellen Sie eine Übersichtstabelle, die die Größe der vier Schutzbereiche im Bad, sowie die darin erlaubten Elektroinstallationen zeigt!

3. In einer Dusche ist keine Duschwanne vorhanden.
Welche äußere Abgrenzung gilt dann für den Schutzbereich 2?

4. Was müssen Sie beachten, wenn Sie an der rückwärtigen Wand zum Schutzbereich 1 eine Steckdose installieren sollen?

5. Dürfen Sie die Zuleitung zu der Steckdose aus Aufgabe 4 durch den Schutzbereich 1 verlegen?

6. Welche Aufgabe hat der zusätzliche örtliche Schutzpotenzialausgleich in einem Badezimmer mit Badewanne bzw. Dusche?

7. Welche Teile müssen in den örtlichen Schutzpotenzialausgleich im Bad mit einbezogen werden?

8. Warum wird die leitfähige Verbindung der Rohrsysteme mit einem ungeschnittenen Schutzleiter durchgeführt?

Feuchte und nasse Räume / damp and wet locations

6.5 Besondere Räume und Anlagen

Für diese Räume und Anlagen müssen besondere Schutzmaßnahmen und Betriebsmittel eingesetzt werden, weil die Gefährdung des Menschen hier höher ist als in trockenen Räumen.

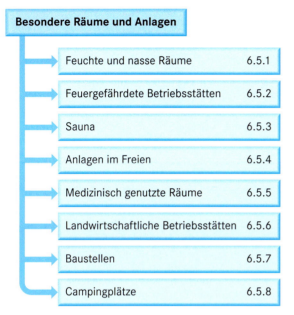

Bei der Installation in diesen Räumen sind folgende Fragen zu beantworten:
- Wodurch sind die Räume bzw. Anlagen charakterisiert? (**Merkmale**)
- Welche Besonderheiten sind bei der Wahl der Betriebsmittel zu beachten? (**Betriebsmittel**)
- Wie wird der Schutz gegen elektrischen Schlag eingehalten? (**Schutz**)

6.5.1 Feuchte und nasse Räume

Hierzu zählen die Bereiche und Orte, an denen die Sicherheit der elektrischen Anlage durch **Feuchtigkeit, Kondenswasser** und **chemische Einflüsse** beeinträchtigt wird.

Beispiel für **feuchte bzw. nasse** Räume sind:
- Kellerräume (ungeheizt oder unbelüftet)
- Waschküchen
- Kühlräume
- Großküchen
- Räume mit Wänden und Fußböden, die zur Reinigung abgespritzt werden

Küchen in Wohnungen zählen hingegen nicht zu den feuchten Räumen, da beim Kochen nur zeitweise Feuchtigkeit entsteht.

Räume mit einer Badewanne oder Dusche zählen ebenso nicht zu den feuchten Räumen, da hierfür besondere Normen gelten (vgl. Kap. 6.4.4).

Für die elektrischen Betriebsmittel in feuchten und nassen Räumen gelten bestimmte Mindestanforderungen an den **Wasserschutz** (vgl. Kap. 8.4).

Mindest-Schutzart	Schutz gegen ...
IPX1	.... senkrecht tropfendes Wasser
IPX4	.... Spritzwasser aus jeder Richtung jedoch nicht, wenn der Strahl direkt auf das Betriebsmittel gerichtet wird
IPX5	.... einen direkt auf das Betriebsmittel treffenden Wasserstrahl

Bei der Reinigung mit Hochdruckgeräten ist besondere Vorsicht geboten, da die Betriebsmittel trotz einer IP-Schutzart nicht den Drücken und den Temperaturen standhalten.

Nach DIN VDE 0100-737 ist für feuchte und nasse Räume keine besondere Schutzmaßnahme gegen elektrischen Schlag gefordert.

6.5.2 Feuergefährdete Betriebsstätten

Überall dort, wo durch die Lagerung und Verarbeitung von leicht entzündlichen Stoffen eine erhebliche Brandgefahr ausgeht, müssen die elektrischen Anlagen in einer besonderen Weise ausgeführt werden (DIN VDE 0100-720).

Beispiele:
- Werkstätten zur Holzverarbeitung
- Öllagerräume
- Lagerorte für Heu oder Stroh
- Räume mit Lackiereinrichtungen

Die Betriebsmittel in diesen Räumen müssen mindestens der **Schutzart IP5X bzw. IP4X** bei Feuergefährdung durch Staub aufweisen. Die Leuchten bestehen aus schwer entflammbaren Materialien. Jeder Motor muss gegen zu hohe Temperaturen geschützt werden (Motorschutzschalter, vgl. Kap. 12.5.1).

Die ortsfesten Leitungen werden als PVC-Mantelleitung NYM oder NYY ausgeführt.

Brände durch Funkenbildung in Folge eines Isolationsfehlers lassen sich durch folgende Maßnahmen vermeiden:
- RCD-Schutzeinrichtung mit $I_{\Delta n} \leq 0{,}3$ A
- getrennte Verlegung (einadrige Mantelleitungen)
- Abschaltung des Überstrom-Schutzorgans bei einem vollkommenen Kurzschluss innerhalb von 5 s.

■ In feuchten und nassen Räumen müssen die elektrischen Betriebsmittel mindestens die Schutzart IPX1 aufweisen.

■ In feuergefährdeten Betriebsstätten ist als Mindest-Schutzart IP4X bzw. IP5X notwendig.

6.5.3 Saunen

Saunaräume werden als Heißluft- oder Dampfsauna gebaut.

- Bei **Heißluft-Saunen** wird die Luft im Saunabetrieb mit einem Heizgerät auf hohe Temperaturen erwärmt. Die Luftfeuchtigkeit steigt nur dann kurz an, wenn Wasser auf den Ofen gegossen wird. Daher zählt die Heißluft-Sauna zu den trockenen Räumen (DIN VDE 0100-703).
- Eine **Dampfsauna** hingegen gilt als feuchter und nasser Raum.

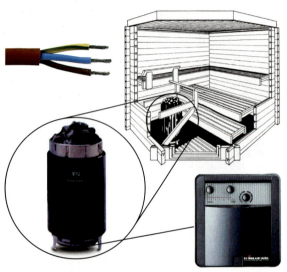

Für die Betriebsmittel in einer Heißluft-Sauna wird als Schutzart IPX4 gefordert. Steckdosen sind in Heißluft-Saunaräumen nicht zulässig.

Obwohl eine **Dampfsauna** zu den feuchten und nassen Räumen zählt und demzufolge nur IPX1 als Schutzart erforderlich ist (vgl. Kap. 6.5.1), sollte aus Sicherheitsgründen ebenfalls die Schutzart IPX4 gewählt werden. Zusätzlich müssen die Betriebsmittel für die hohe Luftfeuchtigkeit in einer Dampfsauna geeignet sein.

In einer **Heißluft-Sauna** kann als Schutzmaßnahme SELV (vgl. Kap. 7.7) angewendet werden, wenn ein Schutz gegen direktes Berühren durch Abdeckung bzw. Isolierung vorliegt. In einer Dampfsauna sollte für Steckdosen eine RCD mit einem $I_{\Delta n} \leq 30$ mA vorgesehen werden. Ein Schutz bei indirektem Berühren durch nichtleitende Räume und örtlichen Potenzialausgleich ist nicht zulässig.

In allen Saunen muss bei der Wahl der elektrischen Betriebsmittel die höchste zu erwartende Temperatur berücksichtigt werden. Die Leitungen dürfen keinen Metallmantel aufweisen und nicht in metallenen Schutzrohren verlegt werden.

- In einer Heißluft-Sauna dürfen keine Steckdosen installiert werden.

6.5.4 Anlagen im Freien

Dieser Anlagentyp liegt nach DIN VDE 0100-737 vor, wenn eine Elektroinstallation vollständig oder teilweise als Verbraucheranlage außerhalb eines Gebäudes errichtet ist. Zu diesen Anlagen gehören z. B. Gebäudeaußenwände, Straßen, Gärten, Bauplätze, Dächer, Kranen, Tankstellen.

Zur Beantwortung der Frage nach dem erforderlichen Wasserschutz ist es wichtig zu wissen, ob die Anlage geschützt oder ungeschützt ist. Bei **geschützten Anlagen** (z. B. überdachte Tankstellen oder Bahnsteige) müssen die Betriebsmittel mindestens die Schutzart IPX1 aufweisen. In **ungeschützten Anlagen** (z. B. Gärten) muss die Schutzart IPX3 als Mindestforderung eingehalten werden.

Bei der Anbringung der Betriebsmittel sollte darauf geachtet werden, dass sie vor Hochwasser und starken Regengüssen geschützt sind. Die Montagehöhe von Steckdosen im Freien sollte mindestens 0,8 m über dem Boden betragen.

Steckdosen mit einer Bemessungsstromstärke $I_n \leq 20$ A müssen über eine RCD mit einem Bemessungsdifferenzstrom $I_{\Delta n} \leq 30$ mA geschützt werden. Dies gilt sowohl für Steckdosen im Freien als auch für die Steckdosen innerhalb eines Gebäudes, die zur Versorgung elektrischer Betriebsmittel im Freien dienen.

- Anlagen im Freien werden als geschützte (z. B. überdachte Tankstelle) und ungeschützte Anlagen (Gartenanlage) gebaut.
- In geschützten Anlagen im Freien gilt für den Wasserschutz mindestens IPX1, in ungeschützten Anlagen mindestens IPX3.
- Alle Steckdosen zur Versorgung elektrischer Betriebsmittel im Freien müssen mit einer RCD ($I_{\Delta n} \leq 30$ mA) geschützt werden.

Aufgaben

1. In der Lackierhalle einer Schreinerei sollen die Leuchten ausgetauscht werden.
Welche Schutzart müssen die neuen Leuchten besitzen?

2. Auf welche Kriterien ist bei der Auswahl der Betriebsmittel in einer Dampfsauna zu achten?

3. Erklären Sie den Unterschied zwischen einer ungeschützten und einer geschützten Anlage im Freien!

4. Ein Kunde möchte im Bereich seiner Außenterrasse eine Steckdose 30 cm über dem Boden installiert haben.
Ist diese Installation vorschriftsmäßig? (Begründung)

6.5.5 Medizinisch genutzte Räume

In diesen Räumen werden Patienten mit elektromedizinischen Geräten untersucht und behandelt. Deshalb gelten hier besonders hohe Anforderungen (DIN VDE 0107).

Das Risiko für den Patienten ist bei einem Fehler sehr groß, da die elektromedizinischen Geräte oftmals direkt mit dem Körper des Patienten in Verbindung kommen, eine lebenswichtige Funktion übernehmen (z. B. Beatmungsgeräte) oder direkt mit elektrischen Impulsen therapiert wird.

Anwendungs-gruppe	Nutzung	Beispiele
0	Anwendung medizinischer Geräte, die auch außerhalb der medizinischen Räume zulässig sind.	Praxisraum Bettenraum
1	Elektromedizinische Geräte dürfen nur am oder im Körper durch natürliche Körperöffnungen verwendet werden.	Therapieraum Massageraum Bettenraum
2	Operationen und lebens-erhaltende Funktionen	Operationssaal Intensivstation

Zum Schutz bei indirektem Berühren dürfen in Räumen der Anwendungsgruppe 2 nur
- Schutzkleinspannung (25 V AC bzw. 60 V DC),
- Schutz durch automatische Abschaltung im IT-System,
- Schutzisolierung oder
- Schutztrennung (nur ein angeschlossenes Gerät)

angewendet werden.

Für **Operationsleuchten** mit einer höheren Bemessungsspannung als 25 V AC bzw. 60 V DC sowie Stromkreise zur Versorgung elektromedizinischer Geräte für Operationen ist der Schutz durch automatische Abschaltung im IT-System notwendig.

Um die Stromversorgung auch im Falle eines Netzausfalls aufrecht zu erhalten, sind **Ersatzstromversorgungen** erforderlich (vgl. Kap. 8.5). Sinkt die Netzspannung um mehr als 10 % ab, werden
- Geräte zur Erhaltung lebenswichtiger Funktionen innerhalb von 0,5 s und
- alle übrigen Verbraucher innerhalb von 15 s

auf die Ersatzstromversorgung umgeschaltet.

- Medizinische genutzte Räume sind gemäß der Nutzung in die Anwendungsgruppen 0, 1, 2 unterteilt.
- Im Anwendungsbereich 2 sind für Operationsbeleuchtungen und elektromedizinische Geräte für Operationen eine automatische Abschaltung im IT-System vorzusehen.

6.5.6 Landwirtschaftliche Betriebsstätten

In landwirtschaftlichen Betrieben und Gartenbaubetrieben wird nach Wohn- und Wirtschaftsgebäuden unterschieden. Für die Wohngebäude gelten die Normen für die Hausinstallation. Zu den Wirtschaftsgebäuden zählen sowohl deren Innenräume als auch die Anlagen im Freien eines landwirtschaftlichen Betriebes.

Betriebsstätten	
in Landwirtschaft	im Gartenbau
Stallungen, Heuböden, Brut- und Aufzuchträume, Speicher für Düngemittel, Stroh und Getreide	Gewächshäuser und Räume zur Lagerung und Verarbeitung der Erzeugnisse

Besondere Einwirkungen auf die elektrischen Betriebsmittel entstehen in landwirtschaftlichen und gartenbaulichen Betrieben durch Feuchtigkeit, Staub, chemische Dämpfe und Säuren. Diese können für Menschen und Tiere ein hohes Risiko darstellen. Daher sollten die Betriebsmittel so angeordnet werden, dass sie für Tiere nicht zugänglich sind sowie vor äußeren Einflüssen geschützt sind.

In landwirtschaftlichen Betriebsstätten dürfen elektrische Betriebsmittel nur in den Bereichen verwendet werden, wo sie auch erforderlich sind. Leitungen sind so zu verlegen, dass sie von den Nutztieren nicht erreichbar sind.

Schutzart der Betriebsmittel	
Fremdkörperschutz	Wasserschutz
IP4X (keine Staubentwicklung)	IPX4 (bei normalem Gebrauch)
IP5X (mit Staubentwicklung)	vgl. Tabelle S. 137 (höhere Belastung)

Die zulässige Berührungsspannung in Bereichen der Tierhaltung beträgt 25 V AC und außerhalb dieser Bereiche 50 V. Im Bereich der Stallungen ist ein zusätzlicher örtlicher Potenzialausgleich gefordert, der alle fremden, elektrisch leitfähigen Teile (Metallgitter im Boden, Melkanlagen) miteinander sowie dem Schutzleiter verbindet. Stromkreise zur Versorgung von Steckdosen müssen über eine RCD ($I_{\Delta n} \leq 30$ mA) geschützt werden. Für Endstromkreis wird der Schutz mittels RCD mit $I_{\Delta n} \leq 30$ mA empfohlen.

- In landwirtschaftlichen Betriebsstätten und Gartenbaubetrieben sind die elektrischen Betriebsmittel vor äußeren Einflüssen (Feuchtigkeit, Staub etc.) zu schützen.
- Für den Bereich der Nutztierhaltung gilt als höchstzulässige Berührungsspannung 25 V Wechselspannung.

6.5.7 Baustellen

Auf einer Baustelle werden an alle elektrischen Betriebsmittel hohe Anforderungen an die
- mechanische Belastbarkeit,
- die Witterungsbeständigkeit sowie
- den Schutz gegen elektrischen Schlag

gestellt. Diese sind in DIN VDE 0100-704 geregelt.
Anlagen auf Baustellen sind alle elektrischen Einrichtungen für die Neuerrichtung oder Durchführung von Reparaturarbeiten an
- Hoch- und Tiefbaustellen sowie
- Baustellen mit Metallbaumontagen.

Die Versorgung der elektrischen Betriebsmittel erfolgt über einen **Baustromverteiler** (Abb. 1).
- Der Verteiler wird ohne eine lösbare Verbindung direkt an das VNB-Netz angeschlossen und muss den Bestimmungen der TAB des jeweiligen VNB entsprechen (Mindest-Schutzart IP43).
- Als Zuleitung wird eine flexible Leitung H07RN-F verwendet, die nicht länger als 30 m sein soll.
- Der Leiterquerschnitt beträgt 10 mm².

1: Baustromverteiler

Welche Schutzart ist erforderlich?

Betriebsmittel	Schutzart	
Schaltanlagen und Verteiler	IP43	💧
Installationsmaterial und Abzweigdosen	IPX4	⚠
elektrische Maschinen	IP44	⚠
Leuchten und Wärmegeräte	IPX4	⚠
Handleuchten	IPX5	⚠ ⚠

Orte, an denen mit einzelnen Geräten gearbeitet wird, z. B. bei Bohr- und Schweißarbeiten, zählen nicht zu den Baustellen. Sind hier umfangreiche Arbeiten mit mehreren gleichzeitig benutzten elektrischen Betriebsmitteln erforderlich, muss die Stromversorgung ebenfalls über einen zentralen Baustromverteiler erfolgen.

Die **Energieversorgung** wird bei Baustellen als TN-S- oder TT-System ausgeführt. Der Baustromverteiler muss jederzeit zugänglich sein. Über einen Hauptschalter muss der Verteiler spannungsfrei zu schalten sein. Alle Steckverbindungen sind über eine RCD abzusichern.

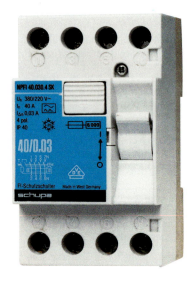

$I_{\Delta n} \leq 30$ mA
bei $I_n \leq 16$ A
(bei Einphasenwechselstrom)

$I_{\Delta n} \leq 0,5$ A
(bei sonstigen Steckdosen)

Die RCD-Schutzeinrichtung muss bis $-25\,°C$ geeignet sein.

Die Verlängerungsleitungen zu den Verbrauchern bestehen aus Gummischlauchleitungen (H07RN-F) oder gleichwertigen gummiaderisolierten Leitungen. Leitungen mit einer Aderisolierung aus PVC sind nicht erlaubt.

- Der Baustromverteiler dient zur Versorgung elektrischer Betriebsmittel auf einer Baustelle und hat als Mindest-Schutzart IP43.
- Auf einer Baustelle wird das TN-S- oder TT-System eingesetzt.
- Die Steckdosen in einem Baustromverteiler sind über eine RCD abzusichern.

Aufgaben

1. Nennen Sie die Schutzmaßnahmen zum Schutz bei indirektem Berühren in einem Operationssaal!

2. In welchen Fällen ist in medizinisch genutzten Räumen des Anwendungsbereiches 2 ein Schutz durch automatische Abschaltung im IT-System notwendig?

3. Warum ist die automatische Abschaltung im IT-System gerade in Operationsräumen sinnvoll?

4. Welche zeitlichen Forderungen werden an die Umschaltung von Netzspannung auf eine Ersatzstromversorgung gestellt?

Elektroanschluss bei Wohnmobilen / electrical connection of caravans

6.5.8 Campingplätze

Für die Installation und Versorgung von elektrischen Anlagen in bewohnbaren Fahrzeugen (Caravan) und Zelten gelten die Vorschriften nach DIN VDE 0100-708. Die verschärften Schutzmaßnahmen sind notwendig, da auf Campingplätzen

- die Stromversorgung oftmals ungeschützt erfolgt und die Zuleitungen so einem rauhen Betrieb (Witterungseinflüsse etc.) ausgesetzt sind und
- der häufige Wechsel der Fahrzeuge zu einer ungeordneten Verlegung der Leitungen im Bereich der Stromverteiler führt.

Bezüglich des Wasserschutzes gelten an den Speisepunkten von Caravans die Anforderung von Anlagen im Freien (vgl. Kap. 6.5.4). Bei ungeschützten Anlagen im Freien gilt als **Mindest-Schutzart IPX3**. Der Schutz sollte auch bei gesteckten Steckern gewährleistet sein. Die Steckverbindung am Stromverteiler muss zusätzlich durch eine Tür geschützt werden.

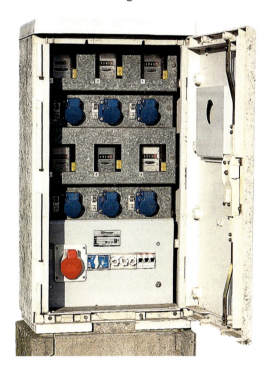

Die **Montagehöhe der Steckdosen** muss 0,8 m bis 1,5 m über dem Boden betragen. Die Anschlussleitung wird als H07V-K bzw. H07V-R ausgeführt und hat einen Mindestquerschnitt von 2,5 mm². Die maximale Länge der Anschlussleitung beträgt 25 m.

Da die Leitungsverlegung und –verzweigung auf Campingplätzen zumeist fliegend ist und die Anlage außerhalb des Wirkungsbereiches eines Hauptpotenzialausgleiches liegt, wird als Schutz bei direktem Berühren eine RCD ($I_{\Delta n} \leq 30$ mA) gefordert. An die RCD dürfen jedoch nicht mehr als drei Steckdosen angeschlossen werden.

Als **Steckverbinder** zwischen dem Stromkreisverteiler und dem Wohnwagen oder Wohnmobil dürfen keine herkömmlichen Schutzkontaktsteckvorrichtungen verwendet werden. Vorgeschrieben sind CEE-Stecksysteme (Abb. 2) mit drei Kontaktstiften (vgl. Kap. 7.7).

2: CEE-Stecker

- Die Stromkreisverteiler auf einem Campingplatz müssen als Mindestanforderung für den Wasserschutz IPX3 aufweisen.
- Die Anschlussleitung besteht aus einer flexiblen Gummischlauchleitung mit einem Mindestquerschnitt von 2,5 mm².
- Die Länge der Anschlussleitung darf maximal 25 m betragen.
- Als Steckverbinder sind ausschließlich CEE-Stecksysteme mit drei Kontaktstiften erlaubt.

Aufgaben

1. Worauf sollte bei der Anbringung von elektrischen Betriebsmitteln in landwirtschaftlichen Stallungen geachtet werden?

2. Sie haben die Aufgabe, eine Baustelle mit elektrischer Energie als TT-System zu versorgen.
a) Was ist bei der Wahl des Baustromverteilers zu beachten?
b) Mit welcher Leitung schließen Sie den Baustromverteiler an die Spannungsversorgung an?

3. Eine Leuchte hat als Angabe zur Schutzart den Aufdruck IP23.
Ist diese Leuchte für den Einsatz als Handlampe auf einer Baustelle geeignet (Begründung)?

4. Sie erhalten den Auftrag, das Wohnmobil eines Kunden für den Anschluss an die Energieversorgung auf Campingplätzen auszurüsten.
a) Welche Anforderungen muss die Anschlussleitung erfüllen?
b) Muss eine zusätzliche RCD einbaut werden?

	Besondere Räume und Anlagen		
	Beispiel	**Schutzart der Betriebsmittel**	**Schutz gegen elektrischen Schlag**
Feuchte und nasse Räume	• Kellerraum • Waschküche • Kühlraum • Großküchen	IPX1 senkrecht tropfendes Wasser IPX4 Spritzwasser aus jeder Richtung IPX5 direkt auftreffender Wasserstrahl	keine besondere Schutzmaßnahme erforderlich
Feuergefährdete Betriebsstätten	• Werkstätten der Holzverarbeitung • Öllagerräume • Lackierräume • Heu- oder Strohlager	IP4X Mindest-Schutzart IP5X Feuergefährdung durch Staub	keine besondere Schutzmaßnahme erforderlich
Saunen	• $I_{\Delta n} \leq 30$ mA	IPX4 Heißluftsauna und als Empfehlung für eine Dampfsauna	Heißluftsauna: Kleinspannung mit einem Schutz gegen direktes Berühren (Basisschutz) durch Abdeckung oder Isolierung Dampfsauna: RCD mit $I_{\Delta n} \leq 30$ mA
Anlagen im Freien	• Verbraucheranlagen, die vollständig oder teilweise außerhalb eines Gebäudes errichtet sind.	IPX1 geschützte Anlagen IPX3 ungeschützte Anlagen	Steckdosen mit $I_n \leq 20$ A sind über eine RCD mit $I_{\Delta n} \leq 30$ mA zu schützen.
Medizinisch genutzte Räume	• Bettenraum • Praxisraum	Verteiler müssen der DIN VDE 0660-500 entsprechen und außerhalb von medizinisch genutzten Räumen untergebracht sein. Im Anwendungsbereich 2 sind eigene Verteiler erforderlich.	keine besondere Schutzmaßnahme erforderlich
	• Therapieraum • Massageraum • chirurgische Ambulanz		• SELV • Doppelte oder verstärkte Isolierung • Schutztrennung bei nur einem angeschlossenem Verbraucher • RCD ($I_{\Delta n} \leq 30$ mA) bei $I_n \leq 63$ A • automatische Abschaltung im IT-System (beim 2. Fehler)
	• Operationsraum • Intensivstation		
Landwirtschaftliche Betriebsstätten	• Stallung • Heuboden • Brut- und Aufzuchtraum • Getreide- bzw. Düngemittelspeicher	IP44 normaler Gebrauch ohne Staubentwicklung IP5X Gebrauch mit Staubentwicklung	Steckdosenstromkreise werden über eine RCD ($I_{\Delta n} \leq 30$ mA) versorgt.
Baustellen	• Hoch- und Tiefbaustellen • Baustellen mit Metallbaumontagen	IP43 Verteiler IP44 elektrische Maschinen IPX5 Handleuchten	Stromkreise mit lösbaren Verbindungen sind über eine RCD abzusichern. Bei $I_n \leq 16$ A $\Rightarrow I_{\Delta n} \leq 30$ mA sonst. $I_{\Delta n} \leq 0,5$ mA
Campingplätze	• Campingplatz • bewohnbare Fahrzeuge, z.B. Caravan	IPX3 Speisepunkte im Freien	RCD mit $I_{\Delta n} \leq 30$ mA, die nicht mehr als drei Steckdosen versorgen darf.

Gebäudeleittechnik / building services management system

6.6 Gebäudeleittechnik

6.6.1 Arbeitsweise des EIB-Systems

Mit der herkömmlichen Installationstechnik sind Raumnutzungsänderungen nur mit einem großen Material- und Zeitaufwand möglich. Dagegen vereint der EIB (Abk.: **E**uropäischer **I**nstallations**b**us) sämtliche
- Steuer-,
- Regel- und
- Meldeaufgaben

eines Gebäudes in einem System. Er ist ein flexibles Installationssystem zur Steuerung der Beleuchtungen und Jalousien, zur Regelung der Heizung und Lüftung sowie zur Überwachung des Gebäudes.

Woraus besteht das EIB-System?

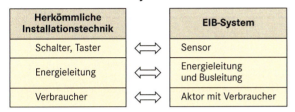

Beim EIB wird zwischen einem Leistungs- und Informationsteil unterschieden. Dazu sind zwei voneinander **getrennte Leitungsnetze** erforderlich (Abb. 1):
- Leistungsteil; AC 400/230 V – Netz
- Busnetz, Informationsteil (blau); DC 24 V

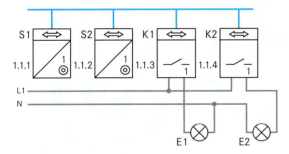

1: Aufbau einer EIB-Beleuchtungsanlage

Zur Übertragung der Informationen dient ein **Zweidraht-Busnetz**, das sämtliche EIB-Geräte (Teilnehmer) miteinander verbindet. Über diese Verbindung tauschen die Teilnehmer ihre Informationen aus. Im Busnetz werden alle Teilnehmer parallel geschaltet. Dadurch ist auch eine einfache Leitungsführung möglich.

Die EIB-Geräte werden in Sensoren und Aktoren unterteilt.
- Die **Sensoren** (Abb. 1: S1 und S2) wandeln einen Schaltbefehl, z.B. Tasterbetätigung, in ein **Informationspaket (Telegramm)** um. Dieses Datentelegramm wird über den Bus zum jeweiligen Aktor (Abb. 1: K1 und K2) gesendet.
- Der **Aktor** empfängt das Telegramm des Sensors und führt den Schaltbefehl für das zugeordnete Betriebsmittel (Abb. 1: E1 und E2) aus. Er ist das Bindeglied zwischen Bus- und Energienetz.

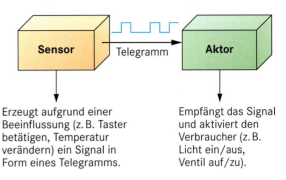

Erzeugt aufgrund einer Beeinflussung (z.B. Taster betätigen, Temperatur verändern) ein Signal in Form eines Telegramms.

Empfängt das Signal und aktiviert den Verbraucher (z.B. Licht ein/aus, Ventil auf/zu).

Da die Energie über den Aktor direkt zum Betriebsmittel transportiert wird, kann der Verdrahtungsaufwand des 400/230 V–Netzes erheblich reduziert werden.

Wie werden die Schaltbefehle ausgetauscht?

Die Zuordnung der Steuerfunktion eines Sensors zu dem Aktor wird durch ein Programm festgelegt. Diese logische Verbindung hat die Bezeichnung **Gruppenadresse** (vgl. S. 148), z.B. 1/1/1. Das Programm ist mit Hilfe eines Computers veränderbar. Somit sind Funktionsänderungen ohne Umverdrahtung möglich.

Voraussetzung für den Austausch der Information zwischen Sensor und Aktor ist, dass jeder Busteilnehmer im System einen eindeutigen Namen (**physikalische Adresse**) hat.

Die physikalische Adresse wird jedem Teilnehmer bei der Inbetriebnahme fest zugeordnet. Sie besteht aus Zahlen, die durch Punkte getrennt sind. Die Zahlen ergeben sich teilweise aus dem Aufbau der Anlage (vgl. Kap. 6.6.4). In Abb. 1 hat S2 die physikalische Adresse 1.1.2.

- Beim EIB werden Energie und Information in getrennten Leitungsnetzen übertragen.
- Die Sensoren wandeln Befehle in Signale um und senden sie zu den Aktoren.
- Die Aktoren empfangen die Signale und führen sie am Verbraucher aus.

Aufgaben

1. Beschreiben Sie den Unterschied zwischen dem EIB-System und einer herkömmlichen Elektroinstallation!

2. Welche Aufgaben haben Sensoren und Aktoren im EIB-System?

6.6.2 Aufbau eines Busteilnehmers

An einem Taster aus dem Schaltungsbeispiel der vorherigen Seite beschreiben wir beispielhaft den Aufbau eines EIB-Gerätes. Alle Busteilnehmer bestehen aus einem Busankoppler (BA) und einem Anwendungsmodul (AM)/ Endgerät (Abb.1).

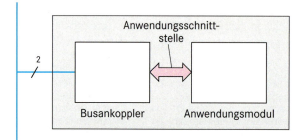

1: Aufbau eines Busteilnehmers

Der **Busankoppler** stellt die Verbindung zur Zweidraht-Busleitung her. Er sendet und empfängt Daten und speichert das Anwendungsprogramm und weitere wichtige Daten (z.B. die eigene physikalische Adresse).

Das **Anwendungsmodul** legt die Funktion des Gerätes fest. Je nach Ausführung kann das Gerät als Sensor oder Aktor arbeiten. Das Anwendungsmodul ist entweder fest mit dem Busankoppler verbunden oder über eine Anwendungsschnittstelle steckbar. Im Beispiel des Tasters (Abb. 2) wird als Anwendungsmodul eine 1-fach Wippe auf den Busankoppler gesteckt.

2: Tastsensor mit Busankoppler

Auf der Rückseite des Busankopplers befindet sich die Busanschlussklemme. Über sie wird der Busankoppler mit der Busleitung verbunden.

EIB-Geräte werden als Unterputz- (UP), Einbau- (EG) und Reiheneinbaugerät (REG für die Hutschienenmontage) für Verteilungen gefertigt.

6.6.3 Busleitung

Für die Verdrahtung werden zwei Adern als SELV-Stromkreis (vgl. Kap 7.7) verwendet. Die **Busadern** versorgen die Geräte mit DC 24 V und übertragen die Informationen. Zur Installation wird eine Leitung mit zwei massiven Adernpaaren verwendet.

Empfohlene Busleitungen:
- J-Y(St)Y 2 x 2 x 0,8
  (Adernfarben: rot, schwarz, gelb, weiß)
- PYCYM 2 x 2 x 0,8
  (Adernfarben: rot, schwarz, gelb, weiß)

Energieleitungen dürfen nicht als Busleitung eingesetzt werden.

Die rote (Bus +) und schwarze Ader (Bus -) der Busleitung werden an die Busklemme angeschlossen. Die gelbe und weiße Ader werden nicht benötigt.

Es ist möglich, dieses zweite freie Adernpaar zur Sprachübertragung einzusetzen. Sie dürfen jedoch **nicht** als Fernmeldeleitung des öffentlichen Fernmeldenetzes verwendet werden.

Die **Anschlussklemmen** sind ebenfalls rot und schwarz markiert. Mit einem Steckverbinder werden die EIB-Geräte parallel an die Busleitung geschaltet (durchgeschleift). Einzelne Busteilnehmer können so abgetrennt werden, ohne dass der Bus unterbrochen wird.

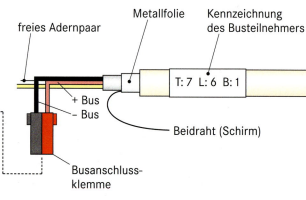

Die Busleitung darf nicht als Ringnetz installiert werden, d.h. am Ende der durchgeschleiften EIB-Busleitung darf keine Verbindung zum Anfang hergestellt werden.

- Der Busteilnehmer besteht aus einem Busankoppler und einem Anwendungsmodul.
- Der Busankoppler wird über eine Schnittstelle mit dem Anwendungsmodul verbunden.
- Die EIB-Geräte werden durch die Busklemme parallel geschaltet.

Linien und Bereiche / lines and zones

6.6.4 Aufbau des EIB

Damit der EIB in kleinen und großen Anlagen übersichtlich gegliedert werden kann, werden die Betriebsmittel in Ebenen eingeteilt. Die Anlage wird somit hierarchisch strukturiert.

Der EIB ist aufgeteilt in
- **Linien** und
- **Bereiche** (Abb. 3)

Jede **Linie** besitzt eine getrennte Spannungsversorgung, die maximal 64 Busteilnehmer versorgen kann. Über einen **Linienkoppler** (LK) in jeder Linie können bis zu zwölf Linien miteinander verbunden werden. Der Linienkoppler sorgt für eine galvanische Trennung zwischen den Linien und leitet nur die linienübergreifenden Telegramme weiter.

Jede Linie enthält außer den Sensoren und Aktoren eine Spannungsversorgung, eine Drossel und einen Verbinder. Die **Drossel** verhindert, dass die Telegramme in der Spannungsversorgung kurzgeschlossen werden. Sie ist häufig in der Spannungsversorgung eingebaut. Der **Verbinder** dient zum Anschluss der Busleitung an die Spannungsversorgung in der Verteilung.

15 Linien bilden einen **Bereich.** 15 Bereiche können mit **Bereichskopplern** zu einer Bereichslinie (Backbone) verbunden werden. Zwischen den Bereichs- und den Linienkopplern muss ebenfalls eine Spannungsversorgung vorhanden sein.

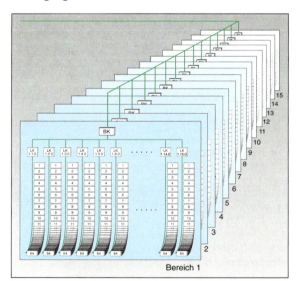

3: Linien und Bereiche des EIB

Bei der Festlegung der Linien und Bereiche kann das Gebäude als Vorlage dienen. Die Struktur für eine Anlage, die mehrere Gebäude umfasst, kann folgendermaßen aussehen:
- Jedes Stockwerk entspricht einer Linie.
- Jedes Gebäude entspricht einem Bereich.

Wie setzt sich die physikalische Adresse zusammen?

Jedes Betriebsmittel besitzt mit der **physikalischen Adresse** eine eindeutige Kennung. Sie besteht aus drei Zahlen. Die physikalische Adresse wird jedem Betriebsmittel durch das Programm fest zugeordnet.

Beispiel: 1.4.35

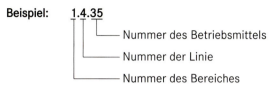

- Das EIB-System ist in Linien und Bereiche aufgeteilt.
- Jede Linie enthält außer den Sensoren und Aktoren eine Spannungsversorgung, eine Drossel und einen Verbinder.
- Jedem Gerät am Bus wird eine eindeutige physikalische Adresse zugeordnet.
- Die physikalische Adresse besteht aus drei Zahlen, die durch Punkte getrennt sind.

Aufgaben

1. Welche Adernfarben werden für die Busleitung des EIB verwendet?

2. Welche Funktionen haben der Busankoppler und das Anwendungsmodul eines Busteilnehmers?

3. Wieviele Busteilnehmer können maximal an ein EIB-System angeschlossen werden?

4. Ist es möglich, die zwei verbleibenden freien Adern der Busleitung zum Anschluss einer Telefonsteckdose zu verwenden? (Begründung)

5. Welche EIB-Geräte müssen in einer Linie mindestens vorhanden sein?

6. Welche Funktion hat die Drossel in einer EIB-Linie?

7. Warum dürfen mehrere Linien nur über einen Linienkoppler miteinander verbunden werden?

8. Wozu muss jedes Betriebsmittel beim EIB eine physikalische Adresse erhalten?

9. Sie haben die Aufgabe ein EIB-Bussystem mit 300 Busteilnehmern zu installieren.
Wieviele Linien müssen Sie mindestens vorsehen?

10. Ein EIB-Teilnehmer besitzt folgende physikalische Adresse: 2.4.33.
In welcher Linie und in welchem Bereich befindet sich das Gerät?

11. Ist die physikalische Adresse 12.16.67 möglich? Begründen Sie die Antwort!

6.6.5 Installationsvorschriften

Für die energieseitige Installation gelten für den Elektroinstallateur die Vorschriften der DIN VDE 0100.

Die Installationsbedingungen für die Busleitungen und Busteilnehmer sind dieselben wie bei der Installation der Energieleitungen.

Welche Abstände sind bei der Verlegung einzuhalten?

Energieleitungen und Busleitungen sollen zur Vermeidung der Leiterschleifenbildung in möglichst geringem Abstand nebeneinander verlegt werden. Bei der Verlegung von Einzeladern ist ein **Mindestabstand** von 4 mm erforderlich. Zwischen einer Stegleitung und einer Busleitung ist ein Abstand von 10 mm einzuhalten.

Bus- und Energieleitung dürfen nur dann in einer gemeinsamen Dose verklemmt werden, wenn eine sichere Trennung zwischen EIB- und Energieseite gewährleistet ist (Abb. 1). Andernfalls müssen getrennte Dosen verwendet werden. Abb. 2 zeigt eine ordnungsgemäß verklemmte EIB-Installationsdose. Die nicht verwendeten Adern sowie der Beidraht werden nicht abgeschnitten, sondern für eine spätere Verwendung umgebogen.

EIB-Betriebsmittel sind für eine maximale Stoßspannung von 2 kV ausgelegt. Ist ein größerer Wert zu erwarten, müssen diese Überspannungen in jeder Linie durch **Überspannungsableiter** begrenzt werden. Dazu ist ein EIB-Überspannungsfeinschutz (Abb. 3) notwendig. Dieser wird anstelle der Busklemme mit dem Busankoppler verbunden und auf kürzestem Weg zu einem Erdungspunkt geführt.

3: EIB-Überspannungsfeinschutz

Bei der Verlegung der Busleitung dürfen die **Maximallängen** aus übertragungstechnischen Gründen nicht überschritten werden (Abb. 4).

- Der Abstand zwischen der Spannungsversorgung ① und den Busteilnehmern ② darf 350 m nicht überschreiten.
- Zwischen zwei Busteilnehmern gilt ein maximaler Abstand von $a \leq 700$ m.
- In einer Linie oder einem Bereich sind $l \leq 1000$ m Busleitung zulässig.

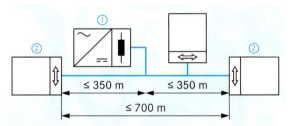

4: Beispielinstallation der EIB-Busleitung in einer Linie

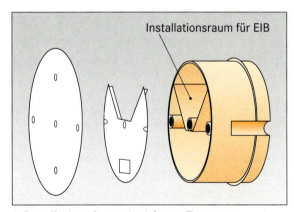

1: Installationsdose mit sicherer Trennung

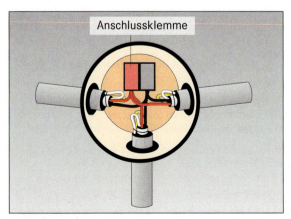

2: EIB-Installationsdose

- Bei der Verlegung der Bus- und Energieleitungen sind Mindestabstände einzuhalten.
- In einer EIB-Linie dürfen bei der Leitungsverlegung die Maximallängen nicht überschritten werden.

Aufgaben

1. Welche Anforderungen sind beim Verklemmen mehrerer Busleitungen in einer Installationsdose zu erfüllen?

2. Wodurch wird die sichere Trennung bei der Installationsdose in Abb. 1 erreicht?

3. Welchem Zweck dient der Überspannungsfeinschutz in einer EIB-Linie?

Planung / planning

6.6.6 Anwendungsbeispiel

Am Beispiel des Hausflures (Abb. 5) in einem Einfamilienhaus werden in diesem Kapitel die **Arbeitsschritte** und die **Programmierung** einer EIB-Anlage mit dem standardisierten Programm ETS (EIB Tool Software) vorgestellt. Für den Schritt der Programmierung und der Inbetriebnahme wird das Programm ETS2 eingesetzt.

Arbeitsschritte zur Installation einer EIB-Anlage

Planungsergebnis:

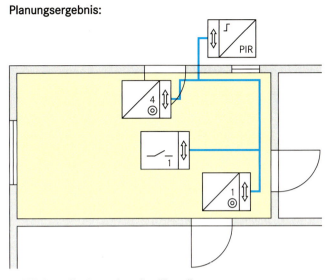

5: EIB-Installationsplan des Hausflurs

Installation

Bei der Leitungsverlegung sind die Installationsvorschriften aus Kapitel 6.6.5 einzuhalten. Nach dem Einbau der Geräte werden folgende Prüfungen erforderlich:

- **Kennzeichnung** der Busleitung:
  Der Hinweis "EIB" oder "BUS" sowie die Zugehörigkeit zur Linie sollte deutlich erkennbar sein.
- **Leitungslängen** zwischen EIB-Geräten prüfen:
  Jede Linie auf die Einhaltung der maximalen Busleitungslängen überprüfen.
- **Prüfungen** in jeder EIB-Linie:
  Bei angeschlossener Spannungsversorgung den Durchgang, die Spannung und deren Polarität an allen Busleitungsenden und -klemmen prüfen.
- **Isolationswiderstand** messen (vgl. Kap. 7.10):
  Der Isolationswiderstand des Busleitungsstromkreises muss mindestens 250 kΩ bei einer Prüfspannung von DC 250 V betragen.
- **Schutzerdung und Schutzpotenzialausgleich**
  Zur Vermeidung statischer Aufladungen wird in jeder Linie eine Verbindung (Farbe: grün-gelb) von der EIB-Spannungsversorgung mit dem Erdpotenzial hergestellt. Der Beidraht der Busleitung wird in den Schutzpotenzialausgleich nicht mit einbezogen und im Leitungszug nicht verbunden.

Vor der Inbetriebnahme ist eine Dokumentation zu erstellen. Sie besteht aus den Bestandteilen

- **Verlegeplan**
  Anordnung der Geräte und Verteilerdosen
  Angabe der Leitungslängen (wichtig für Erweiterungen),
- **Plan** über die Zielbezeichnung der Busleitung,
- **Polaritätsprüfung** und
- **Isolationswiderstand**.

Planung

In der Planungsphase muss darauf geachtet werden, die EIB-Komponenten nach den Kundenwünschen auszuwählen. Im Hausflur werden die Innen- und Außenbeleuchtung über den EIB gesteuert.

Dazu sollte die Busleitung so geführt werden, dass neue EIB-Geräte leicht nachzuinstallieren sind. Außerdem sollte die maximale Gerätezahl in den Linien und Bereichen nicht ausgeschöpft werden (20% Reserve). Eine sorgfältige Planung der Leitungswege ist für die spätere Dokumentation hilfreich.

Programmierumgebung ETS2

Das Programm ETS2 ist eine Standardsoftware zur Programmierung der Funktionen in einem EIB-System. Nach dem Programmstart wird der folgende Bildschirm angezeigt.

Die eigentliche Programmierung wird über die Schaltfläche **Projektierung** gestartet. Abb. 1 zeigt die Aufteilung des Wohnhauses mit den zugeordneten Geräten im Hausflur.

Für die Programmierung werden genaue Daten der Betriebsmittel benötigt. Die Hersteller liefern diese auf Datenträgern (z. B. Diskette). Mit der Option **Produktverwaltung** werden die Daten eingelesen (importiert).

Im nächsten Schritt wird festgelegt, welcher Sensor welchen Aktor steuert. Dazu werden vom Planer Gruppenadressen vergeben. Damit ist die Verbindung festgelegt. Die **Gruppenadresse** (Abb. 2) gliedert sich in die Ebenen Haupt- ①, Mittel- ② und Untergruppe ③. Sie werden durch Schrägstriche getrennt, z. B. 2/3/1. Bei der Vergabe der Adressen sollte der Planer stets nach demselben Konzept vorgehen. In Abb. 2 sind die Adressen nach folgendem Schema vergeben:

- **Hauptgruppen:** 1 = Zentralfunktionen
  2 = Beleuchtung
  3 = Jalousiesteuerung
  4 = Heizung
- **Mittelgruppen:** Sie sind entsprechend der Raumaufteilung im Haus vergeben.
- **Untergruppen:** Sie bilden die Funktionen innerhalb des Raums.

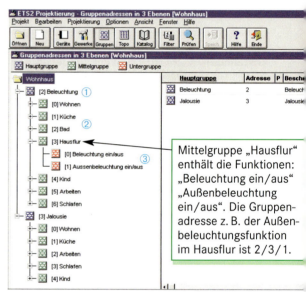

Mittelgruppe „Hausflur" enthält die Funktionen: „Beleuchtung ein/aus" „Außenbeleuchtung ein/aus". Die Gruppenadresse z. B. der Außenbeleuchtungsfunktion im Hausflur ist 2/3/1.

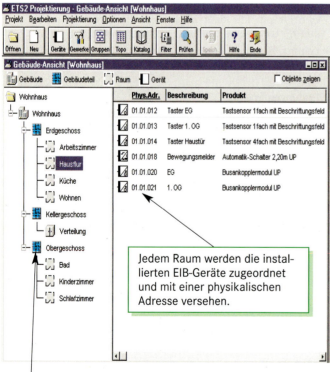

Jedem Raum werden die installierten EIB-Geräte zugeordnet und mit einer physikalischen Adresse versehen.

Aufteilung der EIB-Anlage in Bereiche (Gebäude, Gebäudeteil und Raum).

1: Gebäudeansicht

2: Ansicht der Gruppenadressen

- In der Gebäudeansicht werden die Gebäudestruktur erstellt und die EIB-Geräte aus den Herstellerdaten den Räumen zugeordnet.
- In Gruppenadressen werden die einzelnen Funktionen festgelegt und zugeordnet.

Aufgaben

1. Warum müssen vor Beginn der Programmierung die Daten der EIB-Geräte des ausgewählten Herstellers eingelesen werden?

2. Wie lautet die physikalische Adresse des Bewegungsmelders im Hausflur?

3. Welche Gruppenadresse hat die Funktion „Beleuchtung ein/aus" im Hausflur?

Funktionen programmieren / programming function

Wie werden die Funktionen programmiert?

Nachdem die erforderlichen Strukturen erstellt sind, werden die einzelnen Funktionen programmiert. Dazu werden die gewünschten Funktionen der Sensoren (z.B. Schalten Wippe 1 des Tasters an der Haustür) sowie der Aktoren aus der Gebäudeansicht in das Fenster der entsprechenden Gruppenfunktion gezogen.

Die Zuordnung der Funktionen zeigt die folgende Abbildung.

Bei der **Inbetriebnahme** wird der Computer über eine Verbindung an die Datenschnittstelle (Abb. 4) des EIB-Systems angeschlossen. Das Programm kann nun zu den Geräten übertragen werden. Zunächst werden die physikalischen Adressen einzeln zu den EIB-Geräten gesendet. An dem jeweiligen Busankoppler wird über eine Programmiertaste die eingestellte Adresse quittiert. Anschließend wird die Gruppenadresse zu den Sensoren und Aktoren übertragen.

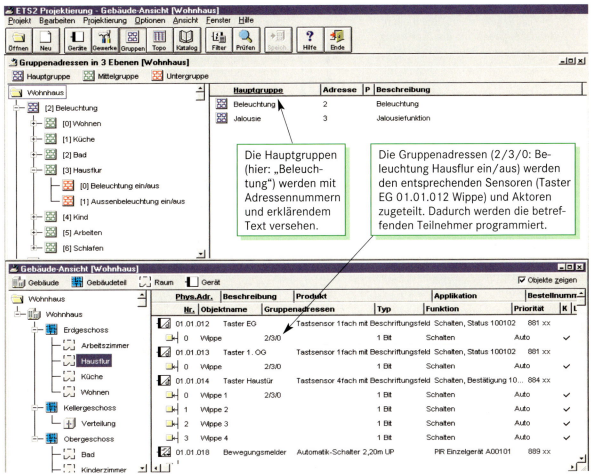

3: Gebäude- und Gruppenadressenansicht

Das Programm ETS2 enthält intern eine **Prüffunktion.** Damit kann nach der Programmierung die Gerätezuordnung auf

- fehlende Systemgeräte (z. B. Spannungsversorgung) sowie
- Zuweisung der physikalischen Adressen, Gruppenadressen und Geräte ohne Verknüpfung überprüft werden.

Nachdem das Programm für die EIB-Anlage abschließend gespeichert ist, kann der Programmpunkt Projektierung verlassen werden.

4: EIB-Datenschnittstelle

Installationsschritte

1. Anhand der Wünsche und Erfordernisse der Kunden die zu steuernden Funktionen der EIB-Anlage festlegen.

2. Die notwendigen EIB-Geräte auswählen und in den Plan einzeichnen.

3. Die Leitungsführung anhand eines Plans festlegen und die Zuordnung der Linien und Bereiche in einem Plan dokumentieren.

4. Die Leitungen und Geräte installieren.

5. Durchführung der vorgeschriebenen Prüfungen und Messungen.

6. EIB-Gerätedaten des Geräteherstellers in das Programm ETS einlesen.

7. Gebäudestruktur mit der ETS2 nachbilden (Gebäudeansicht).

8. Die EIB-Geräte den Räumen zuordnen (Gebäudeansicht).

9. Die Gruppenadressen nach einem selbst gewählten Schema vergeben (Ansicht der Gruppenadressen).

10. Die EIB-Geräte werden im Fenster „Untergruppen" den Gruppenadressen zugeordnet.

11. Die Programmierung auf fehlende oder falsche Zuordnungen überprüfen.

12. Die physikalischen Adressen über das Programm auf den Bus geben und am entsprechenden EIB-Gerät über die Programmiertaste der Busankoppler quittieren.

13. Die zugeordneten Gruppenadressen (Funktionen) im Speicher der Busankoppler ablegen.

14. Funktion der Anlage überprüfen.

15. Dokumentation vervollständigen.

Aufgaben

1. Warum soll bei der Festlegung der EIB-Geräte zu einer Linie eine Reserve von 20 % eingeplant werden?

2. Welche Leitungslängen sind zwischen den EIB-Geräten einzuhalten?

3. Warum ist vor der Inbetriebnahme der EIB-Anlage eine Polaritätsprüfung notwendig?

4. Welche Kennzeichnungen sind an den Busleitungsenden des EIB erforderlich?

5. Welche Funktion legt die Gruppenadresse 2/3/1 (vgl. Abb. 2, S. 148) aus dem vorangegangenen Programmierungsbeispiel fest?

6. Die nachfolgenden Funktionen in einem Gebäude sollen mit EIB gesteuert werden. Entwerfen Sie eine Festlegung der Gruppenadressen!

Raum	Funktionen
Wohnen	Licht ein/aus Jalousie auf/ab alle Jalousien auf/ab Heizkörperventil auf/zu
Schlafen	Licht ein/aus Jalousie auf/ab alle Jalousien auf/ab
Küche	Licht ein/aus Jalousie auf/ab alle Jalousien auf/ab
Arbeitszimmer	Licht ein/aus Jalousie auf/ab alle Jalousien auf/ab Heizkörperventil auf/zu

7. Welche unterschiedlichen Funktionen können mit dem Taster (physikalische Adresse: 01.01.014) aus Abb. 3, S. 149 programmiert werden?

8. Ein Kunde wünscht für mehrere Büroräume eine Steuerung der Beleuchtung und der Jalousien mit Hilfe des EIB.
Planen Sie für einen Büroraum die notwendigen Funktionen!

9. Sammeln Sie Argumente, die den Kunden aus Aufgabe 8 von der Notwendigkeit der Installation einer EIB-Anlage überzeugen können!

10. Welche Fehler können vor der Inbetriebnahme eines EIB-Systems mit dem Programm ETS2 überprüft werden?

11. Welche Daten müssen bei der Inbetriebnahme eines EIB-Systems in welcher Reihenfolge zu den Geräten übertragen werden?
Warum muss diese Reihenfolge eingehalten werden?

6.6.7 EIB-Powerline

Dieses Installationssystem wurde entwickelt um auch in bestehenden Elektroinstallationen die EIB-Technik einzusetzen. Bei der EIB-Powerline (Powernet) muss keine separate Busleitung verlegt werden. Die Übertragung der Informationen erfolgt mittels **hochfrequenter Signale**, die dem 400/230 V-Netz überlagert werden.

Die vorhandene Energieleitung wird zweifach genutzt. Über diese Leitung werden

- **Energie** zum Verbraucher transportiert und
- **Informationen** übertragen.

Die Information wird zwischen Außen- und Neutralleiter eingespeist.

Anwendungsbereiche von EIB-Powerline

Diese Form des Installationsbusses wird überall dort eingesetzt, wo Komfort erwünscht wird, aber keine getrennte Busleitung verlegt werden kann.

Beispiele:
- Schalten und Steuern von Beleuchtung
- Heizungs-, Lüftungs- und Klimaregelung
- Jalousie- und Rolladensteuerung
- Alarm- und Meldefunktionen

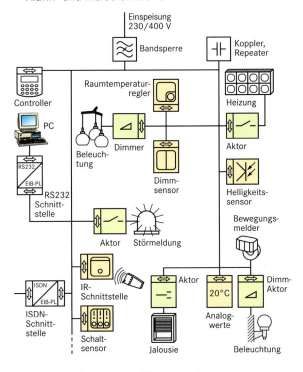

Wie wird die Information übertragen?

Um die Information sicher über die Energieleitung übertragen zu können, dürfen die Netzschwankungen einen vorgegebenen **Toleranzbereich** nicht überschreiten.

- Netzspannung: $U = 230\ V \pm 10\ \%$
- Netzfrequenz: $f = 50\ Hz \pm 0{,}5\ \%$

Das Übertragungsverfahren wird mit der Abkürzung SFSK bezeichnet (engl. **S**pread **F**requency **S**hift **K**eying).

Wie funktioniert SFSK?

Die beim EIB digital übertragenen Signale werden bei EIB-Powerline durch zwei Frequenzen (105,6 kHz und 115,2 kHz) ersetzt.
Wird ein Signal gestört empfangen, kann durch ein aufwendiges Korrekturverfahren und eine Vergleichstechnik die ursprüngliche Signalform wiederhergestellt werden. Jeder Empfänger muss dem Sender den Empfang quittieren. Erhält der Sender kein Quittungssignal, wiederholt der Sender automatisch die Übertragung.

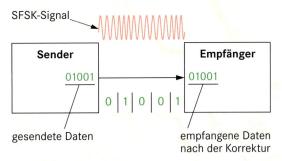

EIB-Powerline ist vergleichbar mit dem EIB. Die Betriebsmittel werden in Linien und Bereiche eingeteilt. Insgesamt können 8 Bereiche mit je 16 Linien installiert werden. In jeder Linie können 256 Geräte angeschlossen werden.

Jede Powerline-Installation wird über eine **Bandsperre** von der Nachbaranlage abgegrenzt. Diese Sperre verhindert das Übersprechen zwischen den EIB-Geräten. Der sogenannte **Phasenkoppler** koppelt die Information gleichzeitig auf alle Außenleiter. Er wird an alle drei Phasen gleichzeitig angeschlossen.

Wo darf EIB-Powerline nicht eingesetzt werden?

- Signalübertragung zwischen Gebäuden eines Straßenzuges.
- Industrienetze, deren Maschinen und Einrichtungen nicht ausreichend entstört sind.
- Übertragung über einen Transformator hinaus.
- Lokale Netze mit Netzparametern, die außerhalb des Toleranzbereiches liegen.

- EIB-Powerline benötigt keine separate Busleitung.
- Die Informationen werden über die Energieleitung des Niederspannungsnetzes übertragen.
- EIB-Powerline wird dort eingesetzt, wo die Verlegung einer zusätzlichen Busleitung nicht möglich oder unerwünscht ist.

Stromschlag / electric shock

7 Schutz gegen elektrischen Schlag

7.1 Gefahren des elektrischen Stromes

Tod auf Gartenparty

... Auf einer Gartenparty stellte ein Jugendlicher eine Stehleuchte neben den Gartentisch. Über eine Verlängerungsleitung wurde die Lampe an das Netz angeschlossen. Als er die Lampe näher an den Tisch stellte und einschaltete, fiel er tot zu Boden. ...

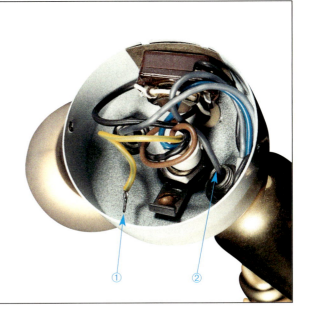

1. Fehler:

Der Schutzleiter, der mit dem Metallgehäuse verbunden sein sollte, hatte sich beim Bewegen der Leuchte aus der Verschraubung gelöst. ①

2. Fehler:

Die scharfe Innenkante des Gewindenippels, der in die Fassung eingeschraubt war, hatte die Isolierung der Leitung beschädigt ②. Der Spannung führende Leiter kam mit dem Metallgehäuse in Berührung.

Wie kommt es zu einem Stromschlag?

Zur Erklärung verwenden wir den Stromlaufplan der fehlerhaften Leuchte nach Abb. 1. Dort ist eine Person dargestellt, die das Metallgehäuse berührt. Infolge eines Isolationsfehlers ③ steht das Gehäuse unter Spannung. Im entstehenden Fehlerstromkreis liegen jetzt einige Widerstände, die die Größe des Fehlerstromes (Körperstrom I_K) beeinflussen.

Eine weitere Einflussgröße auf den Körperstrom ist die Berührungsspannung U_B. Sowohl in der Stehleuchte als auch bei der Glühlampe beträgt die Berührungsspannung 230 V. Der zu hohe Körperstrom löste den tödlichen Stromschlag aus.

Aus folgender Darstellung können wir ablesen, von welchen Größen der Körperstrom I_K abhängt.

Diese Größen beeinflussen den Körperstrom:

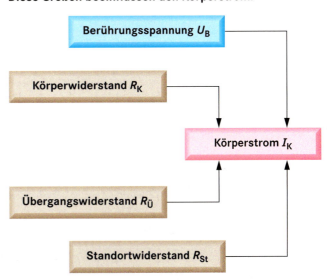

R_A: Erdungswiderstand der Anlage
R_F: Fehlerwiderstand der Isolation
R_K: Körperwiderstand
R_L: Leiterwiderstand
$R_Ü$: Übergangswiderstand Metallgehäuse-Hand
R_{St}: Übergangswiderstand Mensch-Standort

1: Ersatzschaltbilder im Fehlerfall

Einwirkung / effect

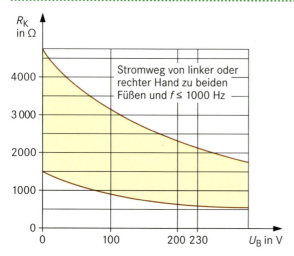

1: Körperwiderstand R_K in Abhängigkeit von U_B (Bereich für mögliche Körperwiderstände)

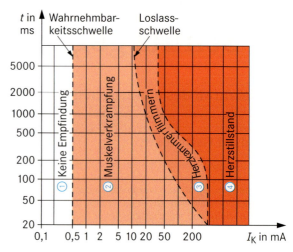

2: Stromstärkebereiche bei Wechselstrom (50 Hz)

Durch Untersuchungen wurde festgestellt, dass der Körperwiderstand R_K auch von der Höhe der **Berührungsspannung** U_B abhängt. Wird die Berührungsspannung größer, dann verkleinert sich der Widerstand des menschlichen Körpers (Abb. 1). Der Körperstrom I_K wird dann größer und die Gefährdung des Menschen nimmt damit zu. Eine wichtige Einflussgröße ist dabei der Weg des Stromes durch den menschlichen Körper.

Physiologische Wirkungen (Abb. 2)

Fließt ein Strom durch den menschlichen Körper, dann sind folgende physiologische Wirkungen bemerkbar.

- Kleinere Ströme (< 0,5 mA), die nur als **leichtes Kribbeln** ① bemerkt werden, wirken sich bereits gesundheitsschädlich aus.
- Größere Ströme (> 1 mA) lösen **Muskelverkrampfungen** ② aus. Das fehlerhafte Gerät kann nicht mehr losgelassen werden.
- Ströme ab etwa 50 mA können zu **Herzkammerflimmern** ③ und zum **Herzstillstand** ④ führen. An den Berührungsstellen treten Verbrennungen auf.
- Auch kurze Stromeinwirkungen („Wischer") können zu **Folgeschäden** (z.B. Sturz) führen.

Neben den oben genannten Wirkungen gibt es noch weitere Wirkungen.

Die **Wärmewirkung** führt zu
- Strommarken an den Eintrittsstellen,
- Gerinnung des Bluteiweiß und
- Platzen der roten Blutkörperchen.

Die **chemische Wirkung** bewirkt
- Zersetzung der Zellflüssigkeit und
- eventuellen späteren Tod durch Vergiftung.

Einwirkungszeit und Körperstrom

In Abb. 2 sind die unterschiedlichen Wirkungen des elektrischen Stromes in Abhängigkeit von den einzelnen Stromstärken dargestellt. Daran können Sie je nach Größe der Stromstärke und Einwirkungszeit die Art der Gefährdung ablesen. Bei längerer Einwirkungszeit kann bereits ein kleinerer Körperstrom für Menschen und Tiere gefährlich sein, weil er zu Herzkammerflimmern bzw. Herztod führt.

Die aufgezählten Wirkungen werden weiterhin durch
- **Körperbau** wie Größe und Gewicht,
- **Hautbeschaffenheit** (feucht oder trocken) und
- **körperliche Verfassung** beeinflusst.

Auch die Kleidung, besonders die Qualität des Schuhwerks, spielt eine wichtige Rolle. Sie beeinflusst den Übergangswiderstand $R_Ü$.

■ Ein Körperstrom von 50 mA führt bei einer Einwirkungszeit von 1 s zum Tod durch Herzstillstand.

Aufgaben

1. Laut Untersuchungen besteht für 95 % aller Menschen bei der Spannung 230 V und ungünstigstem Stromfluss durch den Körper ein Gesamtwiderstand $R_K + R_Ü \approx 2100\ \Omega$.
Wie groß ist I_K?

2. Welche gesundheitlichen Folgen können sich nach Abb. 2 ergeben, wenn bei der berechneten Stromstärke von Aufgabe 1 die Einwirkungszeit t
a) 50 ms; b) 100 ms; c) 500 ms beträgt?

3. Stellen Sie die Einflussgrößen zusammen, die sich auf Körper- und Übergangswiderstand auswirken!

4. Beschreiben Sie drei Wirkungen auf den menschlichen Körper, die bei den Stromstärken 0,4 mA, 1,2 mA und 55 mA auftreten können!

7.2 Fehlerstromkreis

Gehen wir von folgendem Fehlerfall aus. An einem Elektrogerät entsteht durch einen Isolationsfehler ein Körperschluss, also eine leitende Verbindung zwischen dem Spannung führenden Leiter und dem Gehäuse. Die Netzspannung des Außenleiters L1 liegt an dem Metallgehäuse. Die Sicherung löst nicht aus, weil der Schutzleiter unterbrochen oder nicht angeschlossen ist. Wie fließt jetzt der Strom, wenn eine Person das Gehäuse berührt?

Zwischen Gehäuse und Erde (Bezugserde) besteht eine **Fehlerspannung** U_F (Abb.3). Über den Standort des fehlerhaften Elektrogerätes fließt als Folge der Fehlerspannung ein **Fehlerstrom** I_F zur Betriebserde R_A der Anlage.

Wie verläuft der Fehlerstrom?

Der Fehlerstrom entsteht durch einen Isolationsfehler. Dabei durchfließt I_F eine Reihe von Widerständen. Der jeweilige Stromweg für I_F und I_K wird in den beiden Ersatzschaltbildern verdeutlicht.

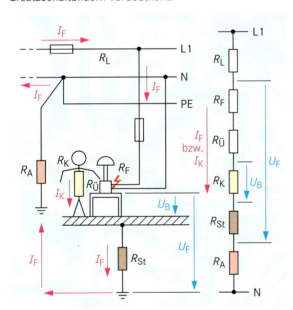

3: Fehlerstromkreis bei Körperschluss

- **Fehlerspannung** U_F ist die Spannung, die bei einem Isolationsfehler, z.B. Körperschluss, zwischen Gehäuse und Erde auftritt.
- **Berührungsspannung** U_B ist die von einer Person überbrückte Fehlerspannung.
- **Fehlerstrom** I_F ist der Strom, der durch einen Isolationsfehler und die anstehende Fehlerspannung zum Fließen kommt.
- **Körperstrom** I_K ist der Strom, der durch einen Isolationsfehler und bei überbrückter Berührungsspannung durch den menschlichen Körper fließt.

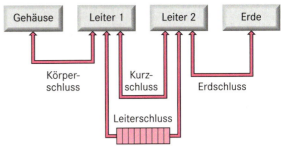

4: Fehlerarten

Mögliche Fehler in einer Anlage

Außer Körperschluss (direkte Verbindung zwischen Gehäuse und Leiter) können andere Fehler in einer Anlage dazu führen, dass ein Fehlerstromkreis entsteht und ein Fehlerstrom fließt. In Abb. 4 sind die verschiedenen **Fehlerarten** schematisch dargestellt. Die fehlerhafte Verbindung wird jeweils durch den Doppelpfeil gekennzeichnet.

Kurzschluss ist ein Fehler, bei dem sich zwei unter Spannung stehende Leiter, z.B. die Außenleiter L1 und L2, berühren. Bei dieser Verbindung fließt ein sehr großer Strom, der als Kurzschlussstrom bezeichnet wird.
Beispiel: Überbrückung von zwei Stromschienen in einer Verteilung.

Ein **Erdschluss** entsteht, wenn zwischen einem Spannung führenden Leiter und dem geerdeten Anlageteil eine leitende Verbindung besteht.
Beispiel: Freileitung (L1) reißt und fällt zu Boden.

Bei einem **Leiterschluss** wird ein Teil des Nutzwiderstandes (Widerstand des Verbrauchers) überbrückt.
Beispiel: Ein Teil des Heizwiderstandes, z.B. in einem Toaster, wird durch Beschädigung der Isolierung überbrückt.

> ■ Schutzleiter müssen am Metallgehäuse eines Gerätes angeschlossen werden, damit im Fehlerfall der Fehlerstrom die Abschaltung auslöst.

Aufgaben

1. Beschreiben Sie die Fehlersuche an einer Tischleuchte mit Metallfuß, bei der beim Einschalten die Sicherung auslöst!

2. Erklären Sie den Unterschied zwischen Kurzschluss und Erdschluss!

3. Zeichnen Sie den Fehlerstromkreis mit den Widerständen bei Kurzschluss!
Tragen Sie die Pfeile für U_F und I_F in die Schaltung ein!

4. Warum fließt beim Fehler „Kurzschluss" im Vergleich zu den anderen Fehlerarten der größte Strom?

7.3 Maßnahmen zur Hilfe bei Stromunfällen und Bränden

Da sich der gesundheitliche Schaden mit zunehmender **Einwirkungszeit des Stromes** auf den menschlichen Körper erhöht, müssen beim Stromunfall unverzüglich folgende Maßnahmen ergriffen werden:

Erste Hilfe nach Notfallsituation

Um sich bei Unfällen richtig zu verhalten, ist eine Unterweisung in Erste-Hilfe zu empfehlen.

Brände gefährden nicht nur Menschen sondern können auch Anlagen beschädigen oder zerstören.

Ursachen für Brände können sein:

- **Überlastung** von Leitungen und damit Erwärmung („Stegleitungen nicht direkt auf Holz verlegen.") und
- **Kurzschlüsse** mit Lichtbogen.

Regeln zur Brandlöschung

Löschmittel in Windrichtung, von vorne und von unten in die Flammen sprühen.

Die sich bildende Wolke des Löschmittels über die Flammen ziehen.

Das Löschmittel sparsam dosieren, evtl. Reserve für Wiederentflammen bereit halten.

In Brand geratene Kleidung nur mit Löschdecken oder Wasser löschen.

Beispiel: Durch einen Lichtbogen ist es in einer elektrischen Anlage zu einem Brand mit einem Unfall gekommen. Sie sollten sich dann wie folgt verhalten:

- Betroffenes Anlageteil abschalten.
- Verunglückten bergen.
- Brand mit Decken ersticken bzw. löschen.
- Elektrofachkraft genehmigt die Freigabe oder das Wiedereinschalten der Anlage (vgl. Kap. 7.4).

Je nach Einteilung der Stoffe in **Brandklassen** gelten für die Löschung folgende zugelassenen Löschmittel:

Klasse	Brennbares Material	Löschmittel
A	organische Stoffe, z.B. Holz, Kohle, Textilien	W, S, PG
B	flüssige Stoffe, z.B. Benzin, Öle Fette, Lacke	S, PG, P, K, HA
C	Gase, z.B. Propangas, Erdgas, Wasserstoff	PG, P, HA

Bedeutung der Löschmittel: W: Wasser; S: Schaum; PG: Glutbrandpulver; P: Pulver; K: Kohlenstoff; HA: Halon

Aufgaben

1. Ein Arbeitskollege hat einen Stromunfall erlitten. Wie können Sie helfen?

2. Durch einen Kurzschluss ist in einer Anlage ein Brand entstanden.
Wie verhalten Sie sich?

3. Welche Löschmittel dürfen verwendet werden, wenn organische Stoffe wie z.B. Holz in Brand geraten sind?

Vorschriften, Sicherheitsregeln / standards, safety rules

7.4 Sicherheitsregeln beim Arbeiten in elektrischen Anlagen

Wenn Handwerker an bestimmten Arbeitsstellen tätig sind, müssen Regeln beachtet werden. Für den Elektroinstallateur gelten bestimmte **Vorschriften (BGV, VDE)** und **Normen (DIN)**.

Vielleicht haben Sie Situationen erlebt, in denen auf bestimmte Vorschriften, z.B. „Betrieb von elektrischen Anlagen" (DIN VDE 0105-1), hingewiesen wurde.

Beim Arbeiten in Anlagen ist deshalb die Einhaltung von Vorschriften und Regeln lebenswichtig auch mit Rücksicht auf Mitarbeiter, die in der Anlage arbeiten.

Wir unterscheiden folgende Beschäftigte:

- **Elektrofachkräfte** verfügen über fachliche Ausbildung, Kenntnisse und Erfahrungen. Die Kenntnis von Normen befähigt sie, ausgeführte Arbeiten zu beurteilen und Gefahren zu erkennen.
- **Arbeitsverantwortliche** sind Personen, die für die Durchführung der Arbeit verantwortlich sind. Sie können diese Verantwortung teilweise auf andere Personen übertragen.
- **Anlagenverantwortliche** sind Personen, die für den Betrieb von Anlagen verantwortlich sind. Sie können diese Verantwortung teilweise auf andere Personen übertragen.
- **Elektrotechnisch unterwiesene Personen** sind diejenigen, die von einer Elektrofachkraft über fachliche Aufgaben, Gefahren und notwendige Schutzmaßnahmen für ihren Arbeitsbereich unterrichtet wurden.

Unfallverhütungsvorschrift

Die Unfallverhütungsvorschrift mit der Bezeichnung **Elektrische Anlagen und Betriebsmittel (BGV A3)** wird von der Berufsgenossenschaft der Feinmechanik und Elektrotechnik herausgegeben. Sie ist für alle im Betrieb tätigen Personen verbindlich. Neben anderen Vorschriften enthält sie die für den Facharbeiter sehr wichtigen **fünf Sicherheitsregeln.**

- Die fünf Sicherheitsregeln müssen in vorgeschriebener Reihenfolge durchgeführt werden.
- In Anlagen bis 1000 V entfällt die 4. Regel, wenn Regeln eins bis drei eingehalten werden.

5 Sicherheitsregeln

1. Freischalten

Allpoliges und allseitiges Abschalten des Anlagenteils.

2. Gegen Wiedereinschalten sichern

Nur die in der Anlage tätigen Menschen können das betreffende Anlagenteil wieder in Betrieb setzen.

3. Spannungsfreiheit feststellen

Durch Messung mit Messgerät oder zweipoligem Spannungsprüfer vergewissern, dass keine Spannung gegen Erde am betreffenden Anlagenteil vorhanden ist.

4. Erden und Kurzschließen

Außenleiter werden untereinander und mit der Betriebserde durch spezielle Verbindungsleitungen miteinander verbunden.

5. Benachbarte, unter Spannung stehende Teile abdecken

Durch Abdecken, Abschranken oder Isolieren von Anlagenteilen, die unter Spannung stehen, soll verhindert werden, dass stromführende Teile berührt werden können.

7.5 Spannungsbereiche und Schutzklassen

Das Arbeiten in elektrischen Anlagen und der Umgang mit elektrischen Betriebsmitteln schafft viele Situationen, in denen Personen gefährdet sein können. Eine Größe, die eine Gefährdung von Menschen und Nutztieren darstellt, ist die **Spannungshöhe.** Dieser Sachverhalt wurde bereits angesprochen. Wir wollen hier näher darauf eingehen.

Spannungen werden in zwei **Spannungsbereiche** unterteilt, nach denen Anlagen mit Wechselspannung oder Gleichspannung betrieben werden.

Wechselspannung	Gleichspannung
Spannungsbereich I	
Signal-, Klingel- und Fernmeldeanlagen Meldestromkreise	
AC: $U \leq 50$ V Leiter gegen Erde; zwischen zwei Leitern	DC: $U \leq 120$ V Leiter gegen Erde; zwischen beiden Leitern
Spannungsbereich II	
Anlagen der Hausinstallation, des Gewerbes und der Industrie	
AC: 50 V $< U \leq 600$ V Außenleiter gegen Erde AC: 50 V $< U \leq 1$ kV zwischen den Außenleitern	DC: 120 V $< U \leq 900$ V Leiter gegen Erde DC: 120 V $< U \leq 1{,}5$ kV zwischen 2 Leitern

Auch im Spannungsbereich I können sich gefährliche Situationen ergeben. Der niedrige Stromfluss durch den Körper, der die Wahrnehmungsschwelle übersteigt, kann zu Schreckunfällen führen.

Besondere Vorsicht ist geboten, wenn die **Berührungsspannung** größer als AC 50 V bzw. DC 120 V wird. Dann müssen vor Beginn des Arbeitens die fünf Sicherheitsregeln unbedingt beachtet werden.

Leitungsverlegung bei verschiedenen Spannungen

Eine Möglichkeit besteht darin, Leiter oder Kabel von Stromkreisen mit verschiedenen Spannungen, wie z. B. 24 V (Busleitung) und 400/230 V, durch eine geerdete Metallumhüllung zu trennen. Bei Isolationsfehlern kann es dann zu keiner gefährlichen Berührung unter den Leitern kommen. Eine andere Möglichkeit besteht darin, Leitungen in getrennten Bereichen des Elektroinstallationskanals oder in einzelnen Elektroinstallationsrohren zu verlegen.

Personenschutz in Anlagen und bei Geräten

Für den **Personenschutz** werden in Anlagen vier Arten von Schutzmaßnahmen (vgl. Kap. 7.6) eingesetzt. Sie sollen Menschen und Tiere vor elektrischem Schlag schützen. Der **Personenschutz bei Geräten** wird durch die Schutzklasse für das einzelne Gerät ausgewiesen.

Die Angabe, z. B. Schutzklasse II (Doppelte oder verstärkte Isolierung), besagt, wie bei dem Gerät der Schutz gegen elektrischen Schlag durch die Bauweise gewährleistet ist.

Nach DIN VDE 0140-1 müssen elektrische Betriebsmittel eine Schutzklasse besitzen. Diese wird durch ein besonderes Symbol gekennzeichnet. Beim Anschluss eines Gerätes muss auf diese Kennzeichnung geachtet werden.

- Die höchstzulässigen Berührungsspannungen betragen beim Menschen AC 50 V, DC 120 V und bei Tieren AC 25 V, DC 60 V.

Schutzklasse I Schutzmaßnahme mit Schutzleiter	Betriebsmittel mit Metallgehäuse, z.B. Elektromotoren
Schutzklasse II Doppelte oder verstärkte Isolierung (Schutzisolierung)	Betriebsmittel mit Kunststoffgehäuse, z.B. elektrische Handbohrmaschinen
Schutzklasse III Kleinspannung	Betriebsmittel mit Bemessungsspannungen bis AC 50 V und DC 120 V für Menschen, z.B. elektrische Handleuchten, AC 25 V, DC 60 V für Tiere

Aufgaben

1. Auf welche Anlagen müssen die Spannungsbereiche I und II angewendet werden? Nennen Sie jeweils drei Beispiele!

2. Auf welchen Wert ist die höchstzulässige Berührungsspannung bei Wechselstrom festgelegt? Erklären Sie, warum bei Einhaltung dieses Wertes eine Gefährdung vermindert wird!

3. Eine Busleitung (DC 12 V) und eine Energieleitung sollen in einem Elektroinstallationskanal verlegt werden.
Unter welchen Bedingungen ist dies möglich?

4. Beschreiben Sie, wie der Personenschutz an Geräten gewährleistet wird!

5. Geben Sie die Schutzklassen an, nach denen folgende Elektrogeräte gebaut sein müssen: Spielzeugtransformator, Handbohrmaschine, Bügeleisen, elektrischer Rasierapparat, Toaster, elektrischer Rasenmäher.

Schutz gegen elektrischen Schlag / protection against electric shock

7.6 Übersicht zu den Schutzmaßnahmen

Körperströme können lebensgefährliche Auswirkungen auf Menschen und Tiere haben.

Durch Schutzmaßnahmen muss deshalb versucht werden, Körperströme in einem Fehlerfall zu verhindern.

Es gibt verschiedene Schutzmaßnahmen, die in der DIN VDE 0100 beschrieben sind, z.B. in
- Teil 410: Schutz gegen elektrischen Schlag und
- Teil 710: Anfoderungen für Betriebsstätten, Räume und Anlagen besonderer Art – Medizinisch genutzte Räume.

Die folgenden Schutzmaßnahmen gewährleisten Personenschutz. Sie schützen vor elektrischem Schlag im Fehlerfall.

Basisschutz und Fehlerschutz
(Schutz bei Berühren)

SELV   PELV
Kap. 7.7

Ausschluss eines Stromschlags

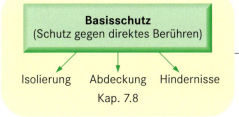

Basisschutz
(Schutz gegen direktes Berühren)

Isolierung   Abdeckung   Hindernisse
Kap. 7.8

Berühren von spannungsführenden Teilen wird verhindert.

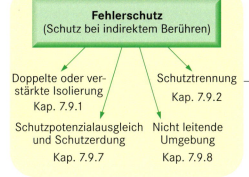

Fehlerschutz
(Schutz bei indirektem Berühren)

Doppelte oder verstärkte Isolierung   Schutztrennung
Kap. 7.9.1   Kap. 7.9.2

Schutzpotenzialausgleich   Nicht leitende
und Schutzerdung   Umgebung
Kap. 7.9.7   Kap. 7.9.8

Entstehen einer gefährlichen Berührungsspannung wird ausgeschlossen.

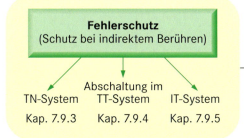

Fehlerschutz
(Schutz bei indirektem Berühren)

Abschaltung im
TN-System   TT-System   IT-System
Kap. 7.9.3 Kap. 7.9.4 Kap. 7.9.5

Bestehenbleiben einer gefährlichen Berührungsspannung wird verhindert.

7.7 Basisschutz und Fehlerschutz

Wir beginnen mit dem Schutz, der für Menschen und Nutztiere die **höchste Sicherheit** bietet.
Dazu folgendes Beispiel:
In einem Betrieb müssen in feuchten Räumen, die teilweise unter Wasser stehen, Reparaturarbeiten durchgeführt werden. Dafür wird eine elektrische Beleuchtung benötigt.

Spannung für feuchte Räume

Bei einem Isolationsfehler an einer Leuchte könnte eine Person direkt einen Spannung führenden Leiter berühren. Wird diese Leuchte mit der Betriebsspannung 230 V betrieben, entsteht eine lebensbedrohliche Gefahr durch elektrischen Schlag. Um beim Arbeiten, auch bei direktem Berühren, größtmöglichen Schutz zu gewährleisten, sind Leuchten mit einer kleinen Bemessungsspannung **(Kleinspannung)** erforderlich.

Mit Kleinspannung werden z.B. betrieben:

- elektrische Handleuchten in Backöfen, im Kesselbau und in Brauereien, in Räumen mit erhöhter elektrischer Gefährdung wie bei Stahlkonstruktionen und engen geerdeten Metallbehältern;
- ortsveränderliche Kleinwerkzeuge, z.B. Akku-Bohrmaschinen;
- elektrische Leuchten und Pumpen in Wasserbecken, z.B. Schwimmbad.

Im Kapitel 7.5 werden einzelne Spannungsbereiche unterschieden.

Im Spannungsbereich I verwendet man Spannungen, die eine direkte Gefährdung des Menschen verkleinern, weil die Betriebsspannungen der Geräte niedrig sind.

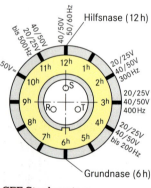

CEE-Stecksystem

Für Kleinspannungen sind nach DIN 49 465 **CEE-Steckvorrichtungen** vorgeschrieben. Sie unterscheiden sich voneinander durch **Kennfarbe, Polzahl** und **Lage der Hilfsnase** für z.B.

- 40 V/50 Hz, violett, ohne Hilfsnase
- 50 V/50 Hz, weiß, Hilfsnase (12 h)
- 40/50 V/ 0 bis 200 Hz, grün, Hilfsnase (4 h)
- DC bis 50 V, grau, Hilfsnase (10 h)

Stecker und Steckdose sind für die verschiedenen Kleinspannungen aufeinander abgestimmt, so können keine Verwechslungen vorkommen.

- Stecker sind für die jeweiligen Kleinspannungen genormt. Sie passen nicht in Steckdosen oder Kupplungsdosen anderer Spannungssysteme.
- Stecker und Steckdosen dürfen keine Schutzkontakte haben.
- Leiter von SELV- und PELV-Stromkreisen (vgl. S. 161) müssen zusätzlich zur Basisisolierung gegeneinander isoliert sein.
- Gemeinsame Verlegung von Leitungen für verschiedene Spannungen und Stromkreise ist möglich, wenn die Isolierung der Leiter für die höchste Spannung bemessen ist.

Welche Kleinspannungen sind vorgeschrieben?

Für Geräte, die wegen ihrer Bauart nicht gegen zufällige direkte oder indirekte Berührung Spannung führender Teile gesichert sind, ist die Betriebsspannung bis auf 25 V begrenzt. Kleinere Spannungen werden für folgende Geräte vorgeschrieben:

- $U_n \leq 6$ V: **medizinische Geräte,** z.B. für die Untersuchung mit Strom führenden Teilen im Körper,
- $U_n \leq 12$ V: **Geräte,** z.B. in Badewannen,
- $U_n \leq 24$ V: **Spielzeug,** z.B. Eisenbahn,
- $U_n \leq 24$ V: **Geräte in landwirtschaftliche Betrieben,** z. B. ortsveränderliche Scher- und Melkmaschinen.

Spannungsquellen für Kleinspannungen sind:

- Elektrochemische Spannungsquellen wie z.B. Akkumulatoren oder Batterien,
- Sicherheitstransformatoren mit getrennten Wicklungen ①,
- Elektronische Geräte zur Erzeugung von Gleichspannung ② oder Wechselspannung,
- Motorgenerator (Umformer) mit getrennten Wicklungen ③.

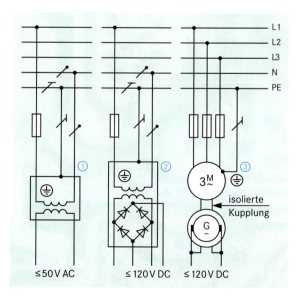

Stromkreise / electric circuits

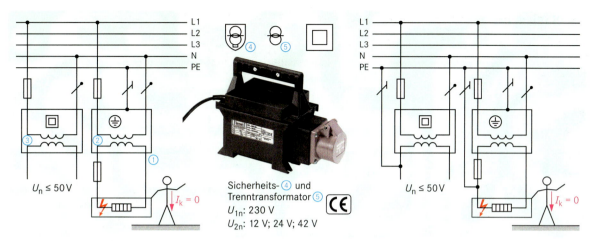

1: SELV-Stromkreise

2: PELV-Stromkreise

SELV

Bei dieser Schutzmaßnahme ist eine Spannung vorgeschrieben, die zum Spannungsbereich I gehört. Hierzu gehören z.B. alle Wechselspannungen, für die $U \leq 50\,V$ gilt. Es gibt Kleinspannungen, die als **Schutz durch SELV** bezeichnet werden (SELV: **s**afety **e**xtra **l**ow **v**oltage, d.h. Sicherheitskleinspannung).

SELV-Stromkreise (Abb. 1) werden ungeerdet betrieben, weil sonst bei einem Fehler höhere Spannungen über den Schutzleiter in den SELV-Stromkreis übertragen werden könnten. Aktive Teile des Stromkreises dürfen deshalb weder mit Erde noch mit Schutzleitern oder aktiven Teilen anderer Stromkreise verbunden sein ①. Von Stromkreisen mit höherer Spannung müssen die SELV-Stromkreise sicher getrennt sein.

Sichere Trennung ② ③ bedeutet, dass Primär- und Sekundärstromkreis des Transformators keine leitende Verbindung miteinander haben dürfen. Hier müssen **Sicherheitstransformatoren** eingesetzt werden. Auch bei einem Isolationsfehler im SELV-Stromkreis kann kein gefährlicher Körperstrom fließen, weil die Spannung sehr niedrig ist.

Anwendung

Kleinwerkzeuge, Leuchten und Pumpen unter Wasser, Geräte in der Nutztierhaltung, Spielzeug und Körperpflegegeräte u.a.

- Bei Sicherheitskleinspannung werden Wechselstromkreise mit Nennspannungen bis 50 V, Gleichstromkreise bis 120 V betrieben.
- Bei der Schutzmaßnahme SELV muss eine sichere Trennung von der höheren, gefährlichen Spannung vorliegen.
- SELV-Stromkreise dürfen nicht geerdet werden.

PELV

Bei dieser Anwendung handelt es sich um **Schutz durch PELV** (PELV: **p**rotective **e**xtra **l**ow **v**oltage, d.h. Schutzkleinspannung, früher Funktionskleinspannung). Auch hier dient als Spannungsversorgung eine Kleinspannungsquelle.

Vergleich von SELV- und PELV-Stromkreisen

Der Unterschied besteht darin, dass PELV-Stromkreise geerdet sein dürfen, Stromkreise mit SELV jedoch nicht. Aktive Teile des PELV-Stromkreises (Abb. 2) und die Gehäuse der Betriebsmittel sind dann mit der Erde bzw. dem Schutzleiter (PE oder PEN) verbunden. Der Schutz gegen direktes Berühren ist bei Spannungen von AC $U \leq 6\,V$ und DC $U \leq 15\,V$ nicht erforderlich, wenn gleichzeitig berührbare Gehäuse geerdet sind.

Anwendung

Steuerstromkreise, Messstromkreise

- Bei PELV muss eine sichere Trennung zur höheren, gefährlichen Spannung vorliegen.
- In PELV-Stromkreisen dürfen aktive Teile und Körper geerdet werden.

Aufgaben

1. Worin besteht der besondere Schutz durch Anwendung von Kleinspannung?

2. Beschreiben Sie den Anschluss von Geräten mit Kleinspannung über Steckvorrichtungen!

3. Zeichnen Sie einen Fehlerstromkreis zu der Schutzmaßnahme SELV, wenn ein Leiter auf der Kleinspannungsseite Körperschluss und der andere Leiter Erdschluss hat! Warum besteht bei Berührung des Gehäuses keine Gefahr?

7.8 Basisschutz

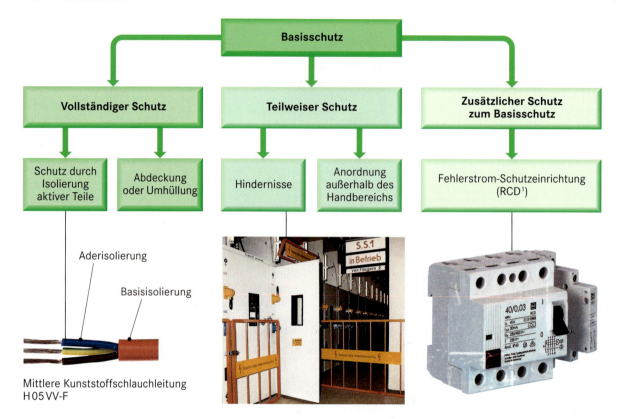

Mittlere Kunststoffschlauchleitung
H 05 VV-F

Was ist Basisschutz?

Hierzu gehören alle Maßnahmen zum Schutz von Menschen und Nutztieren vor Gefahren, die sich beim direkten Berühren Spannung führender Teile ergeben können. Diese Maßnahmen werden auch als Basisschutz bezeichnet. Sie schützen sicher gegen elektrischen Schlag nur in Verbindung mit automatischer Abschaltung.

Isolierung aktiver Teile

Ein vollständiger Schutz gegen direktes Berühren wird erreicht, wenn die unter Spannung stehenden Teile mit einer Ader- und Basisisolierung ausgestattet sind. Die direkte Isolierung des Leiters (**Aderisolierung**) soll einen Leiter- bzw. Windungsschluss verhindern. Die **Basisisolierung**, die ebenfalls aus Kunststoff bestehen kann, schützt gegen gefährliche Körperströme, wenn die Aderisolierung beschädigt sein sollte. Die Isolierung eines Leiters durch Lack als Aderisolierung bietet keinen ausreichenden Schutz gegen gefährliche Berührungsspannung.

Beispiele:
Isolation von Kabeln, Leitungen oder aktiven Teilen von Motoren

Abdeckung und Umhüllung

Die Spannung führenden Teile werden durch Isoliermaterialien sicher und fest abgedeckt. Der Schutzgrad muss mindestens IP 2X (vgl. Kap. 8.4) betragen. Die erste Ziffer dieser Bezeichnung bedeutet, dass **Berührungsschutz** wie z.B. das Fernhalten von Fingern und anderen Gegenständen gewährleistet ist. Zu den **Ausnahmen** gehören Geräte bzw. Betriebsmittel mit größeren Öffnungen wie z. B.

- Heizgeräte mit Glühdrähten,
- Lampenfassungen und
- Schraubsicherungen.

Die verwendeten Abdeckungen oder Umhüllungen dürfen nur mit geeignetem Werkzeug von Elektrofachkräften oder elektrotechnisch unterwiesenen Personen entfernt werden.

Beispiele:
Abdeckung bei Stromkreisverteilern, Installationsschaltern und Schützen

---

[1] RCD = Residual current protective device
 = Differenz-Strom-Schutz-Gerät

Hindernisse, Abstand, RCD / obstacles, distance, RCD

Schutz durch Hindernisse

Durch Hindernisse erreicht man, dass Personen sich nicht zufällig aktiven Teilen nähern können. Die Hindernisse bieten nur **teilweisen** Schutz, weil sie ohne besonderes Werkzeug entfernt werden können. Verwendete Geländer, Ketten oder Seile sollten durch farbliche Kennzeichnung in gelb/schwarz oder rot/-weiß auf **Gefahrenbereiche** aufmerksam machen.

Beispiele:
Geländer, Schranken und Gitter in Schaltanlagen

Schutz durch Abstand

Auch hier liegt nur ein teilweiser Schutz vor. Die aktiven Teile, d.h. auch elektrische Geräte, müssen außerhalb des Handbereichs liegen. Die Mindestabstände von 2,50 m nach oben und 1,25 m zur Seite und nach unten grenzen den **Handbereich** (Abb. 1) ein.

Geräte, die außerhalb des Gefahrenbereichs stehen, dürfen ohne Hilfsmittel nicht erreichbar sein.

Grenze des Handbereichs

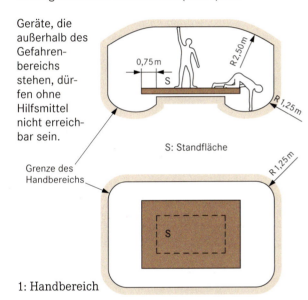

S: Standfläche

1: Handbereich

Zusätzlicher Schutz durch RCD

Die RCDs (Fehlerstrom-Schutzschalter) bieten einen zusätzlichen Schutz zum Basisschutz, wenn andere Schutzmaßnahmen versagen, wie z.B. die automatische Abschaltung des Fehlerstromkreises durch Sicherungen oder Leitungsschutz-Schalter. RCDs gibt es mit folgenden Bemessungs- und Auslöseströmen ($I_{\Delta n}$):

- RCD-Bemessungsstrom I_n in A: 16; 25; 40; 63
- Bemessungsdifferenzströme $I_{\Delta n}$ in mA: 10; 30; 100; 300; 500

Die Schalter mit Nennfehlerströmen von 10 mA und 30 mA bieten größtmöglichen Schutz des Menschen, da auch bei direktem Berühren eine sofortige Abschaltung erfolgt. Sie dürfen jedoch nicht als einziger Schutz zum Basisschutz eingesetzt werden, sondern nur als **zusätzlicher Schutz**.

Abschaltung durch RCD

Eine Person arbeitet im Garten mit einem elektrischen Rasenmäher. Bei Körperschluss und unterbrochenem Schutzleiter würde ohne RCD ein tödlicher Stromschlag erfolgen, weil der Fehlerstrom über den Menschen fließt.

Der zusätzliche Schutz durch **RCD** mit $I_{\Delta n} \leq 30$ mA ist gewährleistet, wenn das fehlerhafte Gerät bei Berühren innerhalb von $t \leq 200$ ms (Gerätenorm für RCD) abschaltet. In der Praxis erfolgt die Abschaltung durch die RCD wesentlich schneller und zwar in **40 bis 50 ms**. Der hohe Fehlerstrom ($I_F = \Delta I$) fließt daher nur kurzzeitig durch den menschlichen Körper und verursacht keine bleibenden organischen Schäden (vgl. Kap. 7.1).

In Bereichen, wo eine besondere Gefährdung für Menschen vorliegt, werden **Schutzeinrichtungen mit $I_{\Delta n} \leq 30$ mA** (DIN VDE 0100-739) gefordert, z.B. in

- Räumen mit Bädern und Duschen,
- Schwimmhallen und Schwimmbäder im Freien innerhalb der Schutzbereiche,
- Unterrichtsräume mit Experimentierständen (RCDs, Typ B, zur Erfassung von Gleich- und Wechselströmen),
- Anlagen im Freien für Steckdosen bis 32 A und
- in Wohnungen bzw. für bestehende Anlagen als zusätzl. Schutz empfohlen.

- Handbereich ist der Bereich, in dem eine Person die Abgrenzung mit der Hand ohne besondere Hilfsmittel von der Standfläche nicht erreichen kann.
- Die Schutzmaßnahme zum Basisschutz schützt Menschen und Nutztiere vor Gefahren, die sich beim Berühren unter Spannung stehender Leiter ergeben.

Aufgaben

1. Erklären Sie die Basis- und Aderisolierung bei der Mantelleitung NYM!

2. Beschreiben Sie die Abstände des Handbereichs an einem Beispiel!

3. Bewerten Sie mit Hilfe des Diagramms aus Kap. 7.1 die Gefährdung des Menschen, wenn eine RCD mit $I_{\Delta n} \leq 30$ mA installiert ist und die Abschaltung bei $t \leq 20$ ms liegt!

7.9 Fehlerschutz

Bei Berühren eines fehlerhaften Gerätes darf für Menschen und Nutztiere keine Gefahr ausgehen. Durch folgende Schutzmaßnahmen muss also erreicht werden, dass das Entstehen oder Bestehenbleiben einer gefährlichen Berührungsspannung verhindert wird.

7.9.1 Doppelte oder verstärkte Isolierung

Durch die besondere Isolation der Geräte wird verhindert, dass bei schadhafter Basisisolierung unter Spannung stehende Teile des Gerätes berührt werden können. Eine gefährliche Berührungsspannung kann dann nicht mehr entstehen.

Die bereits beschriebene Basis- und Aderisolierung wird bei der Schutzisolierung durch eine **zusätzliche Isolierung** verstärkt, z.B. aus Kunststoff. Überzüge aus Farbe, Lack oder Eloxal sind nicht ausreichend. Geräte mit der zusätzlichen bzw. verstärkten Isolierung tragen das Symbol für die Schutzklasse II.

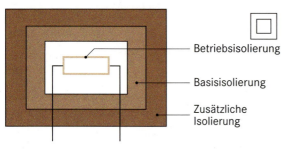

Sie erkennen, dass die unter Spannung stehenden Teile mehrfach durch Isolierschichten nach außen abgeschirmt sind. Es gibt Geräte, bei denen man die mechanische Festigkeit durch eine metallene Gehäuseumhüllung erhöht. Solche Geräte sind z.B. Kleinwerkzeuge (Abb.1) und Gehäuse für Verteiler und Zählerschränke. Diese Metallteile dürfen keinesfalls mit dem Schutzleiter verbunden werden, weil eine Fehlerspannung nach außen „verschleppt" werden kann und dann die Schutzmaßnahme unwirksam wird.

Anschluss von Geräten mit doppelter Isolierung

Anschlussleitungen zu diesen Geräten sind
- zwei- oder dreiadrige Leitungen **ohne PE-Leiter,**
- drei- oder vieradrige Leitungen **mit PE-Leiter.**

1: Bohrmaschine mit doppelter Isolierung

Der Schutzleiter muss bei Geräten mit doppelter Isolierung muss am Stecker angeschlossen sein, jedoch nicht am Gerät.

Innerhalb solcher Geräte, wie z.B. in Schaltern, Schaltgerätekombinationen und Verteilerschränken, können Metallklemmen mit dem Schutzleiterzeichen vorhanden sein. Sie dienen zum Anschluss oder Durchschleifen des Schutzleiters. Diese Klemmen müssen dann zu allen Metallteilen des Gerätes isoliert sein, damit im Fehlerfall keine Fehlerspannung zwischen Metallgehäuse und Erde entstehen kann.

Bei der Installation von Verteilerschränken mit doppelter Isolierung gilt:
- Keine Metallschrauben von außen in das Gehäuse hineindrehen.
- Für Leitungseinführungen in Gehäuse müssen Verschraubungen aus Kunststoff oder Würgenippel verwendet werden.

- Doppelte oder verstärkte Isolierung ist eine zusätzliche Isolierung zur Basisisolierung.
- Geräte mit doppelter Isolierung sind durch das Symbol ▯ gekennzeichnet.

Aufgaben

1. Beschreiben Sie den Schutz durch doppelte oder verstärkte Isolierung!

2. An einem Elektrogerät der Schutzklasse II soll die schadhafte Anschlussleitung ausgewechselt werden.
Beschreiben Sie Auswahl und Anschluss der Leitung!

Schutztrennung / protective separation

7.9.2 Schutztrennung

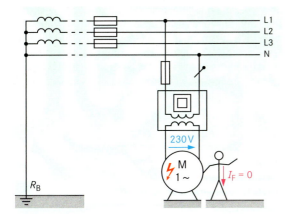

2: Berühren eines Spannung führenden Leiters

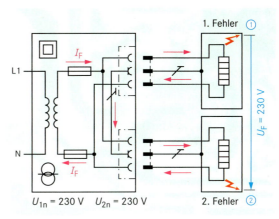

3: Schutztrennung mit mehreren Verbrauchern

Bedingungen

Für Trenntransformatoren gelten:
- Primärspannung $U_{1n} \leq 1000$ V,
- Sekundärspannung $U_{2n} \leq 500$ V.

Warum erfolgt im Fehlerfall kein elektrischer Stromschlag?

Nach Abb. 2 entsteht kein Fehlerstromkreis, weil zum Versorgungsnetz keine leitende Verbindung vorliegt. Die Ursache ist, dass der **Trenntransformator** galvanisch den Netzstromkreis vom Verbraucherstromkreis trennt.

Bei der Schutztrennung können die getrennten Stromkreise durch Trenntransformatoren nach DIN VDE 0550, Motorgeneratoren mit getrennten Wicklungen oder Akkumulatoren versorgt werden.

Schutz durch Gehäuse

Um im Fehlerfall eine Verbindung zur Erde (Erdschluss) auszuschließen, müssen Trenntransformatoren eine doppelte Isolierung haben. Ortsfeste Stromquellen mit Schutzklasse I können verwendet werden, wenn
- Ein- und Ausgang gegeneinander isoliert und
- angeschlossene Betriebsmittel nicht mit dem Metallgehäuse der Stromquelle verbunden sind.

Art der Leitungen

Um die Gefahr eines Erdschlusses bei ortsveränderlichen Verbrauchern auszuschließen, muss auf ausreichende Isolierung der Leitungen geachtet werden. Für die **Leitungsauswahl und -verlegung** gilt:
- Gummischlauchleitungen vom Typ H07RN-F oder gleichwertige Leitungen verwenden,
- Leitungen von Stromkreisen mit Schutztrennung getrennt verlegen oder
- Mehraderleitungen verwenden, die in Installationsrohren oder -kanälen verlegt werden.

Mehrere Geräte auf der Sekundärseite

Beim Anschluss mehrerer Verbraucher an einen Trenntransformator oder Motorgenerator müssen alle Metallgehäuse der Geräte durch einen isolierten **Schutzpotenzialausgleichsleiter** bzw. **PE-Leiter** miteinander verbunden sein. Hierdurch soll verhindert werden, dass zwischen zwei Gehäusen eine Spannung auftreten kann.

Wann entsteht die Fehlerspannung?

Die Spannung entsteht, wenn beide Geräte nach Abb. 3 jeweils einen Körperschluss haben. Dieser wird beim ersten Gerät durch den einen Leiter ①, beim zweiten Gerät durch den anderen Leiter ② hervorgerufen. Die Abschaltung der Stromquelle durch das Überstrom-Schutzorgan muss bei einem zweifachen Körperschluss innerhalb folgender Zeiten erfolgen:
- $U_{2n} = 230$ V innerhalb $t \leq 0{,}4$ s und
- $U_{2n} = 400$ V innerhalb $t \leq 0{,}2$ s.

Anwendungen

Schutztrennung wird z.B. bei elektrischen Werkzeugen, besonders im Kesselbau, in Schütz- und Relaisstromkreisen und für Rasierapparate eingesetzt.

> ■ Bei der Schutztrennung sind die Verbraucher durch galvanische Trennung vom Versorgungsnetz getrennt.

Aufgaben

1. Erklären Sie, was man unter galvanischer Trennung versteht!

2. Begründen Sie, warum flexible Zuleitungen zu Geräten mit Schutztrennung einen Schutzleiter enthalten müssen!

3. Worauf ist beim Anschluss mehrerer Geräte zu achten?

7.9.3 Abschaltung im TN-System

Kommen wir noch einmal auf den beschriebenen Elektrounfall im Kapitel 7.1 zurück. Die fehlerhafte Stehleuchte wurde im Augenblick des Einschaltens nicht vom Versorgungsnetz getrennt, da der Schutzleiter unterbrochen war. Eine gefährlich hohe Berührungsspannung verursachte den tödlichen Stromschlag. Wenn die Überstrom-Schutzeinrichtung abgeschaltet hätte, wäre der Unfall nicht passiert.

Durch **automatische Abschaltung** muss also das Gerät bei Körperschluss vom Netz getrennt werden. Diese Schutzmaßnahme ist **netzformabhängig**, deshalb müssen wir uns hier zunächst mit den **Netz-Verteilungssystemen** beschäftigen.

TN-Systeme zur Energieversorgung

Über verschiedene Verteilungssysteme kann elektrische Energie zum Verbraucher transportiert werden. Viele VNB betreiben ihr Niederspannungs-Verteilungssystem als **TN-C-System.** Hinter dem Zähler bzw. im Stromkreisverteiler kann das System in ein **TN-S-System** umgewandelt werden. Das **TN-C-S-System** ist eine Kombination beider Systeme.

Die TN-Systeme unterscheiden sich wie folgt:

- TN-C-System:
  Der **PEN-Leiter** ist gleichzeitig Neutralleiter und Schutzleiter.
- TN-S-System:
  Der **Schutzleiter und Neutralleiter** sind getrennt geführt.

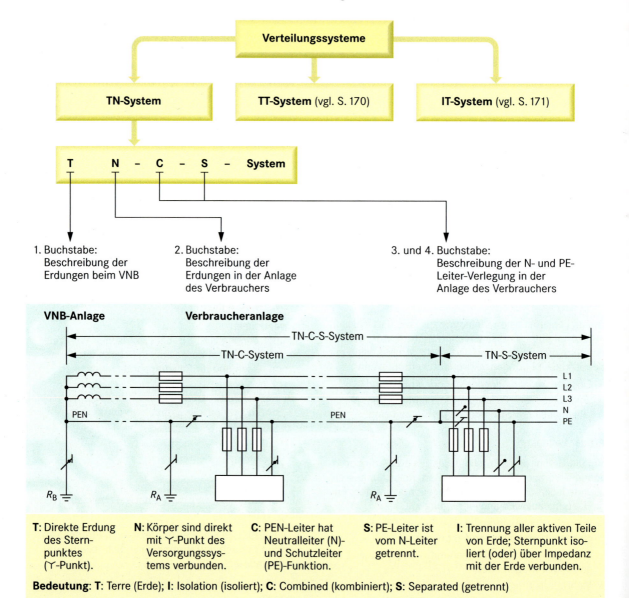

Abschaltung / disconnection

Abschaltung durch Schutzorgane

Die automatische Abschaltung von Stromkreisen kann durch folgende Schutzorgane geschehen

- Schmelzsicherungen,
- Leitungsschutz-Schalter (LS-Schalter) oder
- RCD.

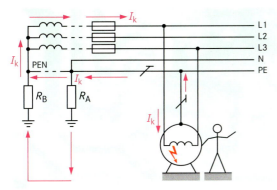

1: Fehlerschleife (Z_S) bei Körperschluss

Fehlerschleife

Der Fehlerstrom I_F bzw. I_k (Abb.1) fließt über das geerdete Gehäuse, den PE-Leiter, den PEN-Leiter, durch die Erde (Erder R_A) zum Erder des Versorgungsnetzes. Der Gesamtwiderstand muss klein sein, damit der Kurzschlussstrom groß wird. Das Überstrom-Schutzorgan schaltet dann in der nach DIN VDE festgelegten Zeit ab.

Kleiner Gesamtwiderstand des Fehlerstromkreises

Der Gesamtwiderstand wird durch **mehrmalige Erdungen** verkleinert und zwar durch

- Betriebserder (R_B) am Transformator,
- Anlagenerder (R_A), z.B. Fundamenterder oder Staberder, in der Verbraucheranlage und
- weitere Erder ($R_{A1,2..}$), falls erforderlich.

Den Gesamtwiderstand der Fehlerschleife nennt man **Schleifenimpedanz Z_S**. Er setzt sich zusammen aus

- Z_T der Transformatorwicklung,
- R_L des Außenleiters und der Sicherung,
- R_{Kl} der Anschlussklemmen,
- R_{PE} des Schutzleiters und
- R_{PEN} des PEN-Leiters.

Nach der Auslösecharakteristik der Sicherung oder des LS-Schalters (vgl. Kap.6.3.2) verringert sich die Auslösezeit bei einem größeren Kurzschlussstrom. Zur Abschaltzeit t_a des Überstrom-Schutzorgans lässt sich folgende Wirkungskette aufstellen:

$$Z_S \downarrow \Rightarrow I_K \uparrow \Rightarrow t_a \downarrow$$

Nach DIN VDE:
$$I_a \cdot Z_S \leq U_0$$

Damit ein ausreichend großer Abschaltstrom fließen kann, muss die Bedingung für Z_S erfüllt sein.

$$Z_S \leq \frac{U_0}{I_a}$$

Maximale Abschaltzeiten gelten nach DIN VDE 0100-410 bei U_0 (Nennwechselspannung):

Anwendung	Spannung gegen Erde	Abschaltzeit
Steckdosenstromkreise und ortsveränderliche Betriebsmittel	$U_0 \leq 230$ V $U_0 > 120$ V	$t_a \leq 0{,}4$ s
	$U_0 \leq 400$ V $U_0 > 230$ V	$t_a \leq 0{,}2$ s
Endstromkreise mit festem Anschluss von Handgeräten oder ortsveränderlichen Geräten der Schutzklasse I	$U_0 > 400$ V	$t_a \leq 0{,}1$ s
Verteilungsstromkreise in Gebäuden, die z.B. zu einem Schaltschrank führen, und Endstromkreise mit ortsfesten Geräten	$U_0 \leq 400$ V	$t_a \leq 5$ s

Beispiel zur Abschaltung in einem TN-System: 3/N ~ 400/230 V 50 Hz

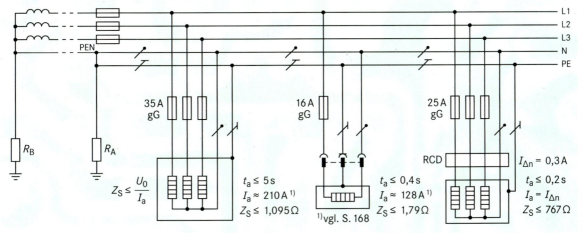

Die Hersteller von Überstrom-Schutzorganen (vgl. Kap. 6.3.2) geben folgende Näherungswerte für die **Höhe des Abschaltstromes** I_a (= I_k) an:

Überstrom-Schutzorgan	Auslösung
Schmelzsicherung Typ gG	$I_a \approx 8 \cdot I_n \Rightarrow t_a \leq 0{,}4$ s $I_a \approx 6 \cdot I_n \Rightarrow t_a \leq 5$ s
Leitungsschutz-Schalter, Typ B	Halten bei $3 \cdot I_n \Rightarrow t_a > 0{,}1$ s Auslösen bei $5 \cdot I_n \Rightarrow t_a < 0{,}1$ s
Leitungsschutz-Schalter, Typ C	Halten bei $5 \cdot I_n \Rightarrow t_a > 0{,}1$ s Auslösen bei $10 \cdot I_n \Rightarrow t_a < 0{,}1$ s

- Die Schleifenimpedanz Z_S ist der Gesamtwiderstand des Fehlerstromkreises (Außenleiter, geerdeter Schutzleiter PE zwischen Netztransformator und Verbraucher).
- Der Schutz im TN-System besteht darin, dass im Fehlerfall ein großer Strom in der Fehlerschleife die Schutzeinrichtung auslöst.
- Bei gleich großem Kurzschlussstrom schalten Leitungsschutz-Schalter gegenüber Schmelzsicherungen schneller ab.

Aufgaben

1. Welche Bedeutung haben die einzelnen Buchstaben in der Bezeichnung TN-C-S-System?

2. Beschreiben Sie den Unterschied zwischen einem TN-C-System und einem TN-S-System!

3. Was bedeutet „automatische Abschaltung" eines Stromkreises?

4. Erklären Sie den Begriff „Fehlerschleife" an einem Beispiel!

5. Aus welchen Teilwiderständen setzt sich die Schleifenimpedanz Z_S zusammen?

6. Der Kurzschlussstrom soll eine kurze Abschaltzeit des Überstrom-Schutzorgans bewirken. Stellen Sie die Abhängigkeit dieser Größen von Z_S dar!

7. In einem Elektrogerät mit der Bemessungsspannung 230 V entsteht durch einen Isolationsfehler ein Kurzschluss. Welche Abschaltzeit gilt im TN-System?

8. Welche Abschaltzeit gilt im Fehlerfall für einen Elektroherd mit Drehstromanschluss?

9. Wie groß darf der Schleifenwiderstand maximal sein, wenn ein Stromkreis (U_0 = 230 V) mit einer Schmelzsicherung (Typ gG) und I_n = 20 A abgesichert ist?

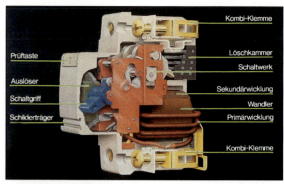

1: Aufbau einer RCD

Abschaltung durch die RCD

Außer den genannten Schutzeinrichtungen werden für bestimmte Anlagen RCDs vorgeschrieben (DIN VDE 0100-410). Diese überwachen den Fehlerstrom, der über den Schutzleiter fließt. Das **Wirkprinzip** der RCD besteht darin, dass ein Summenstromwandler die hin- und rückfließenden Ströme vom Verbraucher überwacht. Vereinfacht können wir uns den Ablauf der Abschaltung durch die RCD so vorstellen, wie er mit Hilfe von Magnetfeldern in Abb.2 dargestellt ist.

Abb. 2a:
Zufließender Strom im Leiter L1 ist gleich dem zurückfließenden Strom im Neutralleiter. Die durch den Strom hervorgerufenen Magnetflüsse Φ_{L1} und Φ_N sind entgegen gerichtet und gleich groß. Sie heben sich auf. Also gilt

Gesamtfluss $\Phi_G = 0 \Rightarrow$ **Keine Induktion in der Spule** ①

Abb. 2b:
Wegen eines Isolationsfehlers im Gerät fließt ein Fehlerstrom zum PE-Leiter. Der zurückfließende Strom im Neutralleiter ist deshalb nicht gleich dem zufließenden Strom im Leiter L1. Die Magnetflüsse Φ_{L1} und Φ_N sind zwar entgegen gerichtet aber nicht gleich groß. Also gilt

Gesamtfluss $\Phi \neq 0 \Rightarrow$ **Induktion in der Spule** ②

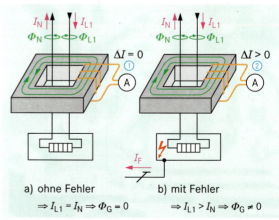

2: Wirkprinzip der RCD

Fehlersuche / search for errors

Isolationsfehler und Abschaltung durch die RCD

Sehen wir uns nochmals die Abb. auf S. 163 an. Ein Gerät ist über die abgebildete Steckdose mit eingebauter RCD angeschlossen. Nehmen wir an, in der Zuleitung liegt ein Isolationsfehler vor. Es lässt sich folgender Funktionsablauf aufstellen:

Isolationsfehler an der Zuleitung oder am Gerät.
⇓
Fehlerstrom I_F fließt durch den PE-Leiter ab.
⇓
RCD ($I_{\Delta n} \leq 30$ mA) erfasst den fehlenden Strom und schaltet allpolig ab. $I_{L1} - I_N = I_F = \Delta I$

Hersteller geben für die Auslösezeiten der RCD je nach Größe des Fehlerstromes an:
- $I_F = I_{\Delta n}$ $\Rightarrow t_a \leq 200$ ms,
- $I_F = 5 \cdot I_{\Delta n} \Rightarrow t_a \leq$ 40 ms.

Einsatz von RCDs

- **Brandschutz:**
RCDs mit einem Bemessungsdifferenzstrom von 300 mA eignen sich für Anlagen, in denen z. B. Brände durch Leck- oder Fehlerströme ausgelöst werden können. Sie entstehen bei Isolationsfehlern.

- **Personenschutz:**
RCDs mit einem Bemessungsdifferenzstrom von 30 mA sind zum Schutz vor gefährlichen Einwirkungen des Stromes auf Menschen und Nutztiere geeignet. Bereits ein kleiner Fehlerstrom bewirkt allpoliges Abschalten. Für bestimmte Räume und Anlagen (vgl. Kap. 6.5) sind RCDs zwingend vorgeschrieben.

> ■ Die RCD schaltet ab, wenn die Summe der zum Verbraucher hinfließenden Ströme nicht gleich groß ist wie die Summe der zurückfließenden Ströme.
>
> ■ Die RCD gewährleistet höchste Sicherheit, da sie im Fehlerfall sofort allpolig abschaltet.

Aufgaben

1. Erklären Sie mit Hilfe einer Skizze die Funktionsweise einer RCD!

2. Welche Abschaltzeit gilt für RCDs?

3. Beschreiben Sie den Fehlerstromkreis, wenn die RCD ein Gerät mit einem Isolationsfehler abschalten soll!

4. Welchen besonderen Schutz bieten RCDs mit Bemessungsdifferenzströmen von 10 mA und 30 mA?

5. In einer Hausinstallation löst die RCD aus! Welche Fehler können in der elektrischen Anlage vorliegen?

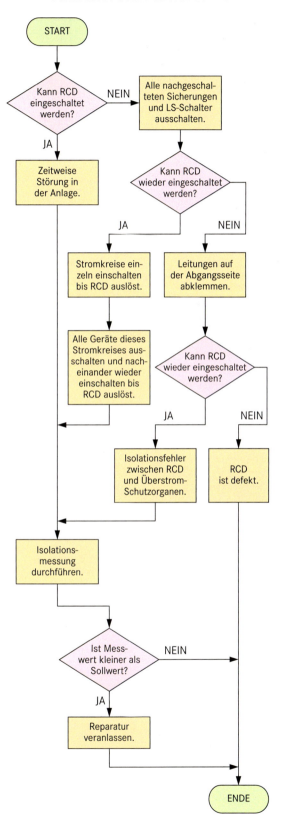

Fehlersuche beim Auslösen der RCD

7.9.4 Abschaltung im TT-System

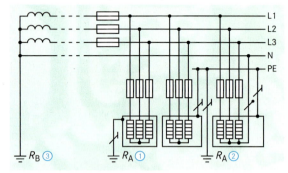

1: TT-System

Kennzeichen von TT-Systemen

In TT-Systemen werden die Gehäuse der Geräte **direkt geerdet** ① bzw. mit dem gemeinsamen Erder der Anlage (R_A) ② verbunden (Abb. 1). Der Sternpunkt des Netztransformators ist geerdet ③.

Unterschied zwischen TN- und TT-Systemen

Im Unterschied zum TN-System besteht im TT-System zwischen dem Betriebserder R_B und dem Anlagenerder R_A keine Verbindung. Beide Erder sind lediglich über das Erdreich miteinander verbunden. Wir erklären am Beispiel nach Abb. 2, wie der Fehlerstromkreis aufgebaut ist.

Fehlerstromkreis bei Körperschluss im TT-System

Der Fehlerstrom I_F fließt vom Netztransformator über die Leitung (R_L), die Fehlerstelle ($R_{\ddot{U}}$) und den Erdungswiderstand R_A der Verbraucheranlage durch das Erdreich zum Netztransformator (R_B). I_F muss mindestens so groß sein wie der **Auslösestrom** I_a der Schutzeinrichtung. Daraus folgt für das TT-System zur Berechnung des maximal zulässigen Erdungswiderstandes R_A:

$$R_A \leq \frac{U_L}{I_a}$$

U_L ist die höchstzulässige Berührungsspannung für Menschen bzw. Tiere, die überbrückt werden kann. U_L ist eine Teilspannung von U_0.

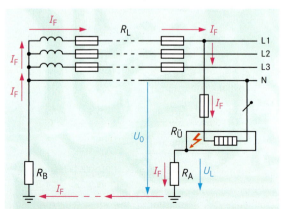

2: Fehlerstromkreis im TT-System

Ist der PE-Leiter nicht ordnungsgemäß angeschlossen oder unterbrochen, baut sich bei Körperschluss eine gefährliche Fehlerspannung zwischen Gehäuse und Erde auf. Ein Fehlerstromkreis mit einem genügend hohen Fehlerstrom ($I_F = I_K$) kann sich dann nicht aufbauen. Es kommt zu keiner Abschaltung durch das Überstrom-Schutzorgan.

Verkleinerung des Erdungswiderstandes R_A

Bereits beim TN-System haben wir festgestellt, dass durch Installation weiterer Erder der Gesamtwiderstand für R_A verkleinert wird. Dies gilt auch im TT-System. Da niedrige Erdungswiderstände meistens nicht zu erreichen sind, verwendet man fast ausschließlich RCDs (Abb. 3).

Für RCDs gilt nebenstehende Bedingung. Andere Überstrom-Schutzorgane können im TT-System zum Fehlerschutz nur dann angewendet werden, wenn R_A sehr klein ist. Erst dann fließt im Fehlerfall ein ausreichend großer Abschaltstrom.

$$R_A \leq \frac{U_L}{I_{\Delta n}}$$

Die RCDs müssen bei den höchstzulässigen Fehlerspannungen 50 V bzw. 25 V abschalten.

	Erdungswiderstände R_A bei RCDs	
$I_{\Delta n}$	$R_A \leq \frac{50\ V}{I_{\Delta n}}$	$R_A \leq \frac{25\ V}{I_{\Delta n}}$
0,01 A	5000 Ω	2500 Ω
0,03 A	1667 Ω	833 Ω
0,10 A	500 Ω	250 Ω
0,30 A	167 Ω	83 Ω
0,50 A	100 Ω	50 Ω
1,00 A	50 Ω	25 Ω

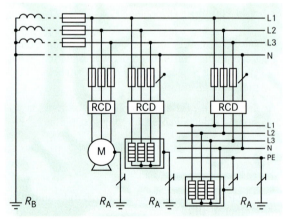

3: Anschlüsse über RCDs im TT-System

- Die RCD schaltet ab, wenn die Summe der zum Verbraucher hinfließenden Ströme nicht gleich groß ist wie die Summe der zurückfließenden Ströme.
- RCDs werden dort eingesetzt, wo vorgeschriebene Erdungswiderstände nicht erreicht werden können.

IT-Systeme / IT-Systems

7.9.5 Abschaltung im IT-System

Aufbau eines IT-Systems

Alle aktiven Leiter sind im IT-System gegen Erde isoliert. Zwischen den Außenleitern und dem geerdeten Punkt (R_A) liegt eine **Isolations-Überwachungs-einrichtung** ①. Sie überwacht den Isolationswiderstand der Anlage gegen Erde.

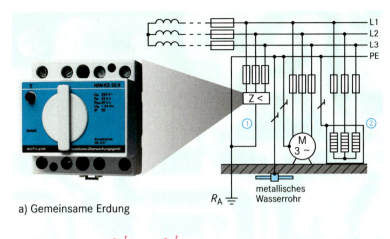

a) Gemeinsame Erdung

Erdung im IT-System

In Abb. 4 sind zwei unterschiedliche Anlagen dargestellt. Ihre besonderen Merkmale sind:

a) **gemeinsam geerdete Geräte** und metallene Anlageteile ②,
b) **einzeln geerdete Geräte** ③ ⑤ und ⑦
c) **RCD-Schutz** ④.

Für den Erdungswiderstand R_A gilt:

$$R_A \leq \frac{U_L}{I_a}$$

R_A ist der Widerstand der Schutz-potenzialausgleichsleiter, des PE-Leiters und des Erders. I_d (I_F) ist der Fehlerstrom, der beim 1. Fehler fließt.

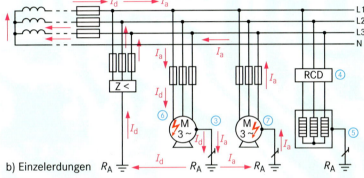

b) Einzelerdungen

4: Erdungen im IT-System

Funktion des Isolationswächters

Das Gerät kontrolliert ständig den Isolationswiderstand der Anlage. Wird der Ansprechwert (einstellbar z.B. von 2 kΩ bis 60 kΩ) unterschritten, erfolgt eine optische und/oder akustische Anzeige (**Schutz durch Meldung**).

Fehlerfall in der Anlage

Tritt nur an einem Gerät ⑥ ein Körperschluss als **1. Fehler** auf, dann ist keine Abschaltung erforderlich. Es erfolgt eine Anzeige. Die Anlage kann trotz des Fehlers weiter betrieben werden. Dann gilt $R_A \cdot I_d \leq 50$ V. Es entsteht keine Berührungsspannung, weil der Sternpunkt des Netztransformators nicht geerdet ist. Der 1. Fehler mit dem Fehlerstrom I_d wird vom Isolationswächter optisch bzw. akustisch angezeigt.

Tritt ein **2. Fehler** an einem zweiten Gerät ⑦ auf, muss die Anlage sofort abgeschaltet werden. Über die Erder bildet sich ein Fehlerstromkreis mit I_a zwischen den Außenleitern L1 und L3. Das IT-System arbeitet jetzt wie ein TT-System (vgl. S. 170). D.h. es muss ein großer Strom I_a fließen, der zur Abschaltung durch das Schutzorgan führt.

Einen besseren Schutz im IT-System erreicht man durch **RCDs**, die den Fehlerstrom überwachen und bei $I_F = I_{\Delta n}$ sofort abschalten.

- Im IT-System bildet sich beim 1. Fehler kein gefährlicher Fehlerstromkreis, da der Sternpunkt des Netztransformators nicht geerdet ist.
- Bei einem 2. Fehler liegt gegen Erde die Leiterspannung. Es gelten die Bestimmungen wie beim TT-System, d.h. die Schutzeinrichtung muss sofort abschalten.

Aufgaben

1. Beschreiben Sie den besonderen Schutz durch Erdung in TN-, TT- und IT-Systemen!

2. Skizzieren Sie einen Fehlerstromkreis, wenn eine „defekte Stehleuchte" im TT-System angeschlossen ist!

3. Wie groß ist R_A im TT-System, wenn eine RCD ($I_{\Delta n} \leq 0{,}1$ A) bei $U_L = 40$ V abschaltet?

4. Erklären Sie, warum sich im IT-System beim 1. Fehler (Körperschluss) kein Fehlerstromkreis bilden kann!

5. Beschreiben Sie den Verlauf des Fehlerstromes im IT-System bei einem 2. Fehler in der Anlage!

7.9.6 Schutz in Verteilungssystemen

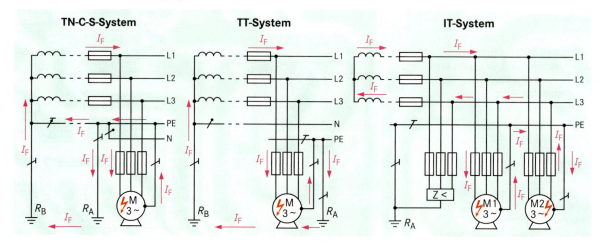

Fehlerstromkreise

TN-C-S-System	TT-System	IT-System
L1→Motor→PE $\overset{\rightarrow R_A \rightarrow R_B \rightarrow}{\rightarrow PEN}$ Y→L1	L1→Motor→PE→R_A→R_B→Y→L1	L1→Motor 1→PE→Motor 2→L3→Y→L1

Einflussgrößen auf I_F

• $q_{PE}\uparrow \Rightarrow R_{PE}\downarrow \Rightarrow I_F\uparrow$	• $q_{PE}\uparrow \Rightarrow R_{PE}\downarrow \Rightarrow I_F\uparrow$	• $q_{PE}\uparrow \Rightarrow R_{PE}\downarrow \Rightarrow I_F (I_d)\uparrow$
• R_A und $R_B \downarrow \Rightarrow I_F\uparrow$	• R_A und $R_B \downarrow \Rightarrow I_F\uparrow$	
• Übergangswiderstand ($R_\text{Ü}$) zwischen Gehäuse und PE-Leiter sowie PEN-Leiter und Haupterdungsschiene	• Übergangswiderstand ($R_\text{Ü}$) zwischen Gehäuse und PE-Leiter und zu R_A	• Übergangswiderstand ($R_\text{Ü}$) zwischen Gehäuse und PE-Leiter und zu R_A

Feststellungen

• Leiterquerschnitt und Erderwiderstände beeinflussen den Fehlerstrom.	• Leiterquerschnitt und Erderwiderstände beeinflussen I_F.	• Leiterquerschnitt beeinflusst den Fehlerstrom I_F.
• Je kleiner die Widerstände sind, desto größer wird der Fehlerstrom I_F.	• Je kleiner die Widerstände sind, desto größer wird I_F.	• Je kleiner die Widerstände sind, desto größer wird der Fehlerstrom I_F.
• Der Fehlerstrom wird zum Kurzschlussstrom I_k. ⇒ Abschaltstrom I_a für das Überstrom-Schutzorgan.	• Der Fehlerstrom I_F (häufig als I_k bezeichnet) fließt über die Erdungsanlagen zum Sternpunkt des Netztransformators. ⇒ Abschaltstrom I_a für das Überstrom-Schutzorgan.	• Widerstand zwischen Außenleiter und Erde $Z \downarrow$ ⇒ Isolations-Überwachungseinrichtung zeigt den ersten Fehler an.

Schutz gegen elektrischen Schlag

• Schleifenimpedanz $Z_s \downarrow \Rightarrow$	• Summe der Widerstände des Erders und des PE-Leiters bis Gehäuse $R_A \downarrow \Rightarrow I_a \uparrow \Rightarrow$	• Meldung des 1. Fehlers
• Abschaltstrom $I_a \uparrow \Rightarrow$	• Abschaltzeit $t_a \downarrow$	• Auftreten eines 2. Fehlers ⇒ Abschaltstrom $I_a \uparrow \Rightarrow$
• Abschaltzeit $t_a \Rightarrow \downarrow$		• Abschaltzeit $t_a \downarrow$
• Metallgehäuse sind über den Schutzleiter mit dem Sternpunkt Y verbunden. Zusätzlich sind der PE-Leiter und der Transformator-Sternpunkt geerdet. Bei Körperschluss wird automatisch abgeschaltet.	• Metallgehäuse sind über den Schutzleiter, den Erder und die Erde mit dem Sternpunkt Y verbunden. Bei Körperschluss wird automatisch abgeschaltet.	• Metallgehäuse sind über den PE-Leiter mit dem Erder verbunden. Ein Körperschluss wird von der Schutzeinrichtung gemeldet. Bei einem zweiten Körperschluss wird abgeschaltet.

Schutzpotenzialausgleich / protective equipotential bonding

7.9.7 Schutzpotenzialausgleich und Schutzerdung

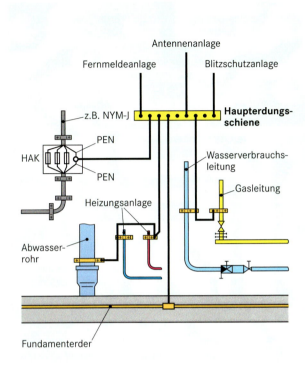

q für Schutzpotenzialausgleichsleiter	
Werte	Leiterquerschnitt
Mindestwert	6 mm²
Normalwert	0,5 x q_{PEmax}, dies ist der Hauptschutzleiter zwischen HAK und Zählerschrank
Maximalwert	25 mm² (Cu oder gleichwertiger Leitwert)

q für zusätzlichen Schutzpotenzialausgleichsleiter	
Werte	Leiterquerschnitt
Mindestwert	2,5 mm² (Cu) oder 4 mm² (Al) bei mechanischem Schutz 4 mm² (Cu) ohne mechanischen Schutz
Normalwert	1 x q_{PE}, zwischen zwei Gehäusen, 0,5 x q_{PE} zwischen Gehäuse und fremdem, leitfähigen Anlageteil

Bemessung des Fundamenterders:
- verzinkter Bandstahl mit den Maßen 30 mm x 3,5 mm (25 mm x 4 mm)
- verzinkter Rundstahl mit dem Durchmesser 10 mm (Mindestwert)

1: Schutzpotenzialausgleich in Wohnhäusern

Die einzelnen Schutzleiter der verschiedenen Leitungssysteme einer Anlage zur Haupterdungsschiene heißen Schutzpotenzialausgleichsleiter (Abb. 1).

Funktion der Schutzpotenzialausgleichsleiter

Da alle Metallteile und Gehäuse von Elektrogeräten miteinander verbunden sind, haben diese Teile immer dasselbe Potenzial. Es kann also bei Berühren verschiedener Metallteile **keine Berührungsspannung** entstehen.

Zusätzlicher Schutzpotenzialausgleich

Zum besonderen Schutz eines Teils einer elektrischen Anlage (örtlich begrenzter Raum) ist ein zusätzlicher Schutzpotenzialausgleich zu installieren (Abb. 2).

Ein zusätzlicher Schutzpotenzialausgleich ist erforderlich in
- Baderäumen und Schwimmbädern in den Bereichen 0, 1 und 2 (vgl. Kap. 6.4.4),
- feuergefährdeten und landwirtschaftlichen Betriebsstätten sowie
- bei Stahlkonstruktionen (Stahlmasten, Brückengeländer u. ä.)

Schutzpotenzialausgleich bei Antennenanlagen

Die metallenen Abschirmungen von Koaxialkabeln müssen am Eingang und am Ausgang der Verstärker jeweils über eine Erdungsschiene miteinander verbunden sein.

Die Erdungsschienen müssen über Erdungsleitungen mit der Haupterdungsschiene verbunden sein (Abb. 3).

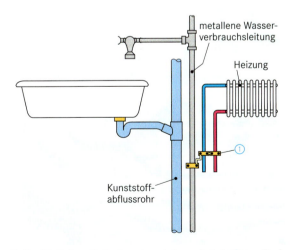

2: Zusätzlicher Schutzpotenzialausgleich ① im Bad

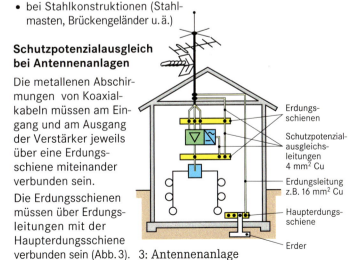

3: Antennenanlage

Erfolgt der Rundfunk- und Fernsehempfang über ein BK-Netz (vgl. Kap. 11.3.6), dann muss von den Erdungsschienen am Verstärker (Hausübergabepunkt) eine Schutzpotenzialausgleichsleitung ($q = 4$ mm^2) zum Schutzpotenzialausgleich verlegt werden.

Erdung des Sternpunktes am Netztransformator

Bei bestimmten Versorgungssystemen wird der Sternpunkt des Netztransformators geerdet ($R_B \approx 2\ \Omega$). Der Schutz gegen elektrischen Schlag ist gewährleistet, wenn in der Verbraucheranlage eine Erdung, z.B. über den Fundamenterder, installiert ist ($R_A \approx 10\ \Omega$).

Arten und Verlegung von Erdern

Durch Erder und deren Verlegung wird die Schutzwirkung einer Anlage beeinflusst. Als Erder werden verwendet

- **feuerverzinkte Bänder, Stäbe oder Platten**, die in ausreichender Tiefe in den frostfreien Bereich des Erdbodens gelegt werden.
- **Banderder**, die strahlen-, ring- oder maschenförmig verlegt werden.
- **Fundamenterder** (vgl. Kap. 6.1.1)

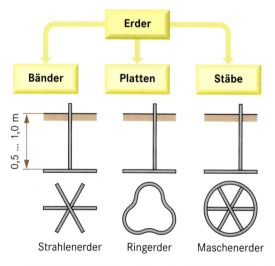

Welche Auswirkung hat ein Isolationsfehler im näheren Bereich des Erders?

Im Bereich des Erders tritt eine **Erderspannung U_E** auf, wenn ein Außenleiter Berührung mit der Erde hat. Nahe des Erders kann U_E die Größe der Netzspannung U_0 annehmen. Wegen ihres Verlaufs spricht man von einem **Spannungstrichter** (Abb. 1).

Wirkungen am Erder bei einem Erdschluss

Am Erder breitet sich der **Fehlerstrom** strahlenförmig nach allen Richtungen aus.

Austrittsfläche $A \downarrow\ \Rightarrow$
$\qquad$ Widerstand $R_E \uparrow\ \Rightarrow$
$\qquad\qquad$ Spannung $U \uparrow$

- Der Spannungsfall ist in der Nähe des Erders am größten. Die „Schrittspannung U_S", d.h. die durch einen Schritt überbrückte Spannung, kann bei Betreten dieses Bereichs zum Unfall führen.
- Im Fehlerfall, z.B. ein Außenleiter fällt zu Boden, mit schleifenden Schritten aus dem Spannungstrichter bewegen. Eine Schrittspannung kann dann nicht auftreten.

- Schutzpotenzialausgleich wird durch leitende Verbindungen der metallenen Gehäuse erreicht.
- Der Schutzpotenzialausgleich stellt sicher, dass alle gleichzeitig erreichbaren Metallteile dasselbe Potenzial haben.
- Durch den Schutzpotenzialausgleich kann keine Berührungsspannung zwischen den Metallteilen auftreten.
- Die Schrittspannung ist die Spannung, die ein Mensch bei einem Erdschluss in der Nähe des Erders mit einem Schritt überbrücken kann.

Aufgaben

1. Welcher Schutz wird durch den Schutzpotenzialausgleich sichergestellt?

2. Legen Sie bei einem 4-Leiter-System (4 · 70 mm^2) den Querschnitt des Schutzpotenzialausgleichsleiters fest!

3. Beschreiben Sie den Unterschied zwischen Schutzpotenzialausgleich und zusätzlichem Schutzpotenzialausgleich!

4. Nennen Sie vier Betriebsstätten, wo ein zusätzlicher Potenzialausgleich installiert werden muss!

5. Beschreiben Sie die Installation des Schutzpotenzialausgleichs für Antennenanlagen!

6. Wie verläuft die Erderspannung bei einem Erdschluss? Erklären Sie den Begriff „Schrittspannung"!

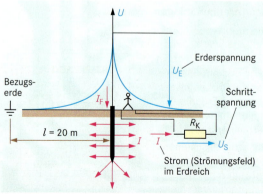

1: Spannungstrichter eines Staberders

7.9.8 Nicht leitende Umgebung

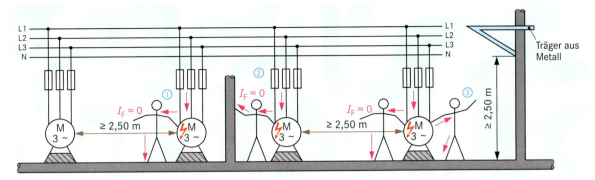

2: Fehlerstrom in nicht leitender Umgebung

Sehr schlecht leitende Räume werden als **nicht leitender Umgebung** bezeichnet. Bei einem Körperschluss entsteht eine Berührungsspannung. Dann fließt beim Berühren ein Fehlerstrom über den menschlichen Körper. Es müssen also Maßnahmen getroffen werden, damit es zu keiner unzulässig hohen Berührungsspannung kommt.

Als Beispiel betrachten wir einen Elektromotor, dessen Gehäuse wegen eines Körperschlusses unter Spannung steht (Abb. 2). Ist nun der Motor auf einem **isolierenden Fußboden** installiert, kann beim Berühren nur ein sehr kleiner Fehlerstrom über den Körperwiderstand des Menschen und den hochohmigen Widerstand des Fußbodens fließen. Dieser Strom wird kaum wahrgenommen.

Haben wir es aber mit zwei fehlerhaften Motoren (Kurzschluss) zu tun, kann an den Gehäusen der Motoren die Leiterspannung, z.B. 400 V, liegen. Deshalb muss zwischen Motoren und anderen leitenden Teilen der Mindestabstand für den Handbereich eingehalten werden.

In nicht leitender Umgebung müssen Wände und Fußböden isoliert sein. Für den Isolationswiderstand R_{iso} gelten folgende Mindestwerte:

- $U_n \leq 500$ V AC und
  $U_n \leq 750$ V DC $\Rightarrow$ $R_{iso} \geq 50$ kΩ
- $U_n > 500$ V AC und
  $U_n > 750$ V DC $\Rightarrow$ $R_{iso} \geq 100$ kΩ

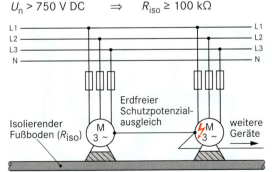

3: Erdfreier, örtlicher Schutzpotenzialausgleich

Schutzpotenzialausgleich in nicht leitender Umgebung

In nicht leitender Umgebung darf an fest eingebauten Geräten der Schutzklasse I und an Steckdosen kein Schutzleiter angeschlossen werden. Es ist jedoch erlaubt, mit Hilfe eines Schutzleiters die Gehäuse aller Geräte miteinander zu verbinden (Abb. 3). Damit wird erreicht, dass alle leitfähigen Teile dasselbe Potenzial haben. Diese Maßnahme wird als **erdfreier, örtlicher Schutzpotenzialausgleich** bezeichnet. Ein Mindestabstand zwischen den Geräten ist hier nicht erforderlich.

Installationsbedingungen

- Örtlicher Schutzpotenzialausgleich darf nicht mit der Erde verbunden sein.
- An den Geräten keinen Schutzleiter anschließen.

> - In nicht leitender Umgebung müssen die Mindestwerte für den Isolationswiderstand eingehalten werden.
> - Durch Anordnung der Geräte (Handbereich) kann es zu keiner gefährlichen Berührungsspannung kommen.
> - Der erdfreie, örtliche Schutzpotenzialausgleich verhindert das Entstehen einer Potenzialdifferenz zwischen zwei nicht geerdeten Geräten.

Aufgaben

1. Beschreiben Sie, durch welche Maßnahmen der Schutz in nicht leitender Umgebung gewährleistet wird!

2. Warum ist die Stromstärke ungefähr Null, wenn die Fehlerfälle ① bis ③ vorliegen (Abb. 2)? Begründen Sie Ihre Antwort!

3. Nennen Sie zwei Installationsbedingungen beim erdfreien, örtlichen Schutzpotenzialausgleich!

4. Wann ist kein Mindestabstand zwischen einzelnen Geräten erforderlich?

7.10 Prüfung der Schutzmaßnahmen

Neu errichtete elektrische Anlagen müssen nach Fertigstellung abgenommen und auf ihre Sicherheit überprüft werden. Diese Prüfungen werden nach
- UVV „Elektrische Anlagen und Betriebsmittel" (BGV A3) und
- DIN VDE 0100-600 durchgeführt.

Über die Prüfungen ist vom verantwortlichen Elektroinstallateur ein Prüfprotokoll anzufertigen. Die Messungen sind mit Messgeräten durchzuführen, die nach DIN bzw. DIN VDE genormt sind.

Prüfungen

Besichtigen
- Auswahl der Betriebsmittel
- Betriebsmittel unbeschädigt
- Zielbezeichnungen der Leitungen im Verteiler
- Leitungsverlegung, Sicherheitseinrichtungen
- Schaltungsunterlagen

Erproben
- Funktion der Schutzeinrichtungen
- Rechtsdrehfeld der Drehstrom-Steckdosen
- Funktion der elektrischen Anlage

Messen
1. Schutz- und Potenzialausgleichsleiter
2. Schleifenwiderstand
3. Isolationswiderstand
4. Erdungswiderstand
5. Netzinnenwiderstand (Kontrollmessung)

Prüfprotokoll

Erdungswiderstand	R_E	0,16 Ω ⑥
Zuverl. Verbindung Schutzpotenzialausgleichsleiter	R_{LO}	0,00 Ω ①
Standortisolation	Z_{ST}	

Strom-kreis-Nr.	Ort/Anlageteil	Leitung/Kabel			Überstrom-Schutzeinrichtung				Fehlerstrom-Schutzeinrichtung					Netz
		Art	Leiteranzahl	Querschnitt (mm²)	Art/Charakt.	I_N (A)	Rschl (Ω) I_k(A)	R_i (Ω) I_k(A)	R_{iso}(Ω) U_N(V)	I_N(A) Art U_L<(V)	I_{dn}(mA) U_{Id}N(V)	I_d(mA) U_{Id}(V)	t_A(ms)	U_N(V) f_N(Hz)
1	Isolationsmessung NHV + UV	R-ISO	5	10					99,9MΩ 500V	⑤ /				
2	Niederohmmessung z.B. Rohrleitungen, Duschen	RLO	9	10						/				
3	Erdungswiderstand Messung mit Sonde	RE								/				230 V 50,0Hz
4	Schleifenwiderstand L1-UV R-Schl.	NYM-I	5	16		35	0,16Ω 1,43kA	②		/				230 V 50,0Hz
5	L2-UV R-Schl.	NYM-I	5	16		35	0,15Ω 1,53kA	③		/				230V 50,0Hz
6	L3-UV R-Schl.	NYM-I	5	16		35	0,15Ω 1,53kA	④		/				230 V 50,0Hz
7	Netzinnenwiderstand L1-UV	NYM-I NYM-I	5	16		35	0,16Ω 1,43kΩ	0,19Ω 1,21kA	⑦	/				230 V 50,0Hz
8	dto. L2-UV	NYM-I	5	16		35		0,18Ω 1,27kA	⑧	/				230V 50,0Hz

Prüfergebnis: | x | Mängelfrei | x | Prüfplakette in Stromkreisverteiler eingeklebt | x | Nächster Prüfungstermin:

Die elektrische Anlage entspricht den anerkannten Regeln der Elektrotechnik.

Schleifenwiderstand / loop impedance

1. Prüfen der Schutz- u. Schutzpotenzialausgleichsleiter

Beim Besichtigen muss festgestellt werden, ob alle Schutzleiter sowie Schutzpotenzialausgleichsleiter der Rohr- und Metallteile an der Haupterdungsschiene angeschlossen sind. Die **Durchgängigkeit der Verbindungen** wird gemessen. Der Widerstand der Verbindungen muss **niederohmig** sein.

Das **Prüfprotokoll** in der untersuchten Anlage gibt hier einen Wert von $R_{L0} \approx 0\ \Omega$ ① an. Der vorhandene Widerstand ist vernachlässigbar klein.

Wie wird diese Messung durchgeführt?

Mit einem Widerstandsmessgerät werden folgende Widerstände gemessen:

1. R_{PE} des Schutzleiters von PE-Schiene des Stromkreis-Verteilers zur Steckdose,
2. R_{PE} und Durchgängigkeit von Verbindungen zwischen leitfähigen Teilen der Anlage und dem Schutzleiter,
3. R_{PE} des Leiters zwischen Erder und Haupterdungsschiene.

2. Messung des Schleifenwiderstandes

Der Schleifenwiderstand ist wichtig, um den Kurzschlussstrom zu berechnen. Moderne Messgeräte zeigen direkt den möglichen Kurzschlussstrom an.

In Abb. 1 sind zwei Messgeräte zur Bestimmung des Schleifenwiderstandes dargestellt. Die Geräte werden an eine **Schutzkontaktsteckdose** angeschlossen. Sie messen den Widerstand zwischen Außenleiter und Schutzleiter. Die Steckdose soll möglichst weit von der Verteilung entfernt sein. Dadurch wird der größtmögliche Widerstandswert für Z_S der Anlage gemessen.

Das **Prüfprotokoll** enthält für die Messungen des Schleifenwiderstandes folgende Werte:

- $Z_{SL1} = 0{,}16\ \Omega$ ⇒ $I_k = 1{,}43\ kA$ ②

nach $I_k = I_a = \dfrac{U_0}{Z_S}$

- $Z_{SL2} = Z_{SL3} = 0{,}15\ \Omega$ $I_k = 1{,}53\ kA$ ③ ④

Die Werte für Z_S sind klein, so dass dadurch ein hoher Abschaltstrom ($I_a = I_k$) entsteht, der innerhalb der geforderten Zeit automatisch das fehlerhafte Anlageteil abschaltet.

Auf dem Display eines Messgerätes werden z. B. zwei Werte angezeigt
- Schleifenwiderstand $Z_S = 2{,}81\ \Omega$ und
- Kurzschlussstrom $I_k = 81\ A$.

Bei einem Erdschluss fließt bei der Wechselspannung 230 V der Strom I_k durch die Widerstandsschleife. Der Wert für Z_S ist klein. Er bewirkt daher die sichere Abschaltung im Fehlerfall.

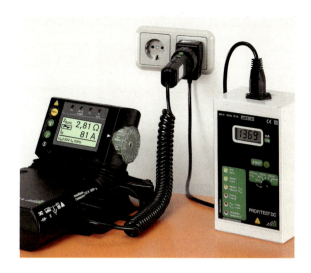

1: Messung des Schleifenwiderstandes

Maximaler Schleifenwiderstand

Geg.:
TN-System mit den Netzspannungen 400/230 V
Abschaltzeit $t_a \leq 0{,}4\ s$ (vgl. S. 167)

Ges.:
Maximale Größe von Z_S bei 10 A - Schmelzsicherung des Typs gG

$I_n = 10\ A \qquad I_a \approx 8 \cdot I_n \qquad I_a \approx 80\ A$

$Z_{Smax} = \dfrac{U_0}{I_a} \qquad Z_{Smax} = \dfrac{230\ V}{80\ A}$

$\underline{Z_{Smax} = 2{,}875\ \Omega}$

Feststellung:
Der errechnete Wert ist größer als der angezeigte Wert auf dem Display. Damit ist gewährleistet, dass I_k genügend groß wird.

Bei gleichem Kurzschlussstrom lösen Leitungsschutz-Schalter schneller aus als Schmelzsicherungen. Bei den gemessenen Werten für den Schleifenwiderstand würde der Kurzschlussstrom größer als bei dem Wert für Z_S in der Rechnung. Es wird eine schnellere Abschaltung erreicht.

- Schutzleiter und Schutzpotenzialausgleichsleiter müssen auf Durchgängigkeit geprüft werden.
- Der Schleifenwiderstand wird an Außenleiter und PE-Leiter gemessen.
- Der Schleifenwiderstand muss je Stromkreis an der entferntesten Stelle gemessen werden.

Isolationswiderstand / insulation resistance

3. Messung des Isolationswiderstandes

Leitungen und Kabel besitzen eine Basis- und Aderisolierung. Die Isolierwerkstoffe haben sehr große Widerstände. Durch Schrauben, Nägel u.ä. kann jedoch bei der Installation die Isolierung beschädigt werden. Dann treten trotz guter Isolierung **Ableitströme** auf.

Im Fehlerfall können diese Ströme Brände verursachen. Aus diesem Grund muss der Isolationswiderstand der Anlage gemessen werden.

Der Isolationswiderstand wird mit der jeweils angegebenen Messgleichspannung gemessen (vgl. Tabelle). Er ist ausreichend, wenn der angegebene Wert für R_{iso} nicht unterschritten wird.

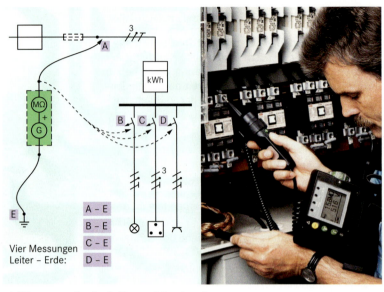

Vier Messungen Leiter – Erde:
A – E
B – E
C – E
D – E

1: Messung des Isolationswiderstandes

Wie wird der Isolationswiderstand gemessen?

Die Messung wird in den elektrischen Anlagen mit Messgleichspannung durchgeführt. Sie erfolgt bei abgeschalteten Geräten und unterbrochener Netzverbindung. Folgende vereinfachte Messung ist möglich (Abb. 1):

- Alle Außenleiter mit Neutralleiter verbinden und R_{iso} zwischen den gebrückten Leitern und der Erde (PEN-Leiter) messen.

In Abb. 1 wird R_{iso} in einem Verteilerschrank mit einem Universal-Prüfgerät gemessen. Auf dem Display des Gerätes können folgende Werte abgelesen werden:

- R_{iso} = 15,8 MΩ und
- U = 516 V DC (Messgleichspannung).

Das Prüfprotokoll weist für die Messung des Isolationswiderstandes einen Wert von R_{iso} = 99,9 MΩ aus. ⑤

Damit wird der geforderte Wert von 1 MΩ weit überschritten. Ein genügend hoher **Berührungsschutz** ist vorhanden.

- Der Isolationswiderstand ist der Widerstand des Isoliermaterials der Leitungen und Kabel.
- Der Isolationswiderstand wird bei abgeschalteter Anlage zwischen den gebrückten Außenleitern mit Neutralleiter und dem Schutzleiter gemessen.

Aufgaben

1. Warum müssen Schutzpotenzialausgleichsleiter mit der Haupterdungsschiene fest verbunden sein?

2. Wie erfolgt die Messung des Schleifenwiderstandes?

3. Wie groß darf der Schleifenwiderstand Z_S in einer Anlage mit einer 20 A-Sicherung maximal sein?

4. Warum soll der Schleifenwiderstand an der entferntesten Stelle im Stromkreis gemessen werden?

5. Was versteht man unter dem Isolationswiderstand von Leitern?

6. Beschreiben Sie, wie der Isolationswiderstand einer Anlage 400/230 V gemessen wird!

7. Welcher Mindestwert für R_{iso} ist bei einer Anlage mit der Betriebsspannung von 12 V einzuhalten?

8. Beschreiben Sie die Messung von R_{iso} für eine Anlage mit Sicherheitskleinspannung!

Art des Stromkreises	Messgleichspannung DC	R_{iso}
SELV und PELV	U = 250 V	≥ 0,5 MΩ
Netzspannung U_0 ≤ 500 V z.B. in elektrischen Anlagen mit trockenen und feuchten Räumen	U = 500 V	≥ 1 MΩ
Netzspannung U_0 > 500 V z.B. in Anlagen mit elektr. Maschinen	U = 1000 V	≥ 1 MΩ

Erdungswiderstand / earthing resistance 179

Netzabhängige Messung
Sonde + Netz + Strommesser + Spannungsmesser + abgetrennter Erder R_A

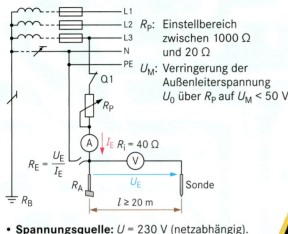

R_P: Einstellbereich zwischen 1000 Ω und 20 Ω
U_M: Verringerung der Außenleiterspannung U_0 über R_P auf $U_M < 50$ V

Netzunabhängige Messung
Erdungsmessgerät + Sonde + Hilfserder + abgetrennter Erder R_A

- **Spannungsquelle** Batterie
- **Frequenz** des Prüfstromes 70-140 Hz (Störquelle: Netzfrequenz 50 Hz wird vermieden).
- **Erdungswiderstand:** $\Delta U = U_E$ dividiert durch I_E wird als Wert für R_E angezeigt.

- **Spannungsquelle:** $U = 230$ V (netzabhängig).
- **Messstrom:** Strom, der zwischen Sonde und Bezugserder (Abstand > 20 m) durch den Boden fließt, bewirkt den Spannungsfall ΔU.
- **Erdungswiderstand:** U_E dividiert durch I_E.

2: Messung des Erdungswiderstandes

4. Messung des Erdungswiderstandes

In TT- und IT-Systemen ist die Größe des Erdungswiderstandes R_A für die automatische Abschaltung wichtig (vgl. Kap. 7.9.4 und 7.9.5). Die Werte müssen niederohmig sein, damit ein genügend hoher Kurzschlussstrom fließt, der das fehlerhafte Anlageteil abschaltet.

Beim Erdungswiderstand unterscheidet man den
- **Widerstand der Erder** (z. B. Staberder, Banderder, Ringerder) und
- den **spezifischen Widerstand des Bodens** (spezifischer Erdwiderstand ϱ_E).

Boden	Spezifischer Erdwiderstand ϱ_E
Lehm, Ton	20 Ωm bis 100 Ωm
Sand, Kies	0,2 kΩm bis 3,0 kΩm

Mit steigender Feuchtigkeit im Erdreich sinkt der spezifische Erdwiderstand.

Der Erdungswiderstand kann nur indirekt über eine Spannungs-Strom-Messung (Abb. 2) ermittelt werden. Die netzabhängige Messung wird kaum noch angewendet. Der Widerstand R_E ergibt sich aus dem Quotient von Spannung U_E durch den Strom I_E. U_E liegt zwischen Erder R_A und Sonde.

Das **Prüfprotokoll** gibt einen Erdungswiderstand von
- $R_E = 0,16$ Ω an. ⑥

Der Wert für R_E ist niederohmig, so dass im Fehlerfall ein hoher Strom über den Erder fließt.

■ Der Erdungswiderstand hängt vom Widerstand des Erders und dem spezifischen Widerstand des Bodens ab.

5. Messung des Netzinnenwiderstandes

Auf dem Prüfprotokoll finden Sie die Messung zum Netzinnenwiderstand. Diese Messung ist eine Kontrollmessung zur Wirksamkeit von Schutzmaßnahmen (Nach DIN VDE 0100-600 nicht gefordert). Die Messung des Netzinnenwiderstandes unterscheidet sich von der Messung des Schleifenwiderstandes.

Wie wird die R_i-Messung durchgeführt?

Bei der R_i-Messung wird das Messgerät an einer Steckdose mit dem Außenleiter und dem Neutralleiter verbunden. Sie wird ähnlich wie die Messung des Schleifenwiderstandes Z_S durchgeführt.

Im **Prüfprotokoll** sind folgende Werte angegeben:
- $R_{iL1} = 0,19$ Ω ⇒ $I_k = 1,21$ kA ⑦ und
- $R_{iL2} = 0,18$ Ω ⇒ $I_k = 1,27$ kA ⑧

Die Werte für R_i sind klein, so dass ein Kurzschlussstrom von 1,27 kA fließen würde. Dieser führt sofort zur automatischen Abschaltung des Anlageteils.

Welche Bedeutung hat die R_i-Messung?

Für den Errichter einer elektrischen Anlage ermöglicht diese Messung Hinweise auf mögliche Fehler. Das verwendete Prüfgerät ist mit Hilfe des Funktionsschalters von Z_S- auf R_i-Messung umschaltbar (Abb. 1).

1. Messung
Schleifenwiderstand: $Z_S \uparrow$
Netzinnenwiderstand: $R_i \uparrow \Rightarrow$ Fehler:
Hoher **Übergangswiderstand im Außenleiter** z. B. Klemme in Abzweigdose

2. Messung
Schleifenwiderstand: $Z_S \uparrow$
Netzinnenwiderstand: $R_i \downarrow \Rightarrow$ Fehler:
Hoher **Übergangswiderstand im Schutzleiter** z. B. Klemme in Abzweigdose

Vergleich
Umschaltung von R_i- auf Z_S-Messung bewirkt Auslösen der RCD.
$\Rightarrow$ Fehler:
Die Anschlüsse von **PE- und N-Leiter sind vertauscht**.

Berechnung des Netzinnenwiderstandes R_i

Für die Widerstände der Wicklung des Netztransformators und der Leitungen (VNB-System) kann ein Wert von $R = 0{,}3\ \Omega$ angenommen werden:

Die Berechnung von R_{imax} der Verbraucheranlage wird aus dem zulässigen Spannungsfall für die Anlage bei maximalem Strom (Absicherung des Stromkreises) wie folgt berechnet werden:

- Spannungsfall vom Hausanschluss bis zum Zähler laut TAB des VNB 0,5 %, bei einer Anschlussleistung bis 100 kVA,
- Spannungsfall vom Zähler bis zum Verbraucher laut DIN 18 015-1 3,0 %,
- gesamter zulässiger Spannungsfall ist 3,5 %, d.h. bei $U_0 = 230$ V ergibt sich für $\Delta U_{max} = 8{,}05$ V und
- Absicherung des Stromkreises mit $I_n = 16$ A ergibt:

$$R_{imax} = \frac{\Delta U_{max}}{I_n} \qquad R_{imax} = \frac{8{,}05\ V}{16\ A} \qquad \underline{R_{imax} = 0{,}503\ \Omega}$$

In elektrischen Anlagen von Haushalten liegt der tatsächliche Wert für R_i erheblich unter dem errechneten, weil die Leitungslänge von der Verteilung zu den Verbrauchern kurz ist.

Kleinere Werte für R_i sind dort möglich, wo der Hausanschluss nahe an einer Transformator-Station liegt. Der maximale Wert für R_i liegt erfahrungsgemäß bei ca. 0,8 Ω.

> - Der Netzinnenwiderstand ist der Gesamtwiderstand des Stromkreises von Außenleiter, Wicklung des Netztransformators und Neutralleiter.
> - Die Messung des Netzinnenwiderstandes ist eine Kontrollmessung für den richtigen Anschluss des PE-Leiters.

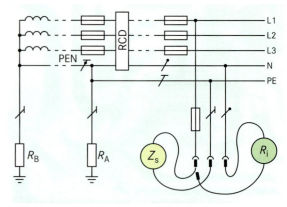

1: Messung des Netzinnenwiderstandes

6. Prüfung der Fehlerstrom-Schutzeinrichtung

Bei der Prüfung einer Fehlerstrom-Schutzeinrichtung werden durch einen künstlich erzeugten Fehler (Körperschluss) die Abschaltzeit und der Abschaltstrom kontrolliert.

Messverfahren bei Prüfung der FI-Schutzeinrichtung

Die Prüfung dieser Schutzmaßnahme setzt sich aus folgenden Teilprüfungen zusammen:

Funktionsprüfung des Gerätes (RCD)
Bei Betätigen der Prüftaste an RCD wird künstlich ein Fehlerstrom erzeugt. Die RCD muss sofort abschalten.

Prüfung der FI-Schutzeinrichtung
Sie besteht aus mehreren Teilprüfungen z.B.
- Messen der **Berührungsspannung** $U_{L\Delta n}$ bezogen auf $I_{\Delta n}$ (ohne Auslösung der RCD),
- Auslöseprüfung mit Messung der **Auslösezeit**,
- **Prüfen von RCDs** ($I_{\Delta n} \leq 10$ mA bzw. ≤ 30 mA) bei $5 \cdot I_{\Delta n}$.

Aufgaben

1. Welche Größen beeinflussen den Erdungswiderstand?

2. Beschreiben Sie, warum in TT- und IT-Systemen die Größe des Erdungswiderstandes von Bedeutung ist!

3. Beschreiben Sie mit Hilfe einer Skizze die netzunabhängige Messung des Erdungswiderstandes!

4. Zeichnen Sie die Ersatz-Widerstandsschaltung für den Schleifenwiderstand und den Netzinnenwiderstand!

5. Was kann mit der Messung des Netzinnenwiderstandes kontrolliert werden?

6. Erklären Sie, warum sich durch Umschalten am Prüfgerät von R_i- auf Z_S-Messung der richtige Anschluss einer RCD kontrollieren lässt!

RCD, Übersicht / RCD, diagram

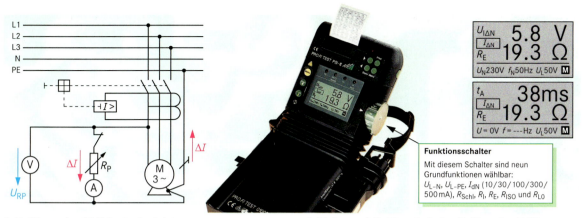

2: Prüfung der FI-Schutzeinrichtung

3: Universal-Prüfgerät beim Prüfen der RCD

Eine RCD muss auslösen, wenn aufgrund eines Körperschlusses ein **Differenzstrom** entsteht. Dieser Teilstrom ($\Delta I = I_{\Delta n}$) fließt dann über den Schutzleiter zurück (Abb. 2).

Mit dem Universal-Prüfgerät nach Abb. 3 kann mit Hilfe des Funktionsschalters die Prüfung für RCDs vorgenommen werden.

Anzeigen auf dem Display

Das Messgerät nach Abb. 3 zeigt für die RCD ($I_{\Delta n} \leq 300$ mA) der geprüften Anlage folgende Werte an:

- **zulässige Berührungsspannung** $U_{L\Delta n}$ = 5,8 V,
- **Auslösezeit** t_a = 38 ms, bei der die RCD abschalten muss,
- **Erdungswiderstand** der Anlage mit 19,3 Ω.

Die RCD schaltet bei einer Fehlerspannung von 5,8 V nach 38 ms den Fehlerstromkreis ab. Der gemessene Wert unterschreitet den Sollwert von 50 V. Die Anlage entspricht den DIN VDE-Vorschriften.

- Die Prüfung der Fehlerstrom-Schutzeinrichtung besteht aus der Funktionsprüfung der RCD und der Prüfung der Anlage im Fehlerfall.
- Zur Prüfung der Anlage gehören die Messung der Berührungsspannung und die Auslöseprüfung mit Messung der Auslösezeit.

Aufgaben

1. Aus welchen Teilen setzt sich die Prüfung einer Fehlerstrom-Schutzeinrichtung zusammen?

2. Erklären Sie die Schaltung zur Prüfung der Funktionsfähigkeit der Fehlerstrom-Schutzeinrichtung!

3. Beschreiben Sie die Funktionsprüfung der Anlage mit RCD!

4. Wie kommt es zu einem Differenzstrom, wenn die Anlage mit RCD geprüft wird?
Erklären Sie den Vorgang anhand einer Schaltskizze!

Prüfungen in Verbraucheranlagen nach DIN VDE 0100-600
- Messung des Isolationswiderstandes zwischen allen Außenleitern, dem Neutralleiter und dem Schutzleiter.
- Prüfung der Phasenfolge und Spannungsmessung gegen Erde.
- Messung des Widerstandes zwischen Neutralleiter und Schutzleiter.
- Messung des Widerstandes der Schutzpotenzialausgleichsleiter.
- Prüfung der richtigen Zuordnung der Neutralleiter zu den einzelnen RCDs.

TN
- Messung des Schleifenwiderstandes Z_S
- Prüfung der FI-Schutzeinrichtung

TT
- Messung des Erdungswiderstandes R_A
- Prüfung der FI-Schutzeinrichtung

IT
- Messung des Erdungswiderstandes R_A
- Prüfung der FI-Schutzeinrichtung
- Isolations-Überwachungseinrichtung

7.11 Blitzschutzanlagen

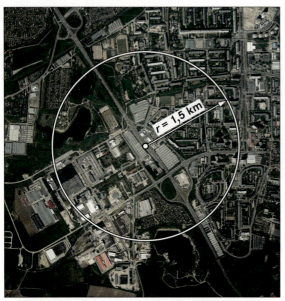

1: Gefährdungsbereich bei Blitzeinschlag

> **Blitzeinschlag in Verwaltungsgebäude**
>
> Das Verwaltungsgebäude eines Industriebetriebes wurde von einem Blitz getroffen. Am Gebäude selbst entstand kein Schaden. Die elektronische Rechneranlage fiel jedoch aus, weil an der Hardware Überspannungsschäden verursacht wurden. Der Ausfall der Datenverarbeitungsanlage wird das Unternehmen einen Millionenbetrag kosten.

Die Abb. 1 zeigt den **Gefährdungsbereich** bei einem Blitzeinschlag. Im Umkreis von bis zu 1,5 km um den Einschlagspunkt wirken sich Überspannungen zerstörerisch auf elektronische Anlagen aus.

Wenn ein Gebäude von einem **Blitzeinschlag** getroffen wird, dann laufen im Bruchteil von einer Sekunde folgende Vorgänge ab:

- Die mit dem Schutzleiter und damit Fundamenterder verbundenen Gehäuse werden auf ein **hohes Potenzial**, d.h. Spannung gegen Außenleiter, angehoben.
- Von den geerdeten Geräteteilen fließt ein **hoher Strom** (Blitzstrom oder Ausgleichsstrom) in die Einspeisung des Daten- und Niederspannungsnetzes.
- Angeschlossene Geräte werden auch im ausgeschalteten Zustand zerstört, da die **Isolierung** durchschlagen wird.

Aufteilung des Blitzstromes nach Einschlag

Aufgrund von Hochspannungsuntersuchungen wurde festgestellt, wie sich der Blitzstrom auf die Anlagenteile aufteilt (Abb. 2):

- ca. 50 % der „Blitzenergie" fließt zur Erde,
- ca. 50 % auf weitere Anlagenbereiche.

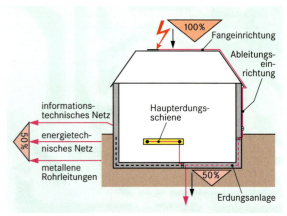

2: Aufteilung des Blitzstromes

Wie baut sich der Blitzstrom auf?

Jeder Blitz ist eine Entladungserscheinung **(Gleichstrom-Stoßentladung)** in sehr kurzer Zeit (etwa 20 μs). Die Höhe des Blitzstromes kann Spitzenwerte von 100 kA und mehr erreichen. Wegen der sehr kurzen Zeit, in der der Blitzstrom über die Leitungen der Blitzschutzanlage zur Erde geleitet wird, werden die äußeren Teile des Gebäudes kaum zerstört.

Aus dem zeitlichen Verlauf des Blitzstromes im I-t-Diagramm (Abb. 3) erkennen Sie:

- Der Blitzstrom steigt in kurzer Zeit stark an ①.
  - ⇒ Ein starkes Magnetfeld bewirkt an Leitungen eine hohe Induktionsspannung.
- Die Fläche unter der Blitzstromkurve ② entspricht der Ladung.
  - ⇒ Diese Ladung entlädt sich über den Blitz.

Wegen der großen Ströme und der in der elektrischen Anlage entstehenden hohen Induktionsspannung ist trotz der kurzen Zeit die **Wärmeentwicklung** sehr groß.

Bei dem Blitzeinschlag des Beispiels war der **innere Blitzschutz** unzureichend. Da ein direkter Blitzeinschlag in die Fangeinrichtung erfolgte, entstand aufgrund des hohen Blitzstroms durch Induktion eine **Überspannung**. Diese verursachte dann die Zerstörung der Anlageteile.

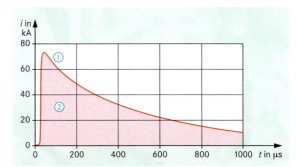

3: Blitzstromverlauf (Kennlinie aus Laborversuch)

Äußerer Blitzschutz / outside lightning protection

Teile der Blitzschutzanlage

- **Fangeinrichtungen:**
  Maschenförmig auf den Dächern verlegte Fangleitungen und Fangstangen
- **Ableitungen:**
  Verbindungsleitungen, z.B. aus nichtrostendem Stahl, zwischen den Fangeinrichtungen und der Erdungsanlage
- **Erdungen:**
  Z.B. der Fundamenterder

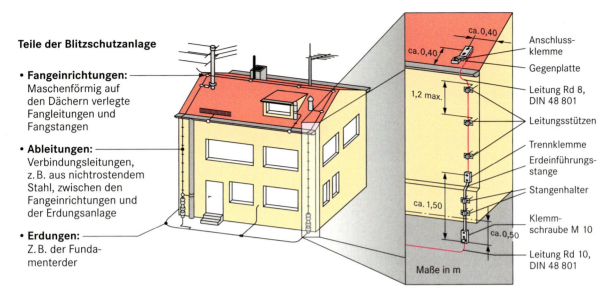

4: Teile der äußeren Blitzschutzanlage und Hausableitung (DIN 48803)

Wirkungen des Blitzstromes

- **Direkter Blitzeinschlag,**
  z.B. in einzeln stehende Häuser: Blitzstromableiter leiten die Blitzströme direkt zur Erde ab.
- **Ferneinschlag eines Blitzes** in Versorgungsleitungen oder elektrische Freiluft-Verteilungsanlagen: Überspannungen breiten sich auf den Versorgungsleitungen des VNB-Netzes aus und werden durch Überspannungsableiter in Gebäuden unwirksam gemacht.
- **Überspannungen** durch Gewitter oder aus dem VNB-Netz in Gebäuden mit EDV-Anlagen: Blitzstromableiter und Überspannungsschutzgeräte schützen sowohl das Gebäude als auch die Datenverarbeitungsanlagen.

Blitzschutzanlagen müssen nach DIN VDE 0185 errichtet werden. Sie bestehen aus dem
- äußeren Blitzschutz und
- inneren Blitzschutz.

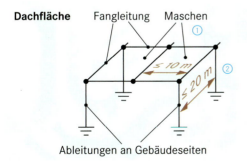

5: Fang- und Ableitungen

Was ist äußerer Blitzschutz?

Der äußere Blitzschutz umfasst alle Einrichtungen außerhalb einer Gebäudes, die zum **Auffangen und Ableiten des Blitzstromes** in die Erde dienen.

Außen um das Gebäude werden je nach Größe der Gebäudefläche weitmaschig ① Metallleitungen gelegt (Abb.5). Dabei müssen die angegebenen Maße ② eingehalten werden. Das Gebäude befindet sich dann wie in einem weitmaschigen Metallkäfig. Ein Blitzeinschlag in das Innere ist unwahrscheinlich, weil die Fang- und Ableiteinrichtungen gegen das elektrische Feld des Blitzstromes abschirmen („Faradayscher Käfig").

Schutz von Gebäuden gegen Blitzeinschlag

Nach den **Allgemeinen Blitzschutzbestimmungen** des Ausschusses für Blitzableiterbau (ABB) müssen folgende Gebäude eine Blitzschutzanlage (äußerer Blitzschutz) haben:

- **Gebäudeteile,**
  die ihre Umgebung überragen:
  z.B. Hochhäuser und hohe Schornsteine
- **Betriebe,**
  die feuer- und explosionsgefährdet sind:
  z.B. Holzbearbeitungs- und Lackbetriebe
- **Bauten,**
  in denen Menschen zusammenkommen:
  z.B. Krankenhäuser, Verwaltungsgebäude, Schulen

■ Der äußere Blitzschutz besteht im Wesentlichen aus Anlageteilen außerhalb eines Gebäudes, die den Blitzstrom auffangen und in die Erde ableiten sollen.

Innerer Blitzschutz / inside lightning protection

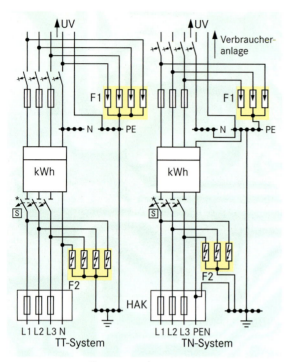

1: Anlagen mit Überspannungsableitern

Was ist innerer Blitzschutz?

Die Wirkungen des Blitzstromes entstehen aufgrund seiner starken elektromagnetischen Felder. Deshalb müssen zum Schutz vor Überspannungen in Anlagen Vorrichtungen getroffen werden, die man als **inneren Blitzschutz** bezeichnet.

- Alle Metallteile im Gebäude müssen über den **Schutzpotenzialausgleich** miteinander verbunden sein.
- Die Energieleitungen vom VNB werden über die **Überspannungsschutzgeräte** in den Schutzpotenzialausgleich einbezogen, z. B. neben dem Hausanschlusskasten oder in der Verteilung (Abb. 1).

Überspannungsschutzgeräte müssen vor den Geräten eingebaut werden (Abb. 2). Dadurch wird erst die Ableitung der durch Überspannungen entstehenden Ströme über die Erdungsleitungen der Ableiter möglich. Die **Ableiter** bestehen aus spannungsabhängigen Widerständen (VDR, vgl. Kap. 10.2.4), deren Widerstandswert sich mit der Höhe der Spannung verringert. Bei hohen Spannungen stellen die Ableiter dann für den Blitzstrom einen Kurzschluss her. Nachgeschaltete Elektrogeräte werden dadurch geschützt.

2: Einbau von Überspannungsschutzgeräten

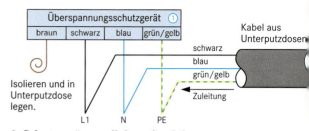

3: Schutzgerät parallel zur Steckdose

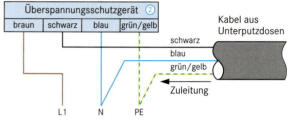

4: Schutzgerät vor der Steckdose

Anwendungen zum Überspannungsschutz

Die Anzahl elektronisch betriebener, gesteuerter bzw. geregelter Geräte und Anlagen nimmt immer mehr zu. **Elektronische Bauteile** haben eine hohe Empfindlichkeit gegenüber Überspannungen. Sie müssen durch Überspannungsschutzgeräte geschützt werden. Der Einbau solcher Geräte kann in folgenden Anlagen erfolgen:

- EDV- und Fotovoltaikanlagen,
- Mess-, Steuer- und Regelanlagen,
- Anlagen mit elektronisch gesteuerten Geräten sowie
- Antennen- und Fernmeldeanlagen.

Schutzkontaktsteckdose mit Überspannungsschutz

Zum Überspannungsschutz werden **Einbaugeräte** verwendet. Diese können je nach den Erfordernissen wie folgt angeschlossen werden:

- **Parallel** ① **zur Steckdose** (Abb. 3) einbauen, so dass bei Auslösen des Überspannungsschutzgerätes die Steckdose weiter an der Netzspannung liegt.
- **Verlegung des Außenleiters über das Schutzgerät** ②, so dass bei Überlastung des Überspannungsschutzgerätes die Steckdose abgeschaltet wird (Abb. 4).

Überspannungsschutz für Einzelgeräte

Für Einzelgeräte können **Steckdosengeräte** verwendet werden. Die Ströme, die durch die Überspannungen entstehen, werden über den PE-Leiter zur Erde abgeleitet.

Prüfen / test

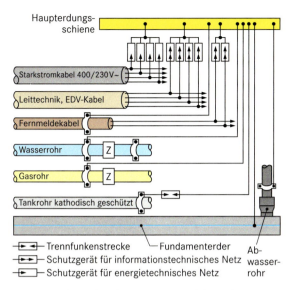

5: Potenzialausgleich zum inneren Blitzschutz

Was ist Blitzschutz-Potenzialausgleich?

Dieser Potenzialausgleich ist eine Erweiterung des Schutzpotenzialausgleichs (vgl. Kap. 7.9.7). Hierbei werden die **aktiven Leiter** mit Überspannungsschutzgeräten an die Haupterdungsschiene angeschlossen (Abb. 5).

Installationshinweise

- **Querschnitte** für die Erdungsleitung zum Schutzpotenzialausgleich:

Werkstoff	Leitung von Haupterdungsschiene zur Erde	zu Metallteilen	Blitzschutzklasse
	q in mm²		
Kupfer	14	5	
Aluminium	22	8	I bis IV
Stahl	50	16	

- **Blitzstromableiter** zwischen Hausanschlusskasten und Zähler installieren und mit der Haupterdungsschiene verbinden.
- **Überspannungsschutzgeräte** möglichst nahe an die zu schützenden Verbraucher einbauen.
- **Anschlussleitung** zum Ableiter mit demselben Querschnitt wie Außenleiter und N-Leiter verlegen.
- **Überspannungsschutzgeräte** sollen kurze Anschlussleitungen und kurze Leitungen vom Ableiter zur Erdungs- bzw. Haupterdungsschiene haben.

Die Anzahl der Pole des Überspannungsschutzgerätes richtet sich nach dem Versorgungssystem.

Systemart	TN ohne RCD	TN mit RCD	TT oder IT
Ableiter	3-polig	4-polig	4-polig

Prüfen von Blitzschutzanlagen

Wenn Blitzschutzanlagen erstellt oder erneuert werden, müssen nach DIN VDE 0185-3 und DIN 48 830 Kontrollen durchgeführt werden. Darüber wird ein Prüfprotokoll angefertigt.

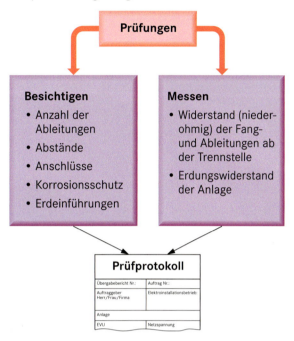

- Der innere Blitzschutz umfasst Blitzstromableiter- und Überspannungsschutzgeräte.
- Schutz gegen Überspannungen besteht durch spannungsabhängige Widerstände, d. h. Ableiter.

Aufgaben

1. Welche Gebäude müssen einen äußeren Blitzschutz haben?

2. Nennen Sie sechs Teile, die zum äußeren Blitzschutz gehören!

3. Skizzieren Sie die Blitzschutzanlage eines einzeln stehenden Gebäudes mit Flachdach und dem Grundriss 30 m mal 20 m!

4. Nennen Sie Teile des inneren Blitzschutzes!

5. Nennen Sie drei Vorgänge, die Überspannungen in einer elektrischen Anlage auslösen können!

6. Beschreiben Sie die Funktion von Überspannungsableitern!

7. Wo werden in einer Anlage Blitzstromableiter- und Überspannungsschutzgeräte installiert?

8. Welche Prüfungen müssen in Blitzschutzanlagen durchgeführt werden?

Lampen / lamps

8 Beleuchtungsanlagen

Unter der Überschrift „**Elektronische Vorschaltgeräte sparen kräftig Energie**" erschien im wissenschaftlichen Teil einer Zeitschrift ein Fachaufsatz, der sinngemäß wie folgt beginnt:

> „Seit Thomas Alva Edison am 21. Oktober 1879 die erste Kohlefaden-Glühlampe der Öffentlichkeit vorstellte, bemühten sich bis heute viele Ingenieure, den Wirkungsgrad von Glühlampen zu verbessern. Die Allgebrauchslampe (Glühlampe) ist in ihrer Wirkung mehr eine Heizung als ein Mittel zur Lichterzeugung. Nur etwa 9 % der elektrischen Energie wird dabei in Lichtenergie umgewandelt. Neuere Lampentechniken erreichen einen höheren Wirkungsgrad und eine längere Lebensdauer."
>
> (Auszug aus einer Fachzeitschrift)

Aus dem Fachaufsatz erkennen wir, dass an der Entwicklung effektiver Lampen seit der Erfindung der Glühlampe weitergeforscht wurde. Ziel ist, den Umwandlungsprozess von elektrischer Energie in Lichtenergie zu verbessern.

8.1 Lampenarten

Ein Einfamilienhaus hat viele Beleuchtungsstellen mit unterschiedlichen Lampen. Darüberhinaus gibt es weitere Arten von Lampen, die in größeren Gebäuden und Außenanlagen installiert werden.

Beleuchtung eines Hauses
- Küche: **Glühlampe** in der Deckenleuchte, **Leuchtstofflampe** im Arbeitsbereich
- Arbeitszimmer: **Halogen-Glühlampe** mit Netzspannung in der Schreibtischleuchte, **Halogen-Niedervoltlampen** zur Raumbeleuchtung
- Flur: **Kompakt-Leuchtstofflampe** in der Wandleuchte
- Bad: **Glühlampe** in der Deckenleuchte, **Leuchtstofflampe** in der Spiegelleuchte
- Kellerraum: **Leuchtstofflampen**
- Außenanlage: **Halogen-Metalldampflampe** für Hofbeleuchtung, **LEDs** für Markierungsbeleuchtung von Fahrwegen

Warum werden an einzelnen Beleuchtungsstellen verschiedene Lampen eingesetzt?

Um diese Frage zu beantworten, müssen wir die speziellen Eigenschaften der Lampen kennen. Daraus lässt sich dann der Einsatzbereich festlegen.

Um die **Eigenschaften von Lampen** vergleichen zu können, brauchen wir Bezugswerte. Wesentlich ist z. B. die abgegebene Lichtmenge, also der **Lichtstrom** Φ, im Verhältnis zur elektrischen **Leistung** P. Dieses Verhältnis wird als **Lichtausbeute** η (griech. eta) bezeichnet (vgl. S. 189).

8.1.1 Glühlampen

In privaten Haushalten werden Glühlampen sehr häufig eingesetzt. Der dünne, einfach oder doppelt gewendelte Wolframdraht wird beim Betrieb auf eine Temperatur bis 2700 °C erhitzt. Wegen der hohen Wärmeentwicklung (ca. 90 % der Gesamtenergie) werden Glühlampen auch als Temperaturstrahler bezeichnet. Die Lichtausbeute ist deshalb gering. Die Betriebsstundenzahl beträgt ca. 1000 h. Im sichtbaren Bereich ist der Rotanteil hoch (Abb. 1), so dass **warm-weißes Licht** entsteht.

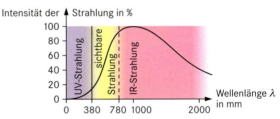

1: Lichtbereiche – Strahlungsverteilung einer 40 W-Glühlampe

Glühlampen mit einer Leistung bis 40 W sind fast luftleer. Lampen mit einer höheren Leistung besitzen eine **Gasfüllung aus Stickstoff, Argon oder Krypton**.

Dadurch erreicht man eine
- höhere Betriebstemperatur,
- geringere Verdampfung von Wolfram und
- längere Lebensdauer der Lampen.

Häufig vorkommende **Bauformen** sind
- Normalform, Pilz-, Birnen-, Tropfen- und Kerzenform,
- Soffittenlampe, Röhrenlampe.

Sockelgrößen (Auswahl):
- E10, E14, E27, E40 und Bajonettsockel.

8.1.2 Halogen-Glühlampen

Halogenlampen haben einen höheren Wirkungsgrad als Glühlampen (Abb. 1). Sie sind ebenfalls **Temperaturstrahler.** Bevor wir den Aufbau von Schaltungen mit Halogen-Glühlampen erklären (vgl. S. 200), wollen wir zunächst die **Lichterzeugung** in diesen Lampen beschreiben.

Im Innern des Glaskolbens befindet sich ein **Schutzgas** (meistens Argon). Dieses verhindert das Verbrennen des Glühdrahtes. Da diese Lampen kleiner sind als Glühlampen gleicher Leistung, kann der Gasdruck im Innern erhöht werden. Dies bewirkt, dass das Wolfram langsamer verdampft. Die Lebensdauer der Lampen erhöht sich. Zusätzlich zum Schutzgas sind **Halogene** (Brom- oder Jodverbindungen) im Glaskolben. Mit diesen erfolgt bei Temperaturen unter 1400 °C folgender **Halogen-Wolfram-Kreisprozess:**

1: Energieumwandlung – Halogen-Glühlampe (Durchschnittswerte)

- Verdampftes Wolfram setzt sich als schwarzer Belag an der Innenseite des Glaskolbens ab.

- Die Halogene verbinden sich mit dem abgedampften Wolfram.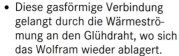

- Diese gasförmige Verbindung gelangt durch die Wärmeströmung an den Glühdraht, wo sich das Wolfram wieder ablagert.

- Die freigesetzten Halogene stehen wieder für den Kreislauf zur Verfügung.

Halogen-Glühlampen werden für folgende Bemessungsspannungen gebaut:

- **Netzspannung:** 230 V
- **Niedervolt:** 6 V, 12 V und 24 V

Die Kleinspannungen (SELF, vgl. Kap. 7.7) werden mit Sicherheitstransformatoren erzeugt.

Beim **Auswechseln von Halogen-Glühlampen** darf der Glaskolben nicht mit den Fingern berührt werden, weil sich durch den Fingerabdruck z. B. fetthaltige Teilchen auf dem Glas ablagern. Im Betrieb wird an der Glasoberfläche eine Temperatur von ca. 250 °C erreicht, die dann zum Einbrennen der Rückstände führt. Die Lichtausbeute wird beeinträchtigt.

Vorteile der Halogen-Glühlampen:
- Hohe Lichtausbeute und große Lebensdauer, ca. doppelt so hoch wie bei Glühlampen.
- Konstant bleibender Lichtstrom.
- Kleinere Abmessungen als bei Glühlampen.

Anwendung: Beleuchtung mit langer Betriebsdauer

- Allgebrauchs-Glühlampen und Halogen-Glühlampen sind Temperaturstrahler, bei denen das Licht durch einen glühenden Wolframdraht erzeugt wird.
- Halogen-Glühlampen haben eine höhere Lichtausbeute als Glühlampen.
- Bei Halogen-Glühlampen wird das Verdampfen des Wolframs durch höheren Gasinnendruck und Halogene verhindert.

Aufgaben

1. Warum werden Glühlampen als Temperaturstrahler bezeichnet?

2. Nennen Sie sechs Bauformen und vier Sockelgrößen von Glühlampen!

3. Wie wird das Verbrennen des Wolframfadens bei Halogen-Glühlampen verhindert?

4. Warum haben Halogen-Glühlampen eine höhere Lebensdauer als Glühlampen? Beschreiben Sie diese Eigenschaft mit Hilfe des Kreisprozesses!

5. Worauf ist beim Auswechseln von Halogen-Glühlampen zu achten?

6. Nennen Sie drei Vorteile von Halogen-Glühlampen im Vergleich zu Allgebrauchs-Glühlampen!

8.1.3 Niederdrucklampen

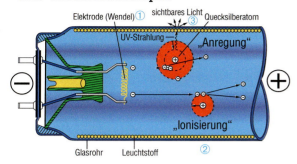

Niederdrucklampen haben einen niedrigen Gasinnendruck. Die **Leuchtstofflampen** enthalten statt eines Glühdrahtes eine Gasfüllung, die durch die Gasentladung zum Leuchten gebracht wird. Sie werden deshalb auch als **Entladungslampen** bezeichnet. Leuchtstofflampen enthalten eine **Edelgasfüllung** aus Argon oder Krypton mit etwas Quecksilber.

Lichtentstehung

1. Der Strom bringt die Wendel zum Glühen ①.
2. Aus den Wendel treten Elektronen aus (Elektronen-Emission).
3. Das Gas wird leitend ②. Es erfolgt das Zünden des Gases durch die hohe Spannung des Vorschaltgerätes (Ionisation vgl. Kap. 4.1).
4. UV-Strahlen werden erzeugt.
5. UV-Strahlen werden von der Leuchtschicht ③ (Leuchtstoff) in sichtbares Licht umgewandelt.

Die unterschiedlichen Lichtfarben der Leuchtstofflampen werden durch die chemische Zusammensetzung der Leuchtschicht hervorgerufen. Wegen des Quecksilberanteils müssen **Leuchtstofflampen als Sondermüll** entsorgt werden.

Die kurzen, stabförmigen **Dreibanden-Leuchtstofflampen** haben die Durchmesser 26 mm, 16 mm und 7 mm. Es wird eine Lichtausbeute von 93 lm/W erreicht. Das Mischungsverhältnis des Dreibanden-Leuchtstoffes aus den Farbanteilen Blau, Grün und Rot beeinflusst den Farbton des Lichtes. Neuere **16-mm-Leuchtstofflampen** haben einen um 50 % höheren Lichtstrom als Lampen mit dem Durchmesser von 26 mm. Deshalb eignen sie sich für direkte und indirekte Beleuchtung sowie für Räume mit hohen Decken.

Vorteile von Leuchtstofflampen:
- Höhere Lichtausbeute und Lebensdauer als bei Glühlampen.
- Große Auswahl an Lichtfarben und Typen mit verschiedenen Bauformen und Leistungen.

Die Farbe des abgegebenen Lichtes wird durch Kennziffern, z. B. 11, 12, 21 usw., beschrieben.

Anwendungen

- **Innenbeleuchtung**
  11, 12: Tageslicht (bläulich-weißes Licht)
  (tw: tageslichtweiße Lichtfarbe)
- **Arbeitsstätten**
  21, 22: Neutralweiß oder Hellweiß
  (nw: neutralweiße Lichtfarbe)
- **Wohnbereich**
  31, 32: Warmton (Licht wie von Glühlampen)
  (ww: warmweiße Lichtfarbe)
- **Büros** mit wenig Tageslicht
  72: Biolux (Lichtverteilung wie von Sonnenlicht)

Es gibt bei den Kennziffern Zwischenstufen, die besonders gewünschte Farben hervorheben. Sie werden von den jeweiligen Lampenherstellern festgelegt.

Die **Energieumwandlung** von elektrischer Energie in Lichtenergie erfolgt also bei den Leuchtstofflampen in zwei Stufen und zwar durch
- Gasentladung und
- Leuchtschicht.

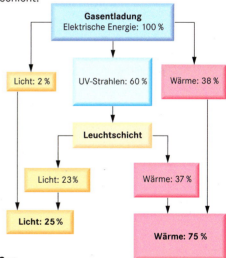

Lichttechnische Grundgrößen

Lichtstrom Φ
Einheit: Lumen (lm)
Der Lichtstrom ist die gesamte Strahlung, die von einer Lichtquelle abgegeben wird.

Lichtstärke I
Einheit: Candela (cd)
Die Lichtstärke ist ein Teil des Lichtstroms, der in eine bestimmte Richtung strahlt.

Lichtausbeute η
Einheit: Lumen pro Watt (lm/W)
Die Lichtausbeute ist das Verhältnis des Lichtstroms zur elektrischen Leistung.

$$\eta = \frac{\Phi}{P}$$

Im Katalog eines Lampenherstellers werden für Lampen mit dem **Rohrdurchmesser 16 mm** u. a. Werte (Kenndaten) nach folgender Tabelle angegeben.

Bemessungs-leistung in W	Lichtstrom (mit KVG in lm)	Lampenlänge in mm
4	120	136
6	240	212
8	330	288
13	700	517

Leuchtstofflampen werden in verschiedenen Größen gebaut. Häufig installiert wird die Stabform. **Sonderausführungen** der L-Lampen gibt es z. B. für
- Außenbeleuchtung,
- explosions- und wettergeschützte Leuchten,
- Leuchten in der Schutzart „Erhöhte Sicherheit".

Für Leuchtstofflampen sind zur Erzeugung von Licht je nach Bauart
- verlustarme (**VVG**) oder
- elektronische Vorschaltgeräte (**EVG**) notwendig (vgl. S. 194).

Kompakt-Leuchtstofflampen

Die Energieumwandlung erfolgt bei Kompakt-Leuchtstofflampen nach demselben **Wirkprinzip** wie bei Leuchtstofflampen. Auch hier wird z.B. **Quecksilberdampf** durch das elektrische Feld zwischen den Elektroden zur Erzeugung von UV-Strahlung angeregt.

Weil Kompakt-Leuchtstofflampen eine höhere Lichtausbeute als Glühlampen gleicher Leistung haben, werden sie als **Energiesparlampen** bezeichnet.

Die abgebildete Kompakt-Leuchtstofflampe enthält ein elektronisches Vorschaltgerät. Dieses versorgt die Lampe mit Wechselstrom höherer Frequenz (Hochfrequenzbetrieb: 25 kHz bis 70 kHz). Es ergeben sich dadurch folgende Vorteile:
- flackerfreier Sofortstart,
- flimmerfreier Betrieb,
- hohe Schaltfestigkeit, d. h. häufiges Ein- und Ausschalten ist möglich, und
- längere Lebensdauer.

Auch bei diesen Lampen wird das **Raumklima** durch die Lichtfarbe der Leuchtmittel, d.h. der Lampen, gekennzeichnet. Es gelten auch hier die Bezeichnungen **ww, nw und tw** wie bei Leuchtstofflampen.

Bauformen

Lampen mit Schraubsockel E14 und E27
mit eingebautem elektronischem Vorschaltgerät, Handelsbezeichnung „Energiesparlampe" oder „Elektronische Glühlampe".

Lampen mit Zwei-Stift-Sockel
mit eingebautem Vorschaltgerät (VVG), Leistungen von 5 W bis 26 W, ca. achtfache Lebensdauer wie Glühlampen.

Lampen mit Vier-Stift-Sockel
ohne eingebauten Starter, Betrieb nur mit zusätzlichem elektronischen Vorschaltgerät (EVG), Leistungen von 5 W bis 42 W, ca. zehnfache Lebensdauer wie Glühlampen, geeignet auch für Batterie- und Solarbetrieb.

Weil Kompakt-Leuchtstofflampen **geringere Abmessungen** als Leuchtstofflampen haben, hat ihr Einsatzbereich stark zugenommen.

Wegen der **niedrigen Anschlussleistungen** und der **Energieersparnis** gegenüber Glühlampen (Abb. 1) werden diese Lampen dort installiert, wo eine längere Betriebsdauer gefordert wird, z.B. für
- ständig beleuchtete Flure,
- Büros, Räume in Verwaltungsgebäuden und Hotels sowie weitere Betriebsstätten, die über eine längere Zeit beleuchtet sein müssen.

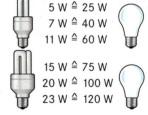

1: Vergleich zwischen Kompakt-Leuchtstofflampen und Glühlampen

- Leuchtstofflampen sind Entladungslampen. Bei der Gasentladung entsteht UV-Licht.
- Die Leuchtschicht auf der Innenseite der Glasröhre wandelt UV-Licht in sichtbares Licht um.
- Die Kennziffern bei Leuchtstofflampen geben die Lichtfarbe an. Sie werden von den Herstellern festgelegt.
- Leuchtstofflampen müssen mit einem Vorschaltgerät installiert werden.
- Energiesparlampen benötigen im Vergleich zu Glühlampen bei gleicher Helligkeit nur 20 % bis 25 % der elektrischen Energie.
- Energiesparlampen haben eine längere Lebensdauer als Glühlampen.

Metalldampflampen / metal vapour lamps

8.1.4 Hochdrucklampen

Der Gasinnendruck dieser Lampen ist mit bis zu 10 Pa (Pa = Pascal) höher als bei den übrigen Lampen. Man erzielt dadurch eine höhere Lichtausbeute. Zu den Hochdrucklampen gehören die
- Halogen-Metalldampflampen,
- Natriumdampf-Hochdrucklampen und
- Quecksilberdampf-Hochdrucklampen.

Halogen-Metalldampflampen

In einer Metalldampflampe herrschen **hoher Innendruck** und **hohe Temperaturen**. Dadurch wird keine UV-Strahlung sondern direkt sichtbares Licht erzeugt. Durch die Halogene erhöht sich die Lichtausbeute.

Halogen-Metalldampflampen **benötigen geeignete Zündgeräte**. Die Einschaltzeit beträgt ca. drei Minuten, d. h. Lichtstrom, Lampenspannung und Lampenleistung steigen in dieser Zeit langsam an. Der Einschaltstrom beträgt ca. das 1,4-fache des Betriebsstromes. Die Wiederzündung nach vorherigem Ausschalten kann erst nach 10 Minuten erfolgen. Dadurch ist kein häufiges Einschalten und kein Dimmen möglich.

Kenndaten der dargestellten Halogen-Metalldampflampe:
- Sockelgröße: E27 und E40
- Bemessungsleistung: 70 W bis 1000 W
- Lichtstrom: 4900 lm bis 95000 lm
- Lichtfarbe: z. B. „D" = Tageslicht; „N"= Neutralweiß; „W"= Warmweiß

Im Laufe der Brenndauer der Lampen verringert sich der Lichtstrom. Er beträgt nach 6000 Betriebsstunden nur noch ca. 75 %.

Vorteile
- hoher Lichtstrom und hohe Lichtausbeute
- Platz sparende Abmessungen
- geringe Betriebskosten

Nachteile
- geringe Schalthäufigkeit
- nicht dimmbar

Natriumdampf-Hochdrucklampen

Die Natriumdampf-Hochdrucklampen erreichen eine Brenntemperatur von etwa 1200 °C. Durch den Natriumdampf, der bei **hoher Temperatur** und **hohem Druck** entsteht, wird ein **gelb-weißes Licht** erzeugt. Einige Lampen erreichen wegen der Erwärmungszeit erst nach 6 bis 10 Minuten den vollen Lichtstrom. Bei bestimmten Lampen ist mit einem speziellen Zündgerät die sofortige Wiederzündung der heißen Lampe möglich.

Die meisten Lampen benötigen zum Betrieb ein **Zündgerät** (Vorschaltgerät) mit der Verlustleistung P_Z. Dadurch erhöht sich die Leistungsaufnahme der Lampe. Der Typ des Zündgerätes und des entsprechenden Kompensationskondensators wird vom Hersteller der Lampen festgelegt.

Im Laufe der Brenndauer, d.h. nach etwa 15 000 h, verringert sich der Lichtstrom der Lampen auf ca. 60 % des Anfangswertes.

Vorteile
- sehr hohe Lichtausbeute,
- lange Lebensdauer,
- Leistungsabsenkung für die Nachtschaltung bei bestimmten Lampentypen und Vorschaltgeräten auf ca. 50 %,
- problemlose Entsorgung, da die Lampen kein Quecksilber enthalten.

Nachteile
- Verringerung des Lichtstromes,
- Wiederzündung bestimmter Lampen erst nach einer Abkühlungszeit von 2 bis 10 Minuten möglich.

Wegen der sehr hohen Lichtausbeute werden die Lampen z. B. in Außenanlagen, zur Verkehrsbeleuchtung und als Innenbeleuchtung in Gärtnereien zur Pflanzenaufzucht eingesetzt. In folgender Tabelle sind zu verschiedenen Lampentypen (P_L), die mit einem Zündgerät (P_Z) betrieben werden, technische Daten angegeben.

Bemessungsleistung $P_L + P_Z$ in W	Lampenstrom in A	Lichtstrom in lm	Sockel	Länge in mm
70 + 13	1	5 600	E27	156
150 + 20	1,8	14 000	E40	226
400 + 40	4,4	47 000	E40	290
1000 + 75	10,3	120 000	E40	400

Bauformen

Röhrenform mit Schraubsockel E27 und E40,
P: 30 W bis 1000 W,
Φ: bis 130 000 lm,

Ellipsoidform mit Schraubsockel E27 und E40,
P: 50 W bis 1000 W,
Φ: bis 120 000 lm,

Soffittenform,
P: 70 W bis 400 W,
Φ: bis 48 000 lm.

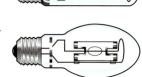
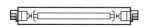

- Bei Hochdrucklampen wird durch den hohen Gasinnendruck und die hohe Temperatur die direkte Umwandlung von elektrischer Energie in Lichtenergie erreicht.
- Natriumdampf-Hochdrucklampen benötigen zum Betrieb Zündgeräte.
- Natriumdampf-Hochdrucklampen haben eine sehr hohe Lichtausbeute.

Aufgaben

1. Warum werden Leuchtstofflampen als Entladungslampen bezeichnet?

2. Beschreiben Sie die Erzeugung des sichtbaren Lichtes bei Leuchtstofflampen!

3. Was bedeuten die Abkürzungen tw, nw und ww bei Leuchtstofflampen?

4. Beschreiben Sie drei Bauformen von Kompakt-Leuchtstofflampen!

5. Erklären Sie an einem Beispiel den Vorteil einer „Energiesparlampe" gegenüber einer Glühlampe!

6. Wodurch wird bei Halogen-Metalldampflampen die direkte Umwandlung in sichtbares Licht erreicht?

7. Im Datenblatt eines Lampenherstellers von Halogen-Metalldampflampen stehen folgende Bemessungsgrößen!
a) P_L = 70 W; Φ = 5 000 lm;
b) P_L = 150 W; Φ = 11 000 lm;
c) P_L = 250 W; Φ = 20 000 lm;
Berechnen Sie die Lichtausbeute und vergleichen Sie diese mit den Werten von Nr. 6!

8. Berechnen Sie den Lichtstrom einer Halogen-Metalldampflampe, wenn die Bemessungsleistung 35 W und die Lichtausbeute 71 lm/W betragen!

9. Wodurch entsteht bei den Natriumdampf-Hochdrucklampen das gelblich-weiße Licht?

10. Warum erreichen Natriumdampf-Hochdrucklampen erst einige Minuten nach dem Einschalten den Bemessungslichtstrom?

8.1.5 Leuchtdioden

LED-Leuchten gelten aufgrund ihrer langen Lebensdauer und des niedrigen Energieverbrauchs als effizientes Beleuchtungsmittel. Mit Leuchtdioden können Beleuchtungs- und Farbeffekte an Wänden, Decken (Abb. 1) und Fußböden (Abb. 2) erreicht werden. Die LEDs werden außer zur Lichtwerbung und Raumgestaltung auch zur Markierung von Fluchtwegen (Notbeleuchtung) und als **Hinweisleuchten** zur Sicherheit in Innen- und Außenanlagen verwendet.

1: Decken-LED-Modul   2: Stufen-LED-Leuchte

Aufbau

Leuchtdioden bestehen aus zwei Schichten von dotierten Halbleitermaterialien, die bei Stromfluss elektrische Energie direkt in Lichtenergie umwandeln. Die Diode befindet sich auf einem Reflektor, der das Licht in die gewünschte Richtung leitet. Im Gegensatz zu Glühlampen wird in LEDs nur Licht einer Wellenlänge (Farbe) erzeugt. Durch Verwendung verschiedener Verbindungen werden LEDs mit großer Helligkeit und in den verschiedenen Lichtfarben GELB, ORANGE, ROT, GRÜN und BLAU hergestellt. Weißes Licht entsteht aus blauem Licht, das durch die Leuchtschicht umgewandelt wird oder durch die Kombination verschiedener LEDs entsteht (RGB). Die geringe Baugröße der LEDs und LED-Module ermöglicht den Einbau an Stellen, wo nur wenig Platz zur Verfügung ist.

LED-Module werden aus einer bestimmten Anzahl von LEDs auf starren oder flexiblen Leiterplatten zusammengeschaltet (Abb. 8). Sie besitzen eine integrierte Energieversorgung. Flexible Leiterplatten ermöglichen eine dreidimensionale Montage.
Ein LED-Modul kann z. B. aus acht Einzelplatinen bestehen, die durch flexible Leitungen miteinander verbunden sind. Damit kann ein beliebig formbares Beleuchtungsmittel hergestellt werden (z. B. für Werbezwecke). Die Einzelplatinen mit einem Grundmaß von z. B. 30 x 30 x 4 mm ergeben dann eine Gesamtlänge des Moduls je nach Spreizung der Leitungen von 2,40 m bis 5,50 m.

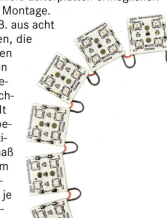

3: Flexibles LED-Modul

Schaltungen / circuits 193

Anwendungen

Zur Markierung von Fahrwegen, z. B. im Industriegelände, werden LED-Module über elektronische Betriebsgeräte angeschlossen, die je nach Bedarf gedimmt werden können. Das LED-Modul befindet sich auf einer festen Leiterplatte. Es wird als „Pflasterstein" hergestellt und lässt sich dadurch in Fahrwege und Garageneinfahrten einbauen (Abb. 4). Als Oberflächenbelastung geben die Hersteller bis zu 650 kg pro Stein an.

4: LED-Pflasterstein

Vorteile

Leuchtdioden haben u. a. folgende Eigenschaften:
- Lange Betriebsdauer, weiß ca. 20 000 Stunden und farbig ca. 100 000 Stunden
- Hohe Lichtausbeute, weiß bis 30 lm/W und farbig bis 60 lm/W
- Niedriger Energieverbrauch
- Keine UV- und Infrarot-Strahlung
- Niedrige Betriebsspannung, 10 V und 24 V DC
- Niedrige Betriebstemperatur
- Hohe Stoßfestigkeit, deshalb Einsatz als Lichtquelle im Fußboden und in Straßen
- Geringe Wärmeverluste

8.2 Leuchtenschaltungen

Leuchten werden je nach örtlichen Bedingungen in verschiedene Schaltungen installiert. Wichtig sind dabei
- die Anzahl der Schaltstellen und
- der Anschluss von Steckdosen.

Einsatzbereich

Die Lichtausbeute von LEDs liegt bei den genannten Werten zur Zeit noch unterhalb derer von Leuchtstofflampen, so dass sich ihr Einsatz z. B. auf folgende Bereiche erstreckt:
- Markierungsbeleuchtung von Fahrwegen
- Effektbeleuchtung in Ausstellungen mit automatischem Farbwechsel
- Sicherheitsbeleuchtung
- Wegbeleuchtung in Fluren

LED-Leuchten erfordern eine korrekte Montage und Kühlung. Sie sind gegen Übertemperatur empfindlich.

- LEDs können zu Modulen auf festen und flexiblen Leiterplatten zusammengeschaltet werden.
- LED-Module werden mit Kleinspannungen 10 V und 24 V betrieben, sind fast wartungsfrei und haben eine hohe Betriebsdauer.

Aufgaben

1. Wie wird in LEDs weißes Licht erzeugt?
2. Nennen Sie fünf Eigenschaften von Leuchtdioden
3. Geben Sie sechs mögliche Einsatzbereiche von LEDS an.

8.2.1 Installationsschaltungen

In der Übersicht sind zwei ausgewählte Installationsschaltungen dargestellt. Sie werden z. B. in Hausinstallationen angewendet.

Wechselschaltung

Zwei Wechselschalter Q1 und Q2 schalten von zwei Stellen aus eine Leuchte. Beide Schalter sind über zwei **Korrespondierende** ① miteinander verbunden. Bei jeder Schalterbetätigung wird der Spannungszustand der Korrespondierenden gewechselt.

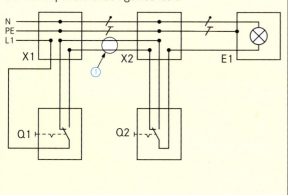

Sparwechselschaltung

Diese Schaltung wird angewendet, wenn bei Q2 der Außenleiter benötigt wird (z. B. für eine Steckdose) und zwischen den Abzweigdosen kein zusätzlicher Leiter installiert werden soll.

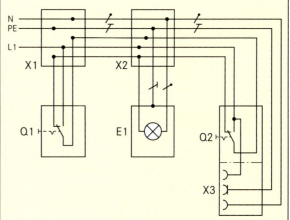

Geräte zum Betrieb von Lampen		
Lampenart	**Erforderliche Betriebsgeräte und Schalter**	**Zusätzliche Geräte**
Glühlampen	Installationsschalter	Dimmer
Leuchtstofflampen	Induktive Vorschaltgeräte (Drossel), Schalter	Kompensationskondensator
Kompakt-Leuchtstofflampen	Starter und Funkentstörkondensator, Elektronische Vorschaltgeräte, Schalter	Dimmer
Niedervolt-Halogenlampen	Induktive Transformatoren, Elektronische Transformatoren, Schalter	Dimmer
Natriumdampf-Hochdrucklampen	Vorschaltgeräte, Zündgeräte, Funkentstörkondensator, Schalter	Kompensationskondensator
LEDs, LED-Module	Betriebsgerät (Transformator), Verlängerungskabel, Kabelsplitter zur Aufteilung der Leitungen in Parallelschaltung zu den LEDs, Schalter	Montagematerial

8.2.2 Betriebsmittel

Zum Betrieb von bestimmten Leuchten sind außer Leitungen, Schaltern, Fassungen usw. **zusätzliche Betriebsmittel** notwendig. Sie schützen die Lampen vor Zerstörung durch zu hohe Spannung, die z. B. bei der Zündung entsteht. Außerdem bewirken sie einen störungsfreien Betrieb.

Vorschaltgeräte

Beispiel: Kompakt-Leuchtstofflampe

1. **Konventionelle Vorschaltgeräte** (KVG)[1]:

   Sie bestehen aus einer Spule, so dass ein induktiver Widerstand und ein Wirkwiderstand vorhanden sind. Der Wirkwiderstand der Spule verursacht den **Leistungsverlust**.

   P_L = 26 W, P_{KVG} = 6 W $\Rightarrow$ $P_L + P_{KVG}$ = 32 W

2. **Verlustarme Vorschaltgeräte** (VVG):

   Diese sind verbesserte KVGs, bei denen durch Legieren und Vergrößern des Eisenkerns die Verlustleistung verkleinert wird.

   P_L = 26 W, P_{VVG} = 4 W $\Rightarrow$ $P_L + P_{VVG}$ = 30 W

   Bei induktiven Vorschaltgeräten (KVG, VVG) und der Frequenz 50 Hz vergeht relativ viel Zeit zwischen zwei Nulldurchgängen der Wechselspannung.

   $\Rightarrow$ Die Lampe muss **neu gezündet** werden.

3. **Elektronische Vorschaltgeräte** (EVG, Abb. 1):

   Diese erreichen bei einer Betriebsfrequenz von ca. 25 kHz eine **höhere Lichtausbeute**. Dies lässt sich folgendermaßen erklären:
   Bei elektronischen Vorschaltgeräten (EVG) und der Frequenz bis 25 kHz bleibt zwischen den Nulldurchgängen der Wechselspannung wenig Zeit, das Gas bleibt ionisiert.

   $\Rightarrow$ Die Lampe braucht **nicht neu gezündet** zu werden.

   P_L = 26 W, P_{EVG} = 2 W $\Rightarrow$ $P_L + P_{EVG}$ = 28 W

[1] KVGs dürfen laut Europäischer Energieeffizienz – Richtlinie ab Nov. 2005 nicht mehr installiert werden.

Vorteile von elektronischen Vorschaltgeräten:

- Verlängerung der Lebensdauer der Lampen von z. B. 8000 h auf etwa 12000 h, weil keine Spannungsspitzen durch Wiederzünden vorhanden sind.
- Flackerfreier Sofortstart:

  Kein stroboskopischer Effekt, d. h. bei drehenden Teilen entsteht durch gleichzeitiges Flackern nicht der Eindruck, dass diese Teile stillstehen.
- Keine Lichtschwankungen durch Spannungsschwankungen im Netz.
- Keine Kompensation, da keine induktive Last vorhanden ist.
- Anwendung auch in Notbeleuchtungsanlagen mit Gleichspannungsbetrieb.

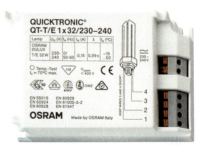

1: EVG für Kompakt-Leuchtstofflampen

- Leuchtstofflampen müssen mit Vorschaltgeräten betrieben werden.
- Konventionelle Vorschaltgeräte (KVG) bestehen aus einer Spule und einem Eisenkern. Sie haben hohe Eigenverluste.
- Elektronische Vorschaltgeräte haben die geringsten Energieverluste im Vergleich zu KVGs und VVGs.
- Elektronische Vorschaltgeräte (EVG) arbeiten mit einer hohen Frequenz.
- Elektronische Vorschaltgeräte bewirken einen flackerfreien Betrieb und verlängern die Lebensdauer von Leuchtstofflampen.

Helligkeitssteuerung / brightness control

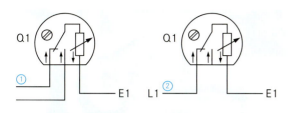

Dimmer für Phasenanschnitt, bei Glühlampen und Halogen-Glühlampen (Drehbetätigung).

2: Dimmer

Dimmer

Die Einstellung der Helligkeit von Leuchten kann mit Hilfe der Serienschaltung erfolgen, bei der Lampen zugeschaltet werden. Eine andere Möglichkeit ist die Regulierung des Lichtstromes über das Steuern der elektrischen Leistung wie z. B. durch

- **Vorwiderstände und Transformatoren**, die einstellbar sind, aber große Energieverluste verursachen,
- **Dimmer** als elektronische Steuerschalter, die nach dem Prinzip der Phasenanschnitt- oder Phasenabschnittsteuerung arbeiten (vgl. Kap. 10.5.4).

Elektronische Geräte haben folgende Vorteile:

- Einsparen von Energiekosten,
- Verlängerung der Lebensdauer der Lampen,
- Anpassung der Beleuchtungsstärke an die jeweiligen Bedürfnisse.

Mit Dimmern (Abb. 2) lässt sich die Helligkeit von Leuchten stufenlos einstellen. Sie werden als

- Wechselschalter ① mit drei Anschlussleitungen und
- Ausschalter ② mit zwei Anschlussleitungen installiert.

Dimmer werden für Dreh- und Tippbetätigung gebaut.

Von den Lampen der Übersicht auf S. 192 können alle **außer Halogen-Metalldampflampen** an Wechselspannung 50 Hz gedimmt werden. Mit speziellen Vorschaltgeräten kann bei folgenden Lampen auch mit Hilfe einer hochfrequenten Wechselspannung (z. B. 28 kHz bis 45 kHz) der Lichtstrom reguliert werden:

- Halogen-Glühlampen,
- Leuchtstofflampen,
- Kompakt-Leuchtstofflampen,
- Natriumdampf- und Quecksilberdampflampen.

Beim Ausfall von Lampen, die gedimmt werden, soll eine Minimalleistung nicht unterschritten werden. Dadurch wird das Flackern der Lampen vermieden.

Phasenanschnittsteuerung
(vgl. S. 254)

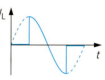

Hier wird die Spannung U_L an der Lampe nicht sinusförmig aufgebaut. Je nach der Einstellung des Dimmers liegt sofort ein kleinerer oder größerer Wert der Spannung an der Lampe. Dies verursacht beim Dimmen ein Flackern der Lampe.

Phasenabschnittsteuerung

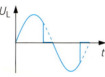

Bei dieser Steuerung wird die Lampe schon vom Nulldurchgang an vom Strom durchflossen. Es entsteht dadurch kein Flackern. Innerhalb der jeweiligen Halbschwingung erfolgt die Abschaltung. Durch die Induktivität des vorgeschalteten Transformators verkleinert sich die Stromstärke nicht plötzlich.

Welche Dimmer müssen ausgewählt werden?

- Glühlampen und Halogen-Glühlampen können über Phasenanschnitt- und Phasenabschnittdimmer gesteuert werden.
- Niedervolt-Halogenglühlampen mit magnetischem Transformator werden durch Phasenanschnittdimmer gesteuert.
- Niedervolt-Halogenglühlampen mit elektronischem Transformator werden durch Phasenabschnittdimmer (Elektronik-Dimmer) gesteuert.

Bei den Niedervoltlampen liegt der Dimmer auf der Eingangsseite des Transformators. Die Größe des Dimmers richtet sich nach der Bemessungs-Scheinleistung des Transformators.

> ■ Dimmer sind elektronische Steuerschalter zur Steuerung des Lichtstromes.
>
> ■ Bei der Installation von Dimmern muss darauf geachtet werden, dass bei Betrieb die Mindestlast eingehalten wird.
>
> ■ Bei Verwendung von elektronischen Transformatoren muss ein Dimmer mit Phasenabschnittsteuerung installiert werden.

Aufgaben

1. Nennen Sie erforderliche Betriebsmittel zum Betrieb von Leuchtstofflampen, Kompakt-Leuchtstofflampen und NV-Halogenlampen!

2. Welche Vorteile haben elektronische Vorschaltgeräte gegenüber konventionellen? Begründen Sie die Antwort!

3. Nennen Sie drei Arten, wie die Helligkeit von Leuchten gesteuert werden kann!

8.2.3 Leuchtstofflampen-Schaltungen

Grundschaltungen von Leuchtstofflampen

Induktive Schaltung
- nicht kompensiert
- $\cos \varphi \approx 0{,}5$ (induktiv)
- mit verlustarmen Vorschaltgerät (VVG)

Duo-Schaltung
- Zwei Lampen parallel mit induktivem und kapazitivem Zweig
- $\cos \varphi \approx 1$
- mit VVG

Tandemschaltung
- Zwei Lampen in Reihenschaltung
- Anwendung bei Lampen mit kleinerer Leistung

Schaltung mit EVG
- flimmerfreies Licht
- besserer Lampenwirkungsgrad im Vergleich zu VVGs

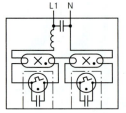
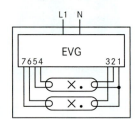

Je nach Absicherung der Stromkreise mit LS-Schaltern (10 A; 16 A oder 20 A) geben die Hersteller von Beleuchtungssystemen die zulässige Anzahl der Vorschaltgeräte (VVG, EVG) je Stromkreis an.

Installation von mehreren Leuchtstofflampen

Beispiel:
Für eine Beleuchtungsanlage in einem Versammlungsraum soll eine größere Anzahl von Leuchtstofflampen installiert werden.

Folgende Schaltungen sind möglich:
- **Wechselstromanschluss:** z. B. 30 Lampen, 15 Leuchten in Duo-Schaltung an der Netzspannung 230 V,
- **Drehstromanschluss:** z. B. 30 Lampen, jeweils 10 Leuchten auf die drei Außenleiter verteilt.

Absicherung von Beleuchtungsanlagen

Beim Betrieb von Leuchtstofflampen mit Vorschaltgeräten kann es zu Fehlauslösungen durch die RCD und den LS-Schalter kommen. Wir wollen dies an Beispielen erklären.

- **Fehlauslösung der RCD**

  Bei Verwendung von EVGs mit Schutzleiteranschluss kann ein hoher, kurzzeitiger Einschaltstrom fließen. Dazu kommt der geringe Dauerstrom des Entstörkondensators C1 über den Schutzleiter.
  ⇒ RCD schaltet ab.

Lösung:
- Leuchten auf drei Phasen aufteilen und dreiphasige RCD einsetzen,
- stoßstromfeste, kurzzeitverzögerte RCD (30 mA) verwenden,
- maximal 45 EVGs je Phase anschließen.

- **Fehlauslösung des Leitungsschutz-Schalters**

  Leuchtstofflampen, die mit Drossel und Starter betrieben werden, zünden zeitlich verzögert. Bei Verwendung von EVGs zünden jedoch alle Leuchtstofflampen gleichzeitig.
  ⇒ Beim Einschalten besonders im Augenblick des Scheitelwertes der Netzspannung fließt ein kurzzeitiger, hoher Strom in die Kondensatoren des elektronischen Systems (EVG).
  ⇒ LS-Schalter löst aus.

Lösung:
- LS-Schalter des Typs B installieren,
- Verkleinerung der Leuchtenanzahl je Stromkreis.

Leuchtenanzahl mit VVG bzw. EVG - Absicherung mit 10 A LS-Schalter, Typ B

In einem größeren Raum sollen mehrere Leuchtstofflampen in Duo-Schaltung installiert werden. Folgende Möglichkeiten bieten sich an:

VVG: max. 15 Leuchten mit je 2 · 58 W-Lampen.
EVG: max. 8 Leuchten mit je 2 · 58 W-Lampen.

Bei Verwendung eines EVG verkleinert sich also die zulässige Leuchtenanzahl. Bei einer größeren Anzahl von Leuchten vergrößert sich der Einschaltstrom. Der 10 A LS-Schalter würde dann abschalten.

- Bei der Installation mehrerer Leuchtstofflampen wird die Duo-Schaltung oder die Verteilung auf drei Phasen gewählt.
- Um Fehlauslösungen der RCD und des LS-Schalters zu vermeiden, müssen die Angaben des Leuchtenherstellers beachtet werden.
- Beim EVG ist der Einschaltstrom größer als beim VVG.

Dimmer mit Schnittstelle / dimmer with interface

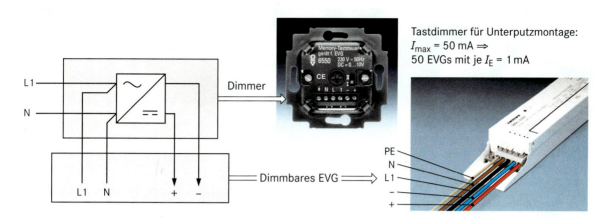

Tastdimmer für Unterputzmontage:
I_{max} = 50 mA $\Rightarrow$
50 EVGs mit je I_E = 1 mA

Mit einem Dimmer (Handsteuergerät) und einem EVG können z. B. Leuchtstofflampen geschaltet und ihre Helligkeit gesteuert werden. Neben der manuellen Ansteuerung kann die Dimmung von Beleuchtungsanlagen auch mit Infrarotsendern und -empfängern erfolgen.

Dimmbares EVG

- Leuchtstofflampen lassen sich mit elektronischen Vorschaltgeräten von 1% bis 100%, Kompakt-Leuchtstofflampen von 3% bis 100% dimmen. Die Vorschaltgeräte haben dafür eine DC 1 V bis 10 V Schnittstelle.
- Das Wiedereinschalten der Leuchten ist in jeder beliebigen Stellung des Dimmers möglich. Ein Warmstart kann innerhalb kürzester Zeit (ca. zwei Sekunden) erfolgen.

Installationsmöglichkeiten

- **Einphasiger Betrieb:**
  Der Dimmer kann maximal 10 einlampige oder 5 zweilampige, dimmbare EVGs direkt schalten und über die 1 V bis 10 V Schnittstelle steuern (Abb. 1).

- **Dreiphasiger Betrieb:**
  Der Dimmer kann maximal 50 dimmbare EVGs an dreiphasiger Netzspannung über ein Schütz schalten und über die 1 V bis 10 V Schnittstelle steuern.

Auswahl laut Herstellerangabe

Leuchtstofflampe L 18 W $\Rightarrow$
    EVG HF 1x18/230 V bis 240 V DIM

Das EVG arbeitet mit Hochfrequenz (HF).
Weitere Herstellerangaben zum EVG sind z. B.
- Netzspannung AC 230 V bis 240 V oder Gleichspannung DC 154 V bis 276 V
- Leistungsfaktor cos φ = 0,95 (kapazitiv)
- Betriebsfrequenz 40 kHz
- Lichtstrom 1300 lm bei Dimmstellung 100 %
- maximaler Steuerstrom z. B. DC 0,6 mA oder 1mA.

Installationshinweise zur 1 V bis 10 V-Steuerleitung
- Maximal zulässige Leitungslänge: 300 m
- Empfohlener Leiterquerschnitt: 1,5 mm²
- Kontrolle: + und − Leiter der Steuerleitung dürfen nicht vertauscht werden.
- Netz- und Steuerleitung: gemeinsame Verdrahtung mit z. B. NYM 5 · 1,5 mm²

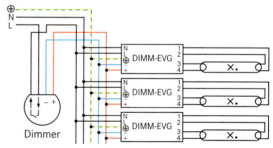

1: Leuchtstofflampen-Schaltung –
   Einphasiger Betrieb mit dimmbaren EVGs

- Zur Helligkeitssteuerung von Leuchtstofflampen werden Dimmer mit einer DC 1 V bis 10 V Schnittstelle verwendet, die Leuchtstofflampen im Einphasen- und Dreiphasenbetrieb steuern.
- Für jede Leuchtstofflampe muss ein dimmbares, elektronisches Vorschaltgerät installiert werden.

Aufgaben

1. Eine Anlage mit 30 Leuchtstofflampen und EVGs soll eine Helligkeitssteuerung erhalten. Die Anlage soll an Dreiphasenwechselspannung angeschlossen werden.
a) Stellen Sie eine Geräteliste auf!
b) Fertigen Sie eine Schaltskizze an!

2. Beschreiben Sie die Installation der Steuerleitung einer gedimmten Leuchtstofflampen-Schaltung!

8.2.4 Kompensation

Im Kap 4.8 wurde bereits dargestellt, dass sich die Wirkungen von kapazitiven Blindwiderständen (Kondensatoren) und induktiven Blindwiderständen (Spulen) aufheben. Da die VVGs und KVGs Spulen enthalten, wird die Kompensation z. B. bei Leuchtstofflampen-Schaltungen angewendet.

Arten der Kompensation

- **Einzelkompensation:**
  Entladungslampen, z. B. Leuchtstofflampen, durch die Duo-Schaltung.

- **Gruppenkompensation:**
  Hier werden nahe beieinander installierte, induktive Verbraucher, z. B. Entladungslampen oder Motoren, einer Kondensatorgruppe zugeordnet.

- **Zentralkompensation:**
  In größeren elektrischen Anlagen, in denen sich die induktive Last durch Zu- und Abschalten von Verbrauchern ständig ändert, wird eine zentral geregelte Kompensationseinrichtung (Blindleistungsregler) installiert.

Die Anlagen der VNB zur Energieübertragung richten sich nach der Höhe der zu übertragenden elektrischen Arbeit, die wesentlich vom Strom (Scheinstrom) abhängt. Um diesen Strom so niedrig wie möglich zu halten, möchten die VNB den Blindstromanteil senken. Die **TAB 2007** (Kap. »Entladungslampen«) enthält folgende Regelung:

- $P_L \leq 250$ W je Außenleiter $\Rightarrow$ keine Kompensation
- $P_L > 250$ W $\Rightarrow \cos \varphi$ zwischen 0,9 kap. und 0,9 ind.

Blindstrom-Kompensation dient also dazu

- Blindstromkosten zu vermeiden,
- Verluste in Transformatoren und auf Leitungen zu verringern und
- Übertragbarkeit von Nutzenergie (Wirkarbeit) zu erhöhen.

In Sonderverträgen mit größeren Betrieben (z. B. Industrie) wird von dem VNB z. B. folgende **Energieabnahme** geregelt:

- Werden mehr als 50 % des Wirkstromverbrauchs an Blindstrom dem Netz entnommen, dann wird die Blindleistung in Rechnung gestellt.
- Messung des Verbrauchs durch Blindverbrauchszähler gemessen.

> ■ Der VNB verlangt einen Mindest-Leistungsfaktor von $\cos \varphi$ = 0,9 kap. bis 0,9 ind., damit die Energie zu den Verbraucheranlagen wirtschaftlich übertragen wird.
>
> ■ In Sonderregelungen verlangt der VNB die Messung und Verrechnung des Verbrauchs durch Blindverbrauchszähler.

Leuchtstofflampe + VVG
$\Rightarrow$ **unkompensiert**
$\Rightarrow S_1 > P$

Leuchtstofflampe + VVG + Kondensator
$\Rightarrow$ **kompensiert**
$\Rightarrow S_2 \approx P$
$\Rightarrow Q_L - Q_C \approx 0$

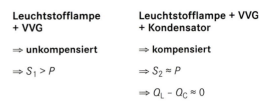
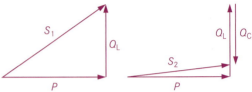

1: Wirkprinzip der Kompensation

Kompensation von Leuchtstofflampen-Schaltungen

Folgende Lampenschaltungen werden sehr häufig angewendet:

- Einzelschaltung einer Leuchtstofflampe und
- Duo-Schaltung.

Für eine einzelne Leuchtstofflampe verlangt der VNB keine Kompensation ($\cos \varphi \approx 0{,}5$). Werden zwei Leuchtstofflampen angeschlossen, dann wählt man aus praktischen Gründen die Duo-Schaltung. Sie wird durch den Kondensator im kapazitiven Zweig mit $Q_C = 2 \cdot Q_L$ kompensiert. Dabei ergibt sich ein Leistungsfaktor $\cos \varphi \approx 1$.

Parallelkompensation mit C_P (Abb. 2a)

Mit Hilfe eines parallel geschalteten Kondensators kann die Blindleistung Q_L der induktiven Schaltung kompensiert werden.

Hinweis:
Hat das Netz eine Rundsteueranlage (Rundsteuerfrequenz ≤ 300 Hz), gelten nach der TAB 2007 die Angaben laut folgender Tabelle. Der Grund ist, dass parallel zum Netz geschaltete Kondensatoren den Hochfrequenzimpuls der Rundsteueranlage kurzschließen. Die Anlage wird gestört. Es gilt:

$f \uparrow \Rightarrow X_C \downarrow \Rightarrow I \uparrow$ („Impulsstrom" des VNB)

Betreibt der VNB eine Tonfrequenz-Rundsteueranlage mit $f > 300$ Hz, dann ist zur Installation eine Rücksprache mit dem Netzbetreiber erforderlich.

Leistung der Kundenanlage	Vorschriften laut TAB
$S \leq 250$ VA	Bei maximaler Gesamtleistung je Außenleiter: Kompensation nicht erforderlich
250 VA $< S <$ 5 kVA	Kompensation erforderlich, so dass gilt: 0,9 kap. $< \cos \varphi <$ 0,9 ind.
$S \geq 5$ kVA	Mögliche Schaltungen zur Kompensation: DUO-Schaltung, Gruppenkompensation, Betrieb mit EVGs, Zentralkompensation mit Sperre gegen Rundsteuersignale

Kompensationskondensatoren / power-factor correction capacitors

Reihenkompensation mit C_R (Abb. 2b)

Reihenkondensatoren werden von den Herstellern z.B. für die Duo-Schaltung ausgelegt. Auch diese Kompensationskondensatoren enthalten Steckklemmen für einen **Entladewiderstand** (z. B. 1,2 MΩ), der parallel zum Kondensator liegt. Dieser entlädt den Kondensator nach Abschaltung der Lampen. Weil bei der Reihenschaltung am Kondensator ein größerer Spannungsfall (> 230 V) entsteht (vgl. Kap. 4.8), muss die Spannungsfestigkeit mindestens 450 V betragen.

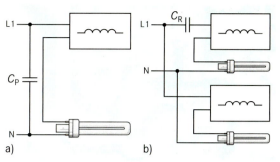

2: Kompensation – Kompakt-Leuchtstofflampen

Reihenkompensation in der Duo-Schaltung

Zwei gleich große Leuchtstofflampen sollen in Duo-Schaltung (vgl. S.196) installiert werden.
Geg.: U = 230 V/50 Hz; P = 30 W; I = 0,37 A
Ges.: a) Zeigerdiagramm der Duo-Schaltung,
b) C_R bei Reihenkompensation und cos φ = 1.

- In der Duo-Schaltung ist die Blindleistung der beiden Vorschaltgeräte durch einen Kondensator im kapazitiven Zweig auf cos $\varphi \approx 1$ kompensiert.
- Bei der Parallelkompensation müssen die TAB beachtet und die Genehmigung des VNB eingeholt werden.

a) Q_{L1}: Blindleistung im induktiven Zweig
Q_C: Blindleistung des Kondensators
Q_{L2}: Blindleistung im kapazitiven Zweig
S: Scheinleistung nach Kompensation

$$\cos \varphi_1 = \frac{P}{U \cdot I}$$

$$\cos \varphi_1 = \frac{30 \text{ W}}{230 \text{ V} \cdot 0{,}37 \text{ A}}$$

$\cos \varphi_1 = 0{,}3525$ $\qquad \varphi_1 = 69{,}36°$

$\tan \varphi_1 = 2{,}6546$

$\tan \varphi_1 = \frac{Q_L}{P}$ $\qquad Q_L = P \cdot \tan \varphi_1$

$Q_L = 30 \text{ W} \cdot 2{,}6546$ $\qquad Q_L = 79{,}64 \text{ var}$

$Q_C = 2 \cdot Q_L$ $\quad Q_C = 2 \cdot 79{,}64 \text{ var}$ $\quad Q_C = 159{,}28 \text{ var}$

$Q_C = I^2 \cdot X_C$ $\qquad X_C = \frac{Q_C}{I^2}$ $\qquad C_R = \frac{1}{2 \cdot \pi \cdot f \cdot X_C}$

$$C_R = \frac{I^2}{2 \cdot \pi \cdot f \cdot Q_C}$$

$$C_R = \frac{(0{,}37 \text{ A})^2}{2 \cdot \pi \cdot 50 \text{ Hz} \cdot 159{,}28 \text{ var}}$$

$C_R = 2{,}736 \text{ µF}$ $\qquad \underline{C_N = 2{,}7 \text{ µF}}$

Aufgaben

1. Wodurch kann es bei Leuchtstofflampen-Schaltungen zu einer Fehlauslösung durch
a) RCD und b) LS-Schalter kommen?

2. Durch welche installationstechnischen Maßnahmen können Fehlauslösungen durch RCD und LS-Schalter vermieden werden?

3. Warum ist in der Duo-Schaltung der Leistungsfaktor cos $\varphi \approx 1$?

4. Welche Funktion hat ein Entladewiderstand?

5. Zeichnen Sie das Leistungsdreieck einer Leuchtstofflampen-Schaltung mit einer Lampe und folgenden Angaben:
U = 230 V/50 Hz; P_{L+V} = 55 W; cos φ = 0,56.
Maßstab: 10 W ≙ 1 cm

6. Eine Leuchtstofflampe hat an 230 V/50 Hz eine Leistung (Lampe und Drossel) von 78 W. Die Stromstärke beträgt 0,678 A.
a) Wie groß ist der Leistungsfaktor cos φ_1?
b) Wie groß ist die Stromstärke I_2, wenn der Leistungsfaktor bei Parallelkompensation auf cos φ_2 = 0,9 verbessert wird?

7. Zwei Leuchtstofflampen L 36W/32 werden in Duo-Schaltung an 230 V/50 Hz betrieben. Die Vorschaltgeräte haben jeweils eine Verlustleistung von 8 W. Je Zweig beträgt der Leistungsfaktor cos φ_1 = 0,5. Die Schaltung soll auf cos φ_2 = 1 kompensiert werden.
a) Berechnen Sie die Stromstärke I_1 und die induktive Blindleistung Q_L je Zweig, wenn nicht kompensiert wird!
b) Wie groß müssen Q_C und der Reihenkondensator C_R sein? Wählen Sie einen genormten Wert!

Schaltungen von Niedervolt-Halogenlampen / circuits of low voltage halogen-lamps

1: Beleuchtung mit Halogenlampen

8.2.5 Niedervolt-Halogenlampen

Halogenglühlampen sind eine Weiterentwicklung der Standard-Glühlampe mit mindestens doppelter Lebensdauer und höherer Lichtausbeute.

Bemessungsspannungen:
- **Netzspannung 230 V** für die Allgemeinbeleuchtung ① durch so genannte Downlights, d. h. das Licht strahlt nach unten.
- **Niederspannung 6 V, 12 V und 24 V** für Akzentbeleuchtung ②, d.h. das Licht wird stark gebündelt und leuchtet bestimmte Flächen oder Gegenstände punktgenau an.

Der Lichtstrom und die Lebensdauer von Lampen hängt von der Betriebsspannung ab. Vergleichen wir folgende Lampentypen mit derselben Leistung:

NV-Lampe (12 V/60 W)   Glühlampe (230 V/60 W)
$\Downarrow$ $\Downarrow$
$I = 5\,A$ $I = 0{,}26\,A$

Die Niedervoltlampe benötigt bei gleicher Leistung gegenüber der Standard-Glühlampe eine sehr viel höhere Stromstärke. Nach der Gleichung

$$\Delta U = \frac{I \cdot \varrho \cdot 2 \cdot l}{q}$$

vergrößert sich bei einer größeren Stromstärke auch der Spannungsfall auf den Leitungen. Daraus folgt für den Lichtstrom Φ_L:

$\Delta U \uparrow \Rightarrow U_L \downarrow \Rightarrow \Phi_L \downarrow$

Die Lampenspannung wird durch den **Spannungsfall ΔU** auf den Zuleitungen beeinflusst.

Damit NV-Halogenlampen ihren Bemessungslichtstrom abgeben, müssen folgende Größen geändert werden:

$q \uparrow$ oder $l \downarrow \Rightarrow \Delta U \downarrow \Rightarrow U_{KL} \uparrow \Rightarrow \Phi_L \uparrow$
Leiterquerschnitt   Leiterlänge

Um den Spannungsfall bei der großen Stromstärke dieser Lampen klein zu halten, müssen die Leitungslängen kurz sein oder Leiter mit großem Leiterquerschnitt gewählt werden.

Netzaufbau für Niedervolt-Halogenlampen

Werden diese Lampen an freihängenden Leitungen (**Trägerleitungen**) angeschlossen, so verteilt man die Lampen parallel hintereinander auf der Doppelleitung (Abb.2). Diese Netzform ist ungünstig, weil die Lampenspannung mit größer werdender Entfernung vom Transformator abnimmt. Um den Spannungsfall zu verringern, wird der Transformator in der Mitte installiert. Dann verkürzen sich die Leitungslängen zu den am Leitungsende angeschlossenen Lampen.

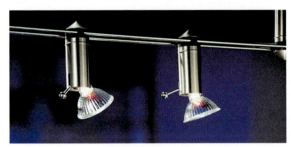

2: NV-Lampen, hintereinander angeordnet

Den geringsten Spannungsfall erhält man, wenn nach dem Sicherheitstransformator (Abb. 4) in der Mitte zu den Lampen eine Anschlussdose installiert wird. Die Leitungslängen zu den Lampen sind dann ungefähr gleich lang (Abb. 3) (**Strahlennetz**). Die Lampenspannung verringert sich nur wenig, weil der Spannungsfall klein ist. Auch die Leiterquerschnitte können kleiner sein als bei dem vorher beschriebenen System. An allen Lampen liegt ungefähr die gleiche Betriebsspannung. Laut DIN VDE 0100-715 wird ein maximaler Spannungsfall von 5 % empfohlen.

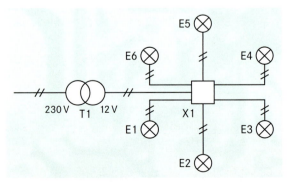

3: NV-Lampen im Strahlennetz

NV-Halogenlampensysteme / low voltage halogen-lamps installation

Installationssysteme für NV-Halogenlampen

- **Niedervolt-Stromschienensystem**
  Niedervoltschiene für Strahler

Voll dreh- und schwenkbarer Strahler

- **Niedervolt-Einbaustrahler** (Downlight)
  Strahler in starrer und schwenkbarer (30°) Ausführung

Schutzklasse III
IP 20

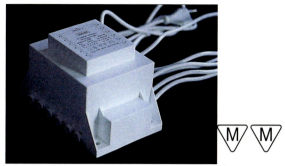

4: Sicherheitstransformator

Maximale Leitungslängen - sternförmige Verlegung, gewählter Spannungsfall 4%, 12 V						
P	I	Abstand vom Transformator				
in VA	in A	1 m	2,5 m	5 m	10 m	15 m
		Leiterquerschnitt in mm²				
20	1,7	1,5	1,5	1,5	1,5	2,5
50	4,2	1,5	1,5	2,5	4,0	-
100	8,3	1,5	2,5	4,0	-	-
150	12,5	1,5	2,5	-	-	-

Leiterquerschnitt

In einem Raum sollen nach Abb. 3 sechs Niedervolt-Halogen-Einbaustrahler (12 V/50 W) installiert werden.

Geg.: $\Delta u \leq 4\%$;
   Leiterlänge $l_1 = 6$ m
   (Anschlussdose bis Leuchte);
   Leiterlänge $l_2 = 2$ m
   (Transformator bis Anschlussdose)
Ges.: Leiterquerschnitte q_1 und q_2 (NYM, Cu)

$P = U \cdot I \qquad I = \dfrac{P}{U} \qquad I = \dfrac{50\ W}{12\ V} \qquad I = 4{,}17\ A$

$\Delta U = \dfrac{\Delta u \cdot U}{100\%} \qquad \Delta U \leq \dfrac{4\% \cdot 12\ V}{100\%} \qquad \Delta U \leq 0{,}48\ V$

$\Delta U = \dfrac{I \cdot \varrho \cdot 2 \cdot l}{q} \qquad q_1 = \dfrac{I \cdot \varrho \cdot 2 \cdot l}{\Delta U}$

$q_1 = \dfrac{4{,}17\ A \cdot 0{,}01786\ \frac{\Omega\ mm^2}{m} \cdot 2 \cdot 6\ m}{0{,}48\ V}$

$q_1 = 1{,}86\ mm^2 \qquad \underline{q_{1N} = 2{,}5\ mm^2}$

$q_2 = \dfrac{6 \cdot 4{,}17\ A \cdot 0{,}01786\ \frac{\Omega\ mm^2}{m} \cdot 2 \cdot 2\ m}{0{,}48\ V}$

$q_2 = 3{,}72\ mm^2 \qquad \underline{q_{2N} = 4\ mm^2}$

Eine weitere Einflussgröße auf die Betriebsspannung der NV-Halogenlampen sind die **Schwankungen der Netzspannung**. Nach der Gleichung für das Übersetzungsverhältnis von Transformatoren (vgl. Kap. 5.5.2) gelten bei Änderung der Netzspannung für Lampenspannung, Lichtstrom und Lichtausbeute:

230 V → 225 V ⇒ 12 V → 11,74 V ⇒ $\Phi \downarrow \Rightarrow \eta \downarrow$
230 V → 235 V ⇒ 12 V → 12,26 V ⇒ $\Phi \uparrow \Rightarrow \eta \uparrow$

- Bei Niedervolt-Halogenlampen sollte der Spannungsfall höchstens 5% betragen.
- Die Leitungslänge richtet sich bei gegebenem Spannungsfall nach der Belastung und dem Leiterquerschnitt.

Aufgaben

1. Warum benötigen Niedervoltlampen (24 V) gegenüber Glühlampen (230 V) bei gleicher Leistung (40 W) einen größeren Strom?
Wievielmal größer ist die Stromstärke bei Niedervoltlampen als bei Glühlampen?

2. Durch welche Maßnahmen kann der Spannungsfall bei NV-Lampen verkleinert werden?

3. Skizzieren Sie die Netzform mit acht NV-Lampen, bei der alle Lampen gleich hell leuchten sollen!

4. Sechs Niedervoltlampen (24 V/50 W) sollen in gleicher Entfernung (4,5 m) vom Sicherheitstransformator installiert werden (Strahlennetz)!
Welcher Normquerschnitt muss für die Leiter (Cu) gewählt werden? ($\Delta u \leq 4\%$).

8.3 Lichtsteuersysteme

1: Leuchte mit Empfänger für Fernbedienung

Zum Steuern bzw. Regeln der Beleuchtungsstärke kennen wir bereits den Dimmer. Es gibt weitere Lichtsteuersysteme. Sie unterscheiden sich nach Art der Steuerung bzw. Regelung sowie im Aufbau. Wir unterscheiden deshalb zwischen

- der **manuellen Steuerung** und
- der durch elektronische Bauteile **automatisch geregelten** Beleuchtungsstärke.

Vorteile
- **Einsparen** von Energiekosten durch Anpassung der Beleuchtungsstärke an das Tageslicht,
- **Steuerung** von Beleuchtungsanlagen je nach örtlichen Anforderungen.

Beschreibung der einzelnen Systeme

1. Dimmen

Die Beleuchtungsstärke wird **manuell** durch Dimmer ① gesteuert (vgl. S. 197).

2. Infrarot (IR)-Sensor

Die Beleuchtungsstärke einer Leuchte (Abb. 1) wird verändert durch
- Dimmen bzw. Schalten mit Hilfe einer **IR-Fernbedienung** ②,
- IR-Empfänger ③ und
- IR-Ausgangsmodul ④.

Anwendungen:
Räume mit Trennwänden

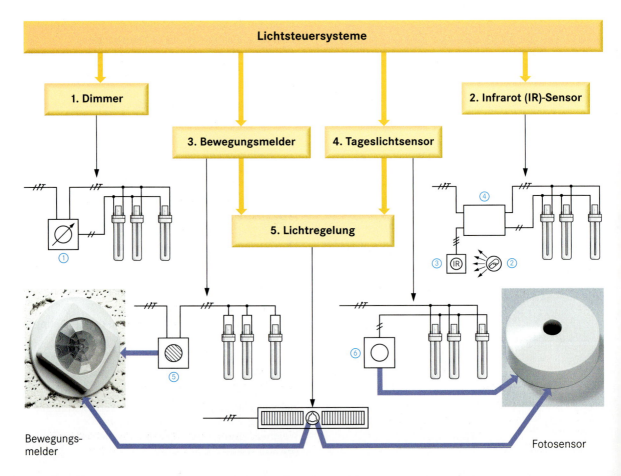

Lichtsteuerung durch Sensoren / brightness control by sensors

3. Bewegungsmelder

Die Leuchten werden durch einen **Bewegungsmelder** ⑤ eingeschaltet.
- **Abschaltverzögerung:**
  Einstellung z. B. bis 30 Minuten.
- **Erfassungsbereich** des Melders:
  Umkreis von ca. 7 m Durchmesser bei einer Deckenhöhe von 2,5 m bis 3 m.

Der Grenzwert für den Tageslichtanteil, d. h. wann der Sensor einschaltet, kann zwischen 100 lx und 1500 lx eingestellt werden.

Anwendungen: Treppenhäuser, Büros

4. Tageslichtsensor

Dieser **Sensor** (Fotosensor) ⑥ erfasst die Tageshelligkeit und steuert die Beleuchtungsstärke.
- **Mindestabstand des Sensors** vom Fenster:
  je nach Bautyp die Hälfte der Montagehöhe.
- **Anschluss des Sensors:**
  Installationsleitung für Kleinspannung an EVGs.

Die Installation eines zusätzlichen Ausschalters ist hier erforderlich, um die Leuchten je nach Erfordernis auszuschalten.

Anwendungen: Räume mit hohem Tageslichtanteil wie z. B. Klassenräume und Büros

5. Lichtregelung

So genannte „intelligente" Leuchten besitzen zur Lichtregelung einen **Fotosensor** und einen **Bewegungsmelder**.
- Direkter Anschluss der Leuchte an 230 V.
- Ausschaltung bei ausreichendem Tageslicht oder bei Abwesenheit.
- Bemessungsbeleuchtungsstärke einstellbar zwischen 250 lx und 700 lx.

Anwendungen: Räume mit hohem Tageslichtanteil

Wie können mehrere Leuchtengruppen tageslichtabhängig gesteuert werden?

Um diese Anforderung zu erfüllen, bauen Hersteller **Lichtregler** (Abb. 2). Sie sind zentral auf Hand- oder Automatikbetrieb umschaltbar. Als Anwendungsbeispiel wählen wir drei Leuchtengruppen A, B und C.
- **Handbetrieb** (Q02 in Stellung „Hand"):
  Die Leuchtengruppen mit den im Raum installierten Schaltern Q11, Q21 und Q31 können eingeschaltet werden, weil das Schütz Q4 die Schütze Q1, Q2 und Q3 schaltet (Abb.2).
- **Automatikbetrieb** (Q02 in Stellung „Automat."):
  Der Fotosensor steuert über den Lichtregler die Leuchtengruppen.

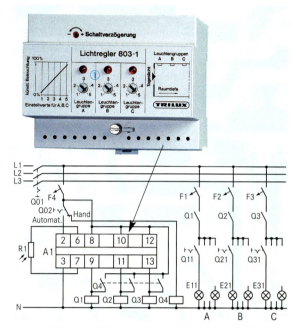

2: Stromlaufplan zu einem Lichtregelsystem mit elektronischem Lichtregler

Die Schaltstufen 1 bis 5 für die Leuchtengruppen werden an Potenziometern ① am Lichtregler eingestellt. Um die Einstellung zu erleichtern, zeigen Leuchtdioden an, wann die auszulösende Schaltstufe erreicht ist. Automatisch wird in Abhängigkeit vom Tageslicht die Anlage ein- bzw. ausgeschaltet. Damit nicht jede kurzzeitige Änderung der Beleuchtungsstärke eine Schaltung auslöst, stellt der Hersteller den Regler auf eine Verzögerungszeit von 5 Minuten ein. Andere Zeiten, z. B. zwischen 15 Sekunden und 10 Minuten, können eingestellt werden.

- Leuchten können manuell und mit Hilfe von Sensoren selbsttätig geschaltet werden.
- Bei Lichtsteuersystemen können mehrere Leuchtengruppen manuell oder mit Tageslicht- und Anwesenheitssensor geschaltet werden.

Aufgaben

1. Beschreiben Sie jeweils an einem Beispiel, wie manuell bzw. selbsttätig die Beleuchtungsstärke eingestellt werden kann!

2. Die Beleuchtungsanlage eines Klassenraumes soll gesteuert werden!
Welches System würden Sie unter dem Gesichtspunkt der Energieersparnis empfehlen? Begründen Sie die Entscheidung!

3. Erklären Sie mit Hilfe des Stromlaufplans in Abb. 2 den Hand- und Automatikbetrieb!

8.4 Installation von Leuchten

Die Hersteller kennzeichnen den **Sicherheitszustand** der Betriebsmittel durch bestimmte Zeichen. Einige dieser Zeichen wie z. B. für die Schutzklasse I, II, III kennen wir bereits. Weitere Zeichen beschreiben
- Sicherheit durch Brandschutz,
- Geräteschutz und Leitungsschutz,
- Berührungs-, Fremdkörper- und Wasserschutz (**IP** = **I**nternational **P**rotection, vgl. Tab.).

Bei der Errichtung elektrischer Anlagen sind die Betriebsmittel so auszuwählen und zu installieren, dass bei normalem Betrieb und im Fehlerfall kein Brand entstehen kann. Das **Leuchtenprüfzeichen** gibt unter anderem an, dass die Leuchten
- den Anforderungen der europäischen Prüfstellen entsprechen (hier 10 = Nummer der Prüfstelle),
- die Brandschutzmaßnahmen und
- die Bestimmungen der Arbeits- und Unfallverhütungsvorschriften eingehalten werden.

Für Beleuchtungsanlagen und die Auswahl von Leuchten müssen beachtet werden:
- zulässige Gebrauchslage,
- Brandverhalten des verwendeten Materials und der Montageflächen (vgl. Tab. mit Kennzeichen),
- Mindestabstand zu brennbaren Materialien.

Sicherheitstechnische Anforderungen

Wie für andere fest installierte Beleuchtungsanlagen gelten für Niedervoltanlagen die Anforderungen laut DIN VDE 0100-410 und -430. Bei der Installation von NV-Anlagen in besonderen Räumen wie z. B. in Bädern oder Schwimmhallen gelten zusätzlich die Anforderungen für diese Räume laut DIN VDE 0100-701 und -702.

Da in NV-Anlagen große Ströme fließen, erwärmen sich die Leitungen und der Transformator. Es dürfen deshalb nur kurzschlussfeste Sicherheitstransformatoren verwendet werden, damit bei Kurzschluss auf der Sekundärseite Schutz gegen gefährliche Überhitzung besteht.

Beispiel:
Wenn ein Transformator auf Materialien befestigt ist, deren Brandverhalten nicht bekannt ist, muss die Befestigungsfläche gegen Überhitzung geschützt werden. Der Transformator trägt dann das nebenstehende Zeichen (vgl. S. 201).

Geräte- und Leitungsschutz

1. Feinsicherung auf der Primärseite
   ⇒ Geräteschutz des Transformators,
   Überstrom-Schutzorgan auf der Sekundärseite
   ⇒ Leitungsschutz der NV-Anlage **oder**
2. Überstrom-Schutzorgan auf der Primärseite
   ⇒ Leitungsschutz der NV-Anlage

Kennzeichnung von Betriebsmitteln (DIN EN 60598)	
Zeichen	Einsatzort
ENEC 10 / VDE	Gebäudeteile aus nicht brennbaren Baustoffen
ENEC 10 / VDE / F	Gebäudeteile aus schwer- oder normalentflammbaren Baustoffen
ENEC 10 / VDE / F (unterstrichen)	Gebäudeteile aus schwer- oder normalentflammbaren Baustoffen mit zusätzlichem Dämmmaterial
ENEC 10 / VDE / D	Feuergefährdete Betriebsstätten
VDE / M	Einrichtungsgegenstände, z.B. Möbel, die aus schwer- oder normalentflammbaren Baustoffen bestehen
VDE / M M	Einrichtungsgegenstände, die in ihrem Brandverhalten nicht bekannt sind

Schutzarten für Betriebsmittel (DIN EN 60529)		
Kennzeichen	1. Ziffer Fremdkörperschutz	2. Ziffer Wasserschutz
IP 00	ungeschützt	ungeschützt
IP 11	Körper > 50 mm	Tropfwaser, senkrecht
IP 20	Körper > 12 mm	ungeschützt
IP 22	Körper > 12 mm	Tropfwasser, 15° zur Senkrechten
IP 33	Körper > 2,5 mm	Sprühwasser
IP 40	Körper > 1 mm	ungeschützt
IP 50	staubgeschützt	ungeschützt
IP 54	staubgeschützt	Spritzwasser
IP 55	staubgeschützt	Strahlwasser
IP 65	staubdicht	Strahlwasser
IP X7	–	wasserdicht, eintauchbar
IP X8	–	druckwasserdicht, untertauchbar ..m

Anschlussarten / connections

Zuordnung von Leuchtstofflampenanzahl je nach I_n des LS-Schalters

LS-Schalter Charakteristik B	L18W unkompensiert	L18W Duo-Schaltung	L36W unkompensiert	L36W Duo-Schaltung	L58W unkompensiert	L58W Duo-Schaltung	EVG 36W 1lampig	EVG 36W 2lampig	EVG 58W 1lampig	EVG 58W 2lampig
	\multicolumn{10}{c}{Anzahl der Leuchtstofflampen}									
10 A	27	54	23	46	15	30	26	18	18	8
16 A	43	86	37	74	24	48	38	26	26	12
20 A	53	106	46	92	30	60	48	33	33	15
25 A	66	132	58	116	37	74	60	41	41	19

Beim Einschalten von Leuchtstofflampen mit Vorschaltgeräten können hohe Stromspitzen auftreten. Deswegen müssen die Stromkreise mit verzögert auslösenden LS-Schaltern abgesichert werden. Diese Eigenschaft haben z. B. LS-Schalter mit der **Auslösecharakteristik B** (vgl. Kap. 6.3.2). Je nach Art der Leuchtstofflampen-Schaltung ergibt sich damit eine bestimmte **Anzahl von Lampen** je Stromkreis (vgl. obige Tabelle).

Anschluss von Leuchten

Es gibt verschiedene Aufhänge- und Anschlussmöglichkeiten für Leuchten. Es sind dies z. B.
- Anschluss von Leuchten an fest verlegte Leitung (z. B. NYM) über eine Leuchtenanschlussdose,
- Anschlüsse innerhalb von Leuchten mit speziellen Silicon-Aderleitungen oder wärmebeständigen PVC-Verdrahtungsleitungen,
- Anschluss von Pendelleuchten, z. B. in Küchen über dem Esstisch, über eine wärmebeständige PVC-Pendelleitung (NYPLYw),
- Anschluss der Leitung zu Lichtbändern nur über Geräteklemmen oder bei Durchgangsverdrahtung mit Steckverbindern ①.

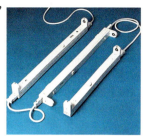

Der Leiterquerschnitt der flexiblen Anschlussleitung ist $q \geq 0{,}75$ mm². Die Leitung muss **Zugentlastung** erhalten. Die Reflektoren sollten nicht mit der Hand berührt werden.

- Es dürfen nur Leuchten mit Leuchtenprüfzeichen verwendet werden.
- In NV-Anlagen müssen wegen der hohen Wärmeentwicklung nur Sicherheitstransformatoren verwendet werden.
- Bei Leuchtstofflampen mit EVG müssen LS-Schalter mit verzögerter Ausschaltcharakteristik wegen der hohen Einschaltstromspitzen gewählt werden.

Aufgaben

1. Was gibt das Leuchtenprüfzeichen an?

2. Welches Kennzeichen muss ein Betriebsmittel haben, das in feuergefährdeten Betriebsstätten installiert werden soll?

3. Ein Betriebsmittel soll gegen das Eindringen von Fremdkörpern > 12 mm und gegen senkrechtes Tropfwasser geschützt sein.
Benennen Sie das Schutzart-Kennzeichen!

4. Warum müssen Stromkreise mit Leuchtstofflampen durch LS-Schalter mit verzögerter Ausschaltcharakterisik abgesichert werden?

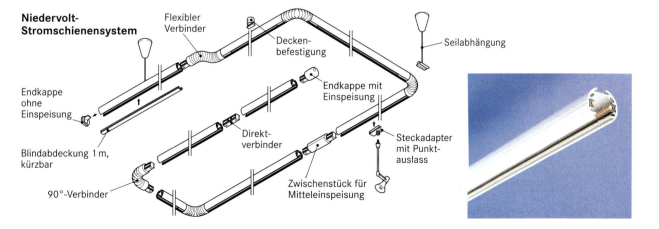

8.5 Notbeleuchtungsanlagen

In einem Energieversorgungsnetz kommen kurze Spannungsunterbrechungen vor. Die meisten Ausfälle liegen unter 0,5 s. Länger andauernde Netzausfälle können zu Schäden an Betriebsmitteln und Unfallgefahren für Menschen führen.

Deshalb ist laut DIN VDE 0108-100 bzw. DIN EN 1838 eine **Notbeleuchtung** in bestimmten Räumen und Betriebsstätten vorgeschrieben.

Welche Funktionen übernimmt die Notbeleuchtung?

Die Notbeleuchtung übernimmt bei einer Störung der Energieversorgung (Netzausfall) zwei Funktionen.
- Als Sicherheitsbeleuchtung gewährleistet sie
  - das gefahrlose Verlassen eines Raumes bei Ausfall der allgemeinen Beleuchtung,
  - ausreichende Sehbedingungen zur Orientierung mit Hilfe der Rettungswege und
  - ein schnelles Auffinden von Sicherheitseinrichtungen z.B. zur Brandbekämpfung.
- Als Ersatzbeleuchtung ermöglicht sie das ungehinderte Fortsetzen wichtiger Tätigkeiten z.B. an Werkzeugmaschinen und im Operationssaal.

Die Sicherheitsbeleuchtung nach DIN VDE 0108-100 ist erforderlich an allen Arbeitsplätzen und baulichen Anlagen mit Menschenansammlungen wie z.B.
- Versammlungsstätten,
- Geschäftshäusern und Ausstellungsstätten,
- Hochhäusern,
- Gaststätten und Hotels und
- geschlossenen Großgaragen.

Eine Sicherheitsbeleuchtung für **Arbeitsplätze mit besonderer Gefährdung** (vgl. Übersicht) muss dort installiert werden, wo bei Ausfall der Allgemeinbeleuchtung eine Unfallgefahr entstehen kann.

Beispiele:
- Räume mit Walzen, Rotationsmaschinen, Drahtseilmaschinen.
- Räume mit Metall- und Holzbearbeitungsmaschinen (z. B. Kreissägen, Hobel- und Bohrmaschinen) gehören dann nicht dazu, wenn bei Stromausfall die Maschine automatisch stillsteht.
- Schaltwarten für z. B. Walzenstraßen, in Kraftwerken und chemischen Betrieben.

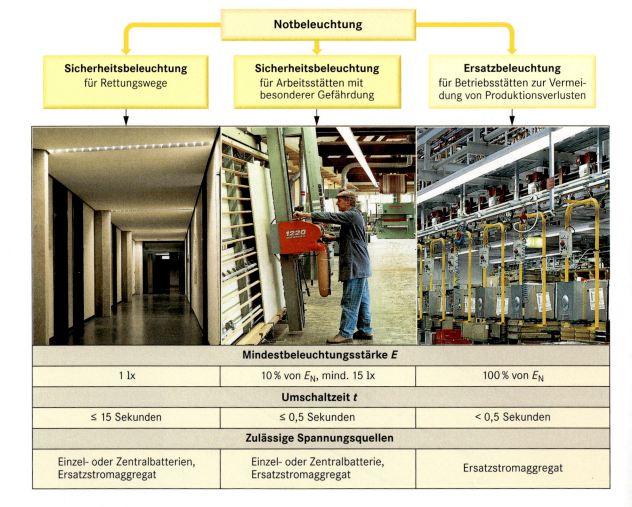

Mindestbeleuchtungsstärke E		
1 lx	10 % von E_N, mind. 15 lx	100 % von E_N
Umschaltzeit t		
≤ 15 Sekunden	≤ 0,5 Sekunden	< 0,5 Sekunden
Zulässige Spannungsquellen		
Einzel- oder Zentralbatterien, Ersatzstromaggregat	Einzel- oder Zentralbatterie, Ersatzstromaggregat	Ersatzstromaggregat

Ersatzstromversorgung / emergency power supply

Rettungswegbeleuchtung und -kennzeichnung

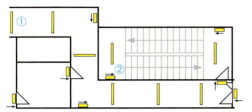

Sicherheitsleuchten ①
Kompakt-Leuchtstofflampe mit Anschluss an eine Batterie ③

Rettungszeichen-Leuchten ②
Piktogramm (Symbol) mit Rettungswegkennzeichnung

Rettungswege in öffentlichen Gebäuden und Arbeitsstätten müssen auch durch **Rettungszeichen-Leuchten** gekennzeichnet sein. Diese müssen ständig leuchten (auch am Tage) und werden bei Netzausfall auf die Ersatzstromversorgung, meistens an eine Batterie, umgeschaltet. Diese Leuchten sind jedoch kein Ersatz für die Sicherheitsbeleuchtung. Die Beleuchtung in der obigen Abbildung kennzeichnet den Fluchtweg aus dem Keller einer Tiefgarage mit Sicherheitsleuchten und Rettungszeichen-Leuchten.

In bestimmten Räumen (Abb. 1) muss bei Ausfall der Stromversorgung ein ungestörtes Weiterarbeiten möglich sein. Die Umschaltung auf **Ersatzbeleuchtung**, also von Netzbetrieb auf Ersatzstrombetrieb, muss innerhalb 0,5 s erfolgen.

Wie erfolgt die Energieversorgung bei Netzausfall?

Ersatzstromquellen können sein
- **Batteriesysteme** mit Einzel-, Gruppen- oder Zentralbatterien oder
- **Notstromaggregate**.

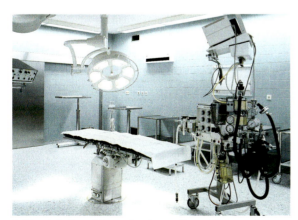

1: Ersatzbeleuchtung in einem Operationssaal

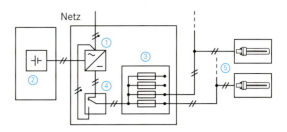

2: Sicherheitsbeleuchtung mit Zentralbatterie

Beispiel:
Eine Zentralbatterie versorgt z. B. die Sicherheits-Beleuchtungsanlage eines Gebäudes (Abb. 2). Dafür sind Lade- und Steuergerät ①, Batterieraum ②, Stromkreisverteilung ③ und Umschalter ④ erforderlich. Werden z. B. Kompakt-Leuchtstofflampen mit EVG ⑤ eingesetzt, dann ist auch der Betrieb mit Gleichspannung möglich.

Installation von Sicherheitsleuchten

Für die Installation von Sicherheitsleuchten gibt es u. a. den **Zweileiter-Netzanschluss** (Abb. 3):
- Netzspannung und Batteriespannung werden über einen Umschalter ⑥ bei Netzausfall an die Leuchten gelegt.

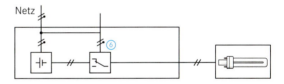

3: Sicherheitsbeleuchtung – Zweileiteranschluss

- Die Sicherheitsbeleuchtung ersetzt die Allgemeinbeleuchtung mit verminderter Beleuchtungsstärke.
- Die Ersatzbeleuchtung ersetzt die Allgemeinbeleuchtung mit voller Beleuchtungsstärke.
- Die Ersatzstromversorgung bei Netzausfall erfolgt über Batterien oder Notstromaggregate.

Aufgaben

1. Nennen Sie fünf Anwendungsfälle, wo Sicherheitsbeleuchtung vorgeschrieben ist!

2. Beschreiben Sie an jeweils einem Beispiel den Unterschied von Sicherheitsbeleuchtung und Ersatzbeleuchtung!

3. Welche Arten der Energieversorgung gibt es für die Sicherheitsbeleuchtung?

4. Beschreiben Sie eine Anschlussmöglichkeit von Sicherheitsleuchten!

8.6 Planung von Beleuchtungsanlagen

Beleuchtungsanlagen können wie folgt geplant werden:
- mit PC-Programmen, z.B. **DIALux**, in folgenden Schritten:
  1. Projekteigenschaften eingeben.
  2. Raumgeometrie, Berechnungsparameter und Auswahl der Leuchten festlegen.
  3. Berechnung durchführen, Positionen der Leuchten festlegen und Ergebnis anzeigen.
- durch Berechnung mit Daten aus Normen und von Leuchtenherstellern.

Einer Beleuchtungsplanung liegen z. B. folgende Kenngrößen zugrunde:
- Lichtstärkeverteilungskurve (LVK, Abb. 2)
- Beleuchtungswirkungsgrad je nach Beschaffenheit des Raumes (Raumindex)
- Leuchtenabstand je nach Lage des Arbeitsplatzes
- Beleuchtungsstärkeverteilung je nach Reflexionsgraden

Beispiel: Klassenraum
In unserem Beispiel soll die Beleuchtungsanlage eines Klassenraumes bestehen aus
- Deckenanbauleuchten (58 W), die symmetrisch strahlen und mit einem **hochglänzenden, eloxierten Aluminium-Spiegelreflektor** ausgestattet sind und
- zwei Deckenanbauleuchten ①, die als Zusatzbeleuchtung asymmetrisch gegen die Wandtafel ② strahlen.

Die Planung der Beleuchtungsanlage enthält folgende Angaben. Sie sind entweder Vorgaben der räumlichen Gegebenheiten oder ergeben sich aus der gewählten Leuchtenart.

Planungsdaten
Raumfläche: $A = 8{,}3$ m · $7{,}1$ m; Raumhöhe: $h = 3$ m
- Reflexionsgrade: Decke $\varrho = 0{,}7$; Wände $\varrho = 0{,}5$; Fensterwand $\varrho = 0{,}3$; Tafel $\varrho = 0{,}1$; Boden $\varrho = 0{,}2$
- Planungsfaktor: $p = 1{,}25$
- Lampenlichtstrom: $\Phi_{Le} = 5200$ lm
- Beleuchtungsstärke: $E = 300$ lx

Was bedeuten diese Angaben?
Der **Reflexionsgrad** ϱ hängt von Farbe und Materialien ab (vgl. Tab. rechts). Er gibt das Verhältnis von reflektiertem zum auftreffenden Lichtstrom an. Im Laufe der Zeit dunkeln Decken und Wände je nach Staubentwicklung nach. Dies wird bei der Planung durch den **Planungsfaktor** (hier $p = 1{,}25$) berücksichtigt. Außerdem verschmutzen auch die Leuchten und bringen wegen der Alterung bei längerer Gebrauchsdauer weniger Leuchtleistung.

1: Luxmeter

Die Lichtstärken von Lampen und Leuchten werden in der **Lichtstärkeverteilungskurve (LVK)** vom Hersteller im so genannten Polardiagramm angegeben. Die im Beispiel verwendete Leuchte hat die folgende LVK.

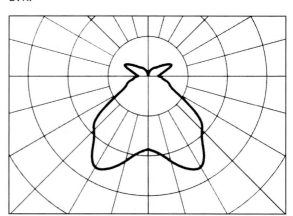

2: Lichtstärkeverteilungskurve einer Leuchte

Erkenntnis aus der LVK

An dieser Kurve können Sie z. B. erkennen, dass die Lichtverteilung im Raumwinkel von 90° nach unten erfolgt. Diese Strahlung wird als direkt, tiefstrahlend bezeichnet.

Reflexionsgrade			
Farben	ϱ in %	Material	ϱ in %
weiß	70...80	Silberspiegel	80...90
hellgelb	55...65	Lack, weiß,	
himmelblau,		Al, eloxiert	80...85
hellgrau	40...45	Emaille, weiß	75...85
beige,		Al, poliert	65...75
olivgrün	25...35	Marmor, weiß,	
orange,		Chrom, poliert	60...70
mittelgrau	20...25	Ziegel, hell	30...40
dunkelgrau	10...15	Mörtel, hell	35...55

Beleuchtungsplanung / planning of lighting

Leuchtenzahl für einen Klassenraum

Die Leuchtenzahl soll mit den Vorgaben für den Klassenraum berechnet werden.

1. **Raumindex k:**

Raumlänge a, Raumbreite b und Raumhöhe h

$$k = \frac{a \cdot b}{(a+b) \cdot h} \qquad k = \frac{8{,}3\,\text{m} \cdot 7{,}1\,\text{m}}{(8{,}3\,\text{m} + 7{,}1\,\text{m}) \cdot 3\,\text{m}} \qquad k = 1{,}28$$

2. **Beleuchtungswirkungsgrad η_B** für Deckenanbauleuchte (laut Herstellertabelle für den verwendeten Leuchtentyp):

	Decke	0,8		**0,7**		0,5	
ϱ	Wände	0,5	0,3	**0,5**	0,3	0,5	0,3
	Boden	0,3	0,1	**0,2**	0,1	0,3	0,3	0,1
Raumindex k	0,60	36	27	34	27	32	26	26
	0,80	45	36	42	35	40	34	33
	1,00	52	42	48	41	46	40	39
	1,25	59	49	55	47	53	47	45
	1,50	65	53	**60**	52	57	52	49
	2,00	72	59	65	58	63	58	55

Für Decke, Wände und Fußboden wird mit angegebenen Reflexionsgraden und aufgerundetem Wert für den Raumindex ($k = 1{,}5$) der Beleuchtungswirkungsgrad bestimmt.
$\eta_B = 60\,\%$.

3. **Gesamtlichtstrom Φ:**

$$\Phi = \frac{E \cdot A \cdot p}{\eta_B}$$

$$\Phi = \frac{300\,\text{lm} \cdot 58{,}93\,\text{m}^2 \cdot 1{,}25}{0{,}6\,\text{m}^2} \qquad \Phi = 36831{,}25\,\text{lm}$$

4. **Anzahl der Leuchten n:**

$$n = \frac{\Phi}{\Phi_{Le}} \qquad n = \frac{36831{,}25\,\text{lm}}{5200\,\text{lm}} \qquad n = 7{,}083$$

Gewählt: $\underline{\underline{n = 8\,\text{Leuchten}}}$

Was geben die Isolux-Kurven an?

Bei dem verwendeten Leuchtentyp ergeben sich laut Herstellerangaben für den ausgewählten Klassenraum die Linien nach Abb. 3. Sie werden mit einem speziellen Programm im PC erstellt. Diese Kurven heißen Isolux-Kurven und geben die Beleuchtungsstärke für eine konstante Messebene an, z. B. Schreibebene. Die Werte liegen hier je nach Sitzplatz zwischen 325 lx und 550 lx, so dass $E_{Norm} = 300\,\text{lx}$ eingehalten wird.

Die Isolux-Kurven geben einen Überblick über die Beleuchtungssituation im Raum. Die Kurven erhält man, wenn in einem Messraster einzelnen Werte für die **Beleuchtungsstärke** gemessen werden. Die Messung wird mit einem Beleuchtungsstärkemesser (Luxmeter, Abb. 1) für alle Messpunkte auf derselben Höhe durchgeführt.

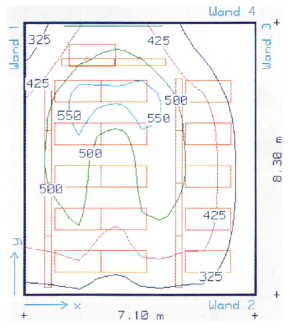

3: Beleuchtungsstärkeverteilung eines Klassenraumes

- Der Reflexionsgrad ϱ gibt an, wie viel Prozent des auftreffenden Lichtstromes reflektiert wird.
- Der Planungsfaktor p berücksichtigt die Verminderung der Beleuchtungsstärke durch Alterung der Lampen und Verschmutzung der Leuchten.
- Die Lichtstärkeverteilungskurve gibt die Verteilung und Richtung der Lichtstärke im Raum an.

Aufgaben

1. Was gibt der Reflexionsgrad an?

2. Welche Faktoren berücksichtigt bei der Beleuchtungsplanung der Planungsfaktor?

3. Der Klassenraum aus der Beispielrechnung soll als Fachklassenraum mit vier gleichmäßig im Raum verteilten Tischgruppen eingerichtet werden. Die mittlere Beleuchtungsstärke soll 500 lx betragen.
a) Wie viel Deckenanbauleuchten mit jeweils 58 W/5200 lm sind erforderlich?
b) Skizzieren Sie eine mögliche Anordnung der Leuchten!

4. Ein Raum mit den Abmessungen 10,30 m und 7,10 m sowie denselben sonstigen Vorgaben wie im Beispiel soll mit Deckenanbauleuchten 58 W/5200 lm als Klassenraum ausgestattet werden.
Wie viel Leuchten müssen installiert werden?

Kochplatten / electric cooking plates

9 Hausgeräte

9.1 Geräte zur Nahrungszubereitung

9.1.1 Elektroherd

Fließt elektrischer Strom durch einen Leiter, so entsteht Wärme. Die strömenden Ladungsträger versetzen die Werkstoffmoleküle in verstärkte Schwingungen (vgl. Kap. 1.5), so dass diese Energieform entsteht.

Das Schwingen der Leitermoleküle muss dann vom elektrischen Verbraucher in die Speisen übertragen werden. Bei den Elektroherden benutzt man dafür folgende drei Möglichkeiten.

- Am häufigsten geschieht die Übertragung durch **Wärmeleitung**. Die Metallkochplatte gibt dabei die Energie an den Topf ab, der dann die Nahrung erwärmt.

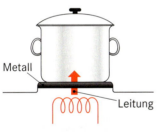

- Bei den Keramikfeldern (Ceran-Felder) **strahlen** die Heizwendel durch das durchlässige Ceran-Glas. Der Topf wird heiß und erwärmt dadurch die Speisen.

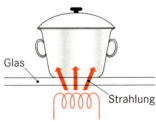

- Bei diesem Verfahren werden Spulen in den Kochfeldern von hochfrequenten Strömen durchflossen. In den Metalltöpfen werden dadurch **Wirbelströme** induziert. Die Töpfe und damit auch die Speisen erwärmen sich.

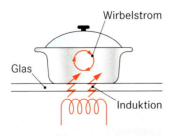

Welche Metallkochplatten gibt es?

Es gibt drei Arten von Metallkochplatten:

- Bei der **Normalkochplatte** werden drei Heizwiderstände in der Platte mit einem 7-Takt-Schalter (vgl. Kap. 2.4) unterschiedlich geschatet. Die kleinste Leistungsstufe beträgt dabei etwa 10% der Maximalleistung.
- Die **Blitzkochplatte** (Schnellkochplatte) erwärmt zu Beginn mit voller Leistung. Wenn die eingestellte Temperatur erreicht ist, wird mit verminderter Leistung weitergegart. Diese Kochplatten haben einen Überhitzungsschutz.
- Die **Automatikkochplatte** beginnt ebenfalls mit voller Leistung, gart dann aber mit getakteter Maximalleistung weiter.

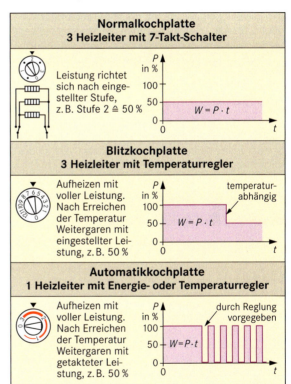

- In Normalkochplatten befinden sich drei Heizwiderstände, die mit einem 7-Takt-Schalter geschaltet werden.
- Blitzkochplatten heizen mit voller Leistung an und mit kleiner Leistung weiter.
- Automatikkochplatten heizen mit voller Leistung bis zur eingestellten Temperatur. Diese Temperatur wird dann gehalten.

Backofen

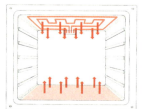 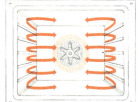

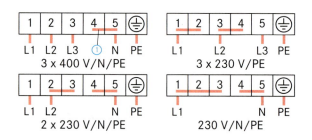

3 x 400 V/N/PE   3 x 230 V/PE

2 x 230 V/N/PE   230 V/N/PE

Bei Backöfen mit **Ober- und Unterhitze** werden die Lebensmittel durch Wärmestrahlung und durch natürliche Wärmeströmung erhitzt.

Bei **Umluftbacköfen** wird die Wärmeströmung durch einen Ventilator erzwungen. Dadurch werden die Speisen gleichmäßiger erwärmt. Die Temperatur kann niedriger sein als bei den anderen Backöfen.

Zur Reinigung der Öfen kann die **Pyrolytische Selbstreinigung** eingesetzt werden. Hierzu wird eine besondere Heizung eingeschaltet, die eine Temperatur von 500°C erzeugt. Dadurch werden die Speisereste verbrannt. Während der Reinigungszeit wird die Ofentür verriegelt. Für diesen Vorgang werden etwa 5 kWh benötigt.

Anschluss von Elektroherden

Standherde (mit Backofen) haben Leistungen bis zu 14 kW. Sie werden mit einer beweglichen Leitung als Drehstromkreis über eine Herdanschlussdose an die Verteilung angeschlossen. Hierfür ist bei der üblichen Verlegeart C (fünfadrige Mantelleitung u.P.) ein Querschnitt von 2,5 mm² notwendig (vgl. Kap. 6.2.2).

Berechnung des Leiterquerschnittes:

$$I = \frac{S}{U \cdot \sqrt{3}} \qquad I = \frac{14\,000\ W}{400\ V \cdot 1{,}73}$$

$I = 20{,}2\ A \quad \Rightarrow I_n = 25\ A \quad \Rightarrow q = 2{,}5\ mm^2$

Diese Berechnung gilt nur für symmetrische Belastung. Bei Elektroherden sind aber die Kochplatten und Backofenheizungen jeweils als Wechselstrom Verbraucher zwischen einer Phase und dem Neutralleiter angeschlossen. In den Außenleitern sind daher unterschiedliche Stromstärken vorhanden.

Bei einigen Fabrikaten sind Kochplatte und Kontrollleuchte nicht an dieselbe Phase angeschlossen. Im Fehlerfall kann also die Lampe leuchten, obwohl die entsprechende Kochplatte stromlos ist.

- Umluftbacköfen arbeiten mit niedrigeren Temperaturen als andere Backöfen.
- Elektroherde haben einen eigenen Stromkreis mit einer Herdanschlussdose, die an eine Leitung von $q = 2{,}5\ mm^2$ angeschlossen ist.

Für den richtigen Anschluss an die unterschiedlichen Netze (z. B. Drehstromnetz 3x400V/N/PE) sind an den Klemmleisten Schaltbilder angebracht. Die notwendigen Verbindungsbrücken ① (Messingbleche) sind dort vorhanden.

9.1.2 Mikrowellengerät

Hier werden die Speisen durch kurze elektromagnetische Wellen (λ = 12,25 cm, f = 2,45 GHz) erwärmt. Sie dringen in die Lebensmittel ein. Dort treffen sie auf Wassermoleküle, die kleine elektrische Felder besitzen. Die Moleküle des Gargutes versuchen sich nach den elektromagnetischen Feldern der Wellen auszurichten. Sie geraten dadurch in Schwingung und erwärmen so die Lebensmittel sehr schnell.

- Die Mikrowellen werden im **Magnetron** erzeugt.
- Über den **Koppelstift** (Antenne) und den Hohlleiter gelangen sie dann an den Reflektor.
- Der **Reflektor** sorgt für die Verteilung der Mikrowellen im gesamten Garraum.

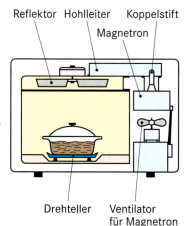

Viele Geräte haben einen **Drehteller**, um die Lebensmittel von allen Seiten bestrahlen zu können.

Da die Mikrowellen fast verlustlos durch elektrische Isolierstoffe hindurchgehen, werden Gefäße aus Glas, Porzellan, Kunststoff und Pappe kaum warm. **Metalle** reflektieren die Strahlen. Es können keine Wellen an das Gargut gelangen. Das Metall wird aber warm und gibt etwas Wärme an die Lebensmittel weiter.

> **Achtung!**
> Keine Verpackung mit Metallteilen (z. B. Becher mit Alu-Folien-Rest) oder Geschirr mit Metallauflage verwenden, da zwischen den Metallteilen Funken überspringen können ⇒ Brandgefahr!

Gefährdung durch Mikrowellengeräte / endangering by microwave ovens

Wie gefährlich sind Mikrowellengeräte?

Für die Strahlung, die unabsichlich das Mikrowellengerät verlassen darf (**Leckstrahlung**), sind folgende Grenzwerte festgelegt worden.

Leerlauf: 10 mW/cm^2
Belastung: 5 mW/cm^2

Das Sicherheitszeichen nach VDE oder TÜV-GS garantiert die Einhaltung dieser Werte, so dass von Mikrowellengeräten keine Gesundheitsgefährdung ausgeht.

Die Türen sind mehrfach gegen Strahlungsaustritt gesichert:

- Hinter den Sichtscheiben befinden sich engmaschige **Lochbleche** oder Netze, die für die Mikrowellen undurchlässig sind.
- Zusätzlich sind an der Tür mehrere **Sicherheitsschalter** angebracht, so dass auch bei kleinstem Öffnungswinkel das Magnetron abgeschaltet wird.

Anschluss von Mikrowellengeräten

Sie werden über Steckdosen mit eigenem Stromkreis angeschlossen. Wegen der hohen Anlaufströme sind entweder LS-Schalter der Charakteristik C oder 16 A-Schmelzsicherungen einzusetzen.

- Mikrowellen erwärmen mit Hilfe von sehr kurzwelligen Strahlen die Speisen von innen.
- Mikrowellengeräte sollen über eigene Stromkreise angeschlossen werden.

Aufgaben

1. Wie arbeitet eine Blitzkochplatte?

2. Welche Voraussetzungen müssen bei Pyrolytischer Selbstreinigung gegeben sein?

3. Ein Elektroherd mit 4,6 kW soll an einen Wechselstromkreis angeschlossen werden. Die Zuleitung besteht aus NYM (u. P.-Verlegung).
a) Welcher Querschnitt ist zu wählen?
b) Welche Leitungsschutz-Schalter sind zu verwenden?
c) Skizzieren Sie das Klemmbrett des Herdes!

4. Berechnen Sie die Leistung der Normalkochplatte (Kap. 2.4.1) in Schaltstellung 3 (L1-1, 2 und N 3, 4)!

5. Begründen Sie, warum die Garzeiten bei einem Mikrowellengerät kürzer sind als bei einer Kochplatte!

6. Nennen Sie Maßnahmen gegen Leckstrahlung!

7. Warum sollten Mikrowellengeräte mit LS-Schaltern der Charakteristik C abgesichert sein?

9.2 Kühlgeräte

Kühl- und Gefriergeräte im Haushalt arbeiten alle nach folgendem Prinzip:

1. Ein flüssiger Stoff (**Kältemittel**) verdunstet.
2. Die dafür benötigte Wärmeenergie wird dem Kühlgut entzogen.
3. Das Kühlgut wird dadurch abgekühlt.
4. Die Wärmeenergie wird dann an anderer Stelle an die Luft abgegeben.

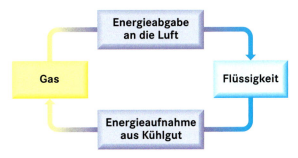

Weil Flüssigkeiten bei niedrigem Druck besser verdunsten als bei hohem, wird der Druck verringert. Außerdem benutzt man Kühlmittel, die bereits bei niedrigen Temperaturen verdunsten, z. B. Propan, Isobutan.

9.2.1 Kompressorkühlschrank

- Im **Verdampfer** wird das Kältemittel gasförmig.
- Das Gas wird vom **Kompressor** angesaugt.
- Danach wird das Gas in den **Verflüssiger** (Kühlschlange) gepresst.
- Die Wärme wird außerhalb des Kühlschranks abgegeben. Das Kältemittel wird wieder flüssig.
- Danach strömt das Kältemittel durch einen **Druckminderer** (meist: Kapillarrohr), wodurch ein niedriger Druck entsteht, der das Verdunsten erleichtert.
- Das flüssige Kältemittel strömt wieder durch den Verdampfer.

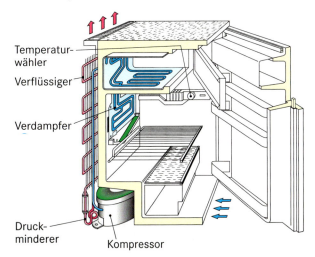

Funktionen

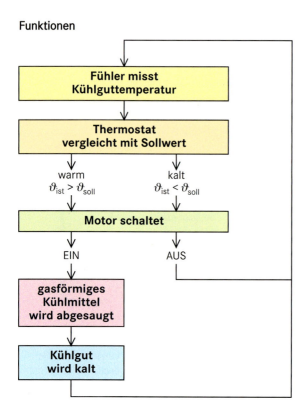

Einbau und Gebrauch von Kühlschränken

- Damit Luft für die Wärmeabfuhr zu den Verflüssigern an der Rückfront strömen kann, dürfen die **Luftschlitze** der Kühlgeräte nicht abgedeckt oder zugestellt werden.
- Gefriergeräte sollen einen **eigenen Stromkreis** haben und nicht über eine gemeinsame RCD gesichert werden. Bei einem Fehler in einem anderen Anlageteil würde sonst auch das Gefriergerät abgeschaltet werden.
- Weil Eis als schlechter Wärmeleiter die Leistung der Verdampfer vermindert, müssen Kühl- und Gefriergeräte regelmäßig **enteist** werden.

Reparaturhinweise

Mit Hilfe des obigen Funktionsschemas kann der Servicetechniker im Fehlerfall die Ursache feststellen. Wir wollen das an einem Beispiel deutlich machen.

Fehler: Motor schaltet sehr oft ein
Ursache: Thermostat meldet: Kühlguttemperatur zu hoch.
Gründe:
- Das Thermostat ist defekt oder
- warme Außenluft gelangt in den Kühlraum.

Dieser Fehler tritt häufig auf. In den meisten Fällen schließen dann die Türgummidichtungen nicht mehr vollständig.

9.2.2 Absorberkühlschrank

- Bei diesem Kühlsystem fließt das flüssige Kühlmittel (Ammoniak) unter hohem Druck in den **Verdampfer**. Dort befindet sich Wasserstoff mit niedrigem Druck. Bei der Mischung wird im Ammoniak der Druck geringer. Durch die Wärme des Kühlgutes verdampft das Kühlmittel und die Lebensmittel werden gekühlt.
- Die beiden Gase gelangen dann in einen Behälter, wo Wasser das Kühlmittel aufnimmt (**Absorbtion**). Das Hilfsgas Wasserstoff wird wieder frei und zum Verdampfer zurückgeleitet.
- Die Wasser-Ammoniak-Mischung kommt in einen Kocher. Hier wird das Kühlmittel aus dem Wasser entfernt.
- Das Ammoniakgas gelangt in den **Verflüssiger**, gibt seine Wärme ab und wird dadurch wieder flüssig.

Absorber-Kühlschränke haben also keinen Motor und sind deshalb leise. Sie werden in Barfächern in Wohnräumen und Hotels verwendet. Da für den Kocher verschiedene Energiearten verwendet werden können (z. B. Erdgas), findet man diese Kühlgeräte z. B. auf Campingplätzen.

> - Im Inneren von Kühl- und Gefriergeräten wird dem Kühlgut Wärme entzogen und das flüssige Kältemittel verdunstet.
> - Gasförmiges Kühlmittel wird aus den Kühl- und Gefriergeräten heraus geleitet und gibt die aufgenommene Wärmeenergie dort ab.
> - Kompressorkühlschränke erzeugen mit Hilfe des Motors einen niedrigen Druck im Verdampfer.
> - Absorberkühlschränke haben keine Motoren und sind deshalb leise.

Aufgaben

1. Erläutern Sie an Hand einer Skizze das Funktionsprinzip von Kühlschränken!

2. Welche Aufgabe hat das Kapillarrohr in einem Kompressorkühlschrank?

3. Warum sollte ein Gefriergeräte-Stromkreis nicht mit anderen Stromkreisen über eine gemeinsame RCD abgeschaltet werden?

4. Welchen Vorteil haben Absorber-Kühlschränke?

5. Was müssen Sie beim Aufstellen bzw. Einbau eines Kühlschrankes beachten?

6. Warum müssen Kühl- und Gefriergeräte enteist werden?

Programmschaltwerk / program controller

9.3 Geräte mit Ablaufprogramm

Elektrische **Waschmaschinen** sind heute in fast jedem Haushalt zu finden. Auch **Geschirrspüler** und **Wäschetrockner** sind recht zahlreich vertreten. Um Kunden beraten zu können und ggfs. Reparaturen auszuführen, müssen Elektroinstallateure den Aufbau und die Arbeitsweise dieser Geräte kennen.

9.3.1 Steuereinheit

Alle genannten Maschinen werden von einer zentralen Baugruppe gesteuert. Dies ist entweder ein Programmschaltwerk oder ein Mikroprozessor. Beiden ist gemeinsam, dass sie mit Fühlern (**Sensoren**) ausgerüstet sind. Diese erfassen physikalische Größen, wie Temperatur, Wasserstand o. ä. und geben sie als elektrische Signale (z. B. Kontakt geschlossen) an die Steuereinheit weiter.

Bei Geräten mit Mikroprozessoren werden die gemessenen Werte mit den eingestellten verglichen. Treten Unterschiede auf, dann werden entsprechende Schaltvorgänge durchgeführt. Der Prozess besteht aus den Stufen:

Dieser Vorgang läuft automatisch ab. Ein Mikroprozessor kann deshalb auch sofort auf alle Veränderungen reagieren.

Programmschaltwerk

Ein Motor dreht eine Achse, auf der sich Nockenscheiben befinden. Diese haben am Scheibenrand unterschiedlich lange Erhebungen ① und Vertiefungen. Darauf schleifen Fühler, die je nach ihrer Lage Kontakte ② betätigen. Diese Taster steuern dann z. B. die Heizung oder Ventile der Geräte.

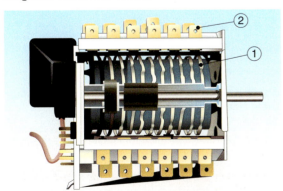

Der Motor des Schaltwerkes wird mittels einer Starttaste o. ä. eingeschaltet und läuft dann mit konstanter Drehzahl. Von ihr hängen die Schaltzeiten der Kontakte ab und damit auch z. B. die Arbeitszeiten der Heizungen. Man nennt diese Steuerung **zeitabhängig**.

9.3.2 Geschirrspülmaschine

Alle Geschirrspüler haben grundsätzlich folgende Funktionen:

- Wasserzulauf und Wasserablauf steuern
- Heizung schalten
- Geschirr reinigen.

Aufbau

Bei Untertischgeräten befinden sich in einem Spülbehälter zwei herausziehbare **Geschirrkörbe**. Der obere läuft auf Teleskopstangen, während der untere auf der Tür abgestützt wird.

Es sind mindestens zwei **Sprüharme** vorhanden, nämlich jeweils unterhalb der Körbe. Oberhalb des oberen Geschirrkorbes ist entweder eine feststehende Düse oder ein weiterer Sprüharm angebracht. Sie werden nach dem Rückstoßprinzip in Bewegung gesetzt. Dazu wird Wasser durch Düsen an den Enden der Sprüharme gepresst.

In der Tür befinden sich die Kammern für das Reinigungsmittel und den Klarspüler. Beide werden bei Bedarf dem einfließenden Wasser zugesetzt.

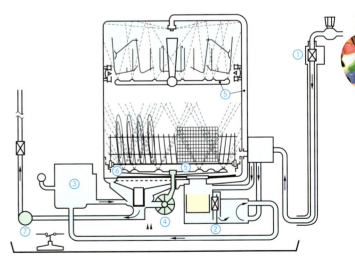

① Magnetventill
② Enthärter und Salzvorrat
③ Wasserstandsregler
④ Umwälzpumpe
⑤ Sprüharme mit Wasserzulauf
⑥ Heizung
⑦ Ablaufpumpe

1: Geschirrspülmaschine

Arbeitsweise

- Die **Wasserzufuhr** wird mit Magnetventilen gesteuert. Das Wasser fließt durch einen **Enthärter** (Ionentauscher).
- Die **Sprüharme** reinigen das Geschirr mit Hilfe von Wasserstrahlen. Die **Umwälzpumpe** saugt dazu die Lauge durch eine Siebkombination aus dem Auffangbecken und presst das Wasser durch die Sprüharme.
- Während der Reinigungs- und Spülphase wird die Lauge aufgeheizt. Ein **Trockengehschutz** verhindert das Heizen, wenn kein Wasser im Spülraum ist.
- Danach entleert die **Ablaufpumpe** den Behälter und die Trockenphase beginnt. Durch die Wärme des Geschirrs verdunstet dabei die Feuchtigkeit. Eine Zusatzheizung kann diesen Vorgang unterstützen.

Abhängigkeiten

Die folgenden Funktionen werden durch das Programmschaltwerk gesteuert, das auch abhängig von verschiedenen Sensoren ist. Außerdem funktioniert der Geschirrspüler nur, wenn die Tür und damit der entsprechende Taster geschlossen ist.

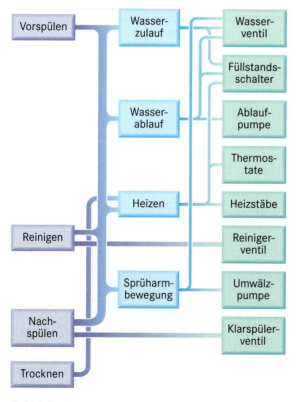

Beispiel:

Vorspülen funktioniert nicht : ⇒ Wasserzulauf, -ablauf, Heizen und Sprüharm-Bewegung prüfen

Wasserzulauf nicht in Ordnung : ⇒ Wasserventil, Füllstandsschalter und Ablaufpumpe prüfen

Anschluss

Für Geschirrspülmaschinen (bis 3,5 kW) sind **eigene Stromkreise** mit Schutzkontakt-Steckdosen vorzusehen, die mit 16 A abzusichern sind.

Der **Wasserdruck** muss mindestens 30 kPa betragen, sonst schließt das Magnetventil nicht mehr einwandfrei. Wenn mehr als 1 MPa Druck vorhanden ist, muss ein Druckminderer eingebaut werden.

Wenn im betreffenden Haus das Wasser durch eine **Erdgas- oder Ölheizung** erwärmt wird, sollte die Geschirrspülmaschine an das Warmwasser angeschlossen werden. Beim Aufheizen des Wassers wird dann Energie gespart.

Der **Wasserablauf** in den Sifon muss mindestens 40 cm über dem Boden des Spülraums liegen, sonst würde das zulaufende Wasser sofort wieder ablaufen. Die **Ablaufpumpe** pumpt Lauge bis zu 1,1 m hoch. So kann der Ablauf auch in ein Spülbecken gelegt oder fest eingebaut werden.

Reparaturhinweise

Beim Beobachten der Maschinentätigkeit kann auf die meisten Störungen geschlossen werden. Mit Hilfe des Abhängigkeitsschemas kann dann rasch das zugehörige Bauteil identifiziert werden.

Bei schlechter Heizleistung ist entweder der **Heizstab** verkalkt oder zerstört bzw. der **Festtemperaturthermostat** schaltet nicht mehr einwandfrei. Ein Austausch lohnt sich.

Häufig ist die **Ablaufpumpe** zugesetzt. Hier hilft oft das Reinigen, aber auch der Einbau einer neuen Pumpe ist kostengünstig.

- In Geschirrspülmaschinen wird das Spülgut durch rotierende Sprüharme gereinigt.
- Beim Anschluss von Geschirrspülmaschinen muss der Wasserdruck (30 kPa bis 1 MPa) beachtet werden.

Aufgaben

1. Nennen Sie fünf wesentliche Stufen der Arbeitsweise einer Geschirrspülmaschine!

2. Nennen Sie drei Voraussetzungen für die Installation einer Geschirrspülmaschine!

3. Welcher Vorteil ergibt sich, wenn der Wasserzulauf an die Warmwasserleitung angeschlossen wird?

4. Der Geschirrspüler reinigt nicht mehr. Untersuchen Sie, welches Betriebsmittel eventuell nicht in Ordnung ist!

Arbeitsweise von Waschmaschinen / method of operation of washers   217

9.3.3 Waschmaschine

Es gibt viele z. T. sehr unterschiedliche Ausführungen dieser Geräte, aber sie haben gemeinsame Funktionselemente, nämlich

- Wasserzulauf mit Waschmittel-Beimischung
- Wasser abpumpen
- Trommelbewegung als Waschvorgang
- Heizung steuern

Aufbau

Der **Laugenbehälter** befindet sich in einem Gehäuse. Er ist dort federnd gelagert. Um die Maschine auch beim Schleudern stabil zu halten, ist der Behälter mit Gewichten versehen.

Die wichtigen Aggregate, z. B. Trommel und Heizung befinden sich im Laugenbehälter. Die prinzipielle Anordnung ist aus der folgenden Abbildung eines **Frontladers** zu ersehen.

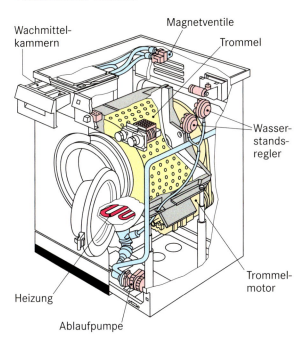

Arbeitsweise

- Durch Drehschalter, Drucktaster oder Folientaster wird das Waschprogramm gewählt und die Maschine **gestartet**.
- Das **Wasser** läuft zu und spült dabei das Waschmittel ein. Dies geschieht je nach Programm und Einstellung (Vorwäsche, Hauptwäsche, Weichspülen u. a.) mehrfach während des gesamten Waschvorganges.
- Die **Niveauwächter** regeln den Wasserstand je nach Programm. Außerdem wirken sie als **Trockengehschutz**, so dass die Heizung ohne Wasser nicht arbeitet.

- Die **Heizung** wird eingeschaltet und erwärmt das Wasser entsprechend der Vorwahl. Sie schaltet sich beim Erreichen der Temperatur aus und nach Bedarf wieder ein.
- Die **Trommel** dreht sich abwechselnd rechts- oder linksherum (**Reversieren**). Dabei wird die Wäsche durch die eingebauten Rippen aus der Waschlauge (Flotte) heraus genommen. Während des Weiterdrehens fällt sie dann wieder herunter (Waschvorgang).
- Die Fallhöhe, die Fallhäufigkeit und die **Durchflutung** entscheiden neben der Temperatur über das Waschergebnis. Da Energie gespart werden soll, wird möglichst wenig Wasser eingelassen. Damit die Wäsche trotzdem ausreichend nass ist, wird sie zusätzlich von oben mit Waschlauge besprüht.

Abhängigkeiten

Die folgenden Funktionen werden durch das Programmschaltwerk gesteuert bzw. die Elektronik geregelt. Die verschiedenen Sensoren geben entsprechende Schaltzustände des Programmschaltwerkes frei oder melden ihre Werte an die elektronische Regelung.

Die Waschmaschine arbeitet natürlich nur, wenn die Tür und damit der entsprechende Taster geschlossen ist.

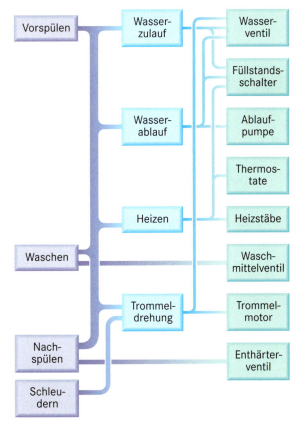

Anschluss

Für Waschmaschinen sind **eigene Stromkreise** mit Schutzkontakt-Steckdosen vorzusehen, die mit 16 A abzusichern sind.

Der **Wasserzulauf** wird über einen druckfesten Schlauch an der Kaltwasserleitung hergestellt.

Einige Geräte können auch an die **Warmwasser- oder Brauchwasserleitung** angeschlossen werden. Sie benötigen außerdem einen Trinkwasseranschluss.

Der **Wasserablauf** kann in das Ausgussbecken gehängt oder direkt an die Abflussleitung angeschlossen werden. Ein Sifon ist nicht nötig. Die Laugenpumpe kann nur bis zu etwa 1 m hoch pumpen.

Waschmaschinen müssen lotrecht aufgestellt werden. Wegen der hohen Trommeldrehzahlen kann sonst eine Unwucht entstehen.

Reparaturhinweise

Beim Beobachten der Maschinentätigkeit (insbesondere der Schalt- und Wassergeräusche) kann auf die meisten Störungen geschlossen werden. Mit Hilfe des Abhängigkeitsschemas (vgl. S. 217) kann dann das zugehörige Bauteil identifiziert werden.

Häufig sind die **Türschalter** oder **Türverriegelungen** defekt. Wenn sich das Waschfenster oder die Ladeklappe nicht elektrisch öffnen lassen, muss ein versteckter Riegel oder ein Seilzug (siehe Gebrauchsanleitung) benutzt werden.

Wegen der Wäscheflusen sind oft die **Laugenpumpen** verstopft. Sie werden mit ihrem Sieb ausgebaut. Meist genügt für die einwandfreie Funktion die Reinigung der Pumpe.

- Waschmaschinen steuern bzw. regeln mit Hilfe von Programmschaltwerken oder Mikroprozessoren den Wasserzufluss und -abfluss sowie die Heizung und Trommelbewegung.
- Waschmaschinen sind lotrecht aufzustellen.
- Waschmaschinen sollen eigene Stromkreise haben.

Aufgaben

1. Beschreiben Sie Aufbau und Arbeitsweise einer Waschmaschine!

2. Worauf muss beim Aufstellen und Anschließen einer Waschmaschine geachtet werden?

3. Warum kann der Abfluss-Schlauch einer Waschmaschine in ein Spülbecken gehängt werden?

9.3.4 Wäschetrockner

Diese Geräte entziehen der Wäsche die Restfeuchtigkeit mit Hilfe einer **Heizung** und einem **Gebläse**. Eine reversierende **Trommel** lockert die Wäsche beim Trocknen auf.

Eine **Steuerung** schaltet die o. g. Betriebsmittel entweder **zeitabhängig** oder **feuchtigkeitsabhängig**. Im zweiten Fall messen Fühler den elektrischen Widerstand der Wäsche. Die Werte werden in Mikroprozessoren verarbeitet.

Das Wasser-Luft-Gemisch wird durch ein Filter geleitet, in dem die Flusen hängen bleiben. Bei verstopften Filtern wird nur wenig Luft abgeführt. Die Temperatur steigt stark an und löst den Temperaturschutz aus. Das Wasser muss anschließend aus dem Trockner entfernt werden. Dafür gibt es zwei Möglichkeiten:

Kondensationstrockner
Wasser wird im Gerät gesammelt und dann als Flüssigkeit entfernt.

Ablufttrockner
Das Wasser wird als Wasserdampf aus dem Gerät geleitet.

Kondensationstrockner mit Luftkühlung

- Die mit Feuchtigkeit angereicherte Luft wird hierbei an einem kalten Kondensator vorbeigeleitet. Dort kühlt sie ab und kondensiert zu Wasser, das in einem Behälter gesammelt wird.
- Ein Gebläse saugt die jetzt trockne Luft an und leitet sie wieder durch die Wäsche.
- Da der Kondensator ebenfalls gekühlt werden muss, ist ein weiteres Gebläse nötig. Hierzu wird Raumluft angesaugt und an dem Wärmetauscher (Kondensator) vorbei geleitet.

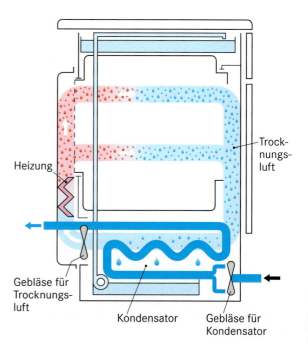

Energielabel für Trockner / energy label for drier

Kondensationstrockner mit Wasserkühlung

Zur Kühlung wird hierbei Leitungswasser benutzt, das das kondensierte Wasser aufnimmt. Diese Geräte benötigen also einen Wasserzulauf und einen Wasserablauf. Sie werden wegen ihrer aufwendigeren Installation und ihres höheren Energieverbrauchs nicht in Haushalten verwendet.

Ablufttrockner

- Die Raumluft wird angesaugt und durch die Wäsche geblasen.
- Die Luft nimmt dort die Feuchtigkeit auf und leitet sie in den Raum oder über Rohre ins Freie.

Da der Trockenvorgang bis zu zwei Stunden dauern kann, wird dem Raum viel Luft entzogen. Es muss daher für ausreichend Luftzufuhr gesorgt werden.

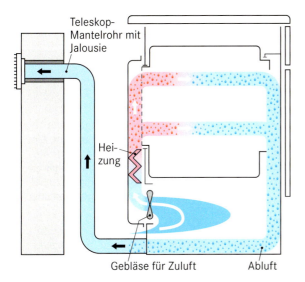

Anschluss

Wäschetrockner haben bewegliche Anschlussleitungen. Die betreffenden Schutzkontakt-Steckdosen sind mit 16 A abzusichern.

Bei Ablufttrocknern ist auf den Luftwiderstand der Abluftzuführung zu achten. Die Hersteller der Bauteile geben entsprechende Werte an, z. B. 18 % (bzw. 18 E = 18 Einheiten) für einen 90°-Bogen. Die Addition der Werte darf 100 E nicht überschreiten.

Reparaturhinweise

Wenn die Wäsche nicht trocken wird, kann der Fehler am **Thermostaten**, an der **Heizung** oder auch an der **Steuerung** liegen. Diese Bauteile können nicht repariert und müssen deshalb ausgewechselt werden.

Häufig ist die Fehlerursache das **Flusensieb**. Es muss wegen des starken Abriebs der Wäsche oft gereinigt werden. Unter Umständen muss es auch ersetzt werden.

Energielabel (Kennzeichnungsetikett)

Nach dem Energieverbrauchs-Kennzeichnungsgesetz müssen Hausgeräte mit einem Etikett und einem beiliegenden Datenblatt gekennzeichnet werden.

- Wäschetrockner entziehen der Wäsche die Feuchtigkeit durch die hindurch strömende angewärmte Luft.
- Kondensationstrockner sammeln die Feuchtigkeit als Wasser in einem Behälter.
- Ablufttrockner leiten die feuchte Luft ins Freie.

Aufgaben

1. In Ausnahmefällen wird bei Ablufttrocknern auch die Abluft in den Raum geleitet. Beschreiben Sie mögliche Folgen!

2. Geben Sie an, bei welchem Trocknertyp mehr Raumluft nötig ist! (Begründung)

3. Beschreiben Sie mit Hilfe einer Skizze die Arbeitsweise eines Ablufttrockners!

4. Vergleichen Sie die Arbeitsweise von Kondensationstrocknern und Ablufttrocknern!

9.4 Warmwassergeräte

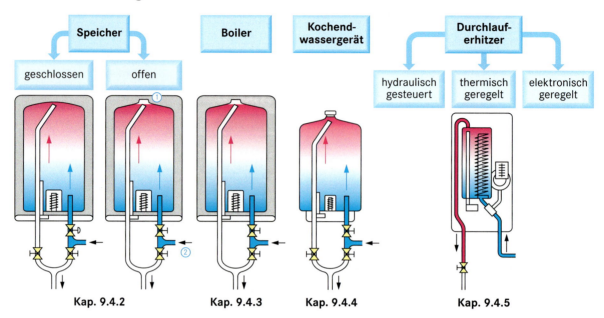

Kap. 9.4.2   Kap. 9.4.3   Kap. 9.4.4   Kap. 9.4.5

Zur Kundenberatung sind Kenntnisse über

- Einsatzmöglichkeiten,
- Vorteile und Nachteile sowie
- Funktion der verschiedenen Geräte unbedingt notwendig.

9.4.1 Anschluss von Warmwassergeräten

Die Geräte sollen wegen der großen Leistungen eigene Stromkreise haben. Stromkreise für Geräte mit P_n > 4,6 kW müssen als Drehstromkreise ausgelegt werden. Der **Leiterquerschnitt** und die Absicherung werden nach der gesamten Leistung ermittelt. Für LS-Schalter ist die Charakteristik B ausreichend.

Bei vorgesehen Einzelgeräten mit einer Bemessungsleistung von > 12 kW muss der zuständige VNB um Zustimmung gebeten werden. Wenn andere große Belastungen in der Anlage hinzugeschaltet werden, muss unter Umständen (vgl. TAB des zuständigen VNB) für diese Zeit das Warmwassergerät abgeschaltet werden. Diese Aufgabe wird dann von einem Lastabwurfrelais übernommen.

Anbringungsort

Die Warmwassergeräte werden üblicherweise im Badezimmer oder in Waschräumen eingebaut. Sie dürfen dort auch in den **Schutzbereichen 1 und 2** (vgl. Kap. 6.2.4) installiert werden.

Zu beachten ist dabei, dass die Zuleitungen senkrecht oder von hinten geführt werden müssen. In den Schutzbereichen 1 und 2 dürfen zwar keine Schalter vorhanden sein, in Warmwassergeräten eingebaute Schalter sind jedoch erlaubt.

9.4.2. Speicher

Diese Warmwassergeräte halten die eingestellte Temperatur (stufenlos oder in drei Stufen) konstant. Ein **Temperaturwächter** schaltet die Heizung selbsttätig aus und bei Abkühlung des Wassers auch wieder ein. Um den Energieverlust so gering wie möglich zu halten, haben diese Geräte eine **gute Wärmedämmung**.

Offene Speicher

Wie aus der Übersicht zu erkennen ist, gibt es zwei Arten von Speichern. Bei **offenen Geräten** ist im Warmwasserauslauf kein Ventil vorhanden. Zur Entleerung des Behälters muss kaltes Wasser zufließen, damit das warme Wasser oben ① herausgedrückt wird. Das Warmwasserventil befindet sich im Kaltwasser-Zulauf ② Der Warmwasserbehälter steht mit der Außenluft in Verbindung. Im Behälter herrscht kein Überdruck. Wir sprechen dann von **drucklosen Systemen**.

- Vor der Installation von Warmwasserbereitern mit hohen Anschlussleistungen muss das EVU eine Genehmigung erteilen.
- Warmwasserbereiter dürfen in den Schutzbereichen 1 und 2 von Badezimmern installiert werden. Die Zuleitung muss senkrecht oder von hinten geführt werden.
- Warmwasserspeicher halten das Wasser selbsttätig auf der eingestellten Temperatur.
- Warmwasserspeicher haben eine gute Wärmedämmung.

Zeit und Kosten / calculation of time and costs

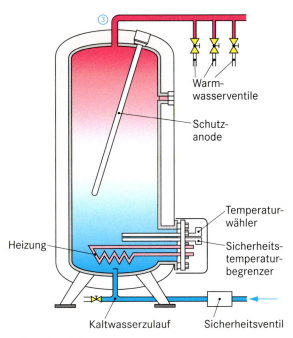

1: Standspeicher

Bei **geschlossenen Systemen** liegt das Warmwasserventil im Ablaufrohr des warmen Wassers. ③ Der Wasserbehälter steht also ständig unter Druck. Dadurch wird eine zentrale Warmwasserversorgung mit mehreren Zapfstellen begünstigt.

Da bei geschlossenen Warmwassergeräten das Warmwasserventil ständig unter Druck steht, ist für den Wasseranschluss eine Sicherheitsarmatur nach DIN 1988 vorgeschrieben.

Speicher werden in verschiedenen **Bauformen** hergestellt, z. B. als Untertischgeräte, Wandspeicher und Standspeicher. Die letzteren sind häufig **Zweikreis-Geräte**. Sie haben eine Grundheizung und eine zuschaltbare Heizung. Diese Zusatzheizung wird bei dem günstigen Niedrig-Tarif über Schaltuhr oder Rundsteuerempfänger eingeschaltet.

9.4.3 Boiler

Diese Warmwassergeräte unterscheiden sich im Aufbau kaum von Speichern. Deshalb wird auch oft der Ausdruck "Boiler" benutzt. Es gibt aber zwei wichtige Unterschiede.

Wie der Name vermuten lässt (engl. to boil = kochen), kann mit diesem Gerät das Wasser auf 100 °C erwärmt werden. Da der Kalkausfall (aus dem Leitungswasser) bei hohen Temperaturen groß ist, sollte das Wasser hier nur bis etwa 60 °C erwärmt werden.

Der zweite Unterschied ist aber wesentlicher. Im Gegensatz zu Speichern schalten bei Boilern die Heizwiderstände ab, aber **nicht automatisch wieder ein**, wenn das Wasser abkühlt. Sie müssen von Hand eingeschaltet werden.

Wo werden Boiler eingesetzt?

Das heiße Wasser ist zum sofortigen Verbrauch bestimmt, deshalb haben diese Geräte auch keine Wärmedämmung. Hieraus ergibt sich, dass Boiler nur für Einzelversorgung eingesetzt werden, z. B. in Großküchen.

Zeit und Kosten

Ein Kunde möchte sich einen 80 l-Speicher installieren lassen. Er will dazu die Zeit und die Kosten für ein Wannenbad wissen.

Der Elektroinstallateur legt zur Berechnung noch folgende Werte zu Grunde:

- Badewannen-Volumen $V = 150\ l$
- ⇒ Wassermenge $m_m = 150\ kg$
- Badetemperatur $\vartheta_m = 39\ °C$
- Kaltwasser-Temperatur $\vartheta_k = 12\ °C$
- Warmwasser-Temperatur $\vartheta_w = 65\ °C$
- Leistung des Speichers $P_{zu} = 6\ kW$
- Wirkungsgrad des Speichers $\eta = 95\%$
- ⇒ abgegebene Leistung $P_{ab} = 5{,}7\ kW$
- Energiepreis $p = 0{,}11\ €/kWh$

Warmwassermenge

$$m_m \cdot \vartheta_m = m_w \cdot \vartheta_w + m_k \cdot \vartheta_k \qquad m_k = m_m - m_w$$
$$m_m \cdot \vartheta_m = m_w \cdot \vartheta_w + m_m \cdot \vartheta_k - m_w \cdot \vartheta_k$$
$$m_m \cdot \vartheta_m - m_m \cdot \vartheta_k = m_w \cdot \vartheta_w - m_w \cdot \vartheta_k$$
$$m_w = \frac{m_m \cdot (\vartheta_m - \vartheta_k)}{\vartheta_w - \vartheta_k}$$
$$m_w = \frac{150\ kg \cdot (39\ °C - 12\ °C)}{65\ °C - 12\ °C}$$
$$\underline{m_w = 76{,}4\ kg}$$

Wärmemenge (Arbeit)

$Q = m_w \cdot c \cdot \delta_w$
$Q = 76{,}4\ kg \cdot 4{,}19\ kJ/kgK \cdot 65\ K$
$Q = 20\,800\ kJ \qquad W = 20\,800\ kWs \qquad \underline{W = 5{,}78\ kWh}$

Zeit

$W = P \cdot t \qquad t = \dfrac{W}{P} \qquad t = \dfrac{20\,800\ kWs}{5{,}7\ kW}$

$t = 3649\ s \qquad \underline{t = 1\ h\ 49\ s}$

Energiekosten

$K = W \cdot t \qquad K = 5{,}78\ kWh \cdot 0{,}18\ €/kWh$
$\underline{K = 1{,}04\ €}$

Die Aufheizzeit des Speichers ist etwas mehr als eine Stunde lang. Ein Wannenbad kostet 1,04 €.

- Boiler schalten bei Erreichen der Temperatur die Heizwiderstände ab. Sie schalten aber nicht wieder automatisch ein.
- Boiler sind wenig wärmegedämmt, weil das Wasser zum sofortigen Gebrauch bestimmt ist.

9.4.5 Durchlauferhitzer

Diese Geräte haben ein Blech- oder Kunststoffgehäuse. Es ist nicht wärmegedämmt, weil das Wasser zum sofortigen Gebrauch bestimmt ist. Eine **Steuereinheit** steuert die Heizwiderstände, die das Wasser beim Durchfließen erhitzen. Dabei läuft es an den Heizstäben vorbei oder durch sie hindurch.

Die beste Wärmeübertragung von der Heizung auf das Wasser wird durch **blanke Heizwiderstände** erreicht. Die elektrischen Leiter befinden sich dabei ohne jegliche Isolation im Wasser. Für Menschen besteht trotzdem keine Gefahr eines elektrischen Schlages. Der Weg bis zum Auslauf des Wassers ist relativ lang und das Wasser hat einen hohen Widerstand (etwa 1 kΩ/cm). Es ergibt sich dadurch ein hoher Spannungsfall, sodass keine unzulässig hohe Berührungsspannung entstehen kann.

Hydraulische gesteuerte Durchlauferhitzer

- Das **Warmwasserventil** wird geöffnet. Dadurch strömt Wasser durch den **Druckdifferenzschalter**.
- Die unterschiedlichen Querschnitte der Düse (Venturidüse) erzeugen in der oberen Kammer der Druckdifferenzdose einen Unterdruck, sowie in der unteren einen Überdruck.
- Die Membran bewegt sich mit dem Stößel nach oben und betätigt damit eine Sprungfeder. Der **Kontakt** schließt.
- Die **Heizwiderstände** werden eingeschaltet und heizen so lange, wie Wasser durch die Venturidüse fließt.

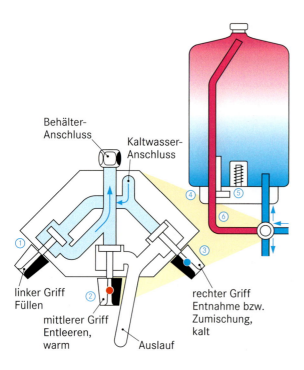

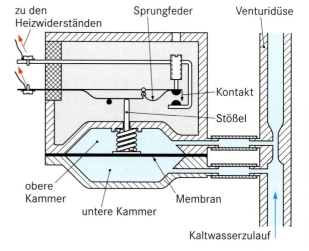

Natürlich hängt die einwandfreie Funktion dieser Geräte vom Wasserdruck ab. Die Hersteller schreiben daher bestimmte Mindestwerte vor.

Bei vielen hydraulischen Durchlauferhitzern kann der Benutzer die Leistung der Heizung verändern. Er reguliert damit grob die Auslauftemperatur bei voll geöffnetem Ventil.

9.4.4 Kochendwassergerät

Diese Geräte sind **Boiler** (bis 5 l). Sie werden an Steckdosen von Wechselstromkreisen (230 V) angeschlossen. Ihr Behälter besteht aus Kunststoff (u. U. mit Wasserstandsanzeige).

- Vor Gebrauch muss **erst Wasser** in den Behälter eingelassen werden. Daraus ergibt sich, dass die Wasserbatterie aus drei Ventilen bestehen muss:
  - Wasserzulauf ①,
  - Warmwasserablauf ② und
  - Kaltwasserablauf ③.
- Mit einem Schalter wird die **Heizung** ⑤ eingeschaltet. Aus dem Überlaufrohr ⑥ tritt während des Aufheizens Wasser aus, deshalb müssen diese Geräte über einem Spülbecken bzw. Ausguss installiert sein.
- Ist die Temperatur erreicht, schaltet der **Temperaturwählbegrenzer** ④ den Heizer aus. Dieses Betriebsmittel arbeitet auch als Trockengehschutz, d. h. die Heizwiderstände lassen sich ohne Wasser im Behälter nicht einschalten.

Bei **Geräten mit Fortkochstufe** schaltet die Heizung bei Erreichen von 100 °C nicht ab. Es ertönt ein Summer und eine Signalleuchte leuchtet.

- Kochendwassergeräte haben keine Wärmedämmung.
- Kochendwassergeräte sind Boiler.
- Kochendwassergeräte mit Fortkochstufe schalten bei 100 °C nicht ab, sondern signalisieren das Erreichen der Temperatur.

Elektronische Durchlauferhitzer / electronic controlled instant water heater

Thermisch geregelter Durchlaufspeicher

Sie haben einen wärmeisolierten Behälter mit einem kleinen Wasservorrat. Mit einem Regler kann die Auslauftemperatur gewählt werden. Wird die eingestellte Temperatur unterschritten – entweder durch Abkühlung oder durch zufließendes kaltes Wasser – schaltet sich die Heizung ein. Diese Geräte können also unabhängig vom Wasserdruck eingesetzt werden.

Elektronisch geregelter Durchlauferhitzer

Die Heizwiderstände dieses Gerätes werden mit Hilfe eines Mikroprozessors geregelt. Die elektronische Schaltung verarbeitet dabei die
- Zulauftemperatur des kalten Wassers,
- zulaufende Wassermenge sowie
- gewünschte Temperatur des warmen Wassers.

Die Grundheizung und eine Zusatzheizung werden gesteuert. Hierbei kommt es besonders auf eine rasche Änderung der Wärmezufuhr an.

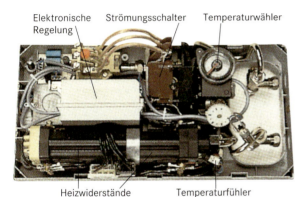

Anwendung und Anschluss

Durchlauferhitzer mit einer **Bemessungsleistung bis zu 10 kW** sind für die Versorgung einzelner bzw. nahe beieinander liegender Zapfstellen gedacht. Sie werden mit eigenen Stromkreisen an 230 V oder 400 V (zwei Phasen) angeschlossen.

Geräte mit **Bemessungsleistungen > 10 kW** werden an Drehstrom angeschlossen. Die Installation dieser Geräte muss vom betreffende EVU genehmigt werden. Die genauen Vorschriften sind den entsprechenden TAB zu entnehmen.

> - Durchlauferhitzer erwärmen das Wasser beim Durchströmen, sie haben deshalb große Bemessungsleistungen.
> - Bei Durchlauferhitzern werden die Heizungen durch das Öffnen des Warmwasserventils eingeschaltet. Sie werden hydraulich, thermisch oder elektronisch geregelt.
> - Durchlauferhitzer haben kaum Wärmedämmung.

Kosten mit Durchlauferhitzer

Ein Kunde möchte seine Badewanne mit Hilfe eines Durchlauferhitzers (21 kW) füllen. Er will die Kosten und die Zeit dafür wissen.

Für diese Aufgabe werden die Angaben vom Berechnungsbeispiel auf Seite 221 zu Grunde gelegt.

Durchflussvolumen

- Ablesen aus dem Diagramm

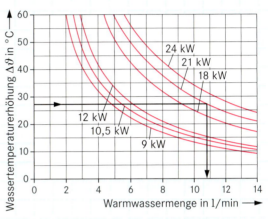

Durchflussvolumen V_D = 10,8 l/min

- Das Durchflussvolumen (umgangssprachlich: Durchflussmenge) lässt sich auch mit Hilfe folgender Faustformel berechnen, wobei die Einheiten unberücksichtigt bleiben.

$V_D = \dfrac{P}{2};$ $V_D = \dfrac{21}{2} \triangleq 10,5 \text{ l/min}$

Zeit

$t = \dfrac{m_m}{V_D}$ $t = \dfrac{150 \text{ l}}{10,8 \frac{1}{\min}}$

$t = 13,9 \text{ min}$ $\underline{t = 13 \text{ min } 53 \text{ s}}$

Arbeit

$W = P \cdot t$ $W = \dfrac{21 \text{ kW} \cdot 13,9 \text{ min}}{60 \text{ min/h}}$

$\underline{W = 4,86 \text{ kWh}}$

Arbeitskosten

$K = W \cdot p$ $K = 4,86 \text{ kWh} \cdot 0,18 \text{ €/kWh}$

$\underline{K = 0,88 \text{ €}}$

Für das Füllen der Badewanne werden knapp 14 Minuten benötigt. Die Energiekosten betragen 0,88 €.

	Durchlauferhitzer	Speicher drucklos	Speicher druckfest	Kochendwassergerät	Boiler
Wärmedämmung	kaum	sehr groß		kaum	kaum
Arten	hydraulisch, thermisch (Durchlaufspeicher), elektronisch	Untertischspeicher, Wandspeicher	Standspeicher		
Inhalt	bis 0,5 l Durchlaufspeicher 10 l bis 100 l	Untertischsp.: 5 l bis 15 l Wandspeicher: 30 l bis 150 l	200 l bis 1000 l		15 l, 80 l
Armaturen	Mischbatterien mit 2 Ventilen	Mischbatterien mit 2 Ventilen Sicherheitsarmatur		Mischbatterien mit 2 Ventilen und Wasserzulauf	2 Ventile und Wasserzulauf
Leistungen	18 kW, 21 kW, 24 kW	2 kW, 4 kW, 6 kW	9 kW, 18 kW	2 kW	4 kW, 6 kW
Temperaturen	bis 85 °C	35, 65, 85 °C / bis 85 °C		bis 100 °C	bis 85 °C
warmes Wasser	ständig unbegrenzte Menge	ständig begrenzte Menge		nach Einschalten begrenzte Menge	nach Einschalten begrenzte Menge
Funktionen	1. Warmwasserventil schaltet Heizwiderstände ein. 2. Wasser fließt an Heizwiderständen vorbei und wird erwärmt. 3. Heizwiderstände werden hydraulisch, thermisch oder elektronisch geregelt.	1. Thermostat schaltet Heizwiderstände ein. 2. Wasser im Behälter wird erwärmt. 3. Wasser erreicht eingestellte Temperatur. 4. Thermostat schaltet ab. 5. Temperatur sinkt. 6. Thermostat schaltet wieder ein.		1. Wasser wird eingelassen. 2. Heizwiderstände werden eingeschaltet. 3. Wasser im Behälter erwärmt sich. 4. Thermostat schaltet ab. 5. Wasser wird abgelassen.	
Einsatzbereich	Einzelzapfstellen	Einzelzapfstellen	Zentrale Versorgung	Einzelzapfstellen	

Aufgaben

1. Beschreiben Sie den Aufbau eines offenen Speichers!

2. Nennen Sie Gemeinsamkeiten und Unterschiede von Speichern und Boilern!

3. Begründen Sie, warum sich druckfeste Geräte für eine zentrale Warmwasserversorgung eignen!

4. Berechnen Sie die Zeit, die ein 50 l-Speicher mit 4 kW benötigt, um das Wasser von 10°C auf 60°C zu erhitzen!

5. Ein Kunde benötigt für sein Badezimmer mit Badewanne ein Warmwassergerät. Es handelt sich um einen Ein-Personen-Haushalt.
a) Schlagen Sie ihm ein entsprechendes Gerät vor!
b) Begründen Sie Ihre Auswahl!

6. Nennen Sie die Funktionen der drei Ventile eines Kochendwassergerätes!

7. Warum wird ein Kochendwassergerät nicht zerstört, wenn das Wasser bei der Fortkochstufe vollständig verdampft?

8. Beschreiben Sie die Arbeitsweise eines hydraulisch gesteuerten Durchlauferhitzers!

9. Was müssen Sie tun, um bei einem hydraulisch gesteuerten Durchlauferhitzer sehr heißes Wasser zu erhalten? (Begründung!)

10. Sie sollen einen Durchlauferhitzer mit 21 kW installieren. Worauf müssen Sie achten?

11. Stellen Sie an Hand des Diagramms auf Seite 223 fest, ob eine Verdopplung der Bemessungsleistung eines Durchlauferhitzers auch eine Verdopplung der Durchflussmenge zur Folge hat!

12. Ein Wohnhaus mit Keller und zwei Wohnetagen soll mit einer elektrischen Warmwasserversorgung ausgestattet werden.
Machen Sie dazu Vorschläge und begründen Sie diese! Gehen Sie von folgenden Voraussetzungen aus:
– vier Personen – vier Zimmer
– zwei Badezimmer – eine Küche
– ein Hauswirtschaftsraum – eine Garage
– ein Hobbyraum

9.5 Heizung

9.5.1 Direktheizgeräte

Soll ein Raum sofort erwärmt werden, verwendet man Direktheizgeräte. Sie müssen schnell große Wärmemengen erzeugen und haben deshalb große **Bemessungsleistungen**. Direktheizgeräte werden vorwiegend am Tage benutzt. Da zu dieser Zeit der Arbeitspreis der elektrischen Energie hoch ist, ist der Einsatz solcher Geräte teuer.

Infrarotstrahler bestehen aus Quarzstäben. Sie geben ihre Wärme überwiegend als Strahlung ab. Feste Körper (z. B. Wände, Menschen) werden dadurch erwärmt, nicht aber die umgebende Luft. Sie können deshalb auch im Freien (z. B. für Terrassen) benutzt werden. Infrarotstrahler werden fest angeschlossen und sollen mindestens 1,80 m hoch über dem Fußboden angebracht werden.
Bemessungsleistung: bis 2 kW

Ölradiatoren haben eine elektrische Heizung in einem Ölbehälter. Dieser ist lamellenartig ausgebildet.

Die Geräte werden über bewegliche Anschlussleitungen ohne besonderen Wärmeschutz (z. B. H05VV-F) angeschlossen.
Bemessungsleistung: bis 3 kW

In **Konvektoren** erwärmt eine elektrische Heizung die Luft. Diese steigt nach oben und tritt durch Schlitze in den Raum. Solche Heizgeräte können fest installiert oder über bewegliche Leitungen angeschlossen sein. Es gibt sie auch in mobiler Bauart. Die Konvektoren haben häufig mehrere Heizstufen und einen Ventilator.
Bemessungsleistung: bis 3 kW

Deckenstrahlungs- und **Fußbodendirektheizung** heizen durch Strahlung. Dazu wird die Deckenheizung gar nicht und die Fußbodenheizung nur wenig abgedeckt. Für diese Heizungen sind Regeleinrichtungen notwendig.

Der Vorteil beider Heizsysteme ist die **gleichmäßige Wärmeverteilung**. Nachteilig ist aber, dass sie als einzige Heizquelle nicht ausreichen. Eine Zusatzheizung ist erforderlich.

9.5.2 Speicherheizungen

Der besondere Vorteil von Speicherheizungen ist, dass zum Erwärmen des Speichermaterials (**Laden**) kostengünstige Energie während der Nachtzeit verwendet werden kann. Am Tage wird dann die Wärme aus dem Speicher in den Raum abgestrahlt.

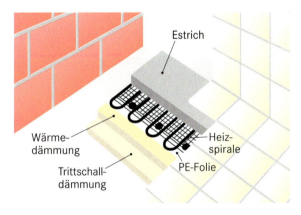

Fußbodenspeicherheizung

Die Heizleiter liegen im Gegensatz zur Fußbodendirektheizung tiefer. Der Estrich wird als Speichermaterial benutzt. Er muss dazu zwischen 8 cm und 12 cm dick sein.

Die Wärmeabgabe (**Entladen**) erfolgt bei diesem Heizungssystem ungeregelt. Bei jeder Fußbodenheizung muss also eine Zusatzheizung vorhanden sein, entweder als Direktheizung oder als besondere Randzonenheizung. Um die Räume nicht zu überheizen, wird die Fußbodenheizung für etwa 80% bis 90% des Wärmebedarfs ausgelegt.

Nachtspeicherheizung

Die Speicherheizgeräte bestehen im Wesentlichen aus dem **Speicherkern** (hohe Wärmekapazität) und einer sehr guten Wärmeisolation. Diese enthält bei älteren Geräten asbesthaltiges Material. Aus diesem Grund müssen sie nach dem Ausbau von Spezialfirmen entsorgt werden.

Zum Schutz gegen Überhitzen sind **Temperaturbegrenzer** eingebaut. Einige Speicherheizgeräte haben eine Direktheizung, die tagsüber zusätzlich eingeschaltet werden kann.

Nachtspeicherheizung / night storage heating

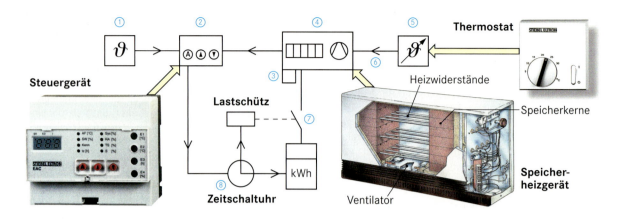

Die **Speicherkerne** werden in der Zeit mit Niedrigtarif (NT) erwärmt (Laden). Dazu ist eine Regelung erforderlich. Welche wesentlichen Abhängigkeiten dabei verarbeitet werden müssen zeigt Abb.1.

Das **Steuergerät** ② verarbeitet dabei
- Außentemperatur (Temperaturfühler) ①,
- örtliche Gegebenheiten (z. B. geograf. Lage),
- Heizgewohnheiten der Nutzer sowie
- Restwärme des Speicherkerns ③.

Aus diesen Werten wird die notwendige Wärmemenge und damit die Heizzeit berechnet. Das **Lastschütz** ⑦ schaltet entsprechend die Heizwiderstände ④ ein. Das Umschalten auf den Niedrigtarif geschieht dabei entweder mit einem Rundsteuerrelais vom VNB oder einer Schaltuhr ⑧.

Zur Wärmeabgabe (Entladen) wird ein Ventilator ⑥ eingeschaltet, der die Raumluft durch den Speicherkern führt. Sie erwärmt sich und gelangt durch Luftschlitze zurück in den Raum. Diese Entladung wird durch Raumthermostate ⑤ gesteuert.

Berechnung und Aufstellung von Speicherheizgeräten

Die Bemessungsleistung wird nach DIN 44 572-4 berechnet. Für eine Überschlagsrechnung kann mit einer Leistung von 1kW für 3 m² bis 8 m² (je nach Wärmeschutz) gerechnet werden (HEA-Broschüre „Anwendungsverfahren zur DIN 44 572-4").

- Ortsfeste Heizgeräte dürfen nur mit Zustimmung des VNB installiert werden.
- Die Speicherheizgeräte sollen an der **kältesten Stelle** des Raumes aufgestellt werden.
- Der **Abstand** zur Wand muss mindestens 4 cm betragen, bei Holzwänden und Möbeln 10 cm.
- Bei einer Masse über 250 kg wird eine statische **Berechnung** für den Aufstellungsort durchgeführt.
- Die Speicherheizgeräte müssen mit flexiblen, **wärmebeständigen Leitungen** (z. B. H05RR-F) angeschlossen werden.
- Die Raumthermostate dürfen nicht in der Nähe von Speicherheizgeräten angebracht werden.

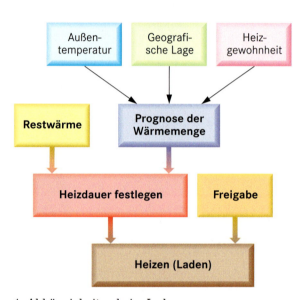

1: Abhängigkeiten beim Laden

- Direktheizgeräte erzeugen Wärme zum unmittelbaren Heizen.
- In Speicherheizgeräten erwärmt sich das Speichermaterial bei niedrigem Arbeitstarif.
- Die Räume werden durch erzwungene Luftbewegung (Lüfter in Speicherheizgeräten) geheizt.

Aufgaben

1. Welche wesentlichen Teile enthält ein Speicherheizgerät?

2. Geben Sie an, wovon die Ladezeit der Speicherheizgeräte abhängt!

3. Beschreiben Sie mit Hilfe einer Wirkungskette das „Laden" der Speicherkerne!

4. Was muss beim Aufstellen bzw. Installieren von Speicherheizgeräten beachtet werden?

Systematische Fehlersuche / systematic fault locating

9.6 Reparaturen

9.6.1 Fehler feststellen

Jeder Elektroinstallateur hat zur Fehlerermittlung aus seiner Erfahrung eine eigene „Strategie" entwickelt. Er hat sie so häufig angewendet, dass er automatisch danach verfährt. Dies gilt besonders für den Servicetechniker. Wir wollen hier die grundsätzliche Vorgehensweise aufzeigen.

Wir stellen die Fehlerfeststellung in drei Schritten dar:

Vorprüfung durchführen
⇓
Inbetriebnahme versuchen
⇓
Fehler systematisch suchen

Vorprüfung

Der Kunde beschreibt die **Fehlfunktion**. Die Elektrofachkraft stellt gezielt Fragen, um die Umstände heraus zu finden, die zum Fehler geführt haben bzw. führen werden.

Der Elektroinstallateur wird dann eine erste **Sichtkontrolle** vornehmen, möglichst in Gegenwart des Kunden. Hierbei werden besonders die Stellen untersucht, die als „Schwachstellen" bekannt sind.

Inbetriebnahme versuchen

Bevor das Betriebsmittel in Betrieb genommen wird, müssen folgende Voraussetzungen erfüllt sein.
- Es müssen die nach Bedienungsanleitung vorgeschriebenen Maßnahmen durchgeführt werden, z. B. Transportverriegelungen lösen.
- Die **Schutzeinrichtungen**, z. B. auch Feinsicherungen im Gerät, müssen vorhanden und **funktionsfähig** sein.
- Im Fehlerfall darf **kein gefährlicher Körperstrom** fließen können, z. B. RCD benutzen.
- Auch durch mechanische Teile des Gerätes, z. B. Bohrer, dürfen im Betrieb **keine Gefährdungen** eintreten.
- Das Betriebsmittel wird an Spannung gelegt und eingeschaltet.
- Die Funktion wird **überwacht. Fehlfunktionen** werden **notiert**. Sehr oft geben ungewöhnliche Geräusche Hinweise auf den Fehler.

Wichtig ist, dass das Gerät sofort abgeschaltet werden kann, wenn der Fehler Menschen oder Geräten gefährlich werden kann.

Fehler systematisch suchen

Sollten die geschilderten Versuche nicht zum Erfolg führen, muss der Fehler systematisch gesucht werden. Hierfür gibt es zwei Möglichkeiten.

Zum Einen kann die **Checkliste** des Herstellers benutzt werden, die häufig mit Hilfe von sog. „Wenn-Dann-Abhängigkeiten" zum fehlerhaften Bauteil führt.

Eine andere Möglichkeit ist die **Teilsystem-Methode**. Hierbei wird das Betriebsmittel in mehrere Funktionseinheiten unterteilt. Diese werden dann nacheinander überprüft. Hierbei kann vorwärts (d. h. in Stromflussrichtung) oder auch rückwärts vorgegangen werden.

Man legt dabei an den Eingang des Teilsystems das richtige Eingangssignal und vergleicht das Ausgangssignal mit dem geforderten Wert. Stimmen die Werte überein, ist das überprüfte Teilsystem in Ordnung. Dann wird das nachfolgende Teilsystem kontrolliert. Wenn das Ausgangssignal nicht stimmt, muss das betreffende Teilsystem näher untersucht werden.

Beispiel: Stehlampe (vgl. Kap. 1)

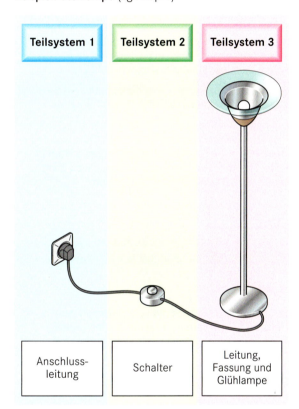

Wir beginnen mit der Anschlussleitung (Teilsystem 1). Durch Einstecken des Steckers ① in eine Steckdose wird an den Eingang die Spannung gelegt (**Eingangssignal**). Am Ende, also an den Klemmen des Schalters ②, wird die Spannung (Ausgangssignal) gemessen.

Ist die Spannung vorhanden, wird das nächste Teilsystem (hier: Schalter) kontrolliert. Dabei wird natürlich die Funktion des Schalters geprüft.

Bei der Gliederung in Teilsysteme sind die Abhängigkeiten der Bauteile und Einflussgrößen zu einander wichtig (vgl. Kapitel 9.3.2 und 9.3.3).

Messen nach Reparatur / measuring after repair

9.6.2 Prüfen

Sind Geräte instand gesetzt oder geändert worden, muss eine Prüfung nach DIN VDE 0701-0702 durchgeführt werden.

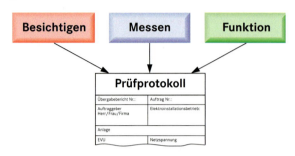

Besichtigen

Es wird überprüft, ob
- äußerliche Beschädigungen feststellbar sind,
- die Leiter richtig angeschlossen sind und
- alle Klemmen richtig fest geschraubt sind.

Besonderes Augenmerk wird dabei auf den Anschluss des **Schutzleiters** gelegt.

Die **Zugentlastung** und die Einführung in die Gehäuse müssen besonders überprüft werden. Dort und beim Überprüfen von Klemmen und Leitungen sollten die Leiter etwas bewegt werden. Es lassen sich dadurch eventuelle „Wackelkontakte" erkennen.

Messen

Es sind drei Messungen durchzuführen, nämlich
- Durchgangswiderstand des Schutzleiters,
- Isolationswiderstand des Gerätes und
- Berührungsstrom.

Der **Schutzleiterwiderstand** wird zwischen dem Gehäuse ① und dem Schutzkontakt des Gerätesteckers ② gemessen (Abb.1). Bei Geräten mit Anschlussleitungen bis 5 m darf er 0,3 Ω betragen, für jede weitere 7,5 m dürfen noch 0,1 Ω hinzu kommen. Insgesamt ist nur ein Wert von 1 Ω erlaubt.

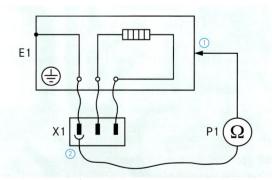

1: Messen des Schutzleiterwiderstandes

Treten beim Bewegen des Schutzleiters Widerstandsänderungen auf, dann ist der Leiter beschädigt oder nicht einwandfrei angeschlossen.

Sollte der **Schutzkontakt** nicht zugänglich sein, wird der Schutzkontakt einer Steckdose benutzt.

Vor der Messung müssen die Sicherungen entfernt werden. Außerdem muss der Neutralleiter vom Gerätesternpunkt abgeklemmt sein.

Isolationswiderstand

Der Isolationswiderstand wird gemessen, damit Ströme zwischen stromführenden Leitern und dem Schutzleiter verhindert werden (vgl. Kap. 7.10).

Dieser Widerstand wird zwischen unterschiedlichen Teilen des Betriebsmittels gemessen (Abb. 2).

Je nach Schutzklasse des Gerätes müssen unterschiedliche Mindestwerte eingehalten werden.

Schutzklasse	Gerät mit Heizelement	Isolationswiderstand
I	ja	0,3 MΩ
I	nein	1 MΩ
II		2 MΩ
III		0,25 MΩ

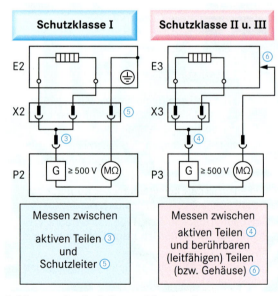

2: Messen des Isolationswiderstandes

Hinweis für Geräte mit Heizelement

Wenn der Sollwert von 0,3 MΩ nicht eingehalten werden kann, ist der Schutzleiterstrom zu messen.

Grenzwerte des Schutzleiterstroms	
Heizleistung	Stromstärke
≤ 3,5 kW	3,5 mA
> 3,5 kW	1 mA/kW

Ableitstrom / leakage current

Berührungsstrom

Dieser Strom ist zwischen berührbaren Teilen und der Erde zu messen, wobei das Gerät an Netzspannung angeschlossen ist. Die Stromstärke darf nicht größer als 0,5 mA sein.

Ersatzableiterstrom

Alternativ zur Messung des Schutzleiter- und des Berührungsstromes kann der Ersatzableitstrom gemessen werden (Abb.3). Er hat die gleichen Höchstwerte wie der Schutzleiterstrom.

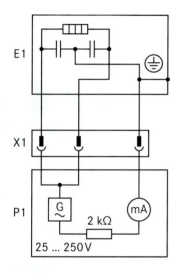

3: Messung des Ersatzableitstromes (Gerät der Schutzklasse I)

- Die systematische Fehlersuche kann mit Hilfe der Hersteller-Checkliste oder nach der Teilsystem-Methode durchgeführt werden.
- Bei der systematischen Fehlersuche nach der Teilsystem-Methode wird das Betriebsmittel abschnittsweise untersucht.
- Instand gesetzte Geräte müssen nach DIN VDE 0701-0702 überprüft werden.
- Die Prüfung nach DIN VDE 0701-0702 umfasst das Besichtigen und Messen sowie die Funktionsprüfung.
- Durch Messen instand gesetzter Betriebsmittel wird der Durchgangswiderstand des Schutzleiters, der Isolationswiderstand des Gerätes und der Berührungsstrom überprüft.
- Bei Betriebsmitteln der Schutzklasse I mit Heizwiderständen wird der Schutzleiterstrom überprüft.

Aufgaben

1. Beschreiben Sie für den folgenden Fall das Vorgehen nach der Teilsystem-Methode!
Ein Kunde bringt eine Doppelkochplatte und gibt an, dass eine Platte nicht heiß wird.

2. Nennen Sie drei Voraussetzungen, die vor der versuchten Inbetriebnahme erfüllt sein müssen!

3. Aus welchen Teilen besteht die Prüfung instand gesetzter Geräte?

4. Welche Widerstände werden bei der Prüfung instand gesetzter Betriebsmittel gemessen?

5. Warum soll der Schutzleiterwiderstand sehr klein sein?

6. Welche Besonderheiten gelten beim Prüfen instand gesetzter Geräte der Schutzklasse I mit Heizwiderständen?

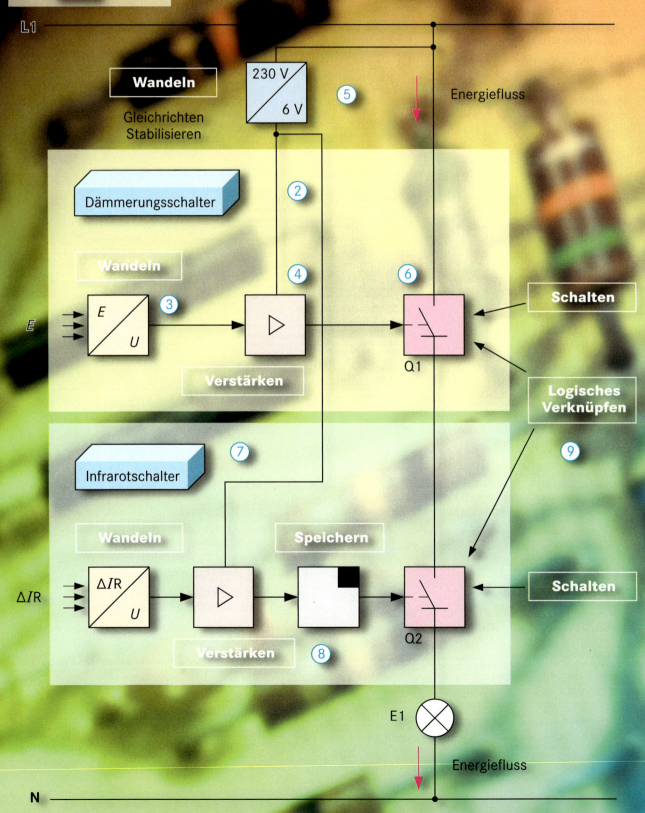

10 Elektronik

10.1 Elektronische Bauelemente und Schaltungen

Elektronische Bauelemente bzw. Schaltungen werden für unterschiedliche Aufgaben verwendet. Als Beispiel soll hier der **Bewegungsmelder** dienen. In einem kleinen Gehäuse sind viele Bauelemente (Abb. 1) mit verschiedenen Funktionen (vgl. S. 230) untergebracht. Er liegt in Reihe mit der Lampe E1 zwischen L1 und N ①.

Der Bewegungsmelder soll erst ab einer bestimmten Mindesthelligkeit die Lampe E1 einschalten können. Im Melder befindet sich deshalb dafür ein **Dämmerungsschalter** ②.

Die Helligkeit wird durch einen Sensor erfasst. Er **wandelt** die Beleuchtungsstärke E in eine elektrische Spannung U um ③. Mit dieser Größe wird der elektronische Schalter Q1 im Stromkreis für die Lampe E1 betätigt. Da das Ausgangssignal des Wandlers gering ist, muss es in einer elektronischen Schaltung **verstärkt** werden ④.

Elektronische Verstärker benötigen als Betriebsspannung eine niedrige Gleichspannung. Die Wechselspannung von 230 V wird deshalb in eine Gleichspannung von 6 V umgewandelt ⑤. Sie wird also **herabgesetzt** (transformiert), **gleichgerichtet** und **stabilisiert**.

Mit dem verstärkten Ausgangssignal wird ein elektronischer Schalter Q1 angesteuert ⑥. Je nach Steuersignal wird der Energiefluss zur Lampe geschaltet (Ventilverhalten).

- $E \downarrow \Rightarrow U \uparrow \Rightarrow$ Verstärkung $\Rightarrow$ Q1 schaltet

Der Bewegungsmelder soll erst dann die Lampe E1 einschalten, wenn sich die Infrarotstrahlung durch Wärmequellen (Menschen, Autos usw.) in seinem Erfassungsbereich ändert (ΔIR). Erreicht wird dieses durch den **Infrarotschalter** ⑦.

Die Änderung der Infrarotstrahlung wird zunächst von einem Sensor in eine Spannung umgewandelt und anschließend verstärkt.

Da auch bei kurzzeitigen Änderungen der Infrarotstrahlung die Lampe E1 eine gewisse Zeit lang eingeschaltet bleiben soll, muss das Ausgangssignal **gespeichert** werden ⑧. Erst danach gelangt das Signal zum zweiten elektronischen Schalter Q2.

- ΔIR vorhanden $\Rightarrow U \uparrow \Rightarrow$ Speicherung
  $\Rightarrow$ S2 schaltet

Die beiden elektronischen Schalter Q1 und Q2 liegen in Reihe. Ein Stromfluss durch die Lampe E1 ist erst dann möglich, wenn beide Schalter geschlossen sind.

1: Aufbau eines Bewegungsmelders

Diese Reihenschaltung ist also eine logische **UND-Verknüpfung** ⑨ (vgl. Kap. 13.2.1).

Die Lampe E1 leuchtet also nur dann, wenn die elektronischen Schalter des Dämmerungsschalters **und** des Infrarotschalters geschlossen sind.

Wenn man das Gehäuse eines Bewegungsmelders öffnet, sind verschiedenartige Bauteile (Abb. 1) erkennbar. Viele der hier beschriebenen Funktionen lassen sich nicht einzelnen Bauelementen zuordnen. Einzelne Bauelemente sind außerdem zu Einheiten zusammengefügt (**integriert**) und befinden sich in vergossenen Kunststoffkapseln.

Mit elektronischen Bauelementen bzw. Schaltungen lassen sich

- physikalische Größen in elektrische Größen umwandeln,
- elektrische Größen (z. B. Ströme) schalten,
- Wechselspannungen gleichrichten,
- elektrische Größen (z. B. Spannungen) stabilisieren,
- elektrische Signale verstärken,
- elektrische Informationen logisch verknüpfen und
- speichern.

Aufgaben

1. Ermitteln Sie für die Abbildung auf S. 230 die Anzahl der Wandler und Verstärker! Beschreiben Sie deren Funktion!

2. Nennen Sie weitere Beispiele aus der Elektrotechnik bzw. Elektronik für den Einsatz von
a) Verstärkern,
b) Wandlern,
c) Gleichrichtern,
d) elektronischen Schaltern und
e) logischen Verknüpfungen.

10.2 Widerstände

10.2.1 Widerstand als Bauteil

In der elektronischen Schaltung (Abb. 1) sind Festwiderstände erkennbar. Sie werden für die Funktion der Halbleiterbauelemente benötigt, wie z. B. zur Spannungsanpassung, Kopplung oder Einstellung.

Folgende **Kenngrößen** sind für den Einsatz von Widerständen wichtig:

Der Bemessungswert kann gekennzeichnet sein durch:
- Direkt aufgedruckte Werte, z. B. 820 Ω
- Zahlen und Buchstaben:

Beispiele für Zahlen und Buchstaben			
Kennzeichnung	Wert	Kennzeichnung	Wert
R33	0,33 Ω	33K	33 kΩ
3R3	3,3 Ω	330K	330 kΩ
33R	33 Ω	M33	0,33 MΩ
330R	330 Ω	3M3	3,3 MΩ
K33	0,33 kΩ	33M	33 MΩ
3K3	3,3 kΩ	330M	330 MΩ

- Farbcode (Farbringe):

Beispiel:

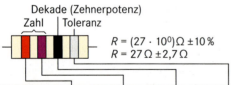

$R = (27 \cdot 10^0) \, \Omega \pm 10\%$
$R = 27 \, \Omega \pm 2{,}7 \, \Omega$

Kennfarbe		Widerstandswert in Ω			Toleranz
		1. Kennziffer	2. Kennziffer	3. Kennziffer	
keine		–	–	–	± 20 %
silber		–	–	10^{-2}	± 10 %
gold		–	–	10^{-1}	± 5 %
schwarz		–	0	$10^0 = 1$	–
braun		1	1	10^1	± 1 %
rot		2	2	10^2	± 2 %
orange		3	3	10^3	–
gelb		4	4	10^4	–
grün		5	5	10^5	± 0,5 %
blau		6	6	10^6	–
violett		7	7	10^7	–
grau		8	8	10^8	–
weiß		9	9	10^9	–

1: Widerstände in einer elektronischen Schaltung

Aus wirtschaftlichen Gründen ist es nicht sinnvoll, Widerstände mit jedem Wert herzustellen. Es werden deshalb Abstufungen entsprechend der **IEC-Normenreihe** vorgenommen.

E6: 6 Teile = 6 Widerstände pro Dekade
E12: 12 Teile = 12 Widerstände pro Dekade
E24: 24 Teile = 24 Widerstände pro Dekade

3 Dekaden:

Die **Toleranzen** für die Werte in den Normreihen sind so ausgewählt worden, dass sich eine Überlappung benachbarter Werte ergibt (**Toleranzfelder**, Abb. 2).

Beispiel für Widerstände der E6-Reihe:
- Ein Nennwert von $R = 1{,}0 \, \Omega$ bedeutet:
  Der Wert liegt zwischen 0,8 Ω und 1,2 Ω ①.
- Ein Nennwert von $R = 4{,}7 \, \Omega$ bedeutet:
  Der Wert liegt zwischen 3,76 Ω und 5,64 Ω ②.

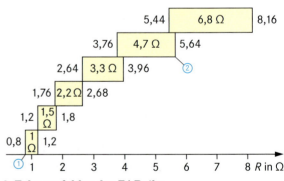

2: Toleranzfelder der E6-Reihe

IEC Reihe			
E6 +/− 20 %	Beispiel	E12 +/− 10 %	E24 +/− 5 %
1,0	1,0 kΩ	1,0 1,2	1,0 1,1 1,2 1,3
1,5	1,5 kΩ	1,5 1,8	1,5 1,6 1,8 2,0
2,2	2,2 kΩ	2,2 2,7	2,2 2,4 2,7 3,0
3,3	3,3 kΩ	3,3 3,9	3,3 3,6 3,9 4,3
4,7	4,7 kΩ	4,7 5,6	4,7 5,1 5,6 6,2
6,8	6,8 kΩ	6,8 8,2	6,8 7,5 8,2 9,1

Bauformen von Widerständen / types of resistors

Die **Belastbarkeit** von Widerständen wird in Watt angegeben und hängt im Wesentlichen vom Aufbau ab.
Beispiele: 100 mW; 0,1 W; 0,25 W; 1 W

Wird die Belastbarkeit überschritten, kann die Erwärmung zu einer Veränderung des Wertes führen. Das Bauteil kann aber auch zerstört werden.

Drahtwiderstände

Drahtwiderstände werden aus isolierten oder oxidierten Widerstandsdrähten hergestellt. Sie sind oft auf Keramikkörper aufgewickelt und können an der Oberfläche
- lackiert,
- glasiert oder
- zementiert sein.

Drahtwiderstände werden in der Regel für hohe Belastungen eingesetzt. Die Oberflächentemperatur kann bei glasierten Drahtwiderständen bis zu 450 °C betragen.

Kohleschicht-Widerstände

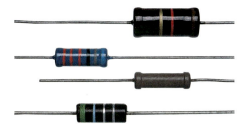

Bei Kohleschicht-Widerständen befindet sich auf einem Keramikkörper eine Kohleschicht von 0,001 µm bis 10 µm Dicke. Durch Einschleifen einer Wendel wird der gewünschte Bemessungswert (Baugrößen bis 10 MΩ) hergestellt. Die Kohleschicht ist mit einem Kunstharz überzogen.

Der Widerstand von Kohleschicht-Widerständen verringert sich mit zunehmender Temperatur. Kohleschicht-Widerstände können bis etwa 150 °C eingesetzt werden.

Bei **Metallschicht-Widerständen** werden auf einem Keramikkörper Metallschichten oder Metallpasten aufgetragen. Diese werden bei erhöhter Temperatur eingebrannt und dann mit einer Kunstharzschicht überzogen. Sie können bis zu einer Temperatur von etwa 250 °C eingesetzt werden. Im Gegensatz zum Kohleschicht-Widerstand vergrößert sich der Wert mit zunehmender Temperatur.

Potenziometer

Veränderbarer Widerstand Trimmpotenziometer Potenziometer

Neben Festwiderständen werden einstellbare Widerstände (Potenziometer) verwendet. Ein Schleifer bewegt sich über die Drahtwicklung oder über die Kohleschicht. Die Einstellung kann kontinuierlich oder in Stufen geschehen.

- Widerstände sind durch Bemessungswert, Toleranz und Belastbarkeit gekennzeichnet.
- Festwiderstände werden als Drahtwiderstände oder Schichtwiderstände (Kohleschicht oder Metallschicht) hergestellt.
- Einstellbare Widerstände (Potenziometer) werden zur Einstellung bzw. Anpassung von Stromstärke, Spannung usw. verwendet.

Aufgaben

1. Welche Farbring-Reihenfolge trägt ein Schichtwiderstand von 68 Ω (E6, E12 und E24)?

2. Zwischen welchen Grenzwerten kann ein Widerstand mit folgender Farbkennzeichnung liegen:
a) grau, rot, orange, silber
b) gelb, violett, rot, braun
c) rot, rot, schwarz

3. Ermitteln Sie für jeden Widerstand der E12-Reihe den oberen und unteren Toleranzwert!

4. Geben Sie die Widerstände an, die in der E6-Reihe in der Dekade von 10 Ω bis 100 Ω liegen?

5. Ein Widerstand besitzt die Kennzeichnung 1K3. Ermitteln Sie die Toleranzgrenzen!

6. Wovon hängt der Widerstandswert eines Kohleschicht-Widerstandes ab?

7. Begründen Sie, weshalb bei einem Drahtpotenziometer im Gegensatz zu einem Kohleschicht-Potenziometer nicht beliebige Zwischenwerte eingestellt werden können!

10.2.2 Widerstand und Temperatur

Aus Erfahrung wissen wir, dass der metallische Leiter (Wolframfaden) einer Glühlampe häufig im Einschaltmoment durchbrennt. Im „kalten" und „warmen" Zustand muss demnach die Lampe ein unterschiedliches elektrisches Verhalten zeigen. Da in beiden Fällen die Spannung von 230 V anliegt, müssen unterschiedlich große Ströme aufgrund unterschiedlicher Lampenwiderstände geflossen sein. Wir vermuten, dass die Temperatur des Metallfadens hierfür die Ursache ist und untersuchen deshalb den Zusammenhang zwischen dem Widerstand und der Temperatur bei einem metallischen Leiter.

Es wäre möglich, über eine externe Wärmequelle die Temperatur eines metallischen Leiters zu erhöhen und die Temperatur zu messen. Allerdings ist eine exakte Temperaturmessung sehr aufwändig. Deshalb soll bei einer 100 W Glühlampe durch Spannungserhöhung und damit Erhöhung der Stromstärke die Temperatur des Metallfadens vergrößert werden.

Zielsetzung
Der Temperatureinfluss auf den metallischen Leiter einer 100 W Glühlampe soll indirekt ermittelt werden.

Planung
Spannung in Stufen erhöhen, Stromstärke messen und Widerstand berechnen.

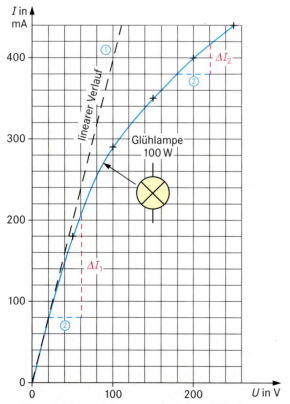

1: Stromstärke und Spannung bei einer Glühlampe

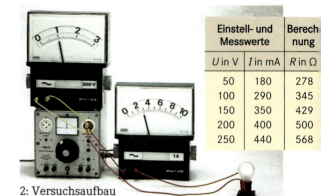

2: Versuchsaufbau

Einstell- und Messwerte		Berechnung
U in V	I in mA	R in Ω
50	180	278
100	290	345
150	350	429
200	400	500
250	440	568

Auswertung
- Die Kennlinie zeigt keinen linearen Verlauf ① wie nach dem Ohm'schen Gesetz. Der Verlauf ist nichtlinear.
- Wenn die Spannung in gleichen Stufen erhöht wird (z. B. um jeweils ΔU = 40 V; Abb.1 ②), steigt die Stromstärke nicht im gleichen Verhältnis an. Der Anstieg ΔI wird mit zunehmender Spannung geringer (ΔI_1 ist größer als ΔI_2).
- Der Widerstand steigt deshalb mit zunehmender Spannung (vgl. berechnete Werte in der Tabelle, Abb.1).

Ergebnis
Der Widerstand steigt mit zunehmender Temperatur.

Erklärung
Zur Erklärung dieses Verhaltens benutzen wir die Modellvorstellung über den Kristallaufbau der Metalle (vgl. Kap. 1.5). Wenn die Temperatur von Metallen erhöht wird, schwingen die im Kristallgitter verankerten Atomrümpfe stärker um ihre Ruhelage. Wenn jetzt ein Strom durch den Leiter fließt, kommt es zu vermehrten Behinderungen. Der Widerstand vergrößert sich.

$$\vartheta \uparrow \Rightarrow R \uparrow$$

Da Metalle einen unterschiedlichen Kristallaufbau besitzen, ist die Erhöhung des elektrischen Widerstandes bei gleicher Temperaturänderung auch unterschiedlich. Der Wert, der über die Widerstandsänderung eines bestimmten Werkstoffes Auskunft gibt, heißt **Temperaturkoeffizient α** (oder Temperaturbeiwert). Wenn der Widerstand mit zunehmender Temperatur ansteigt, ist der Temperaturkoeffizient positiv.

- Bei metallischen Leitern vergrößert sich der Widerstand mit zunehmender Temperatur.
- Der Temperaturkoeffizient α kennzeichnet das Widerstandsverhalten von Leitern bei Temperaturänderung.
- Metallische Leiter besitzen einen positiven Temperaturkoeffizienten.

Widerstandsänderung durch Temperatur / resistance variation by temperature

Temperaturskalen

Wärme stellen wir uns modellhaft wie das Hin- und Herschwingen von Molekülen vor. Es gibt deshalb einen Punkt, bei dem diese Schwingungen zur Ruhe kommen. Er wird **absoluter Nullpunkt** genannt und ist Ausgangspunkt für die Kelvin-Skala. Auf ihr gibt es daher nur positive Werte.

Formelzeichen: T
Einheit: K (Kelvin)

Für die **Celsius-Skala** ist der Schmelzpunkt von Eis als Nullpunkt festgelegt worden. Die Skala verfügt deshalb über positive und negative Werte.

Formelzeichen: ϑ
Einheit: °C (Grad Celsius)

Zwischen beiden Skalen gibt es den folgenden Zusammenhang:

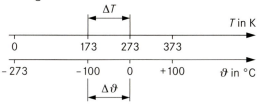

Einer Änderung um 1 K entspricht eine Änderung um 1 °C. Deshalb können beide Einheiten gegeneinander gekürzt werden. $\Delta T = \Delta \vartheta$
Temperaturänderungen werden im technischen Bereich oft in Kelvin angegeben.

Wie verändert sich der Widerstand bei Temperaturänderung?

Die Widerstandsänderung durch den Temperatureinfluss hängt von folgenden Größen ab:
- Temperaturänderung ΔT $\Delta T \uparrow \Rightarrow \Delta R \uparrow$
- Temperaturkoeffizient α $\Delta \alpha \uparrow \Rightarrow \Delta R \uparrow$

Wenn beide Größen ansteigen, vergrößert sich auch die Widerstandsänderung ΔR.

Für die Widerstandsänderung spielt aber auch der Anfangswert des Widerstandes eine Rolle. Wenn der Wert groß ist, wird auch die Änderung entsprechend groß ausfallen. Als Anfangswert ist der Widerstand bei 20 °C festgelegt worden.
- Widerstand R_{20} bei 20 °C $R_{20} \uparrow \Rightarrow \Delta R \uparrow$

Fasst man diese Abhängigkeiten zusammen, ergibt sich folgende Formel:

$$\Delta R = R_{20} \cdot \Delta T \cdot \alpha$$

Auf der rechten Seite der Gleichung befinden sich drei Größen. Bekannt sind folgende Einheiten:
R_{20} in Ω und
ΔT in K.
Damit ΔR die Einheit Ω erhält, muss der Temperaturkoeffizient α die Einheit $\frac{1}{K}$ haben.

Widerstand R_T nach Erwärmung

Der Widerstand nach der Erwärmung setzt sich zusammen aus dem Anfangswert und der Widerstandsänderung:

$$R_T = R_{20} + \Delta R$$

Setzt man jetzt die Formel für die Widerstandsänderung ein und klammert R_{20} aus, ergibt sich:

$$R_T = R_{20} \cdot (1 + \Delta T \cdot \alpha)$$

Temperaturkoeffizienten (Anfangstemperatur 20 °C)			
Werkstoff	α in 1/K	Werkstoff	α in 1/K
Eisen	0,005	Silber	0,004
Blei	0,0042	Kupfer	0,0039
Zink	0,0042	Aluminium	0,0036
Gold	0,004	Messing	0,0015
Platin	0,004	Konstantan	0,00004

Widerstand und Temperatur

Ein Widerstand von 1 kΩ aus Konstantandraht erwärmt sich von 20 °C auf 200 °C.
Wie groß ist die Widerstandsänderung und der Widerstand bei 200 °C?

Geg: $R_{20} = 1$ kΩ; $\vartheta_1 = 20$ °C; $\vartheta_2 = 200$ °C;
$\alpha = \frac{0,00004}{K}$

Ges.: ΔR und R_T

$\Delta R = R_{20} \cdot \Delta T \cdot \alpha$ $R_T = R_{20} + \Delta R$
$\Delta R = 1000\,\Omega \cdot 180\,K \cdot \frac{0,00004}{K}$ $R_T = 1000\,\Omega + 7,2\,\Omega$
$\underline{\Delta R = 7,2\,\Omega}$ $\underline{R_T = 1007,2\,\Omega}$

- Die Widerstandsänderung durch Temperatureinfluss hängt ab vom Anfangswert, von der Temperaturänderung und vom Temperaturkoeffizienten.

- Wenn sich die Temperatur um 1 K ändert, ist dieses gleich einer Temperaturänderung um 1 °C.

Aufgaben

1. Ermitteln Sie die Widerstandsänderung einer 100 m langen zweiadrigen Kupferleitung von 1,5 mm², wenn sie sich von 20 °C auf 80 °C erwärmt!

2. Wenn die Temperatur eines Widerstandes von 20 °C bis 65 °C steigt, ändert sich sein Wert von 150 Ω auf 151,2 Ω.
Berechnen Sie den Temperaturkoeffizienten!

10.2.3 Halbleiterwiderstände als Wandler

In vielen automatisch ablaufenden Prozessen der Elektrotechnik müssen Größen überwacht, gesteuert oder konstant gehalten werden.

Beispiele:
- Temperatur ϑ im Motor,
- Helligkeit E beim Dämmerungsschalter,
- Druck p in einem Kessel.

Physikalische Größen lassen sich in der Regel nicht direkt zum Steuern und Schalten einsetzen. Sie werden deshalb durch Sensoren in elektrische Größen umgewandelt. Geeignet sind dafür z. B. Halbleiterwiderstände. Sie wandeln die jeweilige physikalische Größe z.B. in einen elektrischen Widerstand um. Ändert sich die physikalische Größe, dann ändert sich auch der Widerstand.

Kennzeichnung im Schaltzeichen

- Die physikalische Größe, die die Widerstandsänderung verursacht, wird
  - dem Schaltzeichen hinzugefügt (z. B. ϑ für Temperatur; U für Spannung) oder
  - wie beim LDR nur durch Pfeile angedeutet.
- Die Pfeile an der Größe zeigen das Widerstandsverhalten an. Beispiele:
  $\vartheta \uparrow \uparrow$: Temperatur größer $\Rightarrow$ Widerstand größer
  $\vartheta \uparrow \downarrow$: Temperatur größer $\Rightarrow$ Widerstand kleiner
- ⌐ : Nichtlineare Widerstandsänderung

Abkürzungen

NTC: Negativer Temperaturkoeffizient
(Widerstand sinkt mit steigender Temperatur.)
PTC: Positiver Temperaturkoeffizient
(Widerstand steigt mit steigender Temperatur.)
VDR: Voltage Dependent Resistor
LDR: Light Dependent Resistor

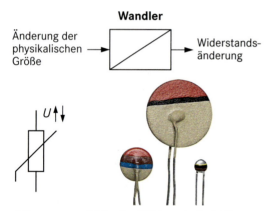

a) Spannungsabhängige Widerstände ($\Delta U \Rightarrow \Delta R$)

Leitfähigkeit von Werkstoffen

Silicium und Germanium sowie Elemente aus den Hauptgruppen III und V des Periodensystems der Elemente (Kombinationen wie z. B. GaAs) bezeichnet man als Halbleiterwerkstoffe. Sie besitzen eine geringere Leitfähigkeit als Metalle aber eine höhere Leitfähigkeit als Isolatoren.

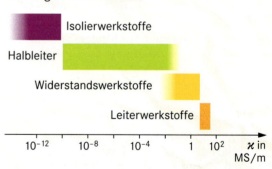

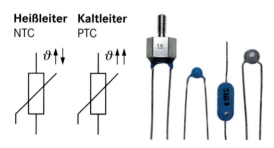

b) Temperaturabhängige Widerstände ($\Delta \vartheta \Rightarrow \Delta R$)

c) Lichtabhängige Widerstände ($\Delta E \Rightarrow \Delta R$)

1: Halbleiterwiderstände

- Halbleiterwiderstände lassen sich zur Umwandlung physikalischer Größen in elektrische Größen einsetzen (Wandler).
- Widerstände mit NTC- bzw. PTC-Verhalten werden zur Erfassung von Temperaturen bzw. Temperaturänderungen verwendet.
- Der VDR ist ein spannungsabhängiger Widerstand.
- Der LDR ist ein lichtabhängiger Widerstand. Die Beleuchtungsstärke E ist Ursache der Änderung.

10.2.4 Spannungsabhängiger Widerstand (VDR)

In Abb. 3 ist die Kennlinie eines spannungsabhängigen Widerstandes dargestellt. Sie wurde wie bei den linearen Widerständen (vgl. Kap. 2.1) durch Messung der Stromstärke in Abhängigkeit von der Spannung ermittelt. Mit Hilfe dieser Kennlinie soll jetzt das Verhalten dieses Widerstandes im Stromkreis erarbeitet werden.

Die Kennlinie ist **nichtlinear**. Sie steigt zunächst langsam an und wird mit zunehmender Spannung steiler. Wenn sich die Spannung z. B. um jeweils 2 V verändert (Abb. 3: ①, ②), ändert sich die Stromstärke nicht gleichmäßig.

Das **Widerstandsverhalten** lässt sich ermitteln, indem wir z. B. für zwei Punkte den Widerstand berechnen:

① $R_1 = \dfrac{U_1}{I_1}$ $R_1 = \dfrac{6\ V}{22\ mA}$ $\underline{\underline{R_1 = 273\ \Omega}}$

② $R_2 = \dfrac{U_2}{I_2}$ $R_2 = \dfrac{10\ V}{100\ mA}$ $\underline{\underline{R_2 = 100\ \Omega}}$

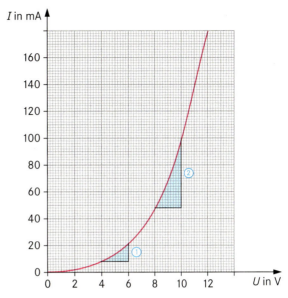

3: Kennlinie des VDR

Ergebnis
Der VDR verringert seinen Widerstand, wenn die Spannung größer wird. $U \uparrow \Rightarrow R \downarrow$

Der VDR lässt sich zur **Stabilisierung von Spannungen** einsetzen. Er wird dazu mit einem linearen Widerstand in Reihe geschaltet (Abb. 2). Die Spannungsaufteilung lässt sich grafisch mit dem I-U-Diagramm ermitteln.
Dazu wird wie folgt vorgegangen:
- Kennlinie des VDR (R_2) einzeichnen ③.
- Kennlinie des linearen Widerstandes (R_1) einzeichnen (spiegelverkehrt). Ausgangspunkt ist die Gesamtspannung, in diesem Fall 60 V ④.
- Der Schnittpunkt der Kennlinien wird als Arbeitspunkt A_1 der Schaltung bezeichnet. Er kennzeichnet die Stromstärke und die Spannungsaufteilung.

Für den Arbeitspunkt A_1 lassen sich folgende Größen ablesen: $I_1 = 100\ mA$; $U_1 = 10\ V$.

- Der Widerstand des VDR verringert sich mit zunehmender Spannung.
- Die Stromstärke und die Spannungsaufteilung in einer Reihenschaltung aus einem linearen und nichtlinearen Widerstand wird durch den Schnittpunkt (Arbeitspunkt) der Kennlinien bestimmt.

Aufgaben

1. Ermitteln Sie den Widerstand des VDR bei 8 V (Abb. 3)!

2. Wie groß ist die Änderung der Spannung U_2 am VDR in Volt und in Prozent der Betriebsspannungsänderung (Abb. 2)?

3. In Abb. 2 sinkt die Betriebsspannung auf 50 V. Wie groß sind die Stromstärke sowie die Teilspannungen U_1 und U_2?

Für die Erklärung der Spannungsstabilisierung wird angenommen, dass die Spannung um 10 V (von 60 V auf 70 V) ansteigt (Abb.1, ⑤). Die Kennlinie für R_1 verschiebt sich dann parallel ⑥. Es entsteht ein neuer Schnittpunkt A_2 (Arbeitspunkt). Die Spannung am VDR vergrößert sich nur geringfügig ⑦, d. h. trotz einer Änderung der Spannung von 17 % ändert sich die Ausgangsspannung nur geringfügig!

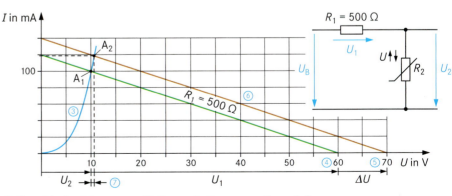

2: Graphische Lösung zur Reihenschaltung von R_1 und R_2

10.2.5 Temperaturabhängige Widerstände

Kaltleiter (PTC)

Um das grundsätzliche Verhalten zu erläutern, verwenden wir als Beispiel einen **Grenzwertgeber mit PTC** in einem Flüssigkeitstank (Abb. 1).

Wir betrachten dazu die folgenden Fälle:

1. Der PTC befindet sich außerhalb der Flüssigkeit.

Reihenschaltung:
$R_1 = 500\ \Omega$ (temperaturunabhängig) und
$R_2 = R_{PTC}$ (temperaturabhängig)

Spannungen:
Die Betriebsspannung U_B von 24 V ist so gewählt worden, dass sich durch den Stromfluss der PTC erwärmt. Sein Widerstand ist groß. Die Steuerspannung für das Ventil U_2 beträgt etwa 23 V.

Ergebnis:
Das Ventil bleibt offen. Der Tank wird gefüllt.

2. Der PTC taucht in die Flüssigkeit ein.

Die Flüssigkeit kühlt den PTC ab. Er verringert seinen Wert.
Die Steuerspannung für das Ventil sinkt auf $U_2 = 3$ V.

Ergebnis:
Das Ventil schließt und unterbricht die Zufuhr.

Erklärung mit der PTC-Kennlinie (Abb. 1)

Im aufgeheizten Zustand ($\vartheta_1 = 180\ °C$) kann für den Kaltleiter ein Wert von $R_2 = 10$ kΩ abgelesen werden ① (logarithmische Teilung). Dieser Wert ist im Vergleich zum Vorwiderstand $R_1 = 500\ \Omega$ sehr groß, so dass nahezu die gesamte Betriebsspannung als U_2 zur Steuerung des Ventils anliegt.

$$\vartheta \uparrow \Rightarrow R_{PTC} \uparrow \Rightarrow U \uparrow$$

Im abgekühlten Zustand ($\vartheta_2 = 20\ °C$) beträgt der Widerstand des Kaltleiters nur noch 80 Ω ②. Die Spannung U_2 ist jetzt wesentlich geringer. Das Ventil schließt.

$$\vartheta \downarrow \Rightarrow R_{PTC} \uparrow \Rightarrow U \downarrow$$

Durch den steilen Anstieg ③ der Kennlinie in einem begrenzten Temperaturbereich kann ein Kaltleiter als temperaturabhängiger Schalter eingesetzt werden.

- Kaltleiter (PTC) besitzen bei tiefen Temperaturen einen kleinen und bei hohen Temperaturen einen großen Widerstand. Der Unterschied kann mehrere Zehnerpotenzen betragen.
- Kaltleiter werden zur Temperaturüberwachung bzw. -regelung eingesetzt.

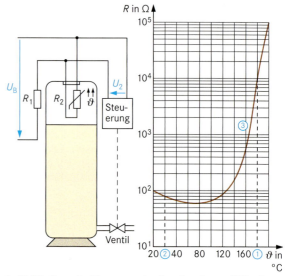

1: Kaltleiter als Grenzwertgeber in einem Flüssigkeitstank

Logarithmische Teilung

Die Strecke ist in gleiche Abschnitte geteilt. Jeder Abschnitt entspricht einer Zehnerpotenz (z. B. Abschnitte zwischen den Punkten 1 und 10, 10 und 100 sind gleich lang). Die Achse beginnt z. B. mit $10^0 = 1$, $10^1 = 10$ usw.

Berechnung von Zwischenwerten: Gleiche Abstände
Beispiel: Zahl 2

- Zahl 2 eingeben,
- Taste „lg" drücken,
- Wert 0,301 ablesen.

Der Wert bedeutet, dass die Zahl 2 bei 30,1 % der Strecke von 1 bis 10 liegt.

Näherungswerte:

Zahl	1	2	3	4	5	6	7	8	9	10
Strecke in %	0	30	48	60	70	78	85	90	95	100

Aufgaben

1. Gegeben ist die PTC-Kennlinie (Abb. 1):
a) Ermitteln Sie den größten und den kleinsten Widerstand und die dazugehörigen Temperaturen!
b) Wie groß ist der Widerstand bei 60 °C und 130 °C?
c) Wie verhält sich der PTC zwischen 20 °C und 80 °C?

2. Bei welcher Temperatur (Abb. 1) besitzt der PTC einen Wert von a) 300 Ω und b) von 25 kΩ?

NTC / negative temperature coefficient (NTC)

Heißleiter (NTC)
Anwendungsbeispiel:
Temperaturmessgerät (Abb. 3a)

Reihenschaltung:
NTC, Strommessgerät

Tiefe Temperatur:
R_{NTC} groß $\Rightarrow$
Stromstärke gering $\Rightarrow$
Ziegerausschlag gering.

Höhere Temperatur:
R_{NTC} kleiner $\Rightarrow$
Stromstärke größer $\Rightarrow$
Zeigerausschlag größer.

Ergebnis:
Zwischen Stromstärke, Temperatur und Zeigerausschlag besteht ein direkter Zusammenhang. Die Stromstärkenskala kann in °C geeicht werden.

$\vartheta \uparrow \Rightarrow R_{NTC} \downarrow \Rightarrow I \uparrow$

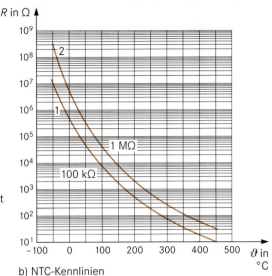

a) Schaltung für eine Temperaturmessung

b) NTC-Kennlinien

3: Heißleiter in einer Temperaturmessschaltung

In dem Anwendungsbeispiel wurde ein hochohmiger Heißleiter verwendet. Die **Eigenerwärmung** durch den Stromfluss ist gering, so dass lediglich die Umgebungstemperatur das Widerstandsverhalten bestimmt.

Niederohmige Heißleiter werden häufig in Schaltungen eingesetzt, in denen es auf Grund des Stromflusses zu einer Eigenerwärmung kommt.
Beispiel: Sanftanlauf beim Drehstrommotor (Abb. 2)

Schaltung
Jeder Heißleiter liegt in Reihe mit einem Thyristor (elektronischer Schalter, vgl. 10.5.3) und der Motorwicklung.

Einschalten:
Umgebungstemperatur (z. B. 20 °C) $\Rightarrow$
R_{NTC} groß $\Rightarrow$ Stromstärke gering

Betriebszustand:
Der Stromfluss erwärmt den NTC $\Rightarrow$ R_{NTC} sinkt $\Rightarrow$ Stromstärke steigt weiter, bis ein Endzustand erreicht ist.
Für den Motor bedeutet dieses, dass er langsam anläuft (Sanftanlauf). Für viele Geräte (z.B. Staubsauger) ist das ein Vorteil.

Die Kennlinien der Heißleiter zeigen eine kontinuierliche Verringerung des Widerstandes bei zunehmender Temperatur. Die Änderung erfolgt über mehrere Zehnerpotenzen. Als Bemessungswert wird der Widerstand bei 25 °C angegeben.

- Heißleiter (NTC) besitzen bei tiefen Temperaturen einen großen und bei hohen Temperaturen einen geringen Widerstand. Die Änderung ist nicht sprungartig.
- Heißleiter können zur Temperaturmessung, Temperaturüberwachung, Temperaturregelung und Einschaltstrombegrenzung eingesetzt werden.

Aufgaben

1. Ermitteln Sie aus den Kennlinien in Abb. 3b für beide Heißleiter die Maximal- und Minimalwerte!

2. Bei welchen Temperaturen werden bei den Heißleitern in Abb. 3b die Werte von 1 kΩ erreicht?

3. Beschreiben Sie den Einfluss des Heißleiters in der Schaltung von Abb. 4!

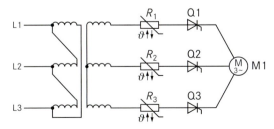

2: Sanftanlauf beim Drehstrommotor durch NTC

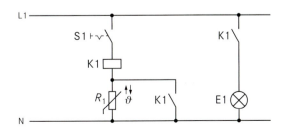

4: Relaisschaltung

10.2.6 Lichtabhängiger Widerstand (LDR)

Das Verhalten dieses Widerstandes ist von der Helligkeit abhängig. Als Messgröße für die Helligkeit wird die **Beleuchtungsstärke** (Formelzeichen E) verwendet. Sie wird in **Lux** (Einheitenzeichen lx) gemessen.

Anwendungsbeispiel:
Lichtabhängige Steuerung (Abb. 1)

Reihenschaltung:
Schalter S1, Relais K1, lichtabhängiger Widerstand R_1 (LDR, R_{LDR})

Geringe Helligkeit:
Bei geringer Helligkeit (z.B. 10 Lux, Abb. 1 ①) beträgt der Widerstand 8 kΩ. Die Stromstärke ist gering. Das Relais K1 zieht nicht an und die Lampe E1 wird nicht eingeschaltet.
E klein ⇒ R_{LDR} groß ⇒ I klein ⇒ K1 zieht nicht an

Große Helligkeit:
Bei großer Helligkeit (z.B. 1000 lx, Abb. 1 ②) beträgt der Widerstand nur noch 100 Ω. Die Stromstärke steigt, das Relais K1 zieht an und die Lampe E1 wird eingeschaltet.
E groß ⇒ R_{LDR} klein ⇒ I groß ⇒ K1 zieht an

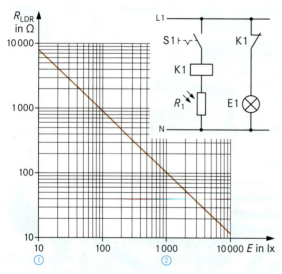

1: Lichtabhängige Steuerung

Die Widerstandsänderung wird durch Halbleitermaterialien erreicht, die bei Beleuchtung im Kristall Ladungsträger zusätzlich frei setzen. Die Leitfähigkeit vergrößert sich dadurch.

- Mit einem LDR kann die Stromstärke in Abhängigkeit von der Beleuchtungsstärke gesteuert werden.
- Wenn die Beleuchtungsstärke bei einem LDR steigt, verringert sich sein Widerstand.

10.2.7 Magnetfeldabhängiger Widerstand

Magnetfeldabhängige Widerstände werden auch als Feldplatten bezeichnet. Das Magnetfeld beeinflusst das Widerstandsverhalten. Als Messgrößen können der magnetische Fluss Φ (vgl. Kap. 3.1.2) oder die **magnetische Flussdichte B** (Fluss bezogen auf eine Fläche) verwendet werden.

Die Kennlinie einer Feldplatte ist in Abb. 2 zu sehen. Der Zusammenhang zwischen dem Widerstand und der magnetischen Flussdichte ist nahezu quadratisch.

Beispiel zum Widerstandsverhalten:
Kein Magnetfeld (B = 0): ⇒ R_B = 25 Ω
Magnetfeld vorhanden (B = 1,5 T): ⇒ R_B = 330 Ω

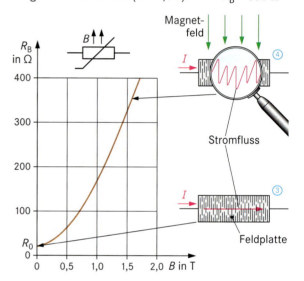

2: Widerstand einer Feldplatte

Die Widerstandsvergrößerung wird durch die im Kristallgitter eingebetteten magnetischen „Nadeln" erreicht, die ohne Magnetfeld den Stromfluss nicht behindern ③. Wenn ein Magnetfeld angelegt wird, lenken jetzt die magnetisierten „Nadeln" die Elektronen ab. Ihr Weg durch den Kristall wird länger und der Widerstand vergrößert sich ④.

Anwendungsbeispiele:
Sensor für magnetische Größen, berührungsloser Schalter, Steuerung und Regelung von Motorströmen durch Messung magnetischer Größen, Drehzahlmessung.

- Der Widerstand eines magnetfeldabhängigen Widerstandes steigt mit der magnetischen Flussdichte.
- Mit magnetfeldabhängigen Widerständen lassen sich magnetische Größen messen und mit Hilfe entsprechender Steuer- bzw. Regelungsschaltungen diese Größen verändern und anpassen.

Wandler / power supply unit

10.3 Netzteil

10.3.1 Baugruppen eines Netzteils

Elektronische Schaltungen findet man in vielen Haushaltsgeräten. Hierzu ein Beispiel:
Ein Elektroherd besitzt zur Überwachung der Temperatur und der Regelung von Gar- und Backprozessen verschiedene Sensoren. Außerdem werden zahlreiche Aktoren (Relais, Schalter usw., vgl. Kap. 9.1) zur Anzeige und zum Schalten der Heizwiderstände eingesetzt.

Zum Betrieb dieser elektronischen Schaltungen wird Gleichspannung benötigt. Sie wird aus der Netzwechselspannung in einem Netzteil erzeugt.

Ein Netzteil kann innerhalb der Stromlaufpläne als eine in sich geschlossene Einheit aufgefasst werden (**Wandler**).

In Abb. 4 ist der Stromlaufplan (Ausschnitt) eines Netzteiles für die Energieversorgung der elektronischen Schaltungen eines Elektroherdes zu sehen. An diesem Beispiel sollen die wesentlichen Baugruppen mit ihren Funktionen besprochen werden.

Transformator

Die Netzwechselspannung von 230 V wird durch einen Transformator T1 (vgl. Kap. 5.5) je nach den Anforderungen auf Spannungen von z. B. 6 V bis 24 V herabgesetzt ①. In Abb. 4 ist das Netzteil vor dem Transformator zusätzlich abgesichert.

Gleichrichter

Die Wechselspannung wird in einer nächsten Stufe in eine Gleichspannung umgewandelt. Dazu werden Bauteile verwendet, die den Strom nur in eine Richtung passieren lassen (**Dioden**). Aus der anliegenden Wechselspannung wird nur eine Hälfte der Schwingungen durchgelassen (Ventilverhalten). Je nach Anforderung werden eine (vgl. Kap. 10.3.2) oder vier Dioden (vgl. Kap. 10.3.3) verwendet ②.

Glättung

Die Spannung am Ausgang des Gleichrichters ist noch keine ideale Gleichspannung. Sie ändert sich von Null

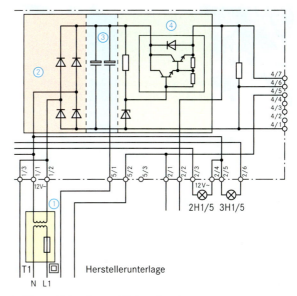

4: Netzteil in einem Elektroherd

bis zu dem Maximalwert einer Schwingung. Die Kurven müssen deshalb geglättet werden. Geeignete Bauteile hierfür sind Kondensatoren ③ (vgl. Kap. 4.5). Sie sind in der Lage, Ladungen zu speichern und wieder abzugeben. Das Ergebnis ist aber immer noch keine ideale Gleichspannung. Eine Restwelligkeit ist vorhanden.

Stabilisierung

Diese Restwelligkeit wird in der letzten Stufe durch elektronische Bauelemente ④ beseitigt. Zusätzlich erfolgt eine Stabilisierung der Spannung, damit die daran betriebenen Geräte bzw. Bauelemente einwandfrei funktionieren können.

- Netzteile dienen der Energieversorgung elektrischer bzw. elektronischer Schaltungen. Sie wandeln Wechselspannung in Gleichspannung um (Wandler).
- Ein Netzteil besteht aus Transformator, Gleichrichter und Bauelementen zur Glättung und Stabilisierung.

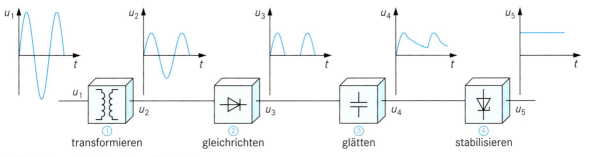

3: Funktionseinheiten eines Netzteiles

10.3.2 Dioden

Mit Dioden können Stromstärken von wenigen µA bis zu einigen kA gleichgerichtet werden. Die Ausführungen sind deshalb recht unterschiedlich (Abb. 1).

Wir wollen jetzt die angesprochene Ventilwirkung in einem Versuch genauer untersuchen.

Zielsetzung
Bei einer Halbleiterdiode soll der Zusammenhang zwischen Spannung und Stromstärke ermittelt werde.

Planung
Da der Stromfluss durch eine Diode von der Polarität der angelegten Spannung abhängig ist, werden zwei Versuchsreihen mit unterschiedlich gepolten Spannungsquellen durchgeführt.
Die Spannung wird in Schritten erhöht und die jeweilige Stromstärke gemessen.

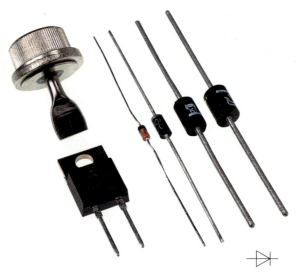

1: Halbleiterdioden

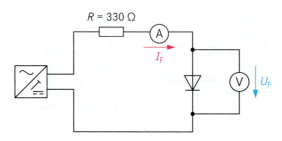

Messergebnisse:

1. Durchlassbereich U_F: Durchlassspannung
   I_F: Durchlassstromstärke
   F: forward (engl.), vorwärts

U_F in V	0	0,1	0,2	0,3	0,4	0,5	0,6	0,7	0,8	0,9
I_F in mA	0	0	0	0	0	1	2	8	33	64

2. Sperrbereich U_R: Sperrspannung
   I_R: Sperrstromstärke
   R: reverse (engl.), rückwärts

U_R in V	3	6	9	12	15	18	21	24	27	30
I_F in µA	0	0	0	0	1	2,1	2,7	3,5	4,2	5,0

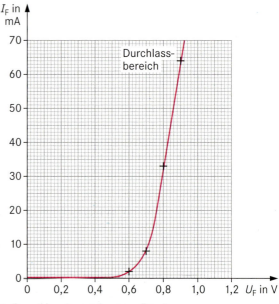

2: Durchlassbereich einer Diode

Die Kennlinie für den Sperrbereich wurde nicht gezeichnet. Durch die Messwerte lassen sich jedoch folgende Eigenschaften feststellen:

- In **Sperrrichtung** fließt auch bei einer höheren Spannung nur ein sehr geringer Strom (µA). Er ist etwa tausendfach kleiner als im Durchlassbereich und kann deshalb vernachlässigt werden. Die Diode sperrt.

Auswertung
Die Kennlinie für den **Durchlassbereich** ist in Abb. 2 dargestellt.
- Der Verlauf der Kennlinie ist am Anfang flach. Es fließt kein Strom.
- Ab etwa 0,7 V steigt die Kennlinie steil an (**Schleusenspannung**). Es fließt Strom. Die Diode „lässt durch".

- Dioden besitzen einen Durchlass- und einen Sperrbereich.
- Dioden lassen den Strom ab einer geringen Spannung (etwa 0,7 V) nur in eine Richtung passieren. Sie besitzen eine Ventilwirkung.

Leitung in Halbleitern / conduction in semiconductors

10.3.3 PN-Übergang

Dioden bestehen aus Halbleiterwerkstoffen (Germanium, Silicium, Galliumarsenid usw.), deren Leitfähigkeit zwischen Metallen und Isolatoren liegt (vgl. Kap. 10.2.3). Die Elektronen auf den Außenschalen (**4 Valenzelektronen**) jedes Atoms sind mit den anderen umgebenden Atomen Bindungen eingegangen, so dass unter Normalbedingungen nur wenige freie Ladungsträger für den Stromfluss zur Verfügung stehen.

Die Leitfähigkeit lässt sich erheblich verbessern, wenn in das Halbleitermaterial Atome anderer Stoffe gezielt eingebaut werden (**Dotierung**).

Dotierung mit einem fünfwertigen Element

Arsenatome besitzen auf der Außenschale 5 Elektronen. Da für den Kristallaufbau des Halbleitermaterials nur 4 Elektronen benötigt werden, können sich diese einzelnen Elektronen (negativ) im Kristallgitter frei bewegen. Das Material ist **N-leitend**. Die beweglichen Elektronen hinterlassen im Kristall feste positive Ladungen. Insgesamt ist das Material immer noch elektrisch neutral.

Dotierung mit einem dreiwertigen Element

Indiumatome besitzen auf der Außenschale nur 3 Elektronen. Diese „Fehlstelle" kann durch ein Elektron eines Nachbaratoms ausgefüllt werden. Das Indiumatom wird dadurch zu einer festen negativen Ladung. Da das Elektron aber von einem vorher neutralen Atom stammt, besitzt diese Fehlstelle (**Störstelle**) eine **p**ositive Ladung. Da diese durch andere Elektronen wieder ausgefüllt werden kann, wandert das „Loch" oder diese „Störstelle" als freie positive Ladung durch den Kristall. Das Material ist **P-leitend**.

Wenn jetzt P- und N-leitendes Material für den Aufbau einer Diode zusammengefügt werden (Abb. 3), wandern die beweglichen Ladungen (**Diffusion**) auch in die gegenüberliegenden Schichten. Dort treffen negative Ladungen auf feste positive Ladungen und positive Ladungen auf feste negative Ladungen. Sie gleichen sich aus und es entsteht eine dünne Zone (**Grenzschicht**) ohne frei bewegliche Ladungen. Allerdings sind dort noch die festen positiven und negativen Ladungen vorhanden, sodass in der Grenzschicht eine geringe Spannung entsteht (**Diffusionsspannung**). Bei Silicium beträgt sie etwa 0,7 V.

- N-leitendes Halbleitermaterial enthält frei bewegliche negative Ladungen und feste positive Ladungen.
- P-leitendes Halbleitermaterial enthält frei bewegliche positive Ladungen und feste negative Ladungen.
- Wenn P- und N-leitendes Material zusammengefügt werden, entsteht in der Grenzschicht eine Diffusionsspannung (0,7 V bei Silicium).

Bedeutung der Symbole:
- ● feste positive Ladungen
- ● feste negative Ladungen
- • bewegliche negative Ladungen
- • bewegliche positive Ladungen

3: PN-Übergang

Wir wollen jetzt das Verhalten des PN-Übergangs untersuchen, wenn eine Spannung angelegt wird.

Minuspol der Quelle an der P-leitenden Schicht, Pluspol der Quelle an der N-leitenden Schicht

Die beweglichen Ladungen werden von der Quelle abgezogen. Die Sperrschicht verbreitert sich. Es fließt kein Strom. Die Diode befindet sich im **Sperrzustand**.

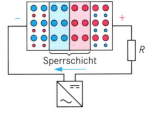

Pluspol der Quelle an der P-leitenden Schicht, Minuspol der Quelle an der N-leitenden Schicht

Von der Quelle werden jetzt zusätzliche bewegliche Ladungen in die Sperrschicht gedrückt. Sie ist ab etwa 0,7 V abgebaut. Es fließt Strom. Die Diode befindet sich im **leitenden Zustand**.

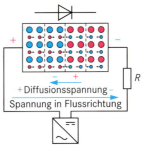

- Wenn eine Diode in Sperrichtung betrieben wird, verbreitert sich die Sperrschicht. Es fließt kein Strom.
- Im leitenden Zustand der Diode wird die Sperrschicht abgebaut. Es fließt Strom.

Aufgaben

1. Ermitteln Sie den Durchlasswiderstand der Diode (Abb. 2) bei 0,6 V und 0,8 V!

2. Zeichnen Sie einen Stromlaufplan mit Gleichspannungsquelle (Polarität angeben), Diode in Durchlassrichtung und Belastungswiderstand!

10.3.5 Gleichrichterschaltungen

Schaltung mit einer Diode

Zur Umwandlung von Wechsel- in Gleichspannung werden in Netzteilen Dioden verwendet. Die einfachste Schaltung enthält nur eine einzige Diode (Abb. 1). Um die Arbeitsweise der Schaltung zu verstehen, bilden wir die Spannung „vor" und „hinter" der Diode auf dem Bildschirm eines Zweikanal-Oszilloskops ab (Abb. 2).

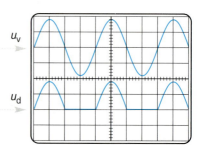

2: Ein- und Ausgangsspannung der Einpuls-Mittelpunktschaltung

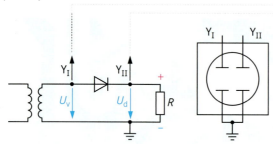

1: Ein- und Ausgangsspannung der Einpuls-Mittelpunktschaltung

Ergebnis

Die Ausgangsspannung U_d am Widerstand R zeigt einen **pulsförmigen Verlauf**. Es sind nur positive Halbschwingungen vorhanden. Die negativen Halbschwingungen werden nicht durchgelassen. Sie werden gesperrt.

Durchlassverhalten der Diode

Sobald die Eingangsspannung U_v den positiven Wert von etwa 0,7 V überschritten hat (Schleusenspannung), wird die Diode leitend und es fließt ein Strom durch den Widerstand.

Sperrverhalten der Diode

Wenn die Eingangsspannung U_v negativ wird, sperrt die Diode. Es fließt kein Strom und die Spannung U_d am Ausgang wird 0 V.

Weil bei dieser Schaltung während einer Periode nur ein Impuls der Wechselspannung „durchgelassen" wird, nennt man sie **Einpuls-Mittelpunktschaltung M1U**.

Die Ausgangsspannung entspricht noch nicht dem idealen Verlauf einer Gleichspannung. Die Anteile sind zwar alle positiv, sie schwanken jedoch im Takt der Wechselspannung. Wenn wir diese Spannung für elektronische Schaltungen verwenden würden, verursachen diese Schwankungen Störungen.

Wie lässt sich die Ausgangsspannung glätten?

Zur Glättung eignen sich Kondensatoren und Spulen, da sie elektrische Energie speichern und wieder abgeben können. Der Kondensator wird parallel zum Belastungswiderstand R geschaltet (Abb. 3a). Wenn der Strom durch die Diode fließt, lädt sich der Kondensator auf. In der Phase, in der die Diode gesperrt ist, gibt er seine Ladungen wieder ab (vgl. Kap. 4.5). Die Spannung sinkt deshalb nicht auf Null.

Wenn mit einer Spule die Ausgangsspannung geglättet werden soll, muss die Spule in den Stromkreis in Reihe geschaltet werden (Abb. 3b). Wenn die Diode leitend ist, fließt durch die Spule der Strom. Ein Magnetfeld baut sich auf (vgl. Kap. 4.1). Wenn jetzt die Diode sperrt, erzeugt das sich abbauende Magnetfeld eine Induktionsspannung und damit einen Strom durch den Widerstand R. Auch in diesem Fall sinkt in der Sperrphase die Spannung am Belastungswiderstand nicht auf Null.

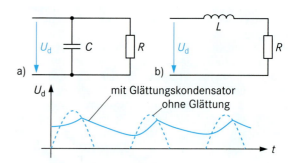

3: Siebschaltungen

- Bei der Einpuls-Mittelpunktschaltung M1U besteht die Ausgangsspannung aus Spannungspulsen.
- Mit Kondensatoren und/oder Spulen lässt sich die Ausgangsspannung der Einpuls-Mittelpunktschaltung M1U glätten.

Aufgaben

1. Zeichnen Sie den Verlauf der Ausgangsspannung einer Einpuls-Mittelpunktschaltung M1U, bei der die Diode im Vergleich zu Abb. 1 anders herum eingebaut wurde!

2. Was ändert sich in der Schaltung von Abb. 1, wenn die Diode in den unteren Leitungszweig des Stromkreises eingefügt wird?

Zweipuls-Mittelpunktschaltung / centre-tap connection

Schaltung mit vier Dioden

Das Netzteil für die elektronische Schaltung des Elektroherdes in Kap. 10.3.1 enthält vier Dioden zur Gleichrichtung der Wechselspannung. Sie sind wie in Form einer Brücke zusammen geschaltet (Abb. 4).

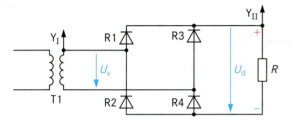

4: Zweipuls-Brückenschaltung

Der Verlauf der Ausgangsspannung ist in Abb. 6 zu sehen. Er ist im Vergleich zur Einpuls-Mittelpunktschaltung weniger wellig. Die negativen Anteile der Wechselspannung sind gewissermaßen in den positiven Bereich „hochgeklappt", sodass während einer Periode der anliegenden Wechselspannung zwei positive Pulse wirksam sind. Die Schaltung wird deshalb als **Zweipuls-Brückenschaltung B2U** bezeichnet.

Wie entsteht die Spannung bei der Brückenschaltung?

Zur Erklärung benutzen wir die Abb. 5, in der zwei Fälle dargestellt sind.

1. Positive Halbschwingung:
R1 und R4 sind leitend. R2 und R3 sind gesperrt. Es fließt durch R der Strom I_d mit der eingezeichneten Richtung.

2. Negative Halbschwingung:
Nur R2 und R3 sind leitend. Der Strom durch R fließt auch in die gleiche Richtung wie vorher. Das Ergebnis ist ein weiterer positiver Spannungspuls.

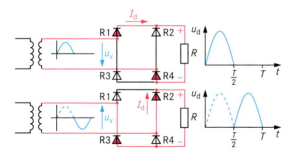

5: Ströme in der Zweipuls-Brückenschaltung

- Bei der Zweipuls-Brückenschaltung B2U sind abwechselnd zwei Dioden in Durchlass- und zwei in Sperrichtung geschaltet.
- Bei der Zweipuls-Brückenschaltung B2U besteht die Ausgangsspannung während einer Periode der Wechselspannung aus zwei Pulsen.

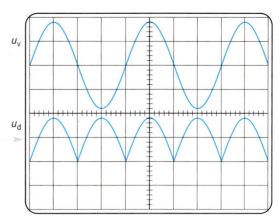

6: Ein- und Ausgangsspannung der Zweipuls-Brückenschaltung

Gleichrichterschaltung für Drehstrom

Für jede der drei Spannungen kann ein Zweig einer Brückenschaltung verwendet werde, sodass insgesamt 6 Dioden benötigt werden (Abb. 7). Die Ausgangsspannung weist eine noch geringere Welligkeit auf. Sechs Spannungspulse bilden während einer Periode die Ausgangsspannung. Die Schaltung wird deshalb als **Sechspuls-Brückenschaltung B6U** bezeichnet.

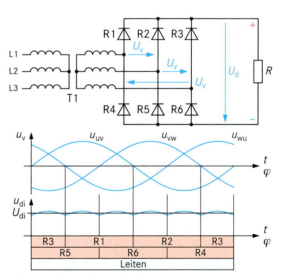

7: Sechspuls-Brückenschaltung

Aufgaben

1. Die Ausgangsspannung an einer Zweipuls-Brückenschaltung wird durch einen Kondensator geglättet.
Zeichnen Sie den Spannungsverlauf!

2. Erklären Sie den Unterschied (Aufbau und Ausgangsspannung) zwischen der Zweipuls- und Sechspuls-Brückenschaltung!

10.3.6 Spannungsstabilisierung

Elektronische Schaltungen benötigen in der Regel eine stabile Betriebsspannung. Sie muss konstant sein gegenüber
- Schwankungen der Eingangsspannung und
- Stromänderungen im Lastbereich.

Die Stabilisierung folgt nach der Gleichrichtung (Abb. 1a, ①). Als Symbol für die vollständige Stabilisierungsschaltungen wird oft das Schaltzeichen einer einzelnen Diode (Z-Diode) verwendet.

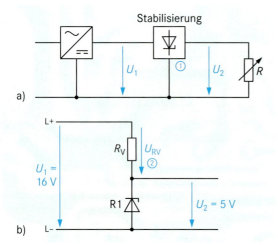

1: Stabilisierung mit einer Z-Diode

Eine einfache Schaltung zur Spannungsstabilisierung mit einer Z-Diode ist in Abb. 1b dargestellt. Mit einer Reihenschaltung aus dem Vorwiderstand R_V und der in Sperrichtung betriebenen Diode V1 wird die Eingangsspannung U_1 von 16 V in eine stabile Ausgangsspannung von U_Z = 5 V umgewandelt.

Wie arbeitet eine Z-Diode?
Auch bei der Z-Diode unterscheiden wir den Durchlass- und den Sperrbereich.

- **Durchlassbereich**
Die Z-Diode verhält sich wie eine Gleichrichterdiode. Ab etwa 0,7 V wird sie leitend (Abb. 2 ③).

- **Sperrbereich**
Im Sperrbereich von 0 V bis etwa 4,7 V zeigt die Kennlinie noch das typische Sperrverhalten einer Gleichrichterdiode. Es fließt kein Strom. Ab etwa 4,7 V ④ (**Durchbruchspannung U_Z**) ändert sich jedoch das Verhalten. Die Kennlinie steigt steil an, die Diode wird leitend, es fließt Strom. Erklären lässt sich dieses Verhalten durch lawinenartig frei werdende Ladungen. Ursache hierfür ist das elektrische Feld im Innern der Sperrschicht sowie die starke Beschleunigung der Elektronen durch die anliegende Spannung.

Diese Diode wird deshalb als Z-Diode bezeichnet, weil die gesamte Kennlinie die Form des Buchstabens „Z" besitzt.

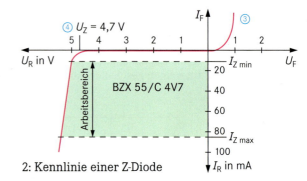

2: Kennlinie einer Z-Diode

Die Spannung, bei der der Durchbruch eintritt, kann durch den Kristallaufbau bestimmt werden. Die Durchbruchspannung U_Z wird oft in der Typenbezeichnung ⑤ angegeben.

Bezeichnung für Z-Dioden:

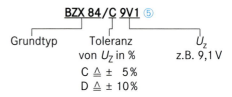

Stabilisierung bei Schwankungen der Eingangsspannung

Als Erklärungshilfe verwenden wir die Kennlinie der Z-Diode in Abb. 3. Zur Begrenzung der Stromstärke ist ein Vorwiderstand R_V von 200 Ω vorhanden. Wir unterscheiden nun folgende Fälle:

1. U_{11} = 16 V
Die Widerstandsgerade und die Kennlinie schneiden sich im Arbeitspunkt A_1. Es fließt ein Strom von 53 mA. An der Z-Diode liegt eine Spannung von etwa U_Z = 4,7 V.

2. U_{12} = 20 V (Vergrößerung der Eingangsspannung)
Die Widerstandskennlinie verschiebt sich parallel. Es ergibt sich der neue Arbeitspunkt A_2. Die Stromstärke hat sich zwar auf 74 mA erhöht, die Spannung U_Z dagegen ist nur unwesentlich größer geworden ⑤. Die Ursache hierfür ist die steile Kennlinie.

Wirkungskette
$U_1 \uparrow \Rightarrow I_Z \uparrow \Rightarrow U_{RV} \uparrow \Rightarrow U_Z$ ungefähr konstant

- Z-Dioden werden zur Spannungsstabilisierung in Sperrichtung betrieben.
- Z-Dioden zeigen im Durchlassbereich das Verhalten einer Gleichrichterdiode (Durchlass ab etwa 0,7 V).
- Z-Dioden werden ab einer bestimmten Spannung U_Z im Sperrbereich leitend.
- Je steiler die Kennlinie einer Z-Diode im Durchbruchbereich, desto größer ist die Wirkung der Stabilisierung.

Festspannungsregler / constant voltage regulator

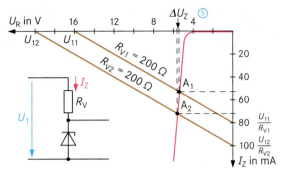

3: Spannungsstabilisierung mit einer Z-Diode bei Vergrößerung der Eingangsspannung

Stabilisierung bei Lastschwankungen

Die Schaltung aus Vorwiderstand und Z-Diode ist auch stabil gegenüber Lastschwankungen. Wir erklären dieses mit Hilfe der Kennlinie in Abb. 4.

Bei einer Lastschwankung hat sich der Lastwiderstand R verändert. Dieses hat zur Folge, dass sich die Stromstärke durch die Z-Diode verändert. Ein anderer Arbeitspunkt stellt sich ein (z. B. A_2 oder A_3). Wie wir aber in Abb. 3 bereits gesehen haben, wirkt sich eine Arbeitspunktverschiebung nur unwesentlich auf die Spannung an der Z-Diode aus. Sie bleibt auch in diesem Fall relativ stabil ⑥.

Wirkungskette:

$R \downarrow \Rightarrow I_Z \uparrow \Rightarrow U_Z$ ungefähr konstant

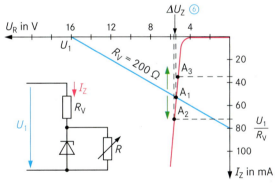

4: Spannungsstabilisierung mit einer Z-Diode bei Veränderung des Lastwiderstandes

Stabilisierungsschaltungen werden auch als integrierte Schaltungen angeboten. Sie enthalten neben einer Z-Diode zur Verbesserung der Stabilisierung Transistoren und andere elektronische Bauelemente.

- Die Spannung U_Z in einer Reihenschaltung aus einer Z-Diode mit Vorwiderstand ist gegenüber Spannungsschwankungen und Laständerungen in bestimmten Grenzen relativ stabil.

Festspannungsregler

Für verschiedene Spannungen gibt es Festspannungsregler. Sie besitzen drei Anschlüsse, die lediglich mit zwei Kondensatoren beschaltet werden müssen (Abb. 5). Im Innern befindet sich eine elektronische Schaltung, die im Prinzip wie ein durch die Ausgangsspannung veränderbarer Widerstand arbeitet.

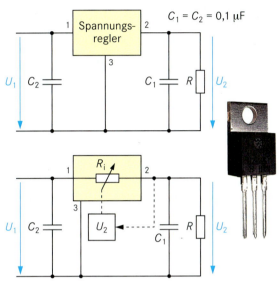

5: Spannungsstabilisierung mit Festspannungsregler

Arbeitsweise des Festspannungsreglers

Wenn die Ausgangsspannung kleiner wird, wirkt diese Änderung auf den Innenwiderstand R_i des Spannungsreglers zurück. Er wird ebenfalls kleiner. Die Änderung wird dadurch wieder aufgehoben. Dieses geschieht ohne Zeitverzögerung, sodass die Ausgangsspannung stabil bleibt. Wir nennen diesen Vorgang eine **Regelung** (vgl. Kap. 13.7.1).

- Ein Festspannungsregler ist eine elektronische Schaltung, mit der eine Spannung stabil gehalten wird.

Aufgaben

1. Ermitteln Sie, wie groß die Spannungsänderung an der Z-Diode in Abb. 3 ist!

2. Begründen Sie, welche Funktion der Vorwiderstand in der Reihenschaltung mit einer Z-Diode hat?

3. Für welchen Stromstärkenbereich kann die Z-Diode in Abb. 2 eingesetzt werden?

4. Beschreiben Sie die Folgen für die Schaltung von Abb. 1, wenn die Polarität der Gleichspannung geändert wird?

10.4 Leuchtdioden

In einer älteren Alarmanlage eines Wohnhauses ist eine Anzeigelampe ausgefallen. Da als Ersatz keine Originallampe mehr verfügbar ist, soll diese kleine Glühlampe (6 V; 0,3 A) durch eine Leuchtdiode (**LED**: **L**ight **E**mitting-**D**iode, Lumineszenzdiode) ersetzt werden.

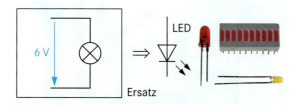

Eine Leuchtdiode ist im Prinzip wie eine Gleichrichterdiode aufgebaut. Sie besitzt einen Durchlass- und einen Sperrbereich. Wenn sie in Durchlassrichtung betrieben wird, sendet die Sperrschicht Licht aus. Je nach Aufbau der Diode hat das Licht eine bestimmte Farbe (Rot, Grün, Gelb, Blau, Weiß, Infrarot, Ultraviolett).

Zur Lösung der Aufgabe sind Kenntnisse über die Kennlinie der Leuchtdiode erforderlich. Mit einer Messschaltung wie für die Gleichrichterdiode (vgl. Kap. 10.3.2) sind folgende Messwerte ermittelt worden:

Durchlassbereich		Sperrbereich	
U_F in V	I_F in mA	U_F in V	I_F in mA
1,50	0,9	21,0	0,002
1,53	1,7	22,0	2,37
1,55	3,2	22,5	5,53
1,57	5,7	23,0	8,71
1,59	9,9	24,0	13,5
1,60	14,7	25,0	19,8
1,61	17,5	25,9	25,3
1,62	22,7		
1,63	27,4		
1,64	34,6		
1,65	44,5		

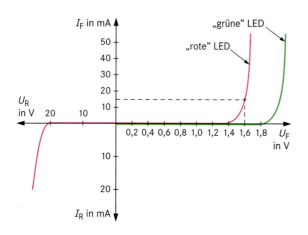

Die Kennlinie zeigt, dass ab etwa 1,5 V die „rote" Diode leitend wird. Dieses ist der Bereich, in dem die Diode leuchtet.

Auf Grund des steilen Anstiegs der Kennlinie, darf zur Lösung der Aufgabe die LED nicht direkt an die Betriebsspannung angeschlossen werden. Der Strom würde zu groß werden. Durch einen Vorwiderstand R_V lässt sich die Stromstärke auf den gewünschten Wert begrenzen.

Vorwiderstand

Eine rot leuchtende LED soll mit einem Vorwiderstand an 6 V betrieben werden. Im Arbeitsbereich soll an der LED eine Spannung von 1,6 V liegen.

Geg.: U_B = 6 V   Ges.: R_V

$R_V = \dfrac{U_B - U_{LED}}{I_F}$ $R_V = \dfrac{6\,V - 1{,}6\,V}{14{,}7\,mA}$

$R_V = 299\,\Omega$

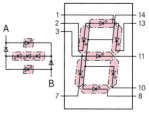

Leuchtdioden können auch in Anzeigeeinheiten (7-Segmentanzeigen) zusammengeschaltet werden. Auf diese Weise lassen sich verschiedenartige Symbole darstellen, z. B. Zahlen.

Vorzeichen + und −   Ziffern 0 … 9

- Leuchtdioden senden im Durchlassbereich Licht aus.
- Eine Leuchtdiode muss zur Strombegrenzung mit einem Vorwiderstand in Reihe geschaltet werden.

Aufgaben

1. Wie groß ist die Spannung an der LED im Durchlassbereich bei einer Stromstärke von 20 mA?

2. Bis zu welchen Spannungen etwa sperren die „rote" und „grüne" LED?

3. Berechnen Sie den Widerstand der LED „Rot" bei folgenden Spannungen:
a) Durchlassbereich: 1,5 V; 1,65 V und
b) Sperrbereich: 21,0 V; 25,9 V!

4. Die LED im Berechnungsbeispiel (s. oben) soll an 12 V betrieben werden.
Wie groß ist der Vorwiderstand?

Halbleiterbauelemente als Schalter / semiconductor components as switch

10.5 Elektronische Schalter

10.5.1 Übersicht

Elektronische Schalter sind z. B. in folgenden Betriebsmitteln bzw. Geräten vorhanden:
- Dämmerungsschalter,
- Bewegungsmelder,
- Dimmer,
- Werkzeuge und Haushaltsgeräte (z. B. Bohrmaschine, Staubsauger).

Bevor wir auf einzelne elektronische Schalter eingehen, wollen wir den Zusammenhang mit mechanischen Schaltern sowie Vorzüge und Mängel herausstellen.

Der Strom für die Lampe in Abb. 1 wird direkt durch den Schalter Q1 im Stromkreis geschaltet. Es werden zwei Zustände unterschieden.
- AUS: Die Betriebsspannung liegt zwischen den Klemmen des Schalters. Es fließt kein Strom ①.
- EIN: Die Stromstärke ist maximal und die Spannung am Schalter ist 0 V ② (Verluste vernachlässigt).

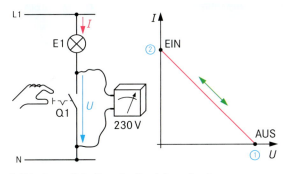

1: Direktes Schalten im Laststromkreis

Nachteile des direkten Schaltens
- Bei großen Stromstärken muss ein großer Schalter installiert werden.
  ⇒ große Abmessungen, große Kosten.
- Wenn Schalter und Lampe weit auseinander liegen, sind große Leitungslängen erforderlich.
  ⇒ größerer Spannungsfall, evtl. größeren Leiterquerschnitt wählen.

Die genannten Nachteile lassen sich vermeiden, wenn mit zwei Stromkreisen gearbeitet wird (Abb. 2).

Steuerstromkreis
Mit einer kleinen Spannung (z. B. 6 V) wird mit S1 ein Relais geschaltet. Der Schalter S1 kann an einer beliebigen Stelle angebracht sein. Die Steuerleitung kann einen kleineren Querschnitt haben und unauffällig verlegt werden.

Laststromkreis
Der Stromkreis für die Lampe wird über den Relaiskontakt K1 geschlossen.

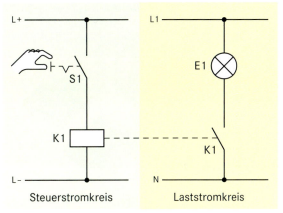

2: Indirektes Schalten mit Relais

Elektronische Schalter arbeiten dagegen völlig verschleißfrei. Die Zustände EIN und AUS werden mit den PN-Übergängen in verschiedenen Bauteilen (Transistor, Thyristor, Triac) erzeugt. Die Steuerung erfolgt mit Kleinspannung und demzufolge auch mit kleinen Stromstärken.

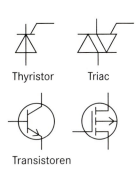

In Abb. 3 ist als Beispiel ein elektronischer Schalter zu sehen. Der Steuerstromkreis besteht aus einer LED mit einem Vorwiderstand. Für ihre Funktion ist lediglich eine Stromstärke von 20 mA erforderlich. Das Licht der LED fällt auf den lichtempfindlichen Sensor des Schalters und schließt diesen berührungslos.

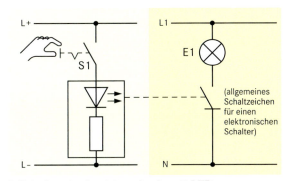

3: Schalten im Laststromkreis mit LED

- Bei elektronischen Schaltern ist die Steuerleistung wesentlich kleiner als die Schaltleistung für den Energiefluss. Sie sind klein und verschleißfrei.
- Elektronische Schalter können berührungslos betätigt werden.
- Für elektronische Schalter ist ein Steuerstromkreis und ein Laststromkreis erforderlich.

10.5.2 Transistor als Schalter

Die Gehäuseformen von Transistoren sind sehr unterschiedlich. Je nach Aufbau können mit ihnen Stromstärken von einigen mA bis kA geschaltet werden. Weil für die Funktion der abgebildeten Transistoren zwei Arten von Ladungsträgern (Löcher und Elektronen) eine Rolle spielen, werden sie auch als bipolare Transistoren bezeichnet. Allen gemeinsam sind drei Anschlüsse mit folgenden Bezeichnungen:

Basis B   Emitter E   Kollektor C

Jede dieser Elektroden führt an eine dotierte Halbleiterschicht. Je nach Zonenfolge werden **NPN-** (Abb. 1) oder **PNP-Transistoren** (Abb. 2) unterschieden.

Arbeitsweise bipolarer Transistoren

Wenn zwei unterschiedlich dotierte Halbleiterschichten zusammengefügt werden, entsteht eine Sperrschicht (PN-Übergänge, vgl. Kap. 10.3.3). Jeden Transistor kann man sich deshalb im Prinzip wie eine Reihenschaltung aus zwei Dioden vorstellen (Abb. 1 ①).

Ein Transistor kann aber nicht aus zwei einzelnen Dioden aufgebaut werden, da nur die im Innern vorhandene sehr dünne Basisschicht die Ladung vom Emitter zum Kollektor durchlässt.

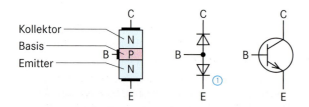

1: Bipolarer NPN-Transistor

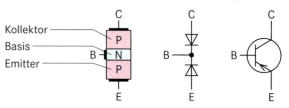

2: Bipolarer PNP-Transistor

Die Diodenstrecken des Transistors sind gegeneinander geschaltet, sodass auch bei angelegter Spannung zwischen Kollektor und Emitter kein Strom fließen kann. Dieses ändert sich erst dann, wenn zwischen Basis und Emitter (Diodenstrecke bei Silizium) eine Spannung von etwa 0,7 V angelegt wird (bei NPN-Transistor Basis positiv gegenüber dem Emitter).

Die bisher gesperrte Diodenstrecke zwischen Basis und Emitter wird jetzt abgebaut und die Ladungen werden von der größeren Spannung zwischen Kollektor und Emitter angezogen. Der große Kollektorstrom (z. B. I_C = 1 A) ist also durch die kleinen Eingangsgrößen der Basis (Basisstromstärke z. B. I_B = 1 mA und Basis-Emitter-Spannung U_{BE} = 0,7 V) schaltbar.

Wenn jetzt wie in Abb. 3 die Basis-Emitter-Spannung über einen Schalter angelegt wird, lässt sich die Lampe im Kollektorstromkreis schalten.

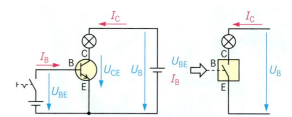

3: Bipolarer NPN-Transistor als Schalter

In dieser Schaltung wird der Emitter als gemeinsame Elektrode für den Ein- und Ausgangsstromkreis verwendet. Die Schaltung wird deshalb auch als **Emitterschaltung** bezeichnet. Die Basis ist die Eingangselektrode und der Kollektor wird als Ausgangselektrode verwendet.

- Bipolare Transistoren besitzen drei Anschlüsse mit den Bezeichnungen Basis (B), Kollektor (C) und Emitter (E).
- Bipolare Transistoren sind aus den Halbleiterschichten NPN bzw. PNP aufgebaut.
- Bei bipolaren Transistoren werden die Basis-Emitter-Diode in Durchlass- und die Kollektor-Basis-Diode in Sperrrichtung betrieben.
- Der Kollektorstrom eines bipolaren Transistors lässt sich durch die Eingangsgrößen I_B und U_{BE} schalten.

Schaltverhalten / switching performance

Transistorkennlinien

Das Schaltverhalten soll jetzt zusätzlich mit Hilfe von Kennlinien erklärt werden. Dabei wird zwischen dem Ein- und Ausgangsbereich unterschieden.

Eingangsbereich

Die Basis-Emitter-Strecke verhält sich wie eine Diode, sodass sich als Kennlinie für I_B in Abhängigkeit von U_{BE} eine typische Diodenkennlinie ergibt (Abb. 4).

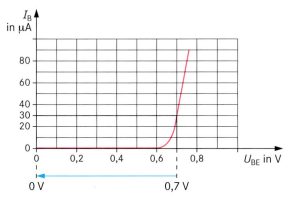

4: Eingangskennlinie eines bipolaren Transistors.

Ausgangsbereich

Im Ausgangsbereich wird die Kollektorstromstärke I_C in Abhängigkeit von der Kollektor-Emitter-Spannung U_{CE} dargestellt (Abb. 5). Da als weitere Einflussgröße der Basisstrom vorhanden ist, sind zwei Fälle eingezeichnet.

1. I_B maximal; U_{BE} etwa 0,7 V; Kennlinie ①

Dieses ist der Zustand EIN. I_C ist maximal und die Betriebsspannung von 24 V liegt fast vollständig an der Lampe. Nur eine kleine Spannung ist noch zwischen Kollektor und Emitter vorhanden. Sie wird als Sättigungsspannung (U_{CEsat}) bezeichnet.
⇒ „Schalter" ist geschlossen

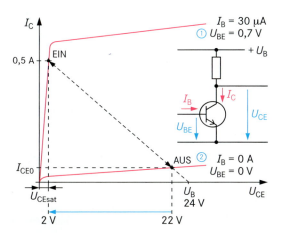

5: Ausgangskennlinie eines bipolaren Transistors

2. I_B und U_{BE} sind Null, Kennlinie ②

Dieses ist der Zustand AUS. Die Betriebsspannung liegt fast vollständig zwischen Kollektor und Emitter.
⇒ „Schalter" ist offen

Es fließt jedoch noch ein kleiner Kollektorstrom (I_{CE0}). Dieses liegt daran, dass die beiden Dioden kein ideales Sperrverhalten zeigen.

Ströme und Spannungen

Die Aufteilung der Ströme in einem bipolaren Transistor zeigt Abb. 6. Die Darstellung ist nicht maßstäblich. Die Basisstromstärke ist etwa 100 bis 500-mal kleiner als die Kollektorstromstärke.

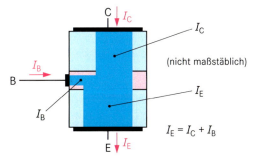

6: Ströme im bipolaren Transistor

Die einzelnen Polaritäten der Spannungen gegenüber dem Emitter zeigt folgende Übersicht:

Transistor	Basis-Emitter	Kollektor-Emitter
NPN	positiv (klein)	positiv (groß)
PNP	negativ (klein)	negativ (groß)

- Ein bipolarer Transistor ist kein idealer Schalter. Im „offenen" Zustand fließt noch ein kleiner Strom (I_C) und im „geschlossenen" Zustand liegt eine kleine Spannung ($U_{CE} = U_{CEsat}$) an.
- Kollektor- und Basisstrom ergeben zusammen den Emitterstrom des bipolaren Transistors.

Aufgaben

1. Nennen Sie Bedingungen, unter denen zwischen Kollektor und Emitter ein Strom fließen kann!

2. Beschreiben Sie Unterschiede und Gemeinsamkeiten zwischen einem mechanischen Schalter und einem Transistor als Schalter!

3. Berechnen Sie mit Hilfe der Daten aus dem Kennlinienfeld in Abb. 5 den Widerstand der Kollektor-Emitterstrecke für die Zustände EIN und AUS!

Feldeffekttransistoren / field effect transistors

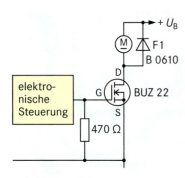

1: FET zur Motorsteuerung

Neben bipolaren Transistoren werden in elektronischen Schaltungen Feldeffekttransistoren (**FET**) eingesetzt. Weil bei ihnen nur eine Ladungsträgerart für den Stromfluss im Kristall eine Rolle spielt, werden sie auch als **unipolare** Transistoren bezeichnet.

In Abb. 1 wird ein Feldeffekttransistor als Schalter zur Steuerung eines Motors eingesetzt. An der Eingangselektrode G liegen die Steuersignale, die den Stromfluss durch den Motor steuern. Die Elektroden von Feldeffekttransistoren haben folgende Bezeichnungen:

Arbeitsweise von Feldeffekttransistoren

Das Schaltzeichen verdeutlicht bereits die Funktion. Wie beim bipolaren Transistor betrachten wir den Ein- und Ausgangsbereich.

Ausgangsbereich

Die Strecke (Kanal ①) zwischen Drain und Source ist unterbrochen gezeichnet. Dieses soll bedeuten, dass ohne Ansteuerung kein Strom fließen kann. Der FET wird deshalb auch als selbstsperrender FET bezeichnet.

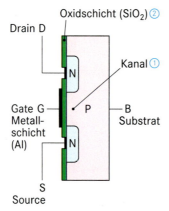

Aufbau eines MOS-FET

Eingangsbereich

Das Gate ist in Form einer Platte gezeichnet, die dem Kanal gegenüber liegt. Es besteht somit keine leitende Verbindung zwischen dem Gate und dem Kanal ①. Im Innern des FET ist das Gate aus einem Aluminiumplättchen aufgebaut. Die Trennung zwischen Gate und Kanal erfolgt durch eine Isolierschicht aus Siliciumdioxid ②. Es kann somit kein Eingangsstrom fließen. Die Steuerung erfolgt leistungslos. Der Eingangswiderstand ist daher sehr groß (Giga-Ohm).

Auf Grund dieses Aufbaus bezeichnet man diese Transistoren auch als **Isolierschicht FET** oder **MOS-FET** (**M**etal-**O**xide-**S**emiconductor-FET).

Wie entsteht beim MOS-FET im Kanal ein Strom?

Wenn das Gate durch eine Eingangsspannung positiv geladen ist, werden durch Influenz wie beim Kondensator (vgl. Kap. 4.5) im Kanal negative Ladungen erzeugt. Der Kanal wird leitend und es fließt ein Strom I_D.

Die Kennlinien in Abb. 2 verdeutlichen diesen Zusammenhang genauer. Bei U_{GS} = 0 V fließt noch kein Drainstrom. Er steigt mit zunehmender Spannung an.

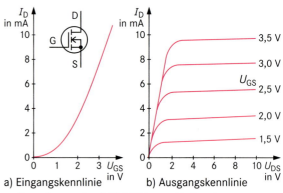

a) Eingangskennlinie   b) Ausgangskennlinie

2: Kennlinien des MOS-FET mit N-Kanal

Übersicht über FET

Isolierschicht FET
- Selbstsperrend mit
  - N-Kanal
  - P-Kanal
- Selbstleitend mit
  - N-Kanal
  - P-Kanal

Sperrschicht FET mit
  - N-Kanal
  - P-Kanal

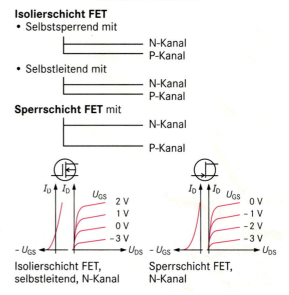

Isolierschicht FET, selbstleitend, N-Kanal   Sperrschicht FET, N-Kanal

- Ohne Ansteuerung ist die Drain-Source-Strecke des MOS-FET gesperrt (selbstsperrend).
- Wenn beim MOS-FET die Gate-Elektrode positiv wird, fließt im Kanal zwischen Drain und Source Strom.
- Die Steuerung des Stromes I_D beim MOS-FET erfolgt leistungslos durch ein elektrisches Feld, der Eingangswiderstand ist deshalb sehr groß.

Thyristorsteuerung / thyristor control 253

10.5.3 Thyristoren

Auch ein Thyristor lässt sich als elektronischer Schalter einsetzen. In Abb. 3 wird mit ihm der Strom durch die Lampe geschaltet. Die drei Elektroden haben folgende Bezeichnungen:

Wie funktioniert die Schaltung?
In der Schaltung sind zwei Stromkreise vorhanden.

Laststromkreis: Q1, Q2, E1
⇒ Der elektronische Schalter befindet sich also zwischen Anode und Katode.

Steuerstromkreis: S1, R1, Q2, E1
Durch die Betätigung des Tasters S1 wird eine Spannung an das Gate (Steuerelektrode) gelegt. Die Strecke zwischen Anode und Katode wird dadurch leitend.
⇒ Das Gate ist die Steuerelektrode.

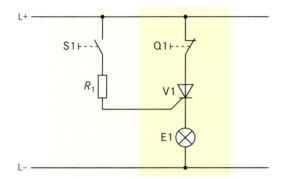

3: Thyristor als elektronischer Schalter

Wie ist der Thyristor aufgebaut?

Thyristoren bestehen aus vier unterschiedlich dotierten Halbleiterschichten (Abb. 4). Das Gate als Steuerelektrode kann näher an der Anode bzw. an der Katode angebracht sein. Es werden deshalb **anodenseitig** bzw. **katodenseitig** steuerbare Thyristoren unterschieden.

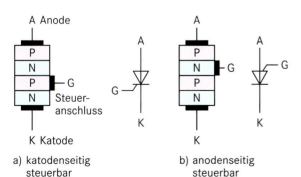

4: Thyristoraufbau und Schaltzeichen

Welchen Einfluss hat die Steuerspannung?

Zwischen Anode und Katode eines Thyristors befinden sich vier Halbleiterschichten mit drei Sperrschichten. Die Strecke ist also auch bei anliegender Betriebsspannung gesperrt.

Wird wie in Abb. 3 das Gate mit L+ verbunden (positiver Impuls), kommt es zum Abbau der Sperrschichten. Es fließt im Laststromkreis zwischen Anode und Katode ein Strom I_F. Wir nennen diesen Vorgang **Zündung**.

Der Strom fließt auch dann noch, wenn die Zündspannung U_G nicht mehr anliegt. Eine Unterbrechung des Stromflusses kann in Abb. 3 nur durch die Betätigung von Q1 erfolgen (Thyristor wird „gelöscht"). Der anodenseitig steuerbare Thyristor kann durch einen negativen Impuls am Gate gezündet werden.

Die Zündung von Thyristoren kann mit Gleichspannungen, Wechselspannungen oder Impulsen erfolgen. Wichtig ist dabei, dass die Änderung des Signals rasch erfolgt.

Die Arbeitsweise des Thyristors lässt sich mit der Kennlinie in Abb. 5 erklären. Wie bei Dioden wird der Durchlass- und Sperrbereich unterschieden.

Durchlassbereich

Mit kleinen Größen (z. B. U_G = 0 V bis 3 V) ① lässt sich die größere Stromstärke I_F (bis zu einigen kA) des Thyristors zwischen Anode und Katode schalten.

Sperrbereich

Der Thyristor verhält sich wie eine gesperrte Diode ②.

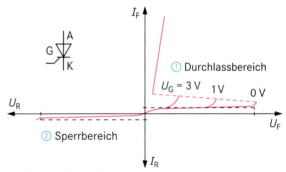

5: Thyristorkennlinie

- Im Durchlassbereich können Thyristoren durch Steuerspannungen und Steuerströme gezündet werden. Die Strecke zwischen Anode und Katode verhält sich wie ein Schalter.
- Im Sperrbereich verhält sich der Thyristor wie eine Diode.
- Ein gezündeter Thyristor kann durch Laststromunterbrechung wieder gelöscht werden.

Phasenanschnittsteuerung / phase-angle control

1: Thyristoren und Triacs

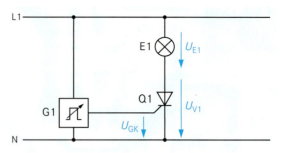

3: Thyristor im Wechselstromkreis

Thyristoren als Schalter im Wechselstromkreis

Thyristoren lassen sich auch in Wechselstromkreisen zur Helligkeitssteuerung von Lampen einsetzen (**Dimmerschaltung** vgl. Kap. 8.2.2). Ein Beispiel hierfür zeigt Abb. 3. Im Laststromkreis befinden sich die Glühlampe E1 und der Thyristor Q1 mit seiner Anoden-Katodenstrecke. Die Zündung erfolgt mit Impulsen aus dem Zündgenerator G1. Dieser Generator kann aus einzelnen elektronischen Bauteilen aufgebaut sein oder als eine integrierte Schaltung vorliegen. Der Pfeil durch das Rechtecksignal gibt an, dass der Zündimpuls in seiner Phasenlage verschoben werden kann.

Die Zusammenhänge zwischen den einzelnen Spannungen verdeutlicht Abb. 2. Der Zündimpuls liegt dann an, wenn die Spannung zwischen L1 und N maximal ist. Der Winkel α (**Steuerwinkel, Zündwinkel**) beträgt dann 90° (Abb. 2a).

Zur Erklärung der Arbeitsweise werden die folgenden Zeitbereiche bzw. Zeitpunkte betrachtet:

- **0° < α < 90°**
Der Thyristor ist gesperrt. Es fließt kein Laststrom. U_{V1} steigt bis zum Maximalwert an (Abb. 3b). U_{E1} bleibt dagegen konstant 0 V (Abb. 3c). Die Lampe leuchtet nicht.

- **α = 90°**
Der Thyristor wird durch einen Impuls gezündet. U_{V1} sinkt auf 0 V. U_{E1} ändert sich dagegen von 0 V auf den Maximalwert. Es fließt ein Strom und die Lampe leuchtet.

- **90° < α < 180°**
Entsprechend der Wechselspannung sinkt die Spannung an der Lampe vom Maximalwert bis 0 V.

- **α = 180°**
Weil die Wechselspannung 0 V wird, löscht der Thyristor. Es fließt kein Strom mehr durch die Lampe.

- **180° < α < 360°**
Die Wechselspannung zwischen L1 und N ist negativ. Der Thyristor bleibt gesperrt.

Ab α = 360° wiederholt sich der Vorgang. Durch die Lampe fließt also nur zu bestimmten Zeiten ein Strom. Aus der anliegenden Wechselspannung werden bestimmte Anteile „herausgeschnitten" (**Phasenanschnittsteuerung** vgl. Kap. 8.2.2). Es stellt sich somit eine geringere Lampenhelligkeit ein.

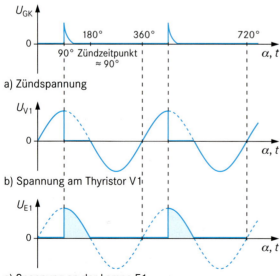

a) Zündspannung
b) Spannung am Thyristor V1
c) Spannung an der Lampe E1

2: Spannungen bei der Phasenanschnittsteuerung
Beispiel: Anschnitt bei 90°

> ■ Bei der Phasenanschnittsteuerung werden nur bestimmte Anteile der anliegenden Wechselspannung im Laststromkreis wirksam.

Aufgaben

1. Begründen Sie, weshalb man den Thyristor auch als steuerbaren Gleichrichter bezeichnen kann!

2. Weshalb lässt sich der Thyristor in Abb. 2 nicht durch Impulse zwischen 180° und 360° schalten?

10.5.4 Triac

In der Bohrmaschine von Abb. 5 befindet sich ein Triac, mit dem sich die Drehzahl verändern lässt. Verwendet wird ein Universalmotor (vgl. Kap. 12.2.7), dessen Drehzahl von der anliegenden Spannung abhängig ist.
Wie lässt sich mit dieser Schaltung die Spannung am Motor verändern?

Der Stromlaufplan enthält die zur Erklärung wichtigsten Bauelemente. Es werden zwei Stromkreise betrachtet.

1. Laststromkreis (Energieversorgung)

Der Motor liegt mit einem Schalter und dem Triac in Reihe an der Betriebsspannung von 230 V. Der Triac ist ein elektronischer Schalter für die Wechselspannung.

2. Steuerstromkreis

Der Triac besitzt eine Steuerelektrode G. Mit dem Widerstand kann die Zündspannung U_Z für den Triac in ihrer Größe und Phasenlage (Reihenschaltung aus R und C, vgl. Kap. 4.7) verändert werden.

Die Anschlüsse des Triacs haben folgende Bezeichnungen:

| Gate G | Anode A2 |
| Anode A1 | |

Wie ist ein Triac aufgebaut?

Einen Triac kann man sich wie zwei antiparallel geschaltete Thyristoren vorstellen. Im Schaltzeichen wird dieses durch zwei antiparallele Diodensymbole verdeutlicht. Der Triac wird deshalb auch als **Zweirichtungsthyristor** bezeichnet.

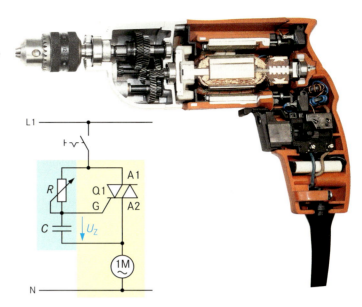

5: Drehzahlsteuerung bei der Bohrmaschine

Wie arbeitet ein Triac?

Wenn wir die Kennlinien von zwei antiparallel geschalteten Thyristoren übereinander legen, dann können wir feststellen, dass die Sperrbereiche durch den jeweils anderen Durchlassbereich aufgehoben werden. Ein Triac besitzt also zwei Durchlassbereiche (Abb. 4).

Der Zeitpunkt der Zündung kann durch Wechselspannungen oder Impulse bestimmt werden. Wenn, wie z. B. in Abb. 6 dargestellt, die Zündung bei etwa 90° der Wechselspannung erfolgt, wird nur eine „Hälfte" der sinusförmigen Wechselspannung wirksam. Die Stromstärke ist entsprechend kleiner und die Drehzahl geringer.

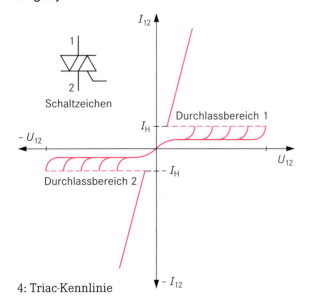

4: Triac-Kennlinie

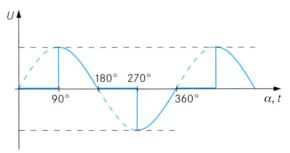

6: Spannungsverlauf im Stromkreis mit Triac

- Ein Triac lässt sich als Schalter im Wechselstromkreis einsetzen.
- Mit Zündspannungen am Gate des Triacs können bestimmte Anteile der positiven und negativen Halbschwingungen der Wechselspannung wirksam werden.

Wechselstromschalter

Auf Grund der beiden Durchlassbereiche lässt sich der Triac als Wechselstromschalter einsetzen. Der Einsatzbereich erstreckt sich bis 2 MVA. Wechselstromschalter werden besonders dort eingesetzt, wo häufiges Schalten erforderlich ist.

Beispiele:
- Geregelte Heizungsanlagen
- Einstellbare Beleuchtungsanlagen
- Drehstrommotoren mit häufiger Drehrichtungsumkehr
- Transformator-Stufenschalter

Die Steuerung der Bohrmaschine in Abb. 5 auf S. 255 erfolgte durch einen Triac als Wechselstromschalter mit einem einstellbaren RC-Glied als Zündgenerator. In aufwändigeren Steuerschaltungen besteht der Zündgenerator aus einer integrierten Schaltung, die über ein Netzteil mit einer Gleichspannung versorgt wird (Abb. 1). An Stelle eines Triacs können auch zwei antiparallel geschaltete Thyristoren verwendet werden. Für die Ansteuerung der Thyristoren liefert der Zündgenerator entsprechend phasenverschobene Impulse.

Mit der Phasenanschnittsteuerung konnte die Leistung eines Verbrauchers im Wechselstromkreis gesteuert werden. Nachteilig bei diesen Schaltungen sind die steilen Übergänge. Sie führen zu hochfrequenten Störungen, die sich im Energienetz ausbreiten können. Begrenzende Filterschaltungen sind erforderlich.

Störungsfreier arbeiten Schalter, in denen die Thyristoren bzw. Triacs in der Nähe des Nulldurchgangs geschaltet werden (**Nullspannungsschalter**). Es können aber auch, wie in Abb. 3 dargestellt, vollständige Schwingungen geschaltet werden (**Schwingungspaket-** oder **Vollwellensteuerung**). Das Beispiel zeigt, dass durch die Steuerimpulse u_{st} von der anliegenden Wechselspannung u jeweils zwei Perioden „durchgelassen" und eine gesperrt wird. Als Ergebnis erhält man im Belastungswiderstand eine verringerte Wechselstromleistung. Die Energieumwandlung verringert sich dementsprechend (z. B. bei einer Heizung).

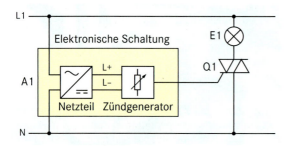

1: Wechselstromschalter mit Triac

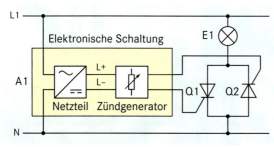

2: Wechselstromschalter mit antiparallelen Thyristoren

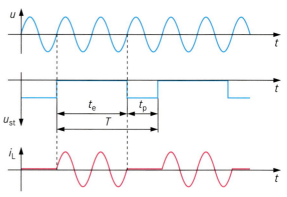

3: Schwingungspaketsteuerung

- Bei der Schwingungspaketsteuerung gelangt von der anliegenden Wechselspannung immer nur eine bestimmte Anzahl von Perioden an den Lastwiderstand.

- Wechselstromschalter ermöglichen häufiges verschleißfreies Schalten. Die Schaltleistung kann je nach Halbleiterelement bis 2 MVA betragen.
- Mit Hilfe von Steuerspannungen können Wechselstromschalter prinzipiell zu jedem Zeitpunkt der angelegten Wechselspannung geschlossen werden.

Aufgaben

1. Erklären Sie den Unterschied zwischen einem Thyristor und einem Triac mit Hilfe der Kennlinien!

2. Weshalb sind beim Triac und beim Thyristor im Wechselstromkreis keine Schaltungsmaßnahmen zum Löschen erforderlich?

3. Ermitteln Sie mit Hilfe der Spannungs- und Stromverläufe von Abb. 3 die prozentual verringerte Leistung im Belastungswiderstand!

4. Hinsichtlich der galvanischen Trennung zwischen Last- und Steuerstromkreis bestehen zwischen mechanischen und elektronischen Schaltern Unterschiede.
Beschreiben Sie Vor- und Nachteile!

Verstärkung / amplifier

10.6 Verstärker

10.6.1 Verstärkungsprinzip

Verstärker sind in vielen elektrotechnischen Anlagen und Geräten anzutreffen. Beispiele:

- Spannungen von Antennen (vgl. Kap. 11.3.3),
- Spannungen von Mikrofonen (vgl. Kap. 11.2.1),
- Signale zur Steuerung von Thyristoren und Triacs (vgl. Kap. 10.5.3),
- Signale von Temperaturfühlern oder anderen Sensoren (vgl. Kap. 13.7.2),
- Spannungen von Tachogeneratoren zur Regelung von Motordrehzahlen (vgl. Kap. 13.7.1).

Verstärker können aus einer Vielzahl von elektronischen Bauteilen **diskret** aufgebaut sein oder als **integrierte Schaltungen** eingesetzt sein. Bei **integrierten Schaltungen** sind alle Bauelemente auf einem Halbleiterchip und engstem Raum zusammengefasst.

Trotz unterschiedlicher Bauweisen gibt es für Verstärker folgende **Gemeinsamkeiten**:

- Verstärker benötigen immer eine elektrische Energieversorgung, Abb. 4 ①.
- Verstärker haben Ein- und Ausgangsgrößen.
- Verstärker besitzen einen Eingangs- und einen Ausgangswiderstand ②.
- Die Ausgangsgrößen sind größer als die Eingangsgrößen.
- Für den Verstärker kann ein allgemeines Schaltzeichen angegeben werden.
- Folgende Größen können verstärkt werden: Spannung, Stromstärke und Leistung.
- Die Verstärkung (**Verstärkungsfaktor v**) ist das Verhältnis von Ausgangsgröße zu Eingangsgröße.

Spannungsverstärkung **Stromverstärkung**

$$v_u = \frac{U_2}{U_1} \qquad v_i = \frac{I_2}{I_1}$$

Leistungsverstärkung

$$v_p = \frac{P_2}{P_1} \qquad v_p = \frac{U_2 \cdot I_2}{U_1 \cdot I_1} \qquad v_p = v_u \cdot v_i$$

- Die Größen können wechselnde Größen (z. B. Wechselspannung) oder gleich bleibende Größen (z. B. Gleichspannung) sein.

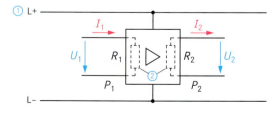

4: Verstärker mit Energieversorgung

In Verstärkern befinden sich neben den passiven Bauteilen (Widerstände, Kondensatoren, Spulen) auch **aktive Bauelemente**.

Verwendet werden z.B.
- bipolare Transistoren,
- Feldeffekttransistoren oder
- Operationsverstärker (vgl. Kap. 10.6.4)

Ein Verstärker lässt sich vereinfacht wie eine Reihenschaltung aus zwei Widerständen auffassen (Abb. 5). Die Spannungsversorgung liegt an dieser Reihenschaltung. Wir wollen daran die Entstehung der Spannungsverstärkung behandeln.

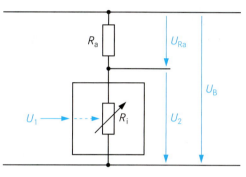

5: Verstärkungsprinzip durch Spannungsaufteilung

Der Festwiderstand R_a liegt in Reihe mit einem durch die Eingangsgröße U_1 veränderbaren Widerstand R_i. Wenn die Eingangsspannung U_1 größer wird, vergrößert sich auch der Innenwiderstand R_i des Verstärkers. Da die Reihenschaltung an einer konstanten Spannung liegt und auch R_a konstant bleibt, vergrößert sich die Ausgangsspannung U_2.

Wirkungskette:

$U_1\uparrow \Rightarrow R_i\uparrow \Rightarrow U_{Ra}\downarrow \Rightarrow U_2\uparrow$ (U_B = konstant)

- Verstärker geben Gleich- oder Wechselgröße des Eingangsbereiches vergrößert am Ausgang ab.
- Verstärkt werden Spannungen, Stromstärken und Leistungen.

Aufgaben

1. Berechnen Sie die Spannungsverstärkung eines Verstärkers, wenn folgende Größen gegeben sind:
a) U_1 = 10 mV; U_2 = 0,34 V
b) U_1 = 0,4 V; U_2 = 22,6 V

2. Berechnen Sie die Stromstärke I_2, wenn folgende Größen gegeben sind:
a) I_1 = 43 mA; v_i = 120
b) I_1 = 0,5 A; v_i = 65,7

3. Begründen Sie, weshalb Verstärker zum Betrieb immer elektrische Energie benötigen!

10.6.2 Verstärker mit bipolaren Transistoren

Wenn ein Transistor als Verstärker verwendet werden soll, müssen die Ein- und die Ausgangselektrode festgelegt werden. Häufig wird die Basis als Eingangs- und der Kollektor als Ausgangselektrode benutzt. Der Emitter ist dann die gemeinsame Elektrode. Die Schaltung wird deshalb als **Emitterschaltung** bezeichnet (Abb. 1a).

Ein Transistor kann Spannungen, Ströme und damit Leistungen verstärken. Da zwischen den Stromstärken in weiten Bereichen ein linearer Zusammenhang besteht (vgl. Kennlinie in Abb. 1b), soll zunächst die Stromverstärkung behandelt werden.

Stromverstärkung

Damit eine Emitterschaltung funktionieren kann, müssen die Basis und der Kollektor mit Spannung versorgt werden. Aus Vereinfachungsgründen nehmen wir an, dass dieses in Abb. 1a geschehen ist und betrachten nun die folgenden Größen:

Eingangsstromstärke: I_B
Ausgangsstromstärke: I_C

Der Zusammenhang zwischen I_B und I_C ist in Abb. 1b grafisch in der Kennlinie dargestellt. Der Zusammenhang ist nahezu linear. Als Kenngröße wird das Verhältnis von I_C zu I_B verwendet. Diese Größe wird als Gleichstromverstärkung **B** bezeichnet. Sie ist in weiten Bereichen konstant.

Gleichstromverstärkung

$$B = \frac{I_C}{I_B}$$

Aus der Kennlinie kann Folgendes abgelesen werden:
Eingangsstromstärke: $I_{B1} = 0{,}4$ mA ①
Ausgangsstromstärke: $I_{C1} = 50$ mA ②

Aus der Eingangsgröße von 0,4 mA ist durch den Transistor eine Ausgangsgröße von 50 mA entstanden. Die Verstärkung kann berechnet werden, indem man die Ausgangsgröße durch die Eingangsgröße teilt.

Gleichstromverstärkung

Geg.: Kennlinie in Abb. 1b, $I_B = 0{,}4$ mA
Ges.: B

Abgelesener Wert: $I_C = 50$ mA

$$B = \frac{I_C}{I_B} \qquad B = \frac{50 \text{ mA}}{0{,}4 \text{ mA}} \qquad \underline{\underline{B = 125}}$$

Der Transistor besitzt eine 125 fache Stromverstärkung.

Wechselstromverstärkung

An der Kennlinie des Transistors kann auch die Wechselstromverstärkung veranschaulicht werden (Abb. 2). Wir nehmen wieder an, dass eine Basisstromstärke von 0,4 mA eingestellt worden ist. Wir nennen diesen Punkt auf der Kennlinie **Arbeitspunkt A**. Er wird durch Widerstände eingestellt. Verringern wir jetzt die Stromstärke auf 0,3 mA ③, verringert sich auch die Kollektorstromstärke ④. Wenn I_B dagegen auf 0,5 mA vergrößern ⑤, steigt auch I_C ⑥.

Wirkungskette

$$I_B \uparrow \Rightarrow I_C \uparrow \qquad I_B \downarrow \Rightarrow I_C \downarrow$$

Die Wechselstromverstärkung (β) lässt sich aus dem Verhältnis ΔI_C zu ΔI_B ermitteln.

- In der Emitterschaltung ist die Basis die Eingangselektrode und der Kollektor die Ausgangselektrode.
- Die Stromverstärkung beim bipolaren Transistor ist das Verhältnis von Kollektorstromstärke zu Basisstromstärke.
- Der Kollektorstrom ändert sich im gleichen Sinne wie der Basisstrom.
- Der Arbeitspunkt eines Transistors wird durch Ströme und Spannungen festgelegt.

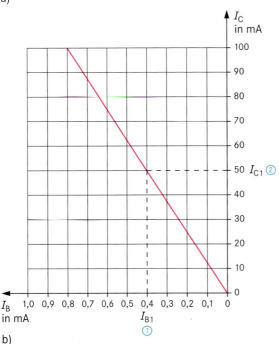

1: Stromverstärkung

Arbeitspunkt und Spannungsverstärkung / bias point and voltage gain

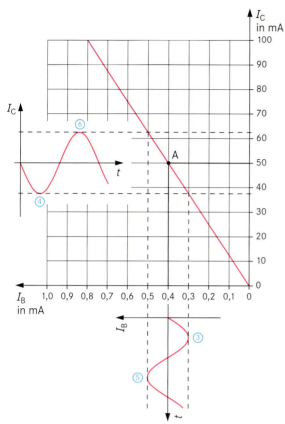

2: Wechselstromverstärkung

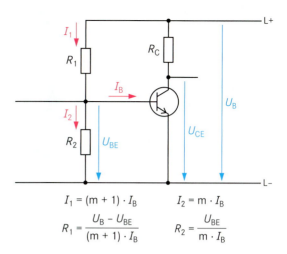

$I_1 = (m + 1) \cdot I_B \qquad I_2 = m \cdot I_B$

$R_1 = \dfrac{U_B - U_{BE}}{(m + 1) \cdot I_B} \qquad R_2 = \dfrac{U_{BE}}{m \cdot I_B}$

3: Emitterschaltung mit Basisspannungsteiler

Betriebsspannungen und Arbeitspunkt

Die Ein- und Ausgangselektroden bipolarer Transistoren in Verstärkerschaltungen müssen mit den folgenden Spannungen versorgt werden:

- **Basis**
  Die Basis-Emitter-Diode wird in Durchlassrichtung betrieben. ⇒ U_{BE} etwa 0,7 V
  (Silicium-Transistoren)
- **Kollektor**
  $U_{CE} \gg U_{BE}$ ⇒ U_{CE} etwa 5V bis 20 V
  (hängt vom Transistortyp ab)

Die elektrische Spannung zum Betrieb elektronischer Schaltungen wird in einem Netzteil erzeugt. In vielen Fällen steht nur eine Spannung zur Verfügung, sodass eine Anpassung erfolgen muss. Die kleine Basis-Emitter-Spannung U_{BE} von etwa 0,7 V kann z.B. durch einen Spannungsteiler (**Basisspannungsteiler**, Abb. 3) erzeugt werden.

An der Basis kommt es zu einer Stromverzweigung:

$I_1 = I_B + I_2$

Die Widerstände R_1 und R_2 werden so gewählt, dass I_2 etwa 5 bis 10 mal so groß wie I_B wird ($m = 5..10$).

Die Kollektor-Emitter-Spannung U_{CE} wird über einen Widerstand R_C an den Kollektor geführt.

Spannungsverstärkung

Als weitere Eingangsgröße ist neben I_B auch noch U_{BE} vorhanden. Wenn diese Spannung vergrößert wird, verkleinert sich der innere Widerstand R_{CE} der Kollektor-Emitter-Strecke (vgl. Kennlinie in Kap. 10.5.2). Die Stromstärke I_C im Ausgangsbereich steigt. Da der Kollektorwiderstand R_C jedoch konstant geblieben ist, verringert sich in der Reihenschaltung aus diesen zwei Widerständen die Spannung U_{CE}. Wenn die Eingangsgrößen dagegen kleiner werden, verkleinert sich U_{CE}.

Wirkungsketten

$U_{BE} \uparrow \Rightarrow I_B \uparrow \Rightarrow I_C \uparrow \Rightarrow U_{CE} \downarrow$
$U_{BE} \downarrow \Rightarrow I_B \downarrow \Rightarrow I_C \downarrow \Rightarrow U_{CE} \uparrow$

Die Ausgangsspannung verhält sich also umgekehrt wie die Eingangsspannung. Die Phasenlage der Spannung am Ausgang im Vergleich zur Eingangsspannung ist um 180° gedreht.

Leistungsverstärkung

Da im Ausgangs- und im Eingangsbereich Spannungen vorhanden sind und Ströme fließen, kann für einen bipolaren Transistor auch eine Leistungsverstärkung angegeben werden. Sie ist das Verhältnis von Ausgangsleistung zu Eingangsleistung (vgl. Kap. 10.6.1).

- Eine Emitterschaltung mit einem Silicium-Transistor benötigt zwischen Basis und Emitter eine Spannung von etwa 0,7 V.
- Bei der Emitterschaltung ist die Ausgangsspannung um 180° gegenüber der Eingangsspannung gedreht.
- Die Ausgangsspannung bei einer Emitterschaltung wird am Kollektor abgegriffen.

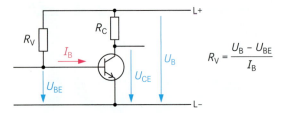

1: Emitterschaltung mit Basisvorwiderstand

Die Basisvorspannung kann auch durch einen einzelnen Vorwiderstand R_V (Abb. 1) erzeugt werden.

Transistor als Wechselspannungsverstärker

Ein Beispiel für einen Verstärker kleiner Mikrofonsignale ist in Abb. 2 zu sehen. Die typischen Werten der Bauteile sind angegeben. Die erforderlichen Betriebsspannungen für den **Arbeitspunkt** des Transistors werden über einen Basisspannungsteiler und den Kollektorwiderstand erzeugt.

Die Wechselspannung des Mikrofons ① kann nicht direkt an die Basis gelegt werden, da sich sonst die Gleichspannung über den Innenwiderstand der Wechselspannungsquelle verringern würde. Sie wird deshalb über den Kondensator von 1,5 µF zugeführt. An der Basis kommt es also zur Überlagerung zwischen der Gleichspannung mit der zu verstärkenden Wechselspannung (**Mischspannung** ②).

Auch am Kollektor entsteht eine Mischspannung ③. Der Gleichspannung im Arbeitspunkt ist die verstärkte Wechselspannung überlagert. Mit dem Kondensator von 500 µF kann die Wechselspannung wieder von der Gleichspannung getrennt werden ④.

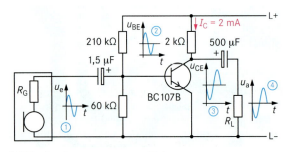

2: Wechselspannungsverstärker

- Die Basisvorspannung U_{BE} kann durch einen Basisspannungsteiler oder durch einen Vorwiderstand erzeugt werden.
- Transistoren können zur Spannungs-, Stromstärken- und Leistungsverstärkung eingesetzt werden.
- In Wechselspannungsverstärkern mit Transistoren werden Kondensatoren verwendet, um Gleich- und Wechselspannungen voneinander zu trennen.

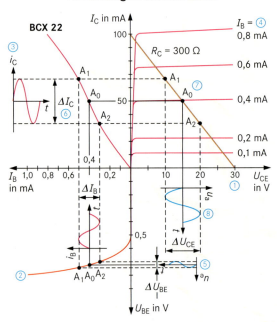

- Die Transistorschaltung arbeitet mit einer Gleichspannung von 30 V ①. Der Arbeitspunkt A_0 ist durch Widerstände eingestellt worden.
- Das Verhalten des Transistors wird durch drei Kennlinienfelder beschrieben:
  1. Eingangskennlinie ②: I_B in Abhängigkeit von U_{BE}
  2. Stromverstärkung ③: I_C in Abhängigkeit von I_B
  3. Ausgangskennlinie ④: I_C in Abhängigkeit von U_{CE}
- Die Wechselspannung ΔU_{BE} ⑤ wird nun angelegt. Es entsteht ΔI_B.
- Die Änderung der Basisstromstärke verursacht eine Änderung der Kollektorstromstärke ΔI_C ⑥.
- Durch ΔI_C verschiebt sich der Arbeitspunkt A_0 auf der Arbeitsgeraden zwischen A_1 und A_2 ⑦.
- Die Änderung des Arbeitspunktes verursacht eine entsprechende Spannungsänderung ΔU_{CE} ⑧.

Aufgaben

1. Berechnen Sie I_C, wenn der Transistor eine Stromverstärkung von 250 besitzt und I_B mit 0,2 mA gemessen wird!

2. Ermitteln Sie die Wechselstromverstärkung mit Hilfe der Kennlinie in Abb. 2 auf S. 259!

3. Beschreiben Sie die Unterschiede zwischen Wechselspannungs- und Gleichspannungsverstärkern!

4. Ein Transistor besitzt eine Gleichspannungsverstärkung von 35 und eine Gleichstromverstärkung von 125.
Wie groß ist die Leistungsverstärkung?

Sperrschicht-FET / junction FET

10.6.3 Verstärker mit Feldeffekttransistoren

Feldeffekttransistoren können durch elektrostatische Entladungen zerstört werden. Bereits kleinste Ströme (nA) können z.B. bei MOS-FET-Transistoren die dünne Isolierschicht zwischen dem Gate und dem Kanal zerstören. Die folgenden **Sicherheitsmaßnahmen** sollten deshalb beim Umgang mit Schaltungen eingehalten werden (vgl. Abb. 3):

- Elektrisch leitende Unterlage für die Platine verwenden.
- Der Lötkolben muss geerdet sein.
- Mögliche elektrostatische Aufladungen der Person sollten durch ein Masseband abgeleitet werden.

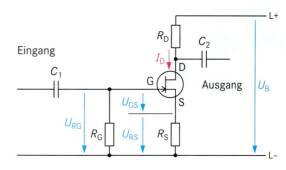

4: Verstärkerschaltung mit N-Kanal Sperrschicht-FET

3: Arbeitsplatz für MOS-Schaltungen

Auf Grund des sehr großen Eingangswiderstandes bei Feldeffekttransistoren (GΩ) ist im Gegensatz zu bipolaren Transistoren der Eingangsstrom vernachlässigbar klein (0 A). Der Arbeitspunkt wird nur über eine Spannung zwischen Gate und Source festgelegt.

Ein Schaltungsbeispiel mit einem Sperrschicht-FET ist in Abb. 4 zu sehen. Durch den Stromfluss im Ausgangskreis entsteht am Source-Widerstand R_S eine Spannung. Die Source-Elektrode ist somit positiver als der gemeinsame Bezugspunkt (Masse, L-). Da das Gate über R_G an diesem Bezugspunkt liegt, ist das Gate negativer als die Source-Elektrode.

Für die Trennung der Wechselspannung von den Gleichspannungen werden auch Kondensatoren (Koppelkondensatoren) verwendet.

Das Verstärkungsprinzip lässt sich mit der Eingangskennlinie in Abb. 5 erklären. Das Gate ist um −2V negativer als die Source-Elektrode ①. Wenn sich jetzt die zu verstärkende Eingangsspannung um 1 V ändert ②, ändert sich I_D entsprechend ③. Ein sich ändernder Strom im Ausgangswiderstand R_D verursacht eine sich ändernde Spannung. Das Eingangssignal ist also verstärkt worden und kann über C_1 weitergegeben werden.

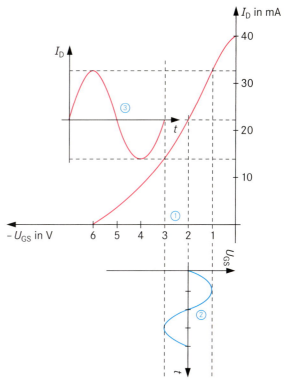

5: Eingangskennlinie beim N-Kanal Sperrschicht-FET

- Beim Einbau von Feldeffekttransistoren sowie bei Reparaturen in entsprechenden Geräten müssen elektrostatische Entladungen verhindert werden.
- Auf Grund des großen Eingangswiderstandes bei Feldeffekttransistoren kann der Eingangsstrom vernachlässigt werden.
- Zur Einstellung des Arbeitspunktes benötigen Feldeffekttransistoren nur eine Spannung zwischen Gate und Source.
- Beim FET lässt sich der Ausgangsstrom durch eine Eingangsspannung steuern.

Die bisher beschriebene Schaltungsmaßnahme zur Einstellung des Arbeitspunktes beim Sperrschicht-FET kann nicht auf die Isolierschicht-FETs übertragen werden. Die in Abb. 1a abgebildete Schaltung mit einem selbstsperrenden Isolierschicht-FET besitzt eine Eingangskennlinie (Abb. 1b, I_D in Abhängigkeit von U_{GS}), die nur im positiven Bereich verläuft. Die Gleichspannung für den Arbeitspunkt des Transistors kann also durch einen Spannungsteiler aus der Betriebsspannung gewonnen werden.

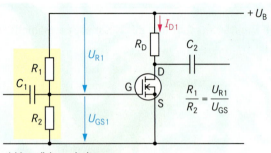

a) Verstärkerschaltung

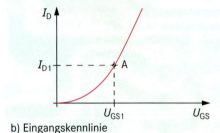

b) Eingangskennlinie

1: Isolierschicht-FET mit N-Kanal

- Bei Sperrschicht-FETs kann der Arbeitspunkt durch einen Source-Widerstand eingestellt werden.
- Bei Isolierschicht-FETs kann der Arbeitspunkt durch einen Spannungsteiler eingestellt werden.

Aufgaben

1. Begründen Sie, weshalb man beim Umgang mit Feldeffekttransistoren besondere Schutzmaßnahmen gegen elektrostatische Entladungen treffen muss!

2. Ermitteln Sie aus der Kennlinie in Abb. 5 auf S. 261 die Ausgangsstromänderung!

3. Der Widerstand R_D in Abb. 5 auf S. 261 hat einen Wert von 1 kΩ. Die Ausgangsstromstärke ΔI_D ändert sich von 10 mA bis 30 mA.
Wie groß ist die Spannungsänderung?

4. Berechnen Sie für Abb. 1 die Spannung U_{GS}, wenn folgende Werte bekannt sind:
U_B = 12 V; R_1 = 8,2 MΩ; R_2 = 1,2 MΩ.

10.6.4 Operationsverstärker

Aus Platz- und Kostengründen werden in elektronischen Schaltungen sehr oft integrierte Verstärkerschaltungen eingesetzt. Auf einem einzigen Halbleiterchip sind alle wesentlichen Bauteile untergebracht. Zur vollständigen Funktion müssen nur noch wenige Bauteile hinzu geschaltet werden.

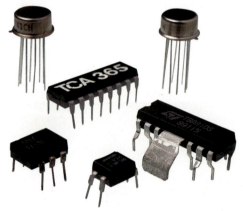

In der Steuerungs- und Regelungstechnik setzt man Operationsverstärker für verschiedene Aufgaben ein. Ursprünglich wurden diese Verstärker im Wesentlichen für die Realisierung mathematischer Operationen eingesetzt (daher diese Bezeichnung). Heute jedoch wird der Operationsverstärker als vielseitiges Bauteil für verschiedene Aufgaben eingesetzt. Zwei unterschiedliche Schaltzeichen werden verwendet (Abb. 2).

Typische Kennwerte von Operationsverstärkern

- **Betriebsspannungen:** +/– 4 V ... +/– 30 V
  Der Operationsverstärker benötigt zwei gleichgroße Betriebsspannungen (+U_{B1} und –U_{B2}, vgl. Abb. 3). In Schaltbildern sind sie oft nicht eingezeichnet.
- **Spannungsverstärkung:** 10^3 ... 10^8
  Die Verstärkung ist sehr groß.
- **Eingangswiderstand:** 10^5 Ω ... 10^{15} Ω
  Sehr groß!
- **Ausgangswiderstand:** 15 Ω ... 3 kΩ
  Sehr klein gegenüber dem Eingangswiderstand.
- **Frequenzbereich:** 0 Hz ... 1 MHz
  Der Operationsverstärker lässt sich zur Verstärkung von Gleich- und Wechselspannungen verwenden.

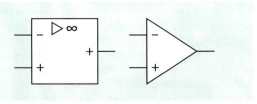

2: Schaltzeichen für Operationsverstärker

Verstärkerschaltung / amplifier circuit

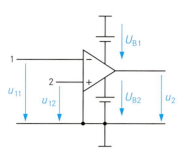

3: Anschlüsse und Spannungen beim Operationsverstärker

In einem Operationsverstärker sind im Prinzip zwei Verstärker enthalten. Dieses wird durch die beiden Eingangssymbole + (Pluszeichen) und – (Minuszeichen) ausgedrückt. Es handelt sich hierbei nicht um eine Polaritätsangabe für die Betriebsspannung, sondern um die Kennzeichnung der Phasenlage zwischen dem Eingangs- und dem Ausgangssignal. Die folgende Bedeutung der Eingangssymbole ist festgelegt:

Nichtinvertierender Eingang: +
Das an diesem Eingang anliegende Signal erscheint am Ausgang phasengleich.

Invertierender Eingang: –
Das an diesem Eingang anliegende Signal erscheint am Ausgang um 180° gedreht.

Das Verhalten eines Operationsverstärkers soll jetzt mit drei vereinfacht dargestellten Messschaltungen untersucht und beschrieben werden (Abb. 4 bis 6).

- Die Betriebsspannungsquellen sind in die Stromlaufplänen aus Gründen der Übersichtlichkeit nicht eingezeichnet.
- Die Eingangs- und Ausgangsspannungen werden durch Liniendiagramme dargestellt.
- Weil die Verstärkung des Operationsverstärkers sehr groß ist, dürfen nur sehr kleine Eingangsspannungen (µV) angelegt werden.

Nichtinvertierende Verstärkerschaltung (Abb. 4)

Damit nur der nichtinvertierende Eingang wirksam ist, wird der invertierende Eingang auf Masse gelegt. Als Eingangssignal wird eine Spannung von $U_{11} = 1\ \mu V$ verwendet. Die Spannungsverstärkung soll 1 000 000 = 10^6 betragen. Somit ergibt sich dann am Ausgang eine phasengleiche Spannung von $U_2 = 1\ V$.

Invertierende Verstärkerschaltung (Abb. 5)

Auch in dieser Schaltung wird das Eingangssignal auf $U_2 = 1\ V$ verstärkt, allerdings in seiner Phasenlage im Vergleich zum Eingangssignal um 180° gedreht. Es ist auch möglich, Signale an beide Eingänge des Operationsverstärkers zu legen. Auf Grund der Phasendrehung entsteht eine Differenzspannung.

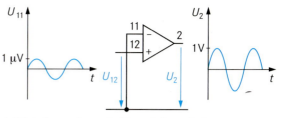

4: Nichtinvertierende Verstärkerschaltung

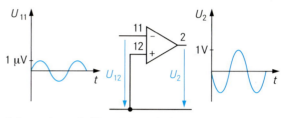

5: Invertierende Verstärkerschaltung

Differenzverstärker (Abb. 6)

Die Spannungsdifferenz $U_{11} - U_{12}$ wird verstärkt. Da U_{11} am invertierenden Eingang größer ist als U_{12}, ist das Ausgangssignal um 180° in der Phasenlage gedreht. Da der Operationsverstärkung eine 10^6-fache Verstärkung besitzt, ergibt sich eine Ausgangsspannung von $U_2 = 2\ V$.

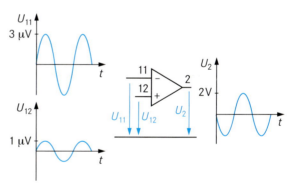

6: Differenzverstärkerschaltung

- Operationsverstärker sind integrierte Schaltungen mit einer großen Verstärkung.
- Der Eingangswiderstand von Operationsverstärkern ist groß und der Ausgangswiderstand relativ klein.
- Operationsverstärker lassen sich zur Verstärkung von Gleich- und Wechselspannungen einsetzen.
- Operationsverstärker besitzen einen invertierenden und einen nichtinvertierenden Eingang.
- Das Eingangssignal am invertierenden Eingang wird um 180° gedreht.

Auf Grund der hohen Verstärkung führen bereits kleinste Spannungen (z. B. 1 µV) an den Eingängen von Operationsverstärkern zu entsprechend großen Ausgangsspannungen (z. B. 1 V). Deshalb werden Operationsverstärker nicht ohne äußere Beschaltung mit Widerständen betrieben. Die Verstärkung kann dadurch den Erfordernissen angepasst werden.

Eine hierfür geeignete Schaltung wird als **Gegenkopplungsschaltung** bezeichnet. Das Ausgangssignal wird über einen Widerstand R_2 auf den invertierenden Eingang zurückgeführt. Eine Messschaltung zur Untersuchung der Zusammenhänge ist in Abb. 1 zu sehen.

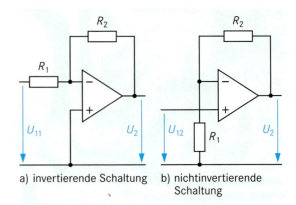

a) invertierende Schaltung   b) nichtinvertierende Schaltung

2: Operationsverstärker mit Gegenkopplung

Als Eingang kann aber auch der nichtinvertierende Eingang verwendet werden (Abb. 2). Auch in diesem Fall ist die Spannungsverstärkung allein vom Widerstandsverhältnis abhängig. Eine genauere Untersuchung führt zu folgender Verstärkungsformel:

$$v_u = 1 + \frac{R_2}{R_1}$$

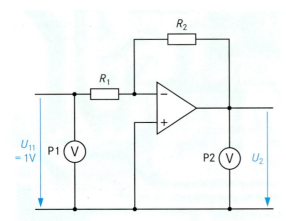

1: Messschaltung zur Untersuchung der Spannungsverstärkung bei Gegenkopplung

- Operationsverstärker können als invertierende, nichtinvertierende Verstärker oder Differenzverstärker eingesetzt werden.
- Bei Operationsverstärkern wird immer die Differenzspannung zwischen den Eingängen verstärkt.
- Zur Verstärkungsanpassung werden Operationsverstärker gegengekoppelt.
- Die Spannungsverstärkung einer Schaltung mit einem gegengekoppelten Operationsverstärker ist nur vom Verhältnis der Widerstände abhängig.

Durchführung

- Die Spannung U_{11} wird auf 1 V eingestellt.
- Gemäß der Tabelle werden verschiedene Widerstände R_1 und R_2 verwendet.
- Die Ausgangsspannung wird gemessen.
- Die Spannungsverstärkung v_u für die Schaltung wird berechnet.

Einstellungen und Ergebnisse:

U_{11} = 1 V			
R_1 in kΩ	R_2 in kΩ	U_2 in V	v_u in U_2/U_{11}
100	100	−1	−1
100	200	−2	−2
100	300	−3	−3
200	300	−1,5	−1,5

Auswertung

Die Messwerte zeigen, dass die Spannungsverstärkung allein vom Verhältnis der Widerstände abhängig ist.

$$\frac{U_2}{U_{11}} = \frac{R_2}{R_1} \qquad v_u = \frac{R_2}{R_1}$$

Aufgaben

1. Welche Signale können mit Operationsverstärkern verstärkt werden?

2. Welche Bedeutung haben die Symbole + und − im Eingang des Operationsverstärkers?

3. Welche Funktion haben der Widerstand im Eingangsbereich und der Widerstand vom Ausgang zum Eingang in einer Schaltung mit einem Operationsverstärker?

4. Berechnen Sie die Spannungsverstärkung eines gegengekoppelten Operationsverstärkers, wenn folgende Werte gegeben sind:
$R_1 = 3,3$ kΩ; $R_2 = 82$ kΩ;
a) Invertierende Schaltung,
b) Nichtinvertierende Schaltung.

11 Kommunikationstechnik

11.1 Personenrufanlagen

In der Wohngebäudeinstallation bieten diese Anlagen dem Besucher die Möglichkeit, mit einem akustischen Signal auf sich aufmerksam zu machen. In modernen Rufanlagen kann der Hausbewohner mit dem Besucher sprechen oder ihn auch direkt sehen. Weitere Einsatzgebiete der Personenrufanlage liegen z.B. im Krankenhausbereich. Dort ruft der Patient über einen Tastendruck das Pflegepersonal.

Für die Hausinstallation sind verschiedene **Arten der Rufanlage** möglich. Diese Anlagen haben folgende Funktionen:

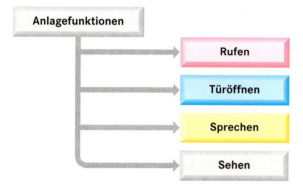

Am Beispiel eines Stromlaufplans (Abb. 1) einer Gegensprechanlage in einem Wohnhaus werden die verschiedenen Funktionen behandelt. In jeder Wohnung befindet sich eine Hausstation.

Ruffunktion

In unserem Beispiel können drei Wohnungen über die Taster S1, S2 bzw. S3 von der Tür aus gerufen werden. Der Rufstromkreis ist in Abb. 1 rot unterlegt. Die Wecker (Klingeln) befindet sich entweder in der Hausstation (P4) oder als getrennte Wecker in der Wohnung (P5 und P7). Über den Taster S32 vor der Wohnungstür wird die Klingel P6 betätigt. Diese als Etagenruf bezeichnete Funktion signalisiert über ein zweites akustisches Signal, ob sich Besucher vor der Haustür oder der Wohnungstür befinden. Der Taster S0 dient lediglich zur Beleuchtung des Tastenfeldes an der Türstation.

Die Klingelanlage wird mit Wechselspannung betrieben ($U_{max} \leq 24$ V AC). Sie wird über ein Netzteil G1 erzeugt. Der Transformator zur Erzeugung der Wechselspannung muss schutzisoliert und kurzschlussfest sein, da der angeschlossene Wecker einen sehr geringen Widerstand hat. An den Ausgangsklemmen des Netzteils kann meist eine Spannung von 4 V AC bzw. 8 V AC abgegriffen werden. Demzufolge kann durch die Reihenschaltung eine Spannung von AC 12 V abge-

griffen werden. Das Netzgerät G1 (Abb. 1) erzeugt auch die Gleichspannung zum Betrieb der Sprechanlage.

Die Betriebsmittel der Klingelanlage werden über Leitungen vom Typ YR oder Fernmeldeleitungen JY(St)Y verbunden. Bei steigender Leitungslänge muss der Leiterquerschnitt erhöht werden. Bei der Leitung vom Typ YR wird der Querschnitt angegeben (z.B. $q = 0{,}8$ mm^2), während der Leitungstyp JY(St)Y mit dem Aderdurchmesser gekennzeichnet ist. Bei einer Versorgungsspannung von 12 V AC und $I = 1$ A ergeben sich aufgrund des Spannungsfalles folgende maximale Leitungslängen:

Aderdurchmesser $d = 0{,}4$ mm: $l = 20$ m
Aderdurchmesser $d = 0{,}6$ mm: $l = 40$ m

Bei der Leitungsführung sollte stets ein Abstand von mehr als 10 cm zu benachbarten Energieleitungen eingehalten werden.

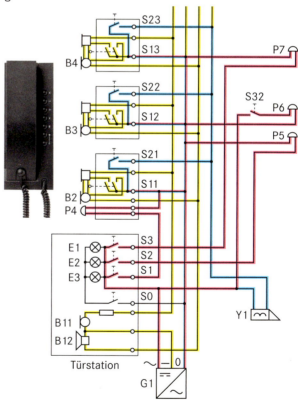

1: Stromlaufplan einer Personenrufanlage mit Gegensprechen

- Für Rufanlagen müssen kurzschlussfeste und schutzisolierte Transformatoren verwendet werden.
- Die Wechselspannung in einer Rufanlage darf 12 V nicht überschreiten.

Türöffnerfunktion

Mit Hilfe der Taster S21, S22 und S23 (Abb.1, S. 265) in den Hausstationen wird der Türöffner betätigt. Er besteht aus einer Spule, die im angezogenen Zustand die Tür mechanisch entriegelt. Der in Abb.1 blau markierte Türöffnerstromkreis, wird mit Wechselspannung vom zentralen Netzgerät gespeist.

1: Netzgerät zur Versorgung einer Türsprechanlage

Sprechfunktion

Wird an einer Sprechstelle im Haus der Handapparat (B2, B3 oder B4) abgenommen, so wird über den so genannten Gabelumschalter der Sprechstromkreis (Abb.1, S. 265 gelb markiert) geschlossen. Die Sprechverbindung ist hergestellt. Das Mikrofon der Türstation (B11) ist mit den Hörern der Hausstationen verbunden. Über einen zweiten getrennten Stromkreis sind die Mikrofone der Hausstationen mit dem Lautsprecher der Türstation (B12) verbunden. Dies ermöglicht ein gleichzeitiges Sprechen und Hören.

Wird während der Verbindung ein zweiter Handapparat abgehoben, kann auch von dieser Station aus mitgesprochen bzw. mitgehört werden. Durch eine zusätzlich eingebaute Mithörsperre kann dies verhindert werden.

Der Sprechstromkreis (Lautsprecher und Mikrofone) wird mit Gleichspannung aus der zentralen Stromversorgung gespeist.

Unterschied zwischen Gegen- und Wechselsprechen

Bei einer **Gegensprechanlage** (Abb. 2) wird durch das Abheben des Handapparates der Sprechstromkreis geschlossen. Sowohl in der Hausstation als auch in der Türstation sind getrennte Lautsprecher und Mikrofone eingebaut. Damit ein **gleichzeitiges Sprechen und Hören** möglich ist, muss das Mikrofon mit dem Hörer bzw. Lautsprecher der Gegenstelle verbunden sein.

In einer **Wechselsprechanlage** (Abb. 3) wird der Sprechbetrieb über eine Taste an der Hausstation ermöglicht. Der Lautsprecher übernimmt je nach Sprechrichtung auch die Funktion des Mikrofons. Somit kann entweder **gesprochen oder gehört** werden.

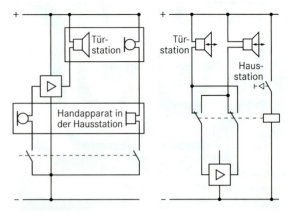

2: Gegensprechanlage   3: Wechselsprechanlage

Empfehlung für die **Mindestausstattung** für Personenrufanlagen in Wohngebäuden nach DIN 18015-2:
- für jede Wohnung eine Klingelanlage und
- bei mehreren Wohnungen eine Klingelanlage mit einem Türöffner in Kombination mit einer Türsprechanlage.

- Der Sprechstromkreis einer Türsprechanlage wird mit Gleichspannung versorgt.
- Bei einer Gegensprechanlage kann gleichzeitig in beide Richtungen gesprochen und gehört werden.
- Bei einer Wechselsprechanlage kann nur in eine Richtung gesprochen und gehört werden.

Aufgaben

1. Zeichnen Sie für den Rufstromkreis aus dem Stromlaufplan in zusammenhängender Darstellung (Abb. 1, S. 265) einen Stromlaufplan in aufgelöster Darstellung!

2. Welche Eigenschaften muss ein Transformator für Rufanlagen haben?

3. Warum kann bei einer Gegensprechanlage in beiden Richtungen gleichzeitig gesprochen werden?

4. Welche Betriebsmittel müssen in die Anlage (Abb. 1, S. 265) hinzugefügt werden, um eine weitere Sprechstelle einzurichten?

5. Die Zuleitung zu einem Wecker ist 30 m lang. Wie groß ist, bei einer Stromstärke von $I = 1$ A, der Spannungsverlust bei einer Leitung mit einem Aderdurchmesser von $d = 0{,}4$ mm und $d = 0{,}6$ mm?

6. Welchen Wert hat die Versorgungsspannung am Leitungsende ($d = 0{,}4$ mm; $l = 30$ m), wenn das Netzgerät eine Versorgungsspannung von 12 V AC liefert?

Videoüberwachung / video supervision

Kombination von Türsprechanlagen und Telefon

In Einfamilienhäusern ist es möglich, die Türsprechanlage mit der Telefonanlage zu kombinieren. Sämtliche Funktionen der Sprechanlage und des Telefonbetriebs werden von den angeschlossenen Telefonen ausgeführt.

Die Steuerung übernimmt eine interne Telefonanlage, die mit der Türsprechstelle und sämtlichen Haustelefonen verbunden ist.

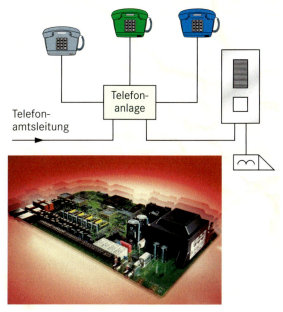

Videoüberwachung

Durch eine Videoüberwachung können die Bewohner den Besucher auf einem **Monitor** sehen. Die Bilder werden von einer kleinen Fernsehkamera in der Türsprechstelle geliefert. Als Anzeigegerät dient ein kleiner Monitor in der Sprechstelle der Wohnung. Die Bildübertragung beginnt mit der Betätigung des Klingeltasters und findet nur in Richtung von Haustür zu Wohnung statt.

Die **Fernsehkamera** erzeugt ein Signal ähnlich dem eines Fernsehsenders. Die Signalspannung liegt bei $U = 1\,V$. Das Bildsignal muss gegen äußere Störeinflüsse abgeschirmt werden. Die eigentliche Kamera wird durch eine Abdeckung vor Witterungseinflüssen und mechanischen Einwirkungen geschützt. Durch spezielle Weitwinkelobjektive kann der Betrachtungsbereich erweitert werden. Ebenso lässt sich über fernsteuerbare Motoren an der Kamera der Überwachungsbereich verändern.

Zu den bereits vorhandenen Leitungen zur Versorgung der Klingel- bzw. Türsprechanlage muss eine zusätzliche Verbindung zwischen Kamera und Monitor verlegt werden. Dazu dient eine **Koaxialleitung**, wie sie in der Antennentechnik eingesetzt wird (vgl. Kap. 11.3.3).

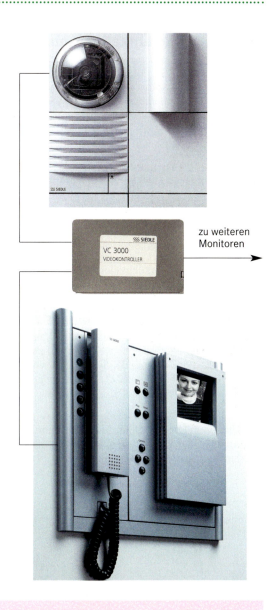

- Eine Videoüberwachung besteht mindestens aus einer Fernsehkamera und einem Monitor.
- Die Bildsignale werden über eine Koaxialleitung von der Türstation zur Hausstation übertragen.

Aufgaben

1. Finden und beschreiben Sie weitere Anwendungsbeispiele für den Einsatz einer Videoüberwachung!

2. Warum muss das Bildsignal über eine spezielle Leitung von der Fernsehkamera zum Monitor geführt werden?

3. Wie kann der Überwachungsbereich der Videokamera verändert werden?

11.2 Telekommunikationsanlagen

11.2.1 Übersicht

Unter Telekommunikation versteht man im Allgemeinen den Austausch von Sprache, Bildern und verschiedenen Daten zwischen Ein- und Ausgabegeräten (Telefone, Faxgeräte, Monitore, PCs usw.) über entsprechende Telekommunikationsnetze (TK-Netze, Abb. 1).

Die **Eingabe**, **Übertragung** und nachfolgende **Ausgabe** kann dabei in analoger oder digitaler Form erfolgen (Abb. 2).

Die Übertragung kann leitungsgebunden (Kupfer- oder Glasfaserleitung) oder mit Hilfe elektromagnetischer Wellen (z. B. WLAN) erfolgen.

Im TK-Netz werden verschiedene Dienste angeboten (Abb. 1). Neben der Deutschen Telekom AG bieten im TK-Netz auch andere Unternehmen (Provider) Dienste gegen entsprechende Gebühren an.

Da besonders bei der Sprachübertragung analoge Ein- und Ausgabegeräte noch weit verbreitet sind, soll im Kap. 11.2.2 das analoge TK-System kurz vorgestellt werden. Danach folgt in Kap. 11.2.3 die Besprechung und Installation eines digitalen TK-Systems.

■ Unter Telekommunikation versteht man den Austausch (Übertragung) von Daten zwischen Ein- und Ausgabegeräten.

Beispiele für Kommunikationsabläufe

- **Sprache (Telefon)**
  – Die Verbindung (Vermittlungen) zwischen zwei oder mehreren Teilnehmern wird hergestellt.
  – Die Sprachsignale werden übertragen (Kommunikation).
  – Die Verbindung wird getrennt.

- **Videoübertragung (Bild und Ton)**
  – Die Bildvorlage wird durch die Kamera zeilenweise in einzelne Punkte (Pixel) mit ihrer Farb- und Helligkeitsinformation zerlegt.
  – Die analogen Tonsignale werden digitalisiert.
  – Ein kontinuierlicher Datenstrom wird erzeugt und übertragen.
  – Auf dem Monitor werden nacheinander die Bildpunkte abgebildet, bis das vollständige Bild erscheint.
  – Der digitalisierte Ton wird nach Umwandlung über Lautsprecher analog wiedergegeben.

- **Daten**
  – Die Vermittlung wird aufgebaut.
  – Daten werden übertragen (z. B. zwischen zwei Faxgeräten).
  – Die empfangenen Daten werden auf ihre Richtigkeit überprüft.
  – Die Verbindung wird getrennt.

■ Die Daten können Text, Bild- und Toninformationen umfassen und werden über Leitungen oder mit Hilfe elektromagnetischer Wellen übertragen.

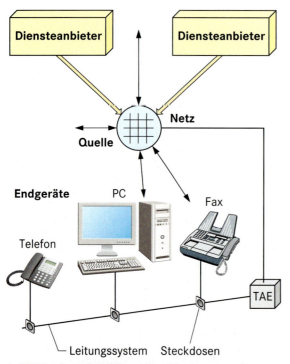

1: TK-Netze und Anbieter von Diensten

2: Eingabe, Übertragung und Ausgabe

Analoge Telekommunikation / analog telecommunication

11.2.2 Analoge Telekommunikation

Die **Netzbetreiber**, z. B. die Deutsche Telekom AG, unterhalten in Deutschland ein weit ausgebautes TK-Netz. Sie sind für den sachgerechten Betrieb des Netzes bis zur ersten Anschlussdose im Haus verantwortlich. Diese Dose ist der Abschluss des öffentlichen und der Beginn des privaten Netzes. Sie heißt **TAE** (**T**elekommunikations-**A**nschluss-**E**inheit, Abb. 3) und wird vom Netzbetreiber installiert. An ihr dürfen vom Kunden keine Veränderungen vorgenommen werden. Danach können verschiedene TK-Geräte und Kleinanlagen (TK-Anlagen mit Vermittlungsfunktion) mit den entsprechenden Leitungen installiert und somit die Anlage den besonderen Bedürfnissen angepasst werden. Voraussetzung ist aber, dass diese Geräte keine Störungen im öffentlichen Netz verursachen. Für die Zulassung der Geräte ist in Deutschland das **Bundesamt für Zulassung in der Telekommunikation** (**BZT**) zuständig.

Als TAE-Anschlussdose wird in der Regel eine Dreifachsteckdose verwendet (Abb. 3). Der Stecker des Telefons kann nur in die mittlere Buchse mit der Bezeichnung **F** (**Fernsprechbetrieb**) gesteckt werden. Die beiden anderen Buchsen mit der Bezeichnung **N** (**Nicht-Fernsprechbetrieb** sind für zusätzliche Geräte vorgesehen (z. B. Faxgerät, Anrufbeantworter). Die Stecker unterscheiden sich durch die an unterschiedlichen Stellen angebrachten Codierungsnasen (Abb. 4) und können deshalb nur in die jeweils dafür vorgesehenen Buchsen gesteckt werden. Eine Verwechslung ist damit ausgeschlossen.

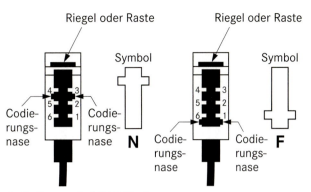

4: Codierung bei TAE-Steckern

Die Stecker und Buchsen (Abb. 4) besitzen maximal sechs elektrische Anschlüsse. Da nicht alle Anschlüsse für die Funktion der Geräte benötigt werden, fehlen sie mitunter oder sind nicht angeschlossen.

Die Anschlüsse La und Lb (Abb. 3) der TAE-Dose werden über zwei Leiter mit dem TK-Netz verbunden. Über diese beiden Leiter werden alle erforderlichen Signale gesendet, die Telefonverbindung aufgebaut und wieder beendet. Eine Abschirmung wird nicht verwendet. Durch Verdrillen (Verseilen) der Leiter erreicht man, dass sich die durch äußere Magnetfelder induzierten Spannungen weitgehend aufheben. Störeinflüsse werden dadurch verringert.

Spannungen und Signale

Vom Netzbetreiber wird eine Gleichspannung von 60 V in das Netz eingespeist. Durch den Spannungsfall auf der Leitung beträgt bei abgenommenem Hörer die messbare Spannung etwa 10 V bis 20 V. Die Stromstärken liegen dann zwischen 25 mA und 40 mA. Der Strom wird auch als **Schleifenstrom** bezeichnet. Als Rufsignal wird von der Vermittlungsstelle eine Wechselspannung von 25 Hz zwischen 50 V und 90 V eingespeist. Beim Sprechen wird das Sprachsignal der anliegenden Gleichspannung überlagert und übertragen.

Aufbau einer TAE-Dose

In Abb. 1, S. 270, ist die Schaltung einer häufig verwendeten TAE 3 x 6 NFN zu sehen. Die Ziffer 3 weist auf die drei in der Dose befindlichen Schaltbuchsen hin. Diese werden durch eingesteckte TAE-Stecker betätigt. In jeder Schaltbuchse befinden sich jeweils 2 Öffner, so dass durch die Stecker maximal 6 Schalter betätigt werden können (Ziffer 6 in der Bezeichnung). Diese Schaltungsart wird als **NFN-Codierung** bezeichnet.

Wenn im Haus weitere Dosen installiert werden sollen, muss die abgehende Leitung an die Ausgangsklemmen 5 und 6 angeschlossen werden (b2 und a2).

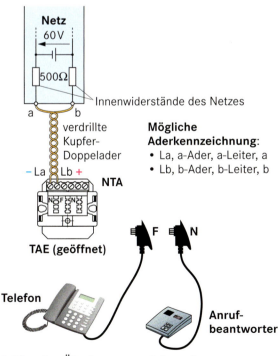

3: Eingabe, Übertragung und Ausgabe

- TAE-Stecker und TAE-Buchsen besitzen eine mechanische N- oder F-Codierung (F: Fernsprechbetrieb, N: Nicht-Fernsprechbetrieb).

Anschlussdose / connection box

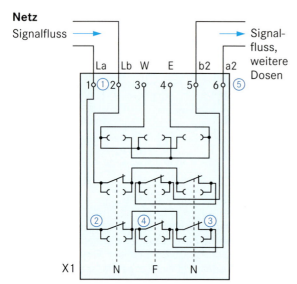

1: Innenschaltung der TAE 3 x 6NFN

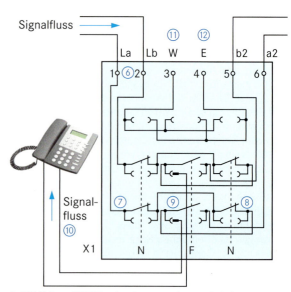

2: TAE 3 x 6NFN mit eingestecktem Telefonstecker

Signalwege in der TAE 3 x 6NFN

- **Kein TAE-Stecker eingesteckt**

  Abb. 1: Klemme 1 (La ①)
  → N-Schalter links ② geschlossen
  → N-Schalter rechts ③ geschlossen
  → F-Schalter ④ geschlossen
  → Klemme 6 ⑤ a2

Ergebnis:
Das ankommende Signal wird von der Klemme 1 bis an die Klemme 6 weitergegeben. Eine nachfolgend angeschlossene Dose 2 wird also auch dann mit Signalen versorgt, wenn kein Stecker in der vor ihr liegenden Dose 1 eingesteckt ist.

In entsprechender Weise ergibt sich der Signalverlauf von der Klemme 2 (Lb) bis zur Klemme 5.

- **Stecker mit F-Codierung ist eingesteckt**

  Abb. 2: Klemme 1 (La ⑥)
  → N-Schalter links ⑦ geschlossen
  → N-Schalter rechts ⑧ geschlossen
  → F-Schalter ⑨ offen
  → Telefon ⑩

Ergebnis:
Das Signal gelangt von Klemme 1 zum Telefon. Der Signalweg zur Ausgangsklemme 6 ist unterbrochen, so dass nachfolgende Telefone nicht betrieben werden können.

Ein entsprechender Signalweg ergibt sich, wenn von der Klemme 2 (Lb) ausgegangen wird.

- **Telefon und ein Gerät mit N-Codierung**

Wir nehmen an, dass der Stecker (z. B. Anrufbeantworter) in der linken N-Buchse steckt (Abb. 1). Die N-Schalter sind geöffnet. Durch das eingesteckte Telefon ist der F-Schalter ebenfalls geöffnet. Der Anrufbeantworter unterbricht somit scheinbar die Signalweitergabe zum Telefon. Dies ist aber nicht der Fall, weil die eingehenden Signale zum Telefon (Abb. 3) im Anrufbeantworter durchgeschleift werden. Deshalb liegen diese Geräte signalmäßig immer vor dem Telefon.

Diese Durchschleifeigenschaft besitzen Geräte mit N-Codierung. Durch diese besondere Schaltbuchsenanordnung (NFN) wird außerdem verhindert, dass Telefone parallel geschaltet werden können. Mithören ist nicht möglich.

Weitere Anschlüsse in der TAE-Dose sind:
– W für einen separaten Wecker, Abb. 2 ⑪
– E für Erdung ⑫, wird in Kleinanlagen in der Regel nicht genutzt

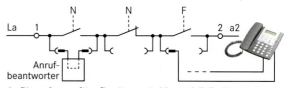

3: Signalweg für Geräte mit N- und F-Codierung

- Für den Anschluss eines analogen Telefons sind zwei Leiter mit den Bezeichnungen La und Lb bzw. a und b erforderlich.
- In der TAE 3 x 6NFN sind die N-codierten Buchsen elektrisch in Reihe mit der F-codierten Buchse geschaltet.
- Das TAE-System verhindert, dass Telefone parallel geschaltet werden können.

Aufgabe

1. Wozu können eine TAE 6N und eine TAE 6F verwendet werden?

Digitale Telekommunikation / digital telecommunication

Leitungen

Obwohl für den Anschluss analoger Telefone nur zwei Leiter erforderlich sind, werden für die Hausinstallation in der Regel Leitungen mit vier verseilten Leitern (zwei Doppeladern) verwendet (Stern-Vierer, Abb. 4). Erweiterungen können dadurch problemlos vorgenommen werden.

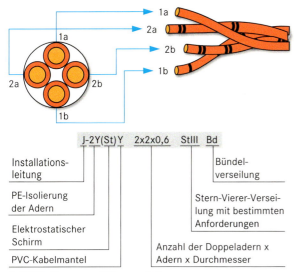

4: TK-Leitung und Kennzeichnung

Die Kennzeichnung der Adern erfolgt durch Ringe oder Farben (Abb. 5). Die Leiter dürfen bei der Installation nicht vertauscht werden, weil sonst unter Umständen Zusatzgeräte nicht oder fehlerhaft funktionieren.

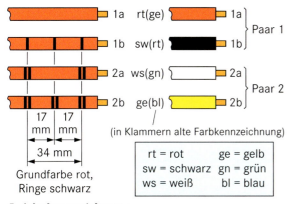

5: Aderkennzeichnung

- Für die analoge Signalübertragung werden zwei farblich gekennzeichnete Leiter verwendet.

Aufgabe

1. Beschreiben Sie den Signalverlauf in einer TAE 3 x 6NFN, wenn ein Telefon, ein Anrufbeantworter und ein Faxgerät angeschlossen sind.

11.2.3 Digitale Telekommunikation

11.2.3.1 ISDN

Das digitale TK-System wird als **ISDN-System** (**I**ntegrated **S**ervices **D**igital **N**etwork) bezeichnet. Es handelt sich um ein diensteintegrierendes digitales Telekommunikationsnetz für die Sprach- und Datenübertragung (Multimedia) in Europa (Euro-ISDN).

Im ISDN-System gibt es verschiedene Anschlussmöglichkeiten (Abb. 6). Für private Haushalte oder Kleinbetriebe wird der ISDN-Basisanschluss mit zwei Nutzkanälen verwendet. Für größere Unternehmen eignet sich der ISDN-Primärmultiplex-Anschluss mit 30 Nutzkanälen. Die Signale werden mit zwei Kupferdoppeladern oder zwei Glasfasern übertragen.

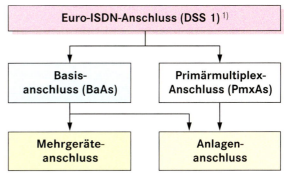

[1] DSS: Digital Subscriber System No 1

6: Anschlussarten bei Euro-ISDN

Der ISDN-Basisanschluss besitzt gegenüber dem analogen TK-Anschluss folgende Eigenschaften bzw. Vorteile (Auswahl):

- Mit einer Leitung (vier Leiter) stehen zwei Übertragungskanäle (B1 und B2, Abb. 1, S. 272) zur Verfügung.
  Sie können unabhängig voneinander genutzt werden (Wirkung wie zwei Telefonanschlüsse).
- Für die Kommunikation sind bis zu zehn **Mehrfachrufnummern** (MSN [**M**ultiple **S**ubscriber **N**umber]) möglich.
- Die digitale **Datenübertragung** erfolgt mit 64 kbit/s über jeden einzelnen Kanal bzw. mit 128 kbit/s bei Kanalbündelung.
- Für die **Steuerung** wird der separate Kanal D-Kanal mit 16 kbit/s verwendet.
- Die einzelnen **Endgeräte** können direkt angewählt werden.
- Im ISDN-System sind z. B. folgende Dienstmerkmale möglich:
  - Anrufweiterschaltung
  - Übermittlung oder Unterdrückung der Rufnummer
  - Anklopfen (es wird signalisiert, dass ein zweiter Teilnehmer anruft)
  - Konferenzschaltung
  - Makeln (wechseln zwischen den Anrufern)

Hausanschluss

Der Hausanschluss (Netzabschluss für den ISDN-Basisanschluss) wird als **NTBA** bezeichnet (**N**etwork **T**ermination for ISDN **B**asic **A**ccess). Er besitzt zwei Schnittstellen (Abb. 1):
- netzseitig: U_{k0}
- kundenseitig: S_0

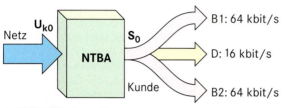

1: ISDN-Schnittstelle

Am Ausgang des NTBA stehen dem Netzbenutzer vier Klemmen mit den Bezeichnungen a1, a2, b1 und b2 zur Verfügung (Abb. 2 ①). Es handelt sich um die Anschlüsse für eine Busleitung (S_0-Schnittstelle ②). Je nach Folgeinstallation sind Anschlussklemmen oder Anschlussbuchsen für Western-Stecker vorhanden. In Abb. 2 ist beispielhaft eine Dose mit Klemmen und Kontakten ③ angeschlossen.

Damit der ISDN-Anschluss einwandfrei arbeiten kann, sind die Empfangs- und Sendeleitungen im NTBA mit zwei Widerständen von 100 Ω (±5 %) abgeschlossen (Busabschluss ④).

Der NTBA wird vom Netzbetreiber nicht nur mit Daten, sondern auch mit einer Gleichspannung von 40 V versorgt. Durch sie können Endgeräte mit insgesamt 400 mW ohne eigene Energieversorgung betrieben werden (Notbetrieb).

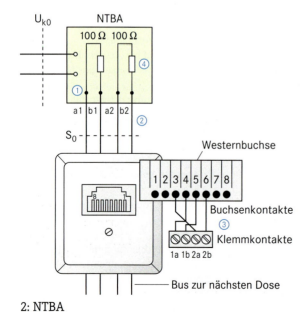

2: NTBA

Steckverbinder

Als ISDN-Anschlüsse für Leitungen und Steckdosen werden **Western-Steckverbinder** mit vier, sechs oder acht Kontakten verwendet. Die Bezeichnung **RJ** bedeutet **R**egistered **J**ack (genormte Buchse) und „Western" weist auf das US-amerikanische Unternehmen „Western Electric" hin.

Western-Steckverbinder werden auch für die Leitungsverbindung zwischen dem Handapparat und dem Telefon (analog und digital) eingesetzt. Durch seitliche Anpassungselemente können sechspolige Stecker auch für achtpolige Buchsen verwendet werden.

Western-Stecker für die Telekommunikation		
Bezeichnung	**Steckerform**	**Anwendung**
RJ10 oder **RJ14** (RJ-10, RJ-14) **4P4C** – 4 Kontakte, – 4 Kontaktpositionen		Leitung für Telefonhörer (Handapparat)
RJ11 (RJ-11) **4P6C** – 4 Kontakte, – 6 Kontaktpositionen		Anschlussleitung für Endgeräte – Telefon, – Fax, – Modem
RJ12 (RJ-12) **6P4C** – 6 Kontakte, – 6 Kontaktpositionen		Geräteseitiger Anschluss für Endgeräte – Fax, – Modem, – Multifunktionsgeräte
RJ45 (RJ-45) **8P8C** – 8 Kontakte, – 8 Kontaktpositionen		IAE-Steckdose (ISDN), Computernetzwerke (UAE)

- Das ISDN-Netz ist ein digitales Kommunikationsnetz für Sprache und Daten (Multimedia).
- Beim ISDN-Basisanschluss werden die Nutzkanäle B1 und B2 und der Steuerkanal D verwendet.
- Der NTBA des ISDN-Basisanschlusses besitzt am Ausgang einen S_0-Bus mit vier Leitungen zum Anschluss der ISDN-Geräte.
- Für den Notbetrieb wird vom Netzbetreiber eine Gleichspannung von 40 V eingespeist (Geräteleistung ca. 400 mW).

Mehrgeräteanschluss / multipoint interface

Mehrgeräteanschluss

Der Mehrgeräteanschluss (Abb. 4) eignet sich für private Haushalte und kleinere Unternehmen. Der Bus ist so konzipiert, dass bis zu zwölf Anschlussdosen installiert werden können. Es dürfen allerdings nur acht ISDN-Endgeräte gleichzeitig eingesteckt sein. Da nur zwei Kanäle (B1 und B2) zur Verfügung stehen, können gleichzeitig auch nur zwei Geräte genutzt werden.

Der Anschluss von ISDN-Geräten unterscheidet sich in einigen Punkten vom Anschluss analoger Geräte. Es muss anstelle einer zweiadrigen Leitung ab dem NTBA eine vieradrige Leitung verwendet werden.

Als Buchsen werden **IAE** (**I**SDN-**A**nschluss-**E**inheit) oder **UAE** (**U**niversal-**A**nschluss-**E**inheit) verwendet (Abb. 3). Sie besitzen jeweils acht Kontakte. Bei der UAE 8 sind alle acht Kontakte angeschlossen, bei der IAE 8 nur die Kontakte drei bis sechs.

Die TK-Dosen werden mit der vieradrigen Busleitung direkt verbunden. Damit keine Störungen durch Reflexionen auf der Leitung entstehen können, muss der Bus in der letzten TK-Steckdose mit zwei Widerständen von 100 Ω ± 5 % abgeschlossen werden.

Analoge Endgeräte können nicht direkt am S_0-Bus betrieben werden. Ein Anschluss über a/b-Adapter, z. B. in analogen TK-Anlagen (Abb. 4), ist möglich. Diese wandeln die digitalen Signale des Netzes wieder in analoge Signale um.

Primärmultiplex-Anschluss

NTPMA: **N**etwork **T**ermination **P**rimary Rate **M**ultiplex **A**ccess
- U_{2M}: Netzseitige ISDN-Schnittstelle
- S_{2M}: Kundenseitige ISDN-Schnittstelle
- Synchronisationskanal mit 64 kbit/s
- B1 bis B15: Nutzkanäle mit jeweils 64 kbit/s
- B16 bis B30: Nutzkanäle mit jeweils 64 kbit/s
- D-Kanal: 64 kbit/s (DSS1-Protokoll)

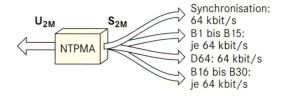

- Der ISDN-Bus besteht aus vier Leitern.
- An den ISDN-Bus des Mehrgeräteanschlusses dürfen zwölf Steckdosen (IAE, UAE) angeschlossen werden. Acht Geräte können eingesteckt und zwei Geräte gleichzeitig in Betrieb sein.
- Der ISDN-Bus muss durch 100 Ω-Widerstände abgeschlossen sein.
- Analoge Endgeräte können am ISDN-Netz mit a/b-Adaptern betrieben werden.

Aufgaben

1. Beschreiben Sie Unterschiede und Gemeinsamkeiten zwischen der IAE 8 und der UAE 8.

2. Zeichnen Sie die Verdrahtung der Doppelsteckdosen IAE 2 x 8 und UAE 2 x 8.

3. Durch welche Merkmale ist die S_0-Schnittstelle des NTBA gekennzeichnet?

4. Begründen Sie, weshalb bei einem Mehrgeräteanschluss nur zwei Geräte gleichzeitig in Betrieb sein können.

5. Erklären Sie den Unterschied zwischen einem Basisanschluss und einem Primärmultiplex-Anschluss.

6. Vier IAE 8 sollen installiert werden. Was ist bei der Installation dieser Steckdose zu beachten?

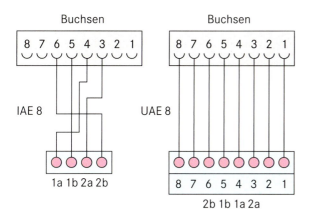

3: Buchsen und Klemmen für IAE 8 und UAE 8

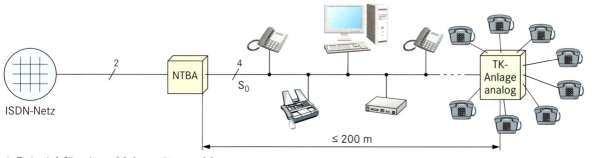

4: Beispiel für einen Mehrgeräteanschluss

11.2.3.2 Installation

Beispiel: Im Verwaltungsbereich eines kleinen Industriebetriebes sollen 5 Räume einen ISDN-Anschluss erhalten. Als Endgeräte sind Telefone und im Raum 3 ein analoges Faxgerät vorgesehen (Abb. 2).

Bus-Installation

Die zu installierende ISDN-TK-Anlage wird als Mehrgeräteanschluss aufgebaut. Der S_0-Bus (Abb. 1 ①) aus vier Leitern wird vom NTBA durch die fünf Steckdosen (X1 bis X5) durchgeschleift, so dass alle eingesteckten Geräte parallel angeschlossen sind. In der letzten Dose befinden sich die zwei Abschlusswiderstände mit jeweils 100 Ω. Da das Faxgerät analog arbeitet, wird es über einen entsprechenden a/b-Adapter an X3 angeschlossen.

NTBA-Installation

Damit die Anschlussleitung nicht zu lang wird, sollte der NTBA möglichst in der Nähe der ersten TAE-Anschlussdose (Abb. 3 ②) installiert werden. Die Verbindung kann mit Hilfe einer flexiblen Leitung (TAE → NTBA mit Eingang U_{k0}-Schnittstelle ③) oder fest installiert werden (Abb. 3 ④).

Der NTBA verfügt zum Anschluss von ISDN-Geräten über zwei Western-Buchsen für RJ45-Stecker ⑤ (S_0-Bus). Diese werden für die vorgesehene Installation jedoch nicht genutzt, da die Busleitungen fest an die dafür vorgesehenen Klemmen angeschlossen werden ⑥.

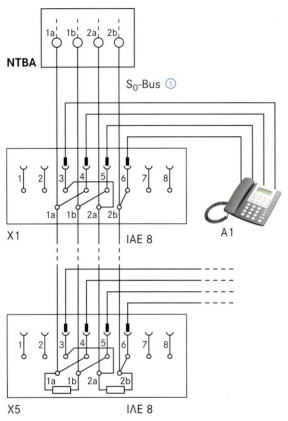

1: Plan für die Bus-Installation

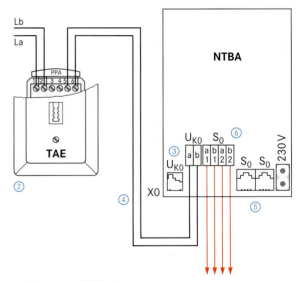

3: TAE- und NTBA-Installation

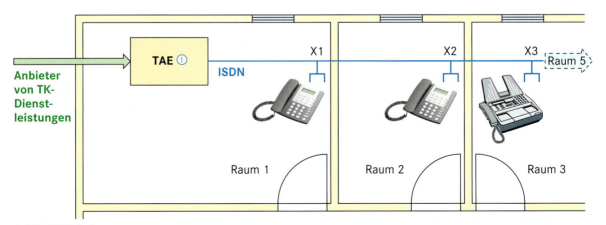

2: ISDN-TK-Anlage

Fehlersuche / fault location

Da der Netzbetreiber über die Vermittlungsstelle die NTBAs mit Energie versorgt, benötigten sie im Prinzip keinen Anschluss am 230 V-Energienetz. Die Telefonanlage ist also auch dann funktionsfähig, wenn die Energieversorgung im Haus ausfallen sollte. Trotzdem ist ein 230 V-Anschluss (Netzteil) vorgesehen, weil die Vermittlungsstelle für jeden ISDN-Anschluss nur eine Leistung von 400 mW zur Verfügung stellt. Mit ihr können vier ISDN-Geräte betrieben werden. Wenn diese Zahl überschritten wird, ist der NTBA an die Netzsteckdose anzuschließen. Das interne Netzteil versorgt dann die Endgeräte mit den erforderlichen Spannungen.

Farbkennzeichnung der Leiter

Für die Farbkennzeichnung der acht möglichen Leiter mit einer Western-Steckverbindung werden die in Abb. 4 angeführten zwei Normen verwendet. Die dazugehörigen Kontaktbelegungen in den Buchsen befinden sich darunter. Neben der Belegung für die Sprachkommunikation (analoges Telefon und ISDN) sind auch die Belegungen bei einer Datenübertragung (10BT, 100BT und Gigabit Ethernet) aufgeführt.

Farbkennzeichnung der Leitungen	
TIA 568A[1]	TIA 568B[1]
1 2 3 4 5 6 7 8	1 2 3 4 5 6 7 8

[1] US-Amerikanische Norm, **TIA**: **T**elecommunications **I**ndustry **A**ssociation

Kontaktbelegung							
Anwendung	1	2	3	4	5	6	7	8
10BT 100BT	1a	1b	2a			2b		
Gigabit Ethernet	1a	1b	2a	3b	3a	2b	4a	4b
ISDN, S_0-Bus			2a	1a	1b	2b		
Telefon, analog				1a	1b			
DSL-Splitter				1a	1b			

4: Farbkennzeichnung der Leiter und Kontaktbelegung der Buchsen

Fehlersuche

Grundsätzlich gilt:
- Wenn Störungen und somit Fehler am ISDN-Anschluss (NTBA und erste TAE-Dose) auftreten, ist der Netzbetreiber (z. B. Deutsche Telekom AG) für die Beseitigung verantwortlich.
- Ab NTBA (Teilnehmerseite) ist der Teilnehmer selbst für die Beseitigung der dort auftretenden Störungen verantwortlich.

Damit keine Messwertverfälschungen auftreten, soll die Überprüfung des Busses nur dann vorgenommen werden, wenn kein Gerät in der TK-Steckdose steckt. Mit einfachem Geräteaufwand lassen sich am S_0-Bus folgende Überprüfungen vornehmen:
- Aderunterbrechung durch Widerstandsmessung
- Überprüfung, ob die Adern richtig angeschlossen sind. Bei Vertauschung besteht die Gefahr, dass Geräte nicht funktionieren oder zerstört werden.
- Überprüfung der Abschlusswiderstände
- Überprüfung, ob sich auf den Leitern Fremdspannungen befinden (evtl. durch Einkopplung von Störspannungen)
- Überprüfung des Isolationswiderstandes

Sind nach diesen Überprüfungen trotz vorhandener Störungen keine Fehlerquellen feststellbar, müssen spezielle Messgeräte eingesetzt werden.

Die Gleichspannung im NTBA kann auch zur Überprüfung verwendet werden. Die Einspeisung der Gleichspannung zeigt Abb. 5. Zwischen den Adern eines Stranges (1a – 1b und 2a – 2b) darf keine Gleichspannung messbar sein. Die zu messende Gleichspannung zwischen Adern verschiedener Stränge beträgt dagegen etwa ± 40 V.

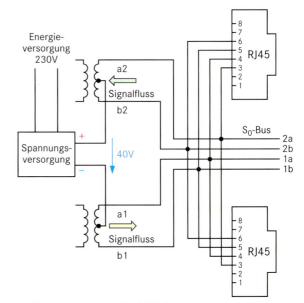

5: Gleichspannung im NTBA

Auch der Netzbetreiber ist in der Lage, durch eine Fernmessung den ordnungsgemäßen Zustand seiner Leitung zu überprüfen. Dazu ist an der ersten TAE-Dose ein **Passiver Prüfabschluss** (**PPA**) oberhalb der Klemmleiste angebracht (Abb. 1).

1: Erste TAE-Dose mit PPA

Der PPA liegt zwischen den Anschlüssen 1 und 2. Die Befestigung am Anschluss 6 dient lediglich der mechanischen Stabilität. Der PPA besteht aus der Reihenschaltung einer Diode mit einem Widerstand von 470 kΩ. Für die Gleichspannung von der Vermittlungsstelle ist die Diode immer in Sperrrichtung geschaltet. Wird mit einem Widerstandsmessgerät von der Netzseite die Leitung nun überprüft, kann je nach Polarität ein unendlich hoher Widerstand oder der Widerstand von 470 kΩ plus Leitungswiderstand gemessen werden. Die im Bus nach der ersten TAE installierten Dosen besitzen keinen PPA.

- Der NTBA kann maximal vier ISDN-Endgeräte mit elektrischer Energie versorgen (400 mW). Darüber hinaus ist eine externe Spannungsquelle erforderlich.
- Der NTBA kann über Steckverbinder oder Klemmen angeschlossen werden.
- Für die Beseitigung von Störungen vor dem NTBA ist der Netzbetreiber zuständig.
- Zur Überprüfung der Leitung durch den Netzbetreiber befindet sich an der ersten TAE-Dose immer ein passiver Prüfabschluss, der aus einer Diode und einem 470 kΩ-Widerstand besteht.

Aufgaben

1. Welche Adern des S_0-Busses werden als Sendeadern und welche als Empfangsadern für die Endgeräte verwendet?

2. Sie messen mit einem Gleichspannungsmessgerät am S_0-Bus zwischen den Adern 1a und 2b. Wie groß ist etwa die Spannung und welche Polarität besitzen die Adern?

3. Sie wollen überprüfen, ob die Diode im PPA in Ordnung ist. Beschreiben Sie die dazu erforderlichen Messschritte und geben Sie die jeweiligen Messergebnisse für eine funktionsfähige bzw. defekte Diode (Unterbrechung) an.

Internet-Telefonie, VoIP

- Andere Bezeichnungen:
  - **VoIP** (**V**oice **o**ver **IP**): Sprache über **IP** (**I**nternet-**P**rotokoll), Echtzeit-Gesprächsübertragung über Datennetze
  - **IP-Telefonie**
- Die **Sprachübertragung** erfolgt über IP-Netze (Internet, Intranet, LAN) in Datenpaketen, evtl. auf verschiedenen Wegen. Diese Pakete werden auf der Empfängerseite wieder zu einem kontinuierlichen Datenstrom vereinigt. Zum Ausgleich zeitlicher Schwankungen werden Pufferspeicher verwendet.

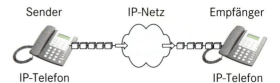

- Eine Verbindung kann hergestellt werden zwischen
  - PCs mit entsprechender Software und einem Headset (Lautsprecher und Mikrofon),
  - IP-Telefonen (VoIP-Telefone, ohne PC) oder
  - herkömmlichen Telefonen, die mit einem Adapter oder einem Vermittlungsrechner (Gateway) an das IP-Netz angeschlossen werden.
- IP-Adresse ist bekannt: Eine Verbindung kann direkt hergestellt werden. Adressierbare Anschlüsse wie im TK-Netz gibt es nicht.
- IP-Adresse ist nicht bekannt: Die Vermittlung erfolgt über spezielle Server ① (frei oder kostenpflichtig), auf denen die jeweiligen IP-Adressen hinterlegt sind.
- Ein weit verbreitetes VoIP-Protokoll ist **SIP** (**S**ession **I**nitiation **P**rotocol). Bei diesem Verfahren wird die Telefonnummer des Angerufenen in dessen aktuelle IP-Adresse umgewandelt.

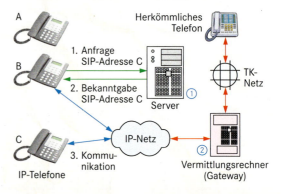

- Eine Verbindung über das TK-Netz zu einem herkömmlichen Telefon erfolgt über meist kostenpflichtige Vermittlungsrechner ②.

A, B, C: Teilnehmer

DSL-Anschluss / DSL connection

11.2.4 DSL-Anschluss

Über die verdrillten TK-Leitungen der Dienstanbieter werden neben dem analogen Frequenzspektrum für die Sprachübertragung (300 Hz bis 3,4 kHz; auch als **POTS** bezeichnet [**P**lain **O**ld **T**elephone **S**ystem]) und den ISDN-Signalen bis 120 kHz auch DSL-Signale übertragen (**DSL** [**D**igital **S**ubscriber **L**ine], Digitale Teilnehmer-Anschlussleitung). Man versteht darunter eine schnelle Übertragung von Daten (Datendienst).

Die Frequenzbänder der DSL-Signale befinden sich oberhalb der Frequenzen von 1,104 MHz. Dabei werden zwei Kanäle unterschieden:
- **Upstream-channel** (Aufwärtskanal) Sendekanal vom Teilnehmer aus
- **Downstream-channel** (Abwärtskanal) Empfangskanal zum Teilnehmer

Die Bandbreiten der Upstream- und Downstream-Kanäle sind unterschiedlich groß (**asymmetrisch**). Für den Empfang steht also eine größere Bandbreite als für das Senden zur Verfügung. In gleichen Zeitabständen können also mehr Daten empfangen als gesendet werden. Diese DSL-Technik wird deshalb als **ADSL** (**A**symmetric **D**igital **S**ubscriber **L**ine) bezeichnet.

Die ADSL-Technologie mit Downstream-Datenraten von 1 Mbit/s (ADSL 1000) bis 8 Mbit/s (ADSL 2) ist weit verbreitet. Noch höhere Datenraten (bis zu 25 Mbit/s) werden mit ADSL 2+ erreicht, wobei hier der Frequenzbereich auf 2,2 MHz erweitert worden ist.

Für die Datenübertragung bei ADSL wird der zur Verfügung stehende Frequenzbereich in 224 einzelne Kanäle von jeweils 4,3 kHz unterteilt und die Daten auf einzelne Träger mit unterschiedlichen digitalen Verfahren aufgeprägt (moduliert).

Im Bereich der DSL-Technik unterscheidet man verschiedene Verfahren, die durch einen weiteren Buchstaben vor dem DSL gekennzeichnet werden (Abb. 3).

Technik	Bedeutung	Datenrate Downstream	Bandbreite
ADSL	**A**symmetric **D**igital **S**ubscriber **L**ine	Asymmetrisch: max. 1,5 Mbit/s bis 8 Mbit/s	130 kHz bis 1,104 MHz
HDSL	**H**igh Data Rate **D**igital **S**ubscriber **L**ine	Symmetrisch: 2,048 Mbit/s	80 kHz bis 240 kHz
VDSL	**V**ery High Data Rate **D**igital **S**ubscriber **L**ine	Symmetrisch: 2,3 Mbit/s bis 34 Mbit/s	11 MHz

3: DSL-Techniken

Das Prinzip des Datenaustausches zwischen Vermittlungsstelle und den Teilnehmern ist in Abb. 2 vereinfacht dargestellt. Auf beiden Seiten befinden sich Weichen, die als **Splitter** oder **B**reit**b**and**a**nschluss**e**inheit **BBAE** bezeichnet werden. Sie trennen die Telefonfrequenzen von den hochfrequenten DSL-Frequenzen. Der Splitter benötigt zum Betrieb keine elektrische Energie. Die Frequenzaufteilung erfolgt mit Hilfe passiver Bauteile (Spulen, Kondensatoren).

Auf der Teilnehmerseite wird ein DSL-Modem verwendet. Es wird auch als **NTBBA** (**N**etzwerkterminationspunkt **B**reit**b**and**a**ngebot) bezeichnet und ist der Netzabschluss des Betreibers der DSL-Dienste (Netzschnittstelle). Die im NTBBA enthaltenen elektronischen Schaltungen setzen die DSL-Signale von der Netzschnittstelle auf eine für den PC geeignete Schnittstelle um (Modulation bzw. Demodulation).

Die Informationen von der Teilnehmerseite bzw. die Signale aus dem Internet werden ebenfalls in einem Modem (**DSLAM** [**D**igital **S**ubscriber **L**ine **A**ccess **M**ultiplexer] umgesetzt, verpackt und beispielsweise über Glasfaserleitungen versendet (Abb. 2).

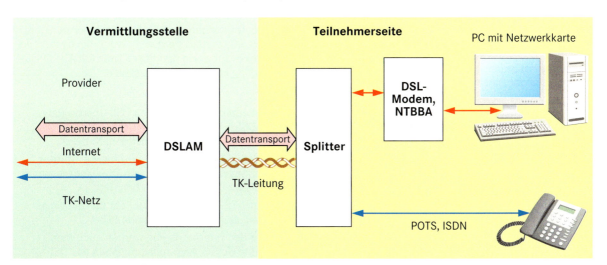

2: Datentransport der DSL-Technik

Installation

Eine Installation mit einem externen DSL-Modem ist in Abb. 1 dargestellt. Damit die Leitungslängen möglichst kurz ausfallen, sollten folgende Montageorte gewählt werden:

- Splitter möglichst in der Nähe der ersten TAE-Dose und
- externes DSL-Modem möglichst in der Nähe des PCs installieren.

Die Installation vollzieht sich in folgenden Schritten:

1. Erste TAE-Dose mit dem Splitter („Amt-Buchse") verbinden ① (Klemme a und b bzw. Steckverbindung über RJ11).
2. Ausgang DSL am Splitter mit der Datendose verbinden ②. Es werden die Kontakte 4 und 5 der Western-Steckdose beschaltet.
   An Stelle der Klemmverbindung kann auch die RJ45-Buchse am Splitter verwendet werden.
3. Die Datensteckdose wird über eine flexible Leitung mit dem DSL-Eingang des DSL-Modems verbunden ③.
4. Der Ausgang des DSL-Modems (Bezeichnung 10BaseT, LAN, Ethernet oder ähnlich) wird über eine flexible Leitung mit der Eingangsbuchse des PCs verbunden ④.

Der Anschluss von analogen bzw. digitalen Telefonen (ISDN) oder anderen Endgeräten kann über die TAE-Anschlussbuchse am Splitter ⑤ erfolgen. Er besitzt eine Buchse mit der entsprechenden NFN-Codierung.

Für die Verbindung der einzelnen Komponenten sind Leitungen mit unterschiedlichen Aderzahlen erforderlich. In der Regel werden jedoch Standardleitungen verwendet, z. B. mit vier Adern. Für eine störungsfreie Übertragung sollte die Leitungslänge

- zwischen TAE-Dose und DSL-Modem nicht mehr als 20 m und
- zwischen DSL-Modem und PC maximal 100 m mit CAT5 betragen. Bei CAT5 handelt es sich dabei um eine abgeschirmte Leitung der Kategorie 5 für eine Bandbreite der Datenübertragung < 100 MHz.

Das DSL-Modem ist auch als Einsteckkarte für den PC erhältlich oder kann bereits fest auf der Hauptplatine eingebaut sein. Die Verbindung erfolgt dann über eine Ethernet- bzw. USB-Schnittstelle. Es gibt aber auch externe Geräte, in denen das DSL-Modem, ein WLAN (drahtlose Datenübertragung) und Ausgänge für Datennetze integriert sind.

Aufgabe

1. Erklären Sie den Unterschied zwischen der asymmetrischen und symmetrischen Übertragung.

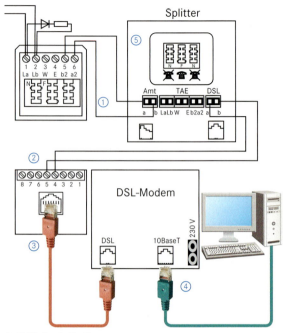

1: DSL-Installation

2: DSL-Modem mit Router und WLAN

In Abb. 2 ist beispielsweise ein DSL-Modem und ein **Router** in einer kompakten Einheit untergebracht. Mit dem Router können die DSL-Signale gleichzeitig auf mehrere PCs verteilt werden ⑥. Weiterhin besteht die Möglichkeit, über ein drahtloses Netz (WLAN ⑦) eine Verbindung ins Internet herzustellen.

- Bei einer asymmetrischen DSL-Übertragung (ADSL) ist die Bandbreite des Upstream-Kanals kleiner als die des Downstream-Kanals.
- Bei der DSL-Installation werden ein Splitter zur Signaltrennung und ein DSL-Modem zum Senden und Empfangen benötigt.
- Der NTBBA ist ein DSL-Modem für die Anpassung der DSL-Signale an den PC.
- Für den Internetzugang werden auch kompakte Geräte verwendet, in denen das DSL-Modem und ein Router integriert sind.

Möglichkeiten des Fernsehempfangs / options in television reception

11.3 Empfangsverteilanlagen

11.3.1 Möglichkeiten des Fernsehempfangs

Eine Empfangsverteilanlage empfängt und verteilt Antennen- oder Leitungssignale. Die Fernsehsignale können analog oder digital gesendet und mit entsprechenden Geräten empfangen werden. Beide Techniken bestehen zur Zeit nebeneinander, wobei analoge Empfangsverteilanlagen noch überwiegen. In naher Zukunft wird das digitale Fernsehen das analoge Fernsehen ablösen. Aus diesem Grunde werden in diesem Kapitel noch beide Techniken vorgestellt.

Analoger Fernsehempfang

Beim analogen Fernsehempfang wird die Bildvorlage nicht als Ganzes übertragen. Das Bild wird in 625 einzelne Zeilen zerlegt (abgetastet, Abb. 3 ①). Die Zeilen werden außerdem nicht nacheinander, sondern zunächst die geraden Zeilen (2, 4, ...) und dann die ungeraden Zeilen (1, 3, ...) abgetastet und übertragen. So entstehen aus den 25 Vollbildern pro Sekunde 50 Teilbilder. Das Verfahren wird deshalb als **Zeilensprungverfahren** bezeichnet. Durch die Verdopplung auf 50 Teilbilder verringert sich das Bildflimmern.

Die in einer Zeile enthaltenen Bildinformationen werden in analoge Spannungen umgewandelt. Danach werden sie auf einen hochfrequenten Träger aufgeprägt (**moduliert**) und über Antennen abgestrahlt (Abb. 3 ②).

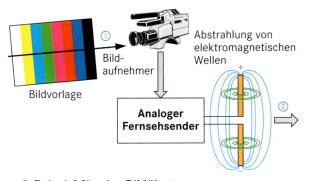

3: Beispiel für eine Bildübertragung

Im analogen Fernsehgerät werden die im hochfrequenten Signal enthaltenen Informationen zurück gewonnen. Dies geschieht in Demodulatoren, so dass sich am Ende der Umwandlungskette bei einer Bildröhre der Elektronenstrahl synchron zur Abtastung der Bildvorlage bewegt. Das Bild wird dabei Zeile für Zeile geschrieben (Abb. 4). Die Wiedergabegeräte besitzen Farbstreifen oder Farbpunkte aus den drei Primärfarben Rot, Blau und Grün. Mischfarben ③, ④, ⑤ entstehen, wenn sich die einzelnen Lichtfarben überlagern.

Die Wiedergabe kann aber auch mit einem Flachbildschirm erfolgen. Bei ihm werden die Bildinformationen als Bildpunkte (Pixel) nacheinander geschrieben.

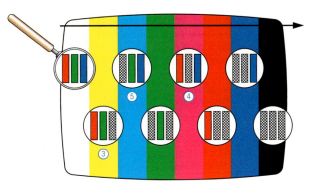

4: Bildwiedergabe (Bildröhre)

Digitaler Fernsehempfang

Digitaler Fernsehempfang wird als **DVB** (**D**igital **V**ideo **B**roadcasting) bezeichnet und kann auf drei Übertragungswegen in die Fernsehgeräte gelangen (Abb. 5). Auch bei der digitalen Aufbereitung wird das Bild in Zeilen zerlegt. Es werden dabei aber nicht vollständige Zeilen aufgenommen, sondern es erfolgt eine Zerlegung jeder Zeile in einzelne Bildpunkte (Pixel). Ein Fernsehbild kann dann aus etwa 400 000 Pixeln bestehen. Die Bildauflösung wird um so besser, je höher die Pixelzahl ist.

Für jedes Pixel werden die Informationen über die drei Farben (Rot, Blau und Grün) und die Helligkeit (Luminanz) ermittelt und codiert. Eine gleichzeitige (simultane) Übertragung der Informationen aller Pixel ist wegen des hohen technischen Aufwandes nicht möglich. Die Pixel werden deshalb zeitlich nacheinander (sequentiell) übertragen. Es entsteht ein Datenstrom. Die Größe des Datenstromes gibt man als Datenrate an. Sie wird in Bit/Sekunde gemessen.

Bei der beschriebenen Bildzerlegung fallen Datenraten von über 200 Mbit/s an. Wenn man diese Daten zur Übertragung auf einen hochfrequenten Träger modulieren würde, benötigt man ein breites Frequenzspektrum (große Bandbreite). Die Daten werden deshalb komprimiert und reduziert. Als Datenreduktion wird das **MPEG-2** (**M**otion **P**ictures **E**xperts **G**roup) Verfahren verwendet. Je nach gewünschter Qualität entstehen unterschiedlich große Datenströme. Für eine dem heutigen analogen Fernsehen gleichwertige Bildqualität werden Datenraten von 3 Mbit/s bis 5 Mbit/s benötigt.

DVB-T (**D**igital **V**ideo **T**errestrial) Drahtlose Ausbreitung über terrestrische Sender	
DVB-C (**D**igital **V**ideo **C**able) Ausbreitung über Kabelnetze	
DVB-S (**D**igital **V**ideo **S**atellite) Drahtlose Ausbreitung über Satelliten	

5: Digitales Fersehen

Der für den analogen Fernsehempfang nutzbare Frequenzbereich ist in einzelne Abschnitte eingeteilt worden. Sie werden als **Kanäle** bezeichnet. Jeder Kanal besitzt eine Bandbreiten von 7 MHz bzw. 8 MHz. Diese Kanalaufteilung bleibt auch für den digitalen Fernsehempfang DVB bestehen. Im Gegensatz zum analogen Fernsehempfang können in einem Kanal jedoch mehrere digitale Fernsehprogramme übertragen werden.

Für DVB sind verschiedene **TV-Standards** mit unterschiedlichen Darstellungsqualitäten (Abb. 1) definiert worden. Der SDTV-Standard entspricht z. B. der Qualität des heutigen analogen Fernsehempfangs. Mit **HDTV** erreicht man gegenwärtig die höchste Wiedergabequalität mit 1920 x 1080 Pixel.

Innerhalb eines Standards kann der Programmanbieter die Qualität verändern. So können z. B. Zeitlupenaufnahmen eines Fußballspiels mit höherer Datenrate übertragen werden als Landschaftsaufnahmen.

Die hochfrequenten und mit digitalen Daten modulierten Fernsehsignale müssen im Empfänger wieder zurückgewonnen (demoduliert) werden. Da in den Haushalten vorwiegend noch analog arbeitende Fernsehempfänger vorhanden sind, müssen die Signale mit Zusatzgeräten wieder in die ursprünglichen analogen Signale umgewandelt werden. Diese Zusatzgeräte werden als **Settop-Boxen** (Abb. 2) oder vereinfacht als Receiver bezeichnet. Das analoge Fernsehgerät wird dabei lediglich als Monitor verwendet.

Darüber hinaus kann die Settop-Box auch Zusatzfunktionen übernehmen, beispielsweise die Signaltrennung für folgende PC-orientierte Anwendungen:

– Online-Dienste
– Interaktive Verteildienste (Video-on-Demand, Payper-View, Teleshopping)

Für die interaktiven Verteildienste ist ein Anschluss zum TK-Netz erforderlich.

2: Komponenten für einen digitalen Fernsehempfang

Da für die Übertragung der DVB-T-, DVB-S- und DVB-C-Signale unterschiedliche Frequenzbänder verwendet werden, sind für jeden Übertragungsweg unterschiedliche Settop-Boxen bzw. Receiver erforderlich. An der Settop-Box können über die 21 Kontakte der SCART-Buchse die analogen Signale abgenommen werden.

Bei fortschreitender digitalisierter Fernsehübertragung werden die Funktionseinheiten der Settop-Box in das Fernsehgerät integriert sein, so dass umständliche Kabelverbindungen entfallen und nur noch ein Gerät vorhanden ist.

- Bei der analogen Bilderfassung wird die Vorlage in einzelne Zeilen zerlegt. Diese Informationen werden dann in Spannungen umgewandelt. Anschließend werden sie auf hochfrequente Träger moduliert und über Antennen als elektromagnetische Wellen abgestrahlt.
- Für die digitale Abtastung wird das Fernsehbild in ca. 400 000 Pixel zerlegt. Die Informationen werden anschließend sequentiell übertragen.
- Die Qualität der Fernsehübertragung ist von der Datenrate der Übertragung abhängig.
- Für den Frequenzbereich eines digitalen Fernsehsenders werden die Kanäle des analogen Fernsehempfangs von 7 MHz bis 8 MHz verwendet.
- Innerhalb eine Kanals können mehrere digitale Fernsehprogramme übertragen werden.

TV-Standard	Auflösung in Pixel x Pixel	Datenrate in Mbit/s
LDTV Low Definition Television, VHS-Qualität	376 x 282	1,5
SDTV Standard Definition Television, PAL-Qualität	640 x 480	4 ... 6
EDTV Enhanced Definition Television, Studioqualität	704 x 480	8
HDTV High Definition Television, Hochauflösendes Fernsehen	1920 x 1080	24 ... 30

1: TV-Standards

Aufgaben

1. Erklären Sie den grundsätzlichen Unterschied zwischen einer analogen und einer digitalen Fernsehübertragung.

2. Wovon hängt die Qualität des digitalen Fernsehempfangs ab?

Terrestrische Anlagen / terrestrial installations

11.3.2 Terrestrische Anlagen

Eine terrestrische Empfangsverteilanlage (Terra: lat. Erde) besteht im Wesentlichen aus den in Abb. 3 aufgeführten Objekten. Sie werden nachfolgend im Einzelnen behandelt.

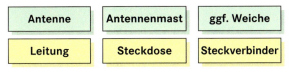

3: Objekte einer terrestrischen Empfangsverteilanlage

In Abb. 5 ist der typische Aufbau von drei an einem Mast montierten Antennen dargestellt. Jede Antenne ist für einen bestimmten Frequenzbereich konstruiert.
- LMKU: LW (Langwelle 150 kHz ... 285 kHz)
  - MW (Mittelwelle 510 kHz ...1605 kHz)
  - KW (Kurzwelle 2,3 MHz ... 2,948 MZ)
  - UKW (Ultrakurzwelle 87,5 MHz ...108 MHz)
- VHF: Very High Frequencies 47 MHz ... 440 MHz
- UHF: Ultra High Frequencies 455 MHz ... 862 MHz

Die Antennengrundform ist ein gestreckter oder gebogener Stab (Zweipol, Dipol), der in der Mitte unterbrochen ist. Dort wird die Spannung abgenommen. Ein Spannungsmaximum erhält man, wenn die mechanische Länge der Wellenlänge λ des Signals entspricht. Üblich sind jedoch Stababmessungen von $\lambda/2$ (Abb. 4).

Einen höheren Gewinn (höhere Spannung) im Vergleich zu einem einzelnen Dipol erhält man, wenn mehrere Stäbe vor und hinter dem Empfangsdipol angebracht werden. Es entsteht eine Mehrelementantenne (Abb. 4, Yagi-Antenne, Yagi: jap. Entwicklungsingenieur).

Bei einer Mehrelementantenne erhöht sich auch die **Richtwirkung** im Vergleich zu einem einzelnen Dipol. Mit diesem Begriff drückt man die Eigenschaft der Antenne aus, Signale bevorzugt aus einer Richtung empfangen zu können. Deshalb muss diese Antenne besonders genau zur Senderantenne hin ausgerichtet werden.

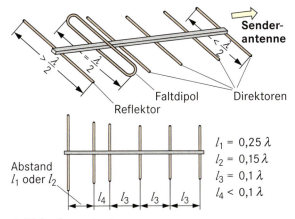

4: Mehrelementantenne

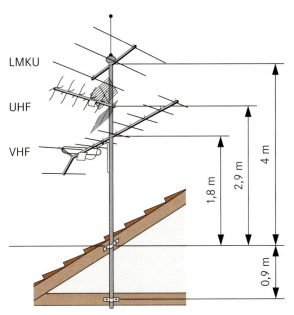

5: Terrestrische Empfangsantennen

Die in Abb. 5 dargestellten Antennen liefern Signale aus unterschiedlichen Frequenzbereichen. Um Sie über eine gemeinsame Leitung zum Empfänger transportieren zu können, führt man Sie in einer Antennenweiche (X0 in Abb. 6) zusammen.

In der als Beispiel gewählten Anlage (Abb. 6) sind zwei Empfangsgeräte in unterschiedlichen Etagen vorhanden. Deshalb sind im Plan zwei Antennensteckdosen eingezeichnet, eine Durchgangssteckdose (Durchschleifsteckdose) X1 und eine Enddose X2. Als Leitungen werden abgeschirmte Koaxialleitungen verwendet.

Wie bei jeder elektrischen Leitung entstehen auch hier Verluste. Das Signal an der Empfangsantenne ist größer als an den Steckdosen für die Empfangsgeräte. Es kommt zu einer Dämpfung des Signals. Angegeben wird diese Dämpfung durch das **Dämpfungsmaß a** in dB (Dezibel). Das Dämpfungsmaß wird ermittelt, indem man die Ausgangsgröße durch die Eingangsgröße dividiert und das Ergebnis logarithmiert. Das Dämpfungsmaß ist also eine **logarithmische Verhältniszahl**.

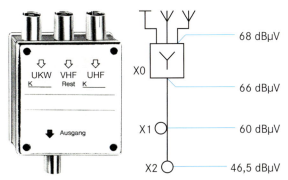

6: Plan einer terrestrischen Empfangsverteilanlage

Der Vorteil der logarithmischen Angabe liegt darin, dass die verschiedenen Dämpfungsmaße der Anlage addiert werden können.

Wenn man die Eingangsgröße nicht durch die Ausgangsgröße, sondern durch die festgelegte Spannung von 1 µV (Bezugspegel) dividiert, wird das Ergebnis als dBµV (**dB-Mikrovolt**) bezeichnet. In Abb. 1 sind beispielhaft die Pegel der Anlage von Abb. 6 (vgl. S. 281) angegeben. Sie lassen sich übersichtlich in einem Pegelplan darstellen.

Wie entsteht der Pegelplan?
- Beginn: Das Antennensignal beträgt 68 dBµV ①.
- Die Weiche verursacht eine Dämpfung von 2 dB ②.
- Die Leitung zur ersten Dose X1 ist etwa 20 m lang. Die Dämpfung beträgt dann 6 dB (30 dB/100 m) ③.
- Die Dose dämpft das Signal um weitere 1,5 dB ④.
- Die folgende Leitung ist etwa 40 m lang. Die Dämpfung beträgt 12 dB ⑤.

An der Enddose X2 steht somit ein Pegel von 46,5 dBµV zur Verfügung ⑥.

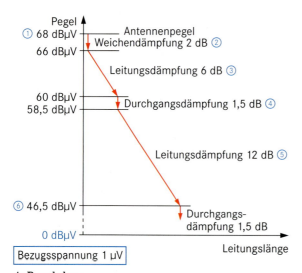

1: Pegelplan

Für einen störungsfreien Empfang sind Mindest- und Maximalpegel festgelegt (Abb. 2). Vergleicht man diese Vorgaben mit den Ergebnissen im Pegelplan (Abb. 1), dann ist nur an der Antennensteckdose X1 ein ausreichend hoher Pegel vorhanden. An X2 reicht der Pegel von 46,5 dBµV nicht aus. Das Signal hätte verstärkt werden müssen.

Bereich	Mindestpegel	Höchstpegel
UKW	Mono 40 dBµV Stereo 50 dBµV	70 dBµV 70 dBµV
VHF UHF	60 dBµV 60 dBµV	80 dBµV

2: Mindest- und Höchstpegel

Dämpfungsmaße
Beispiel: Dämpfung durch eine Leitung

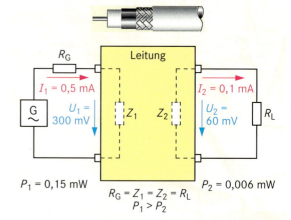

Die Ausgangsgrößen P_2, U_2 und I_2 sind kleiner als die Eingangsgrößen. Es können deshalb für jede Größe (P, U und I) Dämpfungsmaße angegeben werden.

Leistungsdämpfungsmaß: $$a_P = \lg \frac{P_1}{P_2} \text{ B}$$

Das einheitenlose Dämpfungsmaß a erhielt die Pseudoeinheit Bel (amerik. Ingenieur 1847–1922). Für praktische Fälle ist das Bel (B) ungünstig, deshalb wurde das **Dezibel** (dB) eingeführt.

1 B = 10 dB $$a_P = 10 \cdot \lg \frac{P_1}{P_2} \text{ dB}$$

In der Regel werden nicht Leistungsdämpfungsmaße, sondern Spannungsdämpfungsmaße angegeben. Da zwischen Spannung und Leistung ein quadratischer Zusammenhang ($P \sim U^2$) besteht, wird durch das Logarithmieren das Spannungsdämpfungsmaß um den Faktor 2 größer.

Spannungsdämpfungsmaß: $$a_U = 20 \cdot \lg \frac{U_1}{U_2} \text{ dB}$$

- In Empfangsverteilanlagen wird das Signal durch die verschiedenen Objekte gedämpft (verringert).
- Die Dämpfungsmaße der Objekte einer Empfangsverteilanlage sind logarithmische Maße. Sie werden in dB oder dBµV angegeben und können zu einem Gesamtdämpfungsmaß addiert werden.
- Die Pegel in einer Empfangsverteilanlage lassen sich in einem Pegelplan übersichtlich darstellen.
- Für einen ungestörten Empfang muss der Empfangspegel zwischen dem Mindest- und Höchstpegel liegen.

Erdung / earthing

Richtwirkung einer Yagi-Antenne

Im **Richtdiagramm** wird grafisch dargestellt, wie gut die Antenne das Signal aus einer Richtung empfängt.
Ist die Antenne optimal ausgerichtet, werden 100 % des möglichen Signals empfangen. Die nach vorn gerichtete Hauptkeule ① zeigt, wie gut die Antenne das Signal von benachbarten Sendern trennt. Ein kleiner Öffnungswinkel bedeutet eine scharfe Trennung der Signale. Die nach hinten gerichteten kleineren Nebenkeulen ② zeigen die Wirkung der Reflektoren an.

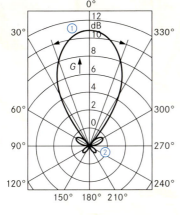

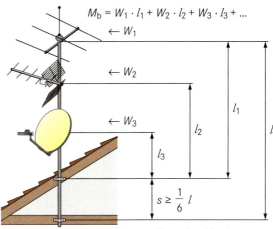

$M_b = W_1 \cdot l_1 + W_2 \cdot l_2 + W_3 \cdot l_3 + ...$

s: Einspannlänge des Mastes
4: Windlast und Biegemoment

Zum Ausstrahlen von Fernsehprogrammen benötigt jeder Sender einen bestimmten Frequenzbereich (Abb. 3). Dieser wird als Kanal bezeichnet und durch römische Zahlen gekennzeichnet. Aufgrund der Antennenabmessungen unterscheidet man Kanal- oder Breitbandantennen (Bereichsantennen).

Bezeichnung	Kanäle	Bandbreite
VHF, Meterwellen (**V**ery **H**igh **F**requencies)	8, 5 bis 17	7 MHz
UHF, Dezimeterwellen (**U**ltra **H**igh **F**requencies)	49, 21 bis 69	8 MHz

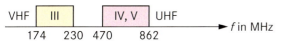

3: Frequenzbereiche und Kanäle

Antennenmast
Je nach Art der Antenne entstehen durch Windbelastungen unterschiedlich große Kräfte, die auf den Mast und die Masthalterung einwirken. Sie werden als **Windlast W** bezeichnet und in Newton (N) angegeben. Da diese Kräfte in einem bestimmten Abstand auf den Mast wirken, entstehen Biegemomente (M = Kraft x Hebelarm), die in Newtonmeter (Nm) angegeben werden. Der Mast muss also so ausgewählt werden, dass seine Stabilität nicht durch die Summe aller **Biegemomente** (Abb. 4) gefährdet ist. Beispielsweise darf die Summe aller Biegemomente bei einem Mast mit einer freien Länge von maximal 6 m nicht größer als 1650 Nm sein.

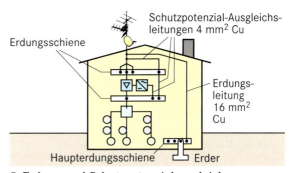

5: Erdung und Schutzpotenzialausgleich

Für die Erdung wird zwischen dem geschützten Bereich (2 m unterhalb der Dachkante (Traufe) und näher als 1,5 m an der Hauswand) und dem ungeschützten Bereich unterschieden. Für den geschützten Bereich ist keine Erdung, aber ein Schutzpotenzialausgleich erforderlich (4 mm² Cu). Antennen im ungeschützten Bereich müssen entsprechend Abb. 5 geerdet werden. Die Erdungsleitung kann auch aus Aluminium (25 mm²) oder aus verzinktem Stahl (50 mm²) bestehen.

- Yagi-Antennen sind Richtantennen für einzelne Kanäle oder Frequenzbereiche.
- Die Belastung eines Antennenmastes im ungeschützten Bereich ist von der Summe der Biegemomente abhängig.
- Eine Antenne im ungeschützten Bereich muss geerdet werden.

Aufgaben

1. Aus welchen Teilen besteht eine Mehrelementantenne?

2. Welche Teile einer Außenantenne im ungeschützten Bereich müssen geerdet werden?

Koaxialleitungen

Für die Anschlüsse und Verbindungen in Empfangsverteilanlagen werden abgeschirmte Leitungen (Koaxialleitungen) als Schutz vor äußeren Störeinflüssen (elektrische Felder) verwendet (Auswahl in Abb. 1). Die abschirmende Wirkung der Leitung wird durch das **Schirmungsmaß a_k** ① in dB angegeben. Je nach Anforderungen gibt es einfach ② oder mehrfach abgeschirmte Leitungen ③. Die Dämpfung der Leitung wird durch das frequenzabhängige **Leitungsdämpfungsmaß a_L** in dB/100 m ④ angegeben.

Typ	709 ②	F6 TSV ③
Verwendung	Installation, Sat-ZF	CATV- (Cable-TV) Multimedia
Durchmesser in mm		
Innenleiter Außenleiter	1,1; Cu-Draht 5,6; Al-Folie und Geflecht	1,02; Stahl Cu 5,6; 3fach geschirmt; Al-Geflecht und Al-Folie
Schirmungsmaße a_k ① in dB		
30–470 MHz	≥ 75	≥ 90
470–1000 MHz	≥ 75	≥ 90
1000–2150 MHz	≥ 65	≥ 90
Leitungsdämpfungsmaße a_L ④ in dB/100 m		
5 MHz	1,6	1,9
50 MHz	4,4	4,97
100 MHz	5,9	7,01
200 MHz	8,2	9,47
400 MHz	12,1	13,6
800 MHz	18,0	19,2
1000 MHz	20,5	21,5
1600 MHz	27,2	31,4
2150 MHz	31,6	31,9
2400 MHz	33,4	33,9

1: Koaxialleitungen

Antennensteckdosen

In der in Kap. 11.3.2 beschriebenen terrestrischen Empfangsverteilanlage sind zwei Antennensteckdosen vorhanden. An X1 kann das Signal abgenommen, also ein Empfangsgerät angeschlossen werden. Zusätzlich wird das Signal weitergeführt (durchgeschleift). Dabei wird es geringfügig gedämpft. Die Durchgangsdämpfung tritt zwischen Eingang (Abb. 2 ⑤) und Ausgang ⑥ auf und beträgt etwa 1,5 dB. Diese Dämpfung wird mit dem **Durchgangsdämpfungsmaß a_D** gekennzeichnet.

Im Gegensatz zu diesen Durchgangssteckdosen besitzen Enddosen nur einen Eingang. Um Störungen durch eine Signalreflexion zu vermeiden, muss die Leitung dort mit einem Widerstand von 75 Ω (Wellenwiderstand der Leitung) abgeschlossen werden.

2: Durchgangssteckdose

Bei der in Abb. 2 dargestellten Durchgangssteckdose werden Signale für den Radio- und Fernsehempfang abgenommen (abgezweigt). Es ist deshalb erforderlich, dass keine Rückwirkungen durch die Empfangsgeräte stattfinden. Es muss also eine genügend große Abzweigungsdämpfung bzw. Anschlussdämpfung vorhanden sein. Das **Anschlussdämpfungsmaß a_A** für diese Dose beträgt etwa 13 dB.

Damit sich zwischen den beiden Abzweigungen der Antennensteckdose in Abb. 2 keine Störungen ausbreiten können, müssen sie ausreichend entkoppelt sein. Typische Werte für die Entkopplung liegen bei 30 bis 40 dB.

In Abb. 3 sind die Wirkungen von Durchgangs- und Abzweigdämpfungen dargestellt. Sie gelten auch für Steckdosen und Abzweiger bzw. Verteiler.

Steckverbinder

Für lösbare Verbindungen werden in Empfangsverteilanlagen **IEC**-Stecker (**I**nternational **E**lectrotechnical **C**ommission) entsprechend Abb. 4 verwendet.

a) Dämpfung zwischen Ein- und Ausgang	b) Dämpfung zwischen Eingang und Abzweigung

3: Dämpfungen an Antennensteckdosen

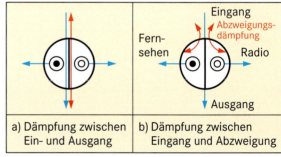

Durchmesser in mm	
Innenleiter	0,6–1,13
Außenleiter	max. 5,2
Mantel	max. 7,2
Schirmungsmaße in dB	
bis 470 MHz	≥ 75
470–862 MHz	≥ 70
950–1750 MHz	≥ 60
1750–2400 MHz	≥ 55

4: Steckverbinder

11.3.3 DVB-T

Weil DVB-T im Endausbau flächendeckend und auch in mobilen Fahrzeugen verfügbar ist, wird es als das „Überall Fernsehen" bezeichnet. Die genutzten Kanäle entsprechen den VHF- und UHF-Kanälen des analogen Fernsehens. Die Empfangsmöglichkeiten in Deutschland sind noch nicht flächendeckend gegeben, sie werden jedoch kontinuierlich verbessert.

Pro Kanal können die Datenraten zwischen 12 Mbit/s und 14 Mbit/s liegen. Wenn aber in einem Kanal vier Programme (ein Bouquet) übertragen werden sollen, kann jedem einzelnen Programmanbieter nur etwa ein Viertel der insgesamt zur Verfügung stehenden Datenrate zugestanden werden (3 Mbit/s bis 3,5 Mbit/s).

Antennenaufwand

Bei ausreichender Feldstärke ist der Empfang mit geringem Antennenaufwand (Zimmerantenne) möglich. Für eine Bildoptimierung muss die Antenne lediglich ausgerichtet werden. Die Installationen von Leitungen und Antennensteckdosen entfallen.

Es werden aktive (Abb. 5, mit integriertem Verstärker) und passive Antennen unterschieden. Reicht die Feldstärke nicht aus, müssen Yagi-Antennen für die VHF- bzw. UHF-Bereiche installiert werden. Wenn bereits eine Antennenanlage für den analogen Empfang vorhanden ist, müssen z. B. folgende Fragen beantwortet und gegebenenfalls Änderungen an der Anlage vorgenommen werden:

– Deckt die vorhandene Antenne den Frequenzbereich ab, in dem die DVB-T Sender liegen?
– Muss die Antenne neu ausgerichtet werden, weil sich der Standort des Senders geändert hat?
– Ist die Polarisation der Sender horizontal oder vertikal? Unter Umständen muss die Antenne um 90° gedreht werden (s. Abb. 6, horizontal bzw. vertikal).
– Bei vorhandenem Verstärker:
  Reicht die Bandbreite des Verstärkers aus?
  Mitunter wird bei DVB-T bis zum Kanal 60 gesendet.

Neben dem stationären Empfang ist bei guter Versorgung der Empfang in Fahrzeugen möglich. Sobald aber die Feldstärke den Grenzwert von etwa 45 dB (µV/m) unterschreitet (z. B. in Bergregionen), fällt der Empfang unvermittelt aus.

5: DVB-T-Antenne

- Verstärkung:
  > 18 dB
- Empfangsbereich:
  VHF Band III und UHF
- Energieversorgung:
  5 V DC, 30 mA
- Anschluss:
  IEC-Stecker
- Abmessungen:
  130 x 168 x 95 mm

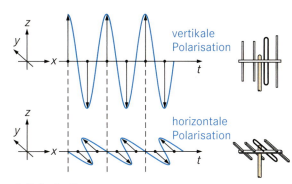

6: Polarisation

Empfangsqualität

Die beim Analogfernsehen durch Reflexionen (Mehrwegeempfang) entstehenden Störungen („Geisterbilder") treten bei DVB-T nicht auf. Die zusätzlichen Signale werden decodiert und zum Hauptsignal addiert. Es vergrößert sich somit. Die Sendeleistung kann bei DVB-T geringer sein, weil die Empfänger empfindlicher sind, eine Fehlerkorrektur durchgeführt wird und effektive Modulationsverfahren verwendet werden.

Ein weiterer Vorteil besteht darin, mehrere benachbarte Sender mit gleicher Frequenz in einem Kanal (**Gleichwellenbetrieb**) für die Ausstrahlung eines identischen Datenstroms zu betreiben.

Probleme in der Empfangsqualität können auftreten, wenn die Datenrate zu gering ist. Es können Blockartefakte („Klötze" an den Rändern, Abb. 7) und Unschärfen entstehen.

7: Artefakte

Die Empfangsqualität sinkt auch, wenn eine geringere Auflösung verwendet wird. Dies ist z. B. dann der Fall, wenn eine DVD-Auflösung von 720 x 576 Pixel auf beispielsweise 480 x 576 Pixel verringert wird (SVCD). Mit Weichzeichnern lassen sich zwar die Kantenübergänge glätten, das Bild wird dadurch jedoch insgesamt unschärfer.

- DVB-T ermöglicht Fernsehempfang mit geringem Antennenaufwand.
- Durch DVB-T ist der Fernsehempfang in Fahrzeugen möglich.
- DVB-T ist weniger störanfällig als analoger Fernsehempfang.

Aufgaben

1. Stellen Sie fest, mit welchem Antennenaufwand in Ihrem Wohnbereich DVB-T-Empfang möglich ist.

2. Erklären Sie, wovon die Qualität einer Fernsehübertragung bei DVB-T abhängt.

11.3.4 DVB-C

Digitale Fernsehprogramme lassen sich auch über das **Breitband-Kabelnetz** übertragen. Andere Bezeichnungen sind:

Breitband-Verteilnetz, Breitband-Kommunikationsnetz, Cable Television (CATV), BK-Netz.

Die Programme werden in die bestehende Kanalaufteilung für die analoge Fernsehübertragung eingefügt. Verwendet werden das Hyperband von 300 MHz bis 450 MHz (Abb. 1 ①) und Band IV/V von 446 MHz bis 862 MHz ② mit den 8 MHz breiten Kanälen.

Für den Empfang digital ausgestrahlter Programme wird ein entsprechender Receiver (Settop-Box) benötigt (s. Kap. 11.3.1). Er wandelt die digitalen Signale in die ursprünglichen analogen Signale (RGB und Ton) um. Über die SCART-Buchse gelangen diese Signale dann in das analoge Fernsehgerät.

Die Datenraten und die benötigte Bandbreite bei DVB-C hängen von der gewählten Modulation ab. Sie sind in der Regel größer als die Datenraten bei DVB-T. Die Qualität der Übertragung kann also größer sein.

BK-Verteilnetz

Dieses Netz wird vorwiegend für die Verteilung von Fernseh- und Radioprogrammen verwendet. Es war ursprünglich für die analoge Übertragung ausgelegt.

Das Netz kann aber auch für eine bidirektionale Datenkommunikation genutzt werden (z. B. Internet-Zugang, Kabeltelefonie). Im Frequenzspektrum wird deshalb zwischen Downstream- und Upstream-Bereichen (Empfangen und Senden, Abb. 1 ③) unterschieden.

Der Einspeisungspunkt in das BK-Hausverteilnetz wird als **Übergabepunkt** (**ÜP**) bezeichnet. Er wird im Auftrag des Netzbetreibers in der Regel über ein koaxiales Erdkabel an einer zentralen Stelle im Kellerbereich installiert (Abb. 2 ④). Wenn mehrere Abnahmestellen vorgesehen sind, ist in der Regel ein **Hausanschlussverstärker** (**HAV**) ⑤ einzufügen. Von dort wird das Hausverteilnetz sternförmig installiert, so dass jeder

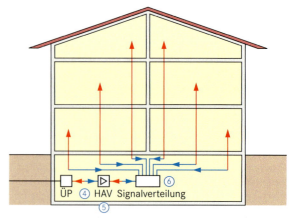

2: BK-Verteilnetz

Abnehmer von einem **Verteiler** ⑥ (Abzweiger) über eine separate Koaxialleitung direkt versorgt wird.

Die sternförmige Installation besitzt folgende Vorteile:
– Erweiterungen sind ohne Störungen der anderen Abnehmer einfach realisierbar (z. B. zusätzliche Steckdosen).
– Die Sternstruktur ist Voraussetzung für die Nutzung des Rückkanals.
– Weil alle Abnehmer voneinander getrennt sind, können Fehler rasch ermittelt werden.

- Ein BK-Hausverteilnetz wird in der Regel in Sternstruktur gebaut.
- Das BK-Verteilnetz muss für einen Frequenzbereich bis 862 MHz ausgelegt sein.
- Für den Upstream-Bereich (Rückkanal) ist der Frequenzbereich von 30 MHz bis 65 MHz vorgesehen.

Aufgaben

1. An welcher Stelle des Plans für ein BK-Verteilnetz (Abb. 2) müsste der Schutzpotenzialausgleich angeschlossen werden?

2. Erklären Sie, welche Funktion der Rückkanal in einem BK-Verteilnetz haben kann.

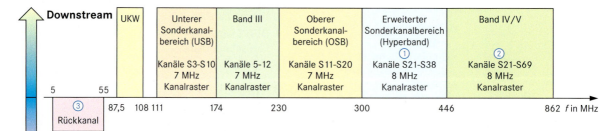

1: Frequenz- und Kanaleinteilung

11.3.5 DVB-S

Im Äquatorbereich sind in etwa 36.000 km Höhe Satelliten geostationär positioniert. Sie empfangen die von terrestrischen Stationen (Abb. 3) gesendeten Signale (Uplink) und strahlen diese nach entsprechender Umwandlung wieder zu den Satellitenempfangsantennen auf der Erde ab (Downlink). Die Frequenzen des Fernsehempfangs befinden sich im GHz-Bereich. Die Bandbreiten der Kanäle sind größer als bei DVB-T und DVB-C. Die Datenraten reichen aus, um Sendungen mit höchsten Auflösungen (HDTV) zu übertragen.

Beispiele:
B = 27 MHz, Datenrate 17,8 bis 31,1 Mbit/s
B = 36 MHz, Datenrate 22,5 bis 39,4 Mbit/s

Gleichzeitig zu den Bildinformationen werden Digital-Tonrundfunksendungen mit 192 kbit/s in Mono und 256 kbit/s bzw. 320 kbit/s in Stereo übertragen. In den Satelliten übernehmen **Transponder** (**Trans**mitter und Res**ponder**) die Aufgabe, die von der Erde eingehenden Sendungen aufzunehmen (Uplink), sie den gewählten Übertragungsbedingungen anzupassen und dann wieder zur Erde abzustrahlen (Downlink, Abb. 3). Sie stellen die für die Übertragung notwendigen Ressourcen zur Verfügung.

Die Bandbreite eines Transponders beträgt 40 MHz. Darin lassen sich etwa 10 Fernsehprogramme unterbringen. Beispielsweise kann ein Satellit mit einer Leistung von 10 kW etwa 50 Transponder betreiben und dabei 500 Fernsehprogramme ausstrahlen.

Die Downlink-Frequenzen reichen von 10,7 GHz bis 12,75 GHz. Dabei werden ein **Low-Band** (unteres Band, Abb. 4) und ein **High-Band** (oberes Band) unterschieden. Um möglichst viele Sender ohne gegenseitige Störungen unterbringen zu können und die zur Verfügung stehende Bandbreite effektiv zu nutzen, werden die Signale in horizontaler bzw. vertikaler Richtung abgestrahlt (Polarisation). Somit ergeben sich für den Empfang von Satellitensendungen die vier in Abb. 4 gekennzeichneten Empfangsbereiche.

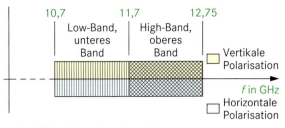

4: Satelliten-Empfangsbereiche

Satelliten

Für den Empfang muss nach Süden eine „freie" Sicht von ±20° und eine horizontale Erhebung von ca. 30° gewährleistet sein. In Abb. 5 sind ausgewählte Satelliten für unseren Empfangsbereich aufgeführt.

①	TürkSat 1C	42° Ost	⑤	Eutelsat II F1, Hotbird	13° Ost
②	DFS-Kopernikus 1	23,5° Ost	⑥	Eutelsat II F2	10° Ost
③	Astra-Gruppe 1B, 1C, 1E, 1F, 1G, 1H, 2C	19,2° Ost	⑦	Eutelsat II F4	7° Ost
④	Eutelsat II F3	16° Ost	⑧	Hispasat 1A, 1B	30° West

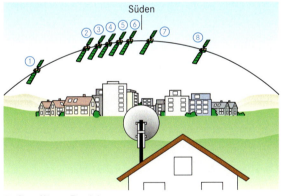

5: Satelliten-Positionen

Satelliten-Empfangsantennen

Für den Empfang von Satelliten-Signalen werden verschiedenartige Antennen verwendet (Abb. 1, S. 288). Die parallel ankommenden Signale werden von einer parabolischen Fläche reflektiert und treffen auf die Empfangseinrichtung. Sie wird als **LNB** (**L**ow **N**oise **B**lock converter) bezeichnet. Dieser Name stammt aus den Anfängen der Satelliten-Empfangstechnik und bedeutet so viel wie „Rauscharmer Umsetzer für einen Frequenz(Block)bereich". Sie trennen die horizontalen von den vertikal polarisierten Wellen, verstärken die Signale und sorgen für die Umsetzung der hochfrequenten Schwingungen (GHz) auf die niedriger liegenden Frequenzen (Satelliten-Zwischenfrequenz, **Sat-ZF**).

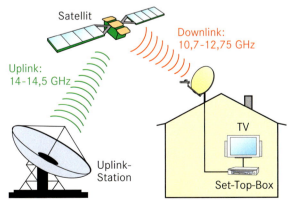

3: Empfang über einen Satelliten

Multischalter / multi switch

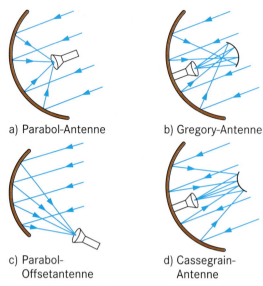

a) Parabol-Antenne
b) Gregory-Antenne
c) Parabol-Offsetantenne
d) Cassegrain-Antenne

1: Satelliten-Empfangsantennen

Die Spannungsversorgung für den LNB erfolgt über die Koaxial-Leitung. Gleichzeitig kann mit der Höhe der Versorgungsspannung eine Umschaltung auf die vertikal (14 V) oder horizontal polarisierten (18 V) Frequenzbereiche vorgenommen werden (**Polarisationsumschaltung**). Zusätzlich kann mit einer überlagerten Wechselspannung von 22 kHz zwischen den Bändern (High- und Low-Band) umgeschaltet werden (**Bandumschaltung**). In Abb. 2 sind diese vier Möglichkeiten dargestellt. Die hierfür verwendbaren Schalter werden als **Multischalter** bezeichnet.

Eine Weiterleitung der Satelliten-Signale mit den Frequenzen von 10,7 bis 12,75 GHz ist nicht möglich, weil herkömmliche Koaxialkabel auf Grund zu hoher Dämpfung nicht geeignet sind bzw. Kabel mit geringerer Dämpfung zu teuer wären. Es erfolgt deshalb im LNB eine Umsetzung auf die Satelliten-Zwischenfrequenz.

Low-Band: Oszillatorfrequenz 9,75 GHz
⇒ Sat-ZF 0,95 ... 1,95 GHz

High-Band: Oszillatorfrequenz 10,6 GHz
⇒ Sat-ZF 1,1 ... 2,15 GHz

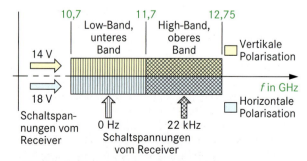

2: Umschaltung der Frequenzbereiche

Satelliten-Empfangsanlage

In Abb. 3 ist beispielhaft eine Empfangsanlage dargestellt. Der LNB besitzt darin vier Ausgänge (Quattro-LNB), so dass für die zwei Frequenzbänder die vertikal und horizontal polarisierten Signale getrennt abgegeben werden. Damit diese Ausgangssignale für den Receiver verfügbar sind, muss die Umschaltung mit einem externen Multischalter erfolgen.

3: Quattro-LNB mit Multischalter

Die grundsätzliche Arbeitsweise eines Multischalters ist in Abb. 4 vereinfacht dargestellt. Die horizontal bzw. vertikal polarisierten Signale jedes Bandes werden mit Koaxial-Leitungen an zwei **V/H-Schalter** ① ② geführt. In der gezeichneten Schalterstellung wird vom Receiver eine Steuerspannung von 14 V geliefert, so dass die horizontale Polarisation ausgewählt wird. Da gleichzeitig vom Empfänger keine Wechselspannung von 22 kHz in die Koaxial-Leitung eingespeist wird (0 Hz), ist das untere Band über den **Bandschalter** ③ ausgewählt worden. Entsprechende Änderungen treten ein, wenn als Gleichspannung 18 V und/oder 22 kHz Wechselspannung eingespeist werden.

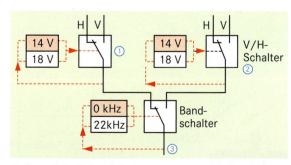

4: Grundsätzliche Arbeitsweise eines Multischalters

Multifeed / multi-feed

In Abb. 3 ist am Ausgang des Multischalters nur ein Receiver angeschlossen. Je nach Aufbau des Multischalters können auch mehrere Empfänger angeschlossen werden. Jeder Receiver für sich hat dabei den Zugriff auf seinen gewählten Frequenzbereich mit der gewünschten Polarisation.

Es gibt zahlreiche Arten von Multischaltern. Mit ihnen können nicht nur Frequenzbereiche, sondern auch Satelliten ausgewählt werden (Multifeed-Empfang, s. Kap. 11.3.6). Erweiterungen lassen sich ebenfalls vornehmen, indem man sie hintereinander schaltet (**kaskadierbare Multischalter**).

Für Satelliten-Empfangsanlagen werden **F-Stecker** verwendet (Abb. 5). Da der Innenleiter der Koaxial-Leitung als Steckerstift verwendet wird, müssen die Abschirmfolie und das Abschirmgeflecht sehr sorgfältig über den Außenmantel gestülpt und die Teile fest verschraubt werden.

5: F-Stecker

DVB-S2

Im März 2005 wurde der Standard von DVB-S2 definiert. Er hat gegenüber DVB-S folgende Vorteile:

- Anstatt der Modulationsart 4 PSK wird 8 PSK eingesetzt ⇒ ca. 30 % mehr Informationen auf einem Transponder ⇒ geringere Übertragungskosten.
- Effektivere Reduktion der Bilddaten (H.262).
- DVB-S2 ist nicht kompatibel zu DVB-S ⇒ andere Receiver erforderlich.
- Einsatz vorerst nur bei HDTV-Übertragungen.

- Im LNB erfolgt eine Signalverstärkung und die Umsetzung der Empfangsfrequenzen in die Satelliten-Zwischenfrequenz.
- Für die Umschaltung der Polarisationen im Satelliten-Empfangsbereich werden Schaltspannungen von 14 V bzw. 18 V und für die Umschaltung der Bänder werden Spannungen mit Frequenzen von 0 Hz und 22 kHz aus dem Receiver verwendet.
- Mit Multischaltern wird der Zugriff auf Frequenzbänder, Polarisationen oder Satelliten ermöglicht.

11.3.6 Installation einer Satelliten-Empfangsverteilanlage

Die zu installierende Satelliten-Empfangsanlage soll folgende Möglichkeiten bieten:
- Empfang von zwei Satelliten (Astra-Gruppe und Eutelsat II F 1)
- Es soll ein Receiver angeschlossen werden.

Die zu installierenden Objekte (aus Herstellerkatalog) sowie der Installationsplan sind in der Abb. 6 aufgeführt. Aufgrund der Materialaufstellung sind aber noch folgende Fragen zu klären:
- Wie können mit einer Satelliten-Antenne die Signale von zwei Satelliten empfangen werden?
- Wozu dient die DiSEqC-Umschaltmatrix (sprich: Dai-Sek)?

Materialliste
- Offset-Parabolantenne, 90 cm
- 2 LNBS, Rauschmaß 0,6 dB
- Montagematerial
- DiSEqC-Umschaltmatrix
- 20 m Koaxialleitung, Schirmungsmaß > 80 dB
- 1 Antennensteckdose
- 1 Empfänger-Anschlussleitung
- 1 Satelliten-Receiver
- 1 Abschlusswiderstand
- 1 Überspannungsschutz

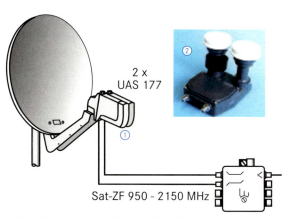

6: Empfangsanlage für zwei Satelliten

Multifeed-Empfang

Dieser Begriff drückt aus, dass von einer Satelliten-Antenne Signale von zwei oder mehreren Satelliten empfangen werden können. Für die zu installierende Anlage sind die Satelliten Astra und Eutelsat II F 1 vorgesehen. Sie befinden sich bei 19,2° und 13° Ost relativ dicht nebeneinander, so dass die Signale mit zwei nebeneinander montierten LNBs (Abb. 6 ①) die

Signale empfangen werden können. Es wäre aber auch möglich, Doppelempfangsbausteine (LNB-Monoblöcke ②, Abb. 6, S. 289) einzusetzen. Bei dieser Installation ist für keinen der LNBs eine optimale Ausrichtung möglich, der Gewinn und die Güte verschlechtern sich gegenüber einem einzelnen LNB. Durch einen größeren Durchmesser der Antenne (z. B. 85 cm) kann dies jedoch ausgeglichen werden.

DiSEqC-Umschaltmatrix

Die bisher angesprochenen Multischalter konnten mit Gleichspannungen (14 V und 18 V) sowie einer Wechselspannung von 22 kHz Schaltvorgänge auslösen. Auch beim **DiSEqC**-System (**D**igital **S**atellite **Eq**uipment **C**ontrol) wird weiterhin die LNB-Versorgungsspannung von 14/18 V des Receivers sowie das 22 kHz-Signal durchgeschaltet. Das DiSEqC-System bietet aber erheblich mehr Schaltmöglichkeiten. Die Schaltbefehle werden vom Receiver als seriell codiertes Datenwort an die Schaltmatrix gegeben. Die 0- und 1-Zustände werden durch getastete 22 kHz-Signale erzeugt (Abb. 1).

Das DiSEqC-Datenwort setzt sich aus einem Startbyte, einem Adressbyte und einem Befehlsbyte zusammen. Der Receiver arbeitet dabei als Master, der durch seine Befehle unterschiedliche Slaves (LNBs, Multischalter usw.) ansteuern kann. Die Antworten vom Slave bestehen aus dem Startbyte und den angehängten Daten.

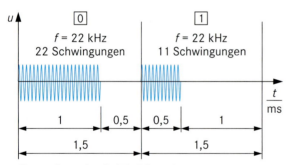

1: Bitstruktur des DiSEqC Signals

DiSECqC gibt es in verschiedenen Versionen. Sie werden durch zwei mit einem Punkt getrennte Ziffern gekennzeichnet.

- **Version 1.0**
  Die Kommunikation erfolgt unidirektional (in eine Richtung). Folgende Befehle (16) sind vom Receiver zur Schaltmatrix möglich: Vier Satellitenpositionen, zwei Bänder (High-Band und Low-Band), zwei Polarisationen (vertikal und horizontal)

- **Version 2.0**
  Die Kommunikation erfolgt bidirektional (zwei Richtungen).

- **Version 3.0**
  Es gibt zusätzliche Programmierungsoptionen.

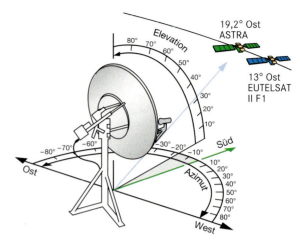

2: Ausrichtung der Satelliten-Antenne

Ausrichtung der Antenne

Die Antenne muss sehr genau auf den gewünschten Satelliten ausgerichtet werden. Die Ausrichtung wird durch zwei Winkel festgelegt (Abb. 2):

- Horizontal: **Azimut**; die Bezugsrichtung für Europa ist Süden
- Vertikal: **Elevation**; Erhebungs- bzw. Höhenwinkel der Satelliten-Antenne

Der Azimut und die Elevation sind vom Montageort und der Position des Satelliten abhängig. Die entsprechenden Werte sind aus Tabellen zu entnehmen. Hilfreich für die Ausrichtung der Antenne sind „Satellitenfinder". Sie werden in die Zuleitung geschaltet und erzeugen bei richtiger Positionierung entsprechende Signale.

Am Ende der Installation der Antennen-Anlage erfolgt eine messtechnische Überprüfung (z. B. Universalmessgerät, Abb. 3). Eine wichtige Messung ist die Pegelmessung. Nur ein ausreichender Pegel ist die Voraussetzung für eine gute Bildqualität. In DIN EN 50083-7 ist der Pegelbereich von 47 bis 77 dBµV angegeben. Optimale Werte sollten zwischen 50 und 65 dBµV liegen.

3: Antennen-Messempfänger

- Multifeed-Empfang bedeutet, dass Signale von mehr als einem Satelliten empfangen werden.
- DiSEqC-Schalter sind im Prinzip durch den Receiver ferngesteuerte Umschalter.

Wohnungsüberwachung / apartment supervision   291

11.4 Alarm- und Überwachungsanlagen

11.4.1 Einbruchmeldeanlage (EMA)

In die Grundrissskizze der Wohnung von Abb. 4 ist der Installationsschaltplan für eine Einbruchmeldeanlage eingezeichnet. Die Symbole entsprechen den „Richtlinien für Einbruchmeldeanlagen" des „Verbandes der Sachversicherer e.V." (VdS). Sie weichen etwas von den Schaltzeichen der Elektroinstallation ab.

Erläuterungen zum Plan

- Die Zentrale ① der Einbruchmeldeanlage befindet sich in der Diele.
- Von dort aus gehen Leitungen (**Meldelinien**) ② zu 5 **Verteilern** (X1 bis X5) ③ in die einzelnen Räume.
- Die **Melder** ④ sind vorwiegend an den gefährdeten Stellen der Wohnung (Fenster und Türen) angebracht. Sie signalisieren der Alarmzentrale, ob ein gewaltsames Eindringen vorliegt oder nicht.

In dieser Anlage sind Melder mit folgenden Aufgaben vorhanden:

Öffnungsüberwachung für Fenster:
  Melder mit Magnetkontakten (MK) ⑤, ⑥,
  Glasbruchmelder (GM) ⑦, ⑧

Verschlussüberwachung für Türen:
  Schließblechkontakte, Riegelkontakte ⑨

Raumüberwachung:
  Bewegungsmelder (IR) ⑩

Im nachfolgenden Teil besprechen wir zunächst den Aufbau und die Funktion der Melder.

■ In einer Einbruchmeldeanlage sind in der Regel folgende Funktionseinheiten und Betriebsmittel enthalten:
Zentrale, Verteiler, Meldelinien und Melder.

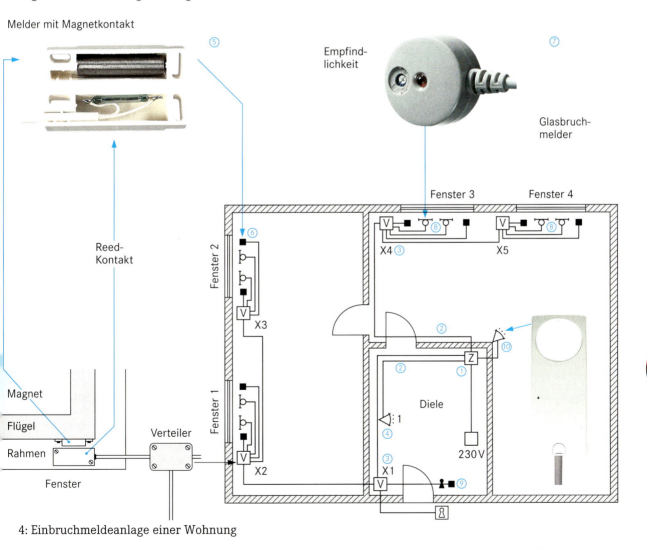

4: Einbruchmeldeanlage einer Wohnung

11.4.2 Einbruchmelder

Melder mit Magnetkontakten (MK)

Diese Melder bestehen aus zwei Teilen. Am beweglichen Fensterflügel ist der Dauermagnet (Abb. 1 ①) angebracht. Sein Magnetfeld wirkt in das am Rahmen befestigte zweite Element ② hinein. In dem Gehäuse sind in einem Glasröhrchen zwei sich gegenüber liegende eiserne Kontaktzungen (**Reed-Kontakte**) vorhanden. Wenn sich jetzt in ihrer Nähe der Dauermagnet befindet, ziehen sie sich wie zwei Dauermagnete an. Der Kontakt wird geschlossen.

Im Installationsschaltplan der Abb. 1 auf S. 291 werden die Fenster durch zwei und die Außentür durch einen Melder mit Magnetkontakten gesichert.

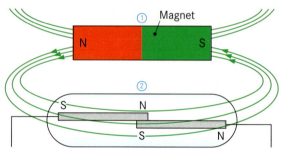

1: Melder mit Magnetkontakt (Reed-Kontakt)

Glasbruchmelder und Glasbruchsensoren (GM)

Diese Betriebsmittel geben Alarm, wenn die Fensterscheibe eingeschlagen oder das Glas geritzt wird.

Welcher Unterschied besteht zwischen Meldern und Sensoren?

Glasbruchsensoren benötigen keine Spannungsversorgung. Sie arbeiten im Prinzip wie ein Schalter. Sie können deshalb nur auf eine Zerstörung der Glasscheibe reagieren.

Glasbruchmelder besitzen eine interne Signalauswertung und einen mechanischen bzw. elektronischen Kontakt, der im Alarmfall betätigt wird. Sie benötigen für die elektronischen Bauelemente eine externe Spannungsversorgung. Es werden aktive und passive Glasbruchmelder unterschieden.

Aktive Melder überprüfen die Glasscheibe ständig, indem sie Schallwellen aussenden und die Reflexion in der Glasscheibe messen.

Passive Melder geben Alarm, wenn die Scheibe zerstört oder nur geritzt wird (typische Schallschwingungen). Wenn die Scheibe nur geritzt wurde, wird bei vielen Meldern dieser Alarmfall gespeichert und mit einer LED (Abb. 1, S. 291) angezeigt. Mit einer Rückstelltaste kann der Anzeigezustand gelöscht werden. Da Glasscheiben unterschiedlich dick sind, muss über ein eingebautes Potenziometer die Empfindlichkeit eingestellt werden. Diese recht kostengünstigen Melder werden im häuslichen Bereich häufig eingesetzt.

Montage (Abb. 2):
In eine Fensterecke wird der Melder mit einem Kleber auf die Scheibe montiert. Die Entfernung zum Rahmen sollte zwischen 10 bis 15 cm liegen.

Im Installationsschaltplan in Abb. 1 auf S. 291 wird jedes Fenster aufgrund besonderer Anforderungen durch zwei Glasbruchmelder gesichert.

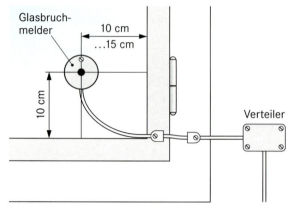

2: Montierter Glasbruchmelder

Schließblechkontakt (SK)

Die Außentür in Abb. 1 auf S. 291 besitzt nicht nur eine Öffnungsüberwachung durch einen Melder mit einem Magnetkontakt, sondern auch eine Verschlussüberwachung. Wenn die Tür verschlossen wird, drückt der Schlossriegel einen Mikroschalter aus seiner Ruhestellung (Scharfstellung).

Blockschloss (SM)

Zusätzlich ist in dem Beispiel ein sog. Blockschloss eingebaut. Es besitzt neben der mechanischen Sperreinrichtung Mikroschalter, die bei bestimmten Schlüsselstellungen betätigt werden. Mit ihnen können Teile der Alarmanlage oder die gesamte Alarmanlage eingeschaltet werden (**Scharfstellung**).

- Melder mit Magnetkontakten bestehen aus zwei Teilen. Mit dem Dauermagneten am beweglichen Element lässt sich ein Schalter (Reed-Kontakt) schließen bzw. öffnen. Diese Melder eignen sich zum Überwachen von beweglichen Elementen (Fenster, Türen).
- In passiven und aktiven Glasbruchmeldern öffnet bzw. schließt ein Kontakt, wenn eine Glasscheibe geritzt oder zerstört wird.
- In Einbruchmeldeanlagen werden Türen neben der mechanischen Verriegelung häufig zusätzlich durch Schalter (Mikroschalter) gesichert.

Passiv-Infrarot-Melder / passive infrared detector

Passiv-Infrarot-Melder (PIR, IM)

Diese Melder werden auch als **Bewegungsmelder** bezeichnet.
Die Bezeichnung „passiv" wird deshalb verwendet, weil keine Strahlung ausgesendet wird.

Eigenschaften:
- Dreidimensionaler Überwachungsbereich (Erfassungsbereich), Einsatz zur Raumüberwachung.
- Infrarotstrahlung (IR, Wärmestrahlung) wird mit einem Sensor empfangen.
- Die Änderung (Abb. 3) der Infrarotstrahlung ① wird in einer elektronischen Schaltung ausgewertet und gemeldet.

Montageort:
- Erschütterungsfrei und sorgfältig auswählen,
- Zugluft, Heizlüfter, selbstständig einschaltende Glühlampen und Haustiere können einen Fehlalarm auslösen.

Vor dem Sensor ② befindet sich in der Regel ein weißes gebogenes Kunststofffenster. Es handelt sich hierbei um eine besondere Linsenform (Fresnel-Linse) zur Bündelung der IR-Strahlung.

Bei der Auswahl von Bewegungsmeldern muss Folgendes bedacht werden:
- waagerechter Erfassungswinkel
- senkrechter Erfassungswinkel
- Reichweite
- Ansprechempfindlichkeit

Der **Erfassungsbereich** kann durch unterschiedliche Linsen und Abdeckungen im Linsenbereich verändert werden. Die **Ansprechempfindlichkeit** erfolgt über eine Potenziometereinstellung am Melder.

Die elektronische Schaltung im Bewegungsmelder (Abb. 3, ③) muss mit einer Spannung (8 V bis 16 V) versorgt werden. Die Meldung erfolgt durch Schließen bzw. Öffnen von Kontakten ④.

Passiv-Infrarot-Melder werden im Haus und außerhalb des Hauses eingesetzt. Sie werden oft zum automatischen Einschalten von Lampen verwendet, wenn sich z.B. eine Person in den Erfassungsbereich hinein bewegt. Nach einer vorher eingestellten Zeit wird die Lampe durch den Melder wieder abgeschaltet.

In den beschriebenen Meldern wird der Alarmzustand durch schließende oder öffnende Kontakte signalisiert. Folgende Bezeichnungen sind üblich:
- **NO**-Kontakte: im Ruhezustand geöffnet (engl.: **n**ormally **o**pen, Schließer)
- **NC**-Kontakte: im Normalfall geschlossen (engl.: **n**ormally **c**losed, Öffner)

Mikrowellen-Bewegungsmelder (MM)

Der Mikrowellen-Bewegungsmelder ist ein aktiver Melder. Er besteht aus einem Sender und einem Empfänger mit Frequenzen zwischen 9 GHz und 11 GHz. Der Alarm wird ausgelöst, wenn der Empfang z.B. durch Personen gestört wird. Da Mikrowellen Glasscheiben, Leichtbau- und Gasbetonwände durchdringen, können große Bereiche überwacht werden. In den Räumen dürfen sich keine größeren Metallobjekte befinden.

Ultraschall-Bewegungsmelder (UM)

Dieser aktive Melder gibt über einen kleinen piezokeramischen Lautsprecher ständig Schallwellen zwischen 35 kHz und 50 kHz ab. Ein oberhalb des Lautsprechers angebrachtes Mikrofon empfängt das Echo der Schallwellen (Reichweite etwa 15 m). Bei einem gestörten Empfangssignal erfolgt der Alarm.

- Passiv-Infrarot-Melder melden die Änderung der Infrarotstrahlung im Erfassungsbereich. Bei der Montage müssen störende Wärmequellen berücksichtigt werden.
- Beim Passiv-Infrarot-Melder können eingestellt werden:
  - Erfassungsbereich durch den waagerechten und senkrechten Erfassungswinkel,
  - Reichweite und
  - Ansprechempfindlichkeit
- Passiv-Infrarot-Melder benötigen als Energieversorgung eine Gleichspannungsquelle.

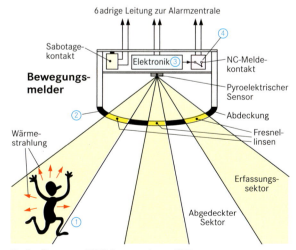

3: Aufbau und Wirkung eines PIR

Aufgaben

1. Erklären Sie den Unterschied zwischen einem aktiven und einem passiven Melder!

2. Beschreiben Sie Maßnahmen, um eine Glasscheibe gegen Einbruch zu sichern!

11.4.3 Meldelinien

Ein direkte Verbindung eines Melders über eine Leitung mit der Alarmzentrale ist aufwändig. Deshalb werden häufig die Anschlüsse der Melder in Verteilern zusammen geschaltet und in gemeinsamen Meldelinien zur Zentrale geführt.

In dem Beispiel für eine Einbruchmeldeanlage in einer Wohnung auf S. 291 sind 5 Verteilerdosen (X1 bis X5) vorhanden. Der Übersichtsschaltplan von Abb. 1 zeigt die grundsätzliche Verdrahtung.

Im Alarmfall ändert sich der Schaltzustand der Kontakte. Im einfachsten Fall können damit Stromkreise geschlossen bzw. unterbrochen werden. Es werden deshalb grundsätzlich Meldelinien nach dem **Ruhe- und Arbeitsstromprinzip** unterschieden.

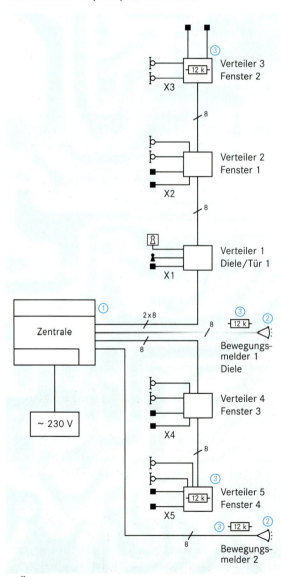

1: Übersichtsschaltplan einer Einbruchmeldeanlage (vgl. Abb. 4, S. 291)

Meldelinien nach dem Ruhestromprinzip

Melder mit Magnetkontakten besitzen in der Regel Öffner. Wenn kein Alarmfall vorliegt, sind sie geschlossen. Sie können deshalb wie in Abb. 2 hintereinander geschaltet werden (UND-Verknüpfung). Ein Alarm wird ausgelöst, wenn sich mindestens in einem Melder ein Kontakt öffnet. Die Meldelinie lässt sich unwirksam machen (Kurzschluss), wenn der am Anfang der Meldelinie befindliche Schalter S1 geschlossen wird.

Nachteil:
Sabotage ist möglich, wenn ein einzelner Melder oder die ganze Meldelinie am Eingang überbrückt wird.

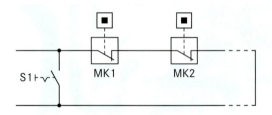

2: Meldelinie nach dem Ruhestromprinzip

Meldelinie nach dem Arbeitsstromprinzip

Glasbruchmelder besitzen in der Regel Schließer und können deshalb parallel geschaltet werden (Abb. 3). Ein Alarm wird ausgelöst, wenn mindestens ein Kontakt schließt (ODER-Verknüpfung). Die Meldelinie lässt sich durch Öffnen des Schalters S1 (Unterbrechung) unwirksam machen.

Nachteil:
Eine Sabotage ist möglich, wenn die Zuleitung zu einem einzelnen Melder oder die ganze Meldelinie am Eingang unterbrochen wird.

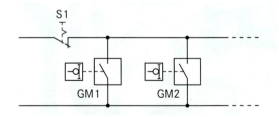

3: Meldelinie nach dem Arbeitsstromprinzip

Im Übersichtsschaltplan von Abb. 1 sind vier Meldelinien ① vorhanden. Die Bewegungsmelder ② sind über einzelne Meldelinien mit der Zentrale direkt verbunden. Die Melder mit den Magnetkontakten (Öffner) und die Glasbruchmelder (Schließer) sind in Verteilern zusammen geschaltet. Die Meldelinien könnten deshalb nach dem Ruhe- oder Arbeitsstromprinzip aufgebaut sein. Zusätzlich ist aber in den letzten Dosen ein 12 kΩ Widerstand ③ eingezeichnet. Er ist der Abschluss der hier aufgebauten Meldelinie. Sie arbeitet nach dem Differenzialprinzip. Wie funktioniert diese Meldelinie?

Differenzialprinzip / rate of rise principle

Meldelinien nach dem Differenzialprinzip

Der Schutz vor Sabotage an einer Meldelinien kann verbessert werden, wenn die Meldelinie durch einen Widerstand (Abb. 4) abgeschlossen wird. Dieser Widerstand ist zusammen mit dem Leitungswiderstand ein Widerstand in einer abgeglichenen Brückenschaltung (vgl. Kap. 2.4.4) in der Zentrale. Wenn durch eine Störung die Brücke nicht mehr abgeglichen ist (Differenzialprinzip), löst die Anlage einen Alarm aus.

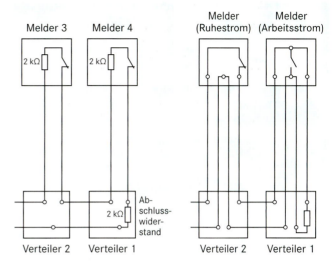

5: Widerstandsaufteilung   6: 4-Leiter Verdrahtung

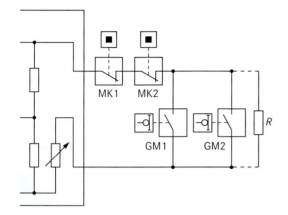

4: Meldelinie nach dem Differenzialprinzip

Einbruchmeldeanlagen sollten so aufgebaut sein, dass bereits bei geringfügigen Fremdeinwirkungen ein Alarm ausgelöst wird. Eine Meldelinie nach dem Differenzialprinzip ist gegen Sabotage bereits besser gesichert als eine Meldelinie nach dem Arbeits- oder Ruhestromprinzip. Im nachfolgenden Teil werden weitere Verbesserungen vorgestellt.

Meldelinie mit Widerstandsaufteilung

Einen höheren Schutz gegen Sabotage erreicht man, wenn nicht ein einzelner Widerstand, sondern mehrere Widerstände in der Meldelinie vorhanden sind. Der erforderliche Gesamtwiderstand kann dazu in mehrere Einzelwiderstände aufgeteilt werden. Sie liegen in Reihe und können in die einzelnen Melder eingebaut sein (Abb. 5).

4-Leiter-Verdrahtung

Da Melder häufig nur einen Schließer bzw. Öffner besitzen, werden für den Anschluss an eine Meldelinie nur zwei Leitungen benötigt (Abb. 2 u. 3). Eine Sabotage am Melder ist leicht möglich, indem man die Anschlüsse überbrückt bzw. unterbricht. Um dieses zu erschweren, werden Melder häufig mit vier nicht unterscheidbaren Anschlüssen versehen. Zwei sind für die Funktion nicht erforderlich. Sie werden aber trotzdem in die Meldelinie einbezogen (Abb. 6), indem man den „Hin- und Rückleiter" durch jeden Melder hindurchführt.

- Die Kontakte von Meldern können in Meldelinien zusammen geschaltet werden.
- In einer Meldelinie nach dem Ruhestromprinzip (mit Öffnern) wird im Alarmfall der Stromkreis unterbrochen.
- In einer Meldelinie nach dem Arbeitsstromprinzip (mit Schließern) wird im Alarmfall der Stromkreis geschlossen.
- Bei einer Meldelinie nach dem Differenzialprinzip wird die Meldelinie mit einem Widerstand abgeschlossen.
- Um eine Sabotage an Meldern zu erschweren, werden diese häufig mit vier von außen nicht unterscheidbaren Anschlüssen versehen.

Aufgaben

1. Mit welchen Meldern lassen sich Meldelinien nach dem Ruhestromprinzip bzw. Arbeitsstromprinzip aufbauen?

2. Beschreiben Sie die grundsätzliche Arbeitsweise einer Meldelinie nach dem Differenzialprinzip!

3. Welche Aufgabe hat der Einstellwiderstand für die Meldelinie in Abb. 4?

4. Nennen Sie Orte bzw. Stellen in einer Wohnung, an denen Melder mit Magnetkontakten und Bewegungsmeldern sinnvollerweise angebracht werden sollten!

5. Beschreiben Sie die Vorteile der 4-Leiter-Verdrahtung gegenüber der 2-Leiter-Verdrahtung von Meldern!

11.4.4 Installation einer Einbruchmeldeanlage

Leitungen

Leitungen für die Meldelinien in Einbruchmeldeanlagen haben starre oder flexible Adern. Der Mindestdurchmesser beträgt 0,6 mm. Zur Verringerung der magnetischen Beeinflussung (Induktion) sind sie häufig paarig verseilt. Die elektrostatische Beeinflussung wird durch eine Metallfolie verhindert.

Wichtige Vorschriften sind DIN VDE 0812, DIN VDE 0814, DIN VDE 0881 und Vorgaben der Hersteller.

J-Y(ST)Y6X2X0,6

J:	Installationsleitung	Y:	PVC-Isolierung
St:	Statischer Schirm aus Metallfolie	6:	6 Aderpaare
		2x0,6:	Durchmesser 0,6mm

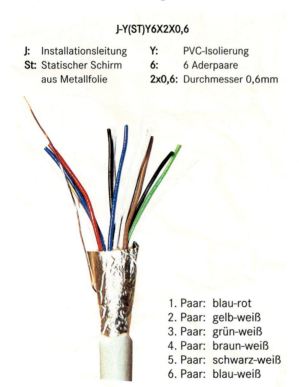

1. Paar: blau-rot
2. Paar: gelb-weiß
3. Paar: grün-weiß
4. Paar: braun-weiß
5. Paar: schwarz-weiß
6. Paar: blau-weiß

Grundsätze für die Leitungsverlegung

- Unauffällige Verlegung!
  Die Leitungen sollten nicht als Leitungen einer Einbruchmeldeanlage erkennbar sein.
- Zahl der Leitungsverbindungen gering halten.
- Verteiler mit Schutz vor Sabotage verwenden (vgl. Abb.1).
- Der gesamte Leitungswiderstand in einer überwachten Linie sollte maximal 40% der zur Alarmauslösung erforderlichen Widerstandsänderung betragen.
- Die Abschirmung der Leitungen muss in den Verteilern mit angeschlossen werden. Die Erdung sollte an der Zentrale vorgenommen werden.
- Bewegliche Leitungen (z.B. zu Fenster und Türen) sind betriebssicher zu installieren (z.B. flexibler Spiralschlauch) und mit einem mechanischen Schutz zu versehen.

Verteiler

Die Gehäuse der Betriebsmittel und die Verteilerdosen sollten gegen Sabotage gesichert sein. Verwendet werden Schalter im Deckel- bzw. Gehäuse, deren Kontakte sich beim Entfernen schließen (**Deckelkontakt**).

Die Verdrahtung eines Melders in einem Verteiler und ein Aufputzverteiler mit Schraubklemmen ist in Abb.1 zu sehen. Der Einbruchmelder und der Verteiler besitzen jeweils Deckelkontakte ①, ②. Für sie ist eine separate Meldelinie ③ vorgesehen.

Der Deckelkontakt im Verteiler besteht aus zwei Metallzungen ④, die sich in einem geringen Abstand zueinander befinden (NO-Kontakt). Durch den Stempel in der Mitte des Deckels werden die Metallzungen zusammengedrückt.

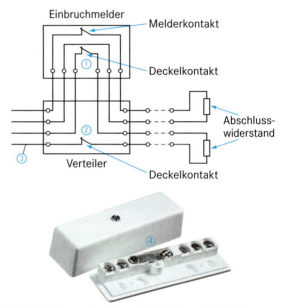

1: Verdrahtung in einem Verteiler mit Melder

Montage der Zentrale und Energieversorgung

- Der Ort für die **Zentrale** soll nicht für jedermann zugänglich sein. Er muss innerhalb des gesicherten Bereichs liegen. Die Zentrale sollte an einer Innenwand montiert sein.
- Die **Energieversorgung** hat einen eigenen Stromkreis mit separater Absicherung.
- Bei Ausfall der Netzspannung muss der Betrieb der Anlage durch Batterien noch mindestens 12 Stunden gewährleistet sein (**Notstromversorgung** durch Akkumulatoren). Bei höheren Sicherheitsanforderungen gelten mindestens 60 Stunden.
- Der **Ladezustand** der Notstromversorgung muss ständig **überwacht** werden.
- Wenn in der Anlage einzelne Geräte ausfallen, darf dieses nicht zum Ausfall der gesamten Energieversorgung der Anlage führen.

Alarmzentrale, Alarmgeber / alarm control centre, alarm sender

Betriebsarten von Alarmzentralen

Alarmzentralen sollen in der Regel ständig einsatzbereit sein. Deshalb werden sie häufig ohne Netzschalter an das 230 V- Netz angeschlossen. Wenn man die den Einbruch meldende Funktion nicht benötigt, wird die Anlage **unscharf** geschaltet. Je nach Aufbau, werden dann von der Anlage immer noch unterschiedliche Überwachungsaufgaben wahrgenommen. Beim Scharfschalten werden **intern** und **extern scharf** unterschieden. Womit können diese Zustände erreicht werden?

Beispiele:

- Direktes Abschaltung der Meldelinien.
  Mit Schaltern lassen sich Meldelinien ab- und einschalten (vgl. Kap. 11.4.3).
- Scharfschalten durch Impulse.
  Mit Tastern werden Signale zur Zentrale gesendet, die z.B. zum Abschalten von Meldelinien führen.
- Scharfschalten durch Zu- bzw. Abschalten von Widerständen.
- Schlüssel für Schlösser (Schlüsselschalter, Blockschloss, Zahlenschloss) verwenden (vgl. Kap.11.4.2).
  Mit diesen Betriebsmitteln wird mechanisch und elektronisch der Zentrale der gewünschte Zustand gemeldet. Leuchtdioden können den jeweiligen Schaltzustand anzeigen.

Alarmgeber

Der Alarmzustand kann durch optische oder akustische Alarmgeber in oder außerhalb der Alarmzentrale signalisiert werden. Im Außenbereich sollten sie möglichst schwer erreichbar seine (Sabotagesicherheit).

- **Akustische Signalgeber**

Verwendet werden Lautsprecher mit einem hohen Wirkungsgrad (Druckkammer-Lautsprecher) für den Innen- und Außenbereich. Sie wandeln die in der Zentrale elektronisch erzeugten Schwingungen in Schallschwingungen um.
Für den Innenbereich werden häufig in der Alarmzentrale kleine **piezo-elektrische Signalwandler** eingesetzt.

Außen montierte Alarmgeber dürfen maximal 1 bis 3 Minuten eingeschaltet bleiben. Eine Wiederholung des Alarms ist nicht gestattet.

- **Optische Signalgeber**

Optische Signalgeber (z.B. rotierende Lampen) dürfen unbegrenzte Zeit eingeschaltet bleiben.

Für die interne optische Signalisierung werden in der Alarmzentrale häufig Leuchtdioden verwendet. Sie werden über einen Transistor angesteuert (Transistor mit offenem Kollektor, vgl. Abb. 2 und Kap. 10.5.2). Im Außenbereich werden oft rotierende Blitzlichtleuchten eingesetzt. In ihr wird eine Gasentladungslampe durch einen Impulsgeber von der Alarmzentrale aus gezündet.

Mit den in Alarmzentralen vorhandenen Relaiskontakten (12 V) lassen sich aber auch Lampen für 230 V Betriebsspannung schalten (z.B. Halogenlampen).

- **Automatische Telefonwahlgeräte**

Alarmzentralen können auch über das Telefonnetz direkt mit Überwachungsdiensten verbunden sein (stille Alarmgeber).

In Abb. 2 ist ein Teil der Ausgangsbeschaltung für Alarmgeber einer Alarmanlage zu sehen.
Für den Innenbereich sind folgende Alarmierungen vorgesehen:

- Das optische Alarmsignal an der Alarmzentrale wird über einen Transistorausgang mit einer LED angezeigt ①.
- Der interne Alarmlautsprecher wird über einen 1,6 kHz Signalgenerator angesteuert ②.
- Für den Außenbereich wird eine Alarmgeberlampe über ein Relais eingeschaltet ③.
- Zusätzlich kann eine Außensirene über einen Transistorausgang betrieben werden ④.

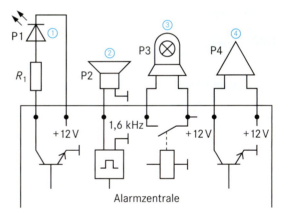

2: Alarmgeber an einer Alarmzentrale

> ■ Für die Installation einer Einbruchmeldeanlage gilt: Unauffällige Installation, hohe Betriebssicherheit, geringe Störanfälligkeit, Sabotagesicherheit.

Aufgaben

1. Stellen Sie fest, wie viele Meldelinien durch den Verteiler von Abb. 1 laufen!

2. Im Beispiel der Einbruchmeldeanlage in 11.4.1 (Abb. 4) sind keine Alarmgeber vorgesehen. Welche Alarmgeber würden Sie an welchen Stellen installieren? (Begründung!)

11.4.5 Brandmeldeanlagen

Zum Erkennen von Bränden durch Melder lassen sich folgende Merkmale eines Feuers verwenden:

- Rauch,
- Wärme und
- Strahlung.

Dementsprechend werden Melder eingesetzt, die auf diese besonderen Merkmale eines Brandes reagieren.

Rauchmelder

Rauchmelder arbeiten nach dem **optischen Prinzip**. Sie bestehen aus einem Lichtsender und einem Lichtempfänger (Abb. 1). Der Lichtsender wird im Abstand von wenigen Sekunden ein- und ausgeschaltet. Lichtsender ① und Lichtempfänger ② befinden sich nicht gegenüber, sondern nebeneinander in einer gemeinsamen Kammer, in die kein Außenlicht eindringen kann. Die umgebende Luft kann allerdings eindringen und kleine Rauchteilchen ③ in die Kammer transportieren.

Wenn sich kein Rauch in der Kammer befindet, fällt kein Licht auf den Empfänger. Erst wenn **Rauchteilchen** in die Kammer eingedrungen sind, wird das Licht des Senders gestreut und gelangt zum Empfänger ④. Eine **Meldung** erfolgt.

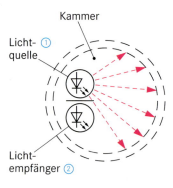

Oft sind zur Funktionsüberwachung in Rauchmeldern folgenden Leuchtdioden (vgl. Kap. 10.4) enthalten:

- Rote LED (leuchtet etwa alle 40 s auf): Geräte arbeitet ordnungsgemäß.
- Grüne LED: Netzspannung ist vorhanden.

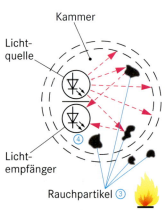

1: Arbeitsweise eines Rauchmelders

Bei Rauchmeldern nach dem **Ionisationsprinzip** werden in einer Kammer die Luftteilchen durch ein radioaktives Präparat ständig ionisiert. Die geladenen Teilchen wandern zu den jeweiligen Elektroden und erzeugen einen Stromfluss. Durch eindringende Rauchteilchen ändert sich dieser Stromfluss, so dass eine Meldung erfolgt.

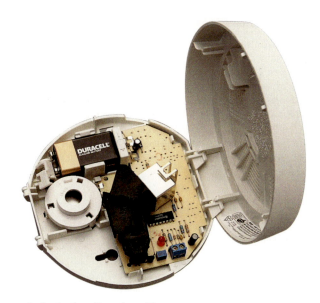

2: Optischer Rauchmelder

Wärmemelder

In Wärmemeldern werden Bauelemente eingesetzt, deren Widerstand sich in Abhängigkeit von der **Temperatur** verändert (z.B. PTC, NTC, vgl. Kap. 10.2.3). Eingesetzt werden **Maximalmelder**, die einen Alarm auslösen, wenn eine bestimmte Temperatur erreicht wird.

Beim **Differenzial-Maximalmelder** dagegen wird sowohl die Maximaltemperatur als auch der Temperaturanstieg pro Zeit ausgewertet. Für die Ermittlung des Temperaturanstiegs werden zwei an verschiedenen Orten angebrachte **Temperaturfühler** eingesetzt. Zusätzlich befindet sich in der Schaltung eine elektronische Schaltung, die bei einer bestimmten Maximaltemperatur einen Alarm auslöst.

Strahlungsmelder

Strahlungsmelder werden eingesetzt, wenn im Brandfall kein Rauch entsteht. Dieses ist z. B. bei leicht entzündlichen Flüssigkeiten (z.B. Mineralölprodukte) der Fall.

Aus dem elektromagnetischen Spektrum von Verbrennungsprozessen werden zur Auswertung die infrarote bzw. ultraviolette **Strahlung** verwendet. Damit nur die jeweilige Strahlung wirksam wird, sind Filter in den Meldern vorhanden.

Infrarot-Melder (IR-Melder) werden auch als wärmeabhängige Melder (pyroelektrische Melder) bezeichnet.

Die **Auswahl der Melder** hängt von folgenden Größen ab:

- Größe der zu überwachenden Fläche,
- Raumhöhe,
- Deckenaufbau und
- Dachform.

Brandmeldezentrale / fire alarm centre

Mit einem einzelnen Melder kann z.B. eine maximale Grundfläche von 80 m² bei einer Raumhöhe von 6 bis 12 m überwacht werden. Die Dachneigung darf dabei bis 15° betragen.

Bei größeren Flächen ist eine entsprechende Aufteilung auf die Fläche vorzunehmen. Brandmelder sind grundsätzlich an der Decke anzubringen.

Leitungen und Leitungsführung

Die Anschlussleitungen für Brandmelder entsprechen in ihrem grundsätzlichen Aufbau den Leitungen für Einbruchmelder. Zusätzlich ist auf dem PVC-Mantel der Aufdruck „BRANDMELDEKABEL" vorhanden.

Unter der Metallfolie befindet sich ein blanker Beidraht (0,6 mm Durchmesser, als Erdungsanschluss). Durch ihn lässt sich die Abschirmung elektrisch einwandfrei anschließen. Der Beidraht muss in allen Meldern durchgeschaltet und in der Brandmeldezentrale geerdet werden.

Aus Sicherheitsgründen muss in Brandmeldeanlagen immer gewährleistet sein, dass die Leitungen bis zu den Melderanschlüssen funktionstüchtig sind. Deshalb wird jeder Melder direkt angeschlossen (Abb. 3). Klemmen oder Verteiler in den Leitungen sind nicht zulässig. Außerdem muss die jeweils ankommende Leitung besonders gekennzeichnet sein.

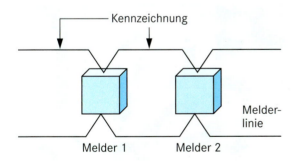

3: Melderanschlüsse in einer Brandmeldeanlage

Brandmeldezentrale

An eine Brandmeldezentrale werden besondere Anforderungen gestellt. Ständig müssen die eingehenden Signale ausgewertet und wenn erforderlich, Maßnahmen eingeleitet werden. Die Anlage muss dabei mindestens folgende Funktionen erfüllen:

- Aufnahme und Verarbeitung der Informationen aus den Meldern bzw. Meldergruppen.
- Ständige Überprüfung der Leitung zu den Meldern auf Kurzschluss und Unterbrechung.
- Selbsttätige Anzeige der Betriebszustände.
- Eine Meldung bzw. Störung muss innerhalb von 10 Sekunden angezeigt werden können.

Diese vielfältigen Funktionen können nur mit Mikrocomputern realisiert werden. Mit Abb. 4 wird die grundsätzliche Arbeitsweise verdeutlicht. Die eingehenden Signale von den Meldelinien werden zunächst in digitale Signale umgewandelt ①, damit sie im Computer ② verarbeitet werden können. Er wertet diese Signale entsprechend seinem Programm aus (**Melderauswertung**).

Je nach Ergebnis erfolgt eine Signalweitergabe an die Steueranschlusseinheit ③. Von dort gelangt das Signal dann an den örtlichen akustischen Signalgeber, an die Alarmübertragung zur Feuerwehr usw. (**Alarmausgabe**). Zusätzlich wird an der **Anzeigeeinheit** das Ergebnis dargestellt. Außerdem können über die **Bedieneinheit** ④ Messergebnisse gesondert abgerufen und Einstellungen vorgenommen werden.

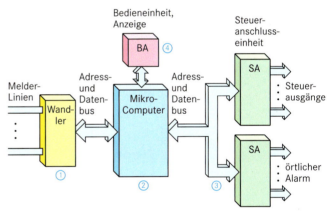

4: Grundsätzliche Arbeitsweise einer Brandmeldezentrale

- Brandmelder reagieren auf Rauch, Wärme oder Strahlung.
- Leitungen zu Brandmeldern sind besonders gekennzeichnet und werden direkt angeschlossen.

Aufgaben

1. Begründen Sie, weshalb ein Rauchmelder sich niemals in einem geschlossenen Behälter befinden darf!

2. Warum müssen Rauchmelder an der Decke angebracht werden?

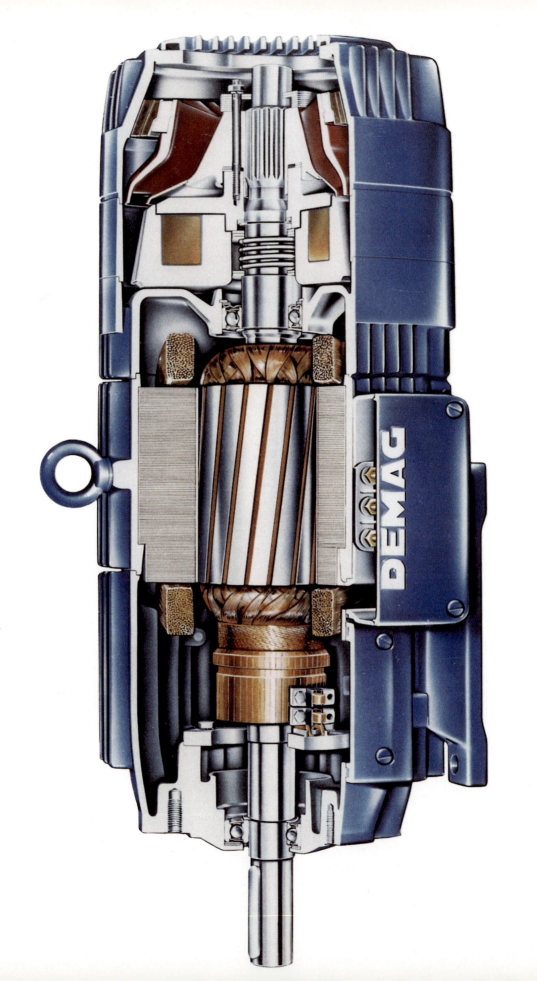

12 Motoren

12.1 Motorprinzip

Elektrische Motoren wandeln elektrische Energie mit Hilfe magnetischer Felder in Bewegungsenergie um. Alle Motoren bestehen aus einem
- feststehenden Teil (**Stator** oder Ständer) und
- beweglichen Teil (**Rotor** bzw. Läufer).

Stator und Rotor bilden jeweils ein eigenständiges Magnetfeld.

Wie kommt die Drehbewegung zustande?

Die Magnetfelder sind so angeordnet, dass sie sich anziehen bzw. abstoßen. Das bewegliche Magnetfeld (mit Rotor) will sich nach dem Stator-Magnetfeld ausrichten. Dadurch entsteht eine Kraft, die den Rotor bewegt. Es entsteht ein Drehmoment, weil die Kraft in einer bestimmten Entfernung vom Drehpunkt wirkt (vgl. S. 305).

Wir unterscheiden zwei grundsätzliche Verfahren, um die Anziehung bzw. Abstoßung der Magnetfelder zu erzeugen und aufrecht zu erhalten. Dies wird in den betreffenden Kapiteln erklärt.

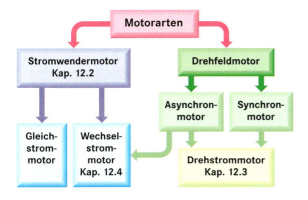

- Motoren haben einen Stator (feststehender Teil) und einen Rotor (beweglicher Teil).
- Das Stator- und das Rotormagnetfeld eines Motors haben eine durch die Bauart bestimmte Lage zueinander.
- Die beiden Magnetfelder der Motoren ziehen sich an bzw. stoßen sich ab. Dadurch entsteht die Drehbewegung.

Magnetfelder

Stromdurchflossene Leiter erzeugen Magnetfelder.
Die Abbildung zeigt als Nachweis des Magnetfeldes kreisförmige Anordnungen von Eisenfeilspänen.

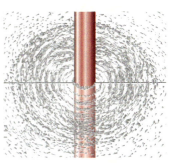

Das ist nur ein Ausschnitt, denn das Magnetfeld füllt natürlich den gesamten Raum um den Leiter aus. Mit Hilfe von Magnetnadeln kann die Richtung der Magnetfeldlinien bestimmt werden.

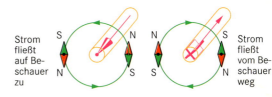

Strom fließt auf Beschauer zu

Strom fließt vom Beschauer weg

Rechte-Hand-Regel für einen Leiter

Hält man den Daumen der rechten Hand in Stromrichtung, dann zeigen die gekrümmten Finger die Richtung der Magnetfeldlinien.

Wickelt man einen Leiter zu einer Spule, so ergibt sich das dargestellte Feld einer Ebene.

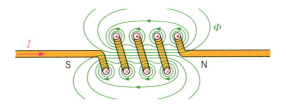

Rechte-Hand-Regel für eine Spule

Umfasst man die Spule so, dass die Finger in Stromrichtung zeigen, dann gibt der Daumen die Richtung der Magnetfeldlinien an.

12.2 Stromwendermotoren

Wir benutzen zur Erläuterung dieser Motorart den Gleichstrommotor. Bekanntlich müssen zwei Magnetfelder gebildet werden. Das **Statorfeld** wird durch einen Dauermagneten ① erzeugt. Der Rotor (Anker) bildet sein Magnetfeld durch eine Spule ②. Diese ist an zwei Kontaktstreifen ③ angeschlossen, auf denen zwei Bürsten ④ schleifen. Dort liegt Gleichspannung an.

12.2.1 Wirkungsweise

Im Folgenden erklären wir, wie durch die räumliche Lage der Magnetfelder die Drehbewegung entsteht.

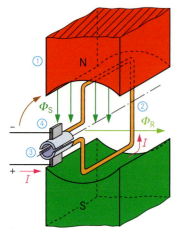

Das Statorfeld Φ_S steht lotrecht. In der Leiterschleife entsteht ein waagerechtes Magnetfeld Φ_R.

Das bewegliche Feld will die gleiche Lage wie das Statorfeld einnehmen. Es entsteht das Drehmoment. Der Rotor dreht sich rechts herum, weil das der kürzere Weg ist.

Nach einer Drehung von etwa 90° befinden sich die Bürsten nicht mehr auf den Kontaktstücken sondern auf den Isolierstücken ⑤. Die Wicklung ist stromlos (**Neutrale Zone**).

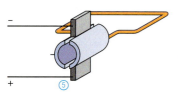

Der Rotor dreht sich aber wegen des „Schwunges" weiter. Die Bürsten liegen wieder auf den Kontaktstücken ⑥.

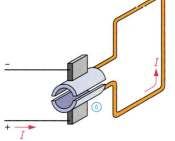

Durch die Wicklung fließt jetzt der Strom in umgekehrter Richtung. Das Rotorfeld ist wieder vorhanden und zwar in der gleichen Lage wie am Anfang. Die Drehrichtung bleibt gleich.

Da die Stromrichtung in der Rotorwicklung ständig umgeschaltet wird, heißen diese Motoren **Stromwendermotoren**.

- Bei Stromwendermotoren dreht sich der Rotor auf dem kürzesten Weg in Richtung des Statorfeldes.
- Kurz vor Erreichen des Statorfeldes wird das Rotorfeld umgepolt, dadurch wird eine weitere Drehung erreicht.

Stromdurchflossener Leiter im Magnetfeld

Versuch 1
In einem Magnetfeld hängt eine Leiterschaukel. Sie wird an Spannung gelegt, dadurch fließt durch sie ein Strom. Die Leiterschaukel bewegt sich nach links.

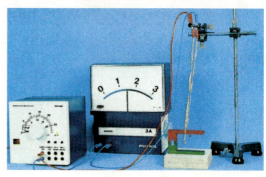

Ergebnis:
Auf einen stromdurchflossenen Leiter in einem Magnetfeld wirkt eine **Kraft**.

Versuch 2
Wird der Dauermagnet umgekehrt, so dass der Nordpol jetzt unten ist, kehrt sich die Bewegungsrichtung um. Sie kehrt sich auch um, wenn die Stromrichtung umgedreht wird.

Ergebnis:
Die Bewegungsrichtung hängt ab von
- Magnetfeldrichtung und
- Stromrichtung.

Erklärung:
Die Kraftrichtung erklären wir mit Hilfe der Magnetfeldlinien. Dazu betrachten wir zunächst die Einzelfelder Φ_M (Dauermagnet) und Φ_L (Leiter).

Im Bereich rechts neben dem Leiter ⑦ verstärken sich die Magnetfelder, während sich links ⑧ die Felder teilweise aufheben. Es entsteht eine Kraft nach links.

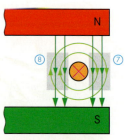

Dieser Vorgang lässt sich auch durch das magnetische Gesamtfeld verdeutlichen.

Da sich die Magnetfelder auf dem kürzesten Weg ausbilden wollen, werden die Magnetfeldlinien auf der rechten Seite kürzer und „drängen" so den Leiter nach links.

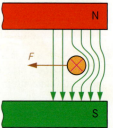

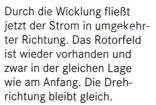

12.2.2 Gegenspannung

Während des Betriebes wird der Rotor innerhalb eines Magnetfeldes (Statorfeld) gedreht. Dadurch wird in der Rotorwicklung eine Spannung induziert. Die induzierte Spannung ist der angelegten Spannung U_B (Betriebsspannung) und damit dem Ankerstrom I_A entgegen gerichtet. Sie heißt **Gegenspannung** U_G.

$$I_A = \frac{(U_B - U_G)}{R_A}$$

Welche Bedeutung hat die Gegenspannung U_G?

Die induzierte Spannung ist abhängig von der Größe der magnetischen Flussänderung und damit von der Geschwindigkeit also auch von der Drehzahl n (vgl. Kap. 3.1.2).

Bei **Motorstillstand** entsteht daher keine Gegenspannung, deshalb liegt am Anker die volle Betriebsspannung.

Da der Ankerwiderstand sehr klein ist (wenige Windungen eines dicken Drahtes), wird der Ankerstrom im Moment des Anlaufens sehr groß. Er würde die Ankerwicklung zerstören.

$n = 0 \Rightarrow U_G = 0 \Rightarrow U_B = U_A \Rightarrow I_A \uparrow\uparrow$

Begrenzung des Anlaufstroms

Damit im Einschaltaugenblick der Ankerstrom gering ist, müssen Anlasswiderstände in Reihe mit dem Anker geschaltet werden. Nach dem Hochlaufen werden diese Widerstände bis auf Null verringert.

Anlasswiderstand

Geg.: Bemessungsspannung .... $U_B = 220$ V
Bemessungsstrom .... $I_B = 10$ A
Ankerwiderstand................ $R_A = 2\ \Omega$
Anlassstrom .... $I_{Anl} = 2 \cdot I_B$

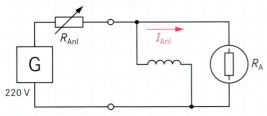

Wie groß muss der Widerstand R_{Anl} des Anlassers sein?

Ges.: R_{Anl}

$U_B = U_A + U_{Anl}$ $U_{Anl} = U_B - U_A$ $U_A = 2 \cdot I_B \cdot R_A$
$U_{Anl} = U_B - 2 \cdot I_B \cdot R_A$
$U_{Anl} = 220\ V - 2 \cdot 10\ A \cdot 2\ \Omega$ $\underline{U_{Anl} = 180\ V}$

$R_{Anl} = \frac{U_{Anl}}{2 \cdot I_B}$ $R_{Anl} = \frac{180\ V}{2 \cdot 10\ A}$ $\underline{\underline{R_{Anl} = 9\ \Omega}}$

Ankerrückwirkungen

Im Gleichstrommotor werden zwei Magnetfelder erzeugt: Statorfeld ① (Erregerfeld, auch: Hauptfeld) und Ankerfeld ②. Sie liegen bauart bedingt senkrecht zueinander. Aus beiden Feldern ergibt sich ein Gesamtfeld ③.

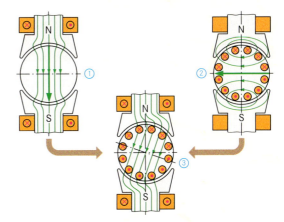

Das Gesamtfeld ist gegenüber dem Hauptfeld verzerrt und verschiebt damit die neutrale Zone (Senkrechte zum Hauptfeld). Da sich das Ankerfeld in Abhängigkeit von der Belastung ständig verändert, ändert sich auch ständig die Verschiebung. Die Bürsten müssten also ständig verstellt werden.

Bei mittleren und großen Gleichstrommotoren wird durch **Wendepole** (Klemmen: B1 und B2) ④ ein Magnetfeld erzeugt, das die Wirkung des Ankerfeldes auf das Hauptfeld aufhebt. Die Wendepolwicklung wird vom Ankerstrom durchflossen und berücksichtigt jede Belastungsveränderung.

Bei großen Motoren gibt es noch eine weitere Wicklung, nämlich die **Kompensationswicklung** (Klemmen: C1 und C2) ⑤. Sie wird ebenfalls vom Ankerstrom durchflossen und hebt die Feldverzerrungen direkt unter den Statorspulen auf.

- Im Betrieb wird im Rotor eine Gegenspannung erzeugt, die der Betriebsspannung entgegen wirkt.
- Große Gleichstrommotoren mit großen Bemessungsleistungen werden mit Hilfe von Anlasswiderständen angefahren.

12.2.3 Steuern

Um auch das Statorfeld beeinflussen zu können, wird an Stelle des Dauermagneten eine Spule verwendet. Sie er-zeugt das **Erregerfeld**. Die Feldwicklung besteht aus vielen Windungen mit dünnem Draht.

Die Spulen sind so angeordnet und gewickelt, dass die Drehrichtung rechtsherum (Blick auf die Antriebswelle) ist, wenn jeweils an den Eingangsklemmen E1 und A1 der positive Pol der Spannungsquelle liegt.

$$\underbrace{\textbf{L+ an E1}\text{(Stator)} \quad \text{und} \quad \textbf{L+ an A1}\text{(Rotor)}}_{\text{Drehrichtung: }\textbf{rechts}}$$

Die **Drehrichtung** des Ankers ergibt sich aus der Lage der Magnetfelder zueinander. Das Rotor-Magnetfeld dreht sich dabei stets auf dem kürzesten Weg in die Richtung des Statorfeldes. Wird eines der Magnetfelder umgepolt, ändert sich die Drehrichtung.

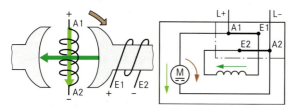

Hinweis:
Bei der Umkehr der Magnetfelder muss auch das entsprechende Eisen ummagnetisiert werden. Da der Stator meist aus Gusseisen besteht, würde die Energie zum Ummagnetisieren hierfür groß sein. Deshalb wird stets der Anker (Magnetblech) umgepolt.

Wie kann die Drehzahl verändert werden?

Wird bei gleichbleibender Belastung der Ankerstrom I_A vergrößert, wird das Magnetfeld stärker und damit auch die Drehzahl n höher.

$$I_A \uparrow \Rightarrow n \uparrow$$

Zur Abhängigkeit der Drehzahl vom **Erregerfeldstrom** stellen wir folgende Überlegungen an.

- Ein großer Erregerstrom ergibt ein starkes Erregerfeld, das eine große Gegenspannung zur Folge hat.
- Die große Gegenspannung verringert den Ankerstrom.
- Der kleine Ankerstrom bewirkt eine niedrige Drehzahl.

$$I_{Err} \uparrow \Rightarrow U_G \uparrow \Rightarrow I_A \downarrow \Rightarrow n \downarrow$$

Ergebnis:
Ein großer Erregerstrom verursacht kleine Drehzahlen.

Im **Feldstellanlasser** R1 können mit den zwei Widerständen R11 und R12 der Ankerstrom und der Erregerstrom verändert werden. Der Motor kann damit angelassen und seine Drehzahl gesteuert werden.

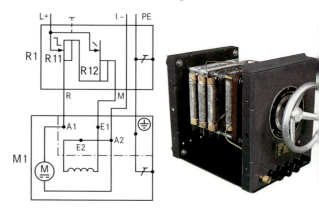

Unterhalb der Bemessungsdrehzahl:
Die Drehzahl wird mit Hilfe von R11 im **Ankerstromkreis** gesteuert.

Oberhalb der Bemessungsdrehzahl:
Die Drehzahl wird mit Hilfe von R12 im **Erregerstromkreis** gesteuert.

- Liegt an den Eingangsklemmen von Stator- und Rotorspule L+ ist bei Gleichstrommotoren Rechtslauf vorhanden.
- Bei Gleichstrommotoren wird die Drehrichtung durch Umpolen des Ankerfeldes vorgenommen.
- Eine Drehzahlerhöhung wird bei Gleichstrommotoren durch Vergrößerung des Ankerstroms oder durch Verringerung des Erregerstroms erreicht.

Aufgaben

1. Nennen Sie die Hauptbestandteile eines Motors!
2. Wie entsteht prinzipiell bei jedem Motor die Drehbewegung?
3. Beschreiben Sie den Aufbau eines Stromwendermotors für Gleichstrom!
4. Welche Aufgabe hat der Polwender?
5. Berechnen Sie den Anlasswiderstand für folgenden Motor, wenn der Anlassstrom nur das 1,5-fache des Bemessungsstromes betragen darf!
   Bemessungsspannung: 110 V
   Bemessungsstromstärke: 12 A
   Ankerwiderstand: 0,5 Ω
6. Wie wird die Drehrichtung bei einem Gleichstrommotor geändert?

Wicklungen / windings 305

12.2.4 Schaltungen

Reihenschlussmotor

Rotorspule und Statorspule sind **hintereinander** an eine Spannungsquelle angeschlossen.

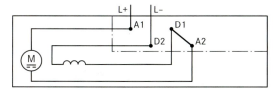

Nebenschlussmotor

Rotorspule und Statorspule sind **parallel** an eine gemeinsame Spannungsquelle angeschlossen.

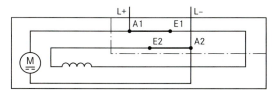

Doppelschlussmotor

Rotorspule ist mit einer Statorspule **in Reihe** an eine Spannungsquelle angeschlossen. Zweite Statorspule ist **parallel** dazu geschaltet.

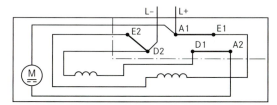

Fremderregter Motor

Rotorspule und Statorspule sind an **verschiedene Spannungsquellen** angeschlossen.

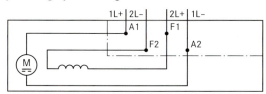

Wicklungen		
Bezeichnung	Klemmen	Darstellung
Ankerwicklung	A1 A2	Ⓜ
Wendepolwicklung	B1	B2	⌇
Kompensationswicklung	C1	C2	⌇
Reihenschlusswicklung	D1	D2	⌇
Nebenschlusswicklung	E1	E2	⌇
Fremderregte Wicklung	F1	F2	⌇

Bemessungsleistung von Motoren

Die **abgegebene Leistung P** eines Motors ist stets eine mechanische Leistung. Sie kann nicht direkt gemessen werden. Sie wird mit Hilfe der Drehzahl und dem Drehmoment ermittelt.

Die **Drehzahl n** misst man z. B. mit einem Tachometer, der die Anzahl der Wellendrehungen in der Minute ($\frac{1}{min}$ oder min^{-1}) zählt.

Das **Drehmoment M** ist eine Größe, bei der eine Kraft in einem bestimmten Abstand vom Drehpunkt wirkt. Dieser Abstand ist die Entfernung vom Angriffspunkt ① der Kraft bis zum Mittelpunkt ② der Motoraxe.

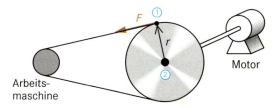

Es gilt die Formel:

$$M = F \cdot r$$

Einheit: Nm (Newton-Meter)

Zusammenhang zwischen Leistung, Drehzahl und Drehmoment

Hierzu betrachten wir folgende Herleitung:

$W = P \cdot t$
$W = F \cdot s$ ⟶ $P \cdot t = F \cdot s$ ⟹ $P = \frac{F \cdot s}{t}$

zurück gelegter Weg des Angriffspunktes der Kraft

Zeit für einen Umlauf

$s = 2 \cdot \pi \cdot r$ $t = \frac{1}{n}$

$P = \frac{F \cdot 2 \cdot \pi \cdot r}{\frac{1}{n}}$ $M = F \cdot r$ $P = 2 \cdot \pi \cdot n \cdot M$

Beispiel:
An einer Riemenscheibe (d = 230 mm, n = 3000 min⁻¹) soll eine Riemenzugkraft von 250 N wirken. Wie groß muss die Leistung des Motors sein?

$P = 2 \cdot \pi \cdot \frac{3000}{60 \, s} \cdot 250 \, N \cdot 0{,}115 \, m$

$P = 9\,032 \, \frac{Nm}{s}$ $P = 9\,032 \, W$ $\underline{P = 9{,}032 \, kW}$

- Bei Reihenschlussmotoren werden Feld- und Ankerwicklung hintereinander geschaltet.
- Bei Nebenschlussmotoren werden Feld- und Ankerwicklung parallel geschaltet.

12.2.5 Reihenschlussmotor

Die Kennlinien zeigen das typische Verhalten dieser Motorart bei Belastung. Die **Drehzahl** ① fällt bei größerer Belastung stark ab.

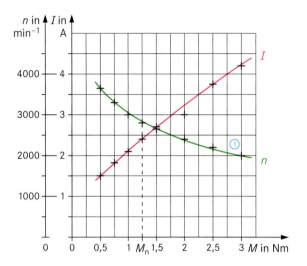

Erklärung:
Wenn die Belastung – also das benötigte Drehmoment – steigt, wird der Ankerstrom größer. Da der Ankerstrom gleichzeitig der Erregerstrom ist, wird auch dieser größer. Nach den Erläuterungen in Kapitel 12.2.3 bewirkt aber ein großer Erregerstrom eine kleine Drehzahl.

$$M \uparrow \Rightarrow I_A \uparrow \quad \Rightarrow I_{Err} \uparrow \Rightarrow n \downarrow$$

Aus dieser Erklärung ergibt sich auch der umgekehrte Fall. Bei sehr kleiner Belastung, also im Leerlauf, wird die Drehzahl sehr groß. Ein leerlaufender Reihenschlussmotor „geht durch".

Hinweise:
- Reihenschlussmotoren dürfen nie ohne Belastung anlaufen.
- Reihenschlussmotoren dürfen nicht über Keilriemen an Arbeitsmaschinen angekoppelt werden.

Aus der Tatsache, dass der Ankerstrom gleichzeitig der Erregerstrom ist, kann noch ein anderes Verhalten abgeleitet werden. Im Einschaltaugenblick sind beide Ströme und damit auch beide Felder groß. Das hat ein sehr **hohes Anzugsmoment** zur Folge.

Das hohe Anzugsmoment und die starke Lastabhängigkeit der Drehzahl wird als **Reihenschlussverhalten** bezeichnet.

Anwendungen

Reihenschlussmotoren werden überall dort eingesetzt, wo unter Last angefahren wird, z. B. für Bahnen, Hebezeuge und als Kfz-Anlasser.

12.2.6 Nebenschlussmotor

Die folgenden Kennlinien sind Ergebnisse eines Belastungsversuchs. Sie zeigen das typische Verhalten dieser Motorart.

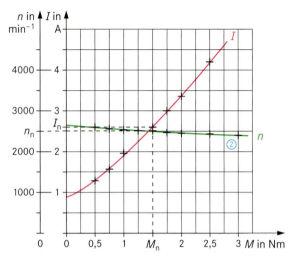

Die **Drehzahlkennlinie** ② zeigt, dass die Drehzahl bei steigender Belastung geringfügig verringert wird. Man nennt diese Abhängigkeit **Nebenschlussverhalten**.

Erklärung:
Die Feldwicklung liegt direkt an der Spannungsquelle. Der Erregerstrom ist deshalb nahezu konstant. Also ist auch sein Einfluss auf die Gegenspannung gleich bleibend. Sie bleibt deshalb nahezu gleich groß.

Anwendungen

Nebenschlussmotoren werden z. B. in Werkzeugmaschinen eingesetzt.

- Bei Reihenschlussmotoren sind die Drehzahlen stark lastabhängig.
- Reihenschlussmotoren haben ein großes Anzugsmoment.
- Reihenschlussmotoren dürfen nicht ohne Belastung in Betrieb sein.
- Bei Nebenschlussmotoren sind die Drehzahlen nur wenig lastabhängig.

Aufgaben

1. Wie groß ist im Anlaufaugenblick die Gegenspannung eines Gleichstrommotors? Begründen Sie Ihre Antwort!

2. Warum darf ein Reihenschlussmotor nicht im Leerlauf betrieben werden?

3. Wie verhält sich die Drehzahl eines Nebenschlussmotors bei steigender Belastung?

Wechselstrom-Stromwendermotor / alternating current commutator motor

12.2.7 Universalmotor

Dieser Motor kann sowohl mit Gleichspannung als auch mit Wechselspannung betrieben werden.

Warum kann ein Gleichstrommotor auch mit Wechselspannung arbeiten?

Stellen Sie sich vor, bei dem Reihenschlussmotor nach Kap. 12.2.5 der würden L+ und L– getauscht. Dann wären beide Magnetfelder umgepolt (Abb.1 b). Auch dann würde sich das Ankerfeld ① rechts herum drehen, weil das der kürzere Weg zum Ausrichten mit dem Erregerfeld ② ist.

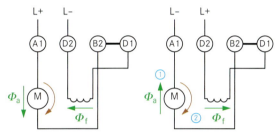

a) L+ an A1 und L– an D2   b) L– an A1 und L+ an D2

1: Anschluss eines Reihenschlussmotors

Aus dieser Überlegung ergibt sich, dass eine Umkehrung beider Felder keine Drehrichtungsänderung zur Folge hat. Gleichstrommotoren können daher mit Wechselstrom betrieben werden. Diese Aussage gilt aber nur für niederfrequente Spannungen (z.B. 50 Hz).

Wie wirkt sich die Wechselspannung aus?

Bei einem entsprechenden Versuch stellt sich eine **Verringerung der Drehzahl** ein. Das kommt daher, dass bei Wechselspannung noch zusätzlich ein induktiver Blindwiderstand der Wicklungen entsteht, so dass die Stromstärke wesentlich verringert wird. Universalmotoren haben deshalb verschiedene Anschlüsse für Wechselspannung (wenige Windungen) und Gleichspannung (viele Windungen).

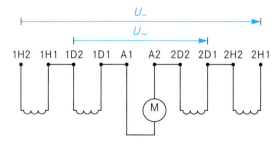

2: Anschluss von Universalmotoren

Außerdem wird das massive Eisen des Stators warm, weil dort durch den Wechselstrom Wirbelströme entstehen. Deshalb ist im Gegensatz zu Gleichstrommotoren auch das Statormaterial geblecht.

Betriebsverhalten

Universalmotoren sind **Reihenschlussmotoren**. Deshalb sind ihre Drehzahlen stark lastabhängig. Bei Kleinmotoren (bis 2 kW) sind Drehzahlen bis zu $30\,000\ \text{min}^{-1}$ möglich.

Ihr **Anzugsmoment** ist hoch. Weil sie zum „Durchgehen" neigen, müssen sie stets unter Last laufen. Die Wicklungen dienen auch als Drosselspulen, so dass **Störspannungen** für das Netz gedämpft werden.

Anwendungen

Universalmotoren werden als Wechselstrommotoren z.B. in Werkzeugmaschinen, Haushaltsgeräten, Büromaschinen verwendet.
Große Wechselstrom-Reihenschlussmotoren werden als Bahnmotoren benutzt. Die niedrige Frequenz der Bahn ($16\frac{2}{3}$ Hz) ist für die Stromwendung sehr günstig.

- Universalmotoren können mit Gleich- und mit Wechselspannung betrieben werden.
- Universalmotoren haben Reihenschlussverhalten.

Aufgaben

1. Wie verhalten sich Gleichstrommotoren, wenn gleichzeitig Rotor- und Statorfeld umgepolt werden?

2. Warum ist die Leistung eines Gleichstrommotors an Wechselspannung wesentlich kleiner?

3. Geben Sie die Eigenschaften von Universalmotoren an!

4. Nennen Sie wichtige Anwendungen von Universalmotoren als Wechselstrommotoren!

5. Warum ist der Anker eines Universalmotors geblecht?

6. Warum müssen die Erregerfeldwicklungen für Wechselstrom weniger Windungen als für Gleichstrom haben?

12.3 Drehstrommotor

Das Klemmbrett des abgebildeten Drehstrommotors hat die gleichen Klemmen wie der Drehstromgenerator in Kap. 3.2. Wir vermuten deshalb, dass Drehstrom-Generatoren grundsätzlich auch als Motoren verwendet werden können, wenn sie an entsprechende Spannungsquellen angeschlossen werden. Wir nutzen daher den bereits aus Kap. 3.2 bekannten Stator zur Erklärung der Drehbewegung dieser Motorart. Alle Drehstrommotoren haben grundsätzlich den gleichen Ständeraufbau.

12.3.1 Drehfeld

Die drei Statorspulen werden an Drei-Phasen-Wechselspannung gelegt. Dadurch entstehen drei Magnetfelder mit wechselnden Polaritäten. Da die drei Magnetfelder gleichzeitig auftreten, ergibt sich jeweils ein Gesamtfeld. Die Richtungen der Einzelfelder ändern sich ständig, deshalb verändert sich auch ständig die Lage des Gesamtfeldes.

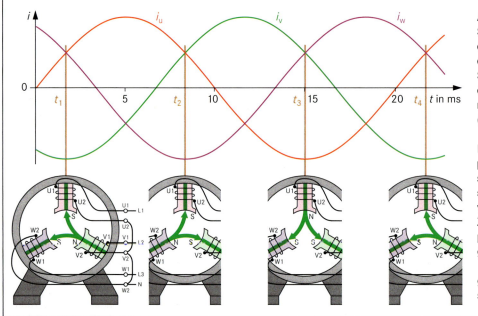

Aus der jeweilgen Stromrichtung und dem Wickelsinn der betreffenden Spule ergeben sich die Lagen der magnetischen Pole (vgl. Kap.12.1).

Für jeden Zeitpunkt ist das Gesamtfeld dargestellt. Seine Lage verändert sich von Zeitpunkt zu Zeitpunkt im Uhrzeigersinn. Wir sagen daher: Das Magnetfeld dreht sich. (Drehfeld).

Die Tatsache, dass das Magnetfeld des Ständers sich dreht, hat dem Drei-Phasen-Spannungssystem den Namen **Drehstrom** gegeben.

Wie schnell dreht sich das Drehfeld?

Da in Deutschland die Netzfrequenz 50 Hz beträgt, dreht sich das Statorfeld 50 Mal pro Sekunde, d. h. 3000 Mal in der Minute.

Werden die Spulen aber unter einem Winkel von 60° angeordnet, also zwei Spulen pro Phase, so ergibt sich eine Verringerung der Drehzahl auf 1500 min^{-1}, denn das Magnetfeld macht bei einer Periode (d. h. in 20 ms) nur eine halbe Umdrehung. Für die **Statorfeld-**

Drehzahl (in min^{-1}) gilt dann folgender Zusammenhang.

$$n = \frac{f \cdot 60}{p}$$

p: Pol**paar**zahl des Drehfeldes

Beispiel: Bei drei Statorspulen hat das Drehfeld einen Nordpol und einen Südpol, also ein Polpaar $\Rightarrow p = 1$

- Legt man an drei um 120° versetzten Spulen Drei-Phasen-Wechselstrom, so entsteht ein magnetisches Drehfeld.
- Das zweipolige Drehfeld dreht sich (bei f = 50 Hz) 3000 Mal in der Minute.

Drehzahländerung / speed variation

Drehrichtung

Die Spulen der Drehstrommotoren sind so gewickelt, dass beim Anschluss von L1 an U1, L2 an V1 und L3 an W1 Rechtslauf der Rotorwelle entsteht.

Durch Vertauschen zweier Außenleiter wird die Drehrichtung geändert.

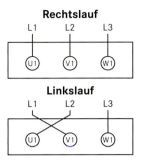

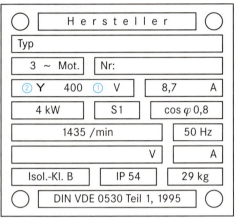

1: Leistungsschild eines Drehstrom-Asynchronmotors

Bemessungsspannung

In dem Leistungsschild (Abb. 1) ist die Bemessungsspannung mit 400 V ① angegeben. Außerdem ist das **Symbol Y** ② dargestellt. Dieser Motor muss daher in Sternschaltung angeschlossen werden Die Wicklungen sind für 230 V gebaut.

Für die verschiedenen Spannungsangaben und das bei uns übliche Netz (400 V; 3~50 Hz) gilt folgende Tabelle.

Spannungs-angabe	Wicklungs-spannung	Schal-tung
Y 230 V	133 V	keine
Δ 230 V	230 V	Y
③ 230 V	230 V	Y
230/400 V	230 V	Y
Y 400 V	230 V	Y
Δ 400 V	400 V	Δ
④ 400 V	400 V	Δ

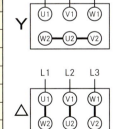

Aus der Tabelle ergibt sich, dass Spannungsangaben ohne Symbol ③ ④ die jeweilige Spannung der Wicklungen darstellen.

Entsprechend ist die Schaltung der Anschlüsse auszuwählen. Die genaue Begründung dafür finden Sie in den Kapiteln 3.2 und 12.3.6.

Änderung der Drehfelddrehzahl

Wie bereits erläutert verringert sich die Drehzahl, wenn die Anzahl der Polpaare und damit die Anzahl der Statorspulen erhöht wird.

Polumschaltung

Es werden deshalb Motoren gebaut, die mehrere getrennte Wicklungen auf dem Ständer haben. Sie können dann unterschiedlich eingeschaltet werden, sodass verschiedene Drehzahlen zur Verfügung stehen. Solche Motoren nennt man polumschaltbar. Sie werden mit bis zu drei unterschiedlichen Drehzahlen gebaut.

Mögliche Drehfelddrehzahlen						
p	1	2	3	4	5	6
n in min^{-1}	3000	1500	1000	750	600	500

Nachteile:
- Nur feste Drehzahlen sind möglich.
- Der Aufbau der Motoren ist kompliziert und daher teuer.

Dahlanderschaltung

Hierbei werden sechs miteinander verbundene Wicklungen unterschiedlich zusammen geschaltet.

Für die **niedrige Drehzahl** werden jeweils die beiden Spulen eines Stranges in Reihe geschaltet und dann mit den anderen zum Dreieck verbunden.

Bei der **hohen Drehzahl** werden die Strangwicklungen parallel geschaltet. Es wird ein Doppelstern gebildet.

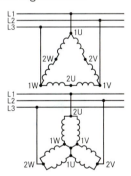

Der wesentliche Nachteil dieser Schaltung ist, dass nur das Drehzahlverhältnis von 1:2 möglich ist. Außerdem ist das Anlaufverhalten unterschiedlich. Das Anlaufmoment ist bei der Dreieckschaltung (also niedrige Drehzahl) höher als bei der Doppelsternschaltung.

- Beim Anschluss der Phasen L1 an U1, L2 an V1 und L3 an W1 entsteht bei Drehstrommotoren Rechtslauf.

- Der Anschluss eines Drehstrommotors richtet sich nach der Bemessungsspannung der Wicklungen und der Netzspannung.

- Die Drehfelddrehzahl kann durch Erhöhung der Polpaarzahl verringert werden, und zwar durch eine Dahlanderschaltung oder durch Polumschaltung.

Betriebsverhalten von Synchronmotoren / operation in service of synchronous motors

Frequenzumformer

Die Drehfelddrehzahl kann auch mit Hilfe der Frequenz geändert werden. Da unser Netz aber eine feste Frequenz von 50 Hz hat, muss ein Frequenzumrichter zwischen geschaltet werden. Er wandelt den Netzdrehstrom in Drehstrom anderer Frequenzen um. Solche Geräte arbeiten mit elektronischen Bausteinen. Sie können daher auch als Regler eingesetzt werden.

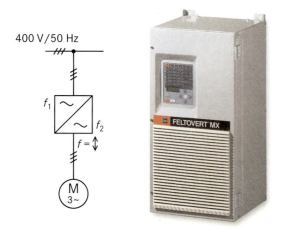

Mit diesen Umrichtern sind auch Drehzahlen möglich, die größer als 3000 min^{-1} sind.

Werden Motoren mit höheren Frequenzen als mit 50 Hz betrieben, wird der induktive Widerstand größer ($X_L = 2 \cdot \pi \cdot f \cdot L$) und damit die Stromstärke kleiner.

$f \uparrow \Rightarrow X_L \uparrow \Rightarrow I \downarrow$

Um die gleiche Stromstärke zu erhalten, muss die Spannung erhöht werden. Die notwendigen Spannungsveränderungen werden durch die Frequenzumrichter automatisch vorgenommen.

> ■ Die Drehfelddrehzahl kann mit Hilfe von Frequenzumrichtern verändert werden.

Aufgaben

1. Warum müssen die Statorspulen eines Drehstrommotors um 120° versetzt angeordnet werden?

2. Berechnen Sie die Drehfelddrehzahl eines Stators mit neun Spulen!

3. Ein für Deutschland gebauter 4-poliger Drehstrommotor wird in den USA ($f = 60$ Hz) eingesetzt. Berechnen Sie die Drehfelddrehzahl!

4. Nennen Sie die Vor- und Nachteile der Polumschaltung und der Dahlanderschaltung!

5. Warum kann die Drehfelddrehzahl nur mit Hilfe eines Frequenzumrichters höher als 3000 min^{-1} werden?

12.3.2 Synchronmotor

Mit Hilfe des folgenden Versuchs lässt sich die Wirkungsweise dieser Motorart darstellen. Wir benutzen dazu drei um 120° versetzt angeordnete Spulen. In der Mitte befindet sich eine drehbare Kompassnadel.

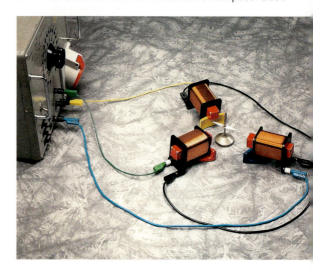

Ergebnis:
- Die Spulen werden an Drehstrom 230 V/≤400 V angeschlossen. Die Magnetnadel dreht sich nicht.
- Dann wird die Nadel von Hand schnell im Uhrzeigersinn bewegt. Sie dreht sich mit großer Geschwindigkeit weiter.

Wie ist die Drehbewegung zu erklären?

Das magnetische Drehfeld läuft mit hoher Geschwindigkeit (3000 min^{-1}) an der stillstehenden Magnetnadel vorbei.

Die Magnetnadel kann nicht so schnell mitlaufen (keine Kopplung).

Dreht sich die Nadel bereits annähernd so schnell wie das Drehfeld, ist eine magnetische Kopplung möglich. Dadurch dreht sich die Magnetnadel genauso schnell wie das Drehfeld.

Man sagt: Der Rotor läuft mit dem Drehfeld **synchron**.

Betriebsverhalten

Aus diesen Überlegungen ergeben sich zwei wichtige Eigenschaften von Synchronmotoren.
- Synchronmotoren laufen nicht von allein an.
- Der Rotor dreht sich immer mit der gleichen Drehzahl.

Zum Anlaufen ist eine Anlaufhilfe nötig, die den stillstehenden Anker in die Nähe der synchronen Drehzahl dreht.

Hierfür wird ein Kurzschlussring oder die kurzgeschlossene Rotorspule verwendet. Deren Wirkung wird im Kapitel 12.3.3 beschrieben.

Phasenschieber / synchronous compensator

Wie wirkt sich eine Belastung aus?

Sie wissen, dass sich die Drehzahl beim Synchronmotor nicht ändern kann. Die Belastung wird sich demzufolge anders auswirken. Der Rotor bleibt hinter dem Drehfeld etwas zurück, d. h. der Nordpol des Ankers liegt nicht mehr direkt am Südpol des Drehfeldes. Dieser Unterschied heißt Lastwinkel δ. Je größer die Last desto größer wird auch dieser Winkel.

Sein größtes Drehmoment wird bei δ = 90° erreicht, weil die anziehende Wirkung des vorauseilenden Drehfeldpols und die Abstoßung des nacheilenden am größten sind. Wird allerdings dieser Lastwinkel überschritten, „fällt der Rotor aus dem Tritt", d. h. der Anker bleibt stehen.

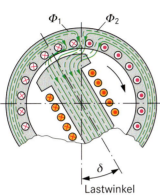
Lastwinkel

Anwendungen

Synchronmotoren werden dort eingesetzt, wo es auf die genaue Einhaltung der Drehzahl ankommt, so z. B. bei Uhren. Diese **Kleinmotoren** haben Dauermagnete als Anker. Ihre Leistungen sind deshalb auch klein.

Ein weiteres Anwendungsgebiet ist der Einsatz als **Phasenschieber**. Hierzu werden leerlaufende Synchronmotoren mit einer Gleichstromspule als Anker benutzt. Erhöht man den Ankerstrom (Erregerstrom) wesentlich, dreht sich der Anker nicht nur, sondern liefert auch noch Spannung über die Statorspulen ins Netz.

Die erzeugte Leistung ist eine Blindleistung Q. Sie wirkt wie eine kapazitive Blindleistung und verringert so die Aufnahme von induktiver Blindleistung Q_L aus dem Netz. Damit wird der cos φ erhöht und der Phasenverschiebungswinkel kleiner. Solche Motoren wirken also wie Kompensationskondensatoren. Der Vorteil der Synchronmotoren gegenüber Kondensatoren ist ihre einfache Regelung mit Hilfe der Erregerstromänderung.

$I_{err}\uparrow \Rightarrow Q\uparrow \Rightarrow Q_L\downarrow \Rightarrow \cos\varphi\uparrow \Rightarrow \varphi\downarrow$

> - Synchronmotoren bestehen aus einem Drehstromstator und einem Rotor mit Dauermagnet oder Gleichstromspule.
> - Synchronmotoren benötigen eine Anlaufhilfe.
> - Synchronmotoren haben als konstante Drehzahl die des Drehfeldes.
> - Leerlaufende Synchronmotoren werden als Phasenschieber zur Kompensation eingesetzt.

Synchronmotor als Phasenschieber

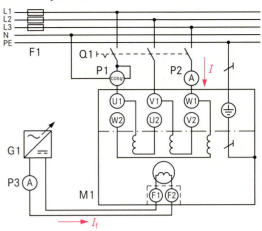

Durchführung

Der Synchronmotor wird unbelastet in Betrieb genommen (M = 0 Nm). Der Feldstrom des Ankers I_f wird in Stufen verändert. Der Ständerstrom I und der Leistungsfaktor cos φ werden gemessen.

Messwerte

I_f in A	I in A	cos φ
1	0,5	0,5 ind
2	0,25	0,75 ind
2,5	0,15	1
3	0,2	0,7 kap
4	0,45	0,35 kap

Auswertung

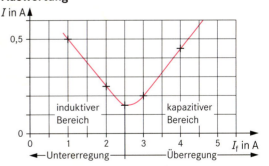

Aufgaben

1. Warum benötigt ein Synchronmotor eine Anlaufhilfe?

2. Warum hat ein Synchronmotor immer die Drehzahl des Drehfeldes?

3. Wie verhält sich ein Synchronmotor bei Belastung?

4. Erklären Sie, wie mit einem leerlaufenden Synchronmotor kompensiert werden kann!

12.3.3 Läuferfeld der Asynchronmotoren

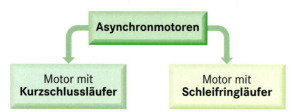

Der Läuferaufbau ist zwar unterschiedlich, aber das Rotorfeld entsteht doch bei beiden auf die gleiche Weise. Wir erklären das hier am Kurzschlussläufer. Er besteht aus Leiterstäben die vorn und hinten mit je einem Leiterring kurzgeschlossen sind.

Versuch

An Stelle der Magnetnadel aus dem Versuch der Seite 307 verwenden wir hier einen Kurzschlussläufer aus Aluminium.

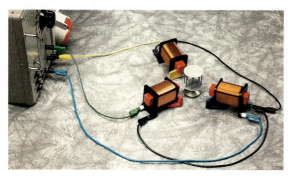

Die Spulen werden an Drehstrom mit den Spannungen 40 V / 23 V angeschlossen. Anders als bei der Magnetnadel beginnt sich der Läufer sofort zu drehen. Er wird schneller und dreht sich dann mit konstanter Drehzahl.

Warum dreht sich der Aluminiumkäfig?

- Der Läufer kann sich nur drehen, wenn er **magnetisch** $\Phi_{Läufer}$ geworden ist.
- Da Aluminium kein ferromagnetischer Werkstoff ist, kann der Magnetismus nur von einem **Strom** $I_{Läufer}$ durch die Läuferstäbe kommen.
- Strom kann aber nur fließen, wenn eine **Spannung** vorhanden ist.
- In den Rotorstäben muss also eine Spannung $U_{Läufer}$ induziert worden sein.
- Diese Induktionsspannung entsteht durch das sich vorbeidrehende **Magnetfeld** $\Phi_{Ständer}$ des Ständers.

Es ergibt sich deshalb folgende Wirkungskette:

$\Phi_{Ständer} \Rightarrow U_{Läufer} \Rightarrow I_{Läufer} \Rightarrow \Phi_{Läufer} \Rightarrow M_r$

Betriebsverhalten

Aus dem Versuch können wir eine typische Verhaltensweise von Asynchronmotoren ableiten. Diese Motoren laufen von selbst an.

Erklärung:

Wenn der Rotor still steht und das Drehfeld mit 3000 min^{-1} daran vorbei dreht, wird in den Läuferstäben eine große Spannung induziert. Dadurch entsteht ein hoher Strom und somit ein großes Drehmoment (Anzugsmoment).

Wie groß ist die Drehzahl eines Asychnronmotors?

Je schneller der Läufer wird, desto mehr nähert sich die Motordrehzahl der Drehfelddrehzahl (synchrone Drehzahl). Der Unterschied wird immer kleiner, also auch die induzierte Spannung.

Sollte der Rotor die gleiche Drehzahl haben wie die synchrone Drehzahl, würde keine Spannung mehr induziert werden. Es entsteht kein Drehmoment mehr. Der Anker würde stehen bleiben. Hieraus ergibt sich, dass zwischen der Läuferdrehzahl n_L und der synchronen Drehzahl n_{syn} ein Unterschied bestehen muss. Diese Differenz wird Schlupfdrehzahl n_S genannt.

Schlupf s

Die Schlupfdrehzahl bezogen auf die synchrone Drehzahl wird als Schlupf s bezeichnet. Der Schlupf liegt beim Bemessungsdrehmoment zwischen 5 % und 8 %.

$$s = \frac{n_{syn} - n_L}{n_{syn}} \cdot 100\%$$

Da der Rotor dem Drehfeld immer nachläuft, also nicht synchron mit ihm dreht, heißen diese Maschinen Asynchronmotoren.

Welchen Einfluss hat die Belastung?

Bei Belastung eines Asynchronmotors muss der Strom im Rotor und damit auch dessen Spannung größer werden. Das ist nur möglich, wenn auch die Schlupfdrehzahl größer wird. Da die Drehfelddrehzahl konstant ist, muss die Läuferdrehzahl kleiner werden.

Bei Belastung wird die Drehzahl kleiner und der Schlupf größer.

$M \uparrow \Rightarrow I_L \uparrow \Rightarrow U_L \uparrow \Rightarrow n_S \uparrow \Rightarrow n_L \downarrow \Rightarrow s \uparrow$

- Die Drehzahl von Asynchronmotoren ist geringer als die synchrone Drehzahl.
- Der Schlupf ist der Drehzahlunterschied zwischen Läuferdrehzahl und synchroner Drehzahl bezogen auf die synchrone Drehzahl.
- Asynchronmotoren laufen allein an.
- Bei Belastung von Asynchronmotoren sinkt die Drehzahl.
- Die Drehrichtungen von Rotor und Drehfeld sind bei Asynchronmotoren gleich.

Kurzschlussläufermotor / cage rotor motor

12.3.4 Motor mit Kurzschlussläufer

Die folgende Abbildung zeigt die wesentlichen Bauteile eines Kurzschlussläufermotors. Auf dem Klemmbrett befinden sich nur Anschlüsse der Statorspulen: U1 - V1 - W1 und U2 - V2 - W2 mit Sternbrücken.

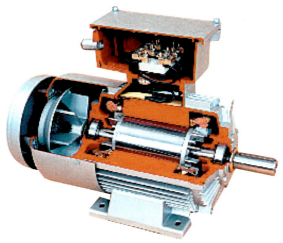

1: Motor mit Kurzschlussläufer

Abb. 2 zeigt einige Rotorformen. Wegen dieser Bauarten werden die Rotoren auch **Käfigläufer** genannt. Die schrägliegenden Stäbe ① sorgen für einen ruhigen Lauf. Die Fortsätze ② an den Stirnseiten dienen der Kühlung.

Läufer mit geschränkten Stäben
aus Kupfer hartgelötet

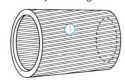

Läufer mit geschränkten Stäben   Staffelläufer   Doppel-Staffelläufer

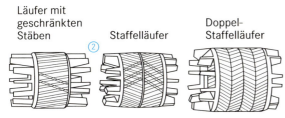

2: Verschiedene Käfigläufer

Eigenschaften

Asynchronmotor mit Kurzschlussläufer sind die einfachsten und damit billigsten Drehstrommotoren. Die Rotordrehzahl kann bei diesen Motoren nicht unabhängig von der Drehfelddrehzahl gesteuert werden.

Asynchronmotoren mit Kurzschlussläufer haben ein kleines **Anzugsmoment**. Es liegt zwischen 50 % und 100 % des Bemessungsmoments.

$$M_A = 0{,}5 \ldots 1 \cdot M_n$$

Die **Anlaufstromstärke** ist hoch. Sie kann bis zum 7-fachen des Bemessungsstromes betragen.

$$I_A = 3 \ldots 7 \cdot I_n$$

Aus den Belastungskennlinien von Kurzschlussläufer-Motoren (Abb. 3) lassen sich weitere wichtige Eigenschaften ableiten.

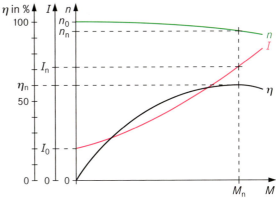

3: Typische Belastungskennlinien

Die **Drehzahl** beim Bemessungsdrehmoment nur wenig kleiner als im Leerlauf.

$$n_0 \approx n_n$$

Der **Leerlaufstrom** I_0 ist wesentlich geringer als der Bemessungsstrom I_n, weil im Leerlauf die Belastung nur aus der Reibung der Lager besteht. Wird der Motor über das Bemessungsmoment M_n belastet, steigt der Strom weiter an.

$$I_0 \ll I_n$$
$$M \uparrow \Rightarrow I \uparrow$$

Der **Wirkungsgrad** η steigt mit höherer Belastung. Die Motoren sind so gebaut, dass der Maximalwert beim Bemessungsmoment liegt. Bei Überlast wird der Wirkungsgrad wieder kleiner.

- Der Rotor eines Kurzschlussläufermotors besteht aus kurzgeschlossenen Leiterstäben.
- Kurzschlussläufermotoren haben ein kleines Anzugsmoment.
- Kurzschlussläufermotoren haben einen hohen Anlaufstrom.
- Die Drehzahl eines Kurzschlussläufermotors sinkt bei Belastung nur wenig.
- Kurzschlussläufermotoren sind kostengünstig in der Herstellung.
- Kurzschlussläufermotoren können nicht unabhängig von der synchronen Drehzahl gesteuert werden.

12.3.5 Motor mit Schleifringläufer

Die folgende Abbildung zeigt einen Asynchronmotor mit Schleifringläufer. Die Schleifringe ① mit den dazu gehörenden Bürsten ② sind deutlich zu erkennen.

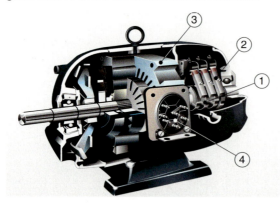

1: Motor mit Schleifringläufer

Wozu gibt es Schleifringe und Bürsten?

Der Läufer besteht nicht aus Leiterstäben, sondern aus Spulen ③. Die Enden dieser Spulen sind auf Schleifringe geführt. Darauf schleifen Bürsten. Diese sind an den Klemmen K, L und M ④ angeschlossen.

Jetzt können die in den Läuferspulen induzierten Ströme beeinflusst werden. Dazu werden an die Läuferklemmen veränderbare Widerstände (R1 in Abb. 2) angeschlossen.

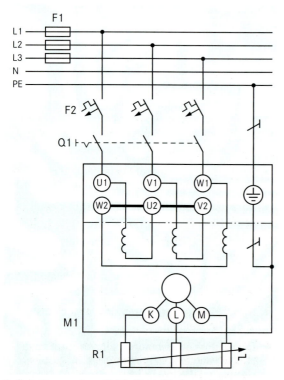

2: Schaltung eines Schleifringläufermotors

Anlassen von Schleifringläufern

Die Widerstände im Läuferstromkreis werden zum Anlassen benutzt, weil dadurch die Rotorströme verringert werden. Das hat wiederum eine Verringerung des **Ständerstromes** zur Folge.

$$R_{Anl} \uparrow \Rightarrow I_{Läufer} \downarrow \Rightarrow I_{Ständer} \downarrow$$

Hinweis:
Die Widerstände werden stets dann herunter geschaltet, wenn sich die Drehzahl stabil hält.

Durch das Einschalten der Anlasswiderstände wird der Wirkanteil des Läuferstroms größer, deshalb wird das **Anzugsmoment** größer.

Damit die Bürsten nicht mechanisch abgenutzt werden, sind bei großen Maschinen **Bürstenabhebevorrichtungen** (Abb. 3) vorhanden, die auch gleichzeitig die Wicklungen kurzschließen.

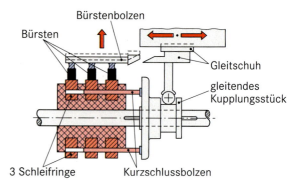

Betriebsverhalten

Nach dem Anlassen und dem Kurzschließen der Läuferwicklungen verhalten sich diese Motoren wie die Kurzschlussläufermotoren.

Werden nach dem Anlassen die Bürsten nicht abgehoben, kann mit Hilfe von Widerstandsveränderungen die **Drehzahl gesteuert** werden. Da die Anlasser nur für Kurzzeitbetrieb ausgelegt sind, müssen die Widerstände für Drehzahlsteuerung für Dauerlast bemessen sein.

- Schleifringläufer bestehen aus Spulen, die an Schleifringe geführt sind.
- Durch Widerstände in den Läuferstromkreisen werden die Läuferströme gesteuert.
- Die Steuerung der Läuferströme bei Schleifringläufermotoren wird zum Anlassen und zur Drehzahländerung benutzt.
- Schleifringläufermotoren haben hohe Anzugsmomente und kleine Anlaufströme.
- Schleifringläufermotoren haben ähnliches Betriebsverhalten wie Kurzschlussläufermotoren.

Stern-Dreieck-Anlauf / star-delta starting

12.3.6 Anlassen von Drehstromständern

Beim Anlassen von Motoren entstehen wesentlich größere Ströme als im Betrieb. Damit die Wicklungen des Motors nicht überlastet und eventuell zerstört werden, müssen die Anlaufströme verringert werden.

Außerdem können hohe Ströme zu Spannungsfällen in den Energiequellen führen, so dass beim Einschalten eines Motors Spannungsabsenkungen an anderen Geräten auftreten können. Um das zu verhindern haben die EVUs in den **Techn. Anschlussbedingungen** Richtlinien für das Anlassen von Motoren festgelegt.

So dürfen
- leistungsstarke Motoren ($S > 1{,}7$ kW bei 1∼; $S > 5{,}2$ kW bei 3∼),
- Motoren mit besonders schwerem Anlauf und
- Motoren mit häufigem Schalten

nicht direkt eingeschaltet werden. Sie müssen mit einer der folgenden Anlassarten angelassen werden.

Vorwiderstände

In die Ständerzuleitungen werden Widerstände (oder Drosseln) geschaltet. Sie erzeugen Spannungsfälle und reduzieren somit die Betriebsspannung. Die Folge davon ist eine Stromverringerung. Spannung und Strom sind dabei proportional. Da das Drehmoment verhältnisgleich zur Leistung ist und diese sich quadratisch mit der Spannung ändert, verringert sich auch das Anzugsmoment quadratisch.

$$I \sim U$$
$$M \sim P \sim U^2 \Rightarrow M \sim U^2$$

Anlasstransformator

Die Wirkungsweise dieser Anlassart ist die gleiche wie bei den Vorwiderständen. Auch hierbei werden die Spannungen an den Ständerwicklungen verringert. Diese Schaltung ist teurer als die mit Widerständen. Dafür sind die (Wirk-)Verluste geringer.

Kusa-Schaltung

Die Bezeichnung ist die Abkürzung von Kurzschlussläufer-Sanft-Anlauf. Es wird ein Widerstand nur in eine Phase eingeschaltet. Dadurch verringert sich der Strom in dieser Leitung, aber dafür steigen die Ströme in den anderen Leitungen etwas an. Die Schaltung ergibt kaum eine Verringerung des Anlaufstroms.

Hiermit wird lediglich das Drehmoment verringert und dadurch das Anzugsmoment kleiner. Der Motor läuft „sanft" an. Diese Anlassart wird bei Textilmaschinen benutzt.

Stern-Dreieck-Anlassen

Diese Methode wird am häufigsten eingesetzt, weil außer einem besonderen Schalter oder entsprechender Schütze keine zusätzlichen Betriebsmittel – wie Widerstände oder Transformatoren – benötigt werden.

Voraussetzung ist allerdings, dass die Wicklungen für die betreffende Betriebsspannung geeignet ist. Die Spulen müssen also in unseren Netzen für 400 V geeignet sein.

Wie wird der Motor geschaltet?

Der Motor wird zuerst im Stern und dann im Dreieck an das Netz gelegt. Es ergibt sich Folgendes.

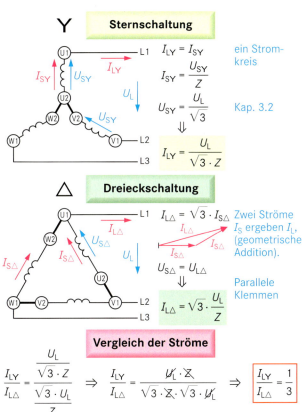

Da die Leiterspannung U_L gleich bleibt, der Strom $I_{L\triangle}$ aber auf $\frac{1}{3}$ sinkt, wird auch die Leistung und damit das Drehmoment auf $\frac{1}{3}$ verringert.

$$I_{LY} = \frac{1}{3} I_{L\triangle} \Rightarrow P_Y = \frac{1}{3} P_\triangle \Rightarrow M_Y = \frac{1}{3} M_\triangle$$

- Motoren ab einer bestimmten Leistung dürfen nur mit Hilfe von Anlassverfahren eingeschaltet werden.

- Beim Anlassen mit der Stern-Dreieck-Schaltung werden Strom, Leistung und Drehmoment auf ein Drittel reduziert.

Elektrische Leistung von Drehstrommotoren

An den Klemmen von Drehstrommotoren können drei Leiterströme und drei Spannungen gemessen werden. Diese Werte sind auch auf dem Leistungsschild zu finden. Es gibt dort aber keine Angabe der elektrischen Leistung.

Wie wird die elektrische Leistung ermittelt?

Zur Beantwortung dieser Frage werden wir im Folgenden die beiden möglichen Schaltungen untersuchen. Ausgehend von der Leistung der einzelnen Stränge S_S berechnen wir dann jeweils die Gesamtleistung S_L.

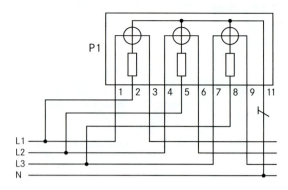

1: Drehstrom-Leistungsmesser

- Die Scheinleistung von Drehstromverbrauchern ergibt sich aus dem Produkt von (Leiter-) Strom, (Leiter-) Spannung und Verkettungsfaktor $\sqrt{3}$.

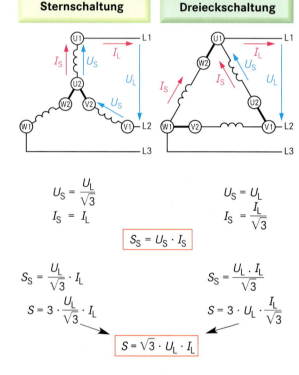

Sternschaltung

$U_S = \dfrac{U_L}{\sqrt{3}}$

$I_S = I_L$

$$S_S = U_S \cdot I_S$$

$S_S = \dfrac{U_L}{\sqrt{3}} \cdot I_L$

$S = 3 \cdot \dfrac{U_L}{\sqrt{3}} \cdot I_L$

Dreieckschaltung

$U_S = U_L$

$I_S = \dfrac{I_L}{\sqrt{3}}$

$S_S = \dfrac{U_L \cdot I_L}{\sqrt{3}}$

$S = 3 \cdot U_L \cdot \dfrac{I_L}{\sqrt{3}}$

$$S = \sqrt{3} \cdot U_L \cdot I_L$$

Was für die Scheinleistung S gilt, gilt natürlich auch für die Wirkleistung P und die Blindleistung Q (vgl. Kap. 4.3). Wir kommen so zu folgenden Formeln.

$$P = \sqrt{3} \cdot U_L \cdot I_L \cdot \cos\varphi$$

$$Q = \sqrt{3} \cdot U_L \cdot I_L \cdot \sin\varphi$$

Hieraus ergeben sich zwei grundsätzliche Möglichkeiten der **Leistungsmessung**.

- **Wechselstrom-Leistungsmesser.** Hierbei werden ein Leiterstrom und eine Spannung verarbeitet. Die Skala berücksichtigt dann den Faktor $\sqrt{3}$.
- **Drehstrom-Leistungsmesser.** Er benutzt die drei Leiterströme und drei Spannungen. Deshalb kann dieses Messgerät auch **unsymmetrische Belastungen** messen.

Aufgaben

1. Beschreiben Sie in drei Schritten, wie das Läufermagnetfeld entsteht!

2. Warum läuft ein Asynchronmotor von allein an?

3. Wie groß ist der Schlupf eines vierpoligen Kurzschlussläufermotors mit einer Drehzahl von 1425 min^{-1}?

4. Berechnen Sie die Drehzahl eines zweipoligen Schleifringläufermotors mit s = 2,5 %!

5. Vergleichen Sie die Vorteile und Nachteile der beiden Arten von Asynchronmotoren!

6. Wieviele Pole hat ein Asynchronmotor mit einer Bemessungsdrehzahl von 915 min^{-1}?

7. Wie kann die Drehzahl von Schleifringläufermotoren gesteuert werden?

8. Beschreiben Sie den Aufbau eines Schleifringläufermotors!

9. Warum müssen große Motoren mit Anlassverfahren eingeschaltet werden?

10. Ein Drehstrommotor hat folgende Daten:
400 V; 15 A; 7,5 kW; $\cos\varphi$ = 0,91; 2835 min^{-1}
a) Berechnen Sie den Schlupf!
b) Berechnen Sie den Anlaufstrom bei I_{Anl} = 4,5 · I_N!
c) Berechnen Sie den Anlaufstrom und die Leistung beim Anlassen über einen Stern-Dreieck-Schalter!
d) Berechnen Sie das Bemessungsdrehmoment!
e) Berechnen Sie den Wirkungsgrad!

11. Berechnen Sie den Leistungsfaktor für folgenden Drehstrommotor!
400 V; 5,9 A; 2,5 kW; 1425 min^{-1};
50 Hz; 80 %

Wechselstrommotor / alternating current motor

12.4 Wechselstrommotor

Es gibt zwei grundsätzliche Arten von Motoren für Einphasen-Wechselstrom:
- **Stromwendermotor** (vgl. Kap. 12.2) und
- **Drehfeldmotor**.

Wir beschäftigen uns hier mit den **Drehfeldmotoren**. Ihr Wirkungsprinzip ist, dass im Stator Magnetfelder erzeugt werden, deren Gesamtfeld ständig seine Lage verändert. Das ergibt eine Art unsymmetrisches Drehfeld. Wie bei Drehstrom-Asynchronmotoren wird dadurch im Rotor (Kurzschlussläufer) ein Magnetfeld erzeugt, das sich mit dem Ständerfeld koppelt.

Die Wechselstrommotoren unterscheiden sich je nach der Art, wie das Magnetfeld im Stator erzeugt wird.

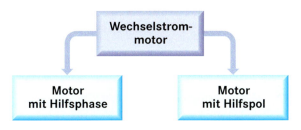

12.4.1 Motor mit Hilfsphase

Der Stator hat zwei Wicklungen, die um 90° versetzt angeordnet sind. Sie wissen, dass beim Drehstrommotor die Spulen um 120° versetzt angeordnet sind und die Ströme um 120° phasenverschoben sind. Hier müssen deshalb die Ströme entsprechend um 90° verschoben sein. Das kann erreicht werden durch:

- Wirkwiderstand   ⇒ geringe Verschiebung
- Drossel   ⇒ geringe Verschiebung
- Kondensator   ⇒ Verschiebung von fast 90°

1: Kondensatormotor

Kondensatormotor

Die Abb. 1 zeigt einen Kondensatormotor. Auf dem Klemmbrett ist der Kondensator deutlich zu erkennen. Hier ist die zugehörige Schaltung dargestellt.

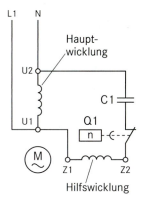

Um die Hilfswicklung Z1-Z2 nicht zu überlasten, wird der Kondensator C1 bei der Bemessungsdrehzahl durch den Fliehkraftschalter Q1 abgeschaltet.

Hierfür werden auch strom- oder temperaturabhängige Schalter eingesetzt. Nach dem Abschalten der Hilfsphase dreht sich der Rotor trotzdem weiter, weil er im Betrieb nur ein geringes Drehmoment benötigt, das der Hauptpol liefert.

Große Maschinen haben zwei Kondensatoren. Der große Anlaufkondensator wird bei der Bemessungsdrehzahl abgeschaltet, während der kleinere Betriebskondensator ständig eingeschaltet bleibt.

Drehrichtungsänderung

Die Drehrichtung wird durch Umkehren des Hilfsfeldes erreicht. Dazu wird der Kondensator nicht an Z2 angeschlossen, sondern an Z1 (Abb. 3).

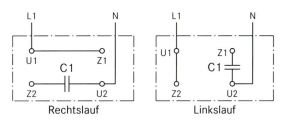

3: Drehrichtungsumkehr

Eigenschaften

Kondensatormotoren sind kostengünstig in der Herstellung und wartungsfrei im Betrieb. Sie haben einen kleinen Wirkungsgrad und können daher nur für geringe Leistungen (bis etwa 1,5 kW) benutzt werden, z. B. Kühlschrank, Waschmaschine, Geschirrspüler.

- Wechselstrommotoren haben meistens Kondensatoren für die Hilfsphase.
- Kondensatormotoren sind billig und wartungsfrei.
- Kondensatormotoren haben einen kleinen Wirkungsgrad. Sie sind nur für Leistungen bis 1,5 kW geeignet.

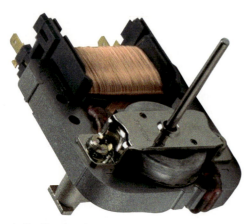

1: Spaltpolmotor

12.4.2 Spaltpolmotor

Bei diesem Motor wird die Verschiebung des Magnetfeldes durch einen Hilfspol ① (Abb. 1) erreicht. Deutlich erkennen Sie den Kurzschlussring ②. Die Wirkung dieser Leiterschleife auf die Phasenverschiebung des Magnetfeldes erklären wir mit Hilfe der folgenden Darstellung (Abb. 2).

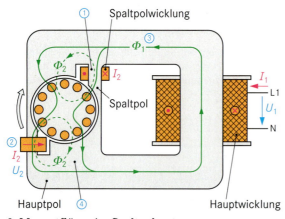

2: Magnetflüsse im Spaltpolmotor

Die Spule erzeugt den wechselnden Magnetfluss Φ_1 ③. Dieser durchsetzt den Kurzschlussring. Dort fließt der Strom I_2, der den Magnetfluss Φ_2 zur Folge hat. Die beiden magnetischen Flüsse Φ_1 und Φ_2 ergeben im Spaltpol ein Gesamtfeld Φ_S. Dies hat eine andere Phasenlage als das Magnetfeld des Hauptpols. Das Gesamtfeld verläuft deshalb als unsymmetrisches Drehfeld vom Hauptpol zum Hilfspol.

$$I_1 \Rightarrow \Phi_1 \Rightarrow I_2 \Rightarrow \Phi_2 \Rightarrow \Phi_S \Rightarrow \alpha \Rightarrow M$$

Drehrichtungsänderung

Da eine Umpolung der Spannung die Polaritäten an beiden Polen, also am Hauptpol und am Hilfspol, umkehrt, kann die Drehrichtung so nicht geändert werden. Eine Änderung lässt sich nur durch Ausbauen und umgedrehtem Einbau des Läufers erreichen.

Einsatz von Spaltpolmotoren

Diese Motoren sind sehr kostengünstig herzustellen, weil sie keine Zusatzbauteile benötigen. Sie brauchen keine Wartung. Die Verluste sind allerdings sehr groß, weil hier starke Streufelder entstehen. Ihr Wirkungsgrad liegt deshalb bei 20%. Sie werden nur bei Leistungen bis 100 W eingesetzt, und zwar für Ventilatoren, Küchenmaschinen, Tonbandgeräte u. ä.

- Spaltpolmotoren sind kostengünstig herzustellen und wartungsfrei.
- Spaltpolmotoren haben einen Kurzschlussring um einen Teil des Erregerpols.
- Spaltpolmotoren haben einen sehr kleinen Wirkungsgrad und sind nur für Leistungen bis etwa 100 W geeignet.

Aufgaben

1. Beschreiben Sie den Aufbau eines Kondensatormotors!

2. Welche Möglichkeiten gibt es die Phasenverschiebung bei Motoren mit Hilfsphase zu erreichen?

3. Warum werden Kondensatoren für die Phasenverschiebung (Aufg. 2) bevorzugt benutzt?

4. Nennen Sie die Eigenschaften von Kondensatormotoren!

5. Ein Drehstrommotor wird nach der nebenstehenden Schaltung an Wechselstrom angeschlossen. Beschreiben Sie die Wirkungsweise des Motors entsprechend zum Kondensatormotor!

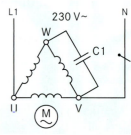

6. Zeichnen Sie das Klemmbrett eines Kondensatormotors für Linkslauf!

7. Wie ist ein Spaltpolmotor aufgebaut?

8. Beschreiben Sie die Wirkungsweise eines Spaltpolmotors!

9. Vergleichen Sie die Eigenschaften von Kondensatormotor und Spaltpolmotor!

10. Warum ist beim Spaltpolmotor keine Drehrichtungsänderung durch Anschlussänderung an den Motorklemmen möglich?

11. Der Spaltpolmotor einer Wäscheschleuder hat folgende Bemessungsdaten: 230 V/50 Hz; 2,2 A; 1350 min^{-1}; 55 W; cos φ = 0,5
Berechnen Sie den Wirkungsgrad!

Motorschutzschalter / motor protecting switch

12.5 Einsatz von Motoren

12.5.1 Motorschutz

Ein Motor muss wie alle anderen Betriebsmittel gegen Überlast geschützt werden. Das kann auf folgende zwei Arten geschehen.

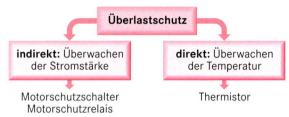

Meistens wird der Motorstrom überwacht, deshalb wollen wir uns zuerst mit diesen Schutzeinrichtungen beschäftigen. Man könnte in diesem Zusammenhang meinen, die Schmelzsicherung oder der LS-Schalter übernehmen diese Aufgabe. Das ist aber nicht der Fall.

Schützen Leitungsschutz-Schalter Motoren?

Diese Schutzgeräte sind für die höchstzulässigen Bemessungsstromstärken von Leitungen ausgelegt. Die Betriebsstromstärken von Motoren liegen aber darunter. Durch die Wicklungen der Motoren müsste daher ein Vielfaches ihrer Betriebsstromstärke fließen, bevor der LS-Schalter auslöst. Wir wollen das an Hand des folgenden Beispiels eines Wechselstrommotors zeigen.

Leitungsschutz-Schalter (Charakteristik B)

Leitung: 3 x 2,5 mm² NYM unter Putz
Umgebungstemperatur: 25 °C
⇒ Bemessungsstromstärke: 25 A
aus den Auslösekennlinien im Kapitel 6.3.2 ergibt sich ⇒ Auslösestromstärke: 3 bis 5 x 25 A ⇒ **75 A bis 125 A**

Motor

Bemessungsleistung: 3 kW
Bemessungsspannung: 230 V
$\cos \varphi = 0{,}8 \qquad \eta = 90\%$

$P_{zu} = \dfrac{P_{ab}}{\eta \, P_{zu}} = \dfrac{3 \text{ kW}}{0{,}9} \qquad P_{zu} = 3{,}33 \text{ kW}$

$P_{zu} = U \cdot I \cdot \cos \varphi$

$\Rightarrow I = \dfrac{P_{zu}}{U \cdot \cos \varphi} \qquad I = \dfrac{3330 \text{ W}}{230 \text{ V} \cdot 0{,}8}$

⇒ Bemessungsstromstärke: **18,1 A**

Der Vergleich der Auslösestromstärke mit der Bemessungsstromstärke des Motors ergibt:

$\dfrac{75 \text{ A}}{18{,}1 \text{ A}} = 4{,}14 \qquad \dfrac{125 \text{ A}}{18{,}1 \text{ A}} = 6{,}91$

Die Motorwicklungen müssten die 4-fache bis 7-fache Stromstärke aushalten, bevor der Leitungsschutz-Schalter auslöst.

Warum lösen LS-Schalter u. U. beim Einschalten von Motoren aus?

Im Einschaltaugenblick fließt im Motor die 3- bis 7-fache Bemessungsstromstärke. Damit kommt die Stromstärke in der Zuleitung in den Auslösebereich des LS-Schalters.

Stromkreise mit Motoren (z. B. Hobbyraum) müssen deshalb mit Leitungsschutz-Schaltern der Charakteristik C oder K abgesichert werden. Diese erlauben kurzzeitig eine höhere Belastung als solche mit der Charakteristik B (Kapitel 6.3.2).

Motorschutzschalter

Diese Schutzgeräte arbeiten wie Leitungsschutz-Schalter. Bei Überlast wird ein Bimetallstreifen ① warm und schaltet nach einer bestimmten Zeit ab. Bei sehr hohen Stromstärken lösen sie mit Hilfe einer Spule ② schnell aus (**elektromagnetische Auslösung**).

Für Bemessungsstromstärken bis 4 A übernehmen Motorschutzschalter daher auch den Kurzschlussschutz. Bei größeren Motoren müssen Schmelzsicherungen oder LS-Schalter vorgeschaltet werden.

Motorschutzschalter werden mit Hilfe der Einstellschraube ③ auf die Bemessungsstromstärke des Motors eingestellt.

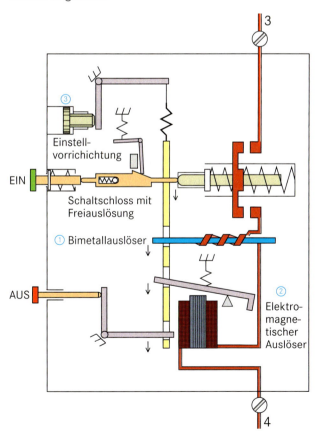

3: Prinzipieller Aufbau eines Motorschutzschalters

Anschluss eines Motorschutzschalters / motor protection switch connection

Motorschutzschalter haben ein **Schaltschloss** ②. Beim mechanischen Einschalten wird eine Feder gespannt. Sie ist dann mit einer Raste verriegelt. Sie kann entweder
- von Hand ① (betriebsmäßiges Ausschalten),
- thermisch ④ (bei Überstrom) oder
- magnetisch ⑤ (bei hohen Stromstärken, z. B. Kurzschluss)

gelöst werden und damit die Kontakte ③ öffnen.

In Abb. 1 ist der Anschluss an Drehstrom dargestellt. Dreipolige Motorschutzschalter können aber auch an einen oder an zwei Leiter angeschlossen werden. Es muss aber darauf geachtet werden, dass alle „Fühler" von Strom durchflossen werden. Abb. 2 zeigt die Anschlüsse für diese beiden Fälle.

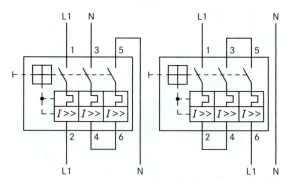

2: Schaltungen von dreipoligen Motorschutzschaltern

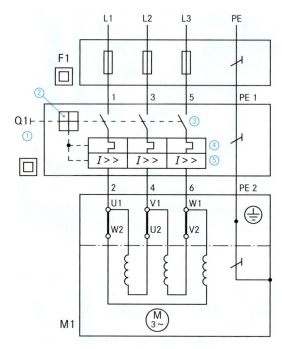

1: Drehstrommotor mit Motorschutzschalter

Wenn das Schaltschloss ausgelöst hat, kann es nur von Hand wieder eingerastet werden. Motorschutzschalter schalten also im Fehlerfall aus, aber nicht automatisch wieder ein (Begrenzer-Funktion).

Anschluss

Da der Motorschutzschalter auch zum betriebsmäßigen **Ein- und Ausschalten** verwendet wird, ist er direkt am Motor oder in dessen unmittelbarer Nähe installiert. So kann der Motor beim Einschalten beobachtet werden.

Die Eingangsklemmen des Motorschutzschalters (1, 3 und 5) werden wie folgt angeschlossen.
- große Motoren:
  an Ausgänge der vorgeschalteten Sicherungen
- Motoren bis 4 A:
  direkt an Außenleiter.

An die Klemmen 2, 4 und 6 werden die Eingangsklemmen der Motorwicklungen (U1, V1 und W1) gelegt. So fließt der Motorstrom (Laststrom) durch das Schutzgerät und kann dort überwacht werden.

- Leitungsschutz-Schalter schützen keine Geräte gegen Überlastung sondern nur Leitungen.
- Motorschutzschalter schützen Motoren gegen Überlast.
- Motorschutzschalter werden auf die Bemessungsstromstärke des Motors eingestellt.
- Motorschutzschalter werden auch zum betriebsmäßigen Ein- und Ausschalten des Motors benutzt.
- Motorschutzschalter „überwachen" die Motorstromstärke und schalten im Fehlerfall den Laststromkreis ab.

Aufgaben

1. Nennen Sie die beiden Aufgaben eines Motorschutzschalters!
2. Warum können Leitungsschutz-Schalter keinen Schutz gegen Überlast von Geräten übernehmen?
3. Wo werden Motorschutzschalter installiert?
4. Begründen Sie, warum Motorschutzschalter und Motorschutzrelais Motoren nur indirekt gegen Überlast schützen!
5. Warum hat ein Motorschutzschalter nur Begrenzer-Funktion?
6. In welchen Fällen müssen Überstrom-Schutzorgane vor die Motorschutzschalter eingebaut werden?
7. Worauf muss geachtet werden, wenn dreipolige Motorschutzschalter einphasig angeschlossen werden?

Anschluss von Motorschutzrelais / motor protective relay connection

Motorschutzrelais

Werden die Motoren durch Schütze gesteuert, wird als Motorschutz ein Motorschutzrelais verwendet. Es besteht aus zwei Teilen:
- „Fühlern" ⑥ im Hauptstromkreis und
- Kontakt ⑦ im Steuerstromkreis.

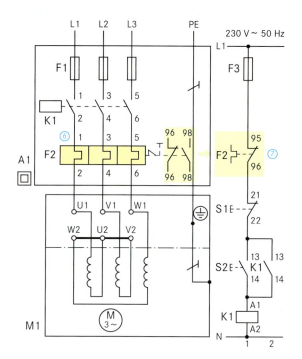

3: Drehstrommotor M1 mit Hauptschütz K1 und Motorschutzrelais F2

Der Strom des Hauptstromkreises wird über Bimetallstreifen geführt, die dann den Wechslerkontakt betätigen.

Der Kontakt 95 – 96 öffnet und unterbricht den Haltestromkreis für das Hauptschütz K1.

Die Hauptkontakte dieses Schützes unterbrechen dadurch die Zuleitungen zum Motor.

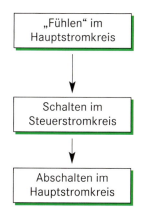

Da Motorschutzrelais nur den Überstromschutz übernehmen können, müssen als Kurzschlussschutz Überstrom-Schutzorgane davorgeschaltet werden.

Auch Motorschutzrelais arbeiten wie Begrenzer, denn nur mit Hilfe einer **Entsperrtaste** ⑧ kann der Auslösemechanismus wieder in die Ruhelage gebracht und damit der Kontakt 95–96 wieder geschlossen werden.

Wie beim Motorschutzschalter wird auch dieses Schutzgerät auf die Bemessungsstromstärke des Motors eingestellt ⑨.

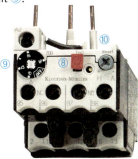

4: Motorschutzrelais

Anschluss

Das Motorschutzrelais wird unter das Hauptschütz gesteckt. Dazu dienen die Kontaktstifte ⑩. Die Ausgangsklemmen 2, 4 und 6 werden mit den Motoreingangsklemmen U1, V1 und W1 verbunden. Somit fließt der Laststrom durch das Schutzgerät und kann dort überprüft werden.

Die Kontaktklemmen 95 und 96 werden im Steuerstromkreis zwischen der Sicherung und dem AUS-Taster des Hauptschützes angeschlossen.

- Motorschutzrelais schützen Motoren nur vor Überlast.
- Motorschutzrelais werden auf die Bemessungsstromstärke des Motors eingestellt.
- Motorschutzrelais „überprüfen" den Motorstrom und schalten im Steuerstromkreis die Selbsthaltung des Motorschützes ab.

Aufgaben

1. An welcher Stelle werden Motorschutzrelais installiert?

2. Warum müssen Überstromschutzorgane vorgeschaltet werden, wenn Motorschutzrelais installiert werden?

3. Wofür könnte der Kontakt 95 – 98 eines Motorschutzrelais benutzt werden?

4. Beim Einschalten eines Drehstrommotor fließt 5 s lang die 5-fache Bemessungsstromstärke. Würde das Motorschutzrelais mit der nebenstehenden Auslösekennlinie den Motor abschalten? Begründen Sie Ihre Antwort!

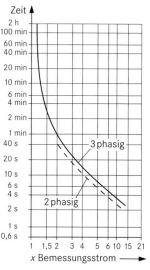

 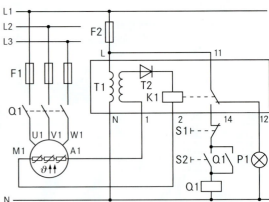

1: Motorschutzgerät mit PTC-Sensoren

Motorvollschutz

Motorschutzschalter und Motorschutzrelais überwachen den Motorstrom und damit indirekt die Temperatur der Motorwicklung.

Wenn aber die Wicklungen aus anderen Gründen unzulässig heiß werden, z. B. durch ungenügende Kühlung (Lüftungsschlitze abgedeckt oder verstopft), „merken" das die o. g. Schutzeinrichtungen nicht und schalten nicht ab. Der Motor würde zu heiß werden.

Um diesen Fall auszuschließen werden zwischen die Wicklungen Wärmefühler eingebaut. Das sind temperaturabhängige Widerstände (**Thermistoren**, vgl. Kap. 10.2.5). Sie signalisieren ihren geänderten Widerstand und damit die veränderte Stromstärke an ein entsprechendes Schutzgerät, das dann mit Hilfe eines Relais den Motor abschaltet.

Funktion

Das Relais K1 (Abb. 1) zieht nach dem Einschalten der Anlage an. Dadurch kann das Motorschütz Q1 mit Hilfe von S2 in Betrieb gesetzt werden. Die Leuchte P1 leuchtet nicht.

Wird die Stromstärke wegen des erhöhten Widerstandes des PTC geringer, schaltet das Relais K1 um. Die Klemme 14 ist spannungslos und Q1 schaltet den Motor ab. Die Klemme 12 hat jetzt Spannung und die Leuchte P1 signalisiert: „Motor AUS".

Anschluss

Das Motorschutzgerät wird über eine Sicherung an einen Außenleiter und den Neutralleiter (**Stromversorgung des Relais**) angeschlossen.

Bei dem dargestellten Motorschutzgerät werden die Klemmen 1 und 2 mit den betreffenden Klemmen des Motors (**Temperaturfühler**) verbunden.

An die Klemme 14 wird die Steuerschaltung des Motors und an die Klemme 12 eine Signalleuchte gelegt.

12.5.2 Auswahl von Motoren

Ausgehend von der Arbeitsmaschine müssen zuerst die notwendigen **Eigenschaften** des Motors geklärt werden. Hierzu sind u. a. folgende Überlegungen wichtig:
- Drehzahlverhalten bei Belastung
- Drehzahlsteuerung notwendig?
- Drehmomentverhalten
- Herstellungskosten

Aus den Anforderungen der Arbeitsmaschine und den Kenntnissen über die Funktion der Motoren (vgl. Kap. 12.2 bis 12.4) wird eine Motorart ausgewählt. Als nächstes müssen genaue **Daten** dieses Motors festge-

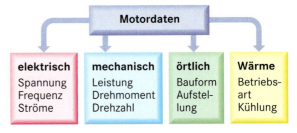

Wenn diese Fakten geklärt sind, muss noch die **Schutzart** des Motors (vgl. Kap. 8.4) festgelegt werden. Hierbei kommt es darauf an,
- **wo** der Motor installiert werden soll und
- **welche Personen** ihn bedienen sollen.

> - Der Motorvollschutz besteht aus temperaturabhängigen Fühlern zwischen den Motorwicklungen und einem Steuergerät im Hilfsstromkreis des Motors.
> - Die temperaturabhängigen Widerstände beim Motorschutzgerät geben Stromänderungen an ein Relais weiter, das den Motor abschaltet.
> - Bei der Auswahl von Motoren müssen elektrische, mechanische, örtliche und Wärmefaktoren berücksichtigt werden.

Betriebsarten von Motoren / duty types of motors 323

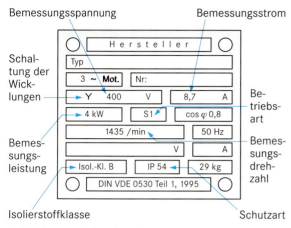

2: Leistungsschild eines Motors

Elektrische und mechanische Motorwerte

Die Netzspannung am Installationsort bestimmen die Höhe und die Frequenz der **Bemessungsspannung** U_n des ausgewählten Motors.

Die **Stromstärke** I_n hängt von der notwendigen Leistung P_{ab} und damit vom Drehmoment M der Arbeitsmaschine ab. Unter Umständen muss wegen der Bestimmungen des EVU ein bestimmtes Anlassverfahren gewählt werden.

Auch die **Drehzahl** n_n sowie deren eventuell notwendige Steuerung folgt aus dem vorgesehenen Einsatz des Motors.

Bauformen

Die elektrischen Motoren werden mit unterschiedlichen Gehäusen hergestellt. Sie unterscheiden sich nach der
- Lage der Welle und
- Befestigung des Gehäuses.

Die Bauformen werden mit IM (International Mounting) bezeichnet. Es werden dabei zwei Code-Systeme unterschieden.

Code I
Maschinen mit Schildlager und freiem Wellenende

Beispiel:

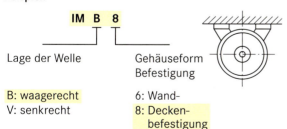

B: waagerecht
V: senkrecht

6: Wand-
8: Decken-
   befestigung

Code II wird nur benutzt, wenn die Bezeichnung nach Code I nicht ausreicht.

Betriebsart

Die Erwärmung eines Motors und damit seine Verluste hängen wesentlich von der Einsatzzeit ab. Ist er ständig in Betrieb (Dauerbetrieb) erwärmt er sich stärker als im Kurzzeitbetrieb. Aus diesem Grund ist auf dem Leistungsschild die Betriebsart angegeben. Wenn keine Angabe dafür vorliegt, ist der Motor für Dauerbetrieb geeignet.

Betriebsarten nach DIN VDE 0530			
Bezeichnung	Bedeutung	Temperaturverhalten	Anwendungen
Dauerbetrieb S1	Ständiger Betrieb bei konstanter Belastung	Grenztemperatur des Isolierstoffes wird nicht erreicht	Lüfter
Kurzzeitbetrieb[1] S2	Betrieb und Pausen wechseln unregelmäßig ab	In den Pausen kühlt der Motor auf die Ausgangstemperatur ab	Haushaltsgeräte
Aussetz-Betrieb[2] S3 bis S5	Betrieb und Pausen wechseln regelmäßig ab	In den Pausen kühlt der Motor nicht auf die Ausgangstemperatur ab	Hebezeuge
Ununterbrochener Betrieb S6 bis S10	Motor ist ständig in Betrieb, und zwar mit unterschiedlichen Belastungen	Der Motor kühlt in Leerlaufphasen nicht auf die Ausgangstemperatur ab	Pressen
Erläuterungen: [1] Die zulässige Betriebsdauer wird in Minuten angegeben, z. B. 30 min. [2] Die Betriebsdauer wird in % der Spieldauer (Betriebsdauer + Pause) angegeben, z. B. 25%.			

- Motoren werden nach den Anforderungen der Arbeitsmaschinen ausgewählt, besonders hinsichtlich Drehzahl- und Drehmomentverhalten.
- Die Bauform richtet sich nach dem Einsatzort des Motors.

Kühlung

Die Motoren müssen gekühlt werden, damit die **Grenztemperaturen** der Isolierstoffe nicht erreicht werden. Die Kühlmethoden werden mit IC (International Cooling) bezeichnet.

Beispiel:

IC 8 A 1

Kühlkreisanordnung — Kühlmittel — Bewegung des Kühlmittels

z. B.:
0: freier Kühlkreis
1: mit Zuführung über Rohr
4: Oberflächenbelüftung
8: angebauter Wärmetauscher

z. B.:
A: Luft
H: Wasserstoff
N: Stickstoff
W: Wasser

z. B.:
0: freie Kühlung
1: Eigenkühlung
8: Antrieb durch Bewegung

Isolierstoffklassen

Die Wicklungen der Motoren sind mit verschiedenen Isolierstoffen umhüllt. Die Werkstoffe werden daher auch bei unterschiedlich hohen Temperaturen instabil. Der Benutzer muss diese Temperatur kennen. Die Isolierstoffe sind deshalb in Klassen eingeteilt, die auch auf dem Leistungsschild vermerkt sind.

Klasse	Grenztemperatur	Beispiele für Isolierstoffe	Verwendung
Y	90 °C	Holz, Baumwolle, Seide, Papier, Psp, VI, PA, PE, PVC, PS, Anilin-Formaldehyd-Kunstharz, Harnstoff	Leitungen Abdeckung
A	105 °C	Baumwolle, Seide, Holz, Psp, VI, PA	Leitungen Wicklungen
E	120 °C	PC- CTA-Folie, vernetzte Polyester-Harze, Drahtlacke	Wicklungen Pressteile
B	130 °C	Glasfaser, Asbest	Wicklungen Pressteile
		Glasfasertextilien	
F	155 °C	Glasfaser, Asbest	Wicklungen
H	180 °C	Glasfaser, Asbest	hitzebeständige Leitungen und Wicklungen
		Glasfasertextilien	
		Glimmerprodukte	
C	> 180 °C	Glimmer, Porzellan, Glas, Quarz	Isolatoren, hitzefeste Wicklungen
		Glasfasertextilien, Asbest	

> ■ Bei der Auswahl der Motor-Baugröße muss die Kühlung berücksichtigt werden.
>
> ■ Je nach Aufstellungsort und Benutzer muss die Schutzart des Motors gewählt werden.

12.5.3 Bremsen

Werkzeugmotoren müssen innerhalb von 10 Sekunden nach Abschalten des Motors zum Stillstand kommen (Unfallverhütungsvorschrift). Ist dies nicht gewährleistet, müssen Bremseinrichtungen wirksam werden.

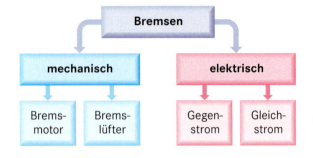

Bremsmotor

Die Bezeichnung ist etwas irreführend, denn es handelt sich hierbei um einen Motor, der sich selbst abbremsen kann. In der Abbildung ist er in Betriebsstellung dargestellt. Wird er abgeschaltet drückt die Bremsfeder ⑥ den Läufer nach rechts. Dadurch wird die Bremse mit dem Belag ⑦ wirksam.

Bremslüfter

Diese Bremseinrichtung besteht aus zwei Teilen:
- mechanische Bremse ③ und
- elektro-magnetische Entriegelung ④, ⑤.

Wenn der Elektromagnet stromlos ist, drücken Federn mit Bremsbacken gegen die Bremsscheibe. Der Motor wird daher auch bei Stromausfall abgebremst.

Wird der Bremslüfter eingeschaltet, so zieht der Magnet die Bremsfedern auseinander und die Motorwelle kann sich drehen.

Da die Spule des Lüftermagneten während des Betriebes ständig eingeschaltet ist, muss sie für Dauerlast ausgelegt sein.

Gleichstrom-Bremsung / direct current braking

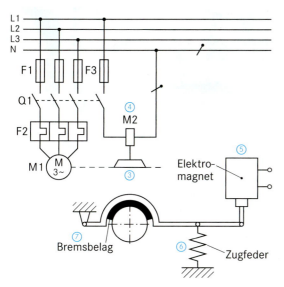

2: Prinzip und Schaltung eines Bremslüfters

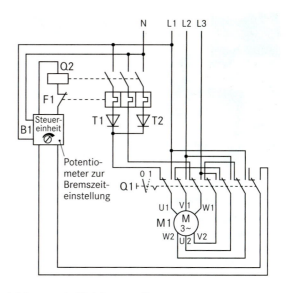

4: Motor mit Gleichstrom-Bremsung

Gegenstrombremsen

Bei diesem Verfahren wird nach dem Abschalten des Motors die entgegengesetzte Drehrichtung eingeschaltet. Der Läufer wird damit sehr stark abgebremst. Natürlich muss dafür gesorgt werden, dass der Rotor nach dem Stillstand nicht etwa in die andere Drehrichtung anläuft.

Der Nachteil dieses Verfahrens ist der hohe Strom beim Bremsen. Das bedeutet eine große thermische Belastung der Wicklungen. Außerdem muss die Absicherung entsprechend ausgelegt sein.

- Motoren für Werkzeuge müssen innerhalb von 10 Sekunden nach Abschalten zum Stillstand kommen.
- Motoren können mit Bremsmotoren oder Bremslüftern mechanisch abgebremst werden.
- Motoren können mit Gegenstrom oder Gleichstrom abgebremst werden.

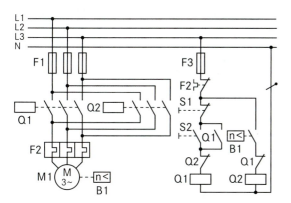

3: Motor mit Gegenstrombremsung

Zum Bremsen wird hierbei Gleichspannung an die Statorwicklungen gelegt. Durch die Drehung werden in den Eisenkernen des Rotors Wirbelströme erzeugt. Die dadurch entstandenen Magnetfelder werden vom Stator angezogen und bremsen den Motor ab.

Der notwendige Gleichstrom wird mit Hilfe von Dioden aus dem Wechselstrom erzeugt. Die Abb. 4 zeigt die Schaltung einer entsprechenden Bremseinrichtung.

Aufgaben

1. Was versteht man unter Motorvollschutz?

2. An welcher Stelle werden die Sensoren beim Motorvollschutz eingebaut?

3. Erklären Sie die folgende Bauform-Kennzeichnung!   IM V 6

4. Welcher wesentliche Unterschied besteht zwischen der Betriebsart S1 und S6?

5. Welche Folgen hätte es für einen Motor, der für die Betriebsart S2 gebaut wurde und dauernd belastet würde?

6. Welche zeitliche Forderung wird an das Abbremsen eines Werkzeugmotors gestellt?
Erläutern Sie, warum solche Forderung notwendig ist!

7. Beschreiben Sie die Funktion eines Bremsmotors!

8. Welchen wichtigen Vorteil hat eine Bremseinrichtung mit Bremslüfter?

9. Warum muss der Lüftermagnet für Dauerlast ausgelegt sein?

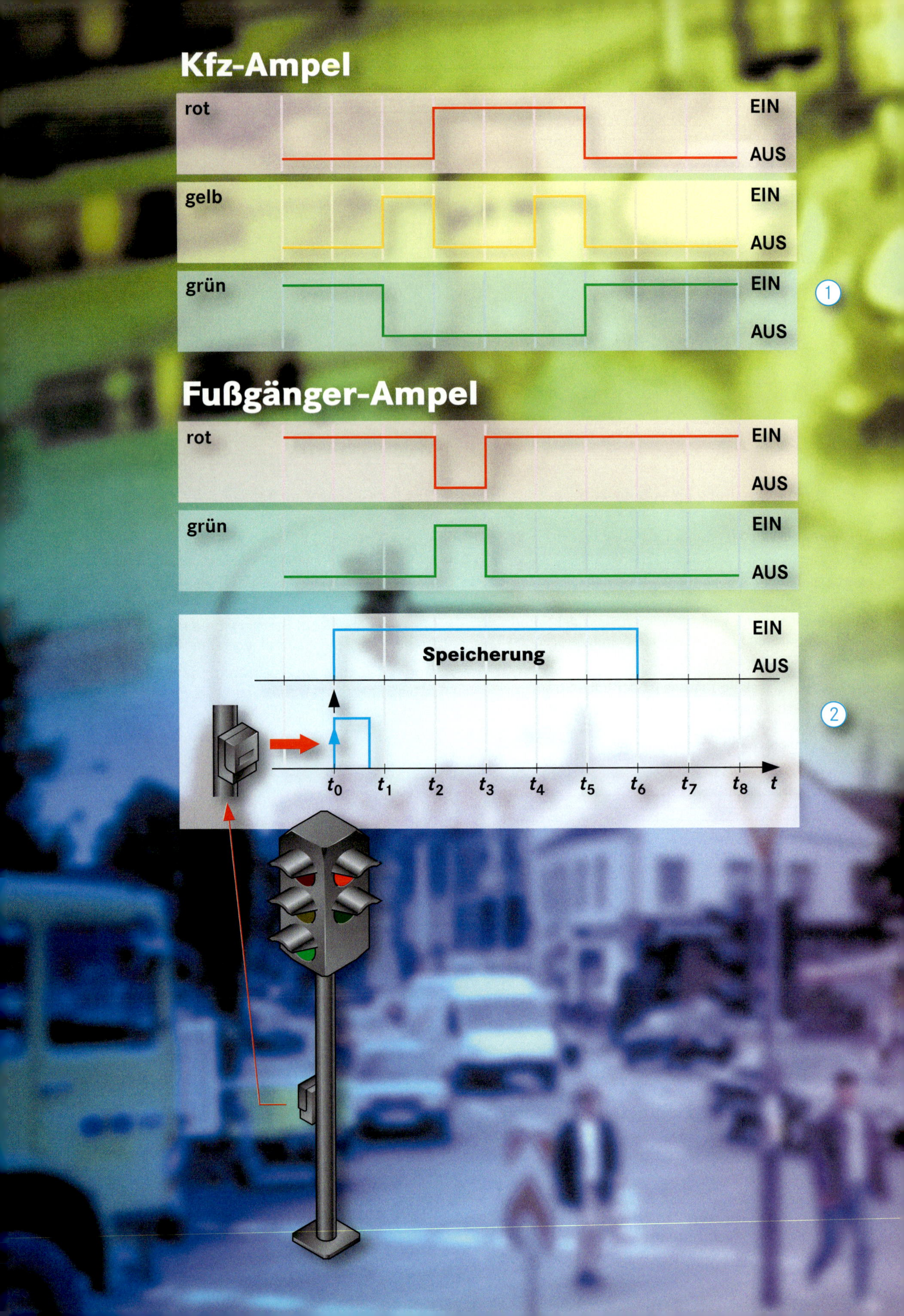

Kfz-Ampel

rot — EIN / AUS
gelb — EIN / AUS
grün — EIN / AUS

①

Fußgänger-Ampel

rot — EIN / AUS
grün — EIN / AUS

Speicherung — EIN / AUS

t_0 t_1 t_2 t_3 t_4 t_5 t_6 t_7 t_8 t

②

13 Steuern und Regeln

13.1 Ampelsteuerung

Als Einführungsbeispiel verwenden wir die auf der linken Seite skizzenhaft dargestellte Ampelsteuerung. Mit ihr lassen sich grundlegende Merkmale von Steuerungen veranschaulichen.

Ausgangssituation

Der Fußgänger will die Straße gefahrlos überqueren. Dazu muss er einen Taster betätigen (**Handbetätigung**).

Das dadurch ausgelöste Signal führt dazu, dass in einer zeitlichen Reihenfolge bestimmte Lampen ein- bzw. ausgeschaltet werden (**zeitgeführte Ablaufsteuerung**).

Die zeitlichen Abläufe der Schaltzustände (EIN und AUS) der einzelnen Lampen lassen sich in **Zeitablaufdiagrammen** ① darstellen. Damit die Zusammenhänge und gegenseitigen Abhängigkeiten deutlicher werden, sind die Diagramme übereinander gezeichnet und in 8 Zeitabschnitte unterteilt worden.

Wodurch wird die Steuerung ausgelöst?

In Abb. 1 ist die Ampelsteuerung vereinfacht in Blockform dargestellt. Sie wird durch die mechanische Betätigung des Tasters ausgelöst bzw. „geführt". Das dabei erzeugte Eingangssignal (Steuersignal, Eingangsgröße) wird deshalb auch als **Führungsgröße (w)** bezeichnet. Sie wird bis zum Ende des Steuerungsvorgangs gespeichert (vgl. S. 326 ②).

Was wird gesteuert?

Bei der Ampelanlage wird elektrische Energie über **Stellglieder** den einzelnen Lampen (Abb. 1) zugeführt (geschaltet). Die Lampen werden gesteuert und deshalb auch als **Steuerstrecken** bezeichnet. Da nur die zwei Zustände EIN oder AUS möglich sind, können mechanische Schalter (Schütze, Relais) oder elektronische Schalter (z. B. Thyristor, Triac) verwendet werden.

Ausgangsgrößen der Ampelsteuerung

Eine Ampelanlage soll Lichtsignale erzeugen. Diese sind deshalb die Ausgangssignale.

Das am Beispiel der Ampelsteuerung deutlich gewordene Steuerungsprinzip ist in Abb. 2 in Form einer **Steuerkette** zu sehen. Die bereits eingeführten Fachbegriffe werden verwendet. Somit ergibt sich folgendes allgemeine **Prinzip einer Steuerung**:

- Die Führungsgröße w wird in einem **Steuergerät** verarbeitet.
- Die am Ausgang des Steuergerätes vorhandene **Stellgröße** y beeinflusst das Stellglied.
- Das Stellglied beeinflusst z. B. den Energiestrom durch die Steuerstrecke.

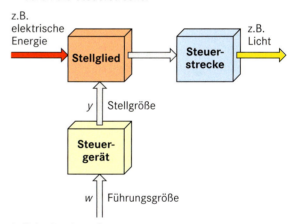

2: Prinzip einer Steuerung

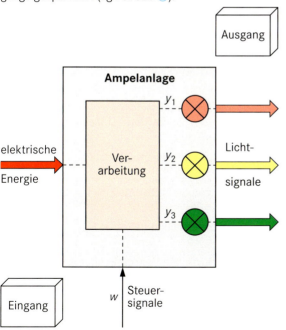

1: Prinzip der Ampelsteuerung

- Bei einer Ablaufsteuerung werden zwangsläufig und schrittweise aufeinander folgende Schaltbefehle gegeben.
- Eine Steuerkette besteht aus einem Steuergerät, einem Stellglied und einer Steuerstrecke.
- Im Steuergerät wird die Führungsgröße w verarbeitet und am Ausgang eine Stellgröße y zur Beeinflussung des Stellgliedes abgegeben.
- Das Stellglied beeinflusst z. B. den Energie- bzw. Signalstrom für eine Steuerstrecke.

Logikzustände

Für die Lampen der Ampelsteuerung sind nur die zwei Zustände (lat.: **bi**) EIN bzw. AUS möglich. Sie werden als Logikzustände bezeichnet und durch 0 und 1 gekennzeichnet.

Binäre Logikzustände
EIN: **1-Zustand** (logisch 1)
AUS: **0-Zustand** (logisch 0)

Die Logikzustände 0 und 1 können auf verschiedene Weise realisiert werden:

Bauelemente, Betriebsmittel bzw. Größen mit binärem Verhalten	
1	**0**
Schalter geschlossen (betätigt)	Schalter offen (nicht betätigt)
Lampe leuchtet	Lampe leuchtet nicht
Diode leitet	Diode leitet nicht
Thyristor durchgeschaltet	Thyristor gesperrt
Spannung vorhanden (z. B. 5V)	Spannung nicht vorhanden
Strom fließt	Strom fließt nicht

Beispiele für Logikzustände bei der Ampelsteuerung

Gewählter Zeitpunkt t_0 (vgl. S. 326):
- Taster an der Fußgängerampel geschlossen (1),
- „grüne" Fußgänger-Lampe nicht eingeschaltet (0),
- „rote" Fußgänger-Lampe eingeschaltet (1),
- „grüne" KFZ-Lampe eingeschaltet (1),
- „gelbe" KFZ-Lampe nicht eingeschaltet (0),
- „rote" KFZ-Lampe nicht eingeschaltet (0).

Alle Lampen stehen somit in einer logischen Beziehung zueinander (**logische Verknüpfung**). Das Steuergerät der Ampelanlage muss genau diese und die in anderen Zeitabschnitten erforderlichen Logikzustände mit **Logik-Verknüpfungen** (vgl. Kap. 13.2) herstellen.

Beispiel für logische Verknüpfungen bei der Ampelsteuerung

Gewählte Zeitspanne von t_2 bis t_3, (vgl. S. 326):
Die „grüne" Lampe der Fußgängerampel leuchtet (1), wenn die
- „rote" Fußgänger-Lampe **nicht** eingeschaltet (0),
- „grüne" KFZ-Lampe **nicht** eingeschaltet (0),
- „gelbe" KFZ-Lampe **nicht** eingeschaltet (0),
- **und** die „rote" KFZ-Lampe eingeschaltet ist (1).

Logische Schaltungen können mit Schaltern, Relais, Schützen oder integrierten Schaltungen (elektronische Schaltungen) aufgebaut werden. Sie werden in unterschiedlichen Anlagen und Geräten der Steuerungs- und Regelungstechnik eingesetzt und sind deshalb auch unterschiedlichen Belastungen ausgesetzt.

Vergleich zwischen mechanischen und elektronischen Logikschaltungen		
Merkmal	Relais, Schütz	Integrierte Schaltung
Schaltzeit	10^{-1}s...10^{-2} s	10^{-5}s...10^{-8} s
Schaltungen/s	1...10	...10^9
Betriebsspannung	...660 V	z. B. 5 V
Schaltleistung	10 mW...100 kW	...1 kW
Galvanische Trennung (Ein-/Ausgang)	ja	nein (Ausnahme Optokoppler)
Raumbedarf	groß	klein
Empfindlichkeit gegen:		
Staub	gering	nein
Feuchtigkeit	gering	gering
Temperatur	gering	ja
Erschütterung	ja	nein

- Zum Aufbau von Logikschaltungen werden elektromechanische Bauelemente bzw. Betriebsmittel (Schalter, Relais, Schütze) oder elektronische Schaltungen (integrierte Schaltungen) verwendet.

- In der Steuerungstechnik werden binäre Signale verwendet und entsprechende Bausteine mit binärem Verhalten eingesetzt.

- Zur Kennzeichnung von Logikzuständen werden die binären Ziffern 0 und 1 verwendet.

Aufgaben

1. Ermitteln Sie für die Ampelsteuerung auf S. 326 die Logikzustände für den Taster und die Lampen in folgenden Zeitbereichen:
a) t_2 bis t_3 und
b) t_5 bis t_6

2. Beschreiben Sie die Merkmale einer zeitgeführten Ablaufsteuerung!

3. Beschreiben Sie die grundsätzliche Aufgabe eines Steuergerätes!

4. Welche grundsätzliche Aufgabe hat ein Stellglied zu erfüllen?

5. Was versteht man unter einer logischen Verknüpfung?

6. Welche logischen Verknüpfungen kommen im Beispiel der „grünen" Lampe (s. linke Spalte) vor?

7. Vergleichen Sie mechanische und elektronische Logik-Bausteine miteinander. Stellen Sie Gemeinsamkeiten und Unterschiede heraus!

Digitalbausteine / logic devices

13.2 Digitaltechnik

13.2.1 Grundschaltungen

Logikzustände lassen sich durch die beiden Zeichen 0 und 1 kennzeichnen. Mit diesen Zeichen arbeitet auch das binäre bzw. **duale Zahlensystem**.

Zwischen dem Dualzahlen- und Dezimalzahlen-System gibt es folgende Unterschiede und Zusammenhänge:

	Dezimalzahlen-System	Dualzahlen-System
Zeichen-vorrat	0, 1, 2, 3, 4, 5, 6, 7, 8, 9	0, 1
Basis	10	2
Wertigkeit	$10^0, 10^1, 10^2, ...$	$2^0, 2^1, 2^2, ...$

Beispiele:
Die Dezimalzahl 523 bedeutet: $5 \cdot 10^2 + 2 \cdot 10^1 + 3 \cdot 10^0$
Die Dualzahl 110 bedeutet: $1 \cdot 2^2 + 1 \cdot 2^1 + 0 \cdot 2^0$

Zahlen im Dezimal- und Dualzahlen-System			
dezimal	dual	dezimal	dual
0	0	5	101
1	1	6	110
2	10	7	111
3	11	8	1000
4	100	9	1001

Jede beliebige Zahl und damit auch jeder Zahlenwert von elektrischen Größen lässt sich mit den Zeichen 0 und 1 darstellen. Außerdem kann mit dualen Zahlen genauso wie mit Dezimalzahlen gezählt und gerechnet werden.

Die Rechenoperationen bzw. logischen Verknüpfungen im Dualzahlen-System können besonders gut mit elek-tronischen Bausteinen realisiert werden. Die entsprechende Schaltungstechnik wird dann als **Digitaltechnik** bezeichnet (lat. digitus: Finger, der beim Zählen benutzt wird).

Digital-Bausteine besitzen einen bzw. mehrere Eingänge sowie einen oder mehrere Ausgänge (Abb. 1). Digital-Bausteine benötigen eine Betriebsspannung (z. B. 5 V). Da Spannungsquellen immer vorhanden sein müssen, werden sie in Stromlaufplänen oft nicht mitgezeichnet.

Um das Verhalten der Bausteine zu kennzeichnen, setzt man die Ausgangsgröße in Beziehung zu den Eingangsgrößen. Dieses kann z. B. durch eine „Wenn-Dann-Beziehung" geschehen.

Beispiel:
Wenn alle Eingänge im Zustand 1 sind, dann befindet sich der Ausgang ebenfalls im Zustand 1.

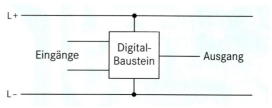

1: Baustein der Digitaltechnik (allgemein)

Logikzustand, Spannung und Pegel

- **Zusammenhang zwischen Logik-Zustand und Spannung**
  Beispiel:
  - Logikzustand 0 = 0 V
  - Logikzustand 1 = 5 V

- **Toleranzen**

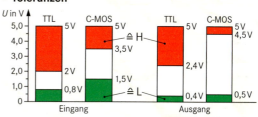

TTL: **T**ransistor-**T**ransistor-**L**ogik (bipolare Transistoren)

CMOS: Complementary Symmetry-**M**etal **O**xide **S**emiconductor (Feldeffekttransistoren)

- **Pegel**
  Spannungsangaben können auch mit **Pegeln** gleichgesetzt werden.

Höhere Spannung	Niedrigere Spannung
Höherer Pegel	Niedrigerer Pegel
H = hoher Pegel, „**H**" (engl. **H**igh)	L = niedriger Pegel, „**L**" (engl. **L**ow)

- In der Digitaltechnik werden die Zahlenwerte von Größen durch die zwei Zeichen 0 und 1 des Dualzahlen-Systems dargestellt.
- Mit Bausteinen der Digitaltechnik kann gerechnet, ein Signal mit einem anderen verglichen oder zwischen den Eingangsgrößen eine logische Verknüpfung vorgenommen werden.
- Die Ausgangsgröße eines Digitalbausteins ist abhängig von den Eingangsgrößen.

Aufgaben

1. Stellen Sie die Dezimalzahl 16 als Dualzahl dar!
2. Welcher Dezimalzahl entspricht deie Dualzahl 111000?

Damit die Fußgängerampel funktioniert, müssen mit dem Steuergerät verschiedene logische Verknüpfungen hergestellt werden.

UND-Verknüpfung (Konjunktion)

Beispiel:
Die „grüne" Lampe der Fußgängerampel (vgl. S. 326) darf nur dann leuchten, wenn der Taster betätigt **und** die „rote" Lampe der KFZ-Ampel eingeschaltet ist. Es besteht also eine logische UND-Verknüpfung zwischen den beiden

- **Eingangsgrößen** (gespeichertes Tastersignal und „rote" Lampe der KFZ-Ampel) sowie der
- **Ausgangsgröße** („grüne" Lampe der Fußgängerampel).

Das Beispiel für eine logische Verknüpfung lässt sich verallgemeinern.

- Für die Ausgangsgröße (Kennzeichnung x) gibt es zwei mögliche Zustände: 0 und 1.
- Für die zwei Eingangsgrößen (Kennzeichnung a, b) gibt es dagegen folgende mögliche Zustände (Kombinationen):

a = 0	b = 0
a = 1	b = 0
a = 0	b = 1
a = 1	b = 1

Ergebnis:
Wenn ein Logik-Baustein zwei Eingänge besitzt, gibt es vier mögliche Eingangskombinationen.

$$\text{Anzahl der Zustände} = 2^2 = 4 \quad \text{— Anzahl der Eingänge}$$

Aus dem Beispiel für die UND-Verknüpfung können weitere Aussagen gewonnen werden.

- Die Ausgangsgröße befindet sich im 1-Zustand, wenn sich die eine Eingangsgröße **und** die andere Eingangsgröße im 1-Zustand befinden.
- Die Ausgangsgröße befindet sich im 0-Zustand, wenn sich eine oder beide Eingangsgrößen im 0-Zustand befinden.

Die in Textform beschriebenen technischen Bedingungen lassen sich vereinfacht in Tabellenform darstellen. Das Verhalten des Logik-Bausteins wird durch das &-Zeichen im Baustein gekennzeichnet. Außerdem kann die logische Verknüpfung in Form einer Gleichung geschrieben werden (Abb. 1). Die beiden Eingangsgrößen a und b werden durch das logische UND-Zeichen ∧ miteinander verknüpft.
$x = a \wedge b$ (sprich: x ist gleich a und b)

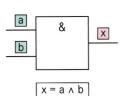

Eingänge		Ausgang
a	b	x
0	0	0
0	1	0
1	0	0
1	1	1

1: UND-Glied

Die bisher erarbeiteten Kenntnisse sollen jetzt auf die Schaltungstechnik einer Stanze übertragen werden.

Beispiel: Stanze

Bei einer Stanze muss die folgende besondere Sicherheitsbedingung erfüllt sein:

Die Stanze darf nur dann arbeiten, wenn mit der einen Hand der Taster (S1) **und** mit der anderen Hand Taster (S2) gleichzeitig betätigt werden.

Wie das Problem schaltungstechnisch gelöst wird, zeigt Abb. 2. Erst wenn der Bediener der Stanze die Taster S1 **und** S2 in der Reihenschaltung betätigt, wird der Motor über K1 eingeschaltet.

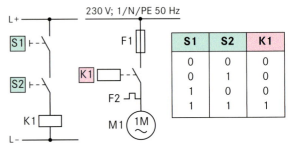

S1	S2	K1
0	0	0
0	1	0
1	0	0
1	1	1

2: UND-Verknüpfung mit Schaltern bei einer Stanze

Logische Grundschaltungen werden auch in integrierter Form als elektronische Schaltungen hergestellt. Oft sind mehrere UND-Verknüpfungen in einem Gehäuse untergebracht (Abb. 3). Da der abgebildete Baustein mit 5 V betrieben wird, stellt sich nur dann eine Spannung von ebenfalls etwa 5 V am Ausgang ein (1-Signal), wenn am Eingang a **und** am Eingang b ebenfalls etwa 5 V im Rahmen der Toleranz (vgl. S. 329) anliegen.

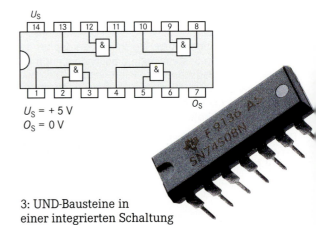

$U_S = +5\,V$
$O_S = 0\,V$

3: UND-Bausteine in einer integrierten Schaltung

- Eine logische Verknüpfung kann mit Worten, in Tabellenform (Wertetabelle) oder in Form einer Gleichung beschrieben werden.
- Am Ausgang eines UND-Gliedes liegt nur dann ein 1-Signal, wenn sich alle Eingänge gleichzeitig im 1-Zustand befinden.

ODER-Verknüpfung / OR operation

ODER-Verknüpfung (Disjunktion)

Beispiel: Türöffner

Der elektrische Türöffner B1 soll die Verriegelung einer Tür nur dann freigeben, wenn durch die beiden Bewohner des Hauses die Taster S1 **oder** S2 einzeln oder gleichzeitig betätigt werden. Die ODER-Verknüpfung kann also durch eine Parallelschaltung aus zwei Tastern hergestellt werden (Abb. 4).

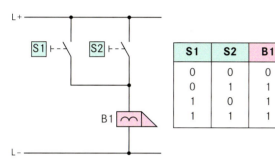

4: ODER-Verknüpfung mit zwei Tastern bei einem Türöffner

Die Wertetabelle in Abb. 4 verdeutlicht die Zusammenhänge auf folgende Weise:

1. Zeile: S1 und S2 geöffnet (S1 = 0, S2 = 0)
   ⇒ B1 stromlos (B1 = 0)
2. Zeile: S1 geöffnet, S2 geschlossen (S1 = 0, S2 = 1)
   ⇒ B1 wird von Strom durchflossen (B1 = 1)
3. Zeile: S1 geschlossen, S2 geöffnet (S1 = 1, S2 = 0)
   ⇒ B1 wird von Strom durchflossen (B1 = 1)
4. Zeile: S1 und S2 geschlossen (S1 = 1, S2 = 1)
   ⇒ B1 wird von Strom durchflossen (B1 = 1)

Das Schaltzeichen für einen Logikbaustein mit diesem beschriebenen Verhalten ist in Abb. 5 zu sehen. Die beiden möglichen Eingangsgrößen sind wieder mit a und b und die Ausgangsgröße mit x gekennzeichnet. In der Formelschreibweise werden die Eingangsgrößen durch das ODER-Zeichen ∨ miteinander verknüpft.

x = a ∨ b (sprich: x gleich a oder b)

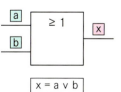

Eingänge		Ausgang
a	b	x
0	0	0
0	1	1
1	0	1
1	1	1

5: ODER-Glied

Auch ODER-Glieder gibt es als integrierte Schaltungen. Es sind dann oft mehrere Bausteine in einem Gehäuse untergebracht (Abb. 6).

U_S = + 5 V
O_S = 0 V

6: Integrierter ODER-Baustein

■ Am Ausgang eines ODER-Gliedes entsteht immer dann ein 1-Signal, wenn sich ein oder mehrere Eingänge im 1-Zustand befinden.

Aufgaben

1. Erklären Sie den Unterschied zwischen einem UND- und einem ODER-Glied!

2. Beschreiben Sie an zwei Beispielen UND-Verknüpfungen aus der Schaltungstechnik!

3. Beschreiben Sie an zwei Beispielen ODER-Verknüpfungen aus der Schaltungstechnik!

4. In den abgebildeten zwei Signal-Zeit-Verläufen von Logikschaltungen sind die Abhängigkeiten zwischen der Ausgangsgröße und den Eingangsgrößen durch Spannungen dargestellt.

a) Stellen Sie die jeweilige Funktionsgleichung auf (U_x in Abhängigkeit von U_a und U_b)!

b) Zeichnen Sie das zugehörige Logik-Symbol!

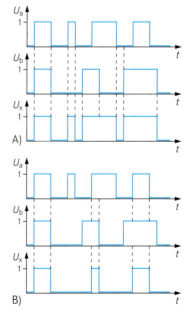

5. Zeichnen Sie das Logik-Symbol und die Wertetabelle für ein ODER-Glied mit drei Eingängen!

6. Ein Logik-Baustein besitzt vier Eingänge. Wie groß ist die Anzahl der möglichen Ausgangskombinationen?

NICHT-Verknüpfung

Auch die NICHT-Verknüpfung (Negation) wird in vielen Schaltungen der Steuerungstechnik angewendet.

Beispiele:
- Die Tür eines Zuges soll sich nicht öffnen lassen, wenn der Zug fährt.
- Die Innenbeleuchtung eines Kühlschrankes soll nicht leuchten, wenn die Tür geschlossen ist.
- Die Außenbeleuchtung eines Hauses soll nicht eingeschaltet sein, wenn es draußen noch hell ist.

Abb. 1 verdeutlicht die NICHT-Verknüpfung: Die Lampe E1 leuchtet **nicht**, wenn der Schalter S1 geschlossen ist.

Das Verhalten lässt sich auch mit den Logik-Werten 1 und 0 ausdrücken:
Das Ausgangssignal befindet sich im 1-Zustand, wenn sich das Eingangssignal im 0-Zustand, also nicht im 1-Zustand befindet.

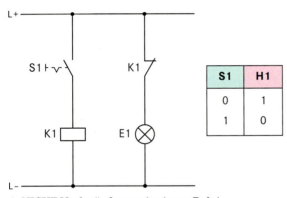

1: NICHT-Verknüpfung mit einem Relais

In der logischen Verknüpfungsgleichung wird das Umkehrverhalten durch einen Querstrich über der Eingangsgröße gekennzeichnet.

$x = \overline{a}$ (sprich: x ist gleich nicht a)

In Schaltzeichen wird die Negation durch einen Kreis am Ausgang gekennzeichnet (Abb. 2).

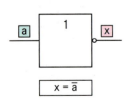

Eingang	Ausgang
a	x
0	1
1	0

2: NICHT-Glied

> - Negationen werden durch einen Querstrich über der Größe gekennzeichnet.
> - Am Ausgang eines NICHT-Gliedes liegt stets der entgegengesetzte Zustand wie am Eingang.

13.2.2 Schaltnetze

Mit den drei beschriebenen Grundbausteinen lassen sich viele Steuerungsaufgaben aus der Schaltungstechnik lösen. Diese Schaltungen werden dann als Schaltnetze bezeichnet.

Beispiel: Warmwasserbereiter

Zunächst ist es sinnvoll, die schaltungstechnische Aufgabe mit Worten zu beschreiben.

1. Beschreibung

Die Heizung soll sich nur dann einschalten lassen, wenn
- der Behälter gefüllt ist **und**
- die vorgewählte Temperatur noch **nicht** erreicht wurde.

Somit sind folgende Größen vorhanden (Abb. 3).
Eingangsgrößen:
- Sensor der **Niveaumessstelle** (Eingangsgröße a) und
- Sensor der **Temperaturmessstelle** (Eingangsgröße b).

Ausgangsgröße:
- **Heizung** (Ausgangsgröße x)

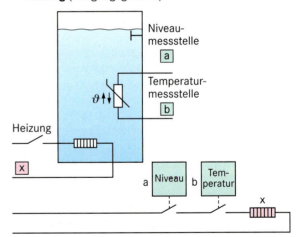

3: Heizungssteuerung bei einem Warmwasserbereiter

2. Zuordnungstabelle

Als Nächstes schreiben wir das gewünschte Verhalten in Form einer Tabelle auf und ordnen den Eingangsgrößen die Logikzustände 0 und 1 zu.

Eingänge				Ausgang	
Niveau	a	Temperatur	b	Heizung	x
nicht erreicht	0	erreicht	1	nicht eingeschaltet	0
nicht erreicht	0	nicht erreicht	0	nicht eingeschaltet	0
erreicht	1	erreicht	1	nicht eingeschaltet	0
erreicht	1	nicht erreicht	0	eingeschaltet	1

Zusammengesetzte Logik-Bausteine / combined logic devices

3. Schaltung

Weil in der letzten Zeile die Ausgangsgröße 1 wird (Heizung eingeschaltet), ist es sinnvoll, diese für die Entwicklung der Schaltung zu verwenden. Zunächst muss geprüft werden, ob in der Schaltung eine UND- bzw. ODER-Verknüpfung vorkommt. Die Abhängigkeit der Ausgangsgröße x weist darauf hin, dass es sich um eine UND-Verknüpfung handeln könnte. Allerdings nur dann, wenn die Temperatur als Eingangsgröße ein umgekehrtes Verhalten (**Negation**) zeigen würde. An Stelle des Logikzustandes 1 müsste der Logikzustand 0 und umgekehrt stehen.

Formelmäßig kann dieser Zusammenhang wie folgt ausgedrückt werden:

$$x = a \wedge \overline{b}$$

In der Logikgleichung kennzeichnet der Querstrich über b die Negation. Man spricht diesen Zusammenhang wie folgt aus: x gleich a und nicht b.

Schaltungstechnisch kann das Problem gelöst werden, indem man zwischen dem „Temperatur-Eingang" b und dem Eingang (d) der UND-Verknüpfung ein NICHT-Glied schaltet.

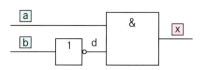

Will man jetzt die Schaltung auf ihre Richtigkeit überprüfen, muss man für die Ausgänge d (NICHT-Glied) und x (ODER-Glied) das Logikverhalten in Abhängigkeit von den Eingangsgrößen a und b feststellen. Das Ergebnis zeigt die folgende Tabelle:

a	b	d	x	
0	1	0	0	$d = \overline{b}$
0	0	1	0	$x = a \wedge d$
1	1	0	0	$x = a \wedge \overline{b}$
1	0	1	1	

Aus Vereinfachungsgründen wird das NICHT-Glied (Inverter) nicht vollständig gezeichnet. Man kennzeichnet das NICHT-Glied durch einen Kreis (Abb. 4).

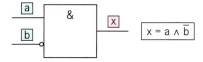

4: UND-Verknüpfung mit einem negiertem Eingang

Auch bei ODER-Verknüpfungen können negierte Eingänge auftreten (Abb. 5).

- Invertierungen (Negationen) werden am Ausgang oder am Eingang durch einen Kreis gekennzeichnet.

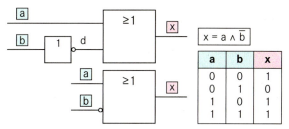

5: ODER-Verknüpfung mit einem negierten Eingang

Negationen können auch an Ausgängen von Logik-Bausteinen vorkommen. Sie müssten dann im Prinzip UND-NICHT-Glied bzw. ODER-NICHT-Glied heißen. Man kürzt aber diese umständliche Ausdrucksweise ab durch

- **NAND** (engl.: NOT-AND) bzw.
- **NOR** (engl.: NOT-OR)

Den grundsätzlichen Aufbau eines NAND-Gliedes aus Einzelbausteinen sowie die Wertetabelle zeigt Abb. 6.

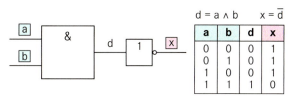

6: NAND-Verknüpfung aus Einzelbausteinen

Vereinfacht wird die Negation am Ausgang aber durch einen Kreis dargestellt (Abb. 7). Da es sich hierbei um eine negierte UND-Verknüpfung handelt, wird in der Funktionsgleichung ein Negationsstrich über dem rechten Teil der Gleichung eingefügt:
$x = \overline{a \wedge b}$ (sprich: x ist gleich a und b nicht)

Entsprechendes gilt für das NOR-Glied (Abb. 8)

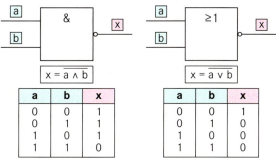

7: NAND-Glied   8: NOR-Glied

- Am Ausgang eines NAND-Gliedes entsteht nur dann ein 0-Signal, wenn an allen Eingängen 1-Signale liegen.
- Am Ausgang eines NOR-Gliedes entsteht nur dann ein 1-Signal, wenn an allen Eingängen 0-Signale liegen.

Schaltnetze / combinational circuits

Logik-Schaltungen mit nur einem Bausteintyp

Der innere Aufbau von Logik-Bausteinen ist recht unterschiedlich. Sehr einfach ist das NAND-Glied aufgebaut. Es ist damit für die Herstellung von Schaltungen kostengünstig. Sinnvoll ist es deshalb, die vorkommenden Logik-Schaltungen mit nur diesem einen Bausteintyp aufzubauen. Wie dieses mit NAND-Gliedern möglich ist, zeigen die folgenden Ausführungen.

- **NICHT aus NAND**

NAND-Glieder besitzen zwei oder mehrere Eingänge. Diese können parallel geschaltet werden (Abb. 1). Es entsteht dann ein Baustein mit nur einem wirksamen Eingang. Das Eingangssignal erscheint dann am Ausgang negiert.

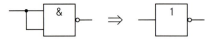

1: NICHT aus NAND

- **UND aus NAND**

Bei dieser Schaltung ist es lediglich erforderlich, das Ausgangssignal eines NAND-Gliedes zu negieren (Abb. 2). Eine doppelte Negation bedeutet dabei eine Aufhebung der einzelnen Negationen.

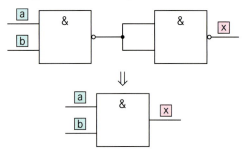

2: UND aus NAND

- **ODER aus NAND**

Dieses Problem ist etwas schwieriger zu lösen. Wir schauen uns zunächst die Wertetabellen eines ODER-Gliedes und eines NAND-Gliedes an.

a	b	x
0	0	0
0	1	1
1	0	1
1	1	1

ODER

a	b	x
0	0	1
0	1	1
1	0	1
1	1	0

NAND

Ein ODER-Glied erhält man, wenn man die Eingangssignale des NAND-Gliedes negieren würde. Dieses kann ebenfalls durch NAND-Glieder (Abb. 3) geschehen.

Auch mit NOR-Gliedern können alle Logik-Grundschaltungen aufgebaut werden (vgl. Tabelle rechte Spalte).

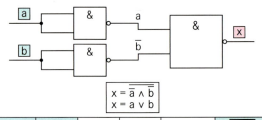

$$x = \overline{\overline{a} \wedge \overline{b}}$$
$$x = a \vee b$$

a	b	$\overline{a}$	$\overline{b}$	$\overline{a} \wedge \overline{b}$	$\overline{\overline{a} \wedge \overline{b}}$
0	0	1	1	1	0
0	1	1	0	0	1
1	0	0	1	0	1
1	1	0	0	0	1

3: ODER aus NAND

Doppelte Negation (De Morgansche Regel)

$$a \vee b = \overline{\overline{a \vee b}} = \overline{\overline{a} \vee \overline{b}}$$

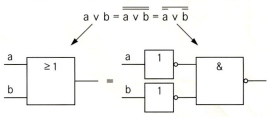

Doppelte Negation verändert die Funktion nicht.

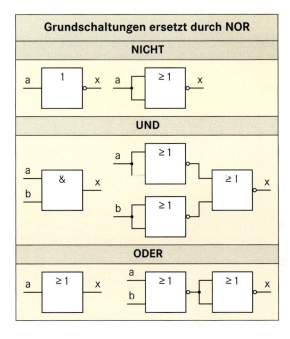

- Durch eine doppelte Negation werden diese aufgehoben.
- Mit NAND- und NOR-Gliedern können die drei logischen Grundschaltungen (UND, ODER, NICHT) aufgebaut werden.

Umwandlung von Logik-Bausteinen / conversion of combinational circuits

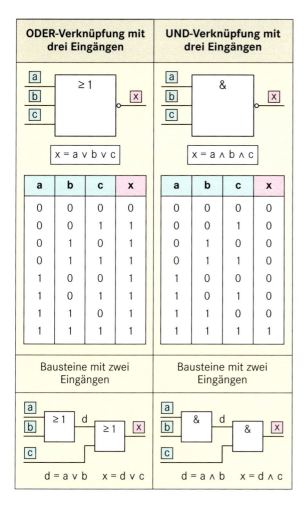

Aufgaben

1. Beschreiben Sie das logische Verhalten der ODER-Verknüpfung mit Worten und mit einer Wertetabelle!

2. Eine UND-Verknüpfung für 5 Eingänge soll mit Bausteinen realisiert werden, die nur über zwei Eingänge verfügen.
Zeichnen Sie die logische Verknüpfung!

3. Zeichnen Sie das (die) Schaltzeichen für folgende Verknüpfungsgleichungen:

$x = \overline{a} \wedge \overline{b}; \quad x = \overline{\overline{a} \wedge \overline{b}}; \quad x = \overline{\overline{a} \vee \overline{b}};$

4. Kennzeichnen Sie mit Worten das logische Verhalten von NAND- und NOR-Gliedern!

5. Zeichnen Sie für die vorgegebene Wertetabelle die logische Verknüpfung!

a	1	1	0	0
b	1	0	1	0
x	1	1	0	0

a, b: Eingänge
x: Ausgang

6. a) Stellen Sie für die Ausgänge d, e und f der logischen Verknüpfungsschaltung von Abb. 4 die Verknüpfungsgleichung und die Wertetabellen auf!
b) Stellen Sie die Wertetabelle auf und geben Sie die dazugehörige Funktionsgleichung (x in Abhängigkeit von a und b) an.

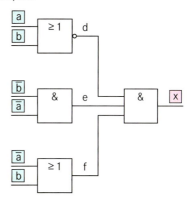

4: Zu Aufgabe 6

7. Analysieren Sie die logische Schaltung von Abb. 5. Um welches Logikverhalten handelt es sich dabei?

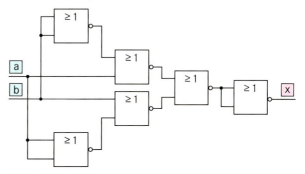

5: Zu Aufgabe 7

8. In Abb. 6 ist eine logische Schaltung mit fünf NAND-Gliedern zu sehen.
a) Analysieren Sie die Schaltung, indem Sie die Wertetabelle aufstellen!
b) Stellen Sie entsprechend der Wertetabellen die Funktionsgleichung auf!
c) Beschreiben Sie das Ergebnis mit eigenen Worten!

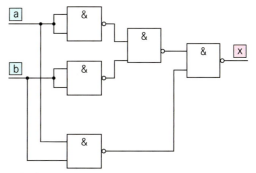

6: Zu Aufgabe 8

13.2.3 Speicherschaltungen

In der Schaltungstechnik ist es mitunter erforderlich, dass Signalzustände (logische Zustände) auch dann noch über einen längeren Zeitbereich unverändert bleiben, wenn das auslösende Signal bereits nicht mehr vorhanden ist (z.B. Signalspeicherung bei einer Tasterbetätigung).

Eine Speicherung lässt sich mit Relais bzw. Schützen oder integrierten Schaltungen erreichen.

Schaltung mit Relais bzw. Schütz

Wenn in Abb. 1 der Taster S2 betätigt wird (Zeitpunkt t_1), fließt Strom durch die Spule. Der parallel zum Taster liegende Kontakt K1 schließt, so dass das Relais auch dann noch angezogen bleibt, wenn der Taster S2 nicht mehr geschlossen ist (t_2). Die Schaltung hält sich gewissermaßen selbst (**Selbsthalteschaltung**).

Die Schaltung kann durch Betätigung des Tasters S1 wieder in den ursprünglichen Zustand zurückgesetzt werden (t_3).

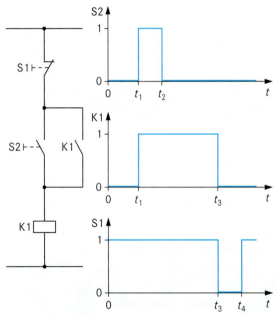

1: Selbsthalteschaltung mit Relais

Schaltung mit Logik-Bausteinen

Eine einfache Schaltung hierfür ist in Abb. 2 zu sehen. Damit der Zusammenhang mit der Relais-Schaltung aus Abb. 1 deutlich wird, sind die Eingangssignale entsprechend den Tastern ebenfalls mit S1 und S2 sowie der Ausgangszustand mit K1 bezeichnet worden.

Anfangszustand (t_0):
S2 = 0; S1 = 1; K1 = 0
⇒ Die Ausgänge des ODER- und UND-Gliedes befinden sich im 0-Zustand.

Betätigung (t_1):
S2 = 1; S1 = 1
⇒ Am Ausgang des ODER-Gliedes K2 ① entsteht jetzt ein 1-Signal. Beide Eingänge des UND-Gliedes befinden sich somit im 1-Zustand.
Das sich daraus ergebende 1-Signal am Ausgang K1 ist ebenfalls 1 und wird auf den zweiten Eingang ② des ODER-Gliedes K3 zurückgeführt.

Ergebnis:
An beiden Eingängen des UND-Gliedes D2 und somit auch am Ausgang K1 liegen jetzt 1-Signale. Das Signal von S2 ist gespeichert worden. Eine Änderung kann nur eintreten, wenn S1 = 0 wird.

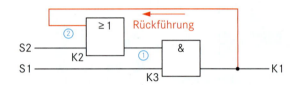

2: Selbsthalteschaltung mit Logik-Bausteinen

Die beschriebenen Schaltungen besitzen zwei (lat.: **bi**) stabile Zustände, die durch entsprechende Signale von einem in den anderen Zustand geschaltet werden können. Diese integrierten elektronischen Schaltungen werden deshalb auch als bistabile Kippstufen bezeichnet.

Bistabile Kippstufen (Flipflops)

Das grundlegende Schaltzeichen ist in Abb. 3 zu sehen. Die beiden Eingänge werden mit **R** und **S** (**RS-Flipflop**) bezeichnet. Die so gekennzeichneten Eingänge haben für das Verhalten folgende Bedeutung:

S: Setzeingang Set: engl. setzen	Das 1-Signal am S-Eingang setzt dauerhaft den Ausgang x1 in den 1-Zustand und x2 in den 0-Zustand (**Speichern**).
R: Rücksetzeingang Reset: engl. zurücksetzen	Das 1-Signal am R-Eingang setzt dauerhaft den Ausgang x1 in den 0-Zustand und x2 in den 1-Zustand (**Löschen**).

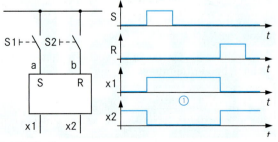

3: RS-Flipflop

RS-Flipflop / RS-flip-flop

Flipflops besitzen in der Regel zwei Ausgänge (Abb. 3). Die beiden Liniendiagramme ① machen deutlich, dass das eine Signal die Umkehrung des anderen ist (Negation). Im Schaltzeichen wird dieses dann häufig durch einen Kreis gekennzeichnet.

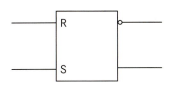

Gleiche Signale am Eingang

Bisher wurde beim Flipflop die **Signalgleichheit** S = 0 und R = 0 bzw. S = 1 und R = 1 nicht besprochen.

Wenn sich beide Eingänge im 1-Zustand befinden, entsteht für die Ausgänge eine unbestimmte Situation. Es ist nicht vorhersehbar, in welchem Zustand sich welcher Ausgang befinden wird. Dieses muss deshalb schaltungstechnisch vermieden werden.

Wenn sich dagegen beide Eingänge im 0-Zustand befinden, tritt für die Ausgänge keine Änderung ein. Der ursprüngliche Zustand bleibt erhalten.

Das Gesamtverhalten eines RS-Flipflops kann somit durch die nachfolgende Wertetabelle ausgedrückt werden:

S	R	x1	x2	Verhalten
0	0			keine Änderung
1	0	1	0	Setzen
0	1	0	1	Rücksetzen
1	1			unbestimmter Zustand

Mit einfachen Logikschaltungen vor den Eingängen der RS-Flipflops (Abb. 4 und 5) kann ein Auftreten eines unbestimmten Zustandes verhindert werden.

Vorrangiges Setzen

Wenn bei dieser Schaltung an beiden Eingängen 1-Signale liegen, entsteht am Ausgang x1 ein 1-Signal.

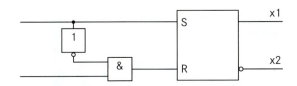

4: Vorrangiges Setzen

Vorrangiges Rücksetzen

Wenn bei dieser Schaltung an beiden Eingängen 1-Signale liegen, entsteht am Ausgang x1 ein 0-Signal.

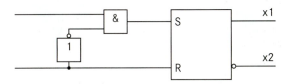

5: Vorrangiges Rücksetzen

Das beschriebene RS-Flipflop wird auch als **statisches Flipflop** bezeichnet, weil die Eingangssignale eine bestimmte Zeit anliegen müssen, bevor am Ausgang eine Änderung eintritt.

Dynamische Flipflops dagegen reagieren mit einem Wechsel am Ausgang, wenn Impulsflanken am Eingang auftreten. Es können die vordere ①, die hintere ② oder beide Flanken des Rechteckimpulses verwendet werden (JK-Flipflop mit Ein- oder Zweiflankensteuerung).

Weiterhin ist es in Schaltungen mitunter sinnvoll, dass die Änderung am Ausgang eines Flipflops nur in einem engen und genau vorgegebenen Zeitbereich (z.B. während eines Taktimpulses) eintritt. Die Flipflops unterliegen dann einer **Taktsteuerung**.

- In einer Selbsthalteschaltung wird durch kurzzeitige Betätigung eine Speicherung des Signalzustandes erreicht.
- Eine bistabile Kippstufe (Flipflop) kann zwei stabile Zustände einnehmen (Signalspeicherung).
- Bei S = 1 (R = 0) an einem RS-Flipflop wird das Flipflop gesetzt. Der gegenüberliegende Ausgang x1 nimmt den 1-Zustand ein.
- Bei R = 1 (S = 0) an einem RS-Flipflop wird das Flipflop zurückgesetzt. Der Ausgang x1 wird in den 0-Zustand zurückgesetzt.
- Wenn sich bei einem RS-Flipflop beide Eingänge im 1-Zustand befinden, sind die Ausgangszustände unbestimmt. Dieses muss schaltungstechnisch vermieden werden.

Aufgaben

1. Erklären Sie die Begriffe "Setzen" und "Rücksetzen" bei einem Flipflop!

2. Stellen Sie für die Schaltungen der Abb. 4 und 5 jeweils eine Wertetabelle auf, in der alle Kombinationen sowie alle Ein- und Ausgänge vorkommen!

13.2.4 Monostabile Kippstufen

Neben den bistabilen Kippstufen werden in der Schaltungstechnik auch Kippstufen verwendet, die nach einer bestimmten und einstellbaren Zeit wieder ihren Ausgangszustand einnehmen. Sie werden als monostabile Kippstufen (kurz **Monoflop**) bezeichnet.

Eine mögliche Anwendung für eine monostabile Kippstufe haben wir bei der zeitgeführten Ampelsteuerung (vgl. Kap. 13.2.1) bereits kennen gelernt. Dort wurde nach Betätigung des Tasters dieses Signal durch ein Monoflop ① eine gewisse Zeit lang gespeichert (Abb. 1).

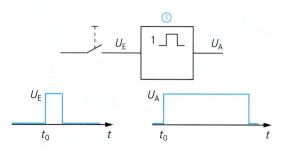

1: Monoflop in der Ampelsteuerung

Wodurch lässt sich monostabiles Verhalten erreichen?

Ein Bauteil mit Speicherverhalten ist der Kondensator. Bei monostabilen Kippstufen wird ein aufgeladener Kondensator verwendet, der sich nach dem Eintreffen des Eingangsimpulses (Taster wird betätigt) über einen Widerstand entlädt. Die Entladezeit hängt vom Widerstand und der Kapazität ab.

Das Schaltzeichen für eine integrierte Schaltung einer monostabilen Kippstufe ist in Abb. 2 zu sehen. Die Anschlüsse und Symbole haben folgende Bedeutung:

- Betriebsspannung ②,
- RC-Glied zur Einstellung der Zeit ③,
- Ausgänge, negiert und nicht negiert ④,
- Eingang zum Zurücksetzen der Schaltung in den Anfangszustand ⑤,
- Eingänge, negiert und nicht negiert ⑥,
- UND-Verknüpfung am Eingang ⑦,
- Impulszeichen zur Kennzeichnung des Bausteins ⑧.

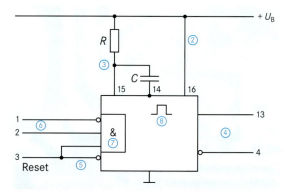

2: Monostabile Kippstufe als integrierte Schaltung

Die bisher verwendeten Schaltzeichen für monostabile Kippstufen unterscheiden sich. In Abb. 1 befindet sich eine 1 vor dem Impuls (1 ⎍), in Abb. 2 fehlt diese. Bedeutung der Kennzeichnung:

- 1 ⎍:

Das Monoflop reagiert auf den Eingangsimpuls und lässt sich nicht durch weitere Eingangsimpulse beeinflussen (nicht nachtriggerbar).

- ⎍:

Das Monoflop reagiert auch nach dem ersten Impuls auf weitere Eingangsimpulse (nachtriggerbar). Die Einschaltzeit kann somit verlängert werden.

Neben dem Einsatz in zeitgeführten Ablaufsteuerungen werden Monoflops auch zur Ein- und Ausschaltverzögerung eingesetzt.

Einschaltverzögerung

Das Dreieck am Eingang des Monoflops bedeutet, dass die Kippstufe bereits auf die ansteigende Flanke eines Impulses reagiert. Da das Ausgangssignal am Monoflop negiert auftritt, liegt am Ausgang des UND-Gliedes ein 0-Signal. Erst wenn nach der Zeit t_p ⑧ das Monoflop wieder in den Ausgangszustand kippt, entsteht ein Ausgangsimpuls.

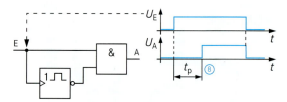

3: Einschaltverzögerung

Ausschaltverzögerung

Wenn bei der Ausschaltverzögerung das Eingangssignal von 1 nach 0 springt ⑨, speichert das Monoflop kurzzeitig dieses Signal. Am Ausgang des ODER-Gliedes ist also in der Zeitspanne von t_v noch ein 1-Signal vorhanden.

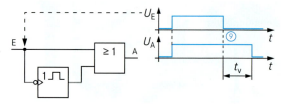

4: Ausschaltverzögerung

- Eine monostabile Kippstufe kippt nach einer einstellbaren Zeit von selbst in die Ausgangslage (Ruhelage) zurück.
- Das Zeitverhalten einer monostabilen Kippstufe lässt sich durch RC-Glieder einstellen.

Dualzähler / binary counter

13.2.5 Zähler

Zur Überwachung von automatisierten Produktionsprozessen werden an verschiedenen Stellen Zähler benötigt. So sollen z. B. in Abb. 5 die durch die Lichtschranke transportieren Dosen gezählt werden. Mit integrierten digitalen Grundbausteinen und Flipflops lassen sich komplexe Schaltungen aufbauen, die diese Aufgaben erfüllen.

Mit den in Kapitel 13.2.3 beschriebenen Flipflops kann bereits elektronisch „gezählt" werden. Allerdings ist eine Stufe nur in der Lage, die beiden binären Zeichen 0 und 1 am Ausgang für eine Stelle im Dualzahlensystem wiederzugeben (vgl. Kap. 13.2.1).

Wenn über eine Stelle hinaus „gezählt" werden soll, müssen mehrere Stufen hintereinander geschaltet werden (Abb. 5). Das Zählergebnis am Ausgang jeder Stufe wird dann an den Eingang der nachfolgenden Stufe gegeben.

Aus Vereinfachungsgründen sind in Abb. 5 vier Flipflops hintereinander geschaltet worden. Die durch die Lichtschranke erzeugten Zählimpulse sind durch Rechtecksignale verdeutlicht. Diese gelangen an den Eingang der ersten Stufe. Es wird angenommen, dass sich zu Beginn des Zählvorgangs alle Ausgänge (Q_A bis Q_D) im 0-Zustand befinden.

Das Ergebnis des Zählvorganges ist durch Liniendiagramme dargestellt. Wir erläutern jetzt an einigen Beispielen den Zählvorgang.

Die Flipflops sind so aufgebaut, dass sie erst mit der abfallenden Flanke (am „Ende" des Impulses) das Signal speichern. Am Ausgang von FF 1 entsteht die erste Stelle, am Ausgang von FF 2 die zweite Stelle usw.

Nach dem 1. Impuls ①

Q_A	Q_B	Q_C	Q_D
1	0	0	0

$\Rightarrow$ Anzeige $1_{dezimal}$ dual

Nach dem 2. Impuls ②

Q_A	Q_B	Q_C	Q_D
0	1	0	0

$\Rightarrow$ Anzeige $2_{dezimal}$ dual

Nach dem 6. Impuls ③

Q_A	Q_B	Q_C	Q_D
0	1	1	0

$\Rightarrow$ Anzeige $6_{dezimal}$ dual

Nach dem 10. Impuls ④

Q_A	Q_B	Q_C	Q_D
0	1	0	1

$\Rightarrow$ Anzeige $10_{dezimal}$ dual

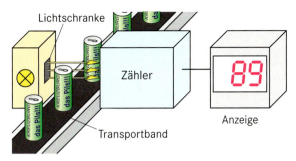
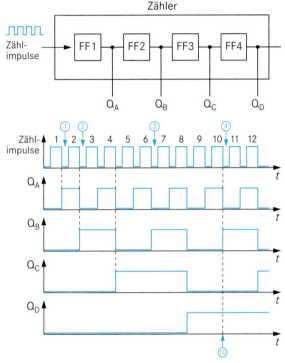

5: Prinzip eines Zählers

Das Ergebnis an den Ausgängen ist eine Dualzahl. Mit Hilfe eines Wandlers lässt sich jedoch eine Dezimalzahl anzeigen. Es ist aber auch möglich einen Dualzähler nur bis 10 zählen zu lassen. Dazu bricht man z. B. den Zählvorgang nach dem 10. Impuls ab ⑩ und setzt die Zähler auf Null zurück.

- Mit einer Reihenschaltung aus Flipflops können Zählschaltungen aufgebaut werden.

Aufgaben

1. Erklären Sie die grundsätzliche Arbeitsweise der Ausschaltverzögerung von Abb. 4!

2. Ermitteln Sie die mit den Liniendiagrammen aus Abb. 5 die „angezeigte" Dualzahl des Zählers!

3. Bis zu welcher maximalen Dezimalzahl kann mit dem Dualzähler von Abb. 5 gezählt werden?

13.2.6 Digitalisierung analoger Signale

Sensoren für die Steuerung von Prozessen geben am Ausgang häufig analoge Signale ab. Als Beispiel verwenden wir einen Fotowiderstand (LDR, vgl. Kap. 10.2.6) für die Helligkeitssteuerung (Abb. 1) in einer Beleuchtungsanlage. Der LDR ändert seinen Widerstand in Abhängigkeit von der Beleuchtungsstärke (E). Damit diese Widerstandsänderungen von digital arbeitenden Geräten (z. B. von einem PC) verarbeitet werden kann, müssen diese zunächst in einem Wandler ① in eine Spannungsänderung umgewandelt werde.

Analoge Spannungen können zwischen ihren Grenzen beliebige Wert annehmen. In dem Beispiel von Abb. 1 sinkt die Spannung aufgrund der Helligkeitsabnahme innerhalb der dort angegebenen Zeit von dem Maximalwert 15 V auf 0 V ②.

Diese Spannung soll nun in einen digitalen Datenstrom ③ umgesetzt werden. Dieses geschieht in dem nachfolgenden Analog-Digital-Umsetzer ④.

Analog-Digital-Umsetzer

Der Analog-Digital-Umsetzer verarbeitet die Eingangsspannung nicht kontinuierlich sondern in Abschnitten. In dem Beispiel ist die Gesamtzeit in 8 einzelne Zeitabschnitte (Abb. 2) eingeteilt worden (Zeitquantisierung). In ihnen erfolgt eine **„Abtastung"** der Eingangsspannung.

Da sich die anliegende Spannung in jedem dieser Zeitabschnitte ändert, muss für die Weiterverarbeitung ein fester Wert angenommen werden (**Quantisierung**). In diesem Fall ist die Gesamtspannung in Stufen von jeweils 1 V aufgeteilt worden ⑤. Für die Signalverarbeitung sind also nur die Spannungen von 1 V, 2 V, bis 15 V zugelassen. Aus dem ursprünglich vorhandenen kontinuierlichen Spannungsverlauf ergibt sich somit ein treppenartiger Spannungsverlauf ⑥ mit folgenden Werten:

Zeitabschnitt	1	2	3	4
Spannung	15 V	14 V	13 V	9 V
Zeitabschnitt	5	6	7	8
Spannung	7 V	5 V	3 V	2 V

Dieser Verlauf weicht recht stark vom Verlauf der Ursprungsspannung ab. Aus zeichnerischen Gründen sind diese etwas groben Werte gewählt worden. Wenn z. B. bei Wandlern eine Spannungsstufe von 100 mV gewählt worden wäre, ergäbe sich eine „glattere" Kurve.

In einem letzten Schritt ist nun noch erforderlich, jeder Spannung eine Impulsfolge zuzuordnen. Man nennt diesen Vorgang **Codierung**. Jede Spannung erhält somit ein bestimmtes Codewort ⑦. Es gibt verschiedene Möglichkeiten der Codierung. In dem Beispiel ist der Dualcode mit vier Stellen verwendet worden. Der Dualcode entspricht dem Zählvorgang von Dualzahlen.

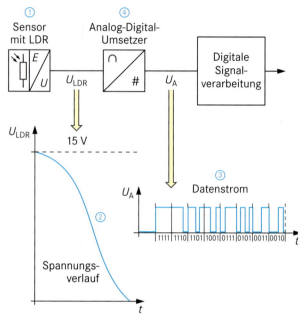

1: Digital-Analog-Umsetzung

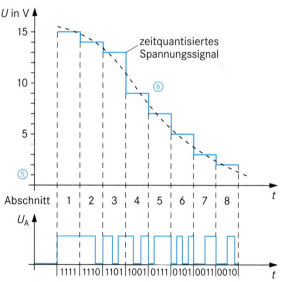

Codierung							
U in V	Codewort ⑦	U in V	Codewort	U in V	Codewort	U in V	Codewort
15	1111	11	1011	7	0111	3	0011
14	1110	10	1010	6	0110	2	0010
13	1101	9	1001	5	0101	1	0001
12	1100	8	1000	4	0100	0	0000

2: Digitalisierung eines Spannungsverlaufs

Dualcode / binary code

Jede Stelle in dem Codewort kann den Wert 0 oder 1 annehmen. Wir nennen diese Information 1 **Bit** (engl.: **b**inary dig**it**, Binärziffer). Jede Spannung ist also durch ein Codewort mit einer Länge von vier Bit abgebildet worden. Man nennt diesen Vorgang **Pulscodemodulation**. Mit Modulation bezeichnet man einen Vorgang, bei dem die Signale einer Quelle an das Übertragungs- bzw. Verarbeitungssystem angepasst werden.

Die folgende Tabelle verdeutlicht den Zusammenhang zwischen den Dezimalzahlen und dem Dualcode. Jeder Dezimalzahl ist direkt eine Dualzahl zugeordnet worden. Sie besteht aus vier 0/1-Kombinationen (Tetraden).

Dezimal		Dual				Hexadezimal	
10^1	10^0	2^3	2^2	2^1	2^0	16^1	16^0
2	1	4	3	2	1	2	1
0	0	0	0	0	0	0	0
0	1	0	0	0	1	0	1
0	2	0	0	1	0	0	2
0	3	0	0	1	1	0	3
0	4	0	1	0	0	0	4
0	5	0	1	0	1	0	5
0	6	0	1	1	0	0	6
0	7	0	1	1	1	0	7
0	8	1	0	0	0	0	8
0	9	1	0	0	1	0	9
1	0	1	0	1	0	0	A
1	1	1	0	1	1	0	B
1	2	1	1	0	0	0	C
1	3	1	1	0	1	0	D
1	4	1	1	1	0	0	E
1	5	1	1	1	1	0	F

BCD-Bereich
Stellenwertigkeit

Umwandlung von Zahlen

Dualzahl 1001 in Dezimalzahl

$1001_B = 1 \cdot 2^3 + 0 \cdot 2^2 + 0 \cdot 2^1 + 1 \cdot 2^0$
$ = 8 + 0 + 0 + 1$
$ = 9_D$

Hexadezimalzahl C0A in Dezimalzahl

$C0A_H = 12 \cdot 16^2 + 0 \cdot 16^1 + 10 \cdot 16^0$
$ = 3072 + 0 + 10$
$ = 3082_D$

Dualzahl 0101 1110 in Hexadezimalzahl

Vorgehensweise:
Dualzahl in „Viererblöcke" aufteilen und jedem Block die Hexadezimalzahl zuordnen.

$0101\ 1110_B = 5E_H$

Hexadezimalzahl 7C3 in Dualzahl

Vorgehensweise:
Jede Ziffer durch die entsprechende vierstellige Dualzahl ausdrücken.

$7C3_H = 0111\ 1100\ 0011_B$

- Bei einem digitalisierten Signal sind in bestimmten Zeitabschnitten nur bestimmte Spannungen zugelassen.
- Die Genauigkeit einer digitalisiert übertragenen Spannung steigt, je kleiner die Zeitabschnitte für die Spannungsabtastung gewählt werden.
- Ein Bit ist in der Digitaltechnik die kleinste Informationseinheit und kann die Werte 0 oder 1 besitzen.
- Die Codemodulation eines Signals erfolgt durch Abtastung, Quantisierung und Codierung.
- Bei der Pulscodemodulation entspricht der zu übertragenden Spannung ein genau festgelegtes Codewort.

In dem Beispiel der Helligkeitssteuerung wurde der vollständige Dualcode verwendet. Es besteht aber auch die Möglichkeit, nur 10 Zeichen zu verwenden um damit eine direkte Zuordnung zu den Dezimalzahlen zu erreichen. Es können dazu z. B. die ersten zehn Tetraden des Dualcodes verwendet werden. Man nennt diesen Code dann **BCD-Code** (**B**inary **c**oded **d**ecimal, binär codierter Dezimalcode).

Zusätzlich ist in der Tabelle das in der Computertechnik verwendete **Hexadezimalzahlen-System** aufgeführt. Als Basis wird die Zahl 16 verwendet. Für jede Stelle sind 16 unterschiedliche Zeichen möglich. Verwendet werden die Zeichen 0 bis 9 und danach die Buchstaben A bis F.

Da in den einzelnen Zahlensystemen zum Teil gleiche Zeichen verwendet werden, müssen zur genauen Kennzeichnung Indizes verwendet werden (z. B. D für dezimal, H für hex und B für binär).

Aufgaben

1. Stellen Sie in einer Tabelle die Binärfolge eines Dualcodes mit 3 Bit dar!

2. Welches Codewort ergibt sich bei einer Spannung von 10 V, wenn ein Dualcode mit 4 Bit verwendet wird (vgl. Abb. 2)?

3. Wandeln Sie die folgenden Dezimalzahlen in Dual- und Hexadezimalzahlen um:
a) 25, b) 39, c) 111!

13.3 Mikrocomputer

Festverdrahtete Logikschaltungen können lediglich die einmal festgelegten Aufgaben ausführen. Sobald eine Änderung oder Erweiterung notwendig wird, müssen die Schaltungen neu verdrahtet, Bauteile hinzugefügt oder ausgebaut werden.

Diese Nachteile lassen sich durch den Einsatz von Mikrocomputern vermeiden. Man verwendet hier einen Standard-Baustein (Standard-Hardware), der je nach Anwendungsfall nur anders programmiert werden muss.

Mikrocomputer findet man in vielen Geräten und Anlagen. Sie übernehmen z. B.
- Steuerungs- und Überwachungsaufgaben in einer SPS,
- Mess- und Überwachungsaufgaben,
- Regelungen komplexer technischer Prozesse.

Das Kernstück eines Mikrocomputers ist der **Mikroprozessor** (Zentraleinheit ①, **CPU**: **C**entral **P**rocessing **U**nit). Diese CPU ist in der Lage, die im Programmspeicher abgelegten Befehle und mathematischen Operationen auszuführen sowie mit den Ein- und Ausgabegeräten zu kommunizieren.

Die Daten des **Programmspeichers** ② können nur gelesen werden (Festwertspeicher, Nur-Lese-Speicher, **ROM**: **R**ead **O**nly **M**emory). Sie sind dauerhaft (remanent) gespeichert und enthalten das vom Programmierer geschriebene Programm in Form von Befehlen, Abläufen und konstanten Daten usw. Die Daten sind binär codiert.

Ein Mikrocomputer muss aber auch veränderliche Daten z. B. Zwischenergebnisse aus Berechnungen speichern und verarbeiten können. Diese variablen Daten werden in einem **Schreib-Lese-Speicher** ③ (**RAM**: **R**andom **A**ccess **M**emory) abgelegt. Beim Abschalten der Versorgungsspannung gehen diese Daten verloren.

Ein Mikrocomputer muss Daten aufnehmen und ausgeben können. Dazu werden Ein- und Ausgabeschaltungen ④ (**E-/A-Schaltungen, Interface**) verwendet. Sie sind in der Regel hochintegrierte komplexe Bausteine. Angeschlossen werden an die E-/A-Schaltungen z. B. Eingabetastaturen, Anzeigeeinheiten oder Sensoren.

Wie erfolgt der Datenaustausch?

Zwischen den einzelnen Komponenten eines Mikrocomputers müssen Daten in verschiedene Richtungen transportiert werden. Dieses geschieht über Leitungen, die auch als Bus-Leitungen (kurz: **Bus**) bezeichnet werden. Mehrere Leitungen werden dann unter einem gemeinsamen Namen zusammengefasst, der die besondere Funktion kennzeichnet. Folgende Bus-Leitungen werden unterschieden:

Adressbus ⑤

Damit Daten vom Mikroprozessor an der jeweils „richtigen" Stelle abgelegt werden können, müssen die Speicherzellen (ROM oder RAM) mit Adressen versehen werden. Sie sind dann eindeutig identifizierbar. Auch die Ein- und Ausgabegeräte besitzen Adressen. Die Daten hierfür werden auf dem Adressbus in eine Richtung transportiert (unidirektional). Er umfasst z.B. 16 Leitungen, auf denen 16 Bit parallel transportiert werden können.

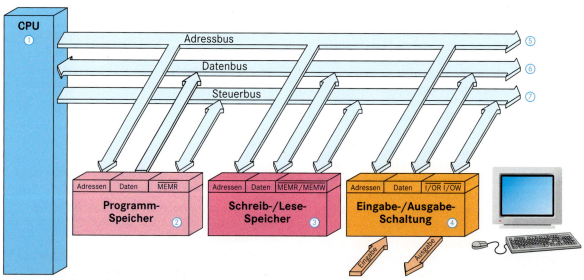

1: Grundsätzlicher Aufbau eines Mikrocomputers

Bus / bus

2: Mikroprozessor

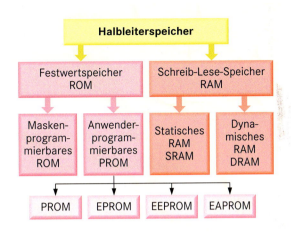

Datenbus ⑥

Der Datenaustausch zwischen der CPU, den Speichern und den Ein- und Ausgabegeräten erfolgt in zwei Richtungen (bidirektional). In der einen Richtung werden Befehle und Eingabedaten an die CPU weitergegeben, in der anderen Richtung schreibt die CPU Daten in die Speicher oder sendet sie an die Ausgabeschaltung. Die Übertragung erfolgt über parallele Leitungen (z.B. 16, 32, 64).

Steuerbus ⑦

Die Steuerung der einzelnen Funktionsblöcke erfolgt in eine Richtung durch die CPU mit Daten über den Steuerbus (unidirektional). Wichtige Steuersignale sind z.B.:

MEMR: **Mem**ory **R**ead (Speicher lesen)
MEMW: **Mem**ory **W**rite (Speicher schreiben)
I/OR: **I**n/**O**ut **R**ead (E/A lesen)
I/OW: **I**n/**O**ut **W**rite (E/A schreiben)

- Ein Mikrocomputer besteht im wesentlichen aus der CPU, dem Programmspeicher, einem Schreib-Lese-Speicher, den Bussystemen und einer Ein-/Ausgabe-Schaltung.
- Bei einem RAM (Schreib-Lese-Speicher) kann der Speicherinhalt gelesen oder es kann eine neue Information eingeschrieben werden.
- Der Speicherinhalt beim ROM bleibt auch nach dem Abschalten der Betriebsspannung erhalten.
- Leitungen, über die Daten gemeinsam transportiert werden, bezeichnet man als Bus-Leitungen (Bus).
- Über einen Adressbus werden die betroffenen Funktionsblöcke angesprochen (adressiert).
- Über einen Datenbus werden die Daten zwischen den Funktionsblöcken ausgetauscht.
- Über einen Steuerbus werden Steuersignale zwischen den einzelnen Funktionsblöcken gesendet.

ROM: **R**ead **O**nly **M**emory
Der Speicherinhalt wird schon bei der Produktion eingebracht. Löschen oder eine Änderung des Speicherinhalts ist nicht möglich.
PROM: **P**rogrammable **ROM**
Progammierbarer Festwertspeicher; der Speicherinhalt kann vom Anwender dauerhaft selbst programmiert werden.

EPROM: **E**rasable **PROM**
Löschbarer programmierbarer Speicher.
REPROM: **Rep**rogrammable **ROM**,
Wiederprogrammierbarer Festwertspeicher; der Speicherinhalt kann durch Programmiergeräte (UV-Licht) geschrieben und gelöscht werden.
EEPROM: **E**lectricaly **E**rasable **PROM**
Elektrisch löschbarer programmierbarer Festwertspeicher.
EAROM: **E**lectricaly **A**lterable **ROM**
Elektrisch umprogrammierbarer Festwertspeicher; der Speicherinhalt kann vom Anwender elektrisch geschrieben und gelöscht werden.

RAM: **R**andom **A**ccess **M**emory
Speicher mit wahlfreiem Zugriff, Schreib-/Lesespeicher.
SRAM: **S**tatic **RAM**, statisches RAM
Die einmal eingeschriebenen Daten bleiben bis zum Überschreiben durch eine andere Information erhalten.
DRAM: **D**ynamic **RAM**, dynamisches RAM
Beim Auslesen werden die Daten abgebaut. Sie müssen deshalb ständig aufgefrischt werden (Refreshzyklus).

Aufgaben

1. Erklären Sie den Unterschied zwischen einem Mikrocomputer und einem Mikroprozessor!

2. Welche Aufgaben haben die Bussysteme in einem Mikrocomputer?

13.4 Speicherprogrammierbare Steuerung

Zunächst werden wir anhand von einem Beispiel die Unterschiede bzw. Vorteile einer speicherprogrammierbaren Steuerung gegenüber einer herkömmlich verdrahteten Steuerung (z. B. Schützsteuerung) aufzeigen.

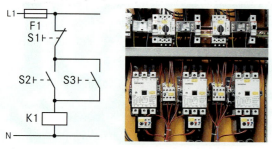

1: Schützsteuerung

Die Taster S0 bis S3 werden über Verbindungleitungen angeschlossen. Die Funktion der Schaltung wird nur durch den Aufbau der Verdrahtung sowie der verwendeten Betriebsmittel (Taster, Relais) bestimmt. Die Funktion kann somit nicht ohne Eingriff in den Verdrahtungsaufbau verändert werden. Da in vielen Produktionsabläufen flexible Steuerungen erwünscht sind, z. B. durch Produktionsveränderungen, wirken sich hier die Vorteile der **speicherprogrammierbaren-Steuerung (SPS)** aus.

Im Gegensatz zur festverdrahteten Steuerung wird die Funktion bei einer SPS (Abb. 2) in einem Programmspeicher ① abgelegt. Dadurch ist die SPS flexibel in der Anpassung auf eine veränderte Steuerungsaufgabe. Es wird lediglich das Programm im Speicher ausgetauscht bzw. verändert. Die Steuerung kann in kürzester Zeit eine neue Steuerungsaufgabe ausführen.

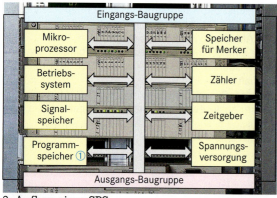

2: Aufbau einer SPS

Über Sensoren wird der momentane Zustand der Anlage an die SPS gemeldet. Die SPS verarbeitet die Eingangssignale durch logische Verknüpfungen und steuert die angeschlossenen Aktoren.

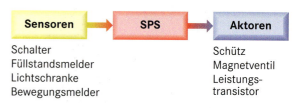

Schalter
Füllstandsmelder
Lichtschranke
Bewegungsmelder

Schütz
Magnetventil
Leistungstransistor

Wie wird die SPS programmiert?

Grundlage einer Programmierung ist die Funktionsbeschreibung der Anlage. Nach IEC 1131-3 werden fünf Programmiersprachen unterschieden.

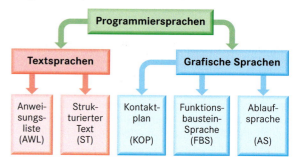

Damit das Programm erstellt werden kann, müssen die Adressen der Ein- bzw. Ausgänge der SPS den angeschlossenen Betriebsmitteln (Sensoren und Aktoren) zugeordnet werden. Diese **Zuordnungsliste** (Abb. 3) erleichtert den Überblick bei der Programmierung und die Verständlichkeit eines bestehenden Programmes.

Betriebsmittel	Adresse
Schalter S1	I0.0
Schalter S2	I0.1
Schalter S3	I0.2
Schütz K1	Q0.0

3: Zuordnungsliste

Schrittfolge zur Erstellung einer Steuerungsaufgabe

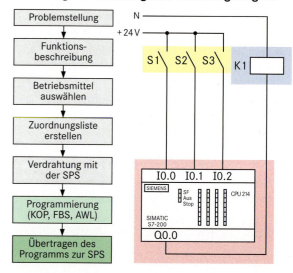

AW-Liste / statement list

Programmierung

Zu der Schützsteuerung aus Abb.1 sollen der Kontaktplan, die Anweisungsliste und ein Programm in der Funktionsbausteinsprache erstellt werden.

Erstellung des Kontaktplans KOP

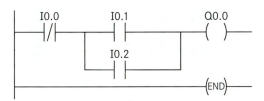

Vergleicht man den Stromlaufplan und den Kontaktplan, so lassen sich Ähnlichkeiten feststellen. Die logischen Verknüpfungen, z. B. die ODER-Verknüpfung zwischen S2 und S3, werden in beiden Plänen durch eine Parallelschaltung dargestellt. UND-Verknüpfungen hingegen durch eine Reihenschaltung.

| Eingang fragt auf den Signalzustand „1" ab. | Eingang fragt auf den Signalzustand „0" ab. | Zuweisung eines Ergebnisses an einen Ausgang. |

Programmieren mit der Anweisungsliste AWL

Die Anweisungsliste ist eine Liste von Anweisungen, die von der SPS in Schritten nacheinander ausgeführt wird. Der Elektroinstallateur kann über ein Programmiergerät (Abb. 5) die Befehle direkt aus dem Programmspeicher des Automatisierungsgerätes einlesen und gegebenenfalls verändern. Die einzelnen Operationen (Anweisungen) sind je nach verwendeter SPS unterschiedlich.

Jede Anweisung besteht aus einem Befehl (Operation) und einem Operand. Durch den Operand wird der zu steuernde Befehlsempfänger gekennzeichnet.

Operation	Beschreibung
LD	Ladebefehl (erster Operand = Schließer)
LDN	Ladebefehl (erster Operand = Öffner)
A	UND - Verknüpfung
O	ODER - Verknüpfung
AN	UND NICHT - Verknüpfung
ON	ODER NICHT - Verknüpfung
ALD	Ende eines ODER-Blockes innerhalb einer UND – Verknüpfung
=	Zuweisungsoperator
MEND	kennzeichnet das Programmende

4: Operationen der SIMATIC S7

5: Programmiergerät

Die AWL der Schützsteuerung besteht aus den folgenden Programmschritten:

```
LDN     I0.0
LD      I0.1
O       I0.2  ①
ALD
=       Q0.0
MEND
```

Das Besondere an dieser Anweisungsliste ist die Verwendung eines ODER-Blockes innerhalb einer UND-Verknüpfung. Die eingefügte ODER–Verknüpfung ① beginnt mit einem Ladebefehl (LD bzw. LDN) und wird über die ALD-Operation beendet.

Arbeiten mit der Funktionsbausteinsprache FBS

Die Funktionsbausteinsprache ist eine Darstellung der Steuerung mit Hilfe von logischen Bausteinen (UND, ODER).

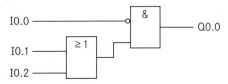

Übertragung zur SPS

Die Steuerung wird zunächst mit einer Computersoftware in Form eines Kontaktplanes, der Funktionsbausteinsprache oder einer Anweisungsliste am Bildschirm erstellt und gegebenenfalls simuliert. Anschließend wird das Programm über eine Verbindung vom Computer zum Automatisierungsgerät übertragen.

- Sensoren melden den Zustand der Anlage an die SPS, der dort verarbeitet wird. Als Ergebnis der Verarbeitung werden die Aktoren gesteuert.
- Ein SPS-Programm kann mittels Kontaktplan, Anweisungliste und Funktionsbausteinsprache erstellt werden.

Aufgaben

1. Erstellen Sie die Zuordnungsliste für eine Wendeschützschaltung mit Schütz- und Tasterverriegelung!

2. Stellen Sie die UND bzw. ODER-Verknüpfungen in einem KOP bzw. FBS zeichnerisch dar!

Treibhaussteuerung

Problemstellung:

Die Steuerung der Belüftung und Heizung in einem Treibhaus soll über eine SPS realisiert werden. Das Treibhaus kann mit dem folgenden Funktionsschema dargestellt werden.

Bei Unterschreiten der Temperatur wird zusätzlich über ein Gebläse Warmluft eingeblasen.

Die Dachfenster werden zur Regelung der Belüftung über einen Motor automatisch auf- und zugefahren.

Die Antriebsmotoren werden überwacht. Eine Störung wird über eine Meldeleuchte angezeigt.

Funktionsbeschreibung

Die Steuerung der **Belüftung** erfolgt über die Dachfenster, die über den Motor M1 angetrieben werden.
Zwei Endtaster dienen zur Erfassung der Lage der Fenster.
S1: Endtaster Fenster geöffnet
S2: Endtaster Fenster geschlossen
Bei Erreichen der Endtasterposition wird der Motor automatisch abgeschaltet.

Die **Temperatur** im Treibhaus wird über einen Sensor (Temperaturvergleicher) mit vier Ausgängen B3.1 bis B3.4 gesteuert. Die Temperaturschwellen der vier Schaltausgänge sind so eingestellt, dass sie den vier Funktionen entsprechen:
Fenster öffnen EIN/AUS: ϑ = 27,5°C bzw. 26,5°C
Fenster schließen EIN/AUS ϑ = 22,5°C bzw. 23,5°C

Wird die Temperatur von 20°C unterschritten (Sensor B4), muss mit einem **Heizgebläse** (Lüftermotor M2) zusätzlich Warmluft aus der Heizung eingeblasen werden. Der Lüftermotor wird nach Erreichen der oberen Grenztemperatur automatisch abgeschaltet.

Wird an einem der beiden Motoren das Auslösen der **Motorschutzschalter** gemeldet (S5, S6), dann zeigt diesen Zustand die Meldeleuchte P1 an.

Über den Schlüsselschalter S7 kann die Temperaturregelung außer Funktion gesetzt werden. Die Dachfenster werden über die Motoren in die Position „AUF" gebracht.

Stück	Betriebsmittel
1	SIMATIC S7-200
2	Motorschutzschalter
2	Auslöstmelder für Motorschutz (S5, S6)
1	Wendeschützkombination (K1, K2)
1	Leistungsschütz (K3)
1	Schlüsselschalter (S7)
2	Temperatursensor (B3, B4)
2	Endtaster (S1, S2)
1	Meldeleuchte rot (P1)
1	NOT-AUS

Zuordnungsliste

Betriebs-mittel	Adresse	Kommentar
S1	I0.0	Endtaster Fenster offen
S2	I0.1	Endtaster Fenster geschlossen
B3.1	I0.2	Fenster öffnen EIN
B3.2	I0.3	Fenster öffnen AUS
B3.3	I0.4	Fenster schließen EIN
B3.4	I0.5	Fenster schließen AUS
B4	I0.6	Temperatursensor "Heizung EIN"
S5	I0.7	Motorschutz Fenster
S6	I0.8	Motorschutz Lüfter
S7	I0.9	Schlüsselschalter
K1	Q0.0	Antriebsmotor Fenster öffnen
K2	Q0.1	Antriebsmotor Fenster schließen
K3	Q0.2	Lüftermotor
H1	Q0.3	Meldeleuchte „Motorstörung"

Operand	Beschreibung
M0.1	Merker Fenster öffnen
M0.2	Merker Fenster schließen
M0.3	Merker Temperatur ≥ 27°C
M0.4	Merker Temperatur < 23°C
M0.5	Merker Temperatur < 20°C

Merker haben die Funktion eines Zwischenspeichers. Der Zustand dieses Merkers kann anschließend für weitere logische Verknüpfungen im SPS-Programm verwendet werden. Sie können in der AWL des SPS-Programms mit folgenden Befehlen gesetzt oder rückgesetzt werden.
S M0.1 (Befehl zum Setzen des Merkers M0.1)
R M0.1 (Befehl zum Rücksetzen des Merkers M0.1)

- Merker haben in einem SPS-Programm die Funktion eines Zwischenspeichers.
- Merker werden mit „S" gesetzt bzw. mit „R" rückgesetzt.

Entwurf des Kontaktplanes / statement list design

Programmierung

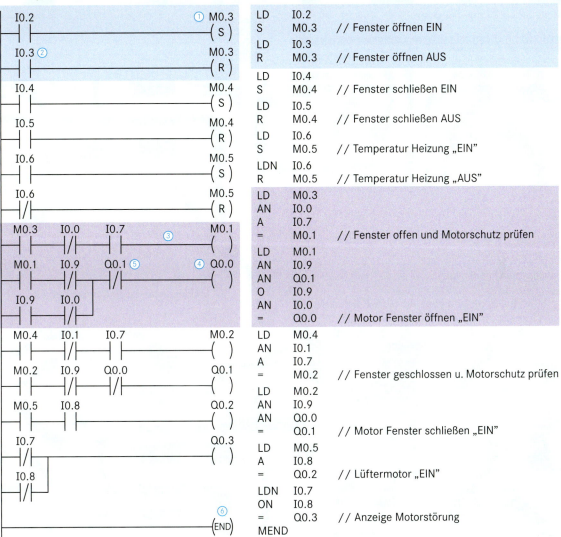

Den Aufbau des Kontaktplanes werden wir am Beispiel der Funktion „Fenster öffnen" erklären. Die Funktion „Fenster schließen" ist im Aufbau analog dazu.

- Wird der Befehl „Fenster öffnen" (I0.2) gegeben, wird der Merker M0.3 gesetzt ①. Damit der Merker nicht ständig ein- und ausgeschaltet wird, ist z.B. zwischen dem Temperaturwert „Fenster öffnen EIN" (27,5 °C) und „Fenster öffnen AUS" (26,5 °C) eine Hysterese von 1 °C vorgesehen. So werden die Fenster bei 27,5 °C geöffnet und dieser Vorgang bei einer Temperatur unter 26,5 °C gestoppt.
- Der Rücksetzbefehl für den Merker M0.3 wird gegeben, wenn der Eingang I0.3 gesetzt ist ②.

- Der Merker M0.1 dient als Zwischenspeicher für den Befehl „Fenster öffnen". Er wird eingeschaltet, wenn die Fenster noch geschlossen sind (I0.0) jedoch geöffnet werden sollen und der Motorschutz des Fenstermotors nicht ausgelöst hat ③.
- Der Ausgang Q0.0 ④ steuert das Öffnen der Fenster. Er ist im Zustand „EIN", wenn der Befehl zum Öffnen der Fenster gegeben wurde (M0.1) und der Schlüsselschalter nicht auf Handbetrieb steht (I0.9) und nicht gleichzeitig das Fenster geschlossen wird (Q0.1). Die Verwendung von Q0.1 ⑤ in dieser Kette entspricht einer Schützverriegelung.
- Das Programmende mit der ENDE-Spule ⑥ schliesst den Kontaktplan und somit das Programm ab.

Übertragung des Programms zur SPS

Das Programm kann direkt von der **Programmiersoftware des PC's** (Abb.1) über eine Schnittstelle oder mit Hilfe des **Handprogrammiergerätes** (vgl. Abb. 1, S. 345) an die SPS übertragen werden.

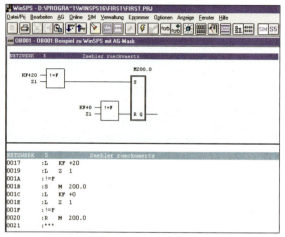

1: Programmiersoftware

Die SPS-Steuerung wird über den **RUN-Befehl** in Betrieb gesetzt und arbeitet die Anweisungen bis zum Programmende nacheinander ab. Danach wird das Programm immer wieder von Beginn an durchlaufen, bis der **STOPP-Befehl** ausgeführt wird.

Programmierung einer Zeitsteuerung

Das Programm der Treibhaussteuerung soll nun so verändert werden, dass die Meldeleuchte der Motorstörungen als Blinklicht funktioniert.

Zur zeitlichen Steuerung eines Ablaufes besitzt die SPS sogenannte Timer (TON). In der SIMATIC S7 sind Timer mit einer Auflösung von 1 ms, 10 ms und 100 ms vorhanden, die grundsätzlich einschaltverzögert sind.

Als Parameter für die Zeiteinstellung erhält der Timer einen Faktor (Eingang PT), der mit der Auflösung multipliziert wird und die resultierende Zeit ergibt. Für eine Zeitverzögerung von 2 s und eine Timerauflösung von 100 ms muss am Timereingang ein Wert von PT = 20 ($t_X = 20 \cdot 100$ ms $\Rightarrow t_X = 2000$ ms) gewählt werden.

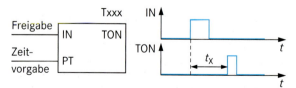

Zur Programmierung des Blinklichtes werden zwei Timer benötigt, die sich wechselseitig ansteuern. Das Blinklicht wird über Timer T37 nach 2 s verzögert eingeschaltet und mit dem Timer T38 nach 1 s verzögert wieder ausgeschaltet.

Kontaktplan:

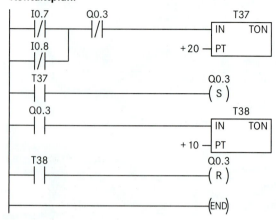

Anweisungsliste

```
           // Timer 1 starten (2 Sekunden Verzögerung)
LDN    I0.7
ON     I0.8
AN     Q0.3
TON    T37, +20
           // Meldeleuchte nach 2 Sekunden EIN
LD     T37
S      Q0.3
           // Timer 2 starten (1 Sekunde Verzögerung)
LD     Q0.3
TON    T38, +10
           // Meldeleuchte nach 1 Sekunde AUS
LD     T38
R      Q0.3
MEND
```

- Die SPS wird über den RUN-Befehl gestartet und über das Kommando STOPP beendet.
- Zeitliche Abläufe werden bei einer SPS über Timer programmiert.
- Die Zeit wird am Timer über einen Faktor als Parameter voreingestellt.

Aufgaben

1. Entwerfen Sie zu der Drehrichtungsumkehrschaltung den entsprechenden Kontaktplan!

2. Erstellen Sie die Anweisungsliste für die Schützsteuerung aus Aufgabe 1!

3. Finden Sie weitere Beispiele aus der Praxis, bei denen sich eine Zeitsteuerung durch eine SPS sinnvoll einsetzen lässt!

4. Welche Zeitvorgabe muss an einem Timer (Auflösung: 10 ms) für eine Verzögerungsdauer von 2,21 s eingestellt werden?

Elektronisches Steuerrrelais / electronic control relay

13.5 Logikmodul

Dieses spezielle elektronische Steuerrelais (Abb. 2) ist für den Einsatz in der Hausinstallation und kleineren Maschinensteuerungen ausgelegt. Die Geräte werden mit einer unterschiedlichen
- Anzahl von Ein- und Ausgängen und
- Versorgungsspannungen

angeboten.

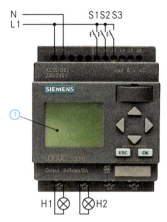

2: Steuerrelais

Mit ihrer Hilfe lassen sich
- **logische Funktionen**,
- **Zeitsteuerungen** (Zeitdauer- oder Zeitpunktfunktion, z.B. Schaltuhrfunktion) und
- **Zählfunktionen** programmieren.

Die Vorteile eines Logikmoduls bestehen in der einfachen Bedienung und in den niedrigeren Anschaffungskosten. Es ist für die Montage in einer Verteilung vorgesehen. Bei der Installation der Leitungen in einem Haus ist darauf zu achten, dass die Verbindungsleitungen der Sensoren und Aktoren an dem Einbauort des Moduls zentral zusammengeführt werden müssen.

Die **Programmierung** erfolgt auf zwei Arten:
- Über die eingebaute Tastatur und das Display ① lässt sich das Programm direkt am Gerät eingeben bzw. verändern.
- Mit Hilfe einer Software kann das SPS-Programm am PC erstellt und über eine Schnittstelle zum Logikmodul übertragen werden. Die Software bietet meist auch die Möglichkeit einer vorherigen Simulation.

> ■ Ein Logikmodul ist ein elektronisches Steuerrelais, das über ein Programm Informationen der Sensoren aufnimmt, verarbeitet und die Aktoren steuert.
>
> ■ Die Programmierung erfolgt entweder direkt am Logikmodul oder über eine Software am PC.

Aufgaben

1. Erstellen Sie ein SPS-Programm zur Steuerung folgender Flurbeleuchtung mit einem KOP und einer AWL (vgl. Kap. 13.4).

Funktionsbeschreibung:
- In einem dreistöckigen Gebäude befinden sich in jedem Stockwerk drei parallel geschaltete Taster. Diese Taster sollen die zugehörige Etagenbeleuchtung in Form einer Stromstoßschaltung ein- bzw. ausschalten.
- Zusätzlich soll, z. B. zu Reinigungszweckes, über zwei zentrale Taster die Beleuchtung in allen Hausfluren schaltbar sein.
- In Kombination mit der Alarmanlage soll ebenfalls bei einem Alarm die gesamte Flurbeleuchtung eingeschaltet werden.

Stückliste der Flurbeleuchtung	
Stück	Betriebsmittel
1	SIMATIC S7-200
9	Taster (S1 bis S9)
2	zentrale Taster (S10 und S11)
9	Leuchten (E1 bis E9)
1	potenzialfreier Kontakt der Alarmanlage (K1)

Erstellen Sie mit Hilfe der Zuordnungsliste den Kontaktplan und die Anweisungsliste auf Basis der SIMATIC S7-200 oder einer vergleichbaren SPS-Steuerung.

Zuordnungsliste		
Betriebs-mittel	Adresse	Kommentar
S1 – S3	I0.0	parallelgeschaltete Taster 1. Etage
S4 – S6	I0.1	parallelgeschaltete Taster 2. Etage
S7 – S9	I0.2	parallelgeschaltete Taster 3. Etage
S10	I0.3	Schlüsseltaster Licht „EIN"
S11	I0.5	Schlüsseltaster Licht „AUS"
K1	I0.6	Kontakt der Alarmanlage
E1 – E3	Q0.0	Leuchten in der 1. Etage
E4 – E6	Q0.1	Leuchten in der 2. Etage
E7 – E9	Q0.2	Leuchten in der 3. Etage

2. Erweitern Sie die Steuerung aus Aufgabe 1 durch folgende Funktionen:
Bei einmaliger kurzer Betätigung der Taster sollen die Leuchten für 3 min eingeschaltet werden und bei einer Betätigung für 2 s im Dauerlicht leuchten. Dies soll für alle Taster gelten, ausgenommen der zentralen Taster.
a) Welcher Wert muss für die Zeitverzögerung von 3 min am Eingang des Timers eingestellt werden, wenn eine Auflösung von 100 ms gewählt wird?
b) Welche Änderungen ergeben sich in der Anweisungsliste aus Aufgabe 1?

13.6 Datenübertragung

Zur Verbesserung des Datenaustausches sowie zur besseren Überwachung von Abläufen bzw. Prozessen sind in technischen Betrieben, in Unternehmen des Dienstleistungsbereichs und auch im privaten Bereich die Geräte und Anlagen häufig über Kommunikationsleitungen miteinander verbunden (**Vernetzung**). Aus Gründen der Übersicht werden verschiedene Ebenen unterschieden.

Die unterste Ebene eines Produktionsbetriebes (Abb. 1) ist die Feldebene mit den Sensoren und Aktoren. Darüber befindet sich die Steuerungsebene z. B. mit der SPS und den verschiedenen Bedienelementen.

In den höher liegenden Ebenen laufen die Informationskanäle aus den verschiedenen Zellen zusammen. Sie münden in die Unternehmensleitebene.

Für den Informationsaustausch ist es erforderlich, die einzelnen Geräte und Anlagen über geeignete elektrische Anschlüsse (Schnittstellen) miteinander zu verbinden.

Unternehmens-leitebene
Betriebs-leitebene
Produktions-leitebene (Konstruktionsbüro)
Zellen-leitebene (z. B. Schaltzentrale)
Steuerungs-ebene (z. B. Schaltschrank)
Feldebene (z.B. Montageband)

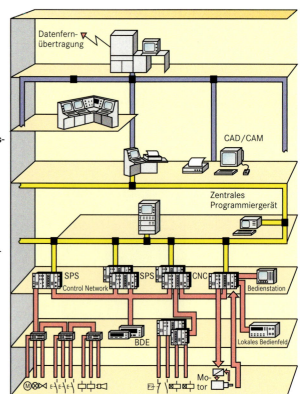

1: Datenaustausch – verschiedene Ebenen eines Produktionsbetriebes

13.6.1 Schnittstellen

Im Bereich der Datenübertragung werden unterschiedliche Schnittstellen verwendet. Sie sind festgelegt durch:

- physikalische Eigenschaften (Stecker, Leitung),
- Art und Aufbau der austauschbaren Signale und
- Bedeutung der Signale.

Damit die Kommunikation über Schnittstellen eindeutig abläuft, müssen bestimmte Regeln (**Protokolle**) eingehalten werden. Neben den eigentlichen Daten werden z. B. auch

- Steuerungssignale,
- Meldungen über die Sende- und Empfangsbereitschaft,
- Beginn und Ende der Übertragung sowie
- Taktimpulse gesendet (Abb. 2).

Die Taktimpulse sind notwendig, damit zwischen Sender und Empfänger die Übergabe der Daten zu genau festgelegten Zeiten erfolgt.

Grundsätzlich können Daten nacheinander (seriell) oder gleichzeitig (parallel) übertragen werden.

Serielle Schnittstelle

Bei der Datenübertragung an einer seriellen Schnittstelle in Abb. 2 sind 8 Bit angenommen worden. Der Datenstrom besteht aus den Bits D0 bis D7 mit folgenden Werten: 00101101

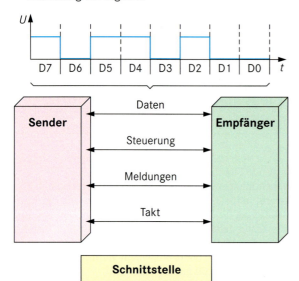

2: Prinzip einer seriell arbeitenden Schnittstelle

Acht Bit werden auch als Datenwort oder **Byte** (B) bezeichnet. Dieses ist eine Grundeinheit für die Speicherung und Verarbeitung von Daten.

1 Byte	8 Bit
1 KB	1024 Byte
1 MB	1024 KB
1 GB	1024 MB

USB / universal serial bus

Wie erfolgt die Datenübertragung?

Damit der Anfang und das Ende eines Datenwortes eindeutig vom Empfänger identifiziert werden kann, müssen am Anfang ein Start- und am Ende ein oder zwei Stoppbits angehängt werden. Mitunter wird noch ein weiteres Bit zur Fehlererkennung bei der Übertragung angefügt. Es sorgt dafür, dass die Anzahl der Einsen in einem Datenwort stets geradzahlig ist (Paritätsbit). Insgesamt werden bis zu 12 Bit übertragen.

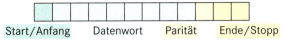
Start/Anfang   Datenwort   Parität   Ende/Stopp

Die **Übertragungsgeschwindigkeit** wird in Bit/s angegeben. Standardwerte sind:
1200, 2400, 4800, 9600, 14400 und 19600 Bit/s

Serielle Schnittstellen sind auch am PC vorhanden. Es werden zwei unterschiedliche Stecker/Buchsen verwendet:
- 9-polig, Subminiatur-D-Stecker (Abb. 3), z.B. Anschluss für die Maus und
- 25-polig, Subminiatur-D-Stecker (Abb. 4), z.B. Anschluss für ein Modem.

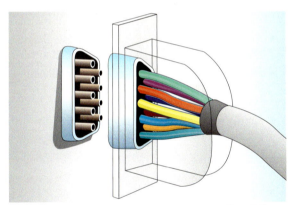

3: Steckverbindung einer 9-poligen seriellen PC-Schnittstelle

GND: Ground, Masse
CTS: **C**lear **t**o **S**end, Sendebereitschaft
RTS: **R**equest **t**o **S**end, Empfangsbereitschaft
RxD: **R**eceive **D**ata, Empfangen
TxD: **T**ransmit **D**ata, Senden

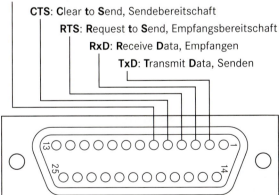

4: Buchse einer 25-poligen seriellen PC-Schnittstelle

Die beschriebene serielle Schnittstelle wird auch als RS 232 C- oder V24-Schnittstelle (DIN 66020) bezeichnet. Die Leitungen zwischen den Anschlussstellen dürfen bis zu 30 m lang sein.

Nachteilig bei dieser seriellen Schnittstelle ist, dass nur ein Gerät angeschlossen werden kann. An **USB**-Schnittstellen (**U**nival **S**erial **B**us, universeller serieller Bus) können dagegen bis zu 127 Geräte (z. B. Tastatur, Maus, Scanner) betrieben werden. Die Geräte werden ohne Eingriff des Benutzers vom PC erkannt.

USB-Schnittstelle

- Die Geräte werden sternförmig angeschlossen.
- Über Verteiler (Hubs) können verschiedene Geräte betrieben werden.
- Geräte können während des Betriebs hinzugefügt bzw. entfernt werden (Hot Plugging).
- Leitung:
  Vier Adern, twisted pair (vgl. Kap. 13.6.2), zwei für die Spannungsversorgung, zwei für die Datenübertragung.
- Datenübertragung: bis 12 Mbit/s

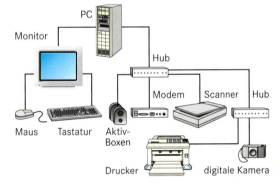

- Schnittstellen haben die Aufgabe, informationsverarbeitende Geräte, Systeme oder Anlagen zum Datenaustausch miteinander zu verbinden.
- Der Datenaustausch über Schnittstellen erfolgt durch ein Protokoll nach eindeutigen Regeln.
- Ein Byte besteht aus 8 Bit.
- An der seriellen Schnittstelle werden die Daten zeitlich nacheinander übertragen.
- Bei der seriellen Datenübertragung ist das Datenwort durch Start- und Stoppbits eingerahmt.

Aufgaben

1. Wodurch ist eine Schnittstelle in der Datenübertragung gekennzeichnet?

2. Erklären Sie das Prinzip der seriellen Datenübertragung!

Parallele Schnittstelle

Das Prinzip einer parallelen Datenübertragung verdeutlicht Abb. 1. Acht Bit (ein Byte) werden **gleichzeitig** über 8 parallele Leitungen übertragen. Wie bei der seriellen Schnittstelle (vgl. Abb. 2, S. 350) ist auch hier zum Vergleich die Bitfolge 00101101 gewählt worden. Da die Bits gleichzeitig übertragen werden, ist die Übertragungsgeschwindigkeit größer (z.B. 115 Kbyte/s).

Parallel vorliegende Daten können auch in serielle Daten und umgekehrt umgewandelt werden. Dazu werden spezielle Ein-/Ausgabebausteine verwendet. Durch eine Software können sie programmiert werden.
Beispiel USART:
Universal Synchronous/Asynchronous Receiver/Transmitter, universaler synchroner/asynchroner Sender/Empfänger.

RS-485-Schnittstelle

In der Automatisierungstechnik wird diese serielle Schnittstelle häufig verwendet. Über sie lässt sich eine Verbindung zwischen einem Bus und verschiedenen Stationen herstellen.

9-poliger Stecker am Buskabel	Stift-Nr.	Signal	Bedeutung
	1	Shield	Schirm
	2	RP	Hilfsenergie
	3	RxD/TxD-P	Empfang/Sende-Daten-P
	4	CNTR-P	Steuersignal P
	5	DGND	Bezugspotenzial für Daten
	6	VP	Versorgungsspannung +
	7	RP	Hilfsenergie
	8	RxD/TxD-N	Empfang/Sende-Daten-N
	9	CNTR-N	Steuersignal-N

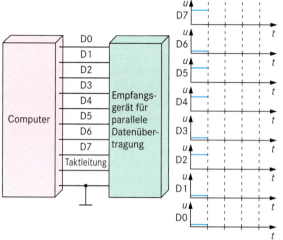

1: Prinzip einer parallelen Datenübertragung

- An der parallelen Schnittstelle werden die Daten gleichzeitig und "nebeneinander" übertragen.
- Die Datenübertragungsrate bei einer parallelen Schnittstelle ist in der Regel größer als bei einer seriellen Schnittstelle.
- Parallele Daten können durch entsprechende Bausteine in serielle Daten und umgekehrt umgewandelt werden.

Aufgaben

1. Erklären Sie den Unterschied zwischen Bit und Byte!

2. Welche Maßnahmen werden bei der Datenübertragung angewendet, damit Daten eindeutig und möglichst fehlerfrei übertragen werden?

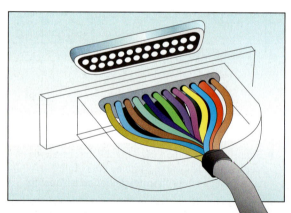

2: Stecker für eine parallele Schnittstelle

Am PC ist diese Schnittstelle der Anschluss für den Drucker. Sie wird oft auch als Centronics-Schnittstelle (Herstellername) bezeichnet. Häufig werden 36-polige AMP-Stecker und 25-polige Subminiatur-D-Stecker verwendet (Abb. 2).

Um Störeinflüsse zu vermeiden, sind die Leitungen abgeschirmt. Neben den Datenleitungen sind Steuer- und Meldeleitungen vorhanden. So muss z. B. gemeldet werden, wenn kein Papier im Drucker vorhanden ist (POUT: Paper Out, Pin 12). Leitungslängen von 7 m bis 10 m sind möglich.

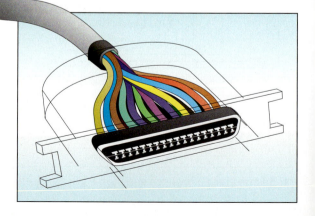

Netztopologien / network architectures

13.6.2 Computervernetzung

Die Aufgabe des Elektroinstallateurs im Bereich der Computervernetzung besteht in
- der Wahl der geeigneten Verbindungsleitungen,
- der Installation der Leitungen und Anschlussdosen und
- der Überprüfung der Installation.

In einem **Computernetzwerk** werden Informationen zwischen Computern und den angeschlossenen Betriebsmitteln (Peripheriegeräte) transportiert.

Selbst über große Entfernungen kann die Information schnell übertragen werden. Dies hat den Vorteil, dass die Information zum Adressaten gelangt und dieser die Daten unmittelbar weiterbearbeiten kann.

Worin liegen die Vorteile der Vernetzung?

- Daten lassen sich schneller übertragen.
- Die Hard- und Softwaremittel können im Netzwerk mehrfach genutzt werden.
- Die Nutzung des Internets mit all seinen Diensten (World Wide Web WWW oder E-Mail) kann für viele Benutzer kostengünstig eingerichtet werden.

Dies alles verbessert nicht nur die Schnelligkeit des Informationsflusses, sondern hilft Kosten einzusparen, da die Endgeräte bzw. Dienste (Telefon) nicht für jeden Arbeitsplatz angeschafft werden müssen.

Wie werden Computernetze eingeteilt?

Werden Computer innerhalb einer Firma bzw. einer Grundstücksgrenze miteinander verbunden, so spricht man von einem **LAN** (Local Area Network). Werden hingegen die Rechner innerhalb eines Landes oder eines Kontinents miteinander verbunden, wird dies als **WAN** (Wide Area Network) bezeichnet. Ein Beispiel für ein WAN ist das Telefonnetz der Deutschen Telekom.

Die Daten gelangen in beiden Fällen über Metall- oder Glasfaserkabel zu den Teilnehmern. Damit es beim Transport der Daten zu keinem Stau kommt, muss der Aufbau eines Computernetzwerks strukturiert werden. Man spricht von der sogenannten **Netztopologie**. Aufgabe des Elektroinstallateurs ist die Montage und die Prüfung der Netzwerkkomponenten.

- In einem Netzwerk kommunizieren unterschiedliche Computer und Peripheriegeräte miteinander.
- Die Benutzer in einem Netzwerk können schnell die gewünschten Daten austauschen und weiterbearbeiten.
- Der Aufbau eines Computernetzwerks ist strukturiert (Bus-, Stern bzw. Baumstruktur).

Aufgaben

1. Worin liegen die Unterschiede zwischen einem WAN und einem LAN?
2. Nennen Sie charakteristische Merkmale für die drei Netzstrukturen!
3. Finden Sie Argumente für die Computervernetzung im Büro Ihres Betriebes!

Vernetzung im LAN (Topologie)		
Bus	**Stern**	**Baum**
Im **Busnetz** werden die Computer über eine Koaxialleitung miteinander verbunden. An den Verbindungsstellen befinden sich T-Stücke ①. Die Leitung ist an beiden Enden mit einem Abschlusswiderstand ② versehen. Durch die geringen Übertragungsraten wird diese Form der Vernetzung heute kaum noch angewendet.	Bei der **Sternvernetzung** werden von jedem Computer sternförmig Verbindungsleitungen zu einem zentralen Punkt geführt. Die Leitungen (Stränge) werden an einem Hub (Sternverteiler) zusammengeführt. Im Sternnetz fällt bei einer fehlerhaften Verbindung immer nur ein Computer aus.	Die **Baumstruktur** kombiniert die Bus- und Sternstruktur miteinander. Sie wird in größeren Gebäuden genutzt. Die einzelnen Netzsegmente werden wiederum über einen Switch miteinander verbunden. Somit ist eine hierarchische Strukturierung eines Netzwerkes möglich.
Wird nur noch in kleinen Netzwerken mit wenigen nah zusammenstehenden Computern eingesetzt.	Dient zur Vernetzung in einem räumlich begrenzten Bereich.	Wird dort eingesetzt, wo sich das Netzwerk über einen großen Bereich erstreckt.

Beispiel: Computernetzwerk in Büro

Als Netzwerkstruktur wählen wir die Sterntopologie aus. Diese ist zwar kostenintensiver als ein Busnetz, jedoch störungsunanfälliger.

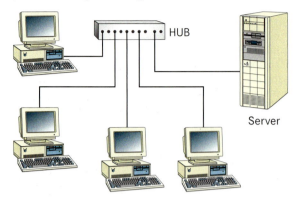

Welcher Kabeltyp wird verwendet?

Bei der Sternverkabelung kommt ein symmetrisches Kupferkabel zum Einsatz (Twisted Pair). Die Bezeichnung Twisted Pair bedeutet, dass die Adern paarweise verdrillt sind. Dadurch wird eine gute Störunterdrückung gewährleistet. Insgesamt befinden sich vier Adernpaare (= acht Einzeladern) im Kabel. Die Adernpaare können ungeschirmt (UTP) oder geschirmt (STP) sein. Das Kabel wird wahlweise mit oder ohne zusätzlicher Gesamtschirmung hergestellt.

Symmetrische Kabeltypen	
Kabeltyp	Aufbau
UTP (Unshielded Twisted Pair)	Leiter, Isolierung, Außenmantel
STP (Shielded Twisted Pair)	Leiter, Isolierung, Paarschirmung, Außenmantel
S/UTP (Screened/ UTP)	Leiter, Isolierung, Außenmantel, Gesamtschirmung
S/STP (Screened/ STP)	Leiter, Isolierung, Paarschirmung, Gesamtschirmung, Außenmantel

Installation der Netzwerkkabel

- Bei der Verlegung muss darauf geachtet werden, dass die Biegeradien nicht zu klein sind, da sonst Brüche in der Schirmung auftreten können.
- Eine parallele Kabelführung mit benachbarten Energieleitungen ist zu vermeiden, damit keine elektromagnetischen Störimpulse den Datentransport beeinflussen.
- Die Netzwerkkabel sind prinzipiell getrennt zu verlegen. Für die Anschlussverbindungen von der Verbindungsdose zum Computer hin werden flexible Leitungen benötigt.

Für unsere Computervernetzung verwenden wir ein S/UTP-Kabel vom Typ

LAN 100 4x2xAWG24

Maximale Frequenz der Datenübertragung in MHz — Vier verdrillte Doppeladern — Leiterdurchmesser im US-Maß AWG (American Wiring Gauge)

Leiterdurchmesser in mm	0,404	0,455	0,511	0,574
AWG	26	25	24	23

Das oben bezeichnete Kabel wird häufig auch als Cat5-Kabel (Kategorie 5) ① bezeichnet. Es sind insgesamt sieben Kategorien standardisiert, die den jeweiligen maximalen Datenübertragungsraten zugeordnet sind.

Kategorie	max. Frequenz
1	100 kHz
2	1 MHz
3	16 MHz
4	20 MHz
5	100 MHz
6	200 MHz
7	600 MHz

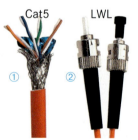

Bei besonders hohen Anforderungen an die Übertragungsrate und die Störanfälligkeit werden **Lichtwellenleiter** (LWL) ② zur Datenübertragung eingesetzt. LWL haben folgende Vorteile:

- hohe Übertragungsrate (Bandbreite) und
- Störunanfälligkeit gegenüber elektromagnetischen Strahlungen.

> - Bei einem Twisted Pair-Kabel sind die Adern paarweise verdrillt.
> - Die Verwendung eines Kabels mit Paarschirmung (STP) und/oder Gesamtschirmung (S/UTP bzw. S/STP) verhindert Störungen durch elektromagnetische Strahlung.
> - Zur Klassifizierung der maximalen Übertragungsraten sind die Kabel in die Kategorien 1 bis 7 eingeteilt.

Netzwerkkomponenten / network components

Die folgende Übersicht zeigt die Komponenten für die Vernetzung des Büros am Beispiel eines Stranges.

Hub
Hier werden die einzelnen Netzwerkstränge zusammengeführt und die Daten verteilt.

Netzwerkkarte
Schnittstelle zwischen Computer und Netzwerk.
Die Wahl der Karte hängt von der Übertragungsrate und der Verkabelung ab.

RJ45 Anschlussdose
An dieser Steckverbindung wird das starre Twisted Pair Kabel angeschlossen.

Patchfeld
Hier wird mit Hilfe von Patchkabeln die Verbindung zwischen dem Hub und dem Netzwerkstrang hergestellt.

Patchkabel
Flexibles Twisted Pair Kabel verbindet die Anschlussdose mit der Netzwerkkarte des Computers.

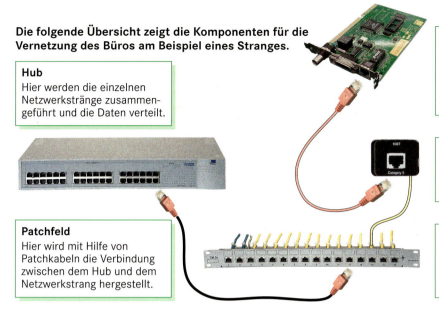

Anschluss des Twisted Pair Kabels

Die vier Adernpaare werden nach folgender Belegung an den **Steckern** und Anschlussstellen (Dosen und Patchfeld) aufgelegt. Das Beispiel in Abb. 1 zeigt die Adernbelegung eines RJ45-Steckers.

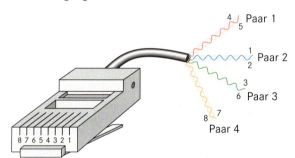

1: RJ45-Stecker

Diese Belegung lässt sich anhand der Nummerierung der Pins (1 bis 8) leicht auf eine **Anschlussdose** übertragen. In der Praxis befindet sich an den Anschlussklemmen häufig eine entsprechende Farbcodierung, die die anzuschließende Ader kennzeichnet.

Die Adern werden entweder über

- eine **Schraubverbindung** oder
- eine **Klemmverbindung** angeschlossen.

Bei der Klemmtechnik wird ein spezielles Anlegewerkzeug Abb. 2 benutzt, das die Ader in einem Arbeitsschritt mit den Schneidklemmen kontaktiert, festklemmt und den überschüssigen Draht abschneidet.

2: Anlegewerkzeug für Klemmverbindungen

Beim Anschluss ist darauf zu achten, dass bei Verwendung eines geschirmten Kabels die Schirmung ebenfalls angeschlossen wird. Die Verdrillung der Adern wird dabei erst kurz vor den Anschlussklemmen aufgehoben.

Messtechnische Überprüfung

Um Fehler in der Verdrahtung bzw. Installation der Netzwerkleitungen zu lokalisieren, werden die Verbindungen und Anschlüsse mit einem Messgerät (Abb. 3) überprüft. Dazu werden folgende Prüfungen durchgeführt:

- Kurzschlussprüfung
- Durchgangsprüfung
- Prüfung der Verdrahtung
- Dämpfungsverluste

Die Ergebnisse der Prüfungen müssen in einen Protokoll schriftlich dokumentiert werden.

3: LAN-Tester

- Die Adernpaare des Twisted Pair Kabels werden entsprechend einer Farbcodierung an den Anschlussstellen mit Hilfe von Schraub- oder Klemmverbindungen angeschlossen.
- Die Netzwerkverbindungen werden messtechnisch auf Fehler überprüft.

13.7 Regelungstechnik

In der natürlichen Umwelt und in der Technik ist es häufig erforderlich, dass Größen im Rahmen bestimmter Grenzen konstant bleiben müssen.

Beispiele:
- Körpertemperatur des Menschen,
- Raumtemperatur in einem Wohnhaus.

In beiden Beispielen kommt die Temperatur als die zu regelnde Größe vor (**Regelgröße**). Es gibt einen bestimmten Temperaturwert, der konstant gehalten werden soll (**Soll-Wert**). Zusätzlich muss gewährleistet sein, dass Störungen (**Störgrößen**) den Soll-Wert nicht verändern. Dieses ist nur möglich, wenn der Prozess ständig überwacht und bei Änderungen eingegriffen wird. Man nennt diesen Vorgang Regelung.

13.7.1 Grundbegriffe

Als Beispiel für eine elektrotechnische Regelung verwenden wir den fremderregten Gleichstrommotor in Abb. 1. Ziel ist es, die Drehzahl gegenüber Netzspannungsschwankungen und einer sich ändernden Belastungen konstant zu halten. Der Motor soll also geregelt werden.

Motor
Der Motor ist die zu regelnde Strecke (**Regelstrecke**). Der Strom für die Feldwicklung wird mit Hilfe der Gleichrichterschaltung aus dem Netz gewonnen. Dieser Strom wird also nicht geregelt. Mit Hilfe des Ankerstroms lässt sich die Drehzahl jedoch ändern. Dazu wird die Gleichrichter-Brückenschaltung verwendet.

Brückenschaltung
Die Halbleiterbauelemente V1 und V2 sind Thyristoren. Ihr Durchlassverhalten wird mit Impulsen aus einem Generator über die Gate-Anschlüsse beeinflusst (vgl. Kap. 10.5.3). Diese Funktionseinheit wird deshalb als **Stellglied** bezeichnet.

Regler
Die Signale für den Impulsgenerator liefert der Ausgang des Reglers. Er besitzt zwei Eingänge. An den einen Eingang wird mit Hilfe eines Einstellers eine feste Spannung gelegt. Sie entspricht der gewünschten Drehzahl des Motors. Diese Größe wird deshalb als **Führungsgröße w** bezeichnet. Sie ist der Wert, auf den sich der Motor immer einstellen soll (**Soll-Wert**).

Am zweiten Eingang des Reglers liegt ein Vergleichssignal, das wie eine Rückmeldung über die tatsächlich vorhandene Drehzahl vom Motor wirkt. Gewonnen wird dieses Signal mit Hilfe eines kleinen Generators, der mechanisch mit der Achse des Motors verbunden ist (Tachogenerator).

Die zur Drehzahl proportionale Spannung des Tachogenerators entspricht damit der tatsächlichen Drehzahl (**Ist-Wert**). Diese wird als **Regelgröße x** bezeichnet.

Der Regler vergleicht nun den Ist-Wert mit dem vorgegebenen Soll-Wert und bildet daraus die Differenz (**Regeldifferenz e**).
Als Gleichung ergibt sich: $e = w - x$

Je nach Abweichung erzeugt der Regler ein Ausgangssignal U_y (**Stellgröße y**). Mit ihm wird über das Stellglied (Brückenschaltung mit Thyristoren) die Motordrehzahl ständig beeinflusst. Der Wirk- und Informationskreis ist damit geschlossen. Wir bezeichnen diese Schaltung als **Regelkreis**.

- Regeln bedeutet immer Messen, Vergleichen und Stellen.
- Bei einer Regelung wird die Regelgröße x auf einem geschlossenen Wirkungsweg ständig erfasst und mit einer Führungsgröße w im Regler verglichen.
- Mit Hilfe der Regeldifferenz e eines Reglers erfolgt die Angleichung an die vorgegebene Führungsgröße.

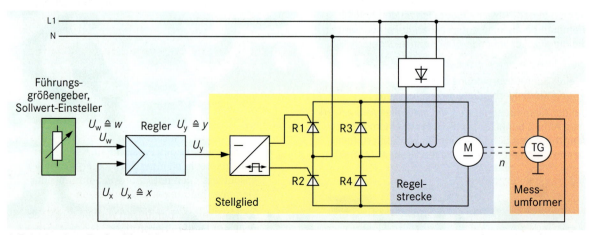

1: Prinzip einer Drehzahlregelung

Steuern und Regeln / open loop and closed loop control

Symbole der Regelungstechnik

Zur Verdeutlichung von Regelungsvorgängen werden bestimmte Schaltzeichen und Formelzeichen für Größen verwendet. Außerdem werden die Signalverläufe besonders hervorgehoben. Die bisher besprochene Drehzahlregelung ist deshalb in Abb. 2 mit Hilfe von Einzelblöcken in allgemeiner Form dargestellt worden.

- Im Regler wird mit der Führungsgröße w die Regeldifferenz e gebildet und eventuell umgeformt.
- Mit der entstandenen Stellgröße y am Ausgang des Reglers wird die Regelstrecke beeinflusst.

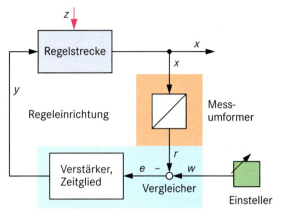

x: Regelgröße e: Regeldifferenz ($e = w - r$)
r: Rückführgröße y: Stellgröße
w: Führungsgröße z: Störgröße

3: Regelkreis und Regelkreissignale

Was ist der Unterschied zwischen Steuern und Regeln?

Annahme: Wir unterbrechen die Verbindung vom Tachogenerator zum Regler.
In diesem Fall ist nur noch eine Steuerung möglich, da bei einer sich ändernden Drehzahl keine Rückmeldung mehr erfolgt. Die Steuersignale gehen lediglich in eine Richtung. Der Wirkungsweg ist offen.

- Bei einer Steuerung findet kein Vergleich zwischen Soll- und Ist-Wert statt. Der Wirkungsweg ist offen.
- Bei einer Regelung wird aus der Regel- und Führungsgröße eine Stellgröße zur Beeinflussung der Regelstrecke gebildet. Der Wirkungsweg ist geschlossen.
- Im Vergleicher des Reglers wird aus der Differenz von zwei Eingangsgrößen (w-r) die Ausgangsgröße e gebildet

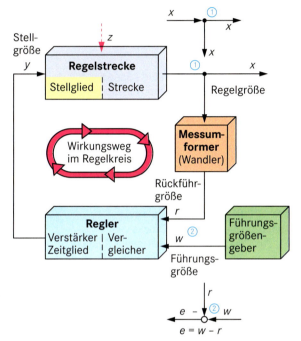

2: Elemente und Signale eines Regelkreises

Zusammenführung von Signalen

In der Regelungstechnik unterscheidet man zwei Arten der Zusammenführung von Signalen. Wenn am Ausgang der Regelstrecke das Signal lediglich verzweigt wird, stellt man diesen Vorgang durch einen ausgefüllten Punkt dar ① (**Verzweigungsstelle**). Kommt es dagegen im Regler zu einer Addition der Signale ②, wird diese Stelle durch einen kleinen Kreis dargestellt und als **Additionsstelle** bezeichnet. Das Vorzeichen muss dabei berücksichtigt werden.

Regler enthalten in ihrem Innern eine Additionsstelle, wobei zwischen Führungs- und Rückführgröße die Differenz gebildet wird. Man bezeichnet diese Stelle auch als **Vergleicher** (Vergleichsglied).

Verwendet man die eingeführten Symbole und Größen, dann ergibt sich das allgemeine Blockschaltbild eines Regelkreises von Abb. 3. Darin läuft die Regelung wie folgt ab:

- Auf die Regelstrecke wirken die Stellgröße y und eventuell auftretende Störgrößen z ein.
- Die Regelgröße x gelangt über einen Messumformer (Wandler) als Rückführgröße r in den Regler.

Aufgaben

1. Was muss bei einer Steuerung verändert werden, damit eine Regelung stattfindet?

2. Beschreiben Sie die Aufgaben eines Vergleichers in einem Regelkreis!

3. Was versteht man unter der Regeldifferenz?

4. Erklären Sie den Unterschied zwischen der Regel- und Stellgröße!

13.7.2 Messumformer und Sensoren

Regelkreise werden eingesetzt, um verschiedene physikalische Größen zu regeln.

Beispiele:
- **Antriebstechnik:**
  Drehzahl, Drehmoment, Lage, Winkel,...
- **Lichttechnik:**
  Beleuchtungsstärke, Lichtstrom,...
- **Fahrzeugtechnik:**
  Geschwindigkeit, Beschleunigung, Lage, Kurs,...
- **Verfahrenstechnik:**
  Temperatur, Durchfluss, Niveau, Druck, Volumen,...

Diese Größen müssen zur Verarbeitung in elektrischen Regelkreisen in elektrische Signale umgewandelt werden. Als Anwendungsbeispiel soll die Druckluftregelanlage in Abb. 1 dienen.

Druckluftregelanlage

Der Druckluftkessel ist die Regelstrecke. Am Eingang (Stellort) kann die Luft-Zufuhr über ein pneumatisches Stellglied ① verändert werden. Am Ausgang (Messort) wird der Druck der Luft gemessen ②.

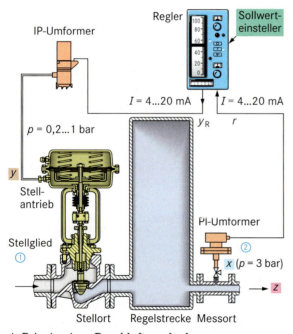

1: Prinzip einer Druckluftregelanlage

Der Regler kann am Eingang nur elektrische Signale verarbeiten und gibt auch am Aus-gang ein elektrisches Signal ab. Es ist also erforderlich, Umwandlungen vorzunehmen.

Die elektrischen Größen dieser Wandler sind häufig konstante Ströme. In diesem Fall kann der Messumformer (PI-Umformer) am Messort den Druck in Stromstärken von 4 mA bis 20 mA umwandeln (**elektrisches Einheitssignal**).

Der Regler liefert am Ausgang ebenfalls ein elektrisches Einheitssignal von 4 mA bis 20 mA. Dieses wird verwendet, um in dem Wandler für das Stellglied (IP-Umformer) einen Druck von 0,2 bar bis 1 bar umzuformen (**pneumatisches Einheitssignal**).

Der beschriebene Drucksensor ist ein **passiver Sensor**. Die Messgröße wird mit Hilfe einer Spannungsquelle umgeformt. Eine Signalaufbereitung ist erforderlich. **Aktive Sensoren** sind dagegen in der Lage, Spannungen bzw. Stromstärken in Abhängigkeit von der jeweiligen Größe direkt abzugeben.

Widerstand als Sensor

In der Sensortechnik wird die Änderung des elektrischen Widerstandes durch physikalische Größen häufig verwendet.

Beispiele:
Temperaturänderung
$\Delta \vartheta \quad \Rightarrow \quad \Delta R$ (NTC, PTC)
Änderung der Beleuchtungsstärke
$\Delta E \quad \Rightarrow \quad \Delta R$ (LDR)
Änderung des Magnetfeldes
$\Delta \Phi \quad \Rightarrow \quad \Delta R$ (Feldplatte)
Änderung der Kraft, des Drucks
$\Delta F, \Delta p \quad \Rightarrow \quad \Delta R$ (Si-Plättchen, Dehnungsmessstreifen Abb. 2)

Messwertaufnehmer

Dehnung in einer Richtung   Dehnung in zwei Richtungen

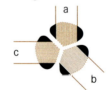 

Dehnung in drei Richtungen   Torsion (Verdrehung)

2: Bauformen von Dehnungsmessstreifen (DMS)

Neben den Sensoren zur Erfassung von physikalischen Größen kommen in der Elektroinstallation auch Sensoren vor, die bei Annäherung einen Schaltvorgang auslösen (**Näherungsschalter**). Sie können kapazitiv oder induktiv arbeiten.

- Elektrische Bausteine der Regelungstechnik (z. B. Messumformer, Regler) benötigen bzw. liefern häufig Einheitssignale der Bereiche 0 bis 20 mA, 4 mA bis 20 mA oder 0 bis 10 V.
- Ausgangssignale von Sensoren müssen in den meisten Fällen aufbereitet und der Regelungsaufgabe angepasst werden.

13.7.3 Regelstrecken

In technischen Geräten und Anlagen werden unterschiedliche Größen geregelt. Wenn die Vorgänge regelungstechnisch betrachtet werden, gibt es trotz erheblicher äußerer Unterschiede Gemeinsamkeiten.

Durchflussstrecke und Transistor als Regelstrecken

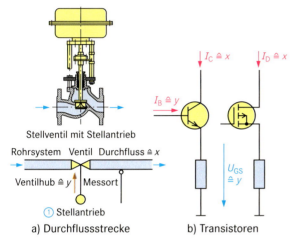

a) Durchflussstrecke   b) Transistoren

3: Melder mit Magnetkontakt (Reed-Kontakt)

Durchfluss beim Rohrsystem:
Stellantrieb ① verändert den Durchfluss.
Ventilhub ($\triangleq y$) proportional (~) Durchfluss ($\triangleq x$)

Transistor (bipolar):
Basisstrom verändert den Kollektorstrom.
Basisstrom ($\triangleq y$) proportional (~) Kollektorstrom ($\triangleq x$)

Diese Gemeinsamkeiten werden durch ein Schaltzeichen ausgedrückt (Abb. 4).

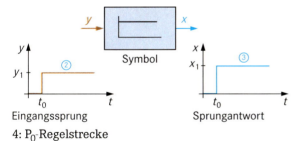

4: P_0-Regelstrecke

Um für diese Regelstrecken geeignete Regler einsetzen zu können, muss das Verhalten genau gekennzeichnet werden. Man gibt dazu auf den Eingang eine sich sprungartig ändernde Größe ② (**Sprungfunktion**) und ermittelt das Verhalten am Ausgang ③ (**Sprungantwort**). Bei den beschriebenen Regelstrecken besteht zwischen den Ein- und Ausgangsgrößen ein proportionaler Zusammenhang. Die Strecke wird deshalb auch als **P-Strecke** bezeichnet. Außerdem folgt die Ausgangsgröße fast sofort der Eingangsgröße, so dass sie zusätzlich als **verzögerungsarm (P_0)** gekennzeichnet werden können.

Druckkessel und Gleichstrommotor als Regelstrecken

Auch der Druckkessel und der fremderregte Gleichstrommotor in Abb. 5 besitzen regelungstechnische Gemeinsamkeiten.

Druckkessel:
Ventil wird sprungartig (Ventilhub $\triangleq y$) geöffnet $\Rightarrow$ Der Druck p ($\triangleq x$) steigt allmählich bis zu in einem bestimmten Grenzwert an.

Fremderregter Gleichstrommotor:
Ankerspannung U_a ($\triangleq y$) wird sprungartig geändert $\Rightarrow$ Die Drehzahl n ($\triangleq x$) strebt verzögert einem neuen Grenzwert zu.

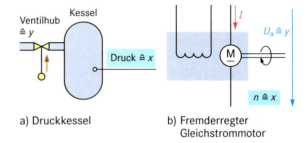

a) Druckkessel   b) Fremderregter Gleichstrommotor

5: Druckkessel und Motor als Regelstrecken

Hervorgerufen werden diese Verzögerungen je nach Regelstrecke durch thermische Speicher, Wärmekapazitäten, Federn, Induktivitäten oder Kapazitäten. Diese Regelstrecken werden deshalb als **PT_1-Strecken** (bzw. PT1) bezeichnet. Zur Kennzeichnung verwendet man das Symbol in Abb. 6.

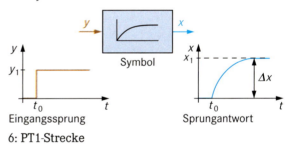

6: PT1-Strecke

- Bei der P_0-Regelstrecke besteht zwischen der Regelgröße x und der Stellgröße y ein unverzögerter proportionaler Zusammenhang.

- Wenn bei einer PT_1-Strecke die Stellgröße y sprungartig geändert wird, erreicht die Regelgröße x ihren Endwert verzögert mit der Zeitkonstante T_1.

Aufgaben

1. Wodurch lassen sich Regelungsstrecken kennzeichnen?

2. Beschreiben Sie die Unterschiede zwischen einer P_0- und einer PT_1-Regelstrecke!

13.7.4 Stetige Regler

Es gibt verschiedene Arten von Reglern:

Stetige Regler
Bei stetiger Eingangsgröße entsteht eine stetige Ausgangsgröße.

Unstetige Regler
Schaltender Regler (vgl. Kap. 13.7.5).

Als Regler werden oft **Kompaktregler** eingesetzt (Abb. 2). Sie besitzen gegenüber diskret aufgebauten Reglern u. a. folgende Vorteile:

- Das Verhalten des Reglers kann eingestellt und dieser damit den Erfordernissen der Regelstrecke besser angepasst werden.
- Wenn die Regelstrecke geändert wird, kann der Regler durch Einstellungen angepasst werden.
- Vielfältige Bedien- und Überwachungsmöglichkeiten erleichtern die Nutzung.
- Die Signale können über eingebaute Schnittstellen weiter verarbeitet werden.

In Abb. 1 ist beispielhaft ein Kompaktregler mit wichtigen Anzeige- und Bedienelementen dargestellt.

- **Anzeige des Ist-Wertes** ④:
  Der jeweils vorhandene Wert der Regelgröße x wird als Zahlenwert angezeigt.

- **Einstellung des Soll-Wertes** ①:
  Der eingestellt Soll-Wert w wird zusätzlich als Zahlenwert angezeigt.

2: Kompaktregler

- **Anzeige der Regeldifferenz** ⑤:
  Die Regeldifferenz e wird als Differenz aus der Regelgröße und dem Soll-Wert angezeigt.

- **Anzeige und Einstellung der Stellgröße** ③:
  Die Ausgangsgröße des Reglers, die auf die Regelstrecke einwirkt (Stellgröße y), kann eingestellt und über die Anzeige kontrolliert werden.

- **Einstellung des Reglerverhaltens** ②:
  Mit dieser Einstellung wird eine Anpassung der Stellgröße y an die Regelstrecke vorgenommen. Der Kurvenverlauf wird eingestellt und damit der Reglertyp bestimmt.

Folgende Einstellungen sind bei diesem Reglertyp möglich:
P-, PI-, PD- und PID-Verhalten.

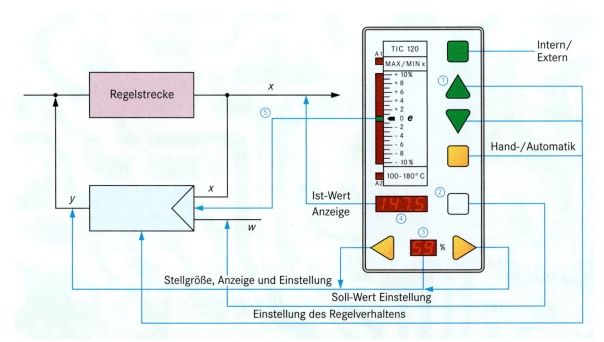

1: Kompaktregler im Regelkreis

Reglerverhalten / controller response

Die einstellbaren Kurvenverläufe für die Stellgröße y des Kompaktreglers sind in Abb. 3 dargestellt. Als Eingangsgröße (Regelgröße x) wird wieder eine Sprungfunktion verwendet.

P-Regler
Bei dieser Einstellung besteht zwischen der Ein- und Ausgangsgröße ein proportionaler Zusammenhang. Der Regler reagiert schnell auf Störungen.
Beim Einsatz des P-Reglers in Regelkreisen muss beachtet werden, dass bei einem Verschwinden der Regeldifferenz e (Ziel der Regelung) keine Regelgröße gebildet wird. Der Regler würde in diesem Fall instabil werden. In der Praxis kann deshalb eine Störung nie vollständig ausgeglichen werden. Es entsteht deshalb immer eine bleibende Regeldifferenz.

PI-Regler
In diesem Reglertyp sind im Prinzip zwei Funktionen enthalten:
P: Proportionalverhalten
I: Integralverhalten
Durch das P-Verhalten springt die Stellgröße y auf einen entsprechenden proportionalen Wert. Danach steigt die Stellgröße y (integrierend) mit einer bestimmten Anstiegsgeschwindigkeit an. Beide Komponenten können eingestellt und somit das Reglerverhalten an die Regelstrecke angepasst werden.

PD-Regler
In diesem Reglertyp sind wieder zwei Funktionen enthalten:
P: Proportionalverhalten
D: Differenzialverhalten
Durch das D-Verhalten springt die Stellgröße zunächst auf einen hohen Wert. Danach sinkt der Wert entsprechend einer Zeitkonstante auf den proportionalen und nachfolgend konstant bleibenden Wert. Der Regler reagiert somit sehr schnell. Die Regeldifferenz kann vollständig ausgeregelt werden.

PID-Regler
Bei diesem Reglertyp treten P-, I- und D-Verhalten gemeinsam auf. Wenn die sprunghafte Änderung der Regelgröße auftritt, wird zunächst der Differenzialanteil wirksam. Danach sinkt die Stellgröße auf den Proportionalwert ab und geht dann über in einen ansteigenden Verlauf entsprechend dem Integral-Anteil.

- Mit Kompaktreglern lassen sich vielfältige Einstellungen zur Anpassung des Reglers an die Regelstrecke vornehmen.
- Bei einem stetigen Regler ist die Stellgröße y zu jedem Zeitpunkt eine direkte Funktion der Regeldifferenz e.
- Grundlegende Verhaltensweisen von Reglern sind P-, I- und D-Verhalten.
- Grundlegende Reglerfunktionen können kombiniert werden (z. B. PI, PD, PID).

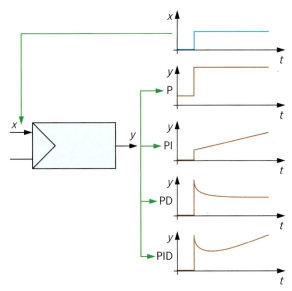

3: Einstellmöglichkeiten des Reglerverhaltens beim Kompaktregler nach Abb. 1

Als Beispiel für das Verhalten eines Reglers bei einer Störung verwenden wir eine Temperaturregelstrecke (z.B. bei einer Heizung). Wenn sich eine sprungartige Störung ergibt (Abb. 4), zeigt der PID-Regler ein optimales Verhalten. Die Störung wird nach kurzer Zeit bis auf Null ausgeglichen.

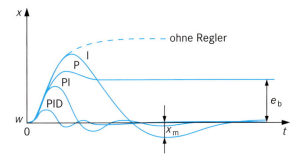

4: Störverhalten verschiedener Regler

Aufgaben

1. Erklären Sioe den Unterschied zwischen einem stetigen und einem unstetigen Regler.

2. In welchem Zusammenhang stehen bei einem P-Regler die Regeldifferenz und die Stellgröße?

3. Erklären Sie den Unterschied zwischen einem PI- und einem PID-Regler!

4. I-Regler werden auch als „langsame" Regler bezeichnet.
Begründen Sie dieses Verhalten!

5. Welchen Einfluss hat das D-Verhalten eines Reglers auf die Stellgröße?

13.7.5 Unstetige Regler

Unstetige Regler erzeugen bei stetigen Eingangsgrößen stufige (diskrete) Stellgrößen. Wenn nur zwei Schaltzustände wie z. B. EIN und AUS auftreten können, nennt man die Regler **Zweipunktregler**. Sie kommen besonders in der Heizungs- und Klimatechnik vor und regeln dort die Wärmeentwicklung durch Schalten der elektrischen Energie.

Als Beispiel für das Zweipunktverhalten soll der Bimetallstreifen (Bimetallschalter, Thermostat) in der Heizungsregelung für das Bügeleisen dienen (Abb. 1).

1: Bimetallschalter im Bügeleisen

Bimetallschalter
Aufbau: Zwei aufeinander gelötete unterschiedliche Metalle mit unterschiedlichen Temperaturkoeffizienten.
Funktion: Bei Erwärmung kommt es zu einer Krümmung des Streifens. Ein elektrischer Kontakt kann geschlossen bzw. geöffnet werden.
Kontakt: Es handelt sich um einen Sprungkontakt mit Vorspannung durch eine Gegenfeder (Abb. 2 ①). Das Prellen des Kontakts wird verringert.
Einstellbarkeit: Mit Hilfe eines Verstellstiftes kann der Soll-Wert w eingestellt werden.

Das Bügeleisen wird für die Erklärung des Zweipunktverhaltens vereinfacht als PT1-Regelstrecke angenommen. Wenn eingeschaltet wird, steigt die Temperatur ϑ (Regelgröße x) allmählich an (Abb. 2 ②).

Am Kurvenverlauf sieht man, dass der Stromkreis nicht bei $x = w$, sondern durch die Trägheit des Bimetallschalter erst später ③ unterbrochen wird. Es tritt eine Verzögerung (**Schalthysterese, Schaltdifferenz** Δx) auf, die auch im abfallenden Teil der Kurve wirksam wird.

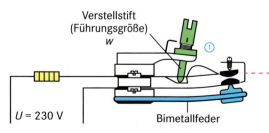

2: Zweipunktverhalten eines Bimetallschalters

Wenn diese Schalthysterese sehr klein wäre, würde bei jedem geringfügigen Über- bzw. Unterschreiten der Führungsgröße ein Schaltvorgang erfolgen. Die Schalthäufigkeit wäre groß und damit die Lebensdauer der Kontakte gering. Bei mechanisch arbeitenden Zweipunktreglern ist deshalb eine bestimmte Schalthysterese mit der Schaltdifferenz Δx durchaus erwünscht.

Kennlinie eines Zweipunktreglers (Abb. 3a)
Sie verdeutlicht den Zusammenhang zwischen der Stellgröße y und der Regelgröße x. Wenn der untere Wert der Regelgröße erreicht wird (x_u, z. B. Minimaltemperatur), springt die Stellgröße y auf den Maximalwert y_{max}. Dieser bleibt solange erhalten, bis der obere Wert der Regelgröße (x_o, z. B. Maximaltemperatur) erreicht ist. Die Stellgröße y springt jetzt auf Null. Sie bleibt so lange Null, bis die Regelgröße sich von x_o über den Soll-Wert w bis x_u geändert hat. Das auf diese Weise umfahrene Rechteck wird im Schaltzeichen zur Kennzeichnung des Reglerverhaltens verwendet (Abb. 3b).

- Bei einem unstetigen Regler ändert sich die Stellgröße nur in Stufen.
- Der Zweipunktregler besitzt zwei Schaltzustände.
- Die Regelgröße eines Zweipunktreglers schwankt um den Soll-Wert. Mit zunehmender Schaltdifferenz (Hysterese) sinkt die Schalthäufigkeit.

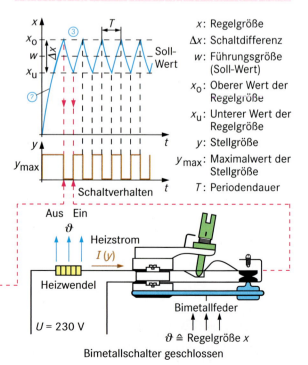

x: Regelgröße
Δx: Schaltdifferenz
w: Führungsgröße (Soll-Wert)
x_o: Oberer Wert der Regelgröße
x_u: Unterer Wert der Regelgröße
y: Stellgröße
y_{max}: Maximalwert der Stellgröße
T: Periodendauer

Dreipunktregler / three position controller

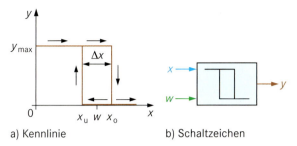

a) Kennlinie   b) Schaltzeichen

3: Zweipunktregler

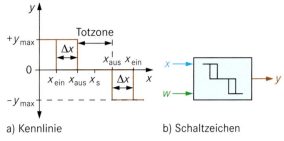

a) Kennlinie   b) Schaltzeichen

5: Dreipunktregler

Regelstrecken, in denen die Temperatur geregelt wird, besitzen oft mehrere Zeitkonstanten (z. B. **Verzugszeit**). Außerdem treten bestimmte Reaktionen nicht sofort, sondern verzögert auf. Man nennt diese Zeit dann **Totzeit**. Diese Größen beeinflussen den Verlauf der Regelgröße x. In Abb. 4 ist der Kurvenverlauf einer Zweipunkt-Regelung für eine Regelstrecke mit Verzögerung und Totzeit dargestellt. Die Regelgröße steigt über den Wert x_o und sinkt unter den Wert x_u.

Um die Schalthäufigkeit zu verringern, ist auch hier eine Schaltdifferenz Δx sinnvoll. Das Reglersymbol in Abb. 5b zeigt vereinfacht diese Kennlinie.

Dreipunktregler mit integrierendem Motor/Getriebe

Oft werden Dreipunktregler und ein Motor mit Getriebe als Ventilstellglied gemeinsam eingesetzt. Der Motor mit dem Getriebe verwandelt die sprungartigen Stellsignale in einen integrierenden Anstieg.

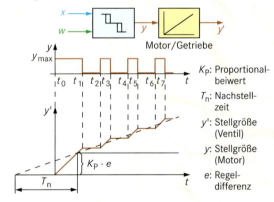

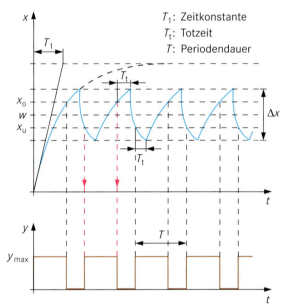

4: Zweipunktregelung einer Regelstrecke mit Verzögerung und Totzeit

In der Heizungs- und Klimatechnik werden auch Regler benötigt, die über drei Schaltzustände verfügen. Sie werden als **Dreipunktregler** bezeichnet und können z. B. die folgenden Regelungsaufgaben lösen:

Temperaturstrecke:	Durchflussregelstrecke:
Heizung EIN	Ventil weiter öffnen
Heizung AUS	Ventil in Ruhestellung
Kühlung EIN	Ventil weiter schließen

Die Kennlinie eines Dreipunktreglers ist in Abb. 5 zu sehen. Aus der Mittelstellung heraus ($y = 0$) kann die Stellgröße positive ($+y_{max}$) und negative ($-y_{max}$) Werte annehmen.

- Bei einem unstetigen Regler kann die Stellgröße nur bestimme (diskrete) Zustände einnehmen (z.B. Ein/Aus; Links/Stopp/Rechts).
- Durch eine Totzeit bei einem Zweipunktregler werden die Regelgrößen x_o und x_u über- und unterschritten.

Aufgaben

1. Nennen und beschreiben Sie Einsatzgebiete für Regler mit Zweipunktverhalten!

2. Was versteht man bei einem Zweipunktregler unter der Schalthysterese bzw. Schaltdifferenz?

3. Erklären Sie den Unterschied zwischen einem Zwei- und einem Dreipunktregler!

Elektrische Grundgrößen

Elektrische Ladung Q

Atommodell:
Hülle: Elektronen (negativ geladen)
Kern: Protonen (positiv geladen)
Neutronen (elektrisch neutral)

Beispiel:
Hülle mit 6 Elektronen.
Kern mit 6 Protonen und 6 Neutronen.

$[Q] = A \cdot s$

$1 \, A \cdot s = 1 \, C$ (Coulomb)

Ladung eines Elektrons bzw. Protons:
$e = 1{,}6 \cdot 10^{-19} \, C$

Kräfte auf Ladungen:

Anziehung

Abstoßung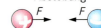

Elektrische Spannung U

Modell:
Ladungstrennung
Kraft, elektr. Feld
Weg s
Spannung U

In Spannungsquellen werden ungleichnamige Ladungen voneinander getrennt. Dazu ist Trennungsarbeit W zu verrichten. Es entsteht eine Spannung U.

$\text{Spannung} = \dfrac{\text{Arbeit}}{\text{Ladung}} \qquad U = \dfrac{W}{Q}$

Messung der Spannung:
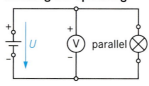
V parallel

Gleichspannung

Wechselspannung
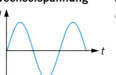

Mischspannung

Stromstärke I

Modell:
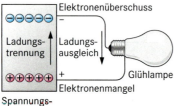
Elektronenüberschuss
Ladungstrennung — Ladungsausgleich
Glühlampe
Elektronenmangel
Spannungsquelle

Die elektrische Stromstärke gibt an, wie groß die bewegte Ladung innerhalb einer bestimmten Zeit ist.

$\text{Stromstärke} = \dfrac{\text{Ladung}}{\text{Zeit}} \qquad I = \dfrac{Q}{t}$

Messung der Stromstärke:
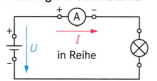
A in Reihe

Gleichstrom

Wechselstrom
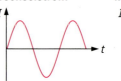

Mischstrom
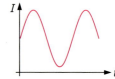

Elektrischer Leiter

Metallgitter-Modell:
Positive Atomrümpfe und frei bewegliche Elektronen
frei bewegliche Elektronen
Bindungen   positive Atomrümpfe

Gerichtete Elektronenbewegungen im **Kristallgitter**:
Zusatzbewegung durch das elektrische Feld

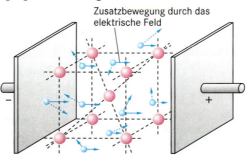

Den elektrischen Strom in einem Leiter stellen wir uns als eine grichtete Bewegung von Elektronen vor.

Durch Wärme (Schwingung der Atomrümpfe) wird der Elektronenstrom behindert.

Elektrische Grundgrößen

Elektrischer Widerstand R

Linearer Widerstand

$[R] = \Omega$

$1\,\Omega = \dfrac{1\,\text{V}}{1\,\text{A}}$

$[G] = \dfrac{1}{\Omega}$

$\dfrac{1}{\Omega} = 1\,\text{S}$

$R = \dfrac{U}{I} \qquad G = \dfrac{1}{R}$

Leiterwiderstand

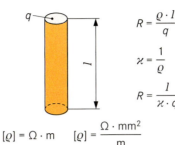

$R = \dfrac{\varrho \cdot l}{q}$

$\varkappa = \dfrac{1}{\varrho}$

$R = \dfrac{l}{\varkappa \cdot q}$

$[\varrho] = \Omega \cdot \text{m} \qquad [\varrho] = \dfrac{\Omega \cdot \text{mm}^2}{\text{m}}$

$[\varkappa] = \dfrac{\text{S}}{\text{m}} \qquad [\varkappa] = \dfrac{\text{S} \cdot \text{m}}{\text{mm}^2}$

Nichtlinearer Widerstand

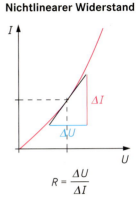

$R = \dfrac{\Delta U}{\Delta I}$

Elektrische Leistung P

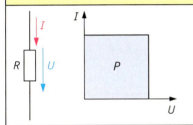

$U = I \cdot R \qquad I = \dfrac{U}{R}$

$P = U \cdot I$

$P = I^2 \cdot R \qquad P = \dfrac{U^2}{R}$

$[P] = \text{W}$

$P = \dfrac{W}{t} \qquad 1\,\text{W} = \dfrac{\text{Nm}}{\text{s}} = 1\,\dfrac{\text{J}}{\text{s}}$

Elektrische Arbeit W

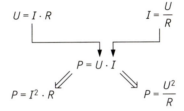

$W = U \cdot Q$

$W = U \cdot I \cdot t$

$W = P \cdot t$

Mechanische Arbeit:

Arbeit = Kraft · Weg

$W = F \cdot s \qquad [W] = \text{Nm}$

$1\,\text{Nm} = 1\,\text{J} = 1\,\text{Ws}$

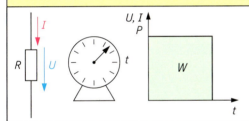

Wirkungsgrad η

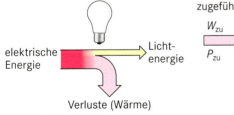

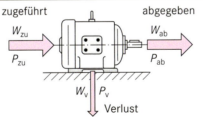

$\eta = \dfrac{W_{ab}}{W_{zu}} \qquad \eta = \dfrac{P_{ab}}{P_{zu}}$

$P_{zu} = P_{ab} + P_v$

Energieumwandlung

- Wärmewirkung (Schwingung der Moleküle)
- Lichtwirkung
  - Leiter (Glühlampe)
  - Gase (Gasentladungslampe)
- Magnetische Wirkung (Drehmoment im Motor)
- Chemische Wirkung (Stoffzersetzung, Elektrolyse)
- Physiologische Wirkung (Wirkung auf menschlichen Körper)

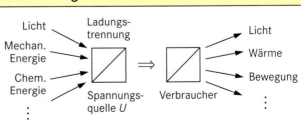

Elektrisches Feld

Raum, in dem auf Ladungen elektrische Kräfte ausgeübt werden

Feldformen

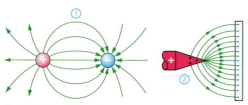 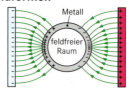 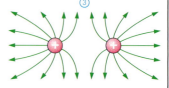

① Feldlinien verlaufen von + nach –   ② Feldlinien treten senkrecht aus   ③ Feldlinien kreuzen sich nicht

Kondensator

Aufbau

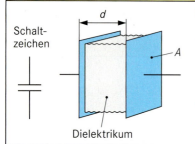

Schaltzeichen

Dielektrikum

Kapazität

$C = \dfrac{A \cdot \varepsilon}{d}$

$[C] = 1\,\dfrac{As}{V} = 1\,\dfrac{s}{\Omega} = 1\,F$

F: Farad

$\varepsilon = \varepsilon_0 \cdot \varepsilon_r$

Permittivität   elektr. Feldkonstante   Permittivitätszahl

$8{,}85 \cdot 10^{-12}\,\dfrac{F}{m}$

Ladung

$Q = C \cdot U$

$D = \varepsilon \cdot E$

Feldstärke

$E = \dfrac{U}{d}$

Verhalten bei Gleichspannung

ungeladen	Laden	geladen	Entladen
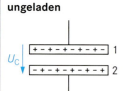	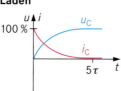	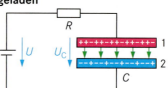	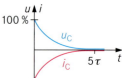
Ladungen sind gleichmäßig auf den Platten verteilt. $U_C = 0$	Ladungen fließen von Platte 1 auf Platte 2. $\tau = R \cdot C$	Platte 1 hat Elektronenmangel Platte 2 hat Elektronenüberschuss $i_C = 0$, $U_C = U$	Ladungen fließen von Platte 2 auf Platte 1

Verhalten bei Wechselspannung

Elektronen fließen wechselseitig von der Spannungsquelle zu den Platten
⇒ Strom I_C ⇒ kapazitiver Blindwiderstand X_C

$X_C = \dfrac{1}{2 \cdot \pi \cdot f \cdot C}$

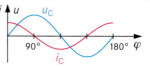

u_C eilt i_C um 90° nach

Analogie

Strömungsfeld	Größen	Elektrostatisches Feld
Spannung U	Ursache	Spannung U
Strom I	Wirkung	Ladung Q
Stromdichte $S = \dfrac{I}{A}$	Dichte	Verschiebungsdichte $D = \dfrac{Q}{A}$
Elektrische Leitfähigkeit κ	Leitfähigkeit	Permittivität ε
$E = \dfrac{U}{l}$	„Stärke"	Feldstärke $E = \dfrac{U}{d}$

Magnetisches Feld

Raum, in dem auf ferromagnetische Werkstoffe Kräfte ausgeübt werden

Feldformen

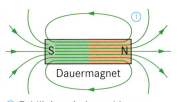
① Feldlinien sind geschlossen

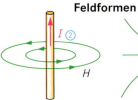
② kreisförmige Feldlinien um einen Leiter

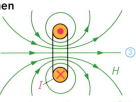

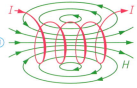
③ Feldlinien kreuzen sich nicht

Spule mit Eisenkern

Aufbau

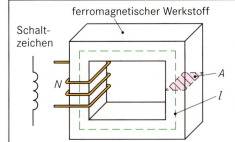

Induktivität

$$L = \frac{N^2 \cdot A \cdot \mu}{l}$$

$[L] = 1\,\frac{Vs}{A} = 1\,\Omega s = 1\,H$

H: Henry

$\mu = \mu_0 \cdot \mu_r$

Permeabilität — magn. Feldkonstante — Permeabilitätszahl

$4 \cdot \pi \cdot 10^{-7}\,\frac{H}{m}$

magn. Fluss

$\Phi = A \cdot B$

$B = \mu \cdot H$

Feldstärke

$H = \frac{\Theta}{l}$

Verhalten bei Gleichspannung

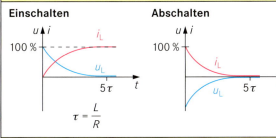

Einschalten / Abschalten

$\tau = \frac{L}{R}$

Kräfte

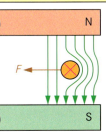
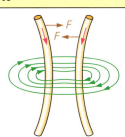

Verhalten bei Wechselspannung

Elektronen fließen wechselseitig von der Spannungsquelle durch die Spule
⇒ Induktivität hemmt die Elektronen
⇒ induktiver Blindwiderstand X_L

$X_L = 2 \cdot \pi \cdot f \cdot L$

u_L eilt i_L um 90° voraus

Analogie

Strömungsfeld	Größen	Magnetisches Feld
Spannung U	Ursache	Durchflutung $\Theta = I \cdot N$
Strom I	Wirkung	Magnetischer Fluss Φ
Stromdichte $S = \frac{I}{A}$	Dichte	Flussdichte $B = \frac{\Phi}{A}$
Elektrische Leitfähigkeit κ	Leitfähigkeit	Permeabilität μ
$E = \frac{U}{l}$	„Stärke"	Feldstärke $H = \frac{\Theta}{l}$

Magnetischer Kreis

Bei Eisen ist die Permeabilitätszahl μ_r keine Konstante
⇒ $B = f(H)$ aus Magnetisierungskurve entnehmen

weichmagnetischer Werkstoff
hartmagnetischer Werkstoff
Grauguss

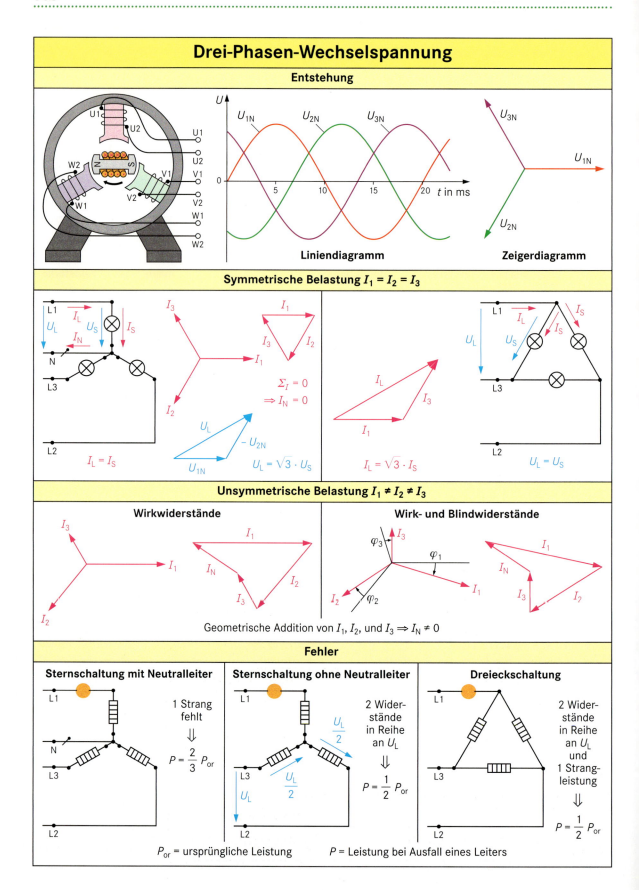

Sachwortverzeichnis

3-Leiter-System / 3-conductor-system 90
4-Leiter-System / 4-conductor-system 90
4-Leiter-Verdrahtung / 4- conductor-wiring 295
7-Segmentanzeige / 7-segment display 248
7-Takt-Schalter / 7-position-switch 23, 25, 211

A

Ablaufpumpe / waste water pump 215, 216, 217
Ablaufsteuerung / sequence control system 327
Ableiter / arrester 182 f.
Ableitstrom / leakage current 178, 228
Ableitstrom, Ersatz- / leakage current, equivalent 229
Ableitstrom, tatsächlicher – / leakage current, actual 229
Ableitungseinrichtung / lightning rod installation 182 f.
Ablenkung, horizontale / deflection, horizontal 41
Ablenkung, vertikale / deflection, vertical 41
Ablenkung, Zeit- / time base sweep 41
Ablufttrockner / exhaust air drier 219
Abschaltbedingungen / disconnect conditions 122
Abschaltung / disconnection 166 f.
Abschaltung durch RCD / disconnection by RCD 163, 168 f.
Abschaltung im IT-System / disconnection in IT-systems 171
Abschaltzeiten / disconnection times 165, 167 f.
Absicherung bei Leuchtstofflampen / fusing of fluorescent lamps 205
Absoluter Fehler / absolute error 16
Absorberkühlschrank / absorber refrigerator 214
Absorbtion / absorption 214
Abspannmast / dead-end tower 90
Abtastung / sampling 340
Abwärtskanal / downstream channel 277
Abzweigdose / tapping box 130
Abzweigmuffe / tap joint 91
Abzweigungsdämpfung / tap loss 284
AC / AC 44
Addition von Zeigern / addition of phasors 48
Additionsstelle / summing point 357
Aderart / core type 115, 116
Adressbus / address bus 342 f.
ADSL / Asymmetric Digital Subscriber Line 277
Akkumulator / battery 13, 55
Akkumulator, Blei- / battery, lead 56
Akkumulator, Groß- / battery, high capacity 56
Akkumulator, Ni-Ca- / battery, Ni-Ca- 55
Akkumulator, Sekundärelement / battery, electric storage battery 55
Aktive Melder / active detectors 292
Aktiver Sensor / active sensor 358
Aktoren / actuators 143, 344
Akustische Signalgeber / sound generators 297
Alarmanlagen / alarm systems 291 f.
Alarmgeber / alarm device 297
Alarmzentrale / security control centre 297
Alkali-Mangan-Zelle / alkaline-manganese battery 53
Allgemeine Blitzschutzbedingungen / general lightning protection conditions 183
Allpoliges Abschalten / all-pole disconnection 169
Aluminium-Elektrolyt-Kondensator / aluminium electrolytic capacitor 74
Ampelsteuerung / traffic light controller 327 f.
Amplitudenmaßstab / amplitude scale 41
Analog-Digital-Umsetzer / analog digital converter 340
Analoge Telekommunikation / analog telecommunication 269, 270
Analoger Fernsehempfang / analog television reception 279
Analoges Messgerät / analog measuring instrument 15 f.
Änderung der Drehrichtung / change of rotation direction 317, 318

Änderung der Drehzahl / speed variation 309
Ankathete / adjacent side 46
Ankerrückwirkung / armature reaction 303
Ankerwicklung / armature winding 305
Ankerwiderstand / armature resistance 303
Anlagen auf Baustellen / building site installations 140
Anlagen, Alarm- / systems, alarm- 291 f.
Anlagen, Überwachungs- / systems, supervision- 291 f.
Anlagenerder / installation earth electrode 166 f., 170 f.
Anlagenverantwortliche / persons responsible for installation 157
Anlassen / starting 315
Anlassen, Stern-Dreieck- / starting, star-delta 314
Anlasstransformator / starting transformer 314
Anlasswiderstand / starting resistor 303
Anlaufkondensator / starting capacitor 317
Anlaufstrom / starting current 303, 313
Anode / anode 253
Anschluss, Durchlauferhitzer- / connection, flow-type heater 223
Anschluss, Elektroherd- / connection, electric cooker 212
Anschluss, Gefriergeräte- / connection, freezer 214
Anschluss, Geschirrspüler- / connection, dish washing machine 216
Anschluss, Mikrowellengeräte- / connection, microwave ovens 213
Anschluss, Motorschutzgeräte- / connection, motor protecting devices 322
Anschluss, Motorschutzrelais- / connection, motor protective relay 321
Anschluss, Motorschutzschalter- / connection, motor protecting switch 320
Anschluss, Motorvollschutz- / connection, thermistor type motor protection 322
Anschluss, Schutzleiter- / connection, protective conductor 228
Anschluss, Warmwassergeräte- / connection, water heaters 220
Anschluss, Wäschetrockner- / connection, tumble drier 219
Anschluss, Waschmaschinen- / connection, washing machines 217
Anschlussdämpfung / insertion loss 284
Anschlussleitung / power lead 116
Anschlussleitungen für Leuchten / flexible cords for lamps 205
Ansprechempfindlichkeit / sensitivity 293
Anweisungsliste / statement list 344, 345
Anwendungsbereich / field of application 138
Anwendungsmodul / application module 144
Anwendungssymbol / application symbol 53
Anwesenheitssensor / presence detector 202 f.
Anzugsmoment / locked-rotor torque 306, 307, 313 f.
Arbeit, elektrische / work, electric 45
Arbeitsplatzbeleuchtung / local lighting 206
Arbeitspunkt / bias point 258, 260
Arbeitssteckdosen / working socket outlets 134
Arbeitsstromprinzip / make circuit principle 294
Arbeitsverantwortliche / persons responsible for work 157
Aufheizzeit / heating-up time 221
Aufladevorgang beim Kondensator / charging process of capacitor 72 f.
Aufputz-Installation / surface wiring 131
Aufstellen von Speicherheizgeräten / arrangement of night storage heater 226
Aufstellungsort / installation place 226
Augenblickswert / instantaneous value 43
Ausgangsbereich / output range 251
Ausgangsleistung / output power 94
Ausgangssignal / output signal 227

Ausgangsspannung / output voltage 92, 94
Ausgangsspule / secondary coil 49
Ausgangswicklung / secondary winding 92, 96
Ausgleichstrom / balancing current 52
Auslauftemperatur / outlet temperature 222
Auslöse-Kennlinien / tripping characteristics 127
Auslöseströme / tripping current 168, 170 f.
Auslösestromregel / tripping current rule 129
Auslösezeiten bei RCD / delay of release of RCD 163, 169
Auslösung elektromagnetische - / tripping, electro magnetic 319
Auslösung von LS-Schaltern / tripping of circuit breakers 319
Auslösung von Motorschutzschaltern / tripping of motor protecting switches 319
Ausschalten v. Spulen / disconnect of coils 62
Ausschaltverzögerung / tripping delay 338
Äußerer Blitzschutz / outer lightning protection 182 f.
Aussetzbetrieb / periodic duty 323
Ausstattungswert / outfit value 110
Auswahl von Motoren / selection of motors 322
Auswertung v. Diagrammen / analysing of diagrams 21 f.
Automatikkochplatte / automatic cooking plate 211
Automatische Abschaltung / automatic disconnection 166 f.
Automatisierungsgerät / programmable controller 344
Azimut / azimuth 290

B

B2 / B2 245
B6 / B6 245
BaAs / BaAs 271
Backofen, Umluft / baking oven, convection 212
Badinstallation / bath installation 135
Bahnmotor / traction motor 307
Banderder / strip earth conductor 174
Bandsperre / band-stop filter 151
Bandumschaltung / band switch over 288
Basis / base 250, 259, 329
Basisisolierung / basic insulation 162, 164
Basisschutz / basic protection 112, 159 f.
Basisspannungsteiler / base potential divider 259
Basisvorspannung / base bias voltage 259 f.
Batterie, Fahrzeug- / battery, vehicle 56
Batterie, Flach- / battery, flat 53
Batterie, Micro- / battery, micro 53
Batterie, Mignon- / battery, mignon 53
Batterie, Mono- / battery, mono 53
Batterie, Normal- / battery, normal 53
Batterie, schadstoffhaltige / battery, pollutant containing 56
Batterie, Starter- / battery, starter 56
Batterie, wiederaufladbare / battery, rechargeable 55
Batterie-Eigenschaften / battery, properties 53
Batterien, Kenndaten von / battery, characteristics of 53
Batterieschutz / battery protection 57
Batteriesysteme / battery systems 207
Bauelemente, elektronische / components, electronic 231 f.
Bauformen v. Kondensatoren / type of capacitors 60, 74
Bauformen von Speichern / type of hot water tanks 221
Baumnetz / tree network 353
Baumstruktur / tree topology 353
Baustellenanlagen / building site installations 140
Baustellenbeleuchtung / building site illumination 37
Baustellenverteiler / building site distribution board 140
Baustromverteiler / electric current distribution board for building sites 140
BBAE / BBAE 277
BCD-Code / BCD-code 341
Bedienungsanleitung / instruction manual 227
Bedingt kurzschlussfest / non-inherently short circuit proof 98
Befestigung des Gehäuses / mounting of casing 323
Befestigung des Motors / mounting of motor 323
Begrenzer-Funktion / limiter function 320
Behälteranschluss / water heater connection 222
Belastbarkeit / load rating 232 f.

Belastung, symmetrische / load, symmetrical 52
Belastung, unsymmetrische – / load, asymmetrical – 52, 100 f., 316
Belastungskennlinie / load profile 313
Belastungsverhalten / load behaviour 311
Beleuchtungsanlagen / lighting systems 187 f.
Beleuchtungsplanung / lighting planning 208 f.
Beleuchtungsstärke / illuminance 240
Beleuchtungsstärkeverteilung / illuminance distribution 209
Beleuchtungswirkungsgrad / illuminance utilisation factor 209
Bemessung von Überstromschutz-Organen / rating of over current protection devices 129
Bemessungsdifferenzstrom / rated residual current 163
Bemessungsdrehzahl / rated speed 304
Bemessungsgrößen / rated quantities 94
Bemessungskapazität / rated capacity 55, 74
Bemessungsleistung / rated power 96, 101
Bemessungsschaltvermögen / rated switching capacity 127
Bemessungsspannung / rated voltage 74
Bemessungsstromregel / rated current rule 129
Bemessungsstromstärke / rated current intensity 118
Bemessungswert / rated value 232
Berechnen von Speicherheizgeräten / calculation of storage heaters 226
Berufsgenossenschaft / professional association 157
Berührungsschutz / shock hazard protection 112, 162 f., 178
Berührungsspannung / touch voltage 153 f., 170, 222
Besichtigen / inspect 228
Besondere Räume / special rooms 137
Betoninstallation / concrete installation 132
Betrieb, Aussetz- / duty, periodic 323
Betrieb, Dauer- / duty, continuous 323
Betrieb, Kurzzeit- / duty, short-time 323
Betrieb, ununterbrochener - / duty, uninterrupted 323
Betriebsart / duty type 323
Betriebsbereitschaft / readiness for operation 96
Betriebserder / operational earth electrode 166 f., 170, 172
Betriebsgeräte für Lampen / operating devices for lamps 194 f.
Betriebsisolierung / operational insulation 162, 164
Betriebsklasse / utilization category 126
Betriebskondensator / running capacitor 317
Betriebsmessgerät / industrial measuring instrument 16
Betriebsmittel / operating equipment 11
Betriebsverhalten / operational behaviour 306 f.
Betriebszeit / operating time 96
Betriebszustand d. Spule / operating condition of coil 61
Betriebszustände / operating conditions 96
Bewegungsmelder / motion detector 230 f., 291
Bewegungsmelder, Ultraschall- / motion detector, ultra-sonic 293
Bewegungsrichtung / motion direction 302
Bezugserde / ground reference plane 174
Biegemoment / bending moment 283
Biegeradius / bending radius 117, 354
Bildröhre / cathode ray tube 279
Bimetall / bimetal 319, 321
Bimetallauslöser / bimetal tripping switch 127
Bimetallschalter / bimetal switch 362
Binäre Logik / Boolean logic 328
Bipolarer Transistor / bipolar transistor 250 f.
Bistabile Kippstufe / bistable circuit 336 f.
Bit / bit 341
blanke Heizwiderstände / bright heating resistors 222
Blechschloss / sheet metal lock 292
Blei-Akkumulator / lead battery 56
Blindleistung / reactive power 68 f., 76, 311, 311, 316
Blindleistungsfaktor / reactive power factor 69
Blindleitwert / susceptance 71
Blindstrom / reactive current 95 f.
Blindstrom-Kompensation / reactive current compensation 198 f.
Blindstromkosten / reactive current costs 198
Blindwiderstand / reactance 64

Sachwortverzeichnis / index

Blindwiderstand der Spule / reactance of coil 65
Blindwiderstand des Kondensators / reactance of capacitor 75
Blitzeinschlag / lightning stroke 182
Blitzkochplatte / high-speed cooking plate 211
Blitzschutz / lightning protection 182 f.
Blitzschutzanlagen / lightning protection systems 182 f.
Blitzschutz-Potenzialausgleich / lightning protection equipotential bonding 184 f.
Blitzstromverlauf / lightning current curve 182
Blockheizkraftwerke / unit-type district-heating power stations 85
Bogenmaß / arc measure 46
Bohrsches Atommodell / Bohr's atom model 12
Boiler / boiler 220 f.
Brände / fires 156
Brandklassen / fire classes 156
Brandlöschung / fire extinguishing 156
Brandmeldeanlage / fire alarm system 298 f.
Brandmeldekabel / fire alarm cable 299
Brandmeldezentrale / fire alarm centre 299
Brandschutz / fire protection 169
Bremsen mit Gleichstrom / breaking by direct current 325
Bremsen von Motoren / breaking of motors 324
Bremslüfter / centrifugal brake operator 324
Brückenabgleich / bridge balancing 36
Brückenschaltung / bridge circuit 36
Buchholz-Relais / Buchholz relay 101
Bürsten / brushes 302, 314
Bürstenabhebevorrichtung / brush lifter 314
Bürstenverschiebung / brush shifting 303
Bus / bus 342 f.
Busadern / bus wires 144
Busankoppler / bus coupling unit 144
Bus-Leitungsnetz / bus cable network 143
Busnetz / bus network 143, 353
Busstruktur / bus topology 353
Busteilnehmer / bus station 144
Bustopologie / bus topology 353
Byte / byte 350
BZT / BZT 269

C

Campingplätze / camping sites 141
Cassegrain-Antenne / Cassegrain aerial 288
CATV / Cable Television 286
CEE-Stecker / CEE plug 141
CEE-Stecksystem / CEE plug system 141, 160
CEE-Steckvorrichtungen / CEE plug and socket systems 160
Celsius-Skala / Celsius scale 235
Centronics-Schnittstelle / Centronics interface 352
Ceranfeld / Ceran cooking panel 211
Charakteristik von LS-Schaltern / characteristic of circuit breakers 319
Charge / lot 55
Checkliste / check list 227
Chemische Energie / chemical energy 54
Chemische Wirkung / chemical effect 154
C-MOS / C-MOS 329
Code / code 340
Codierung / encode 340
Computernetzwerk / computer network 353
Cosinus / cosine 46
CPU / CPU 342

D

D0-System / D0 system 125
Dachständer / service entry point 90
Dachständerrohr / service entry mast 90
Dahlanderschaltung / Dahlander pole-changing circuit 309
Dämmerungsschalter / photo electric lighting controller 230 f.
Dampferzeuger / steam generator 84 f.
Dampfkreislauf / steam circulation 85
Dämpfung / attenuation 281
Dämpfungsmaß / attenuation factor 281, 282
Darstellung der Stromrichtung / representation of current direction 301
Datenaustausch / data exchange 342
Datenbus / data bus 342 f.
Datenreduktion / data reduction 279
Datenstrom / data flow 340
Datenübertragung / data transmission 350
Dauerbetrieb / continuous duty 323
Dauermagnet / permanent magnet 107, 302
dB-Mikrovolt / dB-micro volt 282
De Morgansche Regel / De Morgan's rule 334
Deckelkontakt / cover contact 296
Deckenheizung / ceiling heating 225
Deckenstrahlungsheizung / radiant ceiling heating 225
Dehnungsmessstreifen / strain gauge 358
Deutsche Verbundgesellschaft / german association of interconnected systems 86
Dezibel / decibel 281, 282
Dezimalzahlen-System / decimal number system 329
Diagramm / diagram 21 f.
Diagramm, Linien- / diagram, line- 47
Diagramm, Zeiger- / diagram, phasor 47
Diagrammauswertung / diagram analysis 21 f.
DIAZED / DIAZED 125
Dielektrikum / dielectric 73
Differenzial-Maximalmelder / rate of rise - maximum detector 298
Differenzialprinzip / differential principle 295
Differenzstrom / differential current 168, 181
Differenzverstärker / difference amplifier 263
Diffusion / diffusion 243
Diffusionsspannung / diffusion potential 243
Digital-Analog-Umsetzer / digital-analog converter 340
Digitalbaustein / digital 329 f.
Digitale Telekommunikation / digital telecommunication 271, 272, 273, 275
Digitaler Fernsehempfang / digital television reception 279
Digitales Messgerät / digital measuring instrument 15 f.
Digitalisierung / digitising 340
Digitaltechnik / digital technique 329 f.
Dimmen / dimming 195, 197, 202 f.
Dimmer / dimmer 254
Dimmer mit Schnittstelle / dimmer with interface 197
Dimm-EVG / electronic dimmer ballast 197
DIN-Hutschienenprofil / DIN rail 111
Diode / diode 57, 241 f.
Diodenkennlinie / diode characteristic 242
Dipol / dipole 281
Direkte Leistungsmessung / direct power measuring 27
Direkte Widerstandsmessung / direct resistance measuring 35
Direktheizgerät / direct electrical heater 225
DiSEqC / Digital Satellite Equipment Control 290
Disjunktion / disjunction 331
DMS / strain gauge 358
Dokumentation der Stromkreise / documentation of electric circuits 112
Dokumentation des EIB-Systems / documentation of EIB system 147
Doppelschlussmotor / compound wound motor 305
Doppelte oder verstärkte Isolierung / double or reinforced insulation 158 f., 164 f.
Dotierung, n- / doping, n- 57, 243
Dotierung, p- / doping, p 57, 243
Downlights / downlights 201
Downlink / downlink 287
Drahtwiderstände / wire wound resistors 233
Drain / drain 252
DRAM / DRAM 343
Drehbewegung / rotation 301
Drehfeld / rotating field 308
Drehmoment / torque 302, 305
Drehrichtung / direction of rotation 304, 308

Drehrichtungsänderung / reversal 317 f.
Drehstrom / three phase current 49, 307
Drehstrom-Generator / three phase generator 51
Drehstrom-Leistungsmesser / three phase power meter 316
Drehstrommotor / three phase motor 308
Drehstromnetz / three phase system 52
Drehstromtransformatoren / three phase transformers 87, 92, 99 f.
Drehstromzähler / three phase meter 106
Drehteller / rotary plate 212
Drehzahl / speed 304 f.
Drehzahländerung / speed variation 304 f.
Drehzahlkennlinie / speed characteristic 306
Drehzahlregelung / speed regulation 356 f.
Dreibanden-Leuchtstofflampen / triphosphor tube fluorescent lamps 189
Dreieckschaltung / delta connection 99 f.
Drei-Phasen-Wechselspannung / three phase alternating voltage 49
Dreipunktregler / three position controller 363
Drossel / reactance coil 61, 145
Druckdifferenzdose / pressure difference capsule 222
Druckdifferenzschalter / pressure difference switch 222
druckfester Speicher / pressure resistant water heater 224
Druckkammer-Lautsprecher / pneumatic loudspeaker 297
druckloser Speicher / unpressurized water heater 220 f.
Druckluftregelanlage / compressed air control installation 358
Druckminderer / pressure reducer 213
DSL / Digital Subscriber Line 277
DSLAM / Digital Subscriber Line Access Multiplexer 277
DSL-Anschluss / DSL connection 277, 278
D-System / D-system 125
Dualzahlen / binary number 329
Dualzahlen-System / binary number system 329
Duoschaltung / twin lamp circuit 178 f., 196
Durchbruchspannung / breakdown voltage 246
Durchflussmenge / flow rate 223
Durchflussstrecke / flowing through section 359
Durchflussvolumen / flow rate volume 223
Durchgangsdämpfung / through loss 284
Durchgangssteckdose / throughway box 281
Durchlassbereich / on state region 242
Durchlassrichtung / conducting direction 243
Durchlassspannung / conducting state voltage 242
Durchlassstromstärke / forward current intensity 242
Durchlauferhitzer / instantaneous water heater 220 f.
Durchlauferhitzer, elektronisch geregelter - / instantaneous water heater, electronic controlled 223
Durchlauferhitzer, hydraulisch gesteuerter - / instantaneous water heater, hydraulic controllod 222
Durchlauferhitzer, thermisch geregelter - / instantaneous water heater, thermal controlled 223
Durchlauferhitzeranschluss / connection of instantaneous water heater 223
Durchlaufspeicher / flow water storage heater 224
Dusche / shower 135
DVB / Digital Video Broadcasting 279
DVB-C / Digital Video Cable 279, 286
DVB-S / Digital Video Satellite 279, 287, 288, 289
DVB-S2 / DVB-S2 289
DVB-T / Digital Video Terrestrial 279, 285
DVG / german association of power supply 86
Dynamisches Flipflop / dynamic flip-flop 337
Dynamo / dynamo 13

E

E-/ A-Schaltung / I-/ O-circuit 342
E12 / E12 232
E24 / E24 232
E6 / E6 232
E-Block / E-block 53
Edelgasfüllung / inert gas filling 189
EDTV / Enhanced Definition Television 280

EEPROM / EEPROM 343
Effektivwert / root mean square value 44, 50
EIB / EIB 143 f.
EIB Tool Software / EIB Tool Software 147
EIB-Bereich / EIB zone 145
EIB-Bereichskoppler / EIB zone coupler 145
EIB-Busanschlussklemme / EIB bus terminal 144
EIB-Busleitung / EIB bus line 144
EIB-Busleitungslänge, maximal / EIB bus line length, maximum 146
EIB-Datenschnittstelle / EIB data interface 149
EIB-Geräte / EIB devices 144
EIB-Inbetriebnahme / EIB start-up 149
EIB-Installationsdose / EIB installation box 146
EIB-Linie / EIB line 145
EIB-Linienkoppler / EIB line coupler 145
EIB-Powerline / EIB powerline 151
EIB-Produktverwaltung / EIB product management 148
EIB-Projektierung / EIB planning 148
EIB-System / EIB system 143
EIB-Verlegebedingungen / EIB installation conditions 146
Eigenerwärmung / self heating 239
Eigenschaften, Batterie- / characteristics, battery- 53
Einbaustrahler / fitted spotlight 201
Einbruchmeldeanlagen / burglar alarm systems 291 f.
Eingang, invertierender- / input, inverting 263
Eingang, nichtinvertierender / input, non inverting 263
Eingangsbereich / input range 251
Eingangssignal / input signal 227
Eingangsspannung / input voltage 92, 94
Eingangswicklung / input winding 92, 96
Einheiten, Vorsätze von / units, prefixes of 14
Einheitssignal, elektrisches / standard signal, electrical 358
Einheitssignal, pneumatisches / standard signal, pneumatic 358
Einphasentransformatoren / single phase transformers 92 f.
Einphasenwechselstromzähler / single phase wattmeter 107
Einpuls-Mittelpunktschaltung M1 / one pulse centre tap connection M1 244
Einsatz von Motoren / motor applications 319
Einschaltverzögerung / on delay 338
Einschaltvorgang Spule / circuit closing operation of coil 61 f.
Einschaltzeit / make time 96
Einwirkungszeit / exposure time 154, 156
Einzelkompensation / individual power factor correction 198
Einzelversorgung / single supply 223
Eisenkern / iron core 92 f.
Eisenverluste / core losses 93, 95 f.
Eisenverluststrom / core loss current 95 f.
Elektrische Arbeit / electric work 45
Elektrische Energie / electric energy 11
Elektrische Feldkonstante / electric constant 73
Elektrische Feldlinien / electric field lines 72 f.
Elektrische Motorwerte / electric motor characteristics 323
Elektrischer Leitwert / admittance 17
Elektrischer Strom / electric current 13
Elektrischer Widerstand / electric resistance 17
Elektrisches Einheitssignal / electric standard signal 358
Elektrizitätsversorgungsunternehmen / power supply undertaking 86
Elektrizitätszähler / electricity meter 18
Elektrochemische Spannungsreihe / electrochemical series 54
Elektrochemisches Element / electrochemical element 54
Elektrode, negative / electrode, negative 57
Elektrode, positive / electrode, positive 57
Elektroherd / electric cooker 211
Elektrolyt / electrolyte 54, 56
Elektro-magnetische Entriegelung / electro magnetic unlock 324
Elektron / electron 12
Elektron, freies / electron, free 13
Elektronenfluss / flow of electrons 13
Elektronenstrahl / electron beam 41
elektronisch geregelter Durchlauferhitzer / electronic controlled instantaneous water heater 223

Sachwortverzeichnis / index

Elektronische Bauelemente / electronic components 231 f.
Elektronische Schalter / electronic switches 249 f.
Elektronisches Steuerrelais / electronic control (pilot) relay 349
Element, elektrochemisches / element, electrochemical 54
Elementarmagnete / elementary magnets 63
Elevation / elevation 290
EMA / intruder alarm system 291 f.
Emitter / emitter 250
Emitterschaltung / common emitter 250, 258
Empfangsverteilanlage / reception distributing installation 279
Endausschlag / full scale deflection 16
Enddose / termination socket 281
Endstromkreise / final circuits 167
Energie, chemische / energy, chemical 54
Energie, elektrische / energy, electrical 11
Energieaustausch / energy exchange 86
Energiebedarf / energy demand 85
Energiedichte / energy density 53
Energieeffizienzklasse / energy efficiency class 219
Energieerzeugung / energy generation 83
Energieformen / kinds of energy 84
Energiekosten / energy costs 221, 223
Energielabel / energy label 219
Energiequelle / energy source 11
Energieregler / energy controller 211
Energiesparlampen / energy saving lamps 190
Energieträger / source of energy 83
Energietransport / power transmission 11 f.
Energieübertragung / energy transmission 86 f.
Energieumwandler / energy converter 84
Energieumwandlungskette / energy converting chain 84
Energieverbrauch / energy consumption 219
Energieverbrauchs-Kennzeichnungsgesetz / energy consumption labelling law 219
Energieverluste / energy losses 96 f.
Energieversorgung / power supply 86 f.
Energieverteilung / power distribution 87
Energiewandler / power converter 11
Enthärter / softening agent 215
Entladen / discharge 56
Entladen von Speichermaterial / discharge of underfloor storage heating 225
Entladevorgang beim Kondensator / discharge operation of capacitor 73
Entladewiderstand / discharge resistor 199
Entladungserscheinung / corona 182
Entladungslampen / discharge lamps 189 f.
Entriegelung, elektro-mechanische - / unlock, electro mechanical 324
Entsorgung / disposal 54, 56
Entsorgung von Lampen / disposal of lamps 189
Entsperrtaste / unlock key 321
Entstörkondensator / radio interference suppression capacitor 196
EPROM / EPROM 343
Erden und Kurzschließen / earthing and shorting 157
Erderarten / types of earth electrodes 174
Erderspannung / earth electrode potential 174
Erdkabel / underground cable 91
Erdschluss / earth fault 155, 174
Erdung bei Wandlern / earthing of measuring transformers 98 f.
Erdung im IT-System / earthing in IT-systems 171
Erdunganlage / earthing system 182 f.
Erdungen / earthings 166 f., 170 f.
Erdungswiderstände / earthing resistances 170, 176, 179
Erdwiderstand / soil resistivity 179
Erfassungsbereich / sensing zone 293
Erregerfeldstrom / exciter field current 304
Ersatzableitstrom / substituted leakage current 229
Ersatzbeleuchtung / stand-by lighting 206 f.
Ersatzschaltbild / equivalent circuit 70
Ersatzstromversorgung / stand-by power supply 138, 207
Erste Hilfe / first aid 156

Erst-Maßnahmen / first measurements 156
Erwärmung des Motors / temperature rise of motor 323
Erzeugung elektrischer Energie / generation of electrical energy 83
Etagenverteiler / floor patchboard 110
ETS / ETS 147
EURO-ISDN / EURO ISDN 274
Europäischer Installationsbus / European Installation Bus 143
EVG / electronic ballast 190, 194, 196 f.

F

Fahrzeugbatterie / vehicle battery 56
Fangeinrichtungen / air terminators 182 f.
Farbcode / colour code 232
farbliche Leiterkennzeichnung / conductor colour coding 113
Farbringe / colour rings 232
Fehler feststellen / defect determination 227
Fehler, absoluter / error, absolute 16
Fehler, prozentualer / error, percentage 16
Fehler, relativer / error, relative 16
Fehlerart / kind of defect 16, 155
Fehlerermittlung / defect determination 227
Fehlerfall im IT-System / fault scenario in IT-system 171
Fehlerfeststellung / defect detection 227
Fehlerschleife / earth fault loop 167 f.
Fehlerschutz / fault protection 160 f., 164 f.
Fehlerspannung / fault voltage 155, 165
Fehlerstrom / residual current 153 f., 168 f., 175
Fehlerstromkreis / residual current circuit 153 f., 167, 172
Fehlerstromkreis im TN-System / residual current circuit in TN-system 167 f.
Fehlerstromkreis im TT-System / residual current circuit in TT-system 170
Fehlerstrom-Schutzeinrichtung / residual current protective device 168 f., 180 f.
Fehlerstrom-Schutzschalter / residual current circuit breaker 162 f., 168 f.
Fehlersuche / fault locating 227
Fehlersuche bei RCD / fault locating of RCD 169
Fehlersuche im Kabelnetz / fault locating in cable network 91
Feinsicherung / miniature fuse 227
Feldebene / field level 350
Feldeffekttransistoren / field effect transistor 252
Feldkonstante – Elektrische / electric constant 73
Feldkonstante – Magnetische / magnetic constant 63
Feldlinien – Elektrische / field lines, electric 72 f.
Feldlinien – Magnetische / field lines, magnetic 63
Feldlinien-Richtung / field lines, direction 301
Feldplatte / magnetoresistor 240, 358
Feldstärke, magnetische / field strength, magnetic 240
Feldstellanlasser / field rheostat 304
Feldverzerrung / field displacement 303
Feldwicklung / field winding 305
Fernmeldeleitung / telecommunication line 265
Fernsehempfang / television reception 279
Fernsehkamera / television camera 267
Fernsehkanäle / TV channels 280
Fernsprechbetrieb / telephone operation 269
Festspannungsregler / fixed voltage regulator 247
Festtemperaturthermostat / fixed temperature thermostat 216
Festverdrahtete Steuerung / hard wired controller 344
Festwertspeicher / read only memory 342 f.
FET / FET 252
FET, Sperrschicht- / FET, junction gate 261
FET-Kennlinie / FET characteristic 261
Feuchte Räume / damp locations 160
Feuchte und nasse Räume / damp and wet locations 137
feuergefährdete Betriebsstätten / locations exposed to fire hazard 137
Flachbatterie / flat battery 53
Flexible Steuerung / flexible controller 344
Fliehkraftschalter / centrifugal switch 317
Flipflop / flip-flop 336 f.

Flipflop, Dynamisches / flip-flop, dynamic 337
Flipflop, Statisches / flip-flop, static 337
Flusensieb / fluff filter 219
Fluss, magnetischer / flux, magnetic 42, 240
Flussänderung / flux change 42
Formsteine / duct blocks 91
Fortkochstufe / continuing cook gradate 222
Freigabe / permission 226
Freileitung / overhead power line 89 f.
Freileitungsanschluss / overhead power line connection 103
Freileitungshausanschluss / overhead service 90
Freileitungsnetz / overhead system 89
Freischalten / safety isolation 157
Fremderregte Wicklung / separately excited winding 305
Fremderregter Motor / separately excited motor 305
Fremdkörperschutz / protection against ingress of solid foreign bodies 204
Frequenz / frequency 43
Frequenzumformer / frequency converter 310
Frontlader / front loader 217
F-Stecker / F-connector 289
Führungsgröße / reference input variable 327, 356 f.
Füllstandsschalter / liquid level switch 216, 217
Fundamenterder / foundation earth 103, 105, 167, 173 f., 183
Funktionsklasse / function class 126
Funktionskleinspannung / functional extra low voltage 161
Funktionsplan / control system function diagram 344, 345
Funktionsprogrammierung / function programming 149
Fußbodenheizung / under floor storage heating 225
Fußbodenkanal / underfloor duct 132
Fußkontakt / food contact 124

G

Gargut / cooked food 212
Gasentladung / gas discharge 189
gate / gate 252 f.
Gebäudeleittechnik / building service management 143
Gebläse / blower 218
Gebrauchslage / position of normal use 16
Gefahrenbereiche / hazard areas 163
Gefriergerät / freezer 214
Gegenkathete / opposite side 46
Gegenkopplung / negative feedback 264
Gegenspannung / counter voltage 303
Gegensprechanlage / intercom 265
Gegenstrombremsen / braking by plugging 325
Gehäusebefestigung / enclosure mounting 323
Generator / generator 13, 83 f.
Generator, Drehstrom- / three phase generator 51
Generatorprinzip / generator principle 42
Generator-Sternpunkt / generator star point 51
Geräte-Verbindungsdose / appliance joint box 130
Gerichtete Bewegung / directional motion 13
Germanium / germanium 236
Gesamtleistung / total power 316
Gesamtleitwert / total admittance 30
Gesamtwiderstand / total resistance 30
Gesamtwirkungsgrad / total efficiency 84
Geschirrspüleranschluss / dishwasher connection 216
Geschirrspülmaschine / dishwasher 215
geschlossener Speicher / closed hot water tank 220
geschlossenes System / closed system 220, 221
Glasbruchmelder / broken glass detector 291 f.
Glasbruchsensor / broken glass sensor 292
Glättung / smoothing 241, 244
Glättungskondensator / smoothing capacitor 244
Gleichrichter / rectifier 241
Gleichrichterschaltungen / rectifier circuits 244
Gleichspannungsquelle / d.c. voltage source 13
Gleichstrom / direct current 53
Gleichstrombremsen / d.c. braking 325
Gleichstrommotor / d.c. motor 359
Gleichstrommotor-Schaltungen / d.c. motor circuits 305

Gleichstromverstärkung / d.c. gain 258
Gleichstromwiderstand / d.c. resistance 64
Glühlampen / incandescent bulbs 187, 193
Glühlampenwiderstand / incandescent bulb resistance 234
GM / broken glass detector 292
Gradmaß / degree measure 46
Gregory-Antenne / Gregory aerial 288
Grenzschicht / junction 57, 243
Grenztemperatur / limiting temperature 117, 324
Großakkumulator / high capacity battery 56
großer Prüfstrom / conventional tripping current 126
Großverbraucher / large consumer 87 f.
Grundheizung / basic heating 221 f.
Grundlast / base load 85
Gruppenadresse / group address 143, 148
Gruppenkompensation / group power factor correction 198
Gruppenschaltung / group circuits 32 f.
Güteklasse / quality grade 16

H

HAK / service entrance box 49, 91
Halbleiter / semiconductor 236
Halbleiterdiode / semiconductor diode 242
Halbleiterspeicher / semiconductor memory 343
Halbleiterwiderstände / semiconductor resistance 236 f.
Halogene / halogen 188
Halogen-Glühlampen / tungsten halogen lamps 188
Halogen-Metalldampflampen / metal halide lamps 191
Halogen-Wolfram-Kreisprozess / tungsten halogen cycle 188
Haltestromkreis / holding circuit 321
Handbereich / arm's reach 163
Handbetätigung / manual operation 327
Handleuchtentransformator / hand lamp transformer 93
Haupterdungsschiene / main earthing bar 103, 105, 136, 172 f., 182, 185
Hauptfeld / magnetising field 303
Hauptgruppe / main group 148
Hauptleitung / main line 104
Hauptleitungsquerschnitt / main line cross section 104
Hauptschütz / main contactor 321
Hauptverteiler / main distribution board 104, 108
Hauptwicklung / main winding 317 f.
Hausanschlusskabel / underground service 91
Hausanschlusskasten / service entrance box 49, 90 f., 104
Hausanschlussraum / service entrance room 103
Hausanschlusssicherungen / mains fuses 104
Hauseinführung / house lead-in 90
Hausinstallation / house wiring 103
Hausstation / home station 265
Haustelefon / internal telephone system 267
HDTV / High Definition Television 280
Heißleiter / thermistor 236, 239
Heizdauer / heating time 226
Heizleiter / heating conductor 225
Heizstäbe / heating rods 222
Heizung, Deckenstrahlungs- / heating, ceiling radiant 225
Heizung, Fußboden- / heating, under floor 225
Heizung, Fußbodenspeicher- / heating, under floor storage 225
Heizung, Grund- / heating, basic 221
Heizung, Nachtspeicher- / heating, night storage 225
Heizung, Speicher- / heating, storage 225
Heizung, Zusatz- / heating, booster 221 f.
Heizwiderstände / heating resistors 221, 222
Helligkeitssteuerung / dimmer control 195
Herdanschlussdose / cooker connector box 212
Herzkammerflimmern / ventricular fibrillation 154
Hexadezimalzahlen / hexadecimal numbers 341
Hilfsphase / auxiliary phase 317
Hilfspol / auxiliary pole 317 f.
Hilfswicklung / auxiliary winding 317
Hochdrucklampen / high pressure lamps 191 f.
Höchstspannungsebene / extra high voltage level 86 f.
Hohlleiter / waveguide 212

Sachwortverzeichnis / index

375

Hohlwand-Installation / installation in hollow walls 131
H-Pegel / H-level 329
HUB / HUB 351 f.
hydraulisch gesteuerter Durchlauferhitzer / hydraulic controlled instantaneous water heater 222
Hyperbel / hyperbola 24
Hypotenuse / hypotenuse 46

I

IAE / IAE 273
IEC-Reihe / IEC series 74, 232
IM / infrared detector 293
Impedanz / impedance 166 f.
Impulsbetrieb / pulse operation 56
Imputz-Installation / semi-flush installation 131
Inbetriebnahme / start-up 227
Indirekte Leistungsmessung / indirect power measuring 27, 44
Indirekte Widerstandsmessung / indirect resistance measurement 34
Induktion / induction 42
Induktionsgesetz / Faraday's law 93
Induktivität / inductance 63, 65
Informationspaket / information packet 143
Infrarotschalter / infrared switch 231
Infrarot-Sensor / infrared sensor 202
Infrarotstrahler / infrared radiator 225
Innenwiderstand / internal resistance 34
Innerer Blitzschutz / internal lightning protection 182 f.
Innerer Widerstand / internal resistance 58
Installation mit Geräte-Verbindungsdosen / installation with junction boxes 130
Installation mit Verbindungsdosen / installation with connection boxes 130
Installation mit zentralen Verteilerkästen / installation with central distribution boards 130
Installation von Leuchten / installation of luminaires 196, 204 f.
Installation von NV-Halogenlampen / installation of low-voltage halogen lamps 201
Installation von Sicherheitsleuchten / installation of emergency lighting lamps 207
Installationsarten / kind of installations 131
Installationsausführung / installation realisation 130
Installationsformen / installation principles 130
Installationshinweise / installation guidelines 131, 133
Installationsmethoden / installation methods 131
Installationspläne / installation plans 134
Installationsschaltungen / installation circuits 193
Installationsumfang / scope of installation 110
Installationszonen / installation zones 133
Intelligente Leuchte / intelligent luminaire 202 f.
Interface / interface 342
Invertierender Eingang / inverting input 263
Invertierung, Operationsverstärker / inverting, operational amplifier 263
Ionisationsprinzip / ionisation principle 298
IP / Internet Protocol 276
ISDN / Integrated Services Digital Network 271
ISDN-Anschlusseinheit / ISDN connection socket 273
ISDN-Basisanschluss / ISDN basic access 271
Isolationsfehler / insulation fault 153 f., 168, 174
Isolations-Überwachungseinrichtung / insulation monitoring device 171
Isolationswächter / earth-leakage monitor 171
Isolationswiderstand / insulation resistance 74, 147, 175 f., 178, 228
Isolator / insulator 13
Isolierauskleidung / insulating lining 164
Isolierschicht-FET / insulated gate FET 252
Isolierstoffe / insulating materials 236
Isolierstoffklasse / standard insulation class 324
Isolierstück / insulating part 302
Isolierumkleidung / insulation enclosure 164
Isolierung / insulation 164

Isolux-Kurven / isolux curve 209
Ist-Wert / actual value 16, 356 f., 360
IT-System / IT system 166, 171 f.

J

Jahreswirkungsgrad / yearly efficiency 96 f.

K

Kabel / cable 89 f., 113, 113
Kabelanschluss / cable terminal 90, 103
Kabelnetz / cable network 89
Kabelschutzrohre / cable conduits 91
Kabelverlegung / cable laying 89, 91
Käfigläufer / cage rotor 312 f.
Kalkausfall / sheet 221
Kältemittel / cryogenic fluid 213
Kaltleiter / PTC thermistor 236, 238
Kaltwasseranschluss / cold water inlet 222
Kanal-Installation / installation in cable duct 132
Kapazität / capacity 53, 72 f.
Kapazität, Bemessungs- / rated capacity 55
Kapillarrohr / capillar tube 213
Kaskade / cascade 289
Katode / cathode 253, 255
Keilriemen / V-belt 306
Kelvin-Skala / Kelvin scale 235
Kenndaten von Batterien / characteristics of batteries 53
Kennfarben / identifying colours 232
Kenngrößen v. Kondensatoren / parameters of capacitors 74
Kenngrößen, Operationsverstärker- / parameters of operational amplifiers 262
Kennlinie / characteristic 21 f., 306
Kennlinie FET / characteristic FET 261
Kennlinie, Dioden / characteristic, diode 242
Kennlinie, Drehzahl- / characteristic, speed-torque 306
Kennlinie, Strom- / characteristic, current 306
Kennlinie, Transistor- / characteristic, transistor 251
Kennlinie, Triac- / characteristic, triac 255
Kennlinienfeld, Transistor- / characteristic transistor 260
Kennzeichnung der Busleitung / designation of bus line 144, 147
Kennzeichnung von Betriebsmittel / item designation 204
Kennzeichnungsetikett / label 219
Kennziffern bei Leuchtstofflampen / code numbers of fluorescent lamps 189
Keramikfeld / ceramic plane 211
Keramik-Kondensator / ceramic capacitor 74
Kippstufe, bistabile / bistable circuit 336 f.
Kippstufe, Monostabile / flip-flop, monostable 338
Kirchhoffsches Gesetz / Kirchhoff's law 29
Kleinmotoren / miniature motor 311
Kleinspannungen / extra low voltages 160 f., 229
Kleinspannungsquelle / extra low voltage source 161
Kleintransformatoren / miniature transformers 92 f.
Klemmbrett / terminal board 212
Klemmen der Erregerspule / terminals of field coil 304
Klemmen der Kompensationswicklung / terminals of compensating winding 303
Klemmen der Wendepolwicklung / terminals of commutating winding 303
Klemmleiste / terminal strip 111, 212
Klingel / bell 265
Klingeltransformator / bell transformer 92 f., 97 f.
Koaxialleitungen / coaxial cables 267, 284
Kochendwassergerät / boiling water heater 220 f.
Kocher / cooker 214
Kochfeld / cooktop 211
Kochplatte / cooking plate 28, 211
Kohleschicht-Widerstände / carbon film resistors 233
Kollektor / collector 250, 259
Kombikraftwerke / combined power plants 85
Kompakt-Leuchtstofflampen / compact fluorescent lamps 190, 194, 199

Kompaktregler / compact controller 360 f.
Kompensation / compensation 80, 198 f., 311
Kompensation von Leuchtstofflampen / compensation of fluorescent lamps 198 f.
Kompensationskondensator / power factor correction capacitor 199
Kompensationswicklung / compensating field winding 303 f.
Kompressor / compressor 213
Kompressorkühlschrank / compressor fridge 213
Kondensationstrockner / condenser dryer 218
Kondensator / capacitor 60 f., 72 f., 84 f., 218
Kondensator, Anlauf- / capacitor, starting 317
Kondensator, Betriebs- / capacitor, running 317
Kondensatorschaltungen / circuits with capacitors 74
Kondensatorwiderstand / capacitive reactance 75
Konjunktion / conjunction 330
Kontaktplan / ladder diagram 344, 345, 347
Kontaktstreifen / contact strips 302
Konvektor / convector 225
Kopfkontakt / head contact 124
Koppelstift / waveguide pin 212
Körperschluss / fault to frame 153 f.
Körperstrom / shock current 153 f.
Körperwiderstand / body resistance 153 f.
Kosten, mit Durchlauferhitzer / costs, with flow water heater 223
Kosten, mit Speicher / costs, with water storage heater 221
Kraftwerke / electric power stations 83 f.
Kreisfrequenz / angular frequency 65, 75
Kücheninstallation / installation in kitchen 134
Kühlgerät / cooler 213
Kühlschrank / fridge 213
Kühlschrank, Absorber- / fridge, absorbing 214
Kühlschrank, Kompressor- / fridge, compressor 213
Kühlung / cooling 101, 313, 324
Kühlung, Luft- / cooling, air 218
Kühlung, Wasser- / cooling, water 219
Kunststoffaderleitung / thermoplastic single core non sheathed cable 113
Kunststoff-Folien-Kondensator / film capacitor 74
Kunststoffkabel / plastic insulated cable 113
Kupferverluste / copper losses 96
Kurzschluss / short circuit 94, 97 f., 124, 155
Kurzschlussbolzen / short circuiting bolt 314
Kurzschlussfest / short circuit proof 97 f., 265
Kurzschlussfestigkeit / short circuit strength 94, 97 f.
Kurzschlussläufermotor / squirrel cage induction motor 312
Kurzschlussring / shading ring 318
Kurzschlussschnellauslöser / instantaneous short circuit release 127
Kurzschlussschutz / short circuit protection 319
Kurzschlussspannung / short circuit voltage 97 f., 101
Kurzzeitbetrieb / short time duty 323
Kusa-Schaltung / short circuit starting 314
KVG / conventional ballast 194

L

Laden / charging 56, 226
Laden von Akkumulatoren / charging of batteries 55
Laden von Speichermaterial / charging of storage material 225
Ladung / charge 12, 72
Ladungsspeicher / charge storage 72
Ladungstrennung / charge separation 12
Lage der Motorwelle / position of motor shaft 323
Lage der Welle / position of shaft 323
Lampen / lamps 187 f.
Lampenarten / lamp types 192
Lampenschaltungen / lamp circuits 193
LAN / LAN 353
Landwirtschaftliche Betriebsstätten / agricultural and horticultural premises 138
LAN-Tester / LAN tester 355
Lastschütz / load contactor 226

Lastschwerpunkt / load centre 110
Laststromkreis / load current circuit 249, 255
Lasttrennschalter / switch disconnector 89
Läuferfeld / rotor field 312
Laugenbehälter / suds container 217
Laugenpumpe / suds pump 218
Lautsprecher / loudspeaker 266
LDR / light dependent resistor 236, 240, 358
LDTV / Low Definition Television 280
Leckstrahlung / leakage radiation 213
LED / LED 192 f., 248
Leerlauf / no load operation 94
Leerlaufstrom / no load current 95 f., 313
Leistung / power 18, 25 f., 44, 68 f., 71
Leistung, Blind- / power, reactive 316
Leistung, Gesamt- / power, total 316
Leistung, Schein- / power, complex 316
Leistung, Strang- / power, phase 316
Leistung, Wirk- / power, real 316
Leistung, zugeführte - / power, input 316
Leistungsdämpfungsmaß / power attenuation ratio 282
Leistungskurve / power curve 44
Leistungsmesser / power meter 27
Leistungsmesser, Drehstrom- / power meter, three phase 316
Leistungsmesser, Wechselstrom- / power meter, alternating current 316
Leistungsmessung / power measurement 27, 316
Leistungsmessung, indirekte / power measuring, indirect 44
Leistungsschalter / power circuit breaker 87, 89, 124
Leistungsschild / rating plate 308, 323
Leistungsverstärkung / power gain 257, 259
Leiteraufbau / composition of conductor 114
Leiterisolierung / conductor insulation 113
Leiterkennzeichnung / conductor designation 113
Leiterlänge / conductor length 38
Leiterquerschnitt / conductor cross-section 38, 114, 123, 212
Leiterschleife / conductor loop 302
Leiterschluss / conductor fault 155
Leiterspannung / phase to phase voltage 49 f.
Leiterwerkstoffe / conductor material 236
Leiterwiderstand / conductor resistance 38
Leitfähigkeit / conductivity 236
Leitung, wärmebeständige - / cable, temperature proof 226
Leitungen / cables 89 f., 113
Leitungsarten / conducting principle 11
Leitungsauswahl / cable selection 115
Leitungsbestimmung / cable qualification 122
Leitungskurzbezeichnung / cable short designation 113
Leitungslänge / cable length 123
Leitungsschutz-Schalter / circuit breaker 124, 127, 319
Leitungsschutzsicherung / fuse 124
Leitungsschutzsicherung, Bauart / fuse, breaker type of 124, 125
Leitungsschutzsicherung, Betriebsklasse / fuse utilisation category 124, 126
Leitungsverlegung / cable laying 89, 91, 112, 158, 165
Leitungsverlegung, gehäuft / cable laying, concentrated 120
Leitungsverlegung, veränderte Umgebungstemperatur / cable laying, modified environmental temperature 120
Leitungsverlegung, vieladrig / cable laying, multicore 120
Leitungswiderstand / conductor resistance 37 f.
Leitwert, elektrischer / admittance 17
Leitwertdreieck / admittance triangle 71
Leuchtdiode / light emitting diode 192 f., 248
Leuchtenanzahl / number of luminaire 196, 209
Leuchtenprüfzeichen / luminairies test marks 204
Leuchtenschaltungen / luminaire circuits 193
Leuchtstofflampen / fluorescent lamps 189 f., 197
Leuchtstofflampenanzahl / number of fluorescent lamps 205
Leuchtstofflampen-Schaltungen / fluorescent lamp circuits 61, 196 f.
Lichtabhängiger Widerstand / voltage dependent resistor 236, 240

Sachwortverzeichnis / index

Lichtausbeute / luminous efficiency 189
Lichtbänder / continuous rows of luminairies 196, 205
Lichtbereiche / light zones 187
Lichtentstehung / origin of light 187 f.
Lichterzeugung / light generation 187 f.
Lichtregler / light controller 203
Lichtstärke / light intensity 189
Lichtstärkeverteilungskurve / light intensity distribution curve 208
Lichtsteuersysteme / light control systems 202 f.
Lichtstrom / luminous flux 189 f.
Lichttechnische Grundgrößen / basic photometric quantities 189
Lichtwellenleiter / fibre optic 354
Liniendiagramm / line diagram 47, 66 f.
LNB / Low Noise Block converter 287
Local area Network / local area network 353
Lochblech / perforated sheet 213
Logarithmische Teilung / logarithmic scale 238
Logik, binäre / Boolean logic 328
Logik-Baustein / logic chip 329 f.
Logikmodul / logic module 349
Logikzustand / logic state 328 f.
Logische Verknüpfung / logic operation 328
Löschen / reset 336
Löschmittel / fuse filler 156
Loslassschwelle / let go threshold 154
Lösungsstrategie / solution strategy 22
L-Pegel / low state 329
LS-Charakteristik / circuit breaker characteristic 319
LS-Schalter / circuit breaker 127, 319
LS-Schalter für Leuchtstofflampen / circuit breaker for fluorescent lamps 205
LS-Schalter, Montage / circuit breaker, installation 128
Lüftermagnet / fan magnet 324
Luftkühlung / air cooling 218
Lux / lux 240
LVK / light intensity distribution curve 208
LWL / fibre optic cable 354

M

M1 / centre-tap connection 244
Magnet, Lüfter- / magnet, fan 324
Magnetblech / magnetic steel sheet 304
Magnetfeld, Erreger- / magnetic field, exciting 303, 304
Magnetfeld, Kompensations- / magnetic field, compensation 303
Magnetfeld, Rotor- / magnetic field, rotor 301 f.
Magnetfeld, Stator- / magnetic field, stator 301 f.
Magnetfeld, Wendepol- / magnetic field, commutating 303
Magnetfeldabhängiger Widerstand / magnetoresistor 240
Magnetflussänderung / change of magnetic flux 93
Magnetische Feldkonstante / magnetic constant 63
Magnetische Feldlinien / magnetic line of force 63
Magnetische Feldstärke / magnetic field strength 240
Magnetischer Fluss / magnetic flux 42, 240
Magnetisierungskennlinie / magnetisation characteristic 63
Magnetisierungsstrom / magnetising current 95 f.
Magnetron / magnetron 212
Mantelleitung / light plastic sheathed cable 113
Mantelrohr / enclosing tube 219
Maschennetz / meshed system 88
Maststation / pole-mounted transformer 90
maximale Leitungslänge / maximum line length 121
Maximalwert / maximum value 43, 50
mechanische Bremse / mechanical brake 324
mechanische Motorwerte / mechanical motor charateristics 323
medizinisch genutzte Räume / medical used rooms 138
Mehrelementantenne / multi-element aerial 281
Mehrfachrufnummern / Multiple Subscriber Numbers 271
Mehrgeräteanschluss / multipoint interface 271, 273
Meldelinie / detector line 291 f., 294 f.
Melder / detector 291 f.
Melder mit Magnetkontakt / reed contact detector 291 f.
Melder, aktive / detector, active 292
Melder, passive / detector, passive 292
Membran / diaphragm 222
Memoryeffekt / memory effect 55
Messbereich / measuring range 15
Messbereichsschalter / range selector switch 16
Messbrücke / measuring bridge 36
Messeinrichtungen / measuring units 104, 106, 107
Messgerät / measuring instrument 15
Messgerät, analoges / measuring instrument, analog 15, 16
Messgerät, Betriebs- / industrial measuring instrument 16
Messgerät, digitales / measuring instrument, digital 15, 16
Messgerät, Spannungs- / voltmeter 15
Messgerät, Strom- / ammeter 15
Messgerät, Vielfach- / multimeter 15
Messgerät, Zeiger- / pointer type measuring instrument 15
Messgerät, Ziffern- / digital measuring instrument 15
Messleitung / instrument lead 16
Messschaltung / measuring circuit 20
Messumformer / transducer 356 f.
Messung von Widerständen / measuring of resistors 34
Messungen zu den Schutzmaßnahmen / tests of protection measurements 176 f.
Messwandler / instrument transformer 87, 92, 98 f.
Messwert / measured value 15
Metallbindung / metal linkage 13
Metalldampflampen / metal vapour lamps 191 f.
Metallkochplatte / metal cooking plate 211
Metallpapier-Kondensator / metallized paper capacitor 74
Metallschicht-Widerstände / metal film resistor 233
Microbatterie / micro battery 53
Mignonbatterie / mignon battery 53
Mikrocomputer / microcomputer 342
Mikrofon / microphone 13, 266
Mikroprozessor / microprocessor 215, 223, 342
Mikrowellen / micro wave 212
Mikrowellen-Bewegungsmelder / microwave motion detector 293
Mikrowellengerät / micro wave oven 212
Mindestausstattung / minimum configuration 266
Mindestleiterquerschnitt / minimum conductor cross section 114
Mischbatterie / mixing tap 224
Mischspannung / pulsating voltage 260
Mithörsperre / listening-in lock 266
Mittelanzapfung / centre tap 92
Mittellast / medium load 85
Mittelspannungsebene / medium voltage system 86 f.
Mittelwert der Arbeit / mean value of work 45
Mittelwert der Leistung / mean value of power 45
MK / magnetic contact 292
MM / microwave motion detector 293
Momentanwert / instantaneous value 43
Monitor / monitor 267
Monobatterie / mono battery 53
Monoflop / monoflop 338
Monostabile Kippstufe / monostable flip-flop 338
Monozelle / mono cell 53
Montagehöhe des Stromkreisverteilers / installation hight of current circuit distributor 110
Montagehöhe des Zähler / installation hight of electricity meter 108
MOS-FET / MOS-FET 252
Motor als Regelstrecke / motor as controlled system 359
Motor, Asynchron- / motor, asynchronous 312
Motor, Bahn- / motor, traction 307
Motor, Drehstrom- / motor, three phase 308
Motor, Fremderreger - / motor, separately excited 305
Motor, Hilfsphasenmotor / motor, single phase 317
Motor, Kondensator- / motor, capacitor 317
Motor, Kurzschlussläufer- / motor, cage 312, 313
Motor, Nebenschluss- / motor, shunt wound 305, 306

Motor, Reihenschluss- / motor, series wound 305, 306
Motor, Schleifringläufer / motor, slipring 312
Motor, Spaltpol- / motor, split pole 318
Motor, Synchron- / motor, synchronous 310
Motor, Universal- / motor, universal 308
Motor, Wechselstrom- / motor, alternating current 317
Motorbetriebsarten / motor duty types 323
Motorbremsen / motor braking 324
Motoreinsatz / motor application 319
Motorerwärmung / motor temperature rise 323
Motorprinzip / motor principle 301
Motorschutz / motor protection 319
Motorschutzgerät / motor protection device 322
Motorschutzrelais / motor protective relay 321
Motorschutzschalter / motor protecting switch 319, 320
Motorstillstand / motor rest 303
Motorvollschutz / thermistor type motor protection 322
Motorwerte, elektrische - / motor characteristics, electrical 323
Motorwerte, mechanische - / motor characteristics, mechanical 323
MPEG / Moving Pictures Expert Group 279
MP-Kondensator / MP capacitor 74
MSN / MSN 271
Muffe / splice box 91
Multifeed / multifeed 289
Multischalter / multi switch 288
Muskelverkrampfung / muscle tension 154

N

Nachtspeicherheizung / night storage heating 225
Näherungsschalter / proximity switch 358
NAND-Glied / NAND element 333
Natriumdampf-Hochdrucklampen / high pressure sodium vapour lamps 191
Nebenschlussmotor / shunt wound motor 305
Nebenschlussverhalten / shunt characteristic 306
Nebenschlusswicklung / shunt winding 305
Negation / negation 332 f.
Negation, doppelte / negation, doubled 334
NEOZED / NEOZED 125
Netzanschlusstransformator / power supply transformer 93
Netzarten / kinds of electrical power networks 88
Netzaufbau für NV-Halogenlampen / network structure for low voltage halogen lamps 200
Netzbetreiber / network operator 269
Netzformen / network types 166 f.
Netzgerät / power supply unit 265
Netzinnenwiderstand / internal resistance of supply system 176, 179 f.
Netzteil / power supply unit 241, 265
Netzwerk / network 353
Netzwerkkarte / network interface card 354
Netzwerkterminationspunkt Breitbandangebot / Network Termination Broadband Access 277
Neutrale Zone / neutral region 302
NFN-Codierung / NFN coding 269
NH-Sicherungen / low voltage high breaking capacity fuses 104, 125
Nicht kurzschlussfest / non short circuit proof 98
Nicht leitende Umgebung / non-conducting area 175
Nicht-Fernsprechbetrieb / non-voice operation 269
NICHT-Glied / NOT element 332
Nichtinvertierender Eingang / non inverting input 263
Nichtinvertierung, Operationsverstärker / non inverting, operational amplifier 263
NICHT-Verknüpfung / NOT operation 332
Niederdrucklampen / low pressure lamps 189
Niederspannungsebene / low voltage level 86 f.
Niederspannungs-Hochleistungssicherung / low voltage high breaking capacity fuse 125
Niederspannungskabel / low voltage cable 91
Niederspannungsnetz / low voltage supply system 88 f.
Niedervolt-Halogenlampen / low volt halogen lamps 200 f.

Niedrigtarif / low tariff 221, 226
Niveauwächter / level switch 217
N-Kanal / n-channel 252, 260 f.
N-leitend / n-conductive 243
Nockenscheibe / cam plate 215
NOR-Glied / NOR element 333
Normalkochplatte / normal cooker plate 211
Normalladen / standard charging 55
Normquerschnitt / standard cross section 114
Notbeleuchtung / emergency lighting 206 f.
NPN-Transistor / NPN transistor 250
NTBA / Network Termination for ISDN Basic Access 272, 274
NTBBA / NTBBA 277
NTC / negative temperature coefficient 236, 239, 358
NTPMA / Network Termination Primary Rate Multiplex Access 273
Nulldurchgang / passage through zero 43
Nullspannungsschalter / zero voltage switch 256
Nutzleistung / load power 84

O

Oberer Anschlussraum / upper cable compartment 108
Oberes Band / high-Band 287
Oberspannungsseite / high voltage side 89, 99 f.
ODER Verknüpfung / OR operation 345
ODER-Glied / OR element 331
ODER-Verknüpfung / OR operation 331
offener Speicher / pressure-less water storage heater 220
Öffnungsüberwachung / opening monitoring 291
Ohmsches Gesetz / Ohm's law 22 f.
Ölradiator / oil radiator 225
Operand / operand 345
Operation 0/ logic operation 345
Operationsverstärker / operational amplifier 262 f.
Optische Signalgeber / optical signal generator 297
örtlicher Schutzpotenzialausgleich / local protective equipotential bonding 136, 175
Ortsnetz / urban network 89 f., 100
Ortsnetzstation / secondary substation 88 f., 100
Ortsnetztransformator / distribution transformer 89, 92
Oszilloskop / oscilloscope 41, 50
Oszilloskop, Zwei-Kanal- / oscilloscope, two channel 50

P

P_0-Strecke / P_0 controlled system 359
Paarweise verdrilltes Kabel / twisted pair cable 354, 355
Parabol-Antenne / dish aerial 288
Parallele Schnittstelle / parallel interface 350 f.
Parallelkompensation / shunt compensation 198
Parallelschaltbedingungen / parallel connection conditions 101
Parallelschaltung mit R und X_L / parallel connection of R and X_L 7 f., 70 f.
Parallelschaltung mit X_C, X_L und R / parallel connection of X_C, X_L and R 80 f.
Parallelschaltung v. Widerständen / parallel connection of resistors 28 f.
Passeinsatz / gauge piece 125
Passhülse / adapter sleeve 125
Passive Melder / passive detector 292
Passiver Prüfabschluss / passive test termination 276
Passiver Sensor / passive sensor 358
Passiv-Infrarot-Melder / passive infrared detector 293
Passschraube / adapter ring 124, 125
Patchfeld / patch field 355
Patch-Kabel / patch cable 355
PC-Schnittstelle / PC-interface 351
PD-Regler / PD controller 361
PD-Verhalten / PD-action 360 f.
Pegel / level 282, 329
Pegelplan / level plan 282
PELV / Protective Extra-Low Voltage 161, 178
Pendelleitung / pendant line 205
Pendelleuchten / pendant luminairies 205

Sachwortverzeichnis / index

Periode / period 43
Periodendauer / cycle duration 43
Permeabilität / permeability 63
Permeabilitätszahl / relative permeability 63
Permittivität / absolute permittivity 73
Permittivitätszahl / relative permittivity 73
Personenrufanlage / paging system 265
Personenschutz / personal protection 158 f., 169
Phasenabschnittsteuerung / trailing-edge phase control dimmer 195
Phasenanschnittsteuerung / leading-edge phase control dimmer 254
Phasenkoppler / phase coupler 151
Phasenschieber / phase modifier 311
Phasenverschiebung / phase shift 65 f., 318
Phasenverschiebungswinkel / phase difference 66
Photovoltaik / photovoltaics 57
physikalische Adresse / physical address 143, 145
Physiologische Wirkungen / physiological effects 154
PID-Regler / PID controller 361
PID-Verhalten / PID action 360 f.
PIR / passive infrared detector 293
PI-Regler / PI controller 361
PI-Verhalten / PI action 360 f.
P-Kanal / p-channel 252
Planung von Beleuchtungsanlagen / planning of lighting systems 208 f.
Planungsfaktor / depreciation factor 208 f.
Plattenabstand / plate distance 73
Plattenkondensator / plate capacitor 73
P-leitend / p-conductive 243
PmxAs / PmxAs 271
Pneumatisches Einheitssignal / pneumatic standard signal 358
PNP-Transistor / pnp-transistor 250
PN-Übergang / pn-junction 243
Polarisation / polarisation 285
Polarisationsumschaltung / polarisation change over switch 288
Polpaarzahl / number of pole pairs 308
Polumschaltung / pole changing 309
Potenziometer / potentiometer 233
POTS / Plain Old Telephone System 277
Powernet / Powernet 151
PPA / PPA 276
P-Regler / P-controller 361
Primärspannung / primary voltage 92
Primärwicklung / primary winding 92
Produktionsleitebene / production management level 350
Programmiergerät / programming terminal 345
Programmierumgebung ETS2 / programming environment ETS2 148, 149
Programmschaltwerk / program controller 215
Programmspeicher / program memory 342, 344
PROM / PROM 343
Prüfen / testing 228
Prüfen von Blitzschutzanlagen / checking of lightning protection system 185
Prüfprotokoll / test protocol 176 f., 185, 229
Prüfspannung / test voltage 16
Prüfstrom / test current 126
Prüfung der RCD-Schutzeinrichtung / testing of RCD protection equipment 180 f.
Prüfung der Schutzmaßnahmen / checking of protection measurements 176 f.
Prüfungen in Verbraucheranlagen / checks in consumer installations 176 f.
P-Strecke / P controlled system 359
PT1-Strecke / first order time delay element 359
PTC / PTC 236, 238, 358
Pulscodemodulation / pulse code modulation 341
Pumpe, Ablauf- / pump, waste water 215, 216, 217
Pumpe, Laugen- / pump, suds 218
Pumpe, Umwälz- / pump, circulating 215, 216

P-Verhalten / p-action 360 f.
Pyrolytische Selbstreinigung / pyrolitic self cleaning 212
Pythagoras / Pythagoras 66 f.

Q

Quantisierung / quantization 340
Quarzstab / quartz rod 225
Quatro-LNB / quatro-LNB 288
Quecksilberoxid-Zelle / mercuric silver oxide cell 53
Quellenspannung / source voltage 58

R

Radiant / radiant 46
RAM / RAM 342 f.
Rauchmelder / smoke defector 298
Raumindex / room index 209
Raumthermostat / room thermostat 226
Raumüberwachung / room supervision 291
RCD / RCD 138, 140, 162 f., 168 f., 214
Rechte-Hand-Regel / right-hand-rule 42
Rechte-Hand-Regel für Leiter / right-hand-rule for conductors 301
Rechte-Hand-Regel für Spulen / right-hand-rule for coils 301
Reed-Kontakt / reed contact 292
Reflektor / reflector 212
Reflexionsgrade / degrees of reflection 208 f.
Regeldifferenz / system deviation 356 f., 360
Regeleinrichtung / controlling system 357
Regelgröße / controlled variable 356 f.
Regelkreis / control loop 356 f.
Regelstrecke / controlled system 356 f., 359
Regelungstechnik / control engineering 356 f.
Regenerative Energieträger / renewable sources of energy 83
Regler / controller 356 f., 360 f.
Regler, Energie- / controller, energy 211
Regler, stetige / controller, continuous action 360 f.
Regler, Temperatur- / controller, temperature 211
Regler, unstetige / controller, discontinuous action 360, 362 f.
Reglerverhalten / controller response 360
Reiheneinbaugerät / DIN rail mounted device 111
Reihenklemmen / terminal blocks 111
Reihenkompensation / series compensation 199
Reihenschaltung mit R und X_C / series connection of R and X_C 6 f., 76 f.
Reihenschaltung mit X_C, X_L und R / series connection of X_C, X_L and R 78 f.
Reihenschaltung v. Widerständen / series connection of resistors 28 f.
Reihenschlussmotor / series motor 305
Reihenschlussverhalten / series characteristic 306
Relative Kurzschlussspannung / relative short circuit voltage 97 f., 101
Relativer Fehler / relative error 16
Reparaturen / repairs 227
Reparaturhinweis / repair instruction 216, 218, 219
REPROM / REPROM 343
Reserveplätze / reserve positions 111
Reset / reset 336
Resonanz / resonance 79
Restwärme / residual heat 226
Rettungswegbeleuchtung / escape lighting 207
Rettungszeichen-Leuchten / escape sign luminaries 207
Richtdiagramm / radiation pattern 283
Richtwirkung / directive effect 281, 283
Riegelkontakt / bolt contact 291
Ringnetz / ring network 88
RJ / Registered Jack 272
RJ10, 11, 12, 45 / RJ10, 11, 12, 45 272
RJ45-Anschlussdose / RJ 45 outlet box 355
RJ45-Stecker / RJ 45 plug 355
Rohr-Installation / conduit installation 132
ROM / ROM 342 f.
Rotor / rotor 301

Rotorfeld / rotor field 302
Rotorform / rotor type 313
Rotor-Magnetfeld / rotor, magnetic-field 301
Rotorwicklung / rotor winding 302
RS 232 C / RS 232 C 351
RS-485-Schnittstelle / RS 485 interface 352
RS-Flipflop / RS flip-flop 336 f.
Rückführgröße / feedback variable 357
Rückleiter / return conductor 51
Rücksetzeingang / reset input 336
Rücksetzen, vorrangiges / reset, dominant 337
Rückstoßprinzip / repulsion principle 215
Rufanlage / call system 265
Ruhestromprinzip / closed circuit principle 294
Rundsteueranlage / ripple control system 198
Rundsteuerempfänger / ripple control receiver 107, 221
Rundsteuerfrequenz / ripple control frequency 198
Rundsteuerrelais / ripple control relay 226

S

S_0-Bus / S_0-bus 272, 273, 274
S_0-Schnittstelle / S_0-interface 272
Satelliten / satellites 287
Sättigung / saturation 63
Schadstoffhaltige Batterie / pollutant containing battery 56
Schaltbefehl / switching command 143
Schaltbild / circuit diagram 212
Schaltdifferenz / differential gap 362
Schalter, elektronische / switch, electronic 249 f.
Schalter, Tür- / switch, door 218
Schaltgruppe / vector group 100 f.
Schalthysterese / switching hysteresis 362
Schaltnetze / combinational circuits 332 f.
Schaltregler / switching controller 362
Schaltschloss / latch 320
Schalttransistor / switching transistor 250
Schaltuhr / timer 221
Schaltung von Spannungsquellen / circuits with voltage sources 59
Schaltungen mit Kondensatoren / circuits with capacitors 74
Schaltungen mit Widerständen / circuits with resistors 28
Schaltungen von Gleichstrommotoren / circuits of d.c. motors 305
Schaltungen von Lampen / lamp circuits 193
Schaltungen von Leuchtstofflampen / circuits of fluorescent lamps 196 f.
Schaltungsnummer / pattern number 106
Scharfstellung / active position 292, 297
Scheinleistung / complex power 68 f., 94 f., 316
Scheinleitwert / admittance 71
Scheinwiderstand / impedance 64, 95
Schirmung / shielding 354
Schirmungsmaß / screening factor 284
Schleifenimpedanz / loop impedance 167 f.
Schleifenwiderstand / loop resistance 122, 167 f., 176 f.
Schleifringe / sliprings 314
Schleifringläufermotor / slipring rotor motor 312 f.
Schleudern / overspeed-test 217
Schleusenspannung / forward voltage 242
Schließblechkontakt / lock plate contact 291 f.
Schlupf / slip 312
Schmelzdraht / fusible link 124
Schmelzsicherung / fuse 124
Schnellkochplatte / quick cooking plate 211
Schnellladen / boost charging 55
Schnittstelle / interface 350
Schnittstelle, parallele / interface, parallel 350 f.
Schnittstelle, PC- / interface, PC- 351
Schnittstelle, RS 232 C / interface, RS 232 C 351
Schnittstelle, serielle / interface, serial 350 f.
Schnittstelle, USB- / interface, USB 351
Schnittstelle, V24- / interface, V24 351
Schreib-Lese-Speicher / read-write-memory 342 f.

Schrittspannung / step potential 174
Schutz bei Berühren / protection against contact 159 f.
Schutz bei indirektem Berühren / protection against indirect contact 159
Schutz gegen direktes Berühren / protection against direct contact 112, 159, 162 f.
Schutz gegen elektrischen Schlag / protection against electric shock 153
Schutz, Kurzschluss- / protection, short-circuit 319
Schutzabdeckung / barrier 112
Schutzanode / false anode 221
Schutzart / International Protection (IP) 94, 137
Schutzarten / protection classes 162 f., 204
Schutzbereiche / protection zones 135, 220
Schutzgas / inert gas 188
Schutzgerät / protective gear 184
Schutzisolierung / total insulation 158 f., 164 f.
Schutzklasse / class of protection 158, 228
Schutzkontakt / earthing contact 228
Schutzleiteranschluss / protective-conductor terminal 228
Schutzleiterwiderstand / protective-conductor resistance 228
Schutzmaßnahmen / protective measures 159 f.
Schutzpotenzialausgleich / protective equipotential bonding 105, 173 f., 184, 278
Schutzpotenzialausgleichsleiter / protective equipotential bonding conductor 136, 165, 173, 176 f.
Schutztrennung / protective separation 165
Schwachstellen / weak points 227
Schweißtransformator / welding transformer 92, 97
Schwermetalle / heavy metal 54
Schwingung / oscillation 43
Schwingungspaketsteuerung / burst firing control 256
SDTV / Standard Definition Television 280
Sechspuls-Brückenschaltung B6 / six-pulse bridge connection B6 245
Segment / segment 353
Sekundärspannung / secondary voltage 92
Sekundärwicklung / secondary winding 92
Selbsthalteschaltung / self-holding circuit 336
Selbsthaltung / self-holding 321
Selbstinduktion / self induction 62
Selbstinduktionsspannung / self induction e.m. f. 62
Selbstreinigung, Pyrolytische- / pyrolitic self cleaning 212
Selektivität / selectivity 128
Selektivitätsklasse / class of selectivity 128
SELV / Safety Extra-Low Voltage 161, 178
senkrechte Installationszone / vertical installation zone 133
Sensor / sensor 143, 215, 217, 344, 358
Sensor, aktiver / sensor, active 358
Sensor, passiver / sensor, passive 358
Serielle Schnittstelle / serial interface 350 f.
Set / set 336
Settop-Box / Settop box 280
Setzeingang / set input 336
Setzen, vorrangiges / set, dominant 337
SH-Schalter / selective main circuit breaker 108
Sichere Trennung / safe separation 161
Sicherheitsarmatur / safety armature 221
Sicherheitsband / protective tape 91
Sicherheitsbeleuchtung / emergency lighting 206 f.
Sicherheitskleinspannung / safety extra-low voltage 161
Sicherheitsmaßnahmen, FET / safety measurements 261
Sicherheitsregeln / safety rules 157
Sicherheitstransformatoren / safety isolating transformers 161
Sicherheitszeichen / safety symbols 204
Sicherungseinsatz / fuse link 124 f.
Sicherungskennfarben / fuse identification colours 125
Sicherungs-Lasttrennschalter / fuse-switch-disconnector 89
Sichtkontrolle / visual inspection 227
Siebung / filtering 241
Signal, Ausgangs- / signal, output- 227
Signal, Eingangs- / signal, input- 227
Signalgeber, akustische / signal generators, acoustic 297

Sachwortverzeichnis / index

Signalgeber, optische / signal generators, optic 297
Silberoxid-Zelle / silver oxide cell 53
Silicium / silicon 236
Sinus / sine 46
Sinusfunktion / sine function 47
Sinuskurve / sine curve 43
Sockelgrößen / socket dimensions 187, 190 f.
Solarkraftwerk / solar electric power station 83
Solarmodul / solar module 57
Solarzelle / solar cell 13, 57
Soll-Wert / set point 16, 356 f., 360
Source / source 252
Spaltpolmotor / split-pole motor 318
Spaltpolwicklung / split-pole winding 318
Spannung, elektrische / voltage, electrical 12
Spannung, Leiter- / voltage, phase 49, 50
Spannung, Strang- / voltage, phase 49, 50
Spannung, Wechsel- / voltage, alternating 41
Spannungsabhängiger Widerstand / voltage dependent resistors 236
Spannungsarten / types of voltage 41
Spannungsaufteilung / voltage sharing 29 f.
Spannungsbereiche / voltage ranges 158
Spannungsdreieck / voltage triangle 67
Spannungsfall / voltage drop 37, 121
Spannungsfall auf Leitungen / voltage drop 121
Spannungsfall laut VNB / voltage loss as per supply undertaking 180
Spannungsfall, innerer / voltage drop, internal 58
Spannungsfehlerschaltung / voltage error circuit 27, 34
Spannungsfreiheit / isolation from supply 157
Spannungshöhe / voltage level 158
Spannungsmesser / voltmeter 15
Spannungsnetze / voltage networks 86 f.
Spannungsquelle / voltage source 12
Spannungsquellen für Kleinspannung / voltage sources for low voltage 160
Spannungsregler / voltage controller 57
Spannungsreihe, elektrochemische / electrochemical series 54
Spannungsspule / voltage coil 107
Spannungsstabilisierung / voltage stabilisation 237, 246 f.
Spannungstransformation / voltage transformation 93
Spannungstrichter / resistance area 174
Spannungsüberhöhung / voltage rise 79
Spannungsversorgung / power supply unit 49
Spannungsverstärkung / voltage gain 257, 259
Spannungswandler / voltage transformer 98 f.
Spartransformator / autotransformer 98
Speicher / hot water tank 220, 224
Speicher, Bauformen / hot water tanks, types 221
Speicher, druckfester - / hot water tanks, pressure resistant 224
Speicher, druckloser - / hot water tanks, unpressurized 220, 224
Speicher, geschlossener- / hot water tanks, closed 220
Speicher, offener- / hot water tanks, open 220
Speicher, Stand- / hot water tanks 221
Speicher, Wand- / hot water tanks, wall 221
Speicher, Zweikreis- / hot water tanks, two circuit 221
Speicheraufheizzeit / hot water tank warm-up time 221
Speicherbauformen / types of hot water tanks 221
Speicherheizgerät / storage heater 226
Speicherheizgeräte, Berechnen von - / storage heaters, calculation of 226
Speicherkern / storage core 225
Speichermaterial / storage material 225
Speichern / store 336
Speicherprogrammierbare Steuerung / programmable logic controller 344
Speicherschaltungen / memory circuits 336 f.
Sperrbereich / cut-off region 242
Sperrrichtung / reverse direction 242 f.
Sperrschicht-FET / Junction FET 252, 261

Spezifischer elektrischer Widerstand / resistivity 38 f.
Spezifischer Erdwiderstand / earth resistivity 179
Spielzeugtransformator / toy transformer 93, 97 f.
Spitzenlast / peak load 85
Splitter / splitter 277
Sprachübertragung / speech transmission 276
Sprechanlage / intercom 265
Sprüharm / spray arm 215
Sprungantwort / step response 359
Sprungfeder / coil spring 222
Sprungfunktion / step function 359
SPS / PLC 344
SPS-Befehle / PLC commands 345
SPS-Programmierbeispiel / PLC programming example 346
SPS-Programmiersoftware / PLC programming software 348
Spulen / coils 60 f.
Spulenwiderstand / impedance 64 f.
SRAM / SRAM 343
Staberder / earth rod 174
Stabilisierung / stabilisation 241
Stabilisierung von Spannungen / stabilisation of voltages 237, 246 f.
Staffelläufer / staggered slot rotor 313
Standortwiderstand / standing surface resistance 153
Standspeicher / up right hot water tank 221
Starter / starter 61
Starterbatterie / starter battery 56
Statisches Flipflop / static flip-flop 337
Stator / stator 301
Statorfeld / stator field 302
Statorfeld-Drehzahl / stator field speed 308
Stator-Magnetfeld / stator magnetic field 301
Statorspulen / stator windings 308
Steckdosenstromkreise / socket outlet circuits 167
Steckverbinder / connector 205
Steckvorrichtungen / plug and socket devices 160
Stegleitung / flat webbed cable 113
Stellglied / actuator 327, 356 f.
Stellgröße / manipulated variable 327, 356 f.
Stelltransformator / variable transformer 92
Stern-Dreieck-Anlaufen / star-delta-starting 314
Sternnetz / star network 353
Sternpunkt / star point 99 f., 166, 172
Sternpunkt, Generator- / star point, generator 51
Sternpunkt, Verbraucher / star point, consumer 51
Sternschaltung / star connection 99 f.
Sternstruktur / star topology 353
Sternverteiler / star distributor 353
Stetige Regler / continuous action controller 360 f.
Steuerbus / control bus 342 f.
Steuereinheit / control unit 215, 222
Steuergerät / control unit 226, 327
Steuerkette / open loop control 327
Steuerleitung / control line 109
Steuerleitungsnetz / control line network 109
Steuern der Drehrichtung / control of rotation direction 304
Steuern der Drehzahl / speed control 304
Steuerspannung / control voltage 253
Steuerstrecke / controlled system 327
Steuerstromkreis / control circuit 249, 255
Steuertransformator / control power transformer 93
Steuerung / control (open-loop) 219
Steuerung der Beleuchtungsstärke / control of illuminance 202 f.
Steuerungsebene / control level 350
Steuerungstechnik / control engineering 327 f.
Steuerwinkel / trigger delay angle 254
Störgröße / disturbance variable 356 f.
Störstelle / impurity 243
Stößel / plunger 222
Strahlennetz / radial network 88
Strahlungsmelder / radiation detector 298
Strahlungsverteilung / radiation distribution 187

Strangleistung / phase power 316
Strangspannung / phase voltage 49 f.
Strecke, P- / controlled system, P- 359
Strecke, P$_0$- / controlled system, P$_0$ 359
Strecke, PT1- / controlled system, PT1 359
Strom, Ausgleich- / current, equalising 52
Strom, elektrischer / current, electrical 13
Strombegrenzungsklasse / current limiting class 128
Strombelastbarkeit / current carrying capacity 117, 118, 119
Strombelastung / current load 117
Stromdichte / current density 117
stromdurchflossener Leiter / current carrying conductor 301 f.
Stromfehlerschaltung / current error circuit 27, 34
Stromkennlinie / current characteristic 306
Stromkreis / electric circuit 11, 20, 110
Stromkreise mit Kleinspannung / circuits with low voltage 161
Stromkreiskennzeichnung / circuits identification 112
Stromkreis-Modell / circuits model 11, 21
Stromkreisverteiler / circuit distributor 110
Stromlaufplan / circuit diagram 11
Strommesser / ammeter 15
Strommessprinzip / current measuring principle 35
Stromrichtung / current direction 42
Stromrichtung, technische / current direction, technical 13
Stromschienensysteme / busbar systems 200 f., 205
Stromschlag / electric shock 153
Stromspule / current coil 107
Stromstärke / current intensity 14, 20
Stromstärkendreieck / current intensity triangle 70 f.
Stromüberhöhung / current rise 80
Stromunfall / current accident 156
Stromversorger / power supply undertaking 86
Stromverstärkung / current gain 257 f.
Stromverzweigung / current branching 29 f.
Stromwandler / current transformer 89, 98 f.
Stromweg / current path 153 f.
Stromwendermotor / commutator motor 302
Subminiatur-D-Stecker / subminiature D plug 351
Subtraktion von Zeigern / subtraction of phasors 48
Summenstromwandler / summation current transformer 168
Summer / buzzer 222
Symmetrische Belastung / balanced load 52
Synchronmotor / synchronous motor 310

T

TAB 2007 / TAB 2007 198
Tachometer / tachometer 305
TAE / TAE 269
TAE 3 x 6NFN / TAE 3 x 6NFN 270
TAE-Anschlussdose / TAE socket 269
Tagesbelastungsdiagramm / daily load diagram 85
Tageslastkurve / daily load curve 85
Tageslichtsensor / daylight sensor 202 f.
Taktsteuerung / clock control 337
Tan / tan 46
Tandemschaltung / tandem circuit 196
Tangens / tangent 46
Tantal-Elektrolyt-Kondensator / tantalum electrolytic capacitor 74
Tarifschaltgerät / tariff switching device 107
Tarifschaltgeräte-Feld / tariff switching device slot 108
Tarifschaltuhr / tariff switching clock 107
Tastkopf / probe 41
tatsächliche Strombelastbarkeit / actual current carrying capacity 120
tatsächlicher Ableitstrom / actual leakage current 229
Technische Stromrichtung / technical current direction 13
Teilsystemmethode / subsystem method 227
Teilung, logarithmische / graduation, logarithmic 238
Telefonanlage / telephone facility 267
Telefonwahlgerät / telephone dialling device 297
Telegramm / telegram (cable) 143
Telekommunikation / telecommunication 268, 269

Teleskop-Mantelrohr / telescope pipe casing 219
Temperarturwähler / temperature selector 213
Temperatur, Auslauf / temperature, outlet 222
Temperatur, Außen- / temperature, outdoor 226
Temperaturabhängiger Widerstand / temperature dependent resistor 236, 238 f.
Temperaturbegrenzer / temperature limiter 225
Temperaturfühler / temperature sensor 226, 322
Temperaturkoeffizient / temperature coefficient 234 f.
Temperaturregler / temperture controller 211
Temperaturskala / temperature scale 235
Temperaturstrahler / thermal radiator 187 f.
Temperaturwächter / thermostat 220
Temperaturwählbegrenzer / temperature selection limiter 222
Terrestrische Anlage / terrestrial installation 281, 282
Tetrade / tetrad 341
thermisch geregelter Durchlauferhitzer / thermal controlled flow-type water heater 223
Thermistor / thermistor 322
Thermostat / thermostat 216, 217, 219
Thermostat, Festtemperatur- / thermostat, fixed temperature 216
Thyristor / thyristor 253 f.
Thyristor als Schalter / thyristor as switch 254
TIA 568A, B / TIA 568A, B 275
Tiefentladeschutz / exhaustive discharge protection 57
Tiefentladung / exhaustive discharge 55
Timebase / time base 41
Timer / time 348
TN-C-S-System / TN-C-S-system 166, 172
TN-C-System / TN-C-system 90, 100, 109
TN-S-System / TN-S-system 166
TN-Systeme / TN systems 90, 166 f.
Toleranz / tolerance 16, 232
Toleranzfeld / tolerance zone 232
Totzeit / dead time (delay) 363
Transformatoraufbau / transformer design 92 f., 99
Transformatoren / transformers 83 f., 92 f., 241
Transistor / transistor 250 f.
Transistor als Schalter / transistor as switch 250 f.
Transistor, bipolarer / transistor, bipolar 250 f.
Transistor, unipolarer / transistor, unipolar 252
Transistoren, Feldeffekt- / transistors, field effect 252
Transistorkennlinie / transistor characteristic 251
Transistor-Kennlinienfeld / transistors characteristic curves 260
Transponder / transponder 287
Trennschalter / disconnector 87
Trennstellen im Machennetz / sectioning points in meshed networks 88
Trenntransformator / isolation transformer 93, 98, 161, 165
Triac / triac 254 f.
Triac-Kennlinie / triac characteristic 255
Trockengehschutz / dry running protection 216, 217, 222
Trockner, Abluft- / drier, exhaust air 219
Trockner, Kondensations- / drier, condensation 218
Trommel / drum 217
TTL / TTL 329
TT-System / TT-system 90, 166, 170, 172
Turbine / turbine 84 f.
Türöffner / door opener 265
Türschalter / door switch 218
Türsprechanlage / door intercom system 265
Türstation / door station 265
Twisted Pair / twisted pair 354

U

UAE / UAE 273
Übergabepunkt / point of interconnection 104, 286
Übergangswiderstand / transfer resistance 153 f.
Überhitzungsschutz / overheating protection 211
Überlastung / overload 124, 156
Überlastungsschutz / overload protection 101
Überlaufrohr / overflow conduit 222

Sachwortverzeichnis / index 383

Übersetzung / transformation 94 f., 101
Übersetzungsverhältnis / transformation ratio 94 f., 98 f.
Überspannung / overvoltage 182 f.
Überspannungsableiter / overvoltage arrester 146, 184
Überspannungsschutz / overvoltage protection 184
Überspannungs-Schutzgeräte / surge protectors 184 f.
Überstrom-Schutzorgane / overcurrent protection devices 118, 124, 168
Übertragungsgeschwindigkeit / transmission speed 351
Übertragungsverfahren / transmission mode 151
Überwachungsanlagen / supervisory system 291 f.
UHF / Ultra High Frequencies 283
Ultraschall-Bewegungsmelder / ultrasonic motion detector 293
UM / UM 293
Umgekehrte Proportionalität / inversely proportionality 24
Umluftbackofen / air circulating oven 212
Ummagnetisierung / remagnetisation 93, 95 f.
Umrichter / inverter 310
Umsetzer, Analog-Digital- / converter, analog-digital 340
Umsetzer, Digital-Analog- / converter, digital-analog 340
Umspannanlagen / transforming stations 87
Umspannraum / transforming room 90
Umwälzpumpe / circulating pump 215, 216
Umweltbelastung / environmental pollution 85
UND-Verknüpfung / AND operation 231, 330, 345
Unfallverhütungsvorschriften / accident prevention regulations 157
Unipolarer Transistor / unipolar transistor 252
Universal-Anschluss-Einheit / universal connection socket 273
Universalmotor / universal motor 307
Universal-Prüfgerät / universal test equipment 181
Unscharfstellung / non-active position 297
Unstetige Regler / discontinuous action controller 360, 362 f.
Unsymmetrische Belastung / unbalanced load 52, 100 f., 316
Unterer Anschlussraum / lower cable compartment 108
Unteres Band / low-Band 287
Untergruppe / sub-group 148
Unternehmensleitebene / corporate management level 350
Unterputz-Installation / concealed wiring 131
Unterspannungsseite / low-voltage side 89, 99 f.
Untertischgerät / build-in appliance 221
ununterbrochener Betrieb / continuous operation 323
Uplink / uplink 287
USART / USART 352
USB / USB 351

V

V24-Schnittstelle / V.24 interface 351
Valenzelektronen / valence electrons 243
VDR / VDR 236 f.
VdS / association of property insurer 291
Venturidüse / venturi nozzle 222
Verbinder für NV-Stromschienensysteme / connector for low voltage busbars 205
Verbindungsbrücke / interconnecting rail 212
Verbraucher / consumer 11
Verbraucheranlage / consumer installation 166, 170 f.
Verbraucherschwerpunkte / consumer load centre 88
Verbraucher-Sternpunkt / consumer neutral point 51
Verbundnetz / interconnected system 86
Verbundwirtschaft / integrated economy 86
Verdampfer / vaporiser 213, 214
Verflüssiger / condenser 213, 214
Vergleicher / comparator 357
Verhalten, Nebenschluss- / characteristic, shunt- 306
Verhalten, Reihenschluss- / characteristic, series 306
Verkettung / linkage 52
Verkettungsfaktor / linkage factor 52
Verknüpfung, logische / logic operation 328
Verknüpfung, NICHT- / operation, NOT 332
Verknüpfung, ODER- / operation OR 331
Verknüpfung, UND- / operation, AND 330
Verlegearten / cable laying principles 118, 119

Verlegebedingungen / conditions cable laying 118
Verluste beim Transformator / transformer losses 93
Verlustenergie / energy loss 84
Verlustleistung / power loss 84
Vernetzung / networking 350
Verschlussüberwachung / interlock monitoring 291
Versorgung, Einzel- / single supply 221, 223
Versorgung, zentrale - / central supply 221
Verstärker / amplifier 257 f., 291
Verstärkungsfaktor / gain factor 257
Verstärkungsprinzip / gain principle 257
Verteileranlage / distribution installation 89
Verteilerschränke / distribution cabinets 164
Verteilungsstromkreise / distribution circuits 167
Verteilungssysteme / distribution systems 166 f., 172
Verteilungstransformator / distribution transformer 92, 100
Verwendungsbereich von Leitungen / field of application of cables 116
Verzugszeit / transient delay time 363
Verzweigungsstelle / branching point 357
VHF / Very High Frequencies 283
Videoüberwachung / video monitoring 267
Vielfach-Messgerät / multimeter 15
VNB / power supply undertaking 41, 86
VNB-Netze / power supply undertaking systems 83 f.
VoIP / VoIP 276
Vollisolierung / all-insulation 164
Vollwellensteuerung / full wave control 256
Vorprüfung / pre-acceptance inspection 227
Vorrangiges Rücksetzen / dominant reset 337
Vorrangiges Setzen / dominant set 337
Vorsätze von Einheiten / prefixes of units 14
Vorschaltgerät / ballast 61, 190 f., 194
Vorschriften (UVV) / accidental regulation 157
Vorwiderstände / series resistors 314
Vorzugshöhe / preferred height 133
Vorzugsmaße / preferred measures 133
VVG / low ballast 190, 194, 196

W

waagerechte Installationszone / horizontal installation zone 133
Wächter, Niveau- / level controller 217
Wahrnehmbarkeitsschwelle / perceptibility threshold 154
WAN / WAN 353
Wandabstand / wall distance 226
Wandler / converter 87, 89, 98 f., 236, 241
Wandspeicher / wall mounted hot water tank 221
Wärme, Rest- / heat, residual 226
Wärmeabgabe / heat transfer 225, 226
Wärmebedarf / demand of heat 225
wärmebeständige Leitung / heat resistant cable 226
Wärmedämmung / thermal insulation 220, 224
Wärmekapazität / thermal capacity 22 f.
Wärmekraftwerke / thermal power station 83 f.
Wärmeleitung / thermal conduction 211
Wärmemelder / heat-sensitive detector 298
Wärmemenge / quantity of heat 221, 226
Wärmestrahlung / heat radiation 211, 225
Wärmeströmung / heat flow 212
Wärmetauscher / heat exchanger 218
Wärmeverteilung / heat distribution 225
Wärmewirkung / thermal effect 154
Warmwasserauslauf / warm water outlet 220
Warmwassergerät / warm water heater 220
Warmwassermenge / amount of warm water 221
Warmwasserventil / warm water valve 220 f.
Warmwasserversorgung, Einzel- / supply with warm water, single 221, 223
Warmwasserversorgung, zentrale - / supply with warm water, central 221
Wäschetrockner / laundry dryer 218
Wäschetrockneranschluss / tumble drier connection 219
Waschmaschine / washer 217

Waschmaschinenanschluss / washer connection 218
Wasserdruck / water pressure 216, 222, 223
Wasserkraftwerke / water power plant 83
Wasserkühlung / water cooling 219
Wasserschutz / water protection 137, 204
Wasserstandsanzeige / water level indicator 222
Wechselgrößen / alternating quantities 46
Wechselspannung / alternating voltage 41
Wechselspannungsquelle / alternating voltage source 13
Wechselsprechanlage / intercom 266
Wechselstrom-Leistungsmesser / a.c. powermeter 316
Wechselstrommotor / a.c. motor 317
Wechselstromschalter / a.c. switch 256
Wechselstromverstärkung / a.c. gain 258, 260
Wechselstromwiderstand / a.c. resistors (impedance) 64
Wecker / ringer 265
Wellen, magnetische- / waves, magnetic 212
Wellen, Mikro- / waves, micro 212
Wellenlage / shaft position 323
Wellenlänge / wavelength 281
Wellenwiderstand / characteristic impedance 284
Wendepole / commutating poles 303
Wendepolfeld / commutating pole field 303
Wendepolwicklung / commutating winding 305
Wenn-Dann-Abhängigkeit / if-then-dependence 227
Wert, Ist- / value, actual 16
Wert, Soll- / value, set-point 16
Wertetabelle / truth table 330 f.
Western-Steckverbinder / Western connectors 272
Wheatstone-Brücke / wheatstone bridge 36
Wicklung, Haupt- / winding, main 317 f.
Wicklung, Hilfs- / winding, auxiliary 317
Wicklung, Kompensations- / winding, compensating 303, 305
Wicklung, Spaltpol- / winding, split pole 318
Wicklung, Wendepol- / winding, commutating 303, 305
Wicklungen, Anker- / windings, armature 305
Wicklungen, Feld- / windings, field 305
Wicklungen, Fremderregte – / windings, separate excited 305
Wicklungen, Nebenschluss- / windings, shunt winding 305
Wicklungen, Reihenschluss- / windings, series winding 305
Wide Area Network / wide area network 353
Widerstand / resistor 23, 232 f.
Widerstand – Spezifisch elektrischer / resistivity 38 f.
Widerstand der Glühlampe / lamp resistance 234
Widerstand der Spule / coil resistance 64 f.
Widerstand des Kondensators / capacitor resistance 75
Widerstand v. Leitern / resistance of conductors 37 f.
Widerstand, elektrischer / resistance, electrical 17
Widerstand, innerer / resistance, internal 58
Widerstand, Isolations- / resistance, insulation 228
Widerstand, lichtabhängiger / resistor, light dependent 236, 240
Widerstand, magnetfeldabhängiger / magnetoresistor 240
Widerstand, Schutzleiter- / resistance, protective conductor 228
Widerstand, spannungsabhängiger / resistor, voltage dependent 236 f.
Widerstand, temperaturabhängiger / resistor, temperature dependent 236, 238 f.
Widerstandsdreieck / impedance diagram 67
Widerstandsmessgeräte / ohmmeters 35
Widerstandsmessung / resistance test 34
Widerstandsschaltungen / circuits with resistors 28 f.
Widerstandsschleife / resistance loop 177
Widerstandswerkstoffe / resistance materials 236
Wiederaufladbare Batterie / rechargeable battery 55
Windkraftanlage / wind power plant 83
Windlast / wind load 283
Winkelfunktionen / trigonometric functions 46, 52, 67 f.
Wirbelströme / eddy currents 93, 211
Wirbelstromverluste / eddy losses 93
Wirkleistung / active power 68 f., 316

Wirkleistungsfaktor / active power factor 69
Wirkleitwert / conductance 71
Wirkprinzip des RCD / operating principle of RCD 168
Wirkstrom / active current 95 f.
Wirkungsgrad / efficiency 84 f., 95 f., 313
Wirkungskette / functional chain 24
Wirkwiderstand / resistance 64

Y

Yagi-Antenne / Yagi-aerial 281

Z

Zahlensystem, dezimales / number system, decimal 329
Zahlensystem, duales / number system, binary 329
Zähler / meter 18, 104, 106
Zähler, Mess- / counter 339
Zählerfeld / meter panel 108
Zählerkonstante / counter constant 106
Zählerleitung / meter line 104
Zählerplatz / meter mounting board 108
Zählerscheibe / meter rotor 107
Zählerschrank / meter cabinet 108
Zählertafel / meter panel 108
Zählerverdrahtung / meter wiring 109
Zapfstelle / outlet 224
Z-Diode / Z-diode 246 f.
Zeiger / phasor 47
Zeigerdiagramm / phasor diagram 47, 52, 66 f.
Zeigerdiagramm beim Transformator / phasor diagram of transformer 95
Zeigern, Addition von / phasors, addition of 48
Zeigern, Subtraktion von / phasors, subtraction of 48
Zeilensprungverfahren / interlaced scanning 279
Zeitabhängige Größen / time dependent quantities 47
Zeitablaufdiagramm / time sequence chart 327
Zeitgeführte Ablaufsteuerung / time-dependent sequential control 327
Zeitkonstante / time constant 363
Zeitschaltuhr / time switch 226
Zeitsteuerung / time scheduled control 348
Zelle, Alkali-Mangan- / cell, alkaline manganese 53
Zelle, Quecksilberoxid- / cell, mercury oxide 53
Zelle, Silberoxid- / cell, silver oxide 53
Zelle, Zink-Kohle- / cell, zinc carbon 53
Zellenleitebene / cell process control level 350
Zentralkompensation / centralised power factor correction 198
Zick-Zack-Schaltung / zig-zag connection 100
Zink-Kohle-Zelle / zinc-carbon-cell 53
zugeführte Leistung / input power 316
Zugentlastung / strain relief 205
zulässiger Spannungsfall / permissible voltage drop 121
Zumischung / mixing 222
Zündgenerator / starting generator 256
Zündgeräte / starting devices 191
Zündtransformator / ignition transformer 93, 97 f.
Zündwinkel / firing angle 254
Zuordnungsliste / assignment list 344
Zuordnungstabelle / truth table 332
Zusatzheizung / supplementary heating 221, 223
Zusätzliche Messeinrichtungen / supplementary measuring devices 107
zusätzlicher Schutzpotenzialausgleich / supplementary protective equipotential bonding 136, 173
Zwei-Kanal-Oszilloskop / two channel oscilloscope 50
Zweikreisgerät / two circuit device 221
Zweikreisspeicher / two circuit storage 221
Zweipuls-Brückenschaltung B2 / two-pulse bridge connection B2 245
Zweipunktregler / two position controller 362 f.
Zweirichtungsthyristor / bi-directional thyristor 255
Zweitarifzähler / two-rate meter 107
Zwischenisolierung / interturn insulation 164

Bildquellenverzeichnis

Verlag und Autoren möchten hiermit den nachstehend aufgeführten Firmen, Verbänden, Institutionen, Zeitschriften- und Buchredaktionen sowie Einzelpersonen für ihre tatkräftige und großzügige Hilfe bei der Bereitstellung von Bild- und Informationsmaterial und für ihre Beratung danken.

Titelbild: Fotostudio Druwe & Polastri, Cremlingen/Weddel

Topics:
Kapitel 01: Fotoservice Brandes, Braunschweig
Kapitel 03: Asea Brown Boveri, Mannheim
Kapitel 04: Mario Valentinelli, Vechelde
Kapitel 05: Mario Valentinelli, Vechelde
Kapitel 06: Mario Valentinelli, Vechelde
Kapitel 07: Bavaria Bildagentur, Gauting (bei München)
Kapitel 08: Mario Valentinelli, Vechelde
Kapitel 09: Du Pont, (CH) Genf
Kapitel 10: Mario Valentinelli, Vechelde
Kapitel 12: Mannesmann Dematic, Hamburg
Kapitel 13: Mario Valentinelli, Vechelde/Gesellschaft für Weiterbildung und Medienkonzeptionen mbH, Bonn (Hintergrund)

ABB Stotz Kontakt GmbH, Heidelberg: 118; 127/3; 168/1
Albert Ackermann GmbH + Co. KG, Gummersbach:132/3
Altec Solartechnik, Schleitz: 57/1
Archiv für Kunst und Geschichte, Berlin: 12/8; 17/2
Auerswald GmbH 6 Co. KG, Cremlingen/Schandelah: 267/li.
Beha, Glottertal: 157/1; 159/3; 208/o. r.
Berufsgenossenschaft der Feinmechanik und Elektronik, Köln: 156/1 u. 2; 159/2; 162/2
Bildarchiv für Kunst und Geschichte, Berlin: 18/3
Brandschutz Heimlich GmbH, Berlin: 298/2
B & S Finnland Sauna, Dülmen: 138/1-3
Busch Jaeger GmbH, Lüdenscheid: 149/4; 163/1; 195/2; 197/Mitte
Chauvin Arnoux GmbH, Kehl: 27/4; 179/2
Conrad Elektronics, : 296/1; 299
C. & E. Fein GmbH, Stuttgart: 164/1; 255/5
Dehn & Söhne GmbH + Co. KG, Neumarkt: 184/2
EGO Elektrogerätebau, Oberdedingen: 25/2
Energie Verlag GmbH, Heidelberg: 133/4
Felten und Guilleaume AG, Köln: 159/4; 162/3; 310/li.
Fritz Driescher KG, Wegberg: 89/4; 90/1
Fotostudio Druwe & Polastri, Cremlingen/Weddel: 11/r.o.; 12/7; 16/1 u. 2; 17/1; 18/2; 35/4; 53/2; 55/1; 106; 116; 122/1; 130/1-3; 132/2; 138/4; 140/1; 141/1 u. 2; 159/1; 162/1; 231/1; 232/1; 233; 236; 242; 247; 248; 250; 254; 262; 302; 304; 330/3; 331/6; 344/1 u. 2; 349/1; 354; 355
Geyer AG, Nürnberg: 108; 113
Gossen Metrawatt GmbH, Nürnberg: 177/1; 178/1; 181/3
Gustav Hensel GmbH & Co. KG, Lennestadt: 131/2
Hartmann & Braun, Frankfurt/Main: 261/3
Intel GmbH, Feldkirchen: 343/2
Ismet Transformatoren GmbH, Villingen-Schwenningen: 92; 95; 97; 98; 161/1; 201/4

IZE, Frankfurt: 83/2; 84/1; 86/1
Dieter Jagla, Neuwied: 41/1 u. 2; 50/1; 153/1
Johnson Electric, Hongkong: 307; 318/1
Albrecht Jung GmbH & Co. KG, Schalksmühle: 144/2
Kathrein-Werke KG, Rosenheim: 277
Jürgen Klaue, Roxheim: 15/1 u. 2; 20/1; 34/1; 36/1; 49/1 u. 2; 54/1; 104; 109; 234; 308; 310/re.; 312; 321/4
Kopp AG, Kahl: 94/1
Kriwan Industrie-Elektronik GmbH, Forchtenberg: 322
Landesvermessungsamt, Halle: 182/1
Lindner GmbH, Bamberg: 160/1
Mannesmann Dematic AG, Wetter: 324
Moeller GmbH, Bonn: 313/1
OBO Bettermann GmbH, Menden: 184/re
Osram GmbH, München:188; 189/li. oben; 190; 191; 194; 200/2
Pauwels International, (B) Mechelen: 99
Philips GmbH, Hamburg: 18/1
Dieter Rixe, Braunschweig: 12/1-3;12/5 u. 6;131/1
Heinrich Römisch, Braunschweig: 215 u. l.; 301; 314/1; 317/1; 351/3; 352; 362/1
RWE Energie Aktiengesellschaft, Essen: 87/3 u. 4; 90/Mitte; 91/3; 134
Schupa Elektro GmbH, Schalksmühle: 140/re; 171/4
S. Siedle & Söhne, Furtwangen: 265; 266; 267/re
Siemens AG Automatisierungs-und Antriebstechnik, Nürnberg: 345/3
Siemens AG, Erlangen: 124; 125
Siemens Matsushita Components, München: 72/1
Sonnenschein GmbH, Büdingen:
Günther Spelsberg GmbH + Co. KG, Schalksmühle: 111/re; 131/3; 132/1
Stiebel Eltron, Holzminden: 225/Mitte; 226
Striebel & John GmbH & Co. KG, Sasbach: 111/2; 112
Temperature Produkts, Gachenbach: 12/4
Thorn Licht GmbH, Arnsberg: 200/1; 201/re; 202; 205; 207/oben; 207/o.li 2
Trilux Lenze GmbH, Arnsberg: 197/re; 198/2; 203; 206; 207/1; 208/1 u. Mitte; 209/2
Johannes Vaillant GmbH & Co., Remscheid:223
Verlag Technik GmbH, Berlin: 146/3
Westermann Archiv, Braunschweig: 157/2 u. 3; 162/4
Westermann Tegra, Braunschweig: 19/1
Wila Leuchten GmbH, Iserloh: 189/unten; 204; 207/o. li 1
Harald Wickert, Emmelshausen: 104/1
ZVEH, Frankfurt/M.: 229
ZVEI, Frankfurt/M.:145/3; 146/1 u. 2; 151

Hinweis: Für den Fall, dass berechtigte Ansprüche von Rechteinhabern unbeabsichtigt nicht berücksichtigt wurden, sichert der Verlag die Vergütung im Rahmen der üblichen Vereinbarungen zu.

Bildredaktion: Heidrun Kreitlow

Gebotszeichen

Gebotsschild G1 nach DIN 40 008	Vor Arbeitsbeginn freischalten	Vor Öffnen Netzstecker ziehen	Unterbrechungsfreie Stromversorgung nur für EDV-Anlagen	Augenschutz tragen	Schutzhelm tragen	Gehörschutz tragen
Atemschutz tragen	Schutzschuhe tragen	Schutzhandschuhe tragen	Schutzkleidung tragen	Gesichtsschild tragen	Für Fußgänger	Übergang benutzen

Warnzeichen

Es wird gearbeitet! Ort Entfernen des Schildes nur durch:	Hochspannung Lebensgefahr	Entladezeit länger als 1 Minute	Teil kann im Fehlerfall unter Spannung stehen

Warnung vor feuergefährlichen Stoffen	Warnung vor explosionsgefährlichen Stoffen	Warnung vor giftigen Stoffen	Warnung vor ätzenden Stoffen	Warnung vor radioaktiven Stoffen oder ionisierenden Strahlen
Warnung vor gefährlicher elektrischer Spannung	Warnung vor explosionsfähiger Atmosphäre	Warnung vor Gefahren durch Batterien	Warnung vor elektromagnetischen Feldern	Warnung vor einer Gefahrenstelle
Warnung vor Laserstrahlen	Warnung vor schwebenden Lasten	Warnung vor Flurförderfahrzeugen	Warnung vor brandfördernden Stoffen	Warnung vor Kälte
Warnung vor gesundheitsschädlichen oder reizenden Stoffen	Warnung vor Gasflaschen	Warnung vor Biogefährdung	Warnung vor Quetschgefahr	Warnung vor Handverletzungen
Warnung vor Fräswelle	Warnung vor automatischem Anlauf	Warnung vor heißer Oberfläche	Warnung vor Stolpergefahr	Warnung vor Rutschgefahr